精通JPA与Hibernate：

Java对象持久化技术详解 微课视频版

孙卫琴◎编著

清華大學出版社
北京

内 容 简 介

JPA(Java Persistence API)是 Oracle 公司制定的标准 Java 持久化 API。Hibernate 是非常流行的对象-关系映射工具，Hibernate 实现了 JPA。本书详细介绍了运用 JPA 以及目前最成熟的 Hibernate 5 版本进行 Java 对象持久化的技术。Hibernate 是连接 Java 对象模型和关系数据模型的桥梁，通过本书，读者不仅能掌握用 JPA 和 Hibernate 工具对这两种模型进行映射的技术，还能获得设计与开发这两种模型的先进经验。本书将帮助读者编写出具有合理的软件架构，以及好的运行性能和并发性能的实用应用程序。书中内容注重理论与实践相结合，列举了大量具有典型性和实用价值的应用实例，并提供了详细的开发和部署步骤。

本书的大部分范例主要是通过 JPA API 来编写，所以本书的内容不仅适合使用 Hibernate 技术的读者，还适合使用 MyBatis 等其他对象-映射工具的读者。

本书无论对于 Java 开发的新手还是行家来说，都是精通 Java 对象持久化技术的必备实用手册。

图书在版编目(CIP)数据

精通 JPA 与 Hibernate：Java 对象持久化技术详解：微课视频版/孙卫琴编著. —北京：清华大学出版社，2021.3
(清华科技大讲堂)
ISBN 978-7-302-57627-3

Ⅰ. ①精… Ⅱ. ①孙… Ⅲ. ①JAVA 语言－程序设计 Ⅳ. ①TP312.8

中国版本图书馆 CIP 数据核字(2021)第 037417 号

责任编辑：闫红梅
封面设计：刘 键
责任校对：徐俊伟
责任印制：宋 林

出版发行：清华大学出版社
网 址：http://www.tup.com.cn，http://www.wqbook.com
地 址：北京清华大学学研大厦 A 座　**邮 编**：100084
社 总 机：010-62770175　**邮 购**：010-83470235
投稿与读者服务：010-62776969，c-service@tup.tsinghua.edu.cn
质量反馈：010-62772015，zhiliang@tup.tsinghua.edu.cn
课件下载：http://www.tup.com.cn，010-83470236
印 装 者：三河市铭诚印务有限公司
经 销：全国新华书店
开 本：185mm×260mm　**印 张**：46.5　**字 数**：1158 千字
版 次：2021 年 4 月第 1 版　**印 次**：2021 年 4 月第 1 次印刷
印 数：1～2000
定 价：168.00 元

产品编号：089488-01

推荐序

在 IT 业界，大多数 Java 程序员都看过孙卫琴老师的书，她的书清晰严谨，把复杂的技术架构层层剖析，并结合典型的实例进行细致讲解。只要读者静下心来好好品读，就能深入 Java 技术的殿堂，领悟其中的核心思想，并掌握开发实际应用的种种技能。

读好书，犹如和名师面对面交流，可以全面地学习和传承名师在这个技术领域里的经验和学识。孙老师及其同仁孜孜不倦地钻研 Java 技术，紧跟技术前沿，传道授业，著书立说。无数程序员从中受益，从 Java 小白成长为 Java 大牛。

Oracle 作为 Java 领域的技术引领者和规范制定者，非常欢迎中国作者把最新的 Java 技术介绍给广大 Java 开发人员，孙老师的书刚好满足了这一需求。这本书依据 Oracle 制定的最新的 JPA 规范，详细介绍了用 JPA 和 Hibernate 进行 Java 对象持久化的各种实用技术，内容严谨细致。本书还站在实际开发的角度，介绍了优化数据库访问性能的各种技巧，以及 JPA、Hibernate 和目前流行开源框架 Spring 的整合，这使得本书更加具有企业级的参考实用价值。

甲骨文人才产业基地作为 Oracle 在中国业务的拓展，非常欣赏这本书，许多老师和学员都用本书作为首选的关于 Java 对象持久化技术的参考书，从中受益匪浅。初学者可以轻松上手，进行循序渐进的学习，最后豁然开朗，精通技术内涵。

王正平

甲骨文人才产业基地教育产品部总监

前言

在如今的企业级应用开发环境中，面向对象的开发方法已成为主流。众所周知，对象只能存在于内存中，而内存不能永久保存数据。如果要永久保存对象的状态，需要进行对象的持久化，即把对象存储到专门的数据存储库中。目前，关系数据库仍然是使用最广泛的数据存储库。关系数据库中存放的是关系数据，它是非面向对象的。

对象和关系数据其实是业务实体的两种表现形式。业务实体在内存中表现为对象，在数据库中表现为关系数据。内存中的对象之间存在关联和继承关系，而在数据库中，关系数据无法直接表达多对多关联和继承关系。因此，把对象持久化到关系数据库中，需要进行对象-关系的映射(Object Relational Mapping，ORM)，这是一项烦琐耗时的工作。

在实际应用中，除了需要把内存中的对象持久化到数据库外，还需要把数据库中的关系数据再重新加载到内存中，以满足用户查询业务数据的需求。频繁地访问数据库，会对应用的性能造成很大影响。为了降低访问数据库的频率，可以把需要经常被访问的业务数据存放在缓存中，并且通过特定的机制来保证缓存中的数据与数据库中的数据同步。

在 Java 领域，可以直接通过 JDBC 编程来访问数据库。JDBC 可以说是访问关系数据库的最原始、最直接的方法。这种方式的优点是运行效率高，缺点是在 Java 程序代码中嵌入大量 SQL 语句，使得项目难以维护。在开发企业级应用时，可以通过 JDBC 编程来开发单独的持久化层，把数据库访问操作封装起来，提供简洁的 API，供业务层统一调用。但是，如果关系数据模型非常复杂，那么直接通过 JDBC 编程来实现持久化层需要有专业的知识。对于企业应用的开发人员，花费大量时间从头开发自己的持久化层不是很可行。

幸运的是，目前在持久化层已经有好多种现成的持久化中间件可供选用，有些是商业性的，如 TopLink；有些是非商业性的，如 JDO、Hibernate 和 MyBatis。Hibernate 是一个基于 Java 的、开放源代码的持久化中间件，它对 JDBC 做了轻量级封装，不仅提供 ORM 映射服务，还提供数据查询和数据缓存功能，Java 开发人员可以方便地通过 Hibernate API 来操纵数据库。

为了统一各式各样的持久化中间件，Oracle 公司为持久化层制定了统一的 JPA。包括 Hibernate 在内的一些持久化中间件实现了 JPA。应用程序通过 JPA 来访问数据库，可以提高应用程序的独立性和灵活性。应用程序可以灵活地改变所使用的持久化中间件，而这种改变不会对程序代码带来很大影响，通常只需要改动一些配置文件。

现在，越来越多的 Java 开发人员把 Hibernate 作为企业应用和关系数据库之间的中间件，以节省和对象持久化有关的 30%的 JDBC 编程工作量。2005 年，Hibernate 作为优秀的类库和组件，荣获了第 15 届 Jolt 大奖。Hibernate 之所以能够流行，归功于它的以下优势：

(1) 开放的源代码，允许开发人员在需要的时候研究、改写源代码，定制客户化功能。

(2) 具有详细的参考文档。

(3) 对 JDBC 仅做了轻量级封装，必要的话，用户还可以绕过 Hibernate 直接访问 JDBC API。

(4) 具有可扩展性。

(5) 使用方便，容易上手。

(6) Hibernate 既适用于独立的 Java 程序，也适用于 Java Web 应用，而且还可以在 Java EE 架构中取代 CMP(Container-Managed Persistence，由容器管理持久化)，完成对象持久化的重任。Hibernate 能集成到会话 EJB 和基于 BMP 的实体 EJB 中，BMP(Bean-Managed Persistence)是指由实体 EJB 本身管理持久化。

(7) Hibernate 可以和多种 Web 服务器、应用服务器良好集成，并且支持几乎所有流行的数据库服务器。

本书结合大量典型的实例，详细介绍了运用 JPA 以及目前最成熟的 Hibernate 5 版本进行 Java 对象持久化的技术。Hibernate 是连接 Java 对象模型和关系数据模型的桥梁。通过本书，读者不仅能掌握用 JPA 和 Hibernate 工具对这两种模型进行映射的技术，还能获得设计与开发这两种模型的先进经验。

本书的组织结构和主要内容

本书按照由浅入深、前后照应的顺序来安排内容，主要包含以下内容。

1. JPA 和 Hibernate 入门(第 1～4 章)

第 1～4 章为入门知识。第 1 章和第 2 章概要介绍了和 Java 对象持久化相关的各种技术，详细阐述了中间件、Java 对象的持久化、持久化层、数据访问细节、ORM、域模型和关系数据模型等概念。

第 3 章以 helloapp 应用为例，引导读者把握设计、开发和部署基于 Hibernate 的应用程序的整体流程，理解 Hibernate 在分层的软件结构中所处的位置。

第 4 章通过具体的范例，介绍了 JPA 与 Hibernate 进行整合的各种方式，介绍了 JPA 的基本的注解以及类与接口的用法。

对于已经在 Java 对象持久化领域有一定工作经验的开发人员，可以从第 1 章和第 2 章入手，高屋建瓴地把握持久化领域的各种理论；对于新手，不妨先阅读第 3 章和第 4 章，以便快速获得开发基于 Hibernate 和 JPA 的应用程序的实际经验。

2. 对象-关系映射技术(第 5～7 章和第 10～15 章)

本书重点介绍的内容之一就是如何运用 JPA 和 Hibernate 工具，把对象模型映射到关系数据模型，相关内容如下：

第 5 章　介绍对象-关系映射的基础知识。

第 6 章　介绍对象标识符的映射方法。

第 7 章　介绍一对多关联关系的映射方法。

第 10 章　介绍组成关系的映射方法。

第 11 章　介绍 Java 类型、SQL 类型和 Hibernate 映射类型之间的对应关系。

第 12 章　介绍继承关系的映射方法。

第 13 章　介绍了 Java 集合类的用法，这一章主要是为第 14 章做铺垫。

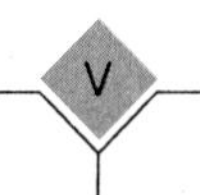

第 14 章 介绍 Java 值类型集合的映射方法。

第 15 章 介绍一对一和多对多关联关系的映射方法。

3. 通过 JPA 和 Hibernate API 操纵对象(第 8、9 和 23 章)

第 8 章介绍了运用 JPA 和 Hibernate API 来保存、更新、删除、加载或查询 Java 对象的方法,并介绍了 Java 对象在持久化层的四种状态: 临时状态、持久化状态、游离状态和删除状态。深入理解 Java 对象的四种状态及状态转化机制,是编写健壮的 JPA 应用程序的必要条件。

第 9 章介绍了 Hibernate 与触发器协同工作的技巧、拦截器(Interceptor)的用法以及扩展 Hibernate 的事件监听器的方法。此外,还介绍了 JPA 和 Hibernate 提供的批量处理数据的各种方法。

第 23 章介绍了 Session 的生命周期的管理方式以及会话的实现方式。这一章的内容将帮助读者简化 JPA 应用的程序代码,并且为应用设计合理的软件架构。

4. JPA 和 Hibernate 的检索策略和检索方式(第 16~18 章)

第 16 章介绍了 Hibernate 的各种检索策略,对每一种检索策略都介绍了它的适用场合。第 17 章和第 18 章介绍了 JPQL 查询语句的语法以及 QBC API 的使用方法。合理运用各种检索策略及检索技巧,是提高 JPA 应用性能的重要手段。

5. 数据库事务、并发、缓存与性能优化(第 20~22 章)

第 20 章先介绍了数据库事务的概念,接着介绍了运用 Hibernate API 和 JPA API 来声明事务边界的方法。

第 21 章介绍在并发环境中出现的各种并发问题,然后介绍了采用悲观锁以及版本控制功能来避免并发问题的方法。

第 22 章介绍了 Hibernate 的二级缓存机制,并介绍了如何根据实际需要来配置 Hibernate 的第二级缓存,以提高应用的性能。

6. Hibernate 高级配置(第 19 章)

第 19 章主要介绍了应用程序的两种运行环境: 受管理环境与不受管理环境,然后介绍了在这两种环境中配置数据库连接池、SessionFactory 实例以及事务的方法。

7. Spring、JPA 与 Hibernate 的整合(第 24、25 章)

第 24 章通过一个非常精简的范例程序,介绍了 Spring、JPA 和 Hibernate 的整合过程,让读者熟悉并掌握如何在 Spring 的现成框架的基础上开发应用程序,并且把管理一些公共资源(如 EntityManagerFactory、数据源、事务管理器等)的任务交给 Spring 来处理。

第 25 章介绍了一个更实用的综合范例: 购物网站。该范例运用了 Spring MVC 框架,介绍了视图层、控制器层和模型层之间的依赖关系以及数据在各个层之间的传递方式。

8. 附录

本书的附录 A 和附录 B 分别介绍了标准 SQL 语言的主要用法和 Java 的反射机制。在介绍标准 SQL 语言和 Java 反射机制时,有针对性地介绍了与 Hibernate 紧密相关的知识,如 SQL 连接查询以及运用 Java 反射机制来实现持久化中间件的基本原理。本书的附录 C 介绍了 netstore 应用的详细部署步骤,附录 D 提供了本书所有思考题的答案,附录 E 提供了本书中涉及软件的获取途径。

本书的范例程序

为了使读者不但能掌握用JPA和Hibernate来持久化Java对象的理论，并且能迅速获得开发具有实用价值的软件应用的实际经验，彻底掌握并灵活运用JPA和Hibernate技术。本书几乎为每一章都提供了完整的应用范例。

为了方便初学者顺利地运行本书的范例，本书所有范例程序都是由作者亲自调试可运行的。读者只要把它们复制到本地机器上，就能够运行，不需要再做额外的配置。此外，在每个范例的根目录下还提供了ANT工具的工程文件build.xml，用于编译和运行范例程序。

本书以购物网站的模型为例，介绍了软件的MVC框架、控制层与模型层之间通过游离对象来传输数据的方式以及模型层采用合理的检索策略来控制检索出来的对象图的深度，从而优化应用性能的技巧。

这本书是否适合您

把Java对象持久化到关系数据库，几乎是所有企业级Java应用必不可少的重要环节，因此本书适用于所有从事开发Java应用的读者。JPA和Hibernate是Java应用和关系数据库之间的桥梁，阅读本书，要求读者具备Java语言和关系数据库的基础知识。

如果您是学习JPA和Hibernate的新手，建议按照本书的先后顺序来学习。您可以先从简单的应用实例下手，把握开发基于JPA和Hibernate的应用（简称JPA应用）的大致流程，然后逐步深入地了解把对象模型映射到关系数据模型的各种细节。

如果您已经在开发JPA应用方面有着丰富的经验，则可以把本书作为实用的JPA和Hibernate技术参考资料。本书深入探讨了把复杂的对象模型映射到关系数据模型的各种映射方案，详细介绍了JPQL查询语言的用法，并且介绍了优化JPA应用性能的各种手段，如选择恰当的检索策略和事务隔离级别以及运用版本控制和Hibernate的第二级缓存等。灵活运用本书介绍的JPA和Hibernate最新技术，将使您更加得心应手地开发JPA应用。

实践是掌握Java持久化技术的好方法。为了让读者彻底掌握并学会灵活运用JPA和Hibernate，本书为每一章都提供了典型的范例。建议读者在学习本书介绍的各种持久化技术的过程中，善于将理论与实践相结合，从而达到事半功倍的效果。

此外，本书的大部分范例主要是通过JPA API来编写，所以本书的内容不仅适合使用Hibernate技术的读者，还适合使用MyBatis等其他对象-映射工具的读者。

写作规范

为了节省篇幅，本书在显示范例的源代码时，有时做了一些省略。对于Java类，省略显示package语句和import语句。本书大部分范例创建的Java类都位于mypack包下。对于持久化类，还省略显示了属性的getXXX()和setXXX()方法。对于对象-关系映射文件，省略显示开头的<?xml>和<!DOCTYPE>元素。

在本书提供的SQL语句中，表名和字段名都采用大写形式，而SQL关键字，如select、from、insert、update和delete等，都采用小写形式。

在本书中，有时把运用了JPA和Hibernate技术的Java应用简称为JPA应用。此外，对象和实例是相同的概念；覆盖方法、重新定义方法以及重新实现方法是相同的概念；继承和扩展是相同的概念，表的记录和表的数据行是相同的概念，表的字段和表的数据列是相同的概念；查询与检索是相同的概念；持久化类和 POJO 都是指其实例需要被持久化的基于 JavaBean 形式的实体域对象；对象-关系映射文件和映射文件是相同的概念；应用服务器主要指 Java EE 服务器。

本书在编写过程中得到了 Hibernate 软件组织和 Oracle 公司在技术上的大力支持，在此表示衷心的感谢！尽管我们尽了最大努力，但本书难免会有不妥之处，欢迎各界专家和读者朋友批评指正。读者可通过扫描封底的“资源下载”二维码，在公众号“书圈”下载与本书相关的课件资源。

本书源代码请扫描目录上方二维码获取。

本书配套视频请先扫描封底刮刮卡中的二维码，再扫描书中对应位置二维码观看。

目录

源代码

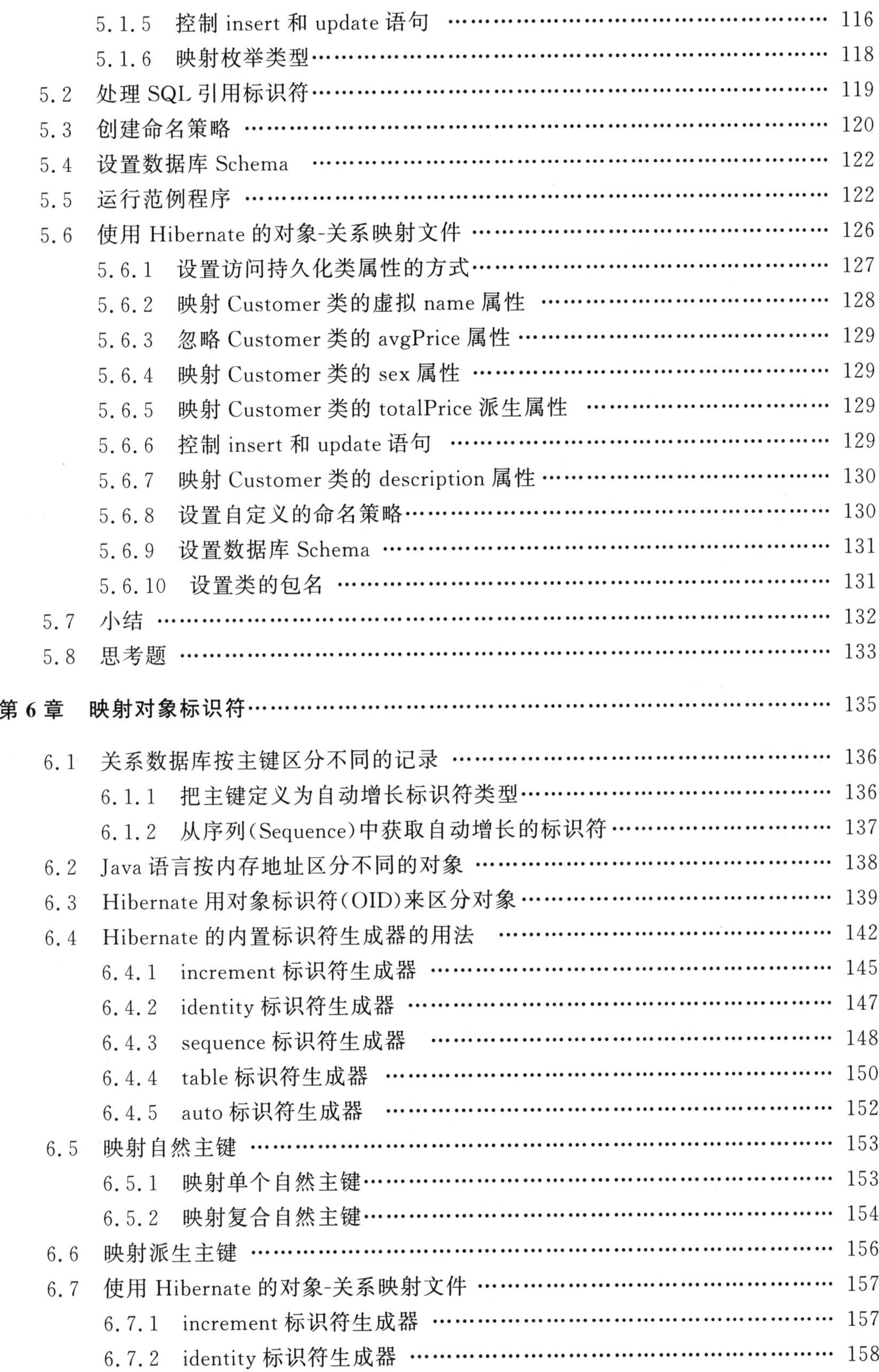

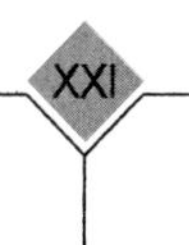

第1章

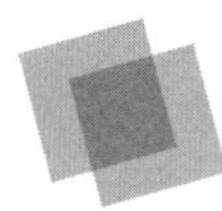

Java应用分层架构及软件模型

实现了JPA(Java Persistence API,Java 对象持久化 API)的 Hibernate 是什么？从不同的角度有不同的解释。

视频讲解

(1) 它是连接 Java 应用程序和关系数据库的中间件。

(2) 它对 JDBC API 进行了封装,负责 Java 对象的持久化。

(3) 在分层的软件架构中它位于持久化层,封装了所有数据访问细节,使业务逻辑层可以专注于实现业务逻辑。

(4) 它是一种 ORM 映射工具,能够建立面向对象的域模型和关系数据模型之间的映射。

这样的解释不一定会让初学者满意,因为这会带来一系列新的疑问：什么是中间件？什么是 Java 对象的持久化？什么是持久化层？什么是数据访问细节？什么是 ORM？什么是域模型？什么是关系数据模型？

由此可见,在介绍 Hibernate 之前,有必要先解释和 Java 对象持久化相关的各种技术和术语。本章首先介绍分层的应用程序结构,探讨为软件分层的基本原理；然后介绍 Hibernate 在分层软件中所处的位置：它位于持久化层；接着介绍软件的三种模型：概念模型、域模型和数据模型；最后介绍 Java 对象的持久化概念。

本章与第 2 章主要从理论角度阐述 Hibernate 在软件体系中所处的位置及作用。对于初学者,如果觉得直接从理论上理解 Hibernate 过于抽象,可以先越过本章,直接阅读第 3 章和第 4 章。第 3 章通过使用 Hibernate 的应用范例来帮助读者获得对 Hibernate 的感性认识。第 4 章则进一步介绍整合 JPA 和 Hibernate 的实用范例。

1.1 应用程序的分层体系结构

纵观计算机应用软件的演变过程,可以看出,应用程序逐渐由单层体系结构发展为多层体系结构。最初的应用软件只是在大型机上的单层应用程序,许多程序采用文件系统来存储数据。20 世纪 70 年代数据库得到普及，20 世纪 80 年代 PC 和局域网的出现使数据库技术飞速发展，原来的单层应用结构发展为双层应用结构，如图 1-1 所示。

在双层应用结构中，数据库层存放持久性业务数据；应用程序作为单独的一层，在这个层中，负责生成用户界面的代码和负责业务逻辑的代码混合在一起。例如，在同一个 JSP 文件中，既包含生成动态网页的代码，还包含响应用户请求、完成相应业务逻辑的代码。由于界面代码与业务逻辑代码掺杂在一起，使程序结构不清晰，维护很困难。对于大型、复杂的应用软件，这一问题更为突出。在这种环境下，三层应用结构应运而生，它把原来的应用程序层划分为表述层和业务逻辑层，如图 1-2 所示。

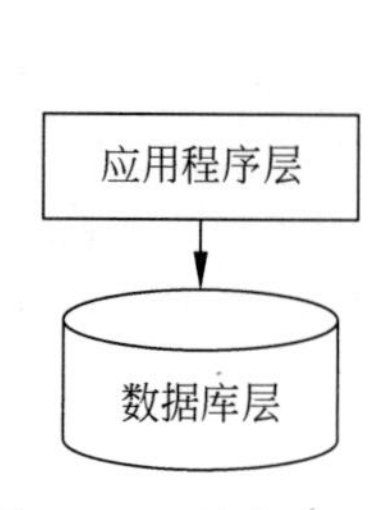

图 1-1　双层应用程序

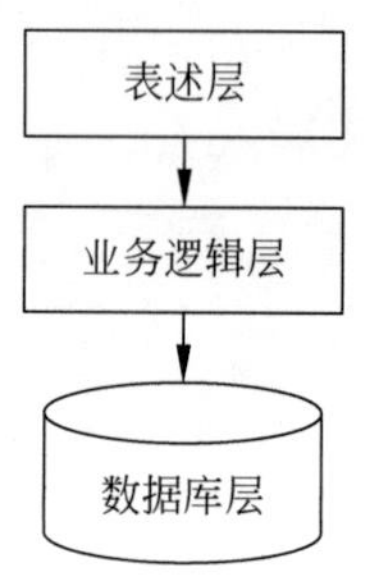

图 1-2　三层应用程序

三层应用结构是目前典型的一种应用软件的结构。它分为以下三层。

(1) 表述层：提供与用户交互的界面。GUI(Graphical User Interface，图形用户界面)和基于浏览器的 Web 页面是表述层的两个典型的例子。

(2) 业务逻辑层：实现各种业务逻辑。例如，当用户发出生成订单的请求时，业务逻辑层负责计算订单的价格，验证订单的信息，以及把订单信息保存到数据库中。

(3) 数据库层：负责存放和维护软件应用的持久性业务数据。例如，对于电子商务网站应用，在数据库中保存了客户、订单和商品等业务数据。关系数据库依然是目前最流行的数据库。

1.1.1　区分物理分层和逻辑分层

软件分层的含义有两种：一种是物理分层，即每一层都运行在网络上的单独的机器节点上，这意味着创建分布式的软件系统；另一种是逻辑分层，指的是每一层由一个相对独立的软件模块来实现，它能完成特定的功能。如图 1-3 所示，表述层运行在一个客户机上，业务逻辑层和数据库层运行在同一台服务器上，这台服务器既是应用服务器(运行业务逻辑层)，又是数据库服务器(运行数据库层)，因此整个系统在物理上为两层应用结构，而在逻辑上为三层应用结构。

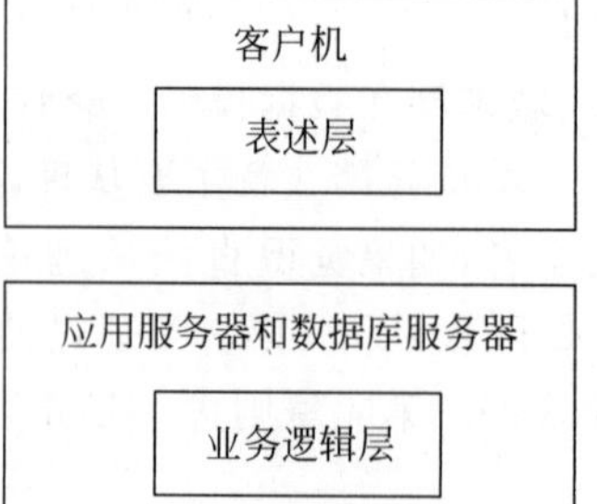

图 1-3　区分物理分层和逻辑分层

提示　在本书中，如果没有特别说明，软件分层均指的是逻辑分层。

1.1.2 软件层的特征

由于每个软件都有自身的特点，因此不可能提供一个适合于所有软件的分层体系结构。但总的来说，软件的层必须符合以下特征。

(1) 每个层由一组相关的类或组件(如 EJB)构成，共同完成特定的功能。

(2) 层与层之间存在自上而下的依赖关系，即上层组件可以访问下层组件的 API，而下层组件不应该依赖上层组件。例如表述层依赖于业务逻辑层，业务逻辑层依赖于数据库层，但业务逻辑层不依赖于表述层，数据库层不依赖于业务逻辑层。

(3) 每个层对上层公开 API(Application Programming Interface，应用程序接口)，但具体的实现细节对外透明。当某一层的实现发生变化，只要它的 API 不变，就不会影响其他层的实现。

软件分层的一个基本特征就是层与层之间存在自上而下的依赖关系，如图 1-4 所示，把购物网站系统按照业务功能划分为客户管理模块、订单管理模块和库存管理模块。这几个模块之间为并列关系，不存在自上而下的依赖关系，因此不是分层结构。但是每个模块都可划分为表述层、业务逻辑层和数据库层，这两种划分方式是正交的。

每个软件层都向上公开接口，封装实现细节，如图 1-5 所示。

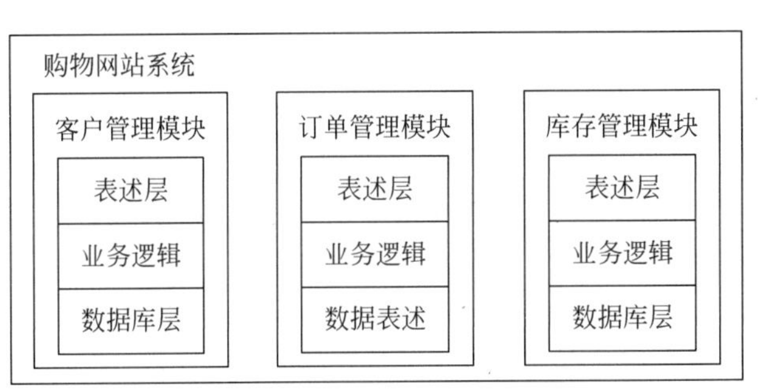

图 1-4 按业务功能划分应用的模块

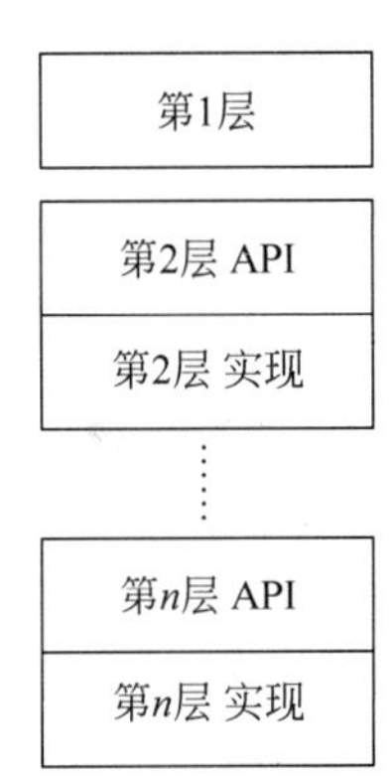

图 1-5 软件层向上公开接口，封装实现细节

由于软件上层总是依赖软件下层，因此也可以把软件上层看作是软件下层的客户程序。例如，在图 1-2 的三层应用结构中，表述层是业务逻辑层的客户程序，业务逻辑层是数据库层的客户程序。

1.1.3 软件分层的优点

恰当地为软件分层，将会提高软件的以下性能。

1. 伸缩性

伸缩性指应用程序是否能支持更多的用户。例如，在双层 GUI 应用程序中，通常对每个用户都提供一个数据库连接。如果有 10 000 个用户同时访问数据库，则需要建立 10 000 个数据库连接。而在三层应用结构中，可在业务逻辑层采用数据库连接池机制，用少量数据库连接支持多个用户。此外，应用程序的层数越少，可以增加资源（如 CPU 和内存）的地方就越少；层数越多，可以将每层分布在不同的机器上，例如，用一组服务器作为 Web 服务器，一组服务器处理业务逻辑，还有一组服务器作为数据库服务器。

2. 可维护性

可维护性指的是，当需求发生变化，只需要修改软件的某一部分，而不会影响其他部分的代码。层数越多，可维护性也会不断提高，因为修改软件的某一层的实现，不会影响其他层。

3. 可扩展性

可扩展性指的是在现有系统中增加新功能的难易程度。层数越少，增加新功能就越容易破坏现有的程序结构；层数越多，就可以在每个层中提供扩展点，不会打破应用的整体框架。

4. 可重用性

可重用性指的是程序代码没有重复冗余，同一个程序能满足多种需求。例如，业务逻辑层可以被多种表述层共享，既支持基于 GUI 界面的表述层，也支持基于 Web 页面的表述层。

5. 可管理性

可管理性指的是管理系统的难易程度。将应用程序分为多层后，可以将工作分解给不同的开发小组，从而便于管理。应用越复杂，规模越大，需要的层就越多。

1.1.4 软件分层的缺点

软件分层越多，对软件设计人员的要求就越高。在设计阶段，软件设计人员必须花时间构思合理的体系结构。否则，如果在体系结构方面存在缺陷，例如层与层之间出现了自下而上的依赖关系，那么一旦业务逻辑发生变化，不仅需要修改业务逻辑层的代码，还需要修改表述层的代码。此外，软件层数越多，调试会越困难。例如在三层应用结构中，由于存在自上而下的依赖关系，如果表述层运行出现了错误，该错误有可能是表述层产生的，还有可能是业务逻辑层产生的，也有可能是由数据库层产生的，在这种情况下，每个软件层的开发人员必须联合起来，才能找到错误的原因。

对于规模小、业务逻辑简单的软件应用，适合采用较少的软件分层，因为这样可以简化开发流程并提高开发效率。

1.1.5 Java 应用的持久化层

在三层应用结构中，业务逻辑层不仅负责业务逻辑，而且直接访问数据库，提供对业务数据的保存、更新、删除和查询操作。为了把数据访问细节和业务逻辑分开，可以把数据访问作为单独的持久化层。重新分层的结构参见图 1-6。

本书中数据访问或者数据库访问是专用术语，指的是在应用程序中构造特定的 SQL 语句，然后通过 JDBC API 访问数据库，向数据库提交 SQL 语句，从而对数据进行保存、更新、删除或查询操作。

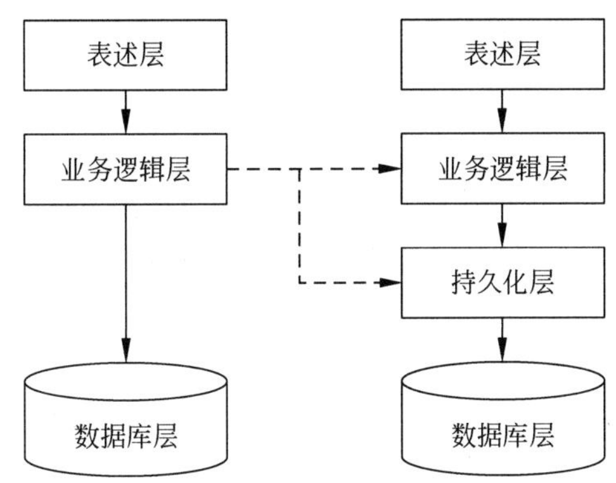

图 1-6　从业务逻辑层分离出持久化层

持久化层封装了数据访问细节，为业务逻辑层提供了面向对象的 API。完善的持久化层应该达到以下目标。

(1) 代码可重用性高，能够完成所有的数据库访问操作。

(2) 如果需要的话，能够支持多种数据库平台。

(3) 具有相对独立性，当持久化层的实现发生变化，不会影响上层的实现。

那么，到底如何来实现持久化层呢？对于复杂的数据模型，直接通过 JDBC 编程来实现健壮的持久化层需要有专业的知识，对于企业应用的开发人员，花费大量时间从头开发自己的持久化层不是很可行。

幸运的是，目前在持久化层领域，已经出现了许多优秀的 ORM(Object Relational Mapping，对象关系映射)软件，有的是商业性的，有的是开放源代码的。Hibernate 就是一种非常受欢迎的、开放源代码的 ORM 软件。ORM 软件具有中间件的特性。中间件是在应用程序和其他软件系统之间的连接管道。Hibernate 可看成是连接 Java 应用和关系数据库的管道。中间件和普通的应用程序代码的区别在于，前者具有很高的可重用性，对于各种应用领域都适用；后者和特定的业务功能相关，不同业务领域的应用程序代码不一样。Hibernate 作为中间件，可以为任何一个需要访问关系数据库的 Java 应用服务，图 1-7 显示

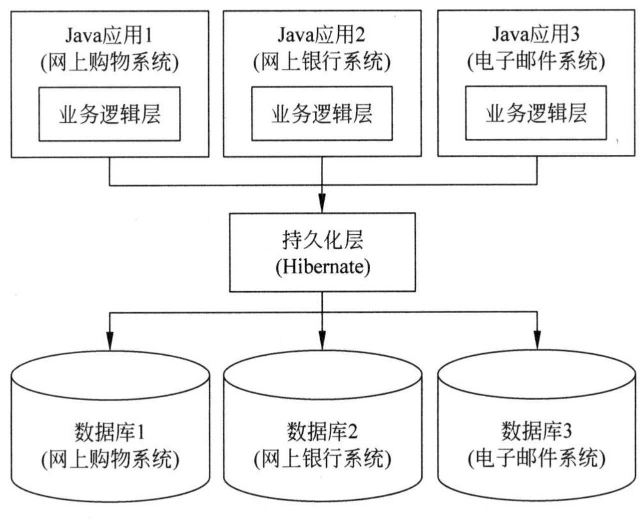

图 1-7　Hibernate 的中间件特性

了 Hibernate 的通用性。中间件的另一个特点是透明性，作为 Hibernate 的使用者，无须关心它是如何实现的，只需要知道如何访问它的接口就行了。

透明与封装具有同样的含义，软件的透明性是通过封装实现细节来达到的。

1.2 软件的模型

在科学和工程技术领域，模型是一个很有用的概念，它可以用来模拟一个真实的系统。例如，在建筑领域，设计建筑物时，会先创建按一定比例缩小的建筑模型；在天文领域，可以用计算机仿真程序为天体的运行建立模型；在数学领域，可以用一组数学方程式来为某个经济系统建立模型。建立模型最主要的目的是帮助理解、描述或模拟真实世界中目标系统的运转机制。

在软件开发领域，模型用来表示真实世界的实体。在软件开发的不同阶段，需要为目标系统创建不同类型的模型。在分析阶段，需要创建概念模型；在设计阶段，需要创建域模型和数据模型。图 1-8 显示了这几个模型之间的关系。

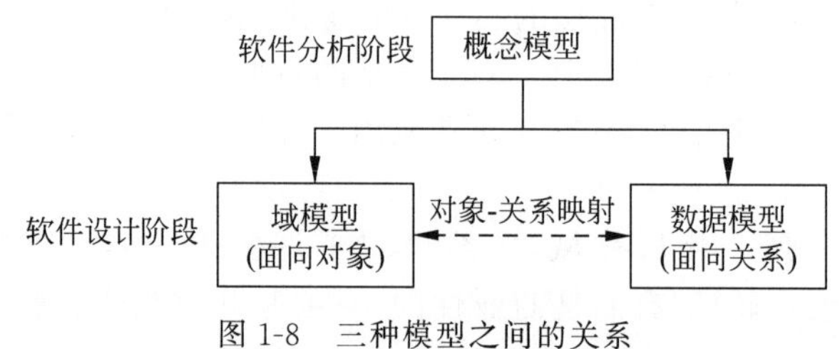

图 1-8 三种模型之间的关系

1.2.1 概念模型

在建立模型之前，首先要对问题域进行详细的分析，确定用例，接下来就可以根据用例来创建概念模型。概念模型用来模拟问题域中的真实实体，它描述了每个实体的概念和属性，以及实体之间的关系。在这个阶段，并不描述实体的行为。

创建概念模型的目的是帮助更好地理解问题域，识别系统中的实体，这些实体在设计阶段很有可能变为类。图 1-9 描述了一个购物网站 netstore 应用的概念模型。

在图 1-9 中只定义了实体的属性及实体间的关系，而没有定义实体的方法。

概念模型清楚地显示了问题域中的实体。不管是技术人员还是非技术人员，都能看得懂概念模型，很容易地提出模型中存在的问题，帮助系统分析人员尽早对模型进行修改。在软件设计与开发周期中，模型的变更需求提出得越晚，所耗费的开发成本就越大。

实体与实体之间存在三种关系：一对一、一对多和多对多。从图 1-9 可以看出，netstore 应用中的实体之间存在以下关系。

(1) Customer 和 Order 实体：一对多。一个客户有多个订单，而一个订单只能属于一个客户。

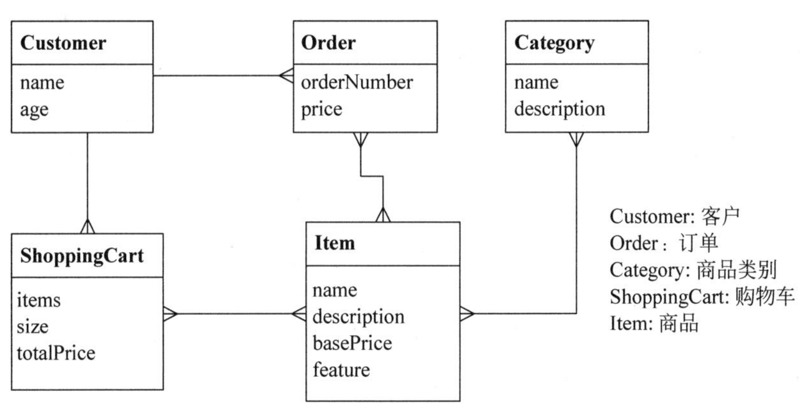

图 1-9 netstore 应用的概念模型

（2）Category 和 Item 实体：多对多。一个商品类别包含多个商品，而一个商品可以属于多个商品类别。

（3）Order 和 Item 实体：多对多。一个订单包含多个商品，而一个商品可以属于多个订单。

（4）Customer 和 ShoppingCart 实体：一对多。一个客户有多个购物车，而一个购物车只能属于一个客户

（5）ShoppingCart 和 Item 实体：多对多。一个购物车包含多个商品，而一个商品可以属于多个购物车。

提示 商品类别(Category)与商品(Item)之间存在多对多的关系，这是因为一个商品类别包含多个商品，而一个商品也可以属于多个商品类别。例如，电动剃须刀既可以被划分为电器类商品，也可以被划分为男士用品。

1.2.2 关系数据模型

到目前为止，关系数据库仍然是使用最广泛的数据库，它存储的是关系数据。关系数据模型是在概念模型的基础上建立起来的，用于描述这些关系数据的静态结构，它由以下内容组成。

（1）一个或多个表。

（2）表的所有索引。

（3）视图。

（4）触发器。

（5）表与表之间的参照完整性。

通常一个实体对应一个表，如 Customer 实体对应 CUSTOMERS 表，Order 实体对应 ORDERS 表。表通过主键来保证每条记录的唯一性，表的主键最好不具有任何业务含义，因为任何有业务含义的字段都有可能随着业务需求的变化而被改变。不给主键赋予任何业务含义，可以提高数据库系统的可维护性。

假如主键具有了业务含义，会出现什么情况呢？以订单 ORDERS 表为例，假定把订单

编号 ORDER_NUMBER 字段作为主键，这是一个具有业务含义的主键。假定一开始用户规定订单编号是以字母 T 开头的 6 位字符串，过了一年后，用户改变了业务需求，规定订单编号是以字母 S 开头的 8 位字符串。当业务需求改变后，就必须修改 ORDERS 表中所有记录的 ORDER_NUMBER 主键的值。此外，对于那些参照 ORDERS 表，并且把 ORDER_NUMBER 字段作为外键的所有其他表，也需要修改表中所有记录的 ORDER_NUMBER 外键的值。由此可见，如果主键具有业务含义，那么即使业务含义发生很小的变化，也可能会给数据库系统带来极大的维护上的开销。

为了使表的主键不具有任何业务含义，一种比较常用的解决方法是使用代理主键。例如，为表定义一个不具有任何业务含义的 ID 字段（也可以叫其他的名字），专门作为表的主键。

对于实体和实体之间的关系，可通过表与表之间的参照完整性来实现。例如，Customer 实体和 Order 实体之间为一对多关系，那么可以在 ORDERS 表中定义外键 CUSTOMER_ID，它参照 CUSTOMERS 表的主键 ID，参见图 1-10。

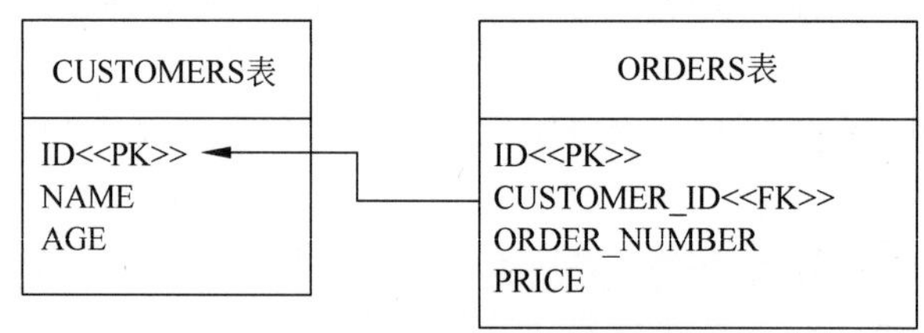

图 1-10　ORDERS 表参照 CUSTOMERS 表

Item 实体与 Category 实体之间为多对多的关系，除了应该创建 ITEMS 和 CATEGORIES 表，还应该建立一个 CATEGORY_ITEM 表，这种表称为连接表，参见图 1-11。

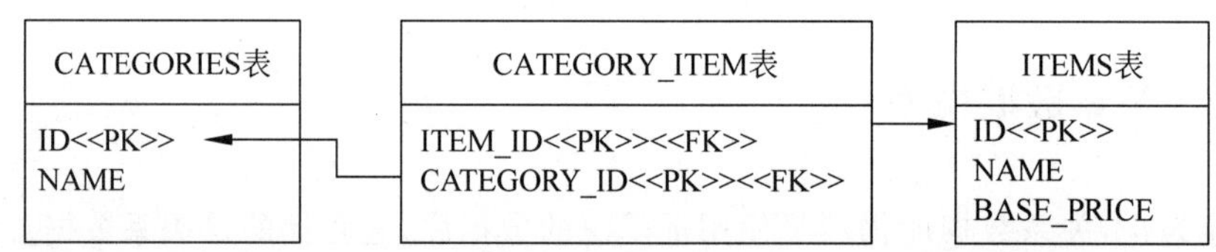

图 1-11　CATEGORY_ITEM 表参照 CATEGORIES 表和 ITEMS 表

在 CATEGORY_ITEM 表中无须定义 ID 主键，它以 CATEGORY_ID 和 ITEM_ID 作为联合主键。此外，CATEGORY_ID 作为外键参照 CATEGORIES 表，ITEM_ID 作为外键参照 ITEMS 表。

Order 实体和 Item 实体之间也是多对多的关系。例如，一张订单中可能包含如下信息：空调一台，收音机两只，剃须刀三只。采用单纯的只包含外键的连接表无法描述订单中每种商品的数量，因此在连接表 LINEITEMS 中除了需要定义两个分别参照 ORDERS 表和 ITEMS 表的外键 ORDER_ID 和 ITEM_ID，还需要定义 QUANTITY 字段和 BASE_PRICE 字段。QUANTITY 字段表示订单中购买某种商品的数量，BASE_PRICE 字段表示这种商品的单价，LINEITEMS 表以所有的字段作为联合主键，参见图 1-12。

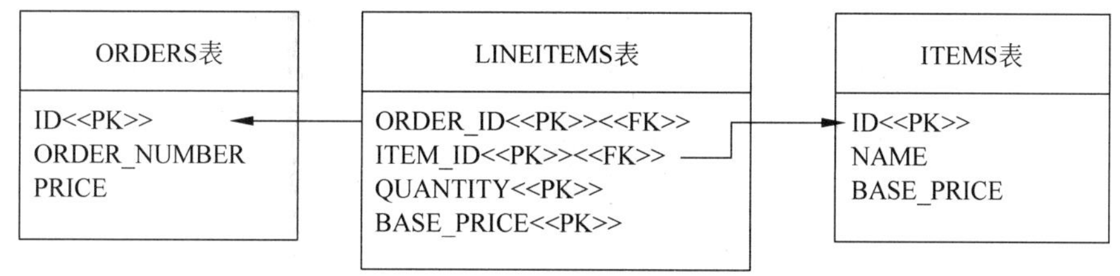

图 1-12 LINEITEMS 表参照 ORDERS 表和 ITEMS 表

提示 LINEITEMS 表中的 BASE_PRICE 字段值是 ITEMS 表中 BASE_PRICE 字段值的复制，为什么要在 LINEITEMS 表中提供 BASE_PRICE 冗余字段呢？这是因为在实际的商品交易中，商品的价格会不断变化，而客户订单中的商品价格应该始终为生成订单时的价格。也就是说，当 ITEMS 表中的 BASE_PRICE 字段发生变化时，不会影响 LINEITEMS 表中的 BASE_PRICE 字段。

数据库 Schema 是对数据模型的实现。对于支持 SQL 的关系数据库，可以采用 SQL DDL(Data Definition Language，数据定义语言)来创建数据库 Schema。SQL DDL 用于生成数据库中的物理实体，如以下是创建 CUSTOMERS 表和 ORDERS 表的 SQL DDL。

```
create table CUSTOMERS (
  ID bigint not null,
  NAME varchar(15),
  AGE int,
  primary key (ID)
);

create table ORDERS (
  ID bigint not null,
  ORDER_NUMBER varchar(15),
  PRICE double precision,
  CUSTOMER_ID bigint,
  primary key (ID)
);

alter table ORDERS add index IDX_CUSTOMER(CUSTOMER_ID),
    add constraint FK_CUSTOMER foreign key (CUSTOMER_ID)
    references CUSTOMERS (ID);
```

值得注意的是，数据库 Schema 有两种含义：一种是概念上的 Schema，指的是一组 DDL 语句集，该语句集完整地描述了数据库的结构；还有一种是物理上的 Schema，指的是数据库中的一个名字空间，它包含一组表、视图和存储过程等命名对象，可以通过标准 SQL DDL 语句来创建、更新和修改。例如以下 SQL 语句创建了两个物理 Schema。

```
create schema SCHEMA_A;
create table SCHEMA_A.CUSTOMERS(ID bigint not null …);
create table SCHEMA_A.ORDERS(ID bingint not null …);

create schema SCHEMA_B;
```

```
create table SCHEMA_B.NE_CUSTOMERS(ID bingint not null …);
create table SCHEMA_B.NE_ORDERS(ID bingint not null …);
```

如果没有特别指明，本书提及的数据库 Schema 都指概念上的 Schema。

1.2.3 域模型

概念模型是在软件分析阶段创建的，它帮助开发人员对应用的需求获得清晰、精确的理解。在软件设计阶段，需要在概念模型的基础上创建域模型，域模型是面向对象的。在面向对象术语中，域模型也可称为设计模型。域模型由具有状态和行为的域对象及域对象之间的关系组成。

1. 域对象

构成域模型的基本元素就是域对象。域对象（Domain Object）是对真实世界的实体的软件抽象，它还可叫作业务对象（Business Object，BO）。域对象可以代表业务领域中的人、地点、事物、概念及业务。域对象分为以下三种。

1）实体域对象（简称为实体对象）

实体域对象是最常见的。实体域对象可以代表人、地点、事物或概念。通常，可以把业务领域中的名词，如客户、订单、商品等，作为实体域对象。在 Java EE（Java Platform Enterprise Edition）应用中，这些名词可以作为实体 EJB。在非 Java EE 应用中，这些名词可以作为包含状态和行为的 JavaBean。采用 JavaBean 形式的实体域对象也称为 POJO（Plain Old Java Object）。在本书中，如果没有特别指明，实体域对象均指 POJO，而不是实体 EJB。

为了使实体域对象与关系数据库表中的记录对应，可以为每个实体域对象分配唯一的 OID（Object Identifier，对象标识符），OID 是关系数据库表中的主键（通常为代理主键）在实体域对象中的等价物。

2）过程域对象

过程域对象代表应用中的业务逻辑或流程。它们通常依赖于实体域对象。可以把业务领域中的动词，如客户发出订单、登录应用等作为过程域对象的行为。在 Java EE 应用中，它们通常作为会话 EJB 或者消息驱动 EJB。在非 Java EE 应用中，它们可作为常规的 JavaBean，具有管理和控制应用的行为。过程域对象也可以拥有状态，如在 Java EE 应用中，会话 EJB 可分为有状态和无状态两种类型。

3）事件域对象

事件域对象代表应用中的一些事件（如异常、警告或超时）。这些事件通常由系统中的某种行为触发。例如在多用户环境中，当一个客户端程序更新了某种实时数据，服务器端程序会创建一个事件域对象，其他正在浏览相同数据的客户端程序能够接收到这一事件域对象，随即同步刷新客户界面。

在三层应用结构中，以上三种域对象都位于业务逻辑层，实体域对象是应用的业务数据在内存中的表现形式，而过程域对象用于执行业务逻辑。

2. 域对象之间的关系

在域模型中，类之间存在以下四种关系。

1) 关联(Association)

关联指的是类之间的引用关系，这是实体域对象之间最普遍的一种关系。关联可分为一对一、一对多和多对多。例如，Customer 客户对象与 Order 订单对象之间存在一对多的关联关系，一个客户可以有多个订单，而一个订单只能属于一个客户。如果类 A 与类 B 关联，那么被引用的类 B 将被定义为类 A 的属性。例如，在 Order 类中定义了 Customer 类型的 customer 属性，以及相应的 getCustomer()和 setCustomer()方法。例程 1-1 为 Order 类的源代码。

例程 1-1　Order.java

```
public class Order {
  /** Order 对象的 OID */
  private Long id;

  /** Order 对象的订单编号 */
  private String orderNumber;

  /** Order 对象的订单价格 */
  private double price;

  /** 与 Order 对象关联的 Customer 对象 */
  private Customer customer;

  /** 完整的构造方法 */
  public Order(String orderNumber, double price,Customer customer) {
    this.orderNumber = orderNumber;
    this.price = price;
    this.customer = customer;
  }

  /** 默认构造方法 */
  public Order() {}

  public Long getId() {
    return this.id;
  }

  public void setId(Long id) {
    this.id = id;
  }

  public String getOrderNumber() {
    return this.orderNumber;
  }

  public void setOrderNumber(String orderNumber) {
```

```
    this.orderNumber = orderNumber;
  }

  public double getPrice() {
    return this.price;
  }

  public void setPrice(double price) {
    this.price = price;
  }

  /** 返回与当前 Order 对象关联的 Customer 对象 */
  public Customer getCustomer() {
    return this.customer;
  }

  /** 设置与当前 Order 对象关联的 Customer 对象 */
  public void setCustomer(Customer customer) {
    this.customer = customer;
  }
}
```

以上代码建立了从 Order 类到 Customer 类的关联。同样，也可以建立从 Customer 类到 Order 类的关联。由于一个 Customer 对象会对应多个 Order 对象，因此应该在 Customer 类中定义一个 orders 集合，来存放客户发出的所有订单。例程 1-2 为 Customer 类的源代码。

例程 1-2　Customer.java

```
public class Customer {
  /** Customer 对象的 OID */
  private Long id;

  /** Customer 对象的姓名 */
  private String name;

  /** Customer 对象的年龄 */
  private int age;

  /** 所有与 Customer 对象关联的 Order 对象 */
  private Set<Order> orders = new HashSet<Order>();

  /** 完整的构造方法 */
  public Customer(String name, int age,Set orders) {
    this.name = name;
    this.age = age;
    this.orders = orders;
  }

  /** 默认构造方法 */
  public Customer() {}

  public Long getId() {
```

```
        return this.id;
    }

    public void setId(Long id) {
        this.id = id;
    }

    public String getName() {
        return this.name;
    }

    public void setName(String name) {
        this.name = name;
    }

    public int getAge() {
        return this.age;
    }

    public void setAge(int age) {
        this.age = age;
    }

    /** 返回所有与 Customer 对象关联的 Order 对象 */
    public Set<Order> getOrders() {
        return this.orders;
    }

    /** 设置所有与 Customer 对象关联的 Order 对象 */
    public void setOrders(Set<Order> orders) {
        this.orders = orders;
    }
}
```

关联是有方向的，可以分为单向关联和双向关联。

(1) 单向关联：仅建立从 Order 到 Customer 的多对一关联，即仅在 Order 类中定义 customer 属性，参见图 1-13；或者仅建立从 Customer 到 Order 的一对多关联，即仅在 Customer 类中定义 orders 集合，如图 1-14 所示。

(2) 双向关联：既建立从 Order 到 Customer 的多对一关联，又建立从 Customer 到 Order 的一对多关联，如图 1-15 所示。

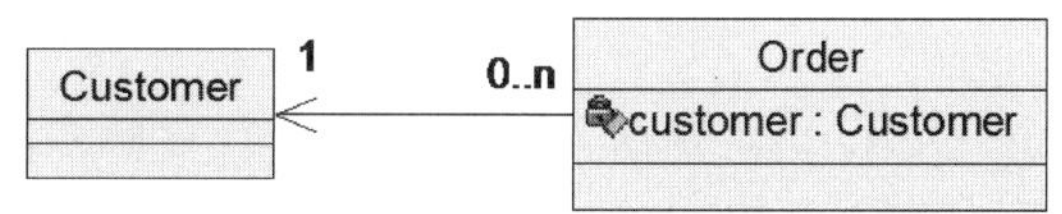

图 1-13　从 Order 到 Customer 的多对一单向关联

在图 1-13～图 1-15 中，箭头指示了关联的方向。关联的方向决定了程序操纵实体域对象的方式。例如，假定客户 Tom 一共发出了两个订单，订单编号分别为 Tom_Order001 和

图 1-14　从 Customer 到 Order 的一对多单向关联

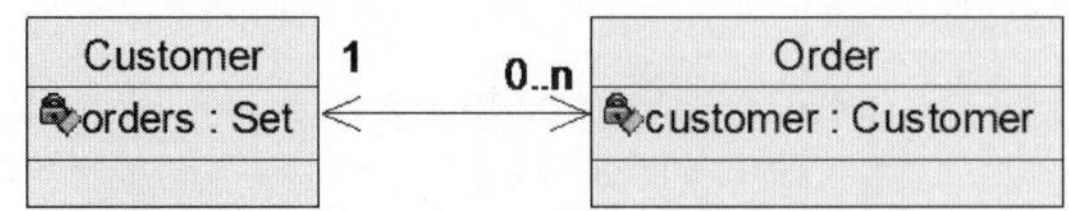

图 1-15　Customer 与 Order 的双向关联

Tom_Order002。如果建立了从 Order 到 Customer 的多对一单向关联，那么就意味着在程序中得到了一个 Order 对象后，只要调用它的 getCustomer()方法，就可以得到与它关联的 Customer 对象，参见图 1-16。程序由 Order 对象的 getCustomer()方法得到 Customer 对象的过程也称为在内存中从 Order 对象导航到 Customer 对象。例如：

```
//在内存中从 Order 对象导航到 Customer 对象
Customer customer = order.getCustomer();
```

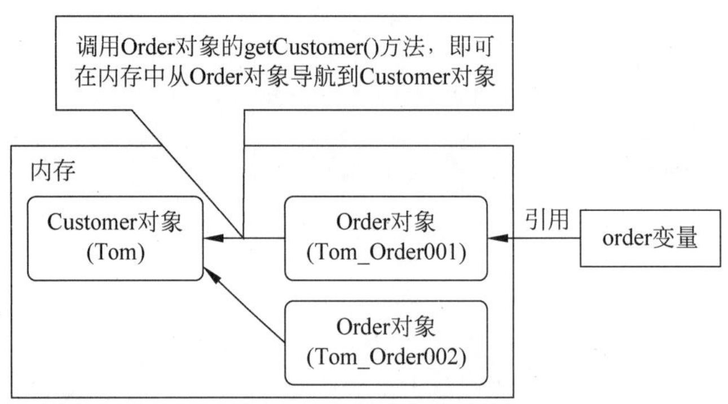

图 1-16　在内存中从 Order 对象导航到 Customer 对象

如果建立了从 Customer 到 Order 的一对多单向关联，那么就意味着在程序中得到了一个 Customer 对象后，只要调用它的 getOrders()方法，就可以得到与它关联的所有 Order 对象，参见图 1-17。程序由 Customer 对象的 getOrders()方法得到所有 Order 对象的过程也称为在内存中从 Customer 对象导航到所有 Order 对象。例如：

```
//在内存中从 Customer 对象导航到所有 Order 对象
Set < Order > orders = customer.getOrders();
```

如果建立了 Customer 与 Order 的双向关联，那么就意味着，在内存中，既可以从 Customer 对象导航到所有与它关联的 Order 对象，也可以从 Order 对象导航到与它关联的 Customer 对象。

2）依赖(Dependency)

依赖指的是类之间的访问关系。如果类 A 访问类 B 的属性或方法，或者类 A 负责实例

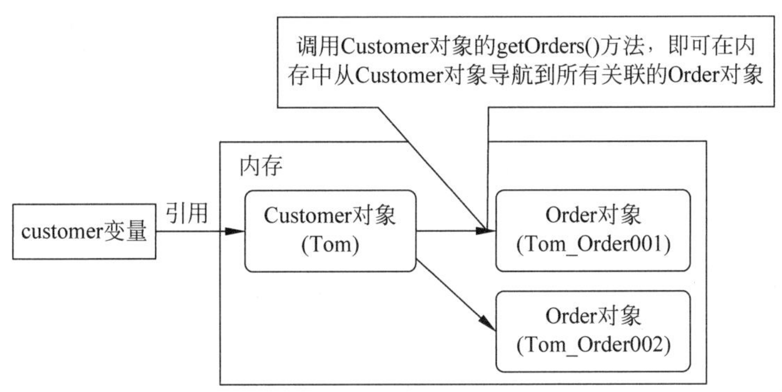

图 1-17　在内存中从 Customer 对象导航到所有 Order 对象

化类 B,那么可以说类 A 依赖类 B。和关联关系不同,依赖关系无须把类 B 定义为类 A 的属性。依赖关系在实体域对象之间不常见,但是过程域对象往往依赖实体域对象,因为过程域对象会创建实体域对象,或者会访问实体域对象的属性及方法。以下是过程域对象 BusinessService 的 loadCustomer()方法,它根据参数指定的 OID 加载一个 Customer 实体域对象,在该方法中会创建一个 Customer 对象,然后把 JDBC ResultSet 结果集中的关系数据映射到 Customer 对象中。

```
public Customer loadCustomer (long customerId) throws Exception{
  Connection con = null;
  PreparedStatement stmt = null;
  ResultSet rs = null;
  try {
    con = getConnection(); //获得数据库连接

    //以下是数据访问代码,加载 Customer 对象
    stmt = con.prepareStatement("select ID,NAME,AGE from CUSTOMERS"
                                          + " where ID = ?");
    stmt.setLong(1,customerId);
    rs = stmt.executeQuery();

    if(rs.next()) {
      Customer customer = new Customer();
      customer.setId(Long.valueOf(rs.getLong(1)));
      customer.setName(rs.getString(2));
      customer.setAge(rs.getInt(3));
      return customer;
    }else{
      throw new BusinessException("OID 为" + customerId
                              + "的 Customer 对象不存在");
    }

  }finally{
    try{
      rs.close();
      stmt.close();
```

```
        con.close();
      }catch(Exception e){
        e.printStackTrace();
      }
    }
  }
```

图 1-18 显示了 BusinessService 类与 Customer 类之间的依赖关系，箭头指示了依赖的方向。

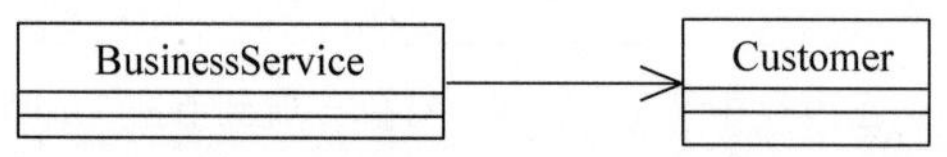

图 1-18　BusinessService 类依赖 Customer 类

此外，软件应用中上层的类总是依赖下层的类或接口，如业务逻辑层的类依赖持久化层的类或接口。

3) 聚集(Aggregation)

聚集指的是整体与部分之间的关系，在实体域对象之间很常见。例如，人与手就是聚集关系，参见图 1-19。

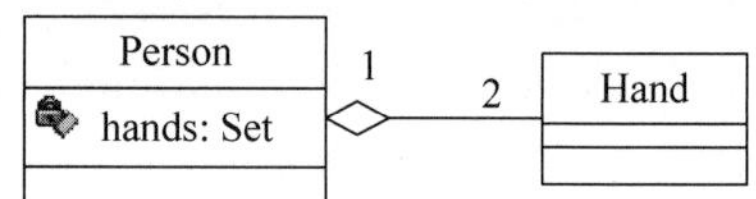

图 1-19　Person 类与 Hand 类之间的聚集关系

在 Person 类中有一个 hands 集合，它存放被聚集的 Hand 对象。例如：

```
public class Person{
  private Set < Hand > hands = new HashSet < Hand >();
  …
}
```

可见聚集关系和关联关系在类的定义上有相同的形式，不过两者有不同的语义。对于聚集关系，部分类的对象不能单独存在，它的生命周期依赖于整体类的对象的生命周期，当整体消失，部分也就随之消失。而对于存在关联关系的两个类，可以允许每个类的对象都单独存在，如雇员和雇主就是这样的关联关系。在三层应用结构中，聚集关系和关联关系在语义上的区别是由业务逻辑来决定的，通常由过程域对象来实现；在使用 ORM 中间件的四层应用结构中，可以在对象-关系映射文件中采用不同的映射元数据来区分这两种关系，10.3.1 节将对此做进一步的论述。

4) 一般化(Generalization)

一般化指的是类之间的继承关系。例如，HourlyEmployee(按小时拿工资的雇员)和 SalariedEmployee 类(按月拿工资的雇员)都继承 Employee 类，图 1-20 为这三个类的类框图。

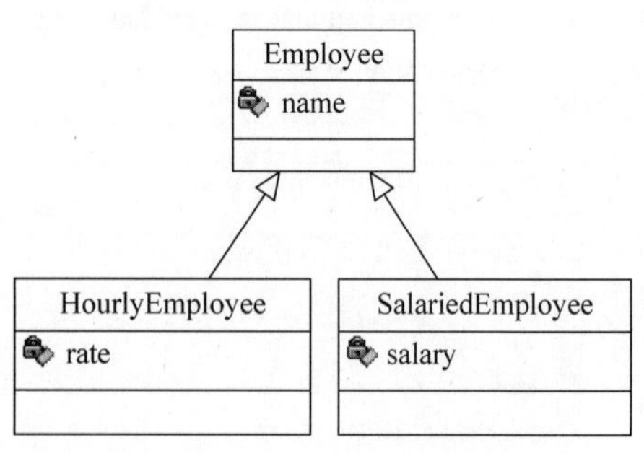

图 1-20　Employee 类之间的继承关系

3. 域对象的持久化概念

对比前面介绍的域模型和关系数据模型，可以看出业务数据有两种表现形式。

(1) 在内存中表现为实体域对象,以及实体域对象之间的各种关系。

(2) 在关系数据库中表现为表,以及表与表之间的参照关系。

当 Java 程序在内存中创建了实体域对象后,它们不可能永远存在。最后,它们从内存中清除或被持久化到数据存储设备中。内存无法永久地保存数据,因此必须对实体域对象进行持久化。例如在 netstore 应用中,如果对象没有被持久化,那么用户在应用程序运行时创建的订单信息将在应用程序结束运行后随之消失,因此 netstore 应用中的订单、客户和商品信息都应该被持久化。一旦对象被持久化,它们可以在应用程序再次运行时被重新读入到内存,并重新构造出域对象。图 1-21 显示了域对象的持久化过程。

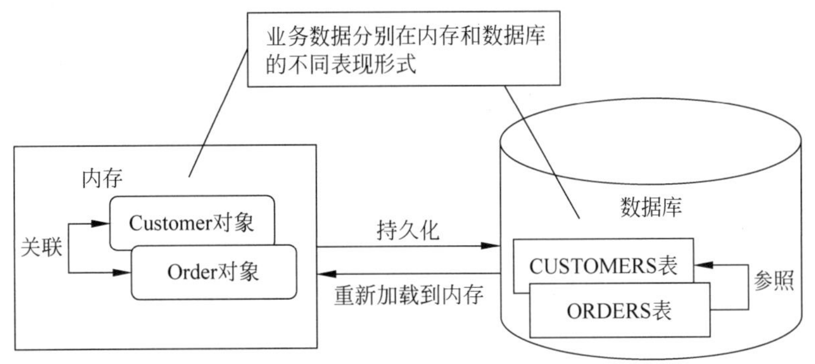

图 1-21　域对象的持久化

并不是所有的域对象都需要持久化,通常只有实体域对象才需要持久化,如 Customer、Order 和 Item,而过程域对象不需要持久化。另外,有些实体域对象也不需要持久化,如 ShoppingCart 对象,当用户登录到购物网站上,Web 服务器端为用户创建一个 ShoppingCart 对象,这个 ShoppingCart 对象存在于 HTTP 会话范围内,当用户结束 HTTP 会话,Web 服务器端就会结束这个 ShoppingCart 对象的生命周期,但不会把它的状态永久保存到数据库中,因此在关系数据模型中不必创建相应的 SHOPPINGCARTS 表。本书中提及对象的持久化或者域对象的持久化,其实都指实体域对象的持久化。此外,本书后文还把需要被持久化的实体域对象所属的类统称为持久化类。

Hibernate 的英文原意是冬眠,冬眠与持久化之间有什么关系呢? Java 对象存在于内存中,Hibernate 能够把 Java 对象永久保存到关系数据库中。可以形象地理解为,Hibernate 能够让内存中的 Java 对象在关系数据库中“冬眠”。

从狭义上理解,持久化仅指把域对象永久保存到数据库中;从广义上理解,持久化包括和数据库相关的各种操作。以下是一些常见的操作。

(1) 保存:把域对象永久保存到数据库中。

(2) 更新:更新数据库中域对象的状态。

(3) 删除:从数据库中删除一个域对象。

(4) 加载:根据特定的 OID,把一个域对象从数据库加载到内存中。

(5) 查询:根据特定的查询条件,把符合查询条件的一个或多个域对象从数据库加载到内存中。

读者应该根据上下文，来区分持久化的具体含义。

提示　确切地说，数据库中存放的是关系数据，而不是对象。但本书常常出现"从数据库中加载对象""删除数据库中的对象"，以及"更新数据库中的对象"等说法。这主要是站在持久化层（如 Hibernate）的客户端的角度来看待数据访问操作的。Hibernate 封装了数据访问细节，为客户端提供了面向对象的持久化语义。客户端可以假想数据库中存放的就是对象，只需要委托 Hibernate 从数据库中加载对象、删除数据库中的对象，以及更新数据库中的对象就行了，至于 Hibernate 如何把这些对象映射为数据库中的相应关系数据，这就属于 Hibernate 的分内之事了。

1.3　小结

本章介绍了软件的分层结构、关系数据模型和域模型等概念。在三层或四层应用结构中，域对象位于业务逻辑层；实体域对象代表应用运行时的业务数据，它存在于内存中；过程域对象代表应用的业务逻辑。数据库用于存放永久性的业务数据。

Hibernate 位于持久化层，是域模型和关系数据模型之间的桥梁。Hibernate 封装了所有的数据访问操作，业务逻辑层通过持久化层来访问关系数据库，进行保存、更新、删除、加载和查询数据等操作。

1.4　思考题

1. 软件分层有哪些特征？（多选）
   (a) 层与层之间存在自上而下的依赖关系
   (b) 每个层对上层公开 API，但具体的实现细节对外透明
   (c) 当某一层的实现发生变化，只要它的 API 不变，就不会影响其他层的实现
   (d) 各个层分别处理不同的业务逻辑
2. 以下哪个选项属于持久化层的任务？（单选）
   (a) 处理业务逻辑　　(b) 提供用户界面
   (c) 实现数据访问细节　　(d) 永久性地存储业务数据
3. 关于关系数据模型，以下哪些说法正确？（多选）
   (a) 假定客户与订单之间为一对多的关系，那么可以在 ORDERS 表中定义一个参照 CUSTOMERS 表的外键
   (b) 在 ORDERS 表中，如果把表示订单编号的 ORDER_NUMBER 字段作为主键，那么这个主键就称为代理主键
   (c) 代理主键不具有任何业务含义
   (d) 代理主键可以提高关系数据库的可维护性
4. 在域模型中，以下哪种类型的对象表示业务数据？（单选）
   (a) 实体域对象　　(b) 过程域对象

(c) 事件域对象

5. 如果希望在内存中既能从 Customer 对象导航到 Order 对象，又能从 Order 对象导航到 Customer 对象，那么 Customer 对象与 Order 对象之间应该建立什么关系？（单选）

(a) 聚集关系

(b) 从 Customer 对象到 Order 对象的一对多单向关联关系

(c) 从 Order 对象到 Customer 对象的多对一单向关联关系

(d) Customer 对象与 Order 对象的双向关联关系

第2章

Java对象持久化技术概述

视频讲解

第 1 章已经介绍了域模型和关系数据模型，业务数据在域模型和关系数据模型中表现出不同的形式。

（1）对于域模型，业务数据在内存中表现为实体域对象，以及实体域对象之间的各种关系。

（2）对于关系数据模型，业务数据表现为数据库中的表，以及表与表之间的参照关系。

对象的持久化，主要指把内存中的对象形式的业务数据，转换为数据库中的关系数据形式的业务数据，从而永久保存。此外，从广义上理解，对象的持久化还包括在内存与关系数据库之间交换业务数据的各种操作，如保存、加载、更新和删除业务数据等。

本章主要介绍对象持久化的几种模式：

（1）在业务逻辑层直接通过 JDBC API 来持久化实体域对象，业务逻辑和数据库访问耦合。

（2）ORM 模式。

（3）主动域对象模式。

（4）CMP 模式。

本章和第 1 章主要从理论角度阐述 Hibernate 在软件体系中所处的位置及作用。对于初学者，如果觉得直接从理论上理解 Hibernate 比较抽象，可以先越过本章，直接阅读第 3 章和第 4 章。第 3 章通过使用 Hibernate 应用范例来帮助读者获得对 Hibernate 的感性认识。第 4 章则进一步介绍整合 JPA 和 Hibernate 的实用范例。

2.1 直接通过 JDBC API 来持久化实体域对象

实体域对象的持久化最终必须通过数据库访问代码来实现。Java 应用访问数据库的最直接的方式就是通过 JDBC（Java Database Connectivity）API 来访问数据库。java.sql 包提供了 JDBC API，程序员可以通过它编写访问数据库的程序代码。在 java.sql 包中常用的接口和类包括以下内容。

(1) DriverManager：驱动程序管理器，负责创建数据库连接。

(2) Connection：代表数据库连接。

(3) Statement：负责执行 SQL 语句。

(4) PreparedStatement：负责执行 SQL 语句，具有预定义 SQL 语句的功能。

(5) ResultSet：代表 SQL 查询语句的查询结果集。

图 2-1 显示了这些类的关系。

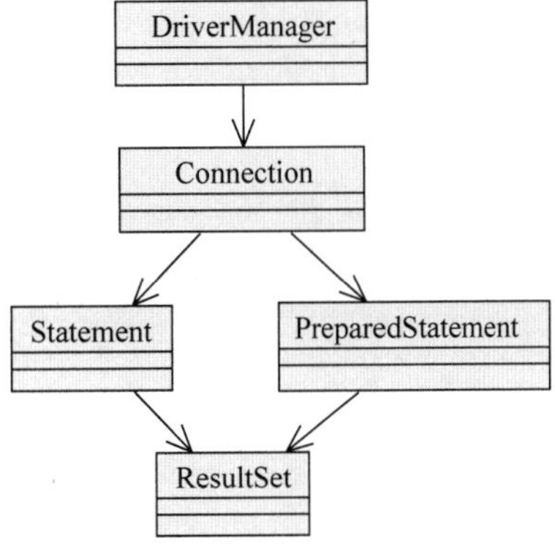

图 2-1　java.sql 包中主要类的类框图

例程 2-1 是过程域对象 BusinessService 的源程序，它提供了负责持久化 Customer 对象的一系列方法(这里的持久化是一个广义概念)。

(1) saveCustomer()：把 Customer 域对象永久保存到数据库中。

(2) updateCustomer()：更新数据库中 Customer 域对象的状态。

(3) deleteCustomer()：从数据库中删除一个 Customer 域对象。

(4) loadCustomer()：根据特定的 OID，把一个 Customer 域对象从数据库加载到内存中。

(5) findCustomerByName()：根据特定的客户姓名，把符合查询条件的 Customer 域对象从数据库加载到内存中。

例程 2-1　BusinessService 类

```
public class BusinessService{
  private String dbUrl  = "jdbc:mysql://localhost:3306/SAMPLEDB";
  private String dbUser = "root";
  private String dbPwd = "1234";

  public BusinessService() throws Exception{
     //加载 MySQL 数据库驱动程序
     Class.forName("com.mysql.jdbc.Driver");
     DriverManager.registerDriver(new com.mysql.jdbc.Driver());
  }

  public Connection getConnection()throws Exception{
      //获得一个数据库连接
      return java.sql.DriverManager.getConnection(dbUrl,dbUser,dbPwd);
  }

  /**
   * 持久化参数指定的 Customer 对象,并且级联持久化与它关联的 Order 对象
   * 如果 Customer 对象的 name 属性为 null
   * 或者 Order 对象的 orderNumber 属性为 null,会抛出 BusinessException
   */
  public void saveCustomer(Customer customer) throws Exception {
```

```
Connection con = null;
PreparedStatement stmt = null;
try {
  con = getConnection(); //获得数据库连接

  //开始一个数据库事务
  con.setAutoCommit(false);

  //以下是业务逻辑代码，检查客户姓名是否为空
  if(customer.getName() == null)
    throw new BusinessException("客户姓名不允许为空");

  //以下是数据库访问代码，持久化 Customer 对象

  //为新的 CUSTOMERS 记录分配唯一的 ID
  long customerId = getNextId(con,"CUSTOMERS");
  //把 Customer 对象映射为面向关系的 SQL 语句
  stmt = con.prepareStatement("insert into CUSTOMERS(ID,NAME,AGE)"
                              + " values(?,?,?)");
  stmt.setLong(1,customerId);
  stmt.setString(2,customer.getName());
  stmt.setInt(3,customer.getAge());
  stmt.execute();

  Iterator<Order> iterator  = customer.getOrders().iterator();
  while (iterator.hasNext() ) {
    //以下是业务逻辑代码，检查订单编号是否为空
    Order order = iterator.next();
    if(order.getOrderNumber() == null)
      throw new BusinessException("订单编号不允许为空");

    //以下是数据库访问代码，级联持久化 Order 对象

    //为新的 ORDERS 记录分配唯一的 ID
    long orderId = getNextId(con,"ORDERS");
    //把 Order 对象映射为面向关系的 SQL 语句
    stmt = con.prepareStatement("insert into ORDERS"
             + "(ID,ORDER_NUMBER,PRICE,CUSTOMER_ID)values(?,?,?,?)");
    stmt.setLong(1,orderId);
    stmt.setString(2,order.getOrderNumber());
    stmt.setDouble(3,order.getPrice());
    stmt.setLong(4,customerId);
    stmt.execute();
  }

  //提交数据库事务
  con.commit();

}catch(Exception e){
```

```
      e.printStackTrace();
      try{//如果出现异常,撤销整个事务
        con.rollback();
      }catch(SQLException sqlex){
        sqlex.printStackTrace(System.out);
      }
      throw e;
    }finally{
      try{
         stmt.close();
         con.close();
       }catch(Exception e){
         e.printStackTrace();
       }
    }
  }

  /**
   * 更新参数指定的 Customer 对象
   */
  public void updateCustomer(Customer customer) throws Exception{ … }

  /**
   * 删除参数指定的 Customer 对象,并且级联删除与它关联的 Order 对象
   */
  public void deleteCustomer(Customer customer) throws Exception{ … }

  /**
   * 根据 OID 加载一个 Customer 对象
   */
  public Customer loadCustomer (long customerId) throws Exception {
    Connection con = null;
    PreparedStatement stmt = null;
    ResultSet rs = null;
    try {
      con = getConnection(); //获得数据库连接

      //以下是数据库访问代码,加载 Customer 对象
      stmt = con.prepareStatement("select ID,NAME,AGE from CUSTOMERS"
                          + " where ID = ?");
      stmt.setLong(1,customerId);
      rs = stmt.executeQuery();

      if(rs.next()) {
        Customer customer = new Customer();
        customer.setId(Long.valueOf(rs.getLong(1)));
        customer.setName(rs.getString(2));
        customer.setAge(rs.getInt(3));
        return customer;
```

```
      }else{
        throw new BusinessException("OID 为" + customerId
                                    + "的 Customer 对象不存在");
      }
    }finally{
      try{
        rs.close();
        stmt.close();
        con.close();
      }catch(Exception e){
        e.printStackTrace();
      }
    }
  }

  /**
   * 按照姓名查询满足条件的 Customer 对象,同时加载与它关联的 Order 对象
   */
  public List<Customer> findCustomerByName(String name)
     throws Exception{
    HashMap<Long,Customer> map = new HashMap<Long,Customer>();
    List<Customer> result = new ArrayList<Customer>();

    Connection con = null;
    PreparedStatement stmt = null;
    ResultSet rs = null;
    try{
      con = getConnection(); //获得数据库连接

      String sqlString = " select c.ID CUSTOMER_ID,c.NAME,c.AGE,"
       + "o.ID ORDER_ID,o.ORDER_NUMBER,o.PRICE "
       + "from CUSTOMERS c left outer join ORDERS o "
       + "on c.ID  = o.CUSTOMER_ID where c.NAME = ?";

      stmt  = con.prepareStatement(sqlString);
      stmt.setString(1,name); //绑定参数
      rs = stmt.executeQuery();
      while (rs.next()){
        //编历 JDBC ResultSet 结果集
        Long customerId  = Long.valueOf( rs.getLong(1));
        String customerName =  rs.getString(2);
        int customerAge =  rs.getInt(3);
        Long orderId  = Long.valueOf( rs.getLong(4));
        String orderNumber =  rs.getString(5);
        double price = rs.getDouble(6);

        //映射 Customer 对象
        Customer customer = null;
        if(map.containsKey(customerId))
```

```
          //如果在 map 中已经存在 OID 匹配的 Customer 对象,就获得此对象的引用
          //这样,就避免创建重复的 Customer 对象
          customer = (Customer)map.get(customerId);
        else{
          //如果在 map 中不存在 OID 匹配的 Customer 对象,就创建一个 Customer 对象
          //然后把它保存到 map 中
          customer = new Customer();
          customer.setId(customerId);
          customer.setName(customerName);
          customer.setAge(customerAge);
          map.put(customerId,customer);
        }

        //映射 Order 对象
        Order order = new Order();
        order.setId(orderId);
        order.setOrderNumber(orderNumber);
        order.setPrice(price);

        //建立 Customer 对象与 Order 对象的关联关系
        customer.getOrders().add(order);
        order.setCustomer(customer);
      }
      //把 map 中所有的 Customer 对象加入到 result 集合中
      Iterator<Customer> iter  = map.values().iterator();
      while ( iter.hasNext() ) {
          result.add(iter.next());
      }
      return result;
    }finally{
       try{
         rs.close();
         stmt.close();
         con.close();
       }catch(Exception e){
         e.printStackTrace();
       }
    }
  }

  /**
   * 生成一个新的主键值,取值为表的当前最大主键值+1,如果表不包含记录,就返回1
   */
  private long getNextId(Connection con,String tableName)
                                   throws Exception {
    long nextId = 0;
    PreparedStatement stmt  =  null;
    ResultSet rs  =  null;
    try {
```

```
        stmt = con.prepareStatement("select max(ID) from " + tableName);
        rs = stmt.executeQuery();
        if ( rs.next() ) {
          nextId = rs.getLong(1) + 1;
          if ( rs.wasNull() ) nextId = 1;
        }
        else {
          nextId = 1;
        }
        return nextId;
      }finally {
        try{
            rs.close();
            stmt.close();
        }catch(Exception e){
            e.printStackTrace();
        }
      }
    }

    public void test()throws Exception{ … }
    public static void main(String args[ ])throws Exception{
      new BusinessService().test();
    }
  }
```

JDBC API 的详细使用方法不在本书的讨论范围。从以上代码(以 saveCustomer()方法为例)可以看出,在业务方法中直接嵌入了大量 SQL 语句,SQL 语句是面向关系的,依赖于关系数据模型。这给应用程序带来以下缺点。

(1) 实现业务逻辑的代码和数据库访问代码掺杂在一起,使程序结构不清晰,可读性差。

(2) 在程序代码中嵌入面向关系的 SQL 语句,使开发人员不能完全运用面向对象的思维来编写程序。例如,当开发人员把一个 Customer 对象及关联的两个 Order 对象保存到数据库中时,他必须了解在数据库中存放 Customer 对象的表为 CUSTOMERS 表,存放 Order 对象的表为 ORDERS 表,此外还要了解这两张表的具体结构及参照关系。

(3) 业务逻辑被迫和关系数据模型绑定。如果关系数据模型发生变化,如修改了 CUSTOMERS 表的结构,把 CUSTOMERS 表中的 NAME 字段改为 FIRSTNAME 和 LASTNAME 两个字段,那么必须修改程序代码中所有涉及 CUSTOMERS 表的相关 SQL 语句,这增加了软件维护的难度。

(4) 如果程序代码中的 SQL 语句包含语法错误,在编译时不能检查出这种错误,只有在运行时才能发现这种错误,这增加了程序调试的难度。

为了使程序中的业务逻辑和数据库访问细节分离,在 Java 领域已经出现了以下几种现成的模式。

(1) ORM 模式。

(2) 主动域对象模式。

(3) CMP 模式。

(4) 运用 ORM 的 JPA 模式。

2.2 ORM 简介

对象-关系映射(Object Relational Mapping,ORM)指的是在单个组件中负责所有实体域对象的持久化,封装数据库访问细节。1.1.5 节已经介绍了把数据库访问细节从业务逻辑层分离,把它单独划分到持久化层的设计思想。那么,到底如何来实现持久化层呢?一种简单的方案是采用硬编码的方式,为每一种可能的数据库访问操作提供单独的方法。持久化层向业务逻辑层提供的 API 类似于以下形式。

```
public interface PersistenceManager{
  public void saveCustomer(Customer customer) throws Exception;
  public void deleteCustomer(Customer customer) throws Exception;
  public void updateCustomer(Customer customer) throws Exception;
  public Customer loadCustomer(long id) throws Exception;
  public List findCustomerByName(String name) throws Exception;
  public List findCustomerByAge(int age) throws Exception;
  public List findCustomerByNameAndAge(String email,int age)
                                    throws Exception;

  public boolean saveItem(Item item) throws Exception;
  public boolean deleteItem(Item item) throws Exception;
  public boolean updateItem(Item item) throws Exception;
  public Item loadItem(long id) throws Exception;
  …
}
```

业务逻辑层的 BusinessService 类的 saveCustomer()方法不必直接访问 JDBC API,只需要通过 PersistenceManager 的 saveCustomer()方法来保存 Customer 对象。代码如下:

```
public void saveCustomer(Customer customer) throws Exception {

  //以下是业务逻辑代码,检查客户姓名是否为空
  if(customer.getName() == null)
    throw new BusinessException("客户姓名不允许为空");

  Iterator<Order> iterator = customer.getOrders().iterator();
  while (iterator.hasNext() ) {
    //以下是业务逻辑代码,检查订单编号是否为空
    Order order = iterator.next();
    if(order.getOrderNumber() == null)
      throw new BusinessException("订单编号不允许为空");
  }

  //调用持久化层的 API 来持久化 Customer 对象
```

```
    getPersistenceManager().saveCustomer(customer);
}
```

尽管以上方案是可行的，但存在以下不足。

(1) 持久化层产生大量冗余代码。如 findCustomerByName()、findCustomerByAge() 和 findCustomerByNameAndAge()方法，它们的程序代码都很相似，仅是生成的 select 语句中的查询条件不一样。

(2) 持久化层缺乏弹性。一旦出现业务需求的变更，如新增加了按照性别检索客户的需求，就必须修改持久化层的接口，增加 findCustomerBySex()方法。

(3) 持久化层同时与域模型和关系数据模型绑定。不管域模型还是关系数据模型发生变化，都要修改持久化层的相关程序代码，增加了软件维护的难度。

对于第一条缺陷，一种看似可行的改进措施如图 2-2 所示。

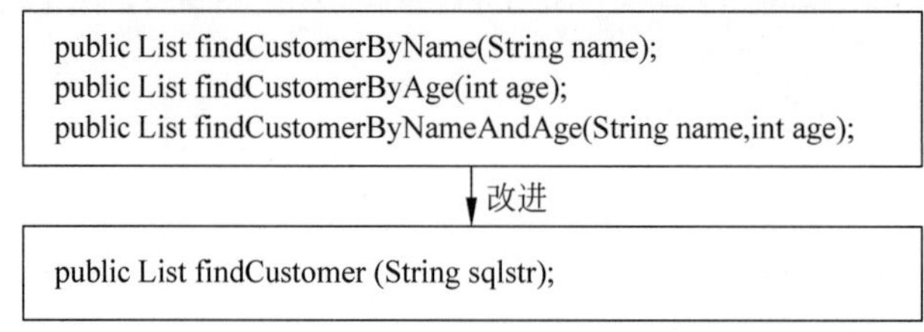

图 2-2 把三个 selectCustomerByXXX()方法合并为一个方法

这个措施在持久化层减少了一些重复代码，只需要一个 findCustomer()方法，就能完成原来三个方法的任务。在 findCustomer()方法中不必组装 SQL 语句，只要直接用参数 sqlstr 提供的 SQL 语句即可。但这又带来一个新的问题，findCustomer()方法是供业务逻辑层调用的，因此业务逻辑层必须负责生成 SQL 语句。业务逻辑层还是必须了解关系数据库的结构，这使得业务逻辑层仍然和数据库访问细节及关系数据模型纠缠在一起。

由此可见，对于复杂的关系数据模型，直接通过 JDBC 编程来实现健壮的持久化层需要有高超的开发技巧，而且编程量很大。

ORM 提供了实现持久化层的另一种模式，它采用映射元数据(Mapping Meta Data)来描述对象-关系的映射细节，使得 ORM 中间件能在任何一个 Java 应用的业务逻辑层和数据库层之间充当桥梁，参见图 2-3。

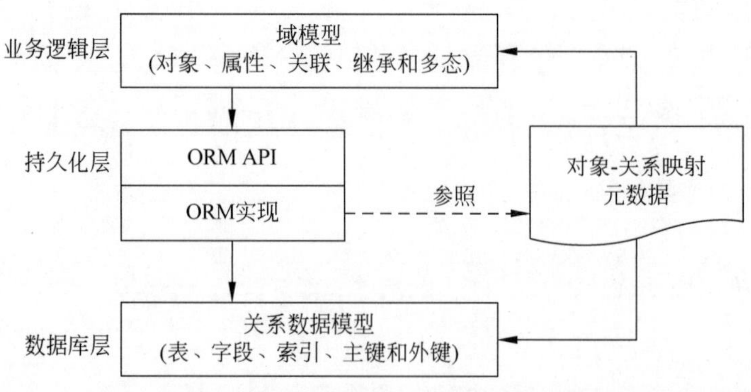

图 2-3 ORM 充当业务逻辑层和数据库层之间的桥梁

2.2.1　对象-关系映射的概念

ORM 解决的主要问题就是对象-关系的映射。域模型和关系数据模型都分别建立在概念模型的基础上。域模型是面向对象的，而关系数据模型是面向关系的。一般情况下，一个持久化类和一个表对应，类的每个实例对应表中的一条记录。表 2-1 列举了面向对象概念和面向关系概念之间的基本映射。

表 2-1　对象-关系的基本映射

面向对象概念	面向关系概念
类	表
对象	表的行（即记录）
属性	表的列（即字段）

但是域模型与关系数据模型之间还可能存在许多不匹配之处。如在图 2-4 中，域模型中类的数目比关系数据模型中表的数目多。Customer 类有两个 Address 类型的属性：homeAddress 属性（家庭地址）和 comAddress 属性（公司地址）。Address 类代表地址，它包含 province、city、street 和 zipcode 属性。Customer 类与 Address 类之间为聚集关系。而在数据库中只有 CUSTOMERS 一张表，它的 HOME_PROVINCE 和 HOME_CITY 等字段表示家庭地址，COM_PROVINCE 和 COM_CITY 等字段表示公司地址。第 10 章会详细介绍如何通过 Hibernate 把 Customer 类和 Address 类映射到 CUSTOMERS 表。

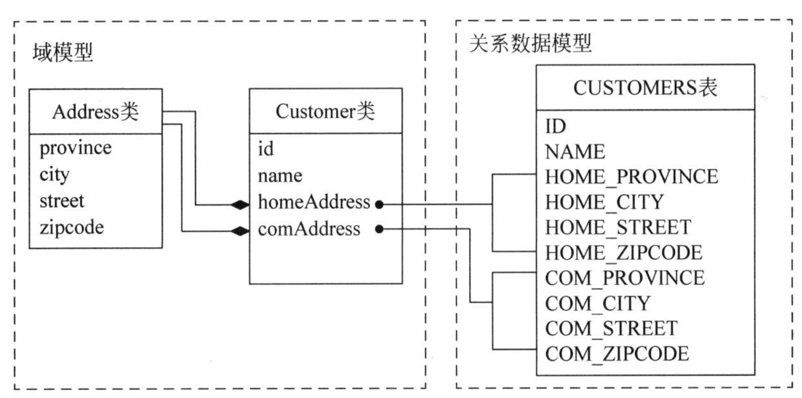

图 2-4　域模型中类的数目比关系数据模型中表的数目多

此外，域模型中类之间的多对多关联关系和继承关系都不能直接在关系数据模型中找到对应的等价物。在关系数据模型中，表之间只存在外键参照关系，有点类似域模型中多对一或一对一的单向关联关系。因此，ORM 中间件需要采用各种映射方案，来建立两种模型之间的映射关系。以图 2-4 为例，当 ORM 中间件保存一个 Customer 对象时，它必须把 Customer 对象及被聚集的 Address 对象映射为 CUSTOMERS 表中的关系数据，执行如下 JDBC 程序。

```
String sql = "insert into CUSTOMERS"
   + "(ID,NAME,HOME_PROVINCE,HOME_CITY,HOME_STREET,HOME_ZIPCODE,"
```

```
    + "COM_PROVINE,COM_CITY,COM_STREET,COM_ZIPCODE)"
    + "values(?,?,?,?,?,?,?,?,?,?)";

PreparedStatement stmt = con.prepareStatement(sql);
//把 Customer 对象及被聚集的 Address 对象映射为 CUSTOMERS 表中的关系数据
stmt.setLong(1,getNextId("CUSTOMERS"));
stmt.setString(2,customer.getName());
stmt.setString(3,customer.getHomeAddress().getProvince());
stmt.setString(4,customer.getHomeAddress().getCity());
stmt.setString(5,customer.getHomeAddress().getStreet());
stmt.setString(6,customer.getHomeAddress().getZipcode());
stmt.setString(7,customer.getComAddress().getProvice());
stmt.setString(8,customer.getComAddress().getCity());
stmt.setString(9,customer.getComAddress().getStreet());
stmt.setString(10,customer.getComAddress().getZipcode());
stmt.executeUpdate();
```

当 ORM 中间件从数据库中根据给定的 OID 加载一个 Customer 对象时，它必须把 CUSTOMERS 表中的关系数据映射为 Customer 对象及被聚集的 Address 对象，执行如下 JDBC 程序。

```
String sql = "select ID,NAME,"
    + "HOME_PROVINCE,HOME_CITY,HOME_STREET,HOME_ZIPCODE,"
    + "COM_PROVINE,COM_CITY,COM_STREET,COM_ZIPCODE "
    + "from CUSTOMERS where ID = ?";

PreparedStatement stmt = con.prepareStatement(sql);
stmt.setLong(1,customerId);
ResultSet rs = stmt.executeQuery();

if(rs.next()) {
  //把 CUSTOMERS 表中的关系数据映射为 Customer 对象及被聚集的 Address 对象
  Customer customer = new Customer();
  customer.setId(new Long(rs.getLong(1)));
  customer.setName(rs.getString(2));

  Address homeAddress = new Address();
  homeAddress.setProvice(rs.getString(3));
  homeAddress.setCity(rs.getString(4));
  homeAddress.setStreet(rs.getString(5));
  homeAddress.setZipcode(rs.getString(6));

  Address comAddress = new Address();
  comAddress.setProvice(rs.getString(7));
  comAddress.setCity(rs.getString(8));
  comAddress.setStreet(rs.getString(9));
  comAddress.setZipcode(rs.getString(10));

  customer.setHomeAddress(homeAddress);
```

```
    customer.setComAddress(comAddress);
    return customer;
}
```

2.2.2　描述对象-关系映射信息的元数据

ORM 中间件采用元数据来描述对象-关系映射细节，元数据有以下两种存放方式。

1. 使用 XML 格式的对象-关系映射文件

如果希望把 ORM 软件集成到自己的 Java 应用中，用户首先要提供对象-关系映射文件。不同 ORM 软件的元数据的语法不一样，以下是利用 Hibernate 来映射 Customer 类和 CUSTOMERS 表的元数据代码。

```
<hibernate-mapping>

  <!-- Customer 类与 CUSTOMERS 表映射 -->
  <class name="Customer" table="CUSTOMERS">

    <!-- Customer 类的 id 属性与 CUSTOMERS 表的 ID 主键映射 -->
    <id name="id">
      <column name="ID"
      <generator class="native"/>
    </id>

    <!-- Customer 类的 name 属性与 CUSTOMERS 表的 NAME 字段映射 -->
    <property name="NAME">
      <column name="NAME" not-null="true"/>
    </property>

    <!-- Customer 类的 age 属性与 CUSTOMERS 表的 AGE 字段映射 -->
    <property name="AGE" />

    <!-- Customer 类与 Order 类一对多关联 -->
    <set
        name="orders"
        cascade="delete"
        inverse="true">

        <key column="CUSTOMER_ID" />
        <one-to-many class=" Order" />
    </set>
    …
  </class>
</hibernate-mapping>
```

2. 在持久化类中使用注解来描述对象-关系映射

在持久化类中用注解来描述对象-关系映射是目前的主流映射方式。本书大多数范例都采用了这种方式，例如以下 Customer 类利用@Entity 和@Column 等注解来指定 Customer 类和 CUSTOMERS 表的映射关系。

```
@Entity
@Table(name = "CUSTOMERS")  //Customer类和CUSTOMERS表映射
public class Customer implements java.io.Serializable {
  @Id
  @GeneratedValue(generator = "increment")
  @GenericGenerator(name = "increment", strategy = "increment")
  @Column(name = "ID")      //Customer类的id属性和CUSTOMERS表的ID字段映射
  private Long id;

  //Customer类的name属性和CUSTOMERS表的NAME字段映射
  @Column(name = "NAME")
  private String name;

  //Customer类的age属性和CUSTOMERS表的AGE字段映射
  @Column(name = "AGE")
  private int age;

  //Customer类与Order类一对多关联
  @OneToMany(mappedBy = "customer",
          targetEntity = Order.class,
          orphanRemoval = true,
          cascade = CascadeType.ALL)
  private Set<Order> orders = new HashSet<Order>();
  …
}
```

2.2.3 访问 ORM 中间件的 API

只要提供了描述持久化类与表的映射关系的元数据，程序就可以通过 ORM 中间件的 API 来访问数据库。ORM 中间件会依据对象-关系映射元数据，来操纵数据库。图 2-5 以 Hibernate 为例，列出了 ORM 中间件的一种静态结构。

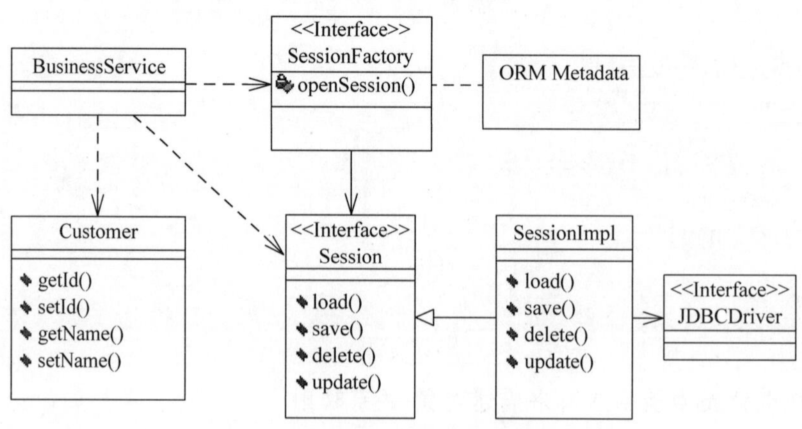

图 2-5　Hibernate 的静态结构

在图 2-5 中，Session 接口向业务逻辑层提供了读、写和删除域对象的方法，它不公开任何数据库访问细节，SessionImpl 类实现了该接口。SessionFactory 类负责创建 Session 实例。Hibernate 在初始化阶段把描述对象-关系映射信息的元数据读入到 SessionFactory 的缓存中。

如果业务逻辑层的 BusinessService 类的 deleteCustomer()方法希望从数据库中删除一个 Customer 对象，只需要调用 Session 接口的 delete()方法。代码如下：

```
public void deleteCustomer(Customer customer){
  Session sesion = getSession();
  //嗨,Session 总管,帮我把一个 Customer 对象删了
  session.delete(customer);
}
```

例程 2-1 中 BusinessService 类的 deleteCustomer()方法通过 JDBC API 来删除 Customer 对象，开发人员需要了解关系数据库中 CUSTOMERS 表的结构，接着创建一个用于删除 CUSTOMERS 表的相应记录的 SQL 语句，然后通过 JDBC API 来执行这条 SQL 语句。相比之下，此处的 deleteCustomer()方法的实现十分简洁，业务逻辑层只要轻轻松松地向 Hibernate 的 Session 接口发送“嗨，Session 总管，帮我把一个 Customer 对象删了”，接下来在数据库中删除 Customer 对象的细节就由 Session 接口的实现来处理了。

Session 的 delete()方法将执行以下步骤。

(1) 运用 Java 反射机制，获得 Customer 对象的类型为 Customer. class。

(2) 参考对象-关系映射元数据，了解到和 Customer 类对应的表为 CUSTOMERS 表，此外，Customer 类与 Order 类关联，Order 类和 ORDERS 表对应，ORDERS 表的外键 CUSTOMER_ID 参照 CUSTOMERS 表的 ID 主键。

(3) 根据映射信息，生成如下 SQL 语句。

```
delete from ORDERS where CUSTOMER_ID = ?;
delete from CUSTOMERS where ID = ?;
```

(4) 通过 JDBC API 来执行这个 SQL 语句。

提示 确切地说，Hibernate 在初始化阶段就会根据对象-关系映射信息预定义一些 insert、delete 和 update 语句，这些 SQL 语句存放在 SessionFactory 的缓存中。当执行 Session 的 delete()方法时，只要直接调用相关的 SQL 语句就可以了。5.1.5 节将对此做进一步解释。

对比通过 JDBC API 以及通过 Hibernate API 来删除 Customer 对象的过程，可以看出，Hibernate API 向开发人员提供了面向对象的持久化语义，即开发人员不必了解关系数据库中表的细节，可以把数据库中的数据当作域对象，按照面向对象的思维来操纵它们。

2.2.4 常用的 ORM 中间件

开发 ORM 中间件需要有专业的知识。对于企业应用的开发人员，花费大量时间从头开发自己的 ORM 中间件不是很可行。通常，可以直接采用第三方提供的 ORM 中间件，有

些是商业化的，有些是免费的。表 2-2 列出了一些 ORM 软件及它们的 URL 地址。

表 2-2 ORM 软件

ORM 软件	URL
Hibernate	http://www.hibernate.org/
TopLink	https://www.oracle.com/technetwork/middleware/toplink/overview/index.html
Torque	https://db.apache.org/torque/
Castor	http://castor.exolab.org
JRelationalFramework	http://jrf.sourceforge.net
MyBatis	http://www.mybatis.org

不管是使用商业化产品还是非商业化产品，都应该确保选用的 ORM 中间件没有渗透到应用中，应用的上层组件应该和 ORM 中间件保持独立。有些 ORM 中间件要求在实体域对象中引入它们的类和接口，这会影响实体域对象的可移植性，如果日后想改用其他的 ORM 中间件，必须改写实体域对象的程序代码。

另外，即使 ORM 中间件没有渗透到实体域对象中，应用程序中负责处理业务逻辑的过程域对象必须通过 ORM 中间件的 API 去访问数据库。每个 ORM 软件都有各自的 API，如果一个应用程序起初使用了 Hibernate，日后如果要改为使用 MyBatis，就必须重新编写访问 ORM 中间件的代码。为了削弱应用程序对特定 ORM 中间件的依赖性，Oracle 公司制定了统一的 Java 对象持久化 API(Java Persistence API，JPA)。JPA 成为了各种 ORM 框架的标准 API。JPA 充分吸收了现有的包括 Hibernate 在内的 ORM 软件的优点，具有易于使用和伸缩性强的优势。应用程序可通过 JPA 来对实体域对象进行持久化。

2.3 实体域对象的其他持久化模式

除了采用 ORM 持久化模式，还有以下三种对象持久化模式。

2.3.1 主动域对象模式

主动域对象是实体域对象的一种形式，在它的实现中封装了关系数据模型和数据库访问细节。例程 2-2 的 Customer 就是一种主动域对象。

例程 2-2 Customer.java

```
public class Customer{
  private Long id;
  private String name;
  private int age;
  private Set < Order > orders = new HashSet < Order >();

  //省略显示构造方法,getXXX()方法和 setXXX()方法
  …

  /** 从数据库中删除 Customer 对象,以及所有和 Customer 对象关联的 Order 对象 */
```

```
  public void remove()throws Exception{
    Connection con = getConnection();
    PreparedStatement stmt = null;
    try{
      //开始一个数据库事务
      con.setAutoCommit(false);

      //先删除和 Customer 对象关联的 Order 对象
      stmt = con.prepareStatement("DELETE FROM ORDERS WHERE "
                          + "CUSTOMER_ID = ?" );
      stmt.setLong(1,id.longValue());
      stmt.executeUpdate();

      //删除 Customer 对象
      stmt = con.prepareStatement("DELETE FROM CUSTOMERS WHERE "
                + "ID = ?" );
      stmt.setLong(1,id.longValue());
      stmt.executeUpdate();

      con.commit();              //提交数据库事务
    }catch(Exception e){
      try{//如果出现异常,撤销整个事务
        con.rollback();
      }catch(SQLException sqlex){
        sqlex.printStackTrace(System.out);
      }
      throw e;
    }finally{
      try{
          stmt.close();
          con.close();
      }catch(Exception e){e.printStackTrace();}
    }
  }

  /** 从数据库中加载当前 Customer 对象,执行 select 语句 */
  public void load()throws Exception{ … }

  /** 把 Customer 对象的当前状态保存到数据库中,执行 update 语句 */
  public void store()throws Exception{ … }

  /** 在数据库中创建当前 Customer 对象,执行 insert 语句 */
  public void create()throws Exception{ … }

  /** 按照参数指定的客户姓名到数据库中查询匹配的 Customer 对象,
      执行 select 语句 */
  public List findCustomerByName(String name)throws Exception{ … }
}
```

在 Java EE 架构中,EJB 组件分为会话 EJB 和实体 EJB。会话 EJB 通常实现业务逻辑,而实体 EJB 表示业务实体。实体 EJB 又分为两种：一种是由 EJB 本身管理持久化，即 BMP(Bean-Managed Persistence)；另一种是由 EJB 容器管理持久化，即 CMP(Container-Managed Persistence)。图 2-6 显示了 EJB 组件的分类。BMP 是主动域对象模式的一个例子，它表示由实体 EJB 自身管理数据库访问细节。

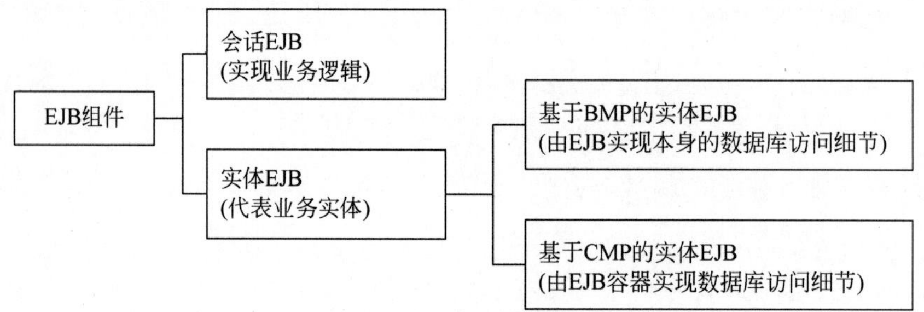

图 2-6　EJB 组件的分类

主动域对象模式有以下优点。

(1) 在实体域对象中封装自身的数据库访问细节，过程域对象完全负责业务逻辑，使程序结构更加清晰，如在 BusinessService 类的 deleteCustomer()方法中删除一个 Customer 对象时，不需要编写数据库访问代码，只需要直接调用 Customer 对象的 remove()方法。代码如下：

```
public void deleteCustomer(Customer customer) throws Exception{
  customer.remove();
}
```

(2) 如果关系数据模型发生改变，只需要修改主动域对象的代码，不需要修改过程域对象的业务方法。

主动域对象模式有以下缺点。

(1) 在实体域对象的实现中仍然包含 SQL 语句。

(2) 每个实体域对象都负责自身的数据库访问实现。把这一职责分散在多个对象中，会导致实体域对象重复实现一些共同的数据库访问操作，从而造成重复编码。

主动域对象本身位于业务逻辑层，因此采用主动域对象模式时，整个应用仍然是三层应用结构，并没有从业务逻辑层分离出独立的持久化层。

2.3.2　CMP 模式

在 Java EE 架构中，CMP(Container-Managed Persistence)表示由 EJB 容器来管理实体 EJB 的持久化，EJB 容器负责处理对象-关系的映射及数据库访问细节。CMP 与 ORM 的相似之处在于，两者都提供对象-关系映射服务，都把对象持久化的任务从业务逻辑程序中分离出来；两者的区别在于，CMP 负责持久化实体 EJB 组件，而 ORM 负责持久化 POJO，POJO 是普通的、基于 JavaBean 形式的实体域对象。和 ORM 相比，CMP 有以下不足。

(1) 开发人员开发的实体 EJB 必须遵守特定的 Java EE 规范，而多数 ORM 中间件不强迫域对象必须满足特定的规范。

(2) 实体 EJB 只能运行在 EJB 容器中，而 POJO 可以运行在任何一种 Java 环境中。

(3) 目前，对于复杂的域模型，EJB 容器提供的对象-关系映射能力很有限。相比之下，许多 ORM 中间件提供了完善的对象-关系映射服务。

(4) 尽管按照 Java EE 的规范，EJB 应该是一种可移植的组件，实际上它却受到很大限制。因为不同厂商生产的 CMP 引擎差异很大，它们使用的对象-关系映射元数据各不相同，使得 EJB 不能顺利地从一个 EJB 容器移植到另一个 EJB 容器中。使用 ORM 中间件就不存在这样的问题，以 Hibernate 为例，它可以无缝集成到任何一个 Java 系统中。

在 Java 软件架构领域中，在出现基于 CMP 的实体 EJB 之前，基于 JavaBean 形式的实体域对象就存在了。但是把基于 JavaBean 形式的实体域对象称为 POJO，却是最近才发生的事。POJO(Plain Old Java Object)的意思是又普通又古老的 Java 对象，称它古老是因为它相对于基于 CMP 的实体 EJB 显得很古老。

随着各种 ORM 映射工具的日趋成熟和流行，POJO 又重现光彩，它和基于 CMP 的实体 EJB 相比，既简单，又具有很高的可移植性，因此联合使用 ORM 映射工具和 POJO，已经成为一种越来越受欢迎并且可用于取代 CMP 的持久化方案。

2.3.3 运用 ORM 的 JPA 模式

JPA(Java Persistence API，Java 持久化 API)是 Oracle 公司在 Java EE 规范中提出的 Java 持久化标准接口。JPA 吸取了目前各种 Java 持久化技术的优点，旨在规范、简化 Java 对象的持久化编程。采用 JPA 模式时，整个应用为四层应用结构，如图 2-7 所示。

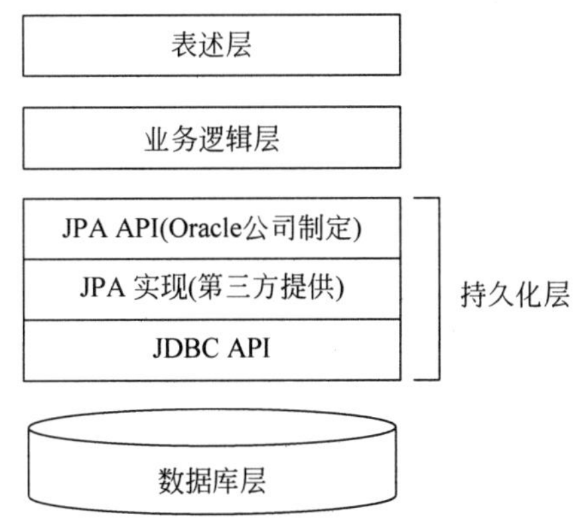

图 2-7 采用 JPA 模式的应用的分层结构

JPA 本身并没有提供具体的实现，它需要由第三方软件来实现。越来越多的 ORM 软件都实现了 JPA。例如 Hibernate 就实现了 JPA，允许程序通过 Hibernate API 或 JPA API 来访问数据库，第 3 章和第 4 章会通过具体范例对此做进一步阐述。

2.4 小结

业务数据在内存中表现为实体域对象形式，而在关系数据库中表现为关系数据形式。数据库访问代码负责把实体域对象持久化到关系数据库中，数据库访问主要有以下几种模式。

(1) 业务逻辑和数据库访问耦合：在过程域对象中，业务逻辑和数据库访问代码混杂在一起，如图 2-8 所示。

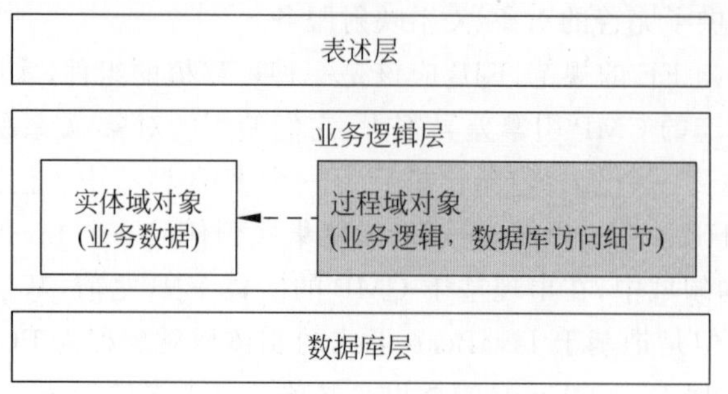

图 2-8 业务逻辑和数据库访问耦合

(2) 主动域对象模式：由实体域对象负责自身的数据库访问细节，这种实体域对象也被称为主动域对象，如图 2-9 所示。

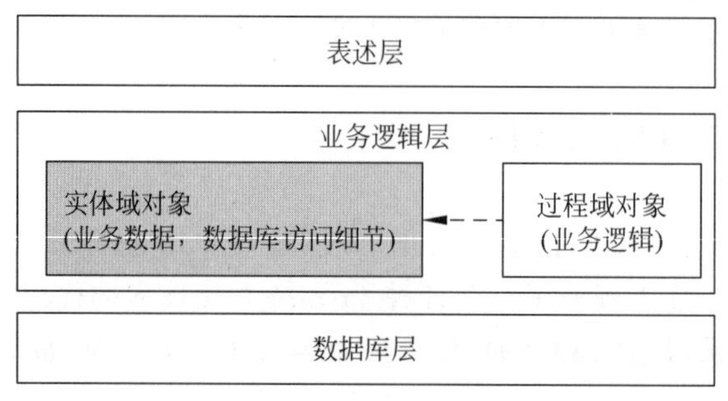

图 2-9 主动域对象模式

(3) ORM 模式：在单独的持久化层由 ORM 中间件封装数据库访问细节，参见图 2-10。ORM 中间件提供对象-关系映射服务，当向数据库保存一个域对象时，把业务数据由对象形式映射为关系数据形式；当从数据库加载一个域对象时，把业务数据由关系数据形式映射为对象形式。

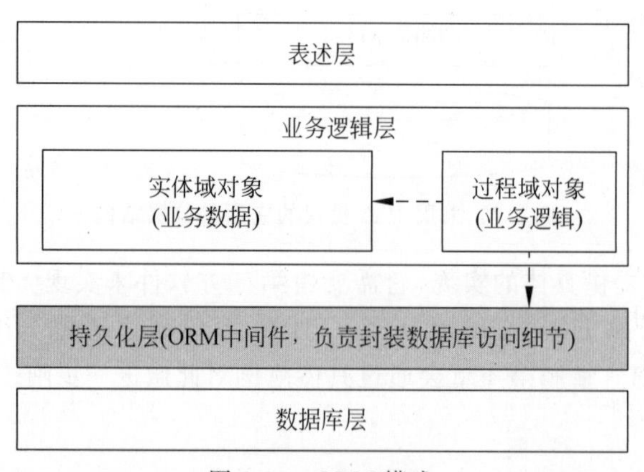

图 2-10 ORM 模式

本章的范例程序位于配套源代码包的 sourcecode/chapter2 目录下，图 2-11 为它的分层结构。该程序中，Customer 和 Order 表示实体域对象，BusinessService 表示过程域对象，它

的业务逻辑和数据库访问耦合，例程 2-1 为它的源代码。如果读者对 JDBC API 还不是很了解，也可以通过这个例子熟悉 JDBC 编程的基本方法。

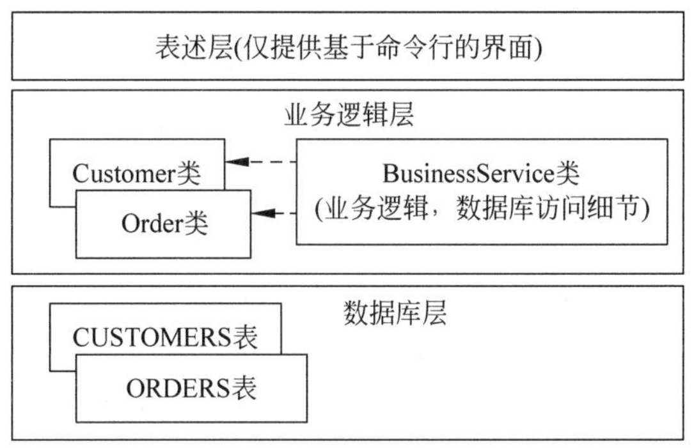

图 2-11　本章范例程序的分层结构

运行该程序的步骤如下。

(1) 启动 MySQL 服务器，在 MySQL 服务器中创建 SAMPLEDB 数据库，然后在该数据库中创建 CUSTOMERS 表和 ORDERS 表，相关的 SQL 脚本文件为 schema/sampledb.sql。确保 MySQL 服务器具有 root 账号，并且口令为 1234，因为本应用通过这个账号连接到数据库。

(2) 在 DOS 命令行下进入 chapter2 根目录，然后输入以下命令。

```
ant  run
```

该命令将利用 ANT 工具来编译所有的 Java 源代码，然后运行 BusinessService 类的 main()方法，该方法在 DOS 控制台的输出内容如下：

```
[java] Customer:1 Tom 22
[java] Order:1 Tom_Order001 100.0
[java] Order:2 Tom_Order002 200.0
```

如果读者不熟悉 ANT 工具或者 MySQL 的用法，可以参考 3.6.1 节。

2.5　思考题

1. 关于 Hibernate，以下哪些说法正确？(多选)
   (a) 它是连接 Java 应用程序和关系数据库的中间件
   (b) 它对 JDBC API 进行了轻量级的封装，负责 Java 对象的持久化
   (c) 在分层的软件架构中，它位于业务逻辑层，封装了所有数据库访问细节
   (d) 它是一种 ORM 映射工具，能够建立面向对象的域模型和关系数据模型之间的映射
2. 关于 JDBC API 和 Hibernate API，以下哪些说法正确？(多选)
   (a) JDBC API 封装了 Hibernate API

(b) 直接通过 JDBC API 来访问数据库的程序代码与关系数据模型绑定在一起

(c) Hibernate API 提供了面向对象的持久化语义

(d) JDBC API 及 Hibernate API 都是由 Oracle 公司制定的

3. 采用 ORM 框架时，以下哪个选项用来描述对象-关系映射细节？（单选）

(a) ORM 框架的 API　　(b) 对象-关系映射文件

(c) 关系数据库中的表　　(d) 域对象

4. 以下哪些对象持久化模式中分离出了独立的持久化层？（多选）

(a) 业务逻辑和数据库访问耦合　　(b) 主动域对象模式

(c) ORM 模式　　(d) 运用 ORM 的 JPA 模式

(e) CMP 模式

5. 以下哪些属于 Hibernate 的核心接口？（多选）

(a) Session　　(b) Transaction

(c) Query　　(d) Connection

(e) Statement

第3章 第一个helloapp应用

视频讲解

Hibernate 是 Java 应用和关系数据库之间的桥梁，它能进行 Java 对象和关系数据之间的映射。Hibernate 内部封装了通过 JDBC 访问数据库的操作，向上层应用提供面向对象的数据访问 API。在 Java 应用中使用 Hibernate 包含以下步骤。

（1）创建 Hibernate 的配置文件。

（2）创建持久化类。

（3）创建对象-关系映射文件。

（4）通过 Hibernate API 编写访问数据库的代码。

本章通过一个简单的 helloapp 应用示例，演示如何运用 Hibernate 来访问关系数据库。helloapp 应用的功能非常简单，它通过 Hibernate 保存、更新、删除、加载及查询 Customer 对象。图 3-1 显示了 Hibernate 在 helloapp 应用中所处的位置。

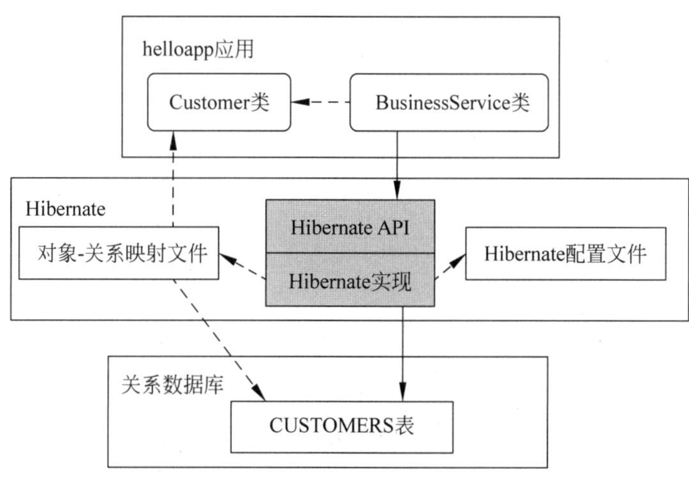

图 3-1 Hibernate 在 helloapp 应用中所处的位置

helloapp 应用既能作为独立的 Java 程序运行，还能作为 Java Web 应用运行，该应用的源代码位于配套源代码包的 sourcecode/chapter3/helloapp 目录下。

3.1 创建 Hibernate 的配置文件

Hibernate 从其配置文件中读取和数据库连接有关的信息，这个配置文件位于应用的 classpath 中。Hibernate 的配置文件有以下两种形式。

(1) Java 属性文件，采用"键=值"的形式。默认文件名为 hibernate. properties，默认存放路径为 classpath 的根目录。

(2) XML 格式的配置文件。默认文件名为 hibernate. cfg. xml，默认存放路径为 classpath 的根目录。

3.5.1 节会介绍 Hibernate 在初始化过程中加载这两种配置文件的时机。Hibernate 对 XML 格式的配置文件提供了强有力的支持，可以利用它来灵活地配置各种元素。因此本书范例主要采用 XML 格式的配置文件。

3.1.1 用 Java 属性文件作为 Hibernate 配置文件

下面介绍如何以 Java 属性文件的格式来创建 Hibernate 的配置文件。这种配置文件的默认文件名为 hibernate. properties，例程 3-1 为示范代码。

例程 3-1 hibernate. properties

```
hibernate.dialect = org.hibernate.dialect.MySQLDialect
hibernate.connection.driver_class = com.mysql.jdbc.Driver
hibernate.connection.url =
      jdbc:mysql://localhost:3306/SAMPLEDB?useSSL = false
hibernate.connection.username = root
hibernate.connection.password = 1234
hibernate.show_sql = true
```

以上 hibernate. properties 文件包含了一系列属性及其属性值，Hibernate 将根据这些属性来连接数据库，本例为连接 MySQL 数据库的配置代码。表 3-1 对 hibernate. properties 文件中的所有属性做了描述。

表 3-1 Hibernate 配置文件的属性

属　性	描　述
hibernate. dialect	指定数据库使用的 SQL 方言
hibernate. connection. driver_class	指定数据库的驱动程序
hibernate. connection. url	指定连接数据库的 URL
hibernate. connection. username	指定连接数据库的用户名
hibernate. connection. password	指定连接数据库的口令
hibernate. show_sql	默认为 false，如果为 true，表示在程序运行时，会在控制台输出 SQL 语句，这有利于跟踪 Hibernate 的运行状态。在应用开发和测试阶段，可以把这个属性设为 true，以便跟踪和调试应用程序；在应用发布阶段，应该把这个属性设为 false，以便减少应用的输出信息，提高运行性能

Hibernate 能够访问多种关系数据库，如 MySQL、Oracle 和 Sybase 等。尽管多数关系数据库都支持标准的 SQL 语言，但是它们往往还有各自的 SQL 方言，就像不同地区的人既能说标准的普通话，还能讲各自的方言一样。hibernate. dialect 属性用于指定被访问数据库所使用的 SQL 方言，当 Hibernate 生成 SQL 查询语句，或者使用 native 对象标识符生成策略时，都会参考本地数据库的 SQL 方言。第 6 章将详细介绍 Hibernate 的各种对象标识符生成策略。

3.1.2 XML 格式的 Hibernate 配置文件

XML 格式的配置文件的默认名字为 hibernate. cfg. xml，这个文件默认情况下也存放在 classpath 的根目录中。

XML 格式的配置文件不仅能设置所有的 Hibernate 配置选项，还能够通过< mapping >元素声明需要加载的映射文件，参见例程 3-2。

例程 3-2　hibernate. cfg. xml 文件

```
<hibernate-configuration>
  <session-factory>
    <property name="dialect">org.hibernate.dialect.MySQLDialect
    </property>

    <property name="connection.driver_class">
      com.mysql.jdbc.Driver
    </property>

    <property name="connection.url">
       jdbc:mysql://localhost:3306/sampledb&amp;useSSL=false
    </property>

    <property name="connection.username">root</property>
    <property name="connection.password">1234</property>
    <property name="show_sql">true</property>

    <mapping resource="mypack/Customer.hbm.xml" />

  </session-factory>
</hibernate-configuration>
```

< session-factory >元素的< mapping >子元素指定需要加载的映射文件。一个< session-factory >元素中可以包含多个< mapping >子元素。

19. 6 节会进一步介绍 Hibernate 的 XML 格式配置文件的用法。

3.2 创建持久化类

持久化类指其实例需要被 Hibernate 持久化到数据库中的类。持久化类通常都是域模型中的实体域类。持久化类符合 JavaBean 的规范，包含一些属性，以及与之对应的 getXXX()

和 setXXX()方法。例程 3-3 定义了一个名为 Customer 的持久化类。

例程 3-3　Customer.java

```
package mypack;
import java.io.Serializable;
import java.sql.Date;
import java.sql.Timestamp;

public class Customer implements Serializable{
  private Long id;
  private String name;
  private String email;
  private String password;
  private int phone;
  private boolean married;
  private String address;
  private char sex;
  private String description;
  private byte[] image;
  private Date birthday;
  private Timestamp registeredTime;

  public Customer(){}

  public Long getId(){
    return id;
  }

  /* Hibernate 可以调用此方法,为 id 属性赋值,而业务逻辑层无法访问此方法.
  3.5.3 节将介绍把 setId()方法设为 private 访问级别的原因.
   */
  private void setId(Long id){
    this.id = id;
  }

  public String getName(){
    return name;
  }

  public void setName(String name){
    this.name = name;
  }

  //此处省略 email、password 和 phone 等属性的 getXXX()和 setXXX()方法
  ...
}
```

Hibernate 允许这些属性的 getXXX()和 setXXX()方法可以采用任意的访问级别，包括 public、protected、默认和 private。getXXX()和 setXXX()方法必须符合特定的命名规

则,get 和 set 后面紧跟属性的名字,并且属性名的首字母为大写,如 name 属性的 get 方法为 getName(),如果把 get 方法命名为 getname()或者 getNAME(),会导致 Hibernate 在运行时抛出以下异常。

```
org.hibernate.PropertyNotFoundException:
Could not find a getter for name in class mypack.Customer
```

在默认情况下,当 Hibernate 试图读取一个 Customer 对象的 name 属性时,会根据 JavaBean 的命名规则,自动去调用 Customer 对象的 getName()方法,如果不存在这个方法,就会抛出以上异常。

5.1.2 节还将会介绍,Hibernate 并不强迫持久化类的属性必须有相应的 get 和 set 方法,因为 Hibernate 也可以直接访问持久化类的各种访问级别的属性。

如果持久化类的属性为 boolean 类型,那么它的 get 方法名既可以用 get 作为前缀,也可以用 is 作为前缀。例如,Customer 类的 married 属性为 boolean 类型,因此以下两种 get 方法是等价的。

```
public boolean isMarried(){
    return married;
}
```

或者:

```
public boolean getMarried(){
    return married;
}
```

Hibernate 并不要求持久化类必须实现 java.io.Serializable 接口,但是对于采用 RMI 或 Java EE 分布式结构的 Java 应用,当 Java 对象在不同的进程节点之间传输时,这个对象所属的类必须实现 Serializable 接口。此外,在 Java Web 应用中,如果希望对 HttpSession(表示 HTTP 会话)中存放的 Java 对象进行持久化,那么这个 Java 对象所属的类也必须实现 Serializable 接口。

Customer 持久化类有一个 id 属性,用来唯一标识 Customer 类的每个对象。在面向对象术语中,这个 id 属性被称为对象标识符(Object Identifier,OID),通常它都用整数表示,当然也可以设为其他类型。如果 customerA.getId().equals(customerB.getId())的结果是 true,就表示 customerA 和 customerB 对象指的是同一个客户,它们和 CUSTOMERS 表中的同一条记录对应。

Hibernate 要求持久化类必须提供一个不带参数的默认构造方法,因为在程序运行时,Hibernate 会运用 Java 反射机制,调用 java.lang.reflect.Constructor.newInstance()方法来构造持久化类的实例。一般情况下,这个默认构造方法可以采用任意的访问级别。但是如果对这个持久化类使用延迟检索策略,为了使 Hibernate 能够在运行时为这个持久化类创建动态代理,要求持久化类的默认构造方法的访问级别必须是 public、protected 或默认类型,而不能是 private 类型。第 16 章将详细介绍 Hibernate 的延迟检索策略及动态代理的概念。

在 Customer 类中没有引入任何 Hibernate API，Customer 类不需要继承 Hibernate 的类，或实现 Hibernate 的接口，这提高了持久化类的独立性。如果日后要改用其他的 ORM 产品，如由 Hibernate 改为 MyBatis，不需要修改持久化类的代码。

无论是基于 CMP 的实体 EJB，还是基于 BMP 的实体 EJB，它们的共同特点是都必须运行在 EJB 容器中。而 Hibernate 支持的持久化类不过是普通的 Java 类，它们能够运行在任何一种 Java 环境中。

这种具有较高独立性和可移植性的持久化类也被称为 POJO。

3.3 创建数据库 Schema

在本例中，与 Customer 类对应的数据库表名为 CUSTOMERS，它在 MySQL 数据库中的 DDL 定义如下：

```
create table CUSTOMERS (
  ID bigint not null primary key,
  NAME varchar(15) not null,
  EMAIL varchar(128) not null,
  PASSWORD varchar(8) not null,
  PHONE int ,
  ADDRESS varchar(255),
  SEX char(1) ,
  IS_MARRIED bit,
  DESCRIPTION text,
  IMAGE blob,
  BIRTHDAY date,
  REGISTERED_TIME timestamp
);
```

CUSTOMERS 表有一个 ID 字段，它是表的主键，它和 Customer 类的 id 属性对应。CUSTOMERS 表中的字段使用了各种各样的 SQL 类型，参见表 3-2。

表 3-2 CUSTOMERS 表的字段使用的 SQL 类型

字 段 名	SQL 类型	说 明
ID	BIGINT	整数，占 8 字节，取值范围为 $-2^{63} \sim 2^{63}-1$
NAME	VARCHAR	变长字符串，占 0～255 字节
SEX	CHAR	定长字符串，占 0～255 字节
IS_MARRIED	BIT	布尔类型
DESCRIPTION	TEXT	长文本数据，占 0～65 535 字节。如果字符串长度小于 255，可以用 VARCHAR 或 CHAR 类型来表示；如果字符串长度大于 255，可以定义为 TEXT 类型
IMAGE	BLOB	二进制长数据，占 0～65 535 字节，BLOB 是 Binary Large Object 的缩写。在本例中，IMAGE 字段用来存放图片数据
BIRTHDAY	DATE	代表日期，格式为 YYYY-MM-DD
REGISTERED_TIME	TIMESTAMP	代表日期和时间，格式为 YYYYMMDDHHMMSS

3.4 创建对象-关系映射文件

Hibernate 采用 XML 格式的文件来指定对象和关系数据之间的映射。在运行时，Hibernate 将根据这个映射文件来生成各种 SQL 语句。在本例中，将创建一个名为 Customer.hbm.xml 的文件，它用于把 Customer 类映射到 CUSTOMERS 表。例程 3-4 为 Customer.hbm.xml 文件的代码。

例程 3-4 Customer.hbm.xml

```
<?xml version = "1.0"?>
<!DOCTYPE hibernate - mapping PUBLIC
      " - //Hibernate/Hibernate Mapping DTD 3.0//EN"
      "http://www.hibernate.org/dtd/hibernate - mapping - 3.0.dtd">

<hibernate - mapping>
  <class name = "mypack.Customer" table = "CUSTOMERS">

    <id name = "id" column = "ID" type = "long">
      <generator class = "increment"/>
    </id>

    <property name = "name"     column = "NAME" type = "string"
                                       not - null = "true" />
    <property name = "email"     column = "EMAIL" type = "string"
                                       not - null = "true" />
    <property name = "password"  column = "PASSWORD" type = "string"
                                          not - null = "true"/>
    <property name = "phone"     column = "PHONE"   type = "int" />
    <property name = "address"   column = "ADDRESS" type = "string" />
    <property name = "sex"       column = "SEX"     type = "character"/>
    <property name = "married"   column = "IS_MARRIED" type = "boolean"/>
    <property name = "description" column = "DESCRIPTION" type = "text"/>
    <property name = "image" column = "IMAGE" type = " materialized_blob"/>
    <property name = "birthday"  column = "BIRTHDAY"   type = "date"/>
    <property name = "registeredTime" column = "REGISTERED_TIME"
                             type = "timestamp"/>

  </class>
</hibernate - mapping>
```

3.4.1 映射文件的文档类型定义(DTD)

在例程 3-4 的开头声明了 DTD(Document Type Definition，文档类型定义)，它对 XML 文件的语法和格式做了定义。Hibernate 的 XML 解析器将根据 DTD 来核对 XML 文件的语法。

每一种 XML 文件都有独自的 DTD 文件。Hibernate 的对象-关系映射文件使用的 DTD 文件的下载网址为 http://www.hibernate.org/dtd/hibernate-mapping-3.0.dtd。此外，在 Hibernate 下载软件包的展开目录的 project\hibernate-core\src\main\resources\org\hibernate 目录下也提供了 hibernate-mapping-3.0.dtd 文件。在这个文件中，描述顶层元素<hibernate-mapping>的代码如下：

```
<!ELEMENT hibernate-mapping (
    meta*,
    identifier-generator*,
    typedef*,
    filter-def*,
    import*,
    (class|subclass|joined-subclass|union-subclass)*,
    resultset*,
    (query|sql-query)*,
    filter-def*,
    fetch-profile*,
    database-object*
)>
```

描述顶层元素<hibernate-mapping>的子元素<class>的代码如下：

```
<!ELEMENT class (
    meta*,
    subselect?,
    cache?,
    synchronize*,
    comment?,
    tuplizer*,
    (id|composite-id),
    discriminator?,
    natural-id?,
    (version|timestamp)?,
    (property|many-to-one|one-to-one|component
        |dynamic-component|properties|any|map|set|list|bag
        |idbag|array|primitive-array)*,
    ((join*,subclass*)|joined-subclass*|union-subclass*),
    loader?,sql-insert?,sql-update?,sql-delete?,
    filter*,
        fetch-profile*,
        resultset*,
    (query|sql-query)*
)>
```

<hibernate-mapping>元素是对象-关系映射文件的根元素，其他元素（即以上 DTD 代码中括号以内的元素，如<class>子元素）必须嵌入在<hibernate-mapping>元素以内。在<class>元素中又嵌套了很多子元素，如<property>子元素。在以上 DTD 代码中，还使用了一系列的特殊符号来修饰元素，表 3-3 描述了这些符号的作用。在创建自己的对象-关系

映射文件时，如果不熟悉某种元素的语法，可以参考 DTD 文件。

表 3-3　DTD 中特殊符号的作用

符　号	含　义
无符号	该子元素在父元素内必须存在且只能存在一次
+	该子元素在父元素内必须存在，可以存在一次或者多次
*	该子元素在父元素内可以不存在，或者存在一次或者多次，它是比较常用的符号
?	该子元素在父元素内可以不存在，或者只存在一次，它是比较常用的符号

根据表 3-3 可以看出，在< hibernate-mapping >元素中，< meta >、< import >、< class >和< query >等子元素可以不存在，或者存在一次或者多次；在< class >元素中，< id >子元素必须存在且只能存在一次，< property >子元素可以不存在，或者存在一次或者多次。

此外，在映射文件中，父元素中的各种子元素的定义必须符合特定的顺序。例如，根据< class >元素的 DTD 可以看出，必须先定义< id >子元素，再定义< property >子元素，以下映射代码颠倒了< id >和< property >子元素的位置。

```
<class name = "mypack.Customer" table = "CUSTOMERS">
  <property name = "name" column = "NAME" type = "string"
                                    not - null = "true" />
  <property name = "email" column = "EMAIL" type = "string"
                                    not - null = "true" />

  <id name = "id" column = "ID" type = "long">
    <generator class = "increment"/>
  </id>
  …
</class>
```

Hibernate 的 XML 解析器在运行时会抛出如下 InvalidMappingException 异常。

```
org.hibernate.InvalidMappingException: Could not parse
mapping document from resource mypack/Customer.hbm.xml
```

3.4.2　把 Customer 持久化类映射到 CUSTOMERS 表

例程 3-4 用于映射 Customer 类。如果需要映射多个持久化类，那么既可以在同一个映射文件中映射所有类，也可以为每个类创建单独的映射文件，映射文件和类同名，扩展名为 hbm.xml。后一种做法更值得推荐，因为在团队开发中，这有利于管理和维护映射文件。

< class >元素指定类和表的映射，它的 name 属性设定类名，table 属性设定表名。以下代码表明和 Customer 类对应的表为 CUSTOMERS 表。

```
<class name = "mypack.Customer" table = "CUSTOMERS">
```

如果没有设置< class >元素的 table 属性，Hibernate 将直接以类名作为表名，也就是说，在默认情况下，Hibernate 认为与 mypack. Customer 类对应的表为 Customer 表。

<class>元素包含一个<id>子元素及多个<property>子元素。<id>子元素设定持久化类的 OID 和表的主键的映射。以下代码表明 Customer 类的 id 属性和 CUSTOMERS 表中的 ID 字段对应。

```
<id name = "id" column = "ID" type = "long">
  <generator class = "increment"/>
</id>
```

<id>元素的<generator>子元素指定对象标识符生成器，它负责为 OID 生成唯一标识符。

<property>子元素设定类的属性和表的字段的映射。<property>子元素主要包括 name、type、not-null 和 column 属性。

1. <property>元素的 name 属性

<property>元素的 name 属性指定持久化类的属性的名字。

2. <property>元素的 type 属性

<property>元素的 type 属性指定 Hibernate 映射类型。Hibernate 映射类型是 Java 类型与 SQL 类型的桥梁。表 3-4 列出了 Customer 类的属性的 Java 类型、Hibernate 映射类型，以及 CUSTOMERS 表的字段的 SQL 类型这三者之间的对应关系。

表 3-4 Java 类型、Hibernate 映射类型及 SQL 类型之间的对应关系

Customer 类的属性	Java 类型	Hibernate 映射类型	CUSTOMERS 表的字段	SQL 类型
name	java. lang. String	string	NAME	VARCHAR(15)
email	java. lang. String	string	EMAIL	VARCHAR(128)
password	java. lang. String	string	PASSWORD	VARCHAR(8)
phone	int	int	PHONE	INT
address	java. lang. String	string	ADDRESS	VARCHAR(255)
sex	char	character	SEX	CHAR(1)
married	boolean	boolean	IS_MARRIED	BIT
description	java. lang. String	text	DESCRIPTION	TEXT
image	byte[]	materialized_blob	IMAGE	BLOB
birthday	java. sql. Date	date	BIRTHDAY	DATE
registeredTime	java. sql. Timestamp	timestamp	REGISTERED_TIME	TIMESTAMP

从表 3-4 可以看出，如果 Customer 类的一个属性为 java. lang. String 类型，并且与此对应的 CUSTOMERS 表的字段为 VARCHAR 类型，那么应该把 Hibernate 映射类型设为 string。例如对 name 属性的映射代码如下：

```
<property name = "name" column = "NAME" type = "string" not - null = "true" />
```

如果 Customer 类的一个属性为 java. lang. String 类型，并且与此对应的 CUSTOMERS 表的字段为 TEXT 类型，那么应该把 Hibernate 映射类型设为 text。例如对 description 属性的映射代码如下：

```
<property name="description" column="DESCRIPTION" type="text"/>
```

如果 Customer 类的一个属性为 byte[]类型，并且与此对应的 CUSTOMERS 表的字段为 BLOB 类型，那么应该把 Hibernate 映射类型设为 materialized_blob。例如对 image 属性的映射代码如下：

```
<property name="image" column="IMAGE"   type="materialized_blob"/>
```

如果没有为某个属性显式设定映射类型，Hibernate 会运用 Java 反射机制先识别出持久化类的特定属性的 Java 类型，然后自动使用与之对应的默认的 Hibernate 映射类型。例如，Customer 类的 address 属性为 java.lang.String 类型，与 java.lang.String 对应的默认的映射类型为 string，因此以下两种设置方式是等价的。

```
<property name="address" column="ADDRESS"/>
```

或者：

```
<property name="address" column="ADDRESS" type="string" />
```

对于 Customer 类的 description 属性，尽管它是 java.lang.String 类型，由于 CUSTOMERS 表的 DESCRIPTION 字段为 text 类型，因此必须显式地把映射类型设为 text。

3. <property>元素的 not-null 属性

<property>元素的 not-null 属性默认为 false，如果为 true，表明不允许为 null。如以下代码表明不允许 Customer 类的 name 属性为 null。

```
<property name="name" column="NAME" type="string" not-null="true" />
```

Hibernate 在持久化一个 Customer 对象时，会先检查它的 name 属性是否为 null，如果为 null，就会抛出以下异常。

```
Exception in thread "main" org.hibernate.PropertyValueException:
not-null property references a null
or transient value: mypack.Customer.name
```

如果数据库中 CUSTOMERS 表的 NAME 字段不允许为 null，但在映射文件中没有设置 not-null 属性。例如：

```
<property name="name" column="NAME" type="string" />
```

那么 Hibernate 在持久化一个 Customer 对象时，不会先检查它的 name 属性是否为 null，而是直接通过 JDBC API 向 CUSTOMERS 表插入相应的数据，由于 CUSTOMERS 表的 NAME 字段设置了 not null 约束，因此数据库会抛出如下错误。

```
708 ERROR JDBCExceptionReporter:58 - General error, message from server:
"Column 'NAME' cannot be null"
```

提示 值得注意的是，对于实际Java应用，当持久化一个Java对象时，不应该依赖Hibernate或数据库来负责数据验证。在四层应用结构中，应该由表述层或者业务逻辑层负责数据验证。因为错误发现得越早，越容易纠正，并且可以减少错误带来的不良后果，提高程序的运行性能。

例如，对于Customer对象的name属性，事实上在表述层就能检查name属性是否为null，假如表述层、业务逻辑层和Hibernate持久化层都没有检查name属性是否为null，那么数据库层会监测到NAME字段违反了数据完整性约束，从而抛出异常，如图3-2所示，包含非法数据的Customer对象从表述层依次传到数据库层，随后从数据库层抛出的错误信息又依次传到表述层，这种做法显然会降低数据验证的效率。

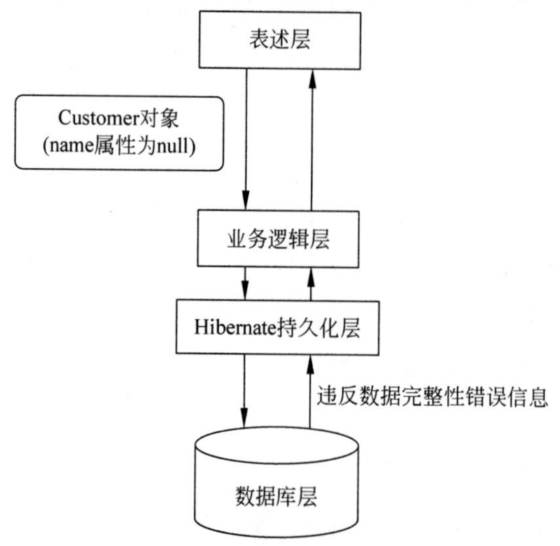

图3-2　由数据库层负责数据验证

既然如此，把<property>元素的not-null属性设为true有何意义呢？这主要是便于在软件开发和测试阶段能捕获表述层或者业务逻辑层应该处理而未处理的异常，提醒开发人员在表述层或者业务逻辑层中加入必要的数据验证逻辑。

4. <property>元素的column属性

<property>元素的column属性指定与类的属性映射的表的字段名。以下代码表明和address属性对应的字段为ADDRESS字段。

```
<property name = "address" column = "ADDRESS" type = "string"/>
```

如果没有设置<property>元素的column属性，Hibernate将直接以类的属性名作为字段名，也就是说，在默认情况下，Hibernate认为与Customer类的address属性对应的字段为address字段。

<property>元素还可以包括<column>子元素，它和<property>元素的column属性

一样，都可以设定与类的属性映射的表的字段名。以下两种设置方式是等价的。

```
<property name = "address" column = "ADDRESS" type = "string"/>
```

或者：

```
<property name = "address" type = "string">
  <column name = "ADDRESS" />
</property>
```

<property>元素的<column>子元素比 column 属性提供更多的功能，它可以更加详细地描述表的字段。例如，以下<column>子元素指定 CUSTOMERS 表中的 NAME 字段的 SQL 类型为 varchar(15)，不允许为 null，并且为这个字段建立了索引。

```
<property name = "name" type = "string">
  <column name = "NAME" sql - type = "varchar(15)" not - null = "true"
      index = "idx_name" />
</property>
```

<column>子元素主要和 hbm2ddl 工具联合使用。当使用 hbm2ddl 工具来自动生成数据库 Schema 时，hbm2ddl 工具将依据<column>子元素提供的信息来定义表的字段。关于 hbm2ddl 工具的用法参见 4.2.2 节。如果数据库 Schema 是手动创建的，就不必通过<column>子元素设定字段的详细信息，只需要设定它的 name 属性和 not-null 属性就可以了，例如：

```
<property name = "name" type = "string">
  <column name = "NAME" not - null = "true" />
</property>
```

或者：

```
<property name = "name" column = "NAME" type = "string" not - null = "true" />
```

除了 not-null 属性以外，<column>子元素的多数属性(如 sql-type 或 index 属性)都不会影响 Hibernate 的运行时行为。

图 3-3 显示了 Customer. hbm. xml 配置的对象-关系映射。

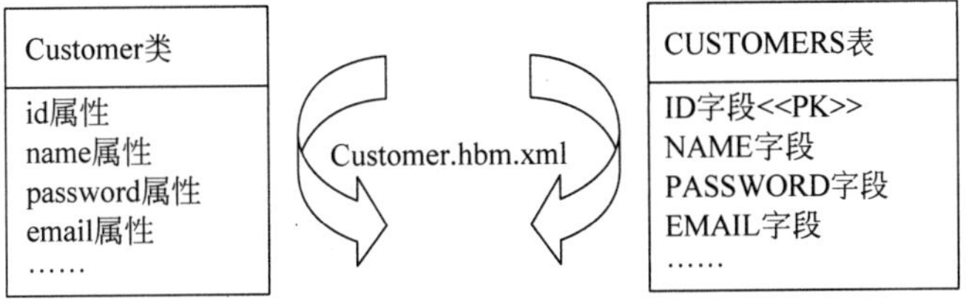

图 3-3　Customer. hbm. xml 配置的映射

Hibernate 采用 XML 文件来配置对象-关系映射，有以下优点。

(1) Hibernate 既不会渗透到上层域模型中，也不会渗透到下层关系数据模型中。

(2) 域模型和关系数据模型彼此独立。软件开发人员可以独立设计域模型,不必强迫遵守任何规范;数据库设计人员也可以独立设计关系数据模型,不必强迫遵守任何规范。

(3) 对象-关系映射不依赖于任何程序代码,如果需要修改对象-关系映射,只需要修改XML文件,不需要修改任何程序,这提高了软件的灵活性,并且使维护更加方便。

3.5 通过 Hibernate API 操纵数据库

Hibernate 对 JDBC 进行了封装,提供了更加面向对象的 API。图 3-4 和图 3-5 对比了直接通过 JDBC API 及通过 Hibernate API 来访问数据库的两种方式。

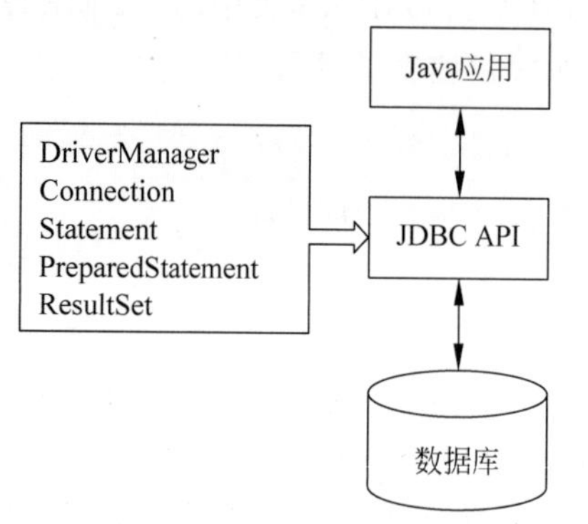

图 3-4 通过 JDBC API 访问数据库

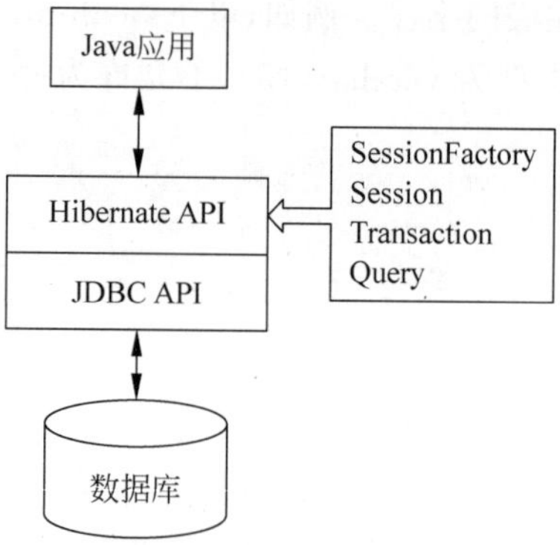

Java应用
Hibernate API
JDBC API
SessionFactory
Session
Transaction
Query
数据库

图 3-5 通过 Hibernate API 访问数据库

例程 3-5 的 BusinessService 类演示了通过 Hibernate API 对 Customer 对象进行持久化的操作。

3.4 节提到 Hibernate 没有渗透到域模型中,即在持久化类中没有引入任何 Hibernate API。但是对于应用中负责处理业务的过程域对象,应该借助 Hibernate API 来操纵数据库。

例程 3-5 BusinessService.java

```
package mypack;

import javax.servlet.ServletContext;
import org.hibernate.*;
import org.hibernate.query.Query;
import org.hibernate.boot.*;
import org.hibernate.boot.registry.StandardServiceRegistry;
import org.hibernate.boot.registry.StandardServiceRegistryBuilder;
import java.io.*;
import java.sql.Date;
import java.sql.Timestamp;
import java.util.*;

public class BusinessService{
```

```
public static SessionFactory sessionFactory;

/** 初始化 Hibernate,创建 SessionFactory 实例 */
static{

  //创建标准服务注册器
  StandardServiceRegistry standardRegistry =
       new StandardServiceRegistryBuilder()
       .configure()    //加载 XML 格式的 Hibernate 配置文件
       .build();

  try{
    //创建代表映射元数据的 MetaData 对象
    Metadata metadata = new MetadataSources( standardRegistry )
        .buildMetadata();

    //创建 SessionFactory 对象
    sessionFactory = metadata.getSessionFactoryBuilder()
                                   .build();
  }catch(RuntimeException e){
    //销毁标准服务注册器
    StandardServiceRegistryBuilder.destroy( standardRegistry );
    e.printStackTrace();
    throw e;
  }
}

/** 查询所有的 Customer 对象,
    然后调用 printCustomer()方法打印 Customer 对象信息 */
public void findAllCustomers(ServletContext context,
                PrintWriter out)throws Exception{ … }

/** 持久化一个 Customer 对象 */
public void saveCustomer(Customer customer){
  Session session = sessionFactory.openSession();

  Transaction tx = null;
  try {
    tx = session.beginTransaction();
    session.save(customer);
    tx.commit();

  }catch (RuntimeException e) {
    if (tx != null) {
      tx.rollback();
    }
    throw e;
  } finally {
    session.close();
  }
```

```
    }

    /** 按照 OID 加载一个 Customer 对象,然后修改它的属性 */
    public void loadAndUpdateCustomer(Long customer_id,
                                      String address){……}

    /** 删除 Customer 对象 */
    public void deleteCustomer(Customer customer){
      Session session = sessionFactory.openSession();
      Transaction tx = null;
      try {
        tx = session.beginTransaction();
        session.delete(customer);
        tx.commit();

      }catch (RuntimeException e) {
        if (tx != null) {
          tx.rollback();
        }
        throw e;
      } finally {
        session.close();
      }
    }

    /** 选择向控制台还是向 Web 网页输出 Customer 对象的信息 */
    private void printCustomer(ServletContext context,
           PrintWriter out,Customer customer)throws Exception{
       if(context!= null)
         printCustomerInWeb(context,out,customer);
       else
         printCustomer( out,customer);
    }

    /** 把 Customer 对象的信息输出到控制台,如 DOS 控制台 */
    private void printCustomer(PrintWriter out,Customer customer)
                                                  throws Exception{
      byte[] buffer = customer.getImage();
      FileOutputStream fout = new FileOutputStream("photo_copy.gif");
      fout.write(buffer);
      fout.close();

      out.println("------ 以下是" + customer.getName() + "的个人信息 ------");
      out.println("ID: " + customer.getId());
      out.println("口令: " + customer.getPassword());
      out.println("E-mail: " + customer.getEmail());
      out.println("电话: " + customer.getPhone());
      out.println("地址: " + customer.getAddress());
      …
```

```
}

/** 把 Customer 对象的信息输出到动态网页 */
private void printCustomerInWeb(ServletContext context,
              PrintWriter out,Customer customer)throws Exception{
  //保存照片
  byte[] buffer = customer.getImage();
  String path = context.getRealPath("/");
  FileOutputStream fout = new FileOutputStream(path + "photo_copy.gif");
  fout.write(buffer);
  fout.close();

  out.println("------以下是" + customer.getName() + "的个人信息------"
                                              + "<br>");
  out.println("ID: " + customer.getId() + "<br>");
  out.println("口令: " + customer.getPassword() + "<br>");
  out.println("E-mail: " + customer.getEmail() + "<br>");
  out.println("电话: " + customer.getPhone() + "<br>");
  out.println("地址: " + customer.getAddress() + "<br>");
  …
}

public void test(ServletContext context,PrintWriter out)
                                 throws Exception{
  Customer customer = new Customer();
  customer.setName("Tom");
  customer.setEmail("tom@yahoo.com");
  customer.setPassword("1234");
  customer.setPhone(55556666);
  customer.setAddress("Shanghai");
  customer.setSex('M');
  customer.setDescription("I am very honest.");

  //设置 Customer 对象的 image 属性,它是字节数组
  //存放 photo.gif 文件中的二进制数据
  //photo.gif 文件和 BusinessService.class 文件位于同一个目录下
  InputStream in = this.getClass().getResourceAsStream("photo.gif");
  byte[] buffer = new byte[in.available()];
  in.read(buffer);
  customer.setImage(buffer);
  //设置 Customer 对象的 birthday 属性,它是 java.sql.Date 类型
  customer.setBirthday(Date.valueOf("1980-05-06"));

  saveCustomer(customer);

  findAllCustomers(context,out);
  loadAndUpdateCustomer(customer.getId(),"Beijing");
  findAllCustomers(context,out);
  deleteCustomer(customer);
```

```
    }

    public static void main(String args[]) throws Exception{
      new BusinessService().test(null,new PrintWriter(System.out,true));
      sessionFactory.close();
    }
}
```

这个例子演示了通过 Hibernate API 访问数据库的一般流程。首先应该在应用的启动阶段对 Hibernate 进行初始化，然后再通过 Hibernate 的 Session 接口来访问数据库。

3.5.1 Hibernate 的初始化

Hibernate 的初始化也称作程序引导(BootStrap)。在本范例中 BusinessService 类的静态代码块负责 Hibernate 的初始化工作，如读取 Hibernate 的配置信息及对象-关系映射信息，最后创建 SessionFactory 实例。当 JVM(Java Virtual Machine，Java 虚拟机)加载 BusinessService 类时，会执行该静态代码块。初始化过程包括如下步骤。

(1) 创建一个标准服务注册器 StandardServiceRegistry 对象。

```
//创建标准服务注册器
StandardServiceRegistry standardRegistry =
        new StandardServiceRegistryBuilder()
        .build();  //创建 StandardServiceRegistry 对象
```

StandardServiceRegistry 标准服务注册器为运行 Hibernate 提供了一组服务，包括：

- org.hibernate.boot.registry.classloading.spi.ClassLoaderService：类加载服务。
- org.hibernate.integrator.pi.IntegratorService：集成服务。
- org.hibernate.boot.registry.selector.spi.StrategySelector：策略选择服务。

StandardServiceRegistryBuilder 类的 build()方法负责创建 StandardServiceRegistry 对象。在通过 new 语句创建 StandardServiceRegistryBuilder 对象时，它的构造方法会加载 hibernate.properties 配置文件，如果加载成功，就把配置文件中的数据加载到内存中；如果不存在 hibernate.properties 配置文件，也不会报错。

如果希望加载 XML 格式的 Hibernate 配置文件，那么需要调用 StandardServiceRegistryBuilder 对象的 configure()方法。代码如下：

```
//创建标准服务注册器
StandardServiceRegistry standardRegistry =
        new StandardServiceRegistryBuilder()
        .configure();  //加载 XML 格式的 Hibernate 配置文件
        .build();      //创建 StandardServiceRegistry 对象
```

该代码采用了方法链编程风格，它能使应用程序代码更加简洁。在使用这种编程风格时，最好把每个调用方法放在不同的行，否则在跟踪程序时，无法跳入每个调用方法中。

StandardServiceRegistryBuilder类的不带参数的configure()方法会按照默认方式加载classpath根路径下的hibernate.cfg.xml配置文件。如果不存在该文件，configure()方法会抛出如下异常。

```
org.hibernate.HibernateException: /hibernate.cfg.xml not found
```

此外，还可以通过StandardServiceRegistryBuilder类的带参数的configure(String resourceName)方法来显式指定需要加载的XML格式的配置文件。代码如下：

```
//创建标准服务注册器
StandardServiceRegistry standardRegistry =
        new StandardServiceRegistryBuilder()
        .configure("mypack/hibernate.cfg.xml");   //加载指定的配置文件
        .build();                                 //创建 StandardServiceRegistry 对象
```

默认情况下，StandardServiceRegistry标准服务注册器为运行Hibernate提供了一组标准服务，如果希望采用客户化的服务，则可以利用BootstrapServiceRegistryBuilder，按照如下方式先创建BootstrapServiceRegistry引导服务注册器，再创建StandardServiceRegistry标准服务注册器。

```
BootstrapServiceRegistry bootstrapRegistry =
  new BootstrapServiceRegistryBuilder();
  applyClassLoader(customClassLoader);      //加入客户化 ClassLoader
  applyIntegrator( customIntegrator );      //加入客户化 Integrator
  build();                                  //创建 BootstrapServiceRegistry 对象

StandardServiceRegistry standardRegistry =
  new StandardServiceRegistryBuilder(bootstrapRegistry)
  .build();                                 //创建 StandardServiceRegistry 对象
```

创建的StandardServiceRegistry将采用客户化的ClassLoader和Integrator服务。

当通过StandardServiceRegistryBuilder类的不带参数的构造方法创建StandardServiceRegistryBuilder对象时，该构造方法会隐式地先创建BootstrapServiceRegistry对象。

(2) 创建代表映射元数据的MetaData对象。

```
//创建代表映射元数据的 MetaData 对象
Metadata metadata = new MetadataSources( standardRegistry )
      .buildMetadata();
```

当使用XML格式的Hibernate配置文件时，其中的<mapping>元素指定了Customer.hbm.xml映射文件。在创建MetadataSources对象时，它的构造方法会把<mapping>元素指定的映射文件中的元数据加载到内存中。MetadataSources类的buildMetaData()方法创建并返回一个MetaData对象。

如果采用Java属性文件作为Hibernate配置文件，则必须通过MetadataSources类的addResource(String name)方法把相关的映射文件的元数据加入到内存中。代码如下：

```
//创建代表映射元数据的 MetaData 对象
 Metadata metadata = new MetadataSources( standardRegistry )
       .addResource("mypack/Customer.hbm.xml" )//加载映射文件
       .buildMetadata();
```

MetadataSources类的addResource()方法会把classpath根目录下的mypack/Customer.hbm.xml文件中的映射信息读入到内存中。

(3) 创建SessionFactory对象。

```
sessionFactory = metadata.getSessionFactoryBuilder()
                    .build();
```

该代码创建一个SessionFactory实例，并把所有配置信息复制到SessionFactory对象的缓存中。SessionFactory代表一个数据库存储源，如果应用只有一个数据库存储源，那么只需要创建一个SessionFactory实例。当SessionFactory对象创建后，该对象不和MetaData对象以及MetaDataSource对象关联。因此，如果修改MetaDataSource对象包含的配置信息，不会对SessionFactory对象的行为有任何影响。

由于Java语言是纯面向对象的语言，因此它不可能像C语言那样直接操纵内存，如声明一段可用的内存空间。步骤(3)中提到了缓存的概念，这里的缓存其实指的是Java对象的属性(通常是一些集合类型的属性)占用的内存空间。例如，在Hibernate早期版本的SessionFactory的实现类中定义了许多集合类型的属性，这些属性用于存放Hibernate配置信息、映射元数据信息等。代码如下：

```
public final class SessionFactoryImpl
      implements SessionFactory, SessionFactoryImplementor {
  private final transient Map entityPersisters;
  private final transient Map classMetadata;
  private final transient Map collectionPersisters;
  private final transient Map collectionMetadata;
  private final transient Map collectionRolesByEntityParticipant;
  private final transient Map identifierGenerators;
  private final transient Map namedQueries;
  private final transient Map namedSqlQueries;
  private final transient Map sqlResultSetMappings;
  private final transient Map filters;
  private final transient Map imports;
  private final transient Interceptor interceptor;
  private final transient Settings settings;
  private final transient Properties properties;
  private transient SchemaExport schemaExport;
  private final transient TransactionManager transactionManager;
  private final transient QueryCache queryCache;
```

```
    private final transient UpdateTimestampsCache updateTimestampsCache;
    private final transient Map queryCaches;
    private final transient Map allCacheRegions = new HashMap();
    …
}
```

对于 Hibernate 后期版本的 SessionFactory 实现类，则把以上属性封装到一些自定义的类中。如果对象的缓存很大，就称为重量级对象；如果对象占用的内存空间很小，就称为轻量级对象。SessionFactory 是一个重量级对象，如果应用只有一个数据存储源，只需要创建一个 SessionFactory 实例，因为随意地创建 SessionFactory 实例会占用大量内存空间。

提示 SessionFactory 的缓存可分为两类：内置缓存和外置缓存（也称为第二级缓存）。SessionFactory 的内置缓存中存放了 Hibernate 配置信息和映射元数据信息等；SessionFactory 的外置缓存是一个可配置的缓存插件，在默认情况下，SessionFactory 不会启用它，外置缓存能存放大量数据库数据的副本，它的物理介质可以是内存或者硬盘。第 22 章将对外置缓存做详细介绍。

3.5.2 Hibernate 的遗留初始化方式

对于早期版本的 Hibernate，采用 org. hibernate. cfg. Configuration 类来初始化 Hibernate。尽管 Hibernate 5 依然支持这种初始化方式，但是这种方式已经不再提倡使用。

1. 使用 Java 属性文件作为 Hibernate 配置文件时的初始化方式

以下是用 Configuration 类来初始化 Hibernate 的程序代码。

```
//根据默认位置的 Hibernate 配置文件的配置信息，创建一个 Configuration 实例
Configuration config = new Configuration();
//加载 Customer 类的对象-关系映射文件
config.addClass(Customer.class);
//创建 SessionFactory 实例
sessionFactory = config.buildSessionFactory();
```

在通过 new 语句创建 Configuration 对象时，它的构造方法会加载 hibernate. properties 配置文件。

2. 使用 XML 格式 Hibernate 配置文件时的初始化方式

如果希望加载 XML 格式的 Hibernate 配置文件，那么需要调用 Configuration 对象的 configure()方法。代码如下：

```
sessionFactory = new Configuration()
    .configure()  //加载 XML 格式的 Hibernate 配置文件
    .buildSessionFactory();
```

当 Configuration 对象的 configure()方法从 classpath 根路径下加载 XML 格式的

Hibernate 配置文件 hibernate. cfg. xml 时，如果该配置文件不存在，会抛出 HibernateException 异常。

当使用 XML 格式的 Hibernate 配置文件时，其中的< mapping >元素指定了 Customer. hbm. xml 映射文件。Configuration 对象的 configure()方法把< mapping >元素指定的映射文件中的元数据加载到内存中，因此不需要再调用 Configuration 对象的 config. addClass (Customer. class)方法来加载 Customer 类的映射文件。

3.5.3 访问 Hibernate 的 Session 接口

初始化过程结束后，就可以调用 SessionFactory 实例的 openSession()方法来获得 Session 实例，然后通过它执行访问数据库的操作。Session 接口提供了操纵数据库的各种方法，如：

(1) save()方法或 persist()方法：把 Java 对象保存到数据库中。

(2) update()方法：更新数据库中的 Java 对象。

(3) delete()方法：把特定的 Java 对象从数据库中删除。

(4) load()方法或 get()方法：从数据库中加载 Java 对象。

Hibernate 的 save()和 persist()方法都用来保存持久化对象，两者的区别在于：save()方法返回持久化对象的对象标识符值(即对应数据库表中记录的主键值)；而 persist()方法没有任何返回值。

Session 是一个轻量级对象。通常将每一个 Session 实例和一个数据库事务绑定，也就是说，每执行一个数据库事务，都应该先创建一个新的 Session 实例。如果事务执行中出现异常，应该撤销事务。不论事务执行成功与否，最后都应该调用 Session 的 close()方法，从而释放 Session 实例占用的资源。以下代码演示了用 Session 来执行事务的流程，其中 Transaction 类用来控制事务。

```
Session session = factory.openSession();
Transaction tx;
try {
   //开始一个事务
   tx = session.beginTransaction();
   //执行事务
   …
   //提交事务
   tx.commit();
}catch (RuntimeException e) {
  //如果出现异常，就撤销事务
  if (tx!= null) tx.rollback();
  throw e;
}finally {
  //不管事务执行成功与否，最后都关闭 Session
  session.close();
}
```

从 Hibernate 3 版本开始，Hibernate 抛出的异常都属于运行时异常，20.5.1 节将对此做进一步阐述。

图 3-6 为正常执行数据库事务（即没有发生异常）的时序图。

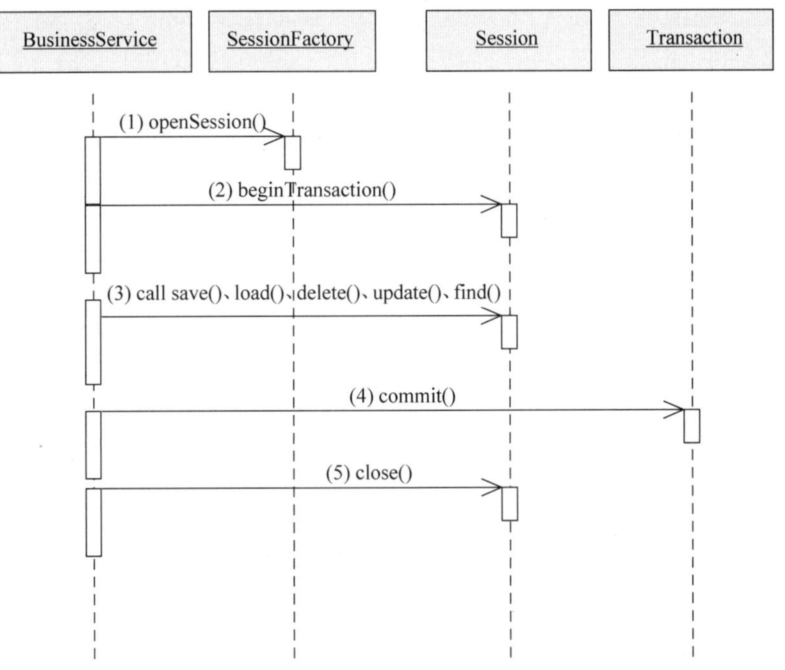

图 3-6　正常执行数据库事务的时序图

BusinessService 类提供了保存、删除、查询和更新 Customer 对象的各种方法。BusinessService 类的 main()方法调用 test()方法，test()方法又调用以下方法。

1. saveCustomer()方法

该方法调用如下 Session 的 save()方法，把 Customer 对象持久化到数据库中。

```
tx = session.beginTransaction();
session.save(customer);
tx.commit();
```

当运行 session.save()方法时，Hibernate 执行以下 SQL 语句。

```
insert into CUSTOMERS (ID, NAME, EMAIL, PASSWORD, PHONE, ADDRESS, SEX,
IS_MARRIED,DESCRIPTION, IMAGE, BIRTHDAY, REGISTERED_TIME)
values(1,'Tom','tom@yahoo.com','1234',55556666,'Shanghai',
'M',0,'I am very honest.', ☺,'1980-05-06',null)
```

在 test()方法中并没有设置 Customer 对象的 id 属性，Hibernate 会根据映射文件的配置，采用 increment 标识符生成器自动以递增的方式为 Customer 对象的 id 属性赋值。在 Customer.hbm.xml 文件中相关的映射代码如下：

```
<id name = "id" column = "ID" type = "long">
  <generator class = "increment"/>
</id>
```

在 test()方法中也没有设置 Customer 对象的 registeredTime 属性，因此在以上 insert 语句中，REGISTERED_TIME 字段的值为 null。但由于 REGISTERED_TIME 字段的 SQL 类型为 TIMESTAMP 类型，如果 insert 语句没有为 TIMESTAMP 类型的字段赋值，底层数据库会自动把当前的系统时间赋值给 TIMESTAMP 类型的字段。因此，执行完以上 insert 语句后，REGISTERED_TIME 字段的值并不为 null，而是为插入该记录时的系统时间。

2. findAllCustomers()方法

该方法通过 org. hibernate. query. Query 接口来查询所有的 Customer 对象。代码如下：

```
tx = session.beginTransaction();      //开始一个事务
Query query = session.createQuery("from Customer as c"
                        + " order by c.name asc");
List customers = query.list();
for (Iterator it = customers.iterator(); it.hasNext();) {
  printCustomer(context,out,(Customer) it.next());
}
tx.commit();                           //提交事务
```

org. hibernate. query. Query 接口是 Hibernate API 中的查询接口。以上代码先通过 Session 的 createQuery()方法创建了一个 Query 实例，向 Session 的 createQuery()方法传递的参数为 from Customer as c order by c. name asc，它使用的是面向对象的 HQL (Hibernate Query Language，Hibernate 查询语言)。运行 query. list()方法时，Hibernate 执行以下 SQL 语句。

```
select * from CUSTOMERS order by NAME asc;
```

org. hibernate. query. Query 接口继承了 JPA API 中的 javax. persistence. Query 接口，在 javax. persistence. Query 接口中定义了 getResultList()方法，它和 org. hibernate. query. Query 接口的 list()方法完成相同的功能。在 org. hibernate. query. Query 接口中，也可以调用 getResultList()方法。此外，还可以在 Session 的 createQuery()方法中设定需要检索的对象类型。代码如下：

```
Query<Customer> query = session.createQuery(
                        "from Customer as c"
                        + " order by c.name asc",Customer.class);
List<Customer> customers = query.getResultList();
for(Iterator<Customer> it = customers.iterator(); it.hasNext();){
  //无须对 it.next()方法的返回对象进行强制类型转换
```

```
  printCustomer(context,out, it.next());
}
tx.commit(); //提交事务
```

3. loadAndUpdateCustomer()方法

该方法调用 Session 的 get()方法，加载 Customer 对象，然后再修改 Customer 对象的属性。代码如下：

```
tx = session.beginTransaction();
Customer c = session.get(Customer.class,customer_id);
c.setAddress(address);
tx.commit();
```

该代码先调用 Session 的 get()方法，它按照参数指定的 OID 从数据库中检索出匹配的 Customer 对象，Hibernate 会执行以下 SQL 语句。

```
select * from CUSTOMERS where ID = 1;
```

loadAndUpdateCustomer()方法接着修改 Customer 对象的 address 属性。那么，Hibernate 会不会同步更新数据库中相应的 CUSTOMERS 表的记录呢？答案是肯定的。Hibernate 会自动进行脏检查(Dirty Check)，按照内存中的 Customer 对象的状态的变化，来同步更新数据库中相关的数据，Hibernate 会执行以下 SQL 语句。

```
update CUSTOMERS set NAME = "Tom",EMAIL = "tom@yahoo.com"
    … ADDRESS = "Beijing" …
where ID = 1;
```

尽管只有 Customer 对象的 address 属性发生了变化，但是 Hibernate 执行的 update 语句中会包含所有的字段。

在 BusinessService 类的 test()方法中按如下方式调用 loadAndUpdateCustomer()方法。

```
saveCustomer(customer);
//第一个参数为 customer.getId(),表示 Customer 对象的 ID
loadAndUpdateCustomer(customer.getId(),"Beijing");
```

传给 saveCustomer()方法的 customer 对象的 id 属性为 null。当执行 saveCustomer(customer)方法时，Session 的 save()方法把 Customer 对象持久化到数据库中，并自动为 Customer 对象的 id 属性赋值。

Customer 对象的 id 属性与 CUSTOMERS 表的 ID 主键对应，这是一个代理主键，不具有任何业务含义，主键的取值通常由持久化层的 Hibernate 或者由数据库系统自动生成。业务逻辑层一般不负责为不具有业务含义的 OID 赋值。因此，作为一种良好的编程规范，可以在 Customer 类的定义中把 setId()方法的访问级别设为 private。例如：

```
private void setId(Long id)
```

这样，业务逻辑层就无法为 Customer 对象的 id 属性赋值了，但是 Hibernate 能通过 Java 反射机制来访问 Customer 对象的 setId()方法，从而为 Customer 对象的 id 属性赋值。

4. printCustomer(ServletContext context, PrintWriter out, Customer customer)方法

该方法打印 Customer 对象的信息。当 helloapp 应用作为独立应用程序运行时，将调用 printCustomer(PrintWriter out, Customer customer)方法，向控制台输出 Customer 信息；当 helloapp 应用作为 Java Web 应用运行时，将调用 printCustomerInWeb(ServletContext context, PrintWriter out, Customer customer)方法向 Web 客户输出 Customer 信息。代码如下：

```
private void printCustomerInWeb(ServletContext context,
  PrintWriter out, Customer customer)throws Exception{

  //把 Customer 对象的 image 属性包含的二进制图片数据保存
  //到 photo_copy.gif 文件中
  byte[] buffer = customer.getImage();
  String path = context.getRealPath("/");
  FileOutputStream fout = new FileOutputStream(path
                          + "photo_copy.gif");
  fout.write(buffer);
  fout.close();

  out.println("------ 以下是" + customer.getName()
          + "的个人信息 ------" + "<br>");
  out.println("ID: " + customer.getId() + "<br>");
  out.println("口令: " + customer.getPassword() + "<br>");
  out.println("E-mail: " + customer.getEmail() + "<br>");
  out.println("电话: " + customer.getPhone() + "<br>");
  out.println("地址: " + customer.getAddress() + "<br>");
  String sex = customer.getSex() == 'M'? "男":"女";
  out.println("性别: " + sex + "<br>");
  String marriedStatus = customer.isMarried()? "已婚":"未婚";
  out.println("婚姻状况: " + marriedStatus + "<br>");
  out.println("生日: " + customer.getBirthday() + "<br>");
  out.println("注册时间: " + customer.getRegisteredTime() + "<br>");
  out.println("自我介绍: " + customer.getDescription() + "<br>");
  out.println("<img src = 'photo_copy.gif' border = 0><p>");
}
```

5. deleteCustomer()方法

该方法调用 Session 的 delete()方法，删除参数指定的 Customer 对象。代码如下：

```
tx = session.beginTransaction();
session.delete(customer);
tx.commit();
```

运行 session.delete()方法时，Hibernate 根据 Customer 对象的 OID，执行以下 delete 语句。

```
delete from CUSTOMERS where ID = 1;
```

3.6 运行 helloapp 应用

helloapp 应用既能作为独立的 Java 程序来运行，还能作为 Java Web 应用来运行。当作为独立应用程序时，将直接运行 BusinessService 类的 main()方法；当作为 Java Web 应用时，需要在 Java Web 服务器上才能运行，本书采用 Tomcat 服务器。

3.6.1 创建用于运行本书范例的系统环境

1. 安装软件

运行本书的例子，需要安装以下软件。

(1) JDK 8 或者以上版本：Hibernate 5 要求安装 JDK 8 或者以上的版本。如果安装 JDK 7 或者以下版本，可能会导致程序无法正常编译或运行。

(2) ANT：它是发布、编译和运行 Java 应用的工具软件。

(3) Hibernate：它是本书介绍的 ORM 工具软件。

(4) MySQL：它是本书范例使用的关系数据库。

(5) Tomcat：它是本章范例使用的 Java Web 服务器，其他章节的范例都不需要用到它。

附录 E 列出了这些软件的下载方式。

这些软件的安装都很简单，其中 JDK 的安装软件是可运行程序，只需要直接运行即可。MySQL 8 以前的一些低版本安装软件是可运行程序，而 MySQL 8 的安装软件是需要先解压到本地，再手动配置后才能启动 MySQL 服务器。

MySQL 8 的安装配置和启动过程如下：

(1) 把 MySQL 8 的安装软件解压到本地，假定解压后 MySQL 的根目录为 C:\mysql。

(2) 在 MySQL 的根目录下创建一个 my.ini 文件，它是 MySQL 的配置文件。my.ini 文件的内容如下：

```
[mysqld]
# 设置 3306 端口
port = 3306
# 设置 MySQL 的安装目录
basedir = C:\mysql
# 设置 MySQL 数据库的数据的存放目录
datadir = C:\mysql\Data
# 允许最大连接数
```

```
max_connections = 200
# 允许连接失败的次数
max_connect_errors = 10
# 服务端使用的字符集默认为 utf8mb4
character - set - server = utf8mb4
# 创建新表时将使用的默认存储引擎
default - storage - engine = INNODB
# 默认使用 mysql_native_password 插件认证
#mysql_native_password
default_authentication_plugin = mysql_native_password
[mysql]
# 设置 MySQL 客户端默认字符集
default - character - set = utf8mb4
[client]
# 设置 MySQL 客户端连接服务端时默认使用的端口
port = 3306
default - character - set = utf8mb4
```

如果读者的 MySQL 的根目录不是位于 C:\mysql，那么需要对 my.ini 文件中的 basedir 和 datadir 属性做相应的修改。

(3) 在 Windows 操作系统的 Path 系统环境变量中添加 C:\mysql\bin 目录，参见图 3-7。这一设置便于在 DOS 命令行中，不管当前位于哪个目录，都可以直接运行 C:\mysql\bin 目录下的可执行程序，如 mysqld.exe 管理服务程序和 mysql.exe 客户程序。

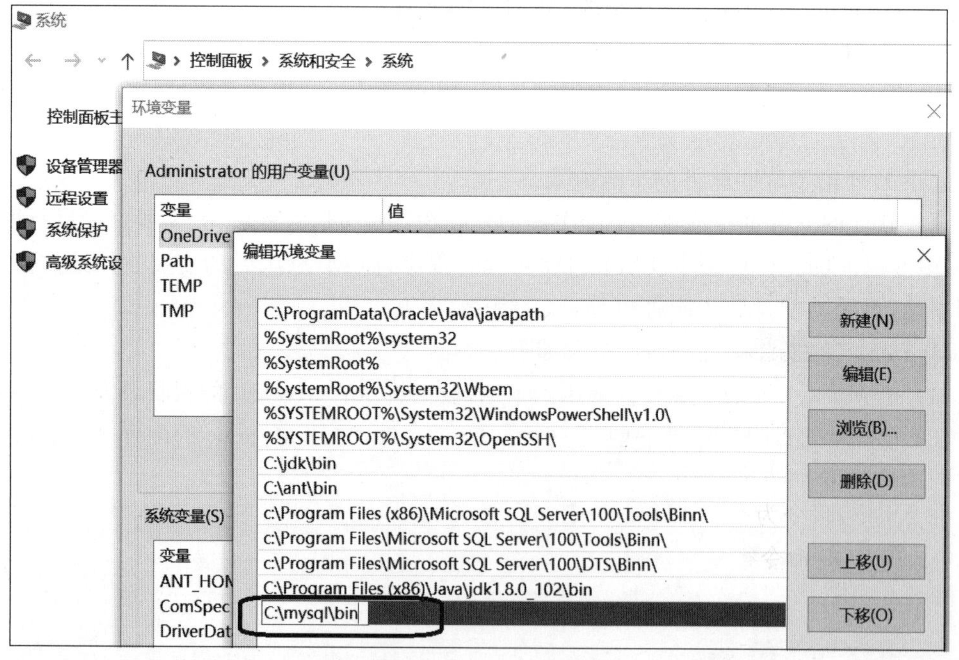

图 3-7 在 Path 系统环境变量中添加 C:\mysql\bin 目录

(4) 以管理员的身份打开 DOS 命令行窗口。假定 Windows 安装在 C 盘下，在文件资源管理器中，转到 C:\Windows\System32 目录下，右击 cmd.exe 程序，在下拉菜单中选择

“以管理员身份运行”选项，参见图 3-8。之所以要以管理员身份运行 cmd.exe 程序，是因为只有操作系统的管理员才具有权限去创建和启动 MySQL 服务。

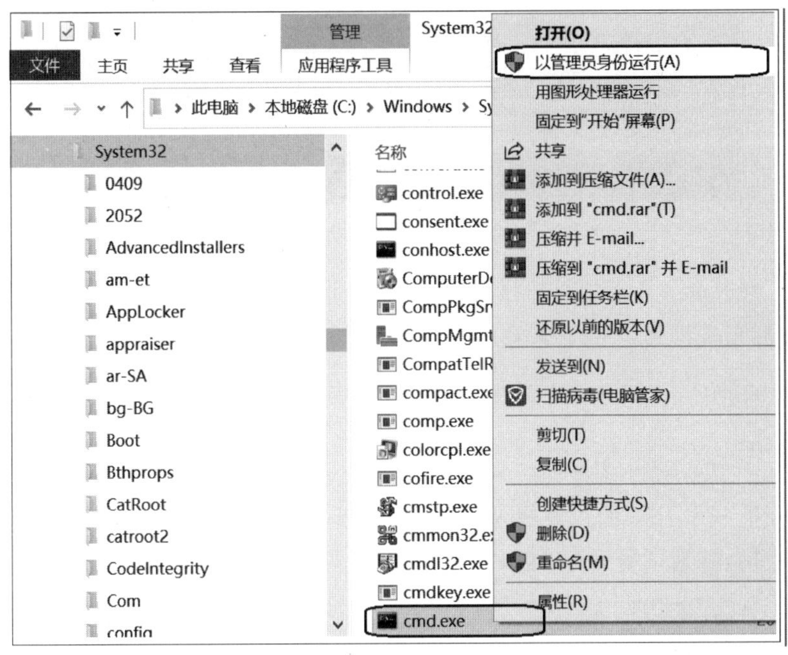

图 3-8　以管理员身份运行 cmd.exe 程序，打开 DOS 命令行窗口

(5) 在 DOS 命令行中运行如下命令，创建并注册 MySQL 服务。

```
mysqld --install
```

该命令会创建一个服务名为 mysql 的服务，并且会在操作系统中注册该服务。如果要删除该服务，可以运行 mysqld --remove 命令。mysqld 命令对应 C:\mysql\bin 目录下的 mysqld.exe 程序。

(6) 在 DOS 命令行中运行如下命令，对 MySQL 服务进行初始化。

```
mysqld --initialize-insecure
```

该命令会参照 C:\mysql\my.ini 中的 datadir 属性，在 C:\mysql 目录下创建 Data 目录，以后 MySQL 服务器会把所有数据库的数据都放在此目录下。这个命令还会创建一个 root 超级用户，口令为空。

(7) 在 DOS 命令行中运行如下命令，启动 mysql 服务。

```
net start mysql
```

该命令将启动 MySQL 服务，即启动 MySQL 服务器。如果要终止 MySQL 服务，可以运行 net stop mysql 命令。图 3-9 展示了在 DOS 命令行中运行上述步骤中命令的过程。

(8) 如图 3-10 所示，在 DOS 命令行运行 mysql -u root -p 命令，以 root 用户的身份登

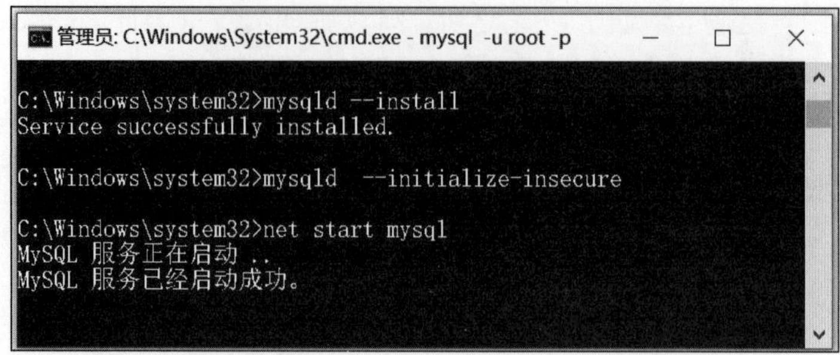

图 3-9　初始化、创建并启动 MySQL 服务

录到 MySQL 的 mysql.exe 客户程序。root 用户的初始口令为空，因此当系统提示输入口令时，直接按回车键即可。接下来在 MySQL 客户程序中执行如下修改 root 用户口令的 SQL 命令。

```
ALTER USER root@localhost IDENTIFIED BY '1234';
```

以上命令把 root 用户的口令改为 1234，本书所有范例程序连接 MySQL 服务器时会用 root 用户来连接，并且口令为 1234。

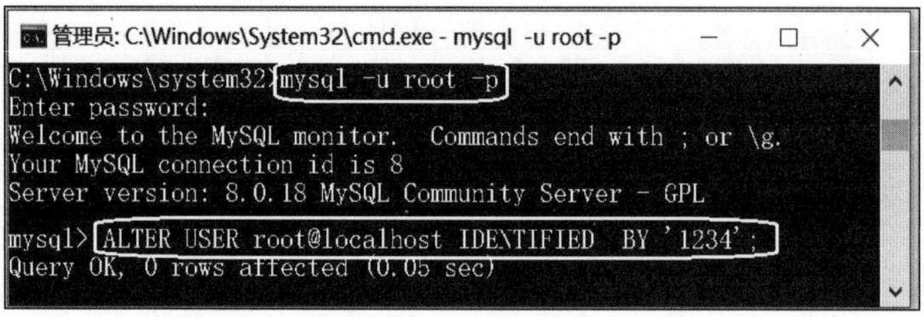

```
管理员: C:\Windows\System32\cmd.exe - mysql -u root -p
C:\Windows\system32>mysql -u root -p
Enter password:
Welcome to the MySQL monitor.  Commands end with ; or \g.
Your MySQL connection id is 8
Server version: 8.0.18 MySQL Community Server - GPL
mysql> ALTER USER root@localhost IDENTIFIED  BY '1234';
Query OK, 0 rows affected (0.05 sec)
```

图 3-10　在 MySQL 的客户程序中修改 root 用户的口令

Tomcat、ANT 和 Hibernate 的安装软件是压缩软件包，只需要把压缩文件解压到本地硬盘即可。

2. 设置环境变量

安装好以上软件后需要在操作系统中设置以下系统环境变量。

(1) JAVA_HOME：JDK 的安装目录。

(2) ANT_HOME：ANT 的安装目录。

(3) CATALINA_HOME：Tomcat 的安装目录。

(4) Path：把%JAVA_HOME%/bin 目录添加到 Path 变量中，以便在当前路径下，从 DOS 命令行直接运行 JDK 的 javac 和 java 命令；把%ANT_HOME%/bin 目录添加到 Path 变量中，以便在当前路径下，从 DOS 命令行直接运行 ANT。

其中，JAVA_HOME 和 ANT_HOME 环境变量是必须设置的，而 CATALINA_HOME 和 Path 环境变量不是必须设置的。

在 Windows 操作系统中创建 JAVA_HOME 等环境变量的步骤如下。

(1) 在 Windows 操作系统中，单击“开始”按钮，选择“控制面板”→“系统和安全”→“系统”→“高级系统设置”选项，打开“系统属性”对话框，单击“环境变量”按钮，接下来就可以创建 JAVA_HOME 系统环境变量了。单击“新建”按钮，具体设置参见图 3-11。设置完成后，单击“确定”按钮。

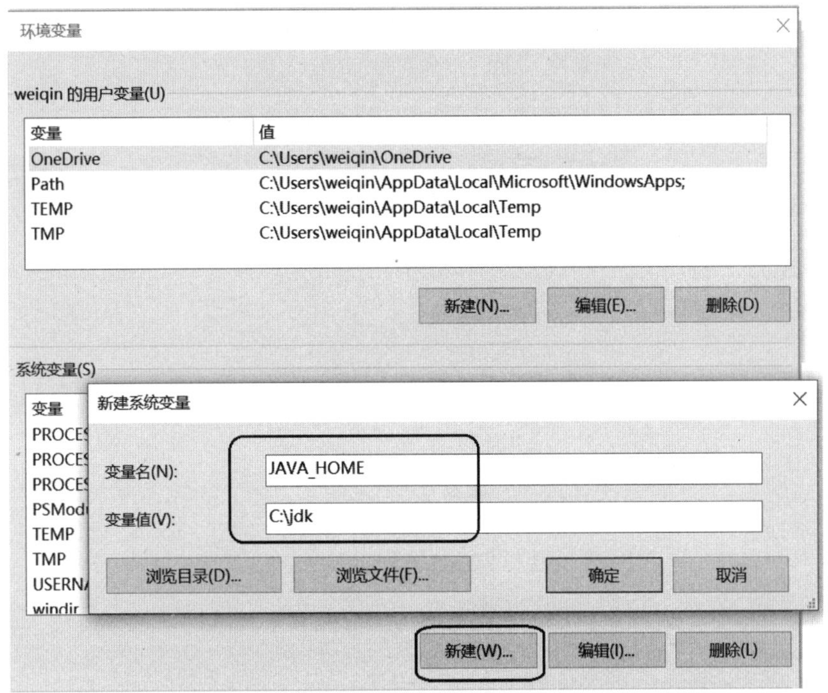

图 3-11　设置 JAVA_HOME 环境变量

(2) 接下来可以重复以上步骤创建 ANT_HOME 等其他环境变量。

3. 运行程序

环境变量创建好以后，就可以启动各个服务器，然后运行本章范例程序。

1) 启动 Tomcat 服务器

运行< CATALINA_HOME >\bin\startup. bat，就会启动 Tomcat 服务器，然后通过浏览器访问 http://localhost:8080/，如果 Tomcat 启动成功，就可看到 Tomcat 的主页。

2) 启动 MySQL 服务器

在 DOS 命令行运行 net start mysql，就会启动 MySQL 服务器。

3) 运行 MySQL 的客户程序

(1) MySQL 安装目录下的 bin\mysql. exe 程序是 MySQL 的客户程序。在 DOS 下转到 MySQL 安装目录的 bin 目录下，输入如下命令。

```
C:\mysql\bin> mysql -u root -p
```

提示输入 root 用户的口令，此处输入口令“1234”。

```
Enter password: ****
```

然后就会进入图 3-12 所示的命令行客户程序。

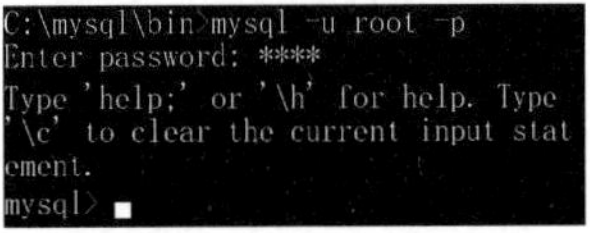

图 3-12　MySQL 的客户程序

（2）创建数据库 SAMPLEDB，SQL 命令如下：

```
create database SAMPLEDB;
```

（3）进入 SAMPLEDB 数据库，SQL 命令如下：

```
use SAMPLEDB;
```

（4）在 SAMPLEDB 数据库中创建 CUSTOMERS 表，SQL 命令如下：

```
create table CUSTOMERS (
  ID bigint not null primary key,
  NAME varchar(15) not null,
  EMAIL varchar(128) not null,
  PASSWORD varchar(8) not null,
  PHONE int ,
  ADDRESS varchar(255),
  SEX char(1) ,
  IS_MARRIED bit,
  DESCRIPTION text,
  IMAGE blob,
  BIRTHDAY date,
  REGISTERED_TIME timestamp
);
```

（5）退出 MySQL 客户程序，输入命令“exit”。

在本书配套源代码包的 sourcecode/chapter3/helloapp/schema 目录下提供了创建 SAMPLEDB 数据库和 CUSTOMERS 表的 SQL 脚本文件，文件名为 sampledb. sql。

如果不想在 mysql. exe 程序中手动输入 SQL 语句，也可以直接运行 sampledb. sql，步骤如下：

（1）转到 MySQL 安装目录的 bin 目录下，输入如下命令。

```
C:\mysql\bin> mysql - u root - p < C:\helloapp\schema\sampledb.sql
```

（2）提示输入 root 用户的口令，此处输入口令“1234”。

```
Enter password: ****
```

接下来 MySQL 客户程序就会自动执行 C:\helloapp\schema\sampledb. sql 文件中的所有 SQL 语句。在以上 mysql 命令中，“<”后面设定 SQL 脚本文件的路径。

假如 MySQL 中 root 用户的口令不是 1234，也可以按照如下步骤修改 root 用户的口令。

（1）打开 MySQL 客户程序。

（2）输入 SQL 命令“use mysql”，该命令进入 mysql 数据库。

（3）为 root 用户重新设置口令，新的口令为 1234。SQL 命令如下：

```
update USER set PASSWORD = password('1234') where USER = 'root';
flush privileges;
```

3.6.2　创建 helloapp 应用的目录结构

本书提供的 helloapp 应用采用 Java Web 应用的标准目录结构。当应用中使用了 Hibernate,要求在其目录结构中添加如下文件。

(1) 在 WEB-INF/classes 目录下添加 Hibernate 的配置文件,如 hibernate.cfg.xml 文件。

(2) 在 WEB-INF/classes 目录下添加对象-关系映射文件,在默认情况下,存放位置和相应的类文件在同一个位置。如在本例中,Customer.class 和 Customer.hbm.xml 均位于 WEB-INF/classes/mypack 目录下。

(3) 在 WEB-INF/lib 目录下添加数据库的 JDBC 驱动程序 JAR 文件。本范例需要添加 MySQL 的驱动程序类库 mysqldriver.jar 文件。该类库文件可从 MySQL 的官方网站 https://www.mysql.com 下载。

(4) 在 WEB-INF/lib 目录下添加 Hibernate 所需要的 JAR 文件。从 Hibernate 的官网下载 hibernate-release-X.zip 文件,把其展开目录中的 lib/required 目录下的所有 JAR 文件复制到本范例的 WEB-INF/lib 目录下。

此外,Hibernate 5 还依赖 jaxb-api-X.jar、jaxb-core-X.jar 和 jaxb-impl.jar 这三个 JAR 文件。JAXB(Java Architecture for XML Binding)允许 Java 开发人员将 Java 类映射为 XML 数据。JAXB 主要提供两种功能:将一个 Java 对象序列化为 XML 数据;反向操作,将 XML 数据解析成 Java 对象。

JAXB 属于 Java EE API 的内容。针对不同的 JDK 版本,需要进行不同的处理。

(1) 在 JDK 8 中,自带了这三个 JAR 文件。因此,如果在本地安装了 JDK 8,则无须额外提供这三个 JAR 文件。

(2) 在 JDK 9 或以上版本中,已经不包含这三个 JAR 文件,需要到网站 https://mvnrepository.com 去下载它们,参见图 3-13。获得了这三个 JAR 文件后,把它们复制到本范例的 WEB-INF/lib 目录下。

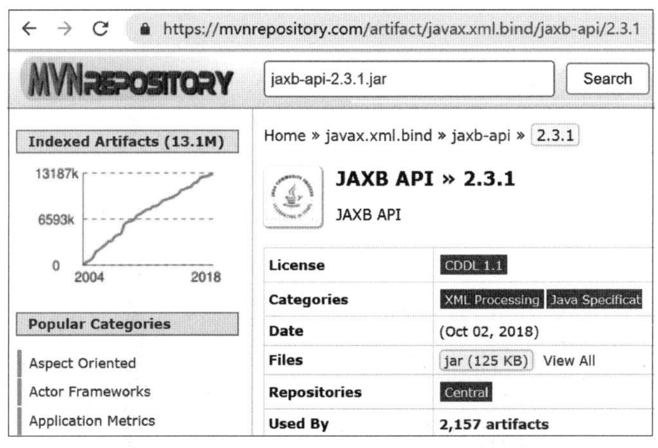

图 3-13　下载 Hibernate 依赖的 JAXB 类库文件

对于 Hibernate 6，它的 lib/required 目录下已经自带了 JAXB 类库的 JAR 文件，因此无须从网站 https://mvnrepository.com 去下载它们。

图 3-14 显示了在编译 helloapp 应用之前的初始目录结构。

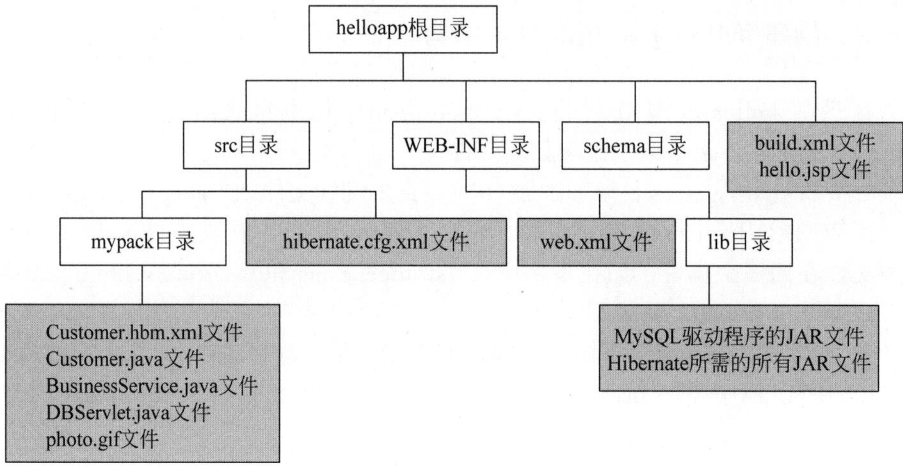

图 3-14 helloapp 应用的初始目录结构

src 子目录用于存放 Java 源文件、hibernate.cfg.xml 及 Customer.hbm.xml 文件。接下来采用 ANT 工具创建 classes 子目录，把 hibernate.cfg.xml 和 Customer.hbm.xml 文件复制到 classes 目录下，编译生成的 Java 类文件也放在 classes 目录下。

在本范例的 WEB-INF\lib 目录下还有一个 servlet-api.jar 文件。因为 BusinessService 类以及 DBServlet 类需要访问 Servlet API，为了便于编译 BusinessService 类，因此提供了这个 JAR 文件。Hibernate 并不依赖这个 JAR 文件。

运行本章范例，需要准备各种 JAR 文件，这些 JAR 文件要从不同的网站上去下载。而且随着各个软件版本的更新，JAR 文件也会发生变更。这给项目的管理带来许多不便之处，所以现在许多实际应用都会用 Maven 项目管理工具来管理应用，它可以方便地获取并管理应用所依赖的 JAR 文件。

3.6.3 把 helloapp 应用作为独立应用程序运行

在 helloapp 应用的根目录下有一个 build.xml 文件，它是 ANT 的工程文件，参见例程 3-6。

例程 3-6 build.xml

```
<?xml version="1.0"?>
<?xml version="1.0"?>
<project name="Learning Hibernate" default="prepare" basedir=".">

  <!-- Set up properties containing important project directories -->
  <property name="source.root" value="src"/>
  <property name="class.root" value="WEB-INF/classes"/>
```

```
  <property name="lib.dir" value="WEB-INF/lib"/>

  <!-- Set up the class path for compilation and execution -->
  <path id="project.class.path">
      <!-- Include our own classes, of course -->
      <pathelement location="${class.root}" />
      <!-- Include jars in the project library directory -->
      <fileset dir="${lib.dir}">
        <include name="*.jar"/>
      </fileset>
  </path>

  <!-- Create our runtime subdirectories and copy resources into them -->
  <target name="prepare" description="Sets up build structures">
    <delete dir="${class.root}"/>
    <mkdir dir="${class.root}"/>

    <!-- Copy our property files and O/R mappings for use at runtime -->
    <copy todir="${class.root}" >
      <fileset dir="${source.root}" >
        <include name="**/*.properties"/>
        <include name="**/*.hbm.xml"/>
        <include name="**/*.xml"/>
        <include name="**/*.gif"/>
      </fileset>
    </copy>
  </target>

  <!-- Compile the java source of the project -->
  <target name="compile" depends="prepare"
          description="Compiles all Java classes">
    <javac srcdir="${source.root}"
           destdir="${class.root}"
           debug="on"
           optimize="off"
           deprecation="on" includeAntRuntime="false">
      <classpath refid="project.class.path"/>
    </javac>
  </target>

  <target name="run" description="Run a Hibernate sample"
          depends="compile">
    <java classname="mypack.BusinessService" fork="true">
      <classpath refid="project.class.path"/>
    </java>
  </target>

</project>
```

在 build.xml 文件中先定义了如下三个属性。

```
<property name = "source.root" value = "src"/>
<property name = "class.root" value = "WEB - INF/classes"/>
<property name = "lib.dir" value = "WEB - INF/lib"/>
```

source. root 属性指定 Java 源文件的路径，class. root 属性指定 Java 类的路径，lib. dir 属性指定所有 JAR 文件的路径。

接着定义了如下三个 target(任务)。

(1) prepare target：如果存在 classes 子目录，先将它删除。接着重新创建 classes 子目录。然后把 src 子目录下所有扩展名为. properties、. hbm. xml、. xml，以及. gif 的文件复制到 WEB-INF/classes 目录下。

(2) compile target：编译 src 子目录下的所有 Java 源文件。编译生成的类文件存放在 WEB-INF/classes 子目录下。

(3) run target：运行 BusinessService 类。

这三个 target 的依赖关系参见图 3-15。依赖关系指在执行当前 target 之前必须先执行所依赖的 target。<target>元素的 depends 属性指定所依赖的 target。根据图 3-15 可以看出，当运行 run target 时，会依次执行 prepare target、compile target 和 run target。

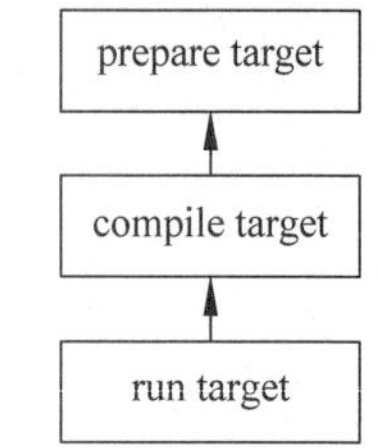

图 3-15 build. xml 文件中三个 target 的依赖关系

把 helloapp 应用作为独立应用程序运行的步骤如下。

(1) 启动 MySQL 服务器。

(2) 在 MySQL 服务器中安装 helloapp 应用的数据库。创建数据库的脚本为 schema/sampledb. sql。在 MySQL 中运行该脚本，它负责创建 SAMPLEDB 数据库，然后在该数据库中创建 CUSTOMERS 表。

(3) 在 DOS 命令行下进入 helloapp 根目录，然后输入如下命令。

```
ant run
```

该命令将依次执行 prepare target、compile target 和 run target，run target 运行 BusinessService 类的 main()方法，在 DOS 控制台输出很多信息，以下是部分内容。

```
Hibernate: select max(ID) from CUSTOMERS
Hibernate: insert into CUSTOMERS (NAME, EMAIL, PASSWORD, PHONE,
ADDRESS, SEX, IS_MARRIED, DESCRIPTION, IMAGE, BIRTHDAY, REGISTERED_TIME,
ID) values(?, ?, ?, ?, ?, ?, ?, ?, ?, ?, ?, ?)
Hibernate: select customer0_.ID as ID0_, customer0_.NAME
as NAME0_,customer0_.EMAIL as EMAIL0_, customer0_.PASSWORD
as PASSWORD0_, customer0_.PHONE as PHONE0_, customer0_.ADDRESS
…
customer0_.REGISTERED_TIME as REGISTERED12_0_
from CUSTOMERS customer0_ order by customer0_.NAME asc
------以下是 Tom 的个人信息------
ID: 1
口令: 1234
```

```
E-mail: tom@yahoo.com
电话: 55556666
地址: Shanghai
性别: 男
婚姻状况: 未婚
生日: 1980-05-06
注册时间: 2018-12-06 10:54:06.0
自我介绍: I am very honest.
Hibernate: select customer0_.ID as ID0_0_, customer0_.NAME
as NAME0_0_, customer0_.EMAIL as EMAIL0_0_, customer0_.PASSWORD
…
as BIRTHDAY0_0_, customer0_.REGISTERED_TIME as REGISTERED12_0_0_
from CUSTOMERS customer0_ where customer0_.ID=?
Hibernate: update CUSTOMERS set NAME=?, EMAIL=?,
PASSWORD=?, PHONE=?, ADDRESS=?, SEX=?, IS_MARRIED=?, DESCRIPTION=?,
IMAGE=?, BIRTHDAY=?, REGISTERED_TIME=? where ID=?
Hibernate: select customer0_.ID as ID0_,
customer0_.NAME as NAME0_,customer0_.EMAIL as EMAIL0_,
customer0_.PASSWORD as PASSWORD0_, customer0_.PHONE
as PHONE0_, customer0_.ADDRESS as ADDRESS0_, customer0_.SEX
…
from CUSTOMERS customer0_ order by customer0_.NAME asc
------以下是 Tom 的个人信息------
ID: 1
口令: 1234
E-mail: tom@yahoo.com
电话: 55556666
地址: Beijing
性别: 男
婚姻状况: 未婚
生日: 1980-05-06
注册时间: 2018-12-06 10:54:06.0
自我介绍: I am very honest.
Hibernate: delete from CUSTOMERS where ID=?
```

由于 hibernate.properties 文件的 show_sql 属性为 true，因此 Hibernate 把运行时执行的 SQL 语句输出到了控制台。当运行 session.get(Customer.class,customer_id)方法时，Hibernate 执行的 SQL 语句为：

```
select customer0_.ID as ID0_0_, customer0_.NAME as NAME0_
0_, customer0_.EMAIL as EMAIL0_0_, customer0_.PASSWORD as PASSWORD0_0_,
customer0_.PHONE as PHONE0_0_, customer0_.ADDRESS as ADDRESS0_0_,
…
customer0_.REGISTERED_TIME as REGISTERED12_0_0_
from CUSTOMERS customer0_ where customer0_.ID=?
```

当运行 session.save(customer)方法时，Hibernate 执行的 SQL 语句为：

```
select max(ID) from CUSTOMERS;
insert into CUSTOMERS (NAME, EMAIL, PASSWORD, PHONE, ADDRESS,
```

```
SEX, IS_MARRIED, DESCRIPTION, IMAGE, BIRTHDAY, REGISTERED_TIME, ID)
values(?, ?, ?, ?, ?, ?, ?, ?, ?, ?, ?, ?);
```

确切地说，以上 SQL 语句是在 Hibernate 初始化的时候创建的。在初始化时，Hibernate 会根据对象-关系映射文件中的映射信息，预定义一些带参数的 SQL 语句，? 表示参数。这些预定义 SQL 语句存放在 SessionFactory 的缓存中。在运行时，Hibernate 会把具体的参数值插入到 SQL 语句中。

图 3-16 显示了运行完 run target 之后的 helloapp 应用的主要目录结构，其中，classes 子目录及它包含的内容是新建的，此外，在 helloapp 根目录下还新建了 photo_copy. gif 文件。

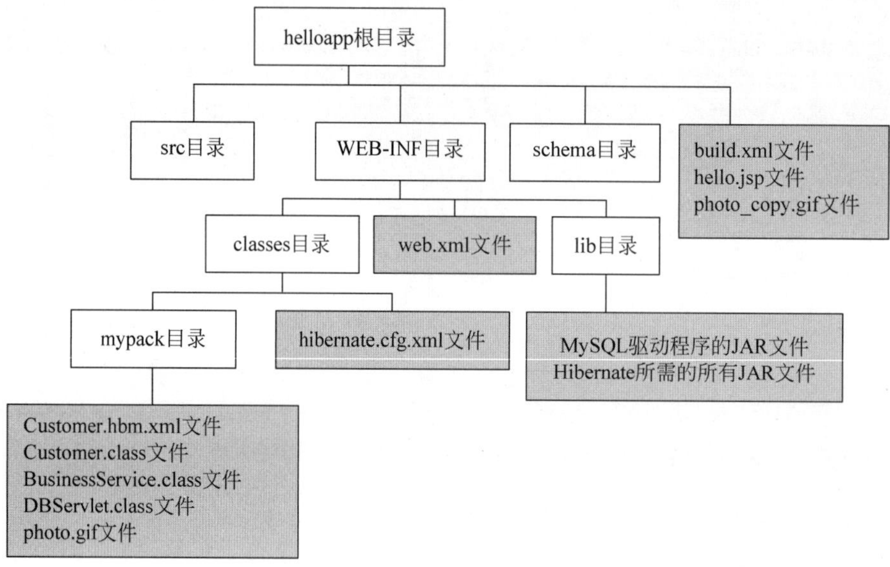

图 3-16 运行完 run target 之后的 helloapp 应用的主要目录结构

除了用 ANT 来运行 BusinessService 类外，也可以在 DOS 命令行下直接运行 BusinessService 类。假如当前路径为\helloapp，先设置 classpath，把 WEB-INF\classes 目录及 WEB-INF\lib 目录下的所有 JAR 文件都添加到 classpath 中，命令如下：

```
set classpath = WEB - INF\classes;
WEB - INF\lib\hibernate - core - 5.3.7.Final.jar;
WEB - INF\lib\mysqldriver.jar; …
```

然后再执行如下命令。

```
java mypack.BusinessService
```

3.6.4 把 helloapp 应用作为 Java Web 应用运行

在本应用中创建了一个名为 DBServlet 的 Servlet 类，它在 doPost() 方法中调用 BusinessService 类的 test() 方法，参见例程 3-7；在本应用中还创建了一个名为 hello.jsp 的

JSP 文件，它负责把请求转发给 DBServlet，参见例程 3-8。

例程 3-7　DBServlet. java

```
package mypack;
import javax.servlet.*;
import javax.servlet.http.*;
import java.io.*;
import java.util.*;

public class DBServlet extends HttpServlet {
  public void doGet(HttpServletRequest request,
    HttpServletResponse response)throws ServletException, IOException {
    doPost(request, response);
  }

  public void doPost(HttpServletRequest request,
    HttpServletResponse response)throws ServletException, IOException {
    try{
      response.setContentType("text/html;charset = GBK");
      new BusinessService()
        .test(this.getServletContext(),response.getWriter());
    }catch(Exception e){e.printStackTrace();}
  }
}
```

例程 3-8　hello. jsp

```
<html locale = "true">
  <head>
    <title>hello.jsp</title>
  </head>
  <body bgcolor = "white">
     <jsp:forward page = "DBServlet" />
  </body>
</html>
```

把 helloapp 应用作为 Java Web 应用运行的步骤如下。

(1) 启动 MySQL 服务器。

(2) 在 MySQL 服务器中安装 helloapp 应用的数据库。创建数据库的脚本为 schema/sampledb. sql。在 MySQL 中运行该脚本，它负责创建 SAMPLEDB 数据库，然后在该数据库中创建 CUSTOMERS 表。

(3) 把整个 helloapp 目录复制到< CATALINA_HOME >\webapps 目录下，然后启动 Tomcat 服务器。

(4) 在 IE 浏览器中访问 http://localhost:8080/helloapp/DBServlet 或 http://localhost:8080/ helloapp/hello. jsp，都会看到如图 3-17 所示的输出结果。

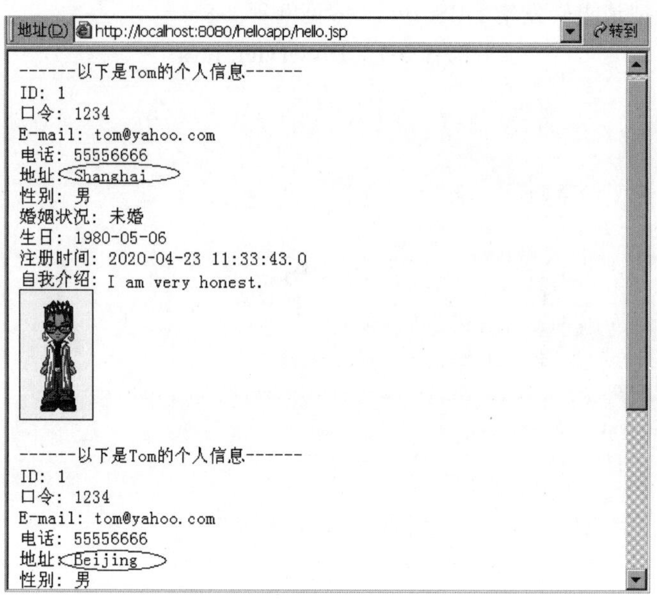

图 3-17 hello.jsp 的输出网页

3.7 小结

本章通过 helloapp 应用，演示如何利用 Hibernate 来持久化 Java 对象。通过这个例子，读者应该掌握以下内容。

(1) 创建 Hibernate 的配置文件，在配置文件中提供连接特定数据库的信息。

(2) 创建对象-关系映射文件，Hibernate 根据该映射文件来生成 SQL 语句。本例的 Customer 类中包含各种 Java 类型的属性，如 long、char、boolean、java.lang.String、java.sql.Date、java.sql.Timestamp 和 byte[]。

在 CUSTOMERS 表中包含各种 SQL 类型的字段，如 BIGINT、CHAR、BIT、VARCHAR、TEXT、DATE、TIMESTAMP 和 BLOB。

Hibernate 提供了一组内置的映射类型作为连接 Java 类型和 SQL 类型的桥梁，常用的映射类型包括 long、character、boolean、string、text、date、timestamp 和 materialized_blob。

(3) 在应用程序中通过 Hibernate API 来访问数据库。在应用启动时先初始化 Hibernate，创建一个 SessionFactory 实例；接下来每次执行数据库事务时，先从 SessionFactory 中获得一个 Session 实例，再通过 Session 实例来保存、更新、删除、加载 Java 对象，以及通过 Query 实例来查询 Java 对象。

(4) 掌握存储二进制大数据及长文本数据的技巧。Customer 类的 image 属性为 byte[]类型，代表二进制大数据，用于存放 GIF 图片的二进制数据；description 属性为 java.lang.String 类型，代表长文本数据，可以存放长度超过 255 的字符串。在 CUSTOMERS 表中，IMAGE 字段为 BLOB 类型，DESCRIPTION 字段为 TEXT 类型。Hibernate 的 materialized_blob 映射类型用于映射字节数组，text 映射类型用于映射长字符串。

BusinesssService 类通过 Hibernate API 可以很方便地把 GIF 图片及长文本数据存储

到数据库中，然后又把它们检索出来。

(5) 创建持久化类。持久化类不过是普通的 JavaBean，Hibernate 不强迫持久化类遵守特定的规范，并且持久化类无须引入任何 Hibernate API，由此可以看出 Hibernate 没有渗透到域模型中。如果 ORM 软件渗透到域模型中，就意味着在持久化类中必须引入 ORM 软件的 API，或者类的设计必须符合特定规范，这削弱了域模型的独立性和灵活性，如果日后要改用其他 ORM 软件，必须对模型做较大的改动。

当然，任何 ORM 软件都很难做到对持久化类完全没有限制，Hibernate 也不例外，Hibernate 要求持久化类必须提供不带参数的默认构造方法，此外，对于持久化类的集合类型的属性，Hibernate 要求把属性定义为 Java 集合接口类型，14.7 节将对此做详细解释。

(6) 在开发 Java 应用时，为了提高开发效率，缩短开发周期，常需要集成第三方提供的 Java 软件，除了本书重点介绍的 ORM 映射工具 Hibernate 外，还有其他如 MVC 框架 Struts、日志工具 Log4J、Web 服务软件 Apache AXIS 等。在自己的应用中集成这些第三方软件时，大体步骤都很相似。首先，把它们的 JAR 文件复制到 classpath 中；然后创建它们的配置文件(XML 格式的文件或者 Java 属性文件)，这些配置文件通常也位于 classpath 中；最后在程序中访问它们的 API。

作为软件使用者，如果仅想快速掌握一个新的 Java 软件的使用方法，而不打算深入了解软件内在原理和结构，只需要了解它的 API 及配置文件的使用方法。如果想对软件的运用达到得心应手的地步，还应该了解软件本身的组成原理和结构。

3.8 思考题

1. 为了让 Hibernate 顺利操纵持久化类的实例，持久化类的定义必须遵守哪些规范？(多选)

(a) 持久化类必须提供默认的不带参数的构造方法

(b) 持久化类的属性必须有相应的 get 和 set 方法

(c) 持久化类的 get 和 set 方法必须为 public 类型

(d) 与持久化类的属性对应的 get 和 set 方法必须符合特定的命名规则

2. 在对象-关系映射文件中，<property>元素的 type 属性指定什么类型？(单选)

(a) SQL 类型　　(b) Hibernate 映射类型

(c) Java 类型

3. 在本章介绍的 helloapp 应用中，向数据库中保存一个 Customer 对象时，它的 OID (即 id 属性)是由谁来赋值的？(单选)

(a) 在 Customer.hbm.xml 文件中预先设定

(b) 由 Hibernate 赋值

(c) 由数据库赋值

(d) 由业务逻辑层的 BusinessService 类赋值

4. 关于 Hibernate 的配置文件，以下哪些说法正确？(多选)

(a) 配置文件可以采用 Java 属性文件格式，也可以采用 XML 格式

(b) 当配置文件采用 Java 属性文件格式时，默认的文件名为 hibernate.properties

(c) 在 Hibernate 的配置文件中可指定持久化类与表的具体映射信息

(d) 在 Hibernate 的配置文件中可指定数据库的连接信息

5. 假定有一个持久化类的 data 属性为 byte[]类型，在数据库中相应表的 DATA 字段为 BLOB 类型。在对象-关系映射文件中，应该为这个持久化类的 data 属性指定什么 Hibernate 映射类型？(单选)

(a) byte[]　　(b) blob

(c) text　　(d) materialized_blob

6. 在 Hibernate API 中，哪个接口提供了用于保存、更新、加载和删除实体域对象的方法？(单选)

(a) SessionFactoryBuilder　　(b) SessionFactory

(c) Session　　(d) Transaction

7. 在 Hibernate API 中，对于一个数据库存储源，通常只需要创建该接口的一个实例，哪个接口的实例属于重量级对象？(单选)

(a) Configuration　　(b) SessionFactory

(c) Session　　(d) Transaction

8. 关于 Hibernate API，以下哪些说法正确？(多选)

(a) SessionFactory 提供了创建 Session 实例的方法

(b) SessionFactoryBuilder 提供了创建 Session 实例的方法

(c) Session 提供了创建 Transaction 实例的方法

(d) Session 提供了创建 Query 实例的方法

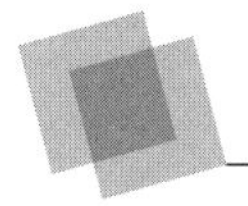

第4章

使用注解和JPA

视频讲解

2.3.3 节已经介绍了 JPA 的概念，它属于 Java EE API 的内容，为 Java 对象持久化提供了统一标准的接口。如图 4-1 所示，Hibernate 实现了 JPA，这使得应用程序既可以通过 Hibernate API 访问数据库，也可以通过 JPA API 访问数据库。

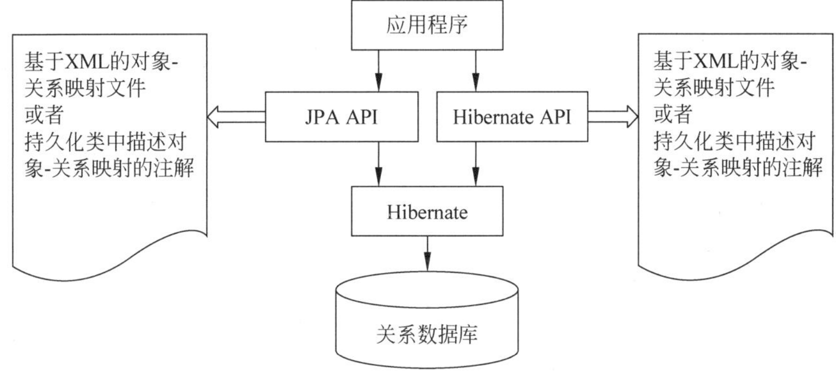

图 4-1　应用程序通过 JPA API 或 Hibernate API 访问数据库

Hibernate API 的 JavaDoc 文档位于 Hibernate 下载软件包的展开目录 hibernate-release-X.Final/documentation/javadocs/index.html 下。

此外，在网址 http://docs.jboss.org/hibernate/orm/5.3/javadocs/也可以查阅 Hibernate API 的 JavaDoc 文档。

JPA API 的 JavaDoc 文档的官方网址为 https://docs.oracle.com/javaee/7/api/。

根据图 4-1，应用程序访问数据库有四种方式，参见表 4-1。

表 4-1 应用程序访问数据库的方式

方式	如何描述对象-关系映射信息	访问数据库的 API	说明
方式一	在持久化类中采用注解	Hibernate API	4.2.3 节的 BusinessService1 类就采用这种方式访问数据库
方式二	在持久化类中采用注解	JPA API	4.3.2 节的 BusinessService2 类就采用这种方式访问数据库
方式三	采用基于 XML 格式的对象-关系映射文件	JPA API	4.4 节例程 4-5 的 orm.xml 是 JPA 的对象-关系映射文件
方式四	采用基于 XML 格式的对象-关系映射文件	Hibernate API	对于早期的 Hibernate 版本，这是使用最广泛的方式，现在已经逐渐被其他方式取代。第 3 章的范例就采用这种方式

方式一和方式二是目前很流行的使用方式，它们的共同特点是采用基于注解的对象-关系映射元数据。本书大部分范例使用的是方式二。这些注解（也称为标注）有以下两个来源。

（1）大部分来自 JPA API，具有很好的通用性和可移植性。

（2）小部分来自 Hibernate API。Hibernate API 的注解仅起到补充作用，弥补 JPA API 中尚未提供的功能。

本章将对第 3 章的范例进行改写，主要介绍如何通过方式一、方式二和方式三来访问数据库。本章源代码位于本书配套源代码包的 sourcecode/chapter4 目录下，version1、version2 和 version3 子目录分别是对应这三种方式的源代码。在每个子目录下有一个 ANT 工具的工程管理文件 build.xml，它定义了名为 run 的 target，分别用于运行 BusinessService1、BusinessService2 或 BusinessService3 类。

在 DOS 控制台转到 version1、version2 或 version3 子目录下，运行命令 ant run，就会分别运行 BusinessService1、BusinessService2 或 BusinessService3 类。

4.1 创建包含注解的持久化类

3.2 节已经创建了一个 Customer 持久化类。以下例程 4-1 的 Customer 类中加入了用于描述对象-关系映射信息的注解。

例程 4-1 Customer.java

```
package mypack;
import java.io.Serializable;
import java.sql.Date;
import java.sql.Timestamp;
import javax.persistence.*;
import org.hibernate.annotations.GenericGenerator;
import org.hibernate.annotations.Type;

@Entity
@Table(name = "CUSTOMERS")
```

```
public class Customer implements Serializable {
    @Id
    @GeneratedValue(generator = "increment")
    @GenericGenerator(name = "increment", strategy = "increment")
    @Column(name = "ID")
    private Long id;

    @Basic(optional = false)
    @Column(name = "NAME", length = 15)
    @Type(type = "string")
    private String name;

    @Basic(optional = false)
    @Column(name = "EMAIL", length = 128)
    @Type(type = "string")
    private String email;

    @Basic(optional = false)
    @Column(name = "PASSWORD", length = 8)
    @Type(type = "string")
    private String password;

    @Basic(optional = true)
    @Column(name = "PHONE")
    @Type(type = "int")
    private int phone;

    @Basic(optional = true)
    @Column(name = "ADDRESS", length = 255)
    @Type(type = "string")
    private String address;

    @Basic(optional = true)
    @Column(name = "SEX")
    @Type(type = "character")
    private char sex;

    @Basic(optional = true)
    @Column(name = "IS_MARRIED")
    @Type(type = "boolean")
    private boolean married;

    @Basic(optional = true)
    @Column(name = "DESCRIPTION")
    @Type(type = "text")
    private String description;

    @Basic(optional = true)
    @Column(name = "IMAGE", columnDefinition = "BLOB")
    @Type(type = "materialized_blob")
```

```
    private byte[] image;

    @Basic(optional = true)
    @Column(name = "BIRTHDAY")
    @Type(type = "date")
    private Date birthday;

    @Basic(optional = true)
    @Column(name = "REGISTERED_TIME",columnDefinition = "TIMESTAMP")
    @Type(type = "timestamp")
    private Timestamp registeredTime;

    public Customer(){}

    public Long getId(){
      return id;
    }

    private void setId(Long id){
      this.id = id;
    }

    public String getName(){
      return name;
    }

    public void setName(String name){
      this.name = name;
    }

    //此处省略 email、password 和 phone 等属性的 getXXX()和 setXXX()方法
    …
  }
```

在 Customer 类中，大部分注解，例如@Entity、@Table、@Column 和@Id，都来自 JPA API 中的 javax. persistence 包。个别注解，例如@GenericGenerator 和@Type，来自 Hibernate API 中的 org. hibernate. annotations 包。

下面分别介绍 Customer 类中的各个注解的用法。

(1) @Entity 注解：用于声明 Customer 类是一个实体类(即持久化类)，实体类的实例可以被持久化到关系数据库中。

(2) @Table 注解：通过 name 属性指定与 Customer 类对应的表是 CUSTOMERS。name 属性的默认值为持久化类的名字，本范例中默认值为 Customer，这意味着默认情况下，与 Customer 类对应的表是 Customer 表。

(3) @Id、@GeneratedValue 和@GenericGenerator 注解：@Id 和@GeneratedValue 来自 JPA API，@GenericGenerator 来自 Hibernate API。@Id 注解声明 Customer 类的 id 属性是对象标识符。@GeneratedValue 和@GenericGenerator 注解联合使用，用来指定对象

标识符的生成策略。

（4）@Basic 注解：用来声明 Customer 类的 name 和 description 等属性都是需要被持久化的基本属性。@Basic 注解的 optional 属性指定持久化类的特性属性是否允许为 null。optional 属性的默认值是 true。例如，以下代码表明 Customer 类的 name 属性不允许为 null，而 description 属性可以为 null。

```
@Basic(optional = false)
@Column(name = "NAME" length = 15)
@Type(type = "string")
private String name;

@Basic(optional = true)
@Column(name = "DESCRIPTION")
@Type(type = "text")
private String description;
```

当@Basic 注解的各个属性都取默认值时，@Basic 注解可以省略。例如以下代码中，修饰 Customer 类的 description 属性的@Basic 注解可以省略。

```
//@Basic(optional = true)
@Column(name = "DESCRIPTION")
@Type(type = "text")
private String description;
```

（5）@Column 注解：通过 name 属性来指定 Customer 类的 name 和 address 等属性分别和 CUSTOMERS 表中的 NAME 字段和 ADDRESS 字段对应。@Column 注解的 columnDefinition 属性以及 length 属性还可以分别指定数据库中相应字段的 SQL 类型和长度，例如：

```
@Basic(optional = true)
@Column(name = "ADDRESS", length = 255)
@Type(type = "string")
private String address;

@Basic(optional = true)
@Column(name = "REGISTERED_TIME", columnDefinition = "TIMESTAMP")
@Type(type = "timestamp")
private Timestamp registeredTime;
```

@Column 注解的 columnDefinition 属性以及 length 属性主要和 Hibernate 的 hbm2ddl 工具联合使用。当使用 hbm2ddl 工具来自动生成数据库表时，hbm2ddl 工具将依据它们精确地定义表的字段。关于 hbm2ddl 工具的用法参见 4.2.2 节。如果没有设定@Column 注解的 columnDefinition 属性以及 length 属性，hbm2ddl 工具会采用这些属性的默认值。

@Column 注解还有一个 nullable 属性，指定当前属性是否允许为空，默认值为 true。

因此，@Basic(optional=false)和@Column(nullbable=false)的作用是等价的，都表示当前属性不允许为空。

(6) @Type 注解：通过 type 属性设定 Customer 类的各个属性的 Hibernate 映射类型，例如以下代码表明 Customer 类的 sex 属性的 Hibernate 映射类型为 character。

```
@Basic(optional = true)
@Column(name = "SEX")
@Type(type = "character")
private char sex;
```

表 4-2 对 XML 格式的映射方式以及基于注解的映射方式做了比较，两者各有优缺点。开发人员应该根据应用需求来权衡到底采用哪种方式。

表 4-2　比较 XML 格式的映射方式以及基于注解的映射方式

比 较 内 容	XML 格式的映射方式	基于注解的映射方式
持久化类的独立性	在持久化类中不涉及关系数据库的信息，持久化类具有更好的独立性	在持久化类中涉及关系数据库的信息，持久化类依赖于关系数据库的结构
可维护性	映射信息集中放在一些映射文件中，便于管理和维护	注解分散在各个持久化类中，不利于统一管理和维护
代码的复杂性	XML 配置代码比较冗长	注解比较简洁
错误检测时机	在编辑和编译阶段无法发现语法错误，只有到程序运行时才能发现映射文件中的语法错误	在编译阶段就能发现注解的语法错误

4.2　方式一：注解和 Hibernate API

本节介绍如何联合使用基于注解的对象-关系映射元数据和 Hibernate API，来完成数据访问操作。

4.2.1　创建 Hibernate 配置文件

为了确保 Hibernate 能够顺利读取持久化类中描述对象-关系映射的注解，需要在 Hibernate 的配置文件中通过<mapping>元素设定范例包含的实体类，本范例包含 Customer 实体类。例程 4-2 是本范例的 Hibernate 配置文件。

例程 4-2　hibernate.cfg.xml

```
<hibernate-configuration>
  <session-factory>
    <property name="dialect">
      org.hibernate.dialect.MySQL8Dialect
    </property>
    <property name="connection.driver_class">
      com.mysql.jdbc.Driver
```

```
    </property>
    <property name = "connection.url">
      jdbc:mysql://localhost:3306/sampledb?useSSL = false
    </property>
    <property name = "connection.username">
      root
    </property>
    <property name = "connection.password">
      1234
    </property>

    <property name = "show_sql"> true </property>

    <!-- Drop and re-create the database schema on startup -->
    <property name = "hbm2ddl.auto"> create </property>

    <!-- Names the annotated entity class -->
    <mapping class = "mypack.Customer"/>

  </session-factory>
</hibernate-configuration>
```

以上配置文件通过< mapping >元素设定本范例包含 Customer 实体类，Hibernate 在初始化时，会根据这个配置信息读取 Customer 类的描述对象-关系映射信息的注解，把这些元数据加载到内存中。

4.2.2　自动创建数据库表

Hibernate 自带了一个 hbm2ddl 工具，它能根据对象-关系映射元数据在数据库中自动创建相应的表。可以通过 Hibernate 配置文件中的 hbm2ddl.auto 属性来使用 hbm2ddl 工具。hbm2ddl.auto 属性有以下可选值。

(1) none：什么也不做。这是该属性的默认值。在这种情况下，需要手动创建数据库中的表。

(2) create：每次初始化 Hibernate 时都会删除已经存在的表，然后根据对象-关系映射元数据来重新生成新表。

(3) create-drop：每次初始化 Hibernate 时都会根据对象-关系映射元数据来重新生成新表，但是当关闭 SessionFactory 时，会自动删除所创建的表。

(4) update：很常用的属性。初始化 Hibernate 时，根据对象-关系映射元数据的变化来更新数据库中表的结构，使表的结构和对象-关系映射元数据保持一致。如果表尚不存在，就创建相应的表。

(5) validate：每次初始化 Hibernate 时，验证数据库中表的结构，判断是否与对象-关系映射元数据保持一致。

例程 4-2 中把 hbm2ddl.auto 属性设为 create，因此每次运行范例程序时，hbm2ddl 工具都会删除已经创建的 CUSTOMERS 表，然后再根据 Customer 类的对象-关系映射元数据重新创建新的 CUSTOMERS 表。这会导致以前在 CUSTOMERS 表中插入的数据全部丢失。把 hbm2ddl. auto 属性设为 create,在程序调试阶段会很方便。但是当程序作为产品正式运行时,把 hbm2ddl. auto 属性设为 update 更符合实际需求。

另外要注意的是,当通过 hbm2ddl 工具来自动生成数据库表时,需要在 Hibernate 的配置文件中准确地设置 dialect 属性,它表示与数据库软件版本所匹配的 SQL 方言。否则,可能会导致 Hibernate 生成的 DDL(Data Definition Language)语句与数据库软件版本不匹配,因此数据库无法执行这些 DDL 语句。例如对于 MySQL,当使用 org. hibernate. dialect. MySQLDialect 方言时,hbm2ddl 工具自动创建 CUSTOMERS 表所使用的 DDL 语句为:

```
create table CUSTOMERS (ID bigint not null, ADDRESS varchar(255),
BIRTHDAY date, DESCRIPTION longtext, EMAIL varchar(128) not null,
… primary key (ID)) type = MyISAM
```

以上 DDL 语句在 MySQL 5.5 或者以下版本中是合法的,而在 MySQL 5.5 以上版本中是不合法的,因为 MySQL 5.5 以上版本不支持 type=MyISAM 语句。本书技术支持网址上提供的 MySQL 安装软件为 MySQL 8,所以在 Hibernate 配置文件中需要使用如下与该版本匹配的 SQL 方言。

```
<property name = "dialect">
  org.hibernate.dialect.MySQL8Dialect
</property>
```

针对该 SQL 方言,hbm2ddl 工具自动创建 CUSTOMERS 表时所使用的 DDL 语句为:

```
create table CUSTOMERS (ID bigint not null, ADDRESS varchar(255),
BIRTHDAY date, DESCRIPTION longtext, EMAIL varchar(128) not null,
… primary key (ID)) engine = InnoDB
```

该 DDL 语句在 MySQL 8 中是合法的,可以成功地创建 CUSTOMERS 表。

如果不清楚与数据库版本所匹配的具体 Dialect 类,可以查阅 Hibernate 的 JavaDoc 文档。

4.2.3 使用 Hibernate API

对象-关系映射信息无论是存放在采用 XML 格式的对象-关系映射文件中,还是用持久化类中的注解来表示,都对通过 Hibernate API 访问数据库的代码没有影响。

例程 3-5 的 BusinessService 类会读取 Customer. hbm. xml 文件中的映射信息,而本书配套源代码包的 sourcecode/chapter4/version1 目录下的 BusinessService1 类则会读取 Customer 持久化类中的基于注解的映射信息。

BusinessService1 类的源代码和第 3 章的 BusinessService 类非常相似。区别仅仅在于 BusinessService1 类去除了把 Customer 对象包含的信息打印到网页上的代码。本节对 BusinessService1 类的源代码不再做赘述。

4.3 方式二：注解和 JPA API

本节介绍通过 JPA API 来访问数据库的方式。

4.3.1 创建 JPA 的配置文件

JPA 的配置文件名为 persistence. xml，位于 classpath 根目录的 META-INF 目录下，它的作用和 Hibernate 的配置文件 hibernate. cfg. xml 很相似。例程 4-3 是本范例的 JPA 配置文件。

例程 4-3 persistence. xml

```
<persistence xmlns="http://java.sun.com/xml/ns/persistence"
        xmlns:xsi="http://www.w3.org/2001/XMLSchema-instance"
        xsi:schemaLocation="http://java.sun.com/xml/ns/persistence
        http://java.sun.com/xml/ns/persistence/persistence_2_0.xsd"
        version="2.0">
  <persistence-unit name="myunit">

    <provider>
      org.hibernate.jpa.HibernatePersistenceProvider
    </provider>

    <class>mypack.Customer</class>

    <properties>
      <property name="hibernate.dialect"
         value="org.hibernate.dialect.MySQL8Dialect" />

      <property name="javax.persistence.jdbc.driver"
        value="com.mysql.jdbc.Driver" />

      <property name="javax.persistence.jdbc.url"
        value="jdbc:mysql://localhost:3306/sampledb?useSSL=false" />

      <property name="javax.persistence.jdbc.user" value="root" />
      <property name="javax.persistence.jdbc.password" value="1234" />

      <property name="hibernate.show_sql" value="true" />

      <!-- Drop and re-create the database schema on startup -->
      <property name="hibernate.hbm2ddl.auto" value="create" />

    </properties>
  </persistence-unit>
</persistence>
```

配置文件中，<persistence-unit>元素设定了一个持久化单元包，它的name属性设定持久化单元包的名字。

<provider>元素指定JPA API由哪个ORM软件来实现，本范例由HibernatePersistenceProvider来实现。

<class>元素指定包含描述对象-关系映射信息的注解的持久化类。JPA在初始化时会从这些持久化类中读取对象-关系映射元数据。

有些<property>元素的name属性以javax.persistence开头，表明这是属于JPA的属性；有些<property>元素的name属性以hibernate开头，表明这是属于Hibernate的属性。

4.3.2 使用JPA API

图4-2显示了Hibernate API和JPA API中主要接口之间的对应关系。从图中可以看出，SessionFactory接口在JPA API中的对等接口是javax.persistence.EntityManagerFactory；Session接口在JPA API中的对等接口是javax.persistence.EntityManager；Transaction接口在JPA API中的对等接口是javax.persistence.EntityTransaction。Query接口在JPA API中的对等接口是javax.persistence.Query。

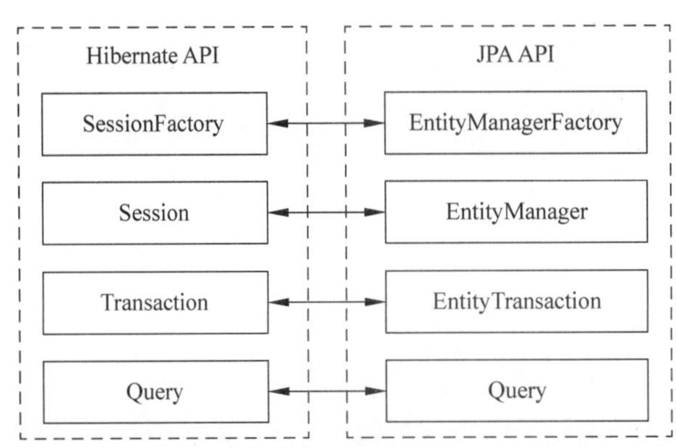

图4-2 Hibernate API和JPA API的对应关系

EntityManager接口提供了操纵数据库的各种方法，如：

(1) persist()方法：把Java对象保存到数据库中。等价于Session接口的persist()方法。

(2) merge()方法：保存或更新数据库中的Java对象。等价于Session接口的merge()方法。

(3) remove()方法：把特定的Java对象从数据库中删除。类似于Session接口的delete()方法。EntityManager接口的remove()方法只能删除持久化状态的对象，而Session接口的delete()方法可以删除持久化状态或游离状态的对象。关于持久化状态和游离状态的概念，参见8.3节。

(4) find()方法：从数据库中加载Java对象。等价于Session接口的get()方法。

例程4-4的BusinessService2类通过JPA API来访问数据库。

例程 4-4　BusinessService2.java

```
package mypack;

import javax.persistence.EntityManager;
import javax.persistence.EntityManagerFactory;
import javax.persistence.Persistence;
import javax.persistence.EntityTransaction;
import javax.persistence.Query;
import java.io.*;
import java.sql.Date;
import java.sql.Timestamp;
import java.util.*;

public class BusinessService2{

  public static EntityManagerFactory entityManagerFactory;

  /** 初始化 JPA,创建 EntityManagerFactory 实例 */
  static{
    try{
      entityManagerFactory =
           Persistence.createEntityManagerFactory( "myunit" );
    }catch(Exception e){
      e.printStackTrace();
      throw e;
    }
  }

  /** 查询所有的 Customer 对象,
      然后调用 printCustomer()方法打印 Customer 对象信息 */
  public void findAllCustomers(PrintWriter out)throws Exception{
    EntityManager entityManager =
           entityManagerFactory.createEntityManager();
    EntityTransaction tx = null;
    try {
      tx = entityManager.getTransaction();
      tx.begin();          //开始一个事务
      Query query = entityManager.createQuery(
           "from Customer as c order by c.name asc");
      List customers = query.getResultList();
      for (Iterator it = customers.iterator(); it.hasNext();) {
         printCustomer(out,(Customer) it.next());
      }

      tx.commit();         //提交事务

    }catch (RuntimeException e) {
      if (tx != null) {
         tx.rollback();
```

```
      }
      throw e;
    } finally {
      entityManager.close();
    }
  }

  /** 持久化一个 Customer 对象 */
  public void saveCustomer(Customer customer){
    EntityManager entityManager =
            entityManagerFactory.createEntityManager();

    EntityTransaction tx = null;
    try {
      tx = entityManager.getTransaction();
      tx.begin();
      entityManager.persist(customer);
      tx.commit();

    }catch (RuntimeException e) {
      if (tx != null) {
        tx.rollback();
      }
      throw e;
    } finally {
      entityManager.close();
    }
  }

  /** 按照 OID 加载一个 Customer 对象,然后修改它的属性 */
  public void loadAndUpdateCustomer(Long customer_id,String address){
    EntityManager entityManager =
                  entityManagerFactory.createEntityManager();
    EntityTransaction tx = null;
    try {
      tx = entityManager.getTransaction();
      tx.begin();
      Customer c = entityManager
                  .find(Customer.class,customer_id);
      c.setAddress(address);
      tx.commit();

    }catch (RuntimeException e) {
      if (tx != null) {
        tx.rollback();
      }
      throw e;
    } finally {
      entityManager.close();
```

```
      }
    }

    /** 删除 Customer 对象 */
    public void deleteCustomer(Customer customer){
      EntityManager entityManager =
              entityManagerFactory.createEntityManager();
      EntityTransaction tx = null;
      try {
        tx = entityManager.getTransaction();
        tx.begin();
        //获得持久化状态的 Customer 对象
        Customer c = entityManager
            .find(Customer.class,customer.getId());
        entityManager.remove(c);
        tx.commit();

      }catch (RuntimeException e) {
        if (tx != null) {
          tx.rollback();
        }
        throw e;
      } finally {
        entityManager.close();
      }
    }

    /** 把 Customer 对象的信息输出到控制台,如 DOS 控制台 */
    private void printCustomer(PrintWriter out,Customer customer)
                                   throws Exception{ … }

    public void test(PrintWriter out) throws Exception{ … }

    public static void main(String args[]) throws Exception{
      new BusinessService2().test(new PrintWriter(System.out,true));
      entityManagerFactory.close();
    }
  }
```

对 JPA 的初始化非常简单,只要通过 javax.persistence.Persistence 的静态方法 createEntityManagerFactory()来创建 EntityManagerFactory 对象。例如:

```
entityManagerFactory =
  Persistence.createEntityManagerFactory( "myunit" );
```

以上 Persistence.createEntityManagerFactory("myunit")方法中的参数 myunit 指定持久化单元包的名字。JPA 会到 persistence.xml 配置文件中读取相应的持久化单元包中的配置信息。

所有访问数据库的操作都使用以下流程。

```
EntityManager entityManager =
     entityManagerFactory.createEntityManager();
EntityTransaction tx = null;
try {
  tx = entityManager.getTransaction();
  tx.begin();            //声明开始事务
  //执行查询、保存、更新和删除等各种数据访问操作
  …
  tx.commit();           //提交事务
}catch (RuntimeException e) {
  if (tx != null)
    tx.rollback();
  throw e;
} finally {
  entityManager.close();
}
```

4.3.3 从 JPA API 中获得 Hibernate API

当 JPA API 不能满足所有的应用需求，还可以利用 Hibernate API 来辅助完成个别功能。JPA API 的 EntityManager 接口和 EntityManagerFactory 接口都有一个 unwrap()方法，它们分别返回相应的 Session 以及 SessionFactory 对象。例如：

```
//获得 Hibernate API 中的 SessionFactory
SessionFactory sessionFactory =
       entityManagerFactor.unwrap( SessionFactory.class );

//获得 Hibernate API 中的 Session
Session session = entityManager.unwrap( Session.class );
```

得到了 SessionFactory 对象和 Session 对象后，就可以通过它们来操纵数据库了。

4.4 方式三：对象-关系映射文件和 JPA API

本节介绍 JPA 从对象-关系映射文件中获取映射信息。当 JPA 通过底层 Hibernate 来访问数据库时，JPA 支持以下两种类型的对象-关系映射文件。

(1) JPA 的对象关系-映射文件，采用 JPA 所规定的语法。默认的文件为 META-INF/orm.xml。

(2) Hibernate 的对象-关系映射文件，采用 Hibernate 所规定的语法。第 3 章的 Customer.hbm.xml 文件就是这样的映射文件。12.5.2 节将介绍通过 JPA API 来访问这种类型映射文件。

JPA 的对象-关系映射文件与 Hibernate 的对象-关系映射文件虽然作用相同，但语法不同。

本节将简单介绍 JPA 的对象-关系映射文件。例程 4-5 设置了 Customer 类和 CUSTOMERS 表的映射关系。

例程 4-5　orm.xml

```
<?xml version="1.0" encoding="UTF-8" ?>
<entity-mappings
  version="2.1"
  xmlns="http://xmlns.jcp.org/xml/ns/persistence/orm"
  xmlns:xsi="http://www.w3.org/2001/XMLSchema-instance"
  xsi:schemaLocation="http://xmlns.jcp.org/xml/ns/persistence/orm
  http://xmlns.jcp.org/xml/ns/persistence/orm_2_1.xsd">

  <persistence-unit-metadata>
    <xml-mapping-metadata-complete/>
    <persistence-unit-defaults>
      <delimited-identifiers/>
    </persistence-unit-defaults>
  </persistence-unit-metadata>

  <entity class="mypack.Customer" access="FIELD">
    <table name="CUSTOMERS" />
    <attributes>
      <id name="id">
        <generated-value strategy="AUTO"/>
        <column name="ID"/>
      </id>
      <basic name="name" optional="false" >
        <column name="NAME" length="15" />
      </basic>
      <basic name="email" optional="false" >
        <column name="EMAIL" length="128" />
      </basic>
      <basic name="password" optional="false" >
        <column name="PASSWORD" length="8" />
      </basic>
      <basic name="phone" >
        <column name="PHONE"/>
      </basic>
      <basic name="address" >
        <column name="ADDRESS" length="255" />
      </basic>
      <basic name="sex" >
        <column name="SEX"/>
      </basic>
      <basic name="married" >
        <column name="IS_MARRIED"/>
      </basic>
      <basic name="description" columnDefinition="TEXT" >
        <column name="DESCRIPTION"/>
```

```
      </basic>
      <basic name = "image" >
        <lob/>
        <column name = "IMAGE" columnDefinition = "BLOB"/>
      </basic>
      <basic name = "birthday" >
        <column name = "BIRTHDAY"/>
      </basic>
      <basic name = "registeredTime">
        <column name = "REGISTERED_TIME" columnDefinition = "TIMESTAMP"/>
      </basic>
    </attributes>
  </entity>
</entity-mappings>
```

关于 JPA 的对象-关系映射文件，有以下使用规则。

(1) 如果对象-关系映射文件不采用默认的文件名 orm. xml，而是采用自定义的文件名，则需要在 JPA 的配置文件 META-INF/persistence. xml 中通过< mapping-file >元素来显式设定它们，例如：

```
<persistence-unit name = "myunit">
  …
  <mapping-file> mypack/Customer.xml </mapping-file>
  <mapping-file> mypack/Order.xml </mapping-file>
  …
</persistence-unit>
```

(2) JPA 可以同时从对象-关系映射文件或者持久化类的 JPA 注解中获取映射信息，当两者提供的映射信息不一致时，JPA 注解会覆盖对象-关系映射文件中的映射信息。如果仅仅希望从对象-关系映射文件中获取映射信息，那么可以在对象-关系映射文件中加入< xml-mapping-metadata-complete/>元素，例如：

```
<persistence-unit-metadata>
  <xml-mapping-metadata-complete/>
  …
<persistence-unit-metadata>
```

(3) 对象-关系映射信息无论是存放在采用 XML 格式的对象-关系映射文件中，还是用持久化类中的注解来表示，都对通过 JPA API 访问数据库的代码不会带来影响。

(4) 尽管在例程 4-5 中把 CUSTOMERS 表的 REGISTERED_TIME 字段的 SQL 类型设为 TIMESTAMP 类型，但是 Hibernate 5.7 的 hbm2ddl 工具在自动创建 CUSTOMERS 表时，会忽略这一设置，把 REGISTERED_TIME 字段定义为 datetime 类型。也许将来的 Hibernate 版本会完善这一个功能。目前解决这个问题的办法是把 REGISTERED_TIME 字段的 SQL 类型手动修改为 TIMESTAMP 类型，或者在 JPA 的 persistence. xml 文件中设置 hibernate. hbm2ddl. import_files 属性，例如：

```
<property name = "hibernate.hbm2ddl.auto" value = "create" />
<property name = "hibernate.hbm2ddl.import_files"
        value = "schema - generation.sql" />
```

当 Hibernate 的 hbm2ddl 工具生成了 CUSTOMERS 表后，还会执行 schema-generation.sql 脚本。schema-generation.sql 文件位于 classpath 的根目录下，它用于修改 REGISTERED_TIME 字段的 SQL 类型，内容如下：

```
alter table CUSTOMERS alter column REGISTERED_TIME timestamp;
```

本书不详细讨论 JPA 的对象-关系映射文件的语法。总体来说，该映射文件中的元素和 JPA 注解存在着对应关系。因此，掌握了 JPA 注解的用法后，会很容易地学会对象-关系映射文件的用法。

本节范例位于配套源代码包的 sourcecode/chapter4/version3 目录下。Customer 类为普通的 POJO 类，里面不包含 JPA 注解或 Hibernate 注解，它的源代码参见例程 3-3。BusinessService3 类和例程 4-4 的 BusinessService2 类的代码相同。

4.5 小结

本章介绍了如何在持久化类中通过注解来描述对象-持久化映射信息，这些注解大部分来自 JPA API，小部分来自 Hibernate API。本章主要介绍了以下注解的用法。

(1) @Entity 注解：声明实体类(即持久化类)，实体类的实例可以被持久化到关系数据库中。

(2) @Table 注解：设定与持久化类对应的表。

(3) @Id、@ GeneratedValue 和@GenericGenerator 注解：设定持久化类的对象标识符。

(4) @Basic 注解：声明持久化类的特定属性是需要被持久化的基本属性。

(5) @Column 注解：设定持久化类的特定属性在数据库表中对应的字段。

(6) @Type 注解：设定持久化类的特定属性的 Hibernate 映射类型。

本章还介绍了如何通过 Hibernate API 和 JPA API 来操纵数据库。JPA API 和 Hibernate API 在功能上有许多相似之处。区别在于 JPA API 是由 Oracle 公司制定的标准的对象持久化 API，但它本身没有具体的实现，依赖于第三方 ORM 软件；而 Hibernate API 是 Hibernate 软件特有的接口。

此外，JPA 和 Hibernate 都支持基于 XML 格式的对象-关系映射文件，但两者的映射文件的语法不一样。

4.6 思考题

1. 以下哪些注解来自 JPA API？(多选)

(a) @Entity (b) @GenericGenerator

(c) @Id (d) @Table

2. 在 Hibernate 配置文件中，把 hbm2ddl.auto 属性设为什么值，会导致每次初始化 Hibernate 时，都会根据对象-关系映射元数据来重新生成表，但是当关闭 SessionFactory 时，会自动删除所创建的表？（单选）

(a) none　　(b) create　　(c) create-drop　　(d) update

3. 以下代码为 Customer 类的 address 属性设定了一些注解。以下哪些说法正确？（多选）

```
@Basic(optional = true)
@Column(name = "ADDRESS", length = 255)
@Type(type = "string")
private String address;
```

(a) 与 Customer 类的 address 属性对应的字段是 ADDRESS

(b) Customer 类的 address 属性的长度必须是 255

(c) Customer 类的 address 属性的取值不允许为 null

(d) ADDRESS 字段的长度是 255

4. 在 JPA 的配置文件中，哪个元素用来设定持久化单元包的名字？（单选）

(a) <class>　　(b) <provider>

(c) <property>　　(d) <persistence-unit>

5. 通过 javax.persistence.EntityManager 接口把 Java 对象保存到数据库中，应该调用哪个方法？（单选）

(a) merge()　　(b) persist()　　(c) save()　　(d) find()

第5章

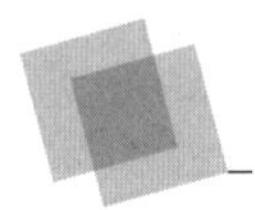

对象-关系映射基础

第 3 章和第 4 章已经介绍了对象-关系映射的基本方法，本章将进一步介绍单个持久化类与单个数据库表之间进行映射的技巧。本章主要解决以下映射问题。

(1) 持久化类的属性没有相关的 getXXX()和 setXXX()方法。

(2) 持久化类的属性在数据库表中没有对应的字段，或者数据库表中的字段在持久化类中没有对应的属性。

(3) 控制 Hibernate 生成的 insert 和 update 语句。

(4) 设置从持久化类映射到数据库表，以及持久化类的属性映射到数据库表的字段的命名策略。

本章范例采用了以下两种实现方式。

(1) 使用注解和 JPA API。5.1 节到 5.5 节都介绍这种实现方式。

(2) 使用 Hibernate 的对象-关系映射文件和 Hibernate API。5.6 节介绍这种实现方式。

本章源代码位于本书配套源代码包的 sourcecode/chapter5 目录下，version1 和 version2 子目录分别是对应这两种方式的源代码。在每个子目录下有一个 ANT 工具的工程管理文件 build.xml，它定义了名为 run 的 Target，用于运行各自的 BusinessService 类。

首先在 MySQL 数据库中创建本章涉及的表，相应的 SQL 脚本为 sourcecode/chapter5/schema/sampledb.sql。接下来在 DOS 控制台转到 version1 或 version2 子目录下，运行命令 ant run，就会运行各自的 BusinessService 类。

5.1 持久化类的属性及访问方法

持久化类使用 JavaBean 的风格，为需要被访问的属性提供 getXXX()和 setXXX()方法，这两个方法也称为持久化类的访问方法。例如，Customer 类有一个 name 属性，代表客户名字，与此对应，Customer 类提供了 getName()和 setName()方法。外部程序通过

getName()方法来读取 Customer 对象的 name 属性，例如：

```
System.out.println(customer.getName());
```

外部程序通过 setName()方法来修改 Customer 对象的 name 属性，例如：

```
customer.setName("Tom");
```

如果直接把 name 属性定义为 public 类型，而不用提供 getName()方法或 setName()方法，那么外部程序就可以直接通过 customer.name 的形式来读取或修改 name 属性，这样不是更方便吗？例如：

```
//读取 Customer 对象的 name 属性
System.out.println(customer.name);

//修改 Customer 对象的 name 属性
customer.name = "Tom";
```

这是因为仅定义一个 public 类型的 name 属性，不能分别控制 name 属性的读访问级别权限和修改访问级别权限。假如业务需求为不允许修改客户的名字，在域模型中，该业务需求意味着一旦创建了一个 Customer 对象，就只允许读取 name 属性，但不允许修改 name 属性。采用 JavaBean 风格，则很容易做到这一点，只需要把 setName()方法设为 private 类型，而把 getName()方法设为 public 类型，例如：

```
private String name;
public Customer(String name, … ){
  this.name = name; //在创建 Customer 对象时设置 name 属性
  …
}
private void setName(String name){
  this.name = name;
}
public String getName(){
  return name;
}
```

提示　JavaBean 的另一个优点是可以简化 Hibernate 通过 Java 反射机制来获得持久化类的访问方法的过程。本书附录 B 将对此做解释。

在应用程序中，持久化类的访问方法有以下两个调用者。

(1) Java 应用程序：调用 Customer 对象的 getXXX()方法，读取 Customer 信息，把它输出到用户界面；调用 Customer 对象的 setXXX()方法，把用户输入的 Customer 信息写入到 Customer 对象中。

(2) Hibernate：调用 Customer 对象的 getXXX()方法，读取 Customer 信息，把它保存到数据库；调用 Customer 对象的 setXXX()方法，把从数据库中读出的 Customer 信息写入到 Customer 对象。

图 5-1 显示了 Java 应用程序和 Hibernate 调用 Customer 对象的访问方法的过程。

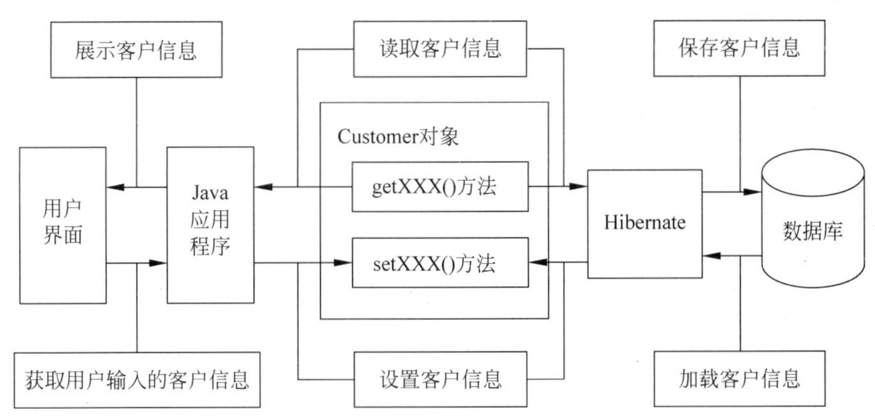

图 5-1 持久化类的访问方法的两个调用者

在本书中，无论应用程序通过 JPA API 还是 Hibernate API 来访问数据库，底层的 Hibernate 实现都会调用 Customer 对象的 getXXX()或 setXXX()方法。

对于 JPA API，当 EntityManager 对象执行 persist()或 merge()方法时，会导致底层 Hibernate 调用 Customer 对象的 getXXX()方法；当 EntityManager 对象执行 find()方法或者 Query 对象执行查询操作时，会导致底层 Hibernate 调用 Customer 对象的 setXXX()方法。

对于 Hibernate API，当 Session 对象执行 save()、persist()、update()或 saveOrUpdate()方法时，会导致 Hibernate 调用 Customer 对象的 getXXX()方法；当 Session 对象执行 get()或 load()方法，以及 Query 对象执行查询操作时，会导致 Hibernate 调用 Customer 对象的 setXXX()方法。

提示 更确切地说，当持久化类的属性采用 property 访问方式时，Hibernate 会调用相应的 getXXX()或 setXXX()方法。

值得注意的是，Java 应用程序不能访问持久化类的 private 类型的 getXXX()和 setXXX()方法，而 Hibernate 没有这个限制，它能够访问各种访问级别的 getXXX()和 setXXX()方法，Java 访问级别包括 private、默认、protected 和 public。

例程 5-1、例程 5-2 和例程 5-3 采用了描述对象-关系映射注解的 Customer 类、Order 类和 Dictionary 类。

例程 5-1 Customer.java

```
package mypack;

import java.io.Serializable;
import javax.persistence.*;
import org.hibernate.annotations.GenericGenerator;
import org.hibernate.annotations.Type;
import org.hibernate.annotations.Formula;
```

```
import org.hibernate.annotations.DynamicInsert;
import org.hibernate.annotations.DynamicUpdate;
import java.util.*;

@Entity
@DynamicInsert
@DynamicUpdate
@Access(AccessType.PROPERTY)
public class Customer implements Serializable {
  private Long id;
  private String firstname;
  private String lastname;
  private char sex;
  private Set<Order> orders = new HashSet<Order>();
  private Double avgPrice;
  private Double totalPrice;
  private String description;

  public Customer() {}

  public Customer(String firstname,String lastname,char sex,
                  Set<Order> orders,String description){
    this.firstname = firstname;
    this.lastname = lastname;
    this.sex = sex;
    this.orders = orders;
    this.description = description;
  }

  @Id
  @GeneratedValue(generator = "increment")
  @GenericGenerator(name = "increment", strategy = "increment")
  public Long getId() {
    return this.id;
  }

  public void setId(Long id) {
    this.id = id;
  }

  @Transient
  public String getFirstname(){
    return firstname;
  }

  public void setFirstname(String firstname){
    this.firstname = firstname;
  }

  @Transient
```

```
public String getLastname(){
  return lastname;
}

public void setLastname(String lastname){
  this.lastname = lastname;
}

public String getName(){
  return firstname + " " + lastname;
}

public void setName(String name){
  StringTokenizer t = new StringTokenizer(name);
  firstname = t.nextToken();
  lastname = t.nextToken();
}

@Transient
public Double getAvgPrice(){
  return this.avgPrice;
}

private void setAvgPrice( Double avgPrice ){
  this.avgPrice = avgPrice;
}

@Formula("(select sum(o.PRICE) from ORDERS o where o.CUSTOMER_ID = ID)")
public Double getTotalPrice(){
  return this.totalPrice;
}

private void setTotalPrice( Double totalPrice ){
  this.totalPrice = totalPrice;
}

public void setOrders( Set<Order> orders ){
  this.orders = orders;
  calculatePrice();
}

@OneToMany(mappedBy = "customer",targetEntity = Order.class,
          cascade = CascadeType.PERSIST)
public Set<Order> getOrders(){
  return orders;
}

private void calculatePrice(){
  double avgPrice = 0.0;
  double totalPrice = 0.0;
```

```
    int count = 0;
    if ( getOrders() != null ){
      Iterator iter = getOrders().iterator();
      while( iter.hasNext() ){
        double orderPrice = ((Order)iter.next()).getPrice();
        totalPrice += orderPrice;
        count++;
      }
      //计算平均价格
      avgPrice = totalPrice/count;
      setAvgPrice( Double.valueOf(avgPrice) );
    }
  }

  @Access(AccessType.FIELD)
  public char getSex(){
    return this.sex;
  }

  public void setSex(char sex){
    if(sex!= 'F' && sex!= 'M'){
      throw new IllegalArgumentException("Invalid Sex");
    }
    this.sex = sex ;
  }

  @Column(name = "CUSTOMER DESCRIPTION")
  @Type(type = "text")
  public String getDescription(){
    return this.description;
  }

  public void setDescription(String description){
    this.description = description;
  }
}
```

例程 5-2 Order.java

```
package mypack;
import java.io.Serializable;
import javax.persistence.*;
import org.hibernate.annotations.GenericGenerator;
import org.hibernate.annotations.DynamicInsert;
import org.hibernate.annotations.DynamicUpdate;

@Entity
@DynamicInsert
@DynamicUpdate
```

```
@Access(AccessType.PROPERTY)
public class Order implements Serializable {
  private Long id;
  private String orderNumber;
  private Double price;
  private Customer customer;

  public Order() {}

  public Order(String orderNumber,Double price,Customer customer) {
    this.orderNumber = orderNumber;
    this.price = price;
    this.customer = customer;
  }

  @Id
  @GeneratedValue(generator = "increment")
  @GenericGenerator(name = "increment", strategy = "increment")
  public Long getId() {
    return this.id;
  }

  public void setId(Long id) {
    this.id = id;
  }

  @Column(name = "ORDER_NUMBER")
  public String getOrderNumber() {
    return this.orderNumber;
  }

  public void setOrderNumber(String orderNumber) {
    this.orderNumber = orderNumber;
  }

  @ManyToOne(targetEntity = Customer.class)
  @JoinColumn(name = "CUSTOMER_ID")
  public Customer getCustomer() {
    return this.customer;
  }

  public void setCustomer(Customer customer) {
    this.customer = customer;
  }

  public Double getPrice(){
    return this.price;
  }

  private void setPrice( Double price ){
```

```
      this.price = price;
   }
}
```

例程 5-3　Dictionary.java

```
package mypack;
import javax.persistence.*;
import org.hibernate.annotations.GenericGenerator;
import org.hibernate.annotations.Immutable;

@Entity
@Immutable
public class Dictionary {
  @Id
  @GeneratedValue(generator = "increment")
  @GenericGenerator(name = "increment", strategy = "increment")
  private Long id;
  private String type;

  @Column(name = "TYPE_KEY")
  private String key;
  private String value;

  public Dictionary() {}
  public Dictionary(String type,String key,String value){
    this.type = type;
    this.key = key;
    this.value = value;
  }

  //相应的 getXXX()和 setXXX()方法
  …
}
```

5.1.1　基本类型属性和包装类型属性

Java 有 8 种基本类型，分别是 byte、short、char、int、long、float、double 和 boolean。与此对应，Java 提供了 8 种包装类型，分别是 Byte、Short、Character、Integer、Long、Float、Double 和 Boolean。基本类型与包装类型之间可以方便地转换，例如：

```
double primitiveDouble = 1;
//把 double 基本类型转换为 Double 包装类型
Double wrapperDouble = Double.valueOf(primitiveDouble);
//把 Double 包装类型转换为 double 基本类型
primitiveDouble = wrapperDouble.doubleValue();
```

在持久化类中，既可以把属性定义为基本类型，也可以定义为包装类型，它们对应相同的 Hibernate 映射类型。例如，不管 Order 类的 price 属性是 double 基本类型，还是 Double 包装类型，都可以使用 Hibernate 的 double 映射类型，例如：

```
@Type(type = "double")
private Double price;
```

基本类型和包装类型各有优缺点。基本类型的优点是使用方便，可以直接把它显示到用户界面上，而且对于数字类型，可以直接进行数学运算，例如：

```
double price1 = 100;
double price2 = 100;
double price3 = price1 + price2; //数学运算
```

相对而言，包装类型使用起来要稍微麻烦些。例如，在 JDK 1.4 及以前的版本中，对于数字类型的包装类型，必须先转换为基本类型，才能进行数学运算。代码如下：

```
Double price1 = Double.valueOf(100);
Double price2 = Double.valueOf(100);
Double price3 =
  Double.valueOf(price1.doubleValue() + price2.doubleValue());
```

幸运的是，从 JDK 1.5 版本开始，数字类型的包装类型可以直接参与数学运算，这大大简化了包装类型的使用方式。如在 JDK 1.5 中，以下代码都是合法的。

```
double d1 = 11;
double d2 = Double.valueOf(11) + Double.valueOf(11) + d1; //d2 的值为 33.0
Double d3 = Double.valueOf(11) + Double.valueOf(11) + d1; //d3 的值为 33.0
```

基本类型的缺点在于无法表达 null 值。所有基本类型的默认值都不是 null，如数字类型的基本类型的默认值为 0。在某些场合，可以用基本类型的默认值来表示属性值是未知的。例如，对于 Customer 类的 int 类型的 age 属性，如果 age 属性为 0，可以把它理解为该客户的年龄是未知的。

但在某些场合，如果 0 本身包含特定业务含义，就无法用 0 来表示未知状态。例如，Student 类有一个 int 类型的 score 属性，表示学生的考试分数，它无法表达如下业务需求。

(1) 如果 score 属性为 null，表示该学生的成绩是未知的，有可能得了 100 分，也有可能得了 0 分，只是暂时还不知道成绩。

(2) 如果 score 属性为 0，表示学生考试成绩为 0 分。

在以上情况中，必须使用包装类型。包装类型都是 Java 类，它们的默认值是 null。如果把 Student 类的 score 属性定义为 Integer 类型，score 属性既可以取默认值 null，也可以被显式赋值为 0，例如：

```
student.setScore(Integer.valueOf(0));
```

在 SQL 中，所有数据类型的默认值都是 null，当通过 insert 语句向 STUDENTS 表插入一条记录时，如果没有为 SCORE 字段赋值，那么这个字段就被自动赋值为 null，当然，也可以在 insert 语句中显式地把 SCORE 字段赋值为 null。可见，Java 包装类型与 SQL 数据类型之间具有更直接的对应关系。

Hibernate 既支持包装类型，也支持基本类型。开发人员可以根据编程习惯及业务需求来决定使用何种类型。对于持久化类的 OID(对象标识符)，推荐使用包装类型，JPA API 和 Hibernate API 对 Java 包装类型提供了友好的支持，它的接口或类的许多方法都接受包装类型的参数，例如：

```
//JPA API
Customer c = entityManager.find(Customer.class, Long.valueOf(1));
```

或者：

```
//Hibernate API
Customer c = session.get(Customer.class, Long.valueOf(1));
```

此外，在默认情况下，Hibernate 根据对象的 OID 是否为 null，来判断对象是否处于临时状态，参见 8.4.4 节。

5.1.2 访问持久化类属性的方式

持久化层访问持久化类的属性主要有以下两种方式。

(1) property 访问方式：表明 Hibernate 通过相应的 setXXX()和 getXXX()方法来访问类的属性。这是优先推荐的方式，为持久化类的每个属性提供 setXXX()和 getXXX()方法，可以更灵活地封装持久化类，提高域模型的透明性。例程 5-1 的 Customer 类就采用这种访问方式。

(2) field 访问方式：表明 Hibernate 直接访问类的属性。例程 5-3 的 Dictionary 类就采用这种访问方式。

在持久化类中，可以通过@Access 注解来设定 Hibernate 访问持久化类的属性的方式，例如：

```
//设定 property 访问方式
@Access(AccessType.PROPERTY)
public class Customer implements Serializable { … }
```

或者：

```
//设定 field 访问方式
@Access(AccessType.FIELD)
public class Customer implements Serializable { … }
```

使用@Access 注解要遵循以下语法规则。

(1) 对于 field 访问方式，映射持久化类的所有属性的注解都位于持久化类的属性前面，例如：

```
@Type(type = "text")      //注解位于属性前面
private char description;
```

(2) 对于 property 访问方式，映射持久化类的所有属性的注解都位于持久化类的 getXXX()方法前面，例如：

```
@Type(type = "text")      //注解位于 getXXX()方法前面
public String getDescription(){
  return this.description;
}
```

(3) 假如 Customer 类前面没有使用@Access 注解，并且映射 Customer 类的所有属性的注解都位于 Customer 类的属性前面，在这种情况下，默认采用 field 访问方式。

(4) 假如 Customer 类前面没有使用@Access 注解，并且映射 Customer 类的所有属性的注解都位于 Customer 类的 getXXX()方法前面，在这种情况下，默认采用 property 访问方式。

(5) 假如 Customer 类的大部分属性采用 property 访问方式，而个别属性采用 field 访问方式，那么可以对 Customer 类采用@Access(AccessType.PROPERTY)注解，对个别属性采用@Access(AccessType.FIELD)注解。在这种情况下，所有映射 Customer 类的属性的注解位于 getXXX()方法前，例如：

```
@Access(AccessType.PROPERTY)
public class Customer implements Serializable {
  @Column(name = "SEX")
  public char getSex(){return sex;}  //sex 属性采用 property 访问方式

  @Type(type = "text")
  @Access(AccessType.FIELD)
  public String getDescription(){     //description 属性采用 field 访问方式
    return description;
  }
  …
}
```

(6) 假如 Customer 类的大部分属性采用 field 方式，而个别属性采用 property 方式，那么可以对 Customer 类采用@Access(AccessType.FIELD)注解，对个别属性采用@Access(AccessType.PROPERTY)注解。在这种情况下，所有映射持久化类的属性的注解位于属性前，例如：

```
@Access(AccessType.FIELD)
public class Customer implements Serializable {
  @Column(name = "SEX")
  private char sex;                  //sex 属性采用 field 访问方式

  @Type(type = "text")
  @Access(AccessType.PROPERTY)
```

```
  private String description;    //description 属性采用 property 访问方式
  …
}
```

5.1.3 在持久化类的访问方法中加入程序逻辑

在持久化类的访问方法中，可以加入程序逻辑，下面举例说明。

1. 在 Customer 类的 getName()和 setName()方法中加入程序逻辑

假如在 Customer 类中有 firstname 属性和 lastname 属性，但没有 name 属性，而在数据库中的 CUSTOMERS 表中只有 NAME 字段。当 Hibernate 从数据库中取得了 CUSTOMERS 表的 NAME 字段值后，会调用 setName()方法，此时应该让 Hibernate 通过 setName()方法来自动设置 firstname 属性和 lastname 属性。这需要在 setName()方法中加入额外的程序逻辑，参见例程 5-4。

例程 5-4 Customer 类的部分代码

```
public class Customer implements Serializable{
  …
  private String firstname;
  private String lastname;

  @Transient
  public String getFirstname(){
    return firstname;
  }

  @Transient
  public String getLastname(){
    return lastname;
  }

  @Column(name = "NAME")
  public String getName(){
    return firstname + " " + lastname;
  }

  public void setName(String name){
    StringTokenizer t = new StringTokenizer(name);
    firstname = t.nextToken();
    lastname = t.nextToken();
  }
}
```

Customer 类的 firstname 属性和 lastname 属性在 CUSTOMERS 表中没有对应的字段，所以无须把 firstname 属性和 lastname 属性持久化到数据库中，这样的属性要使用@Transient 注解来标识。

当持久化类的属性采用 property 访问方式时，所有没有用@Transient 注解来标识的 getXXX()方法所对应的属性都会被 Hibernate 持久化。例程 5-1 的 getName()方法前没有使用任何注解，所以它也会被 Hibernate 持久化。

例程 5-4 的 getName()方法前使用了@Column(name="NAME")注解。尽管在 Customer 类中并没有定义 name 属性，但由于 Hibernate 并不会直接访问 name 属性，而是调用 getName()和 setName()方法，因此，实际上建立了 Customer 类的 firstname 和 lastname 属性与 CUSTOMERS 表的 NAME 字段的映射，参见图 5-2。

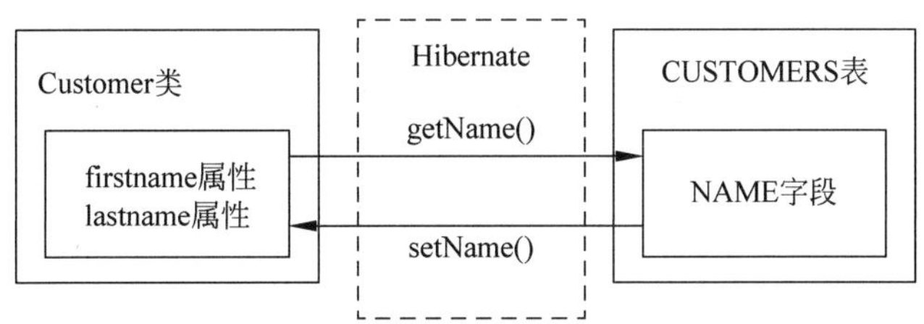

图 5-2 Customer 类的 firstname 和 lastname 属性与 CUSTOMERS 表的 NAME 字段的映射

不管在 Customer 类中是否存在 name 属性，只要在 Customer 类中提供了 getName()和 setName()方法，并且采用 property 访问方式，在 JPA 的 JPQL 查询语句中就能访问它，例如：

```
Query query = entityManager
        .createQuery("from Customer as c where c.name = 'Tom'");
```

如果在 Customer 类的 getName()方法前增加@Access(AccessType.FIELD)注解，程序运行时，Hibernate 就会试图直接访问 Customer 实例的 name 属性，因此抛出 org.hibernate.PropertyNotFoundException 异常。

尽管在 Customer 类中定义了 firstname 属性，但是 firstname 属性被标识为@Transient，因此以下查询语句是不正确的。

```
Query query = entityManager
        .createQuery("from Customer as c where c.firstname = 'Tom'");
```

当 Hibernate 执行以上查询语句时，会抛出以下错误信息。

```
org.hibernate.QueryException: could not resolve property:
firstname of: mypack.Customer
[from mypack.Customer as c where c.firstname = 'Tom']
```

2. 在 Customer 类的 setOrders()方法中加入程序逻辑

假定 Customer 类有一个 avgPrice 属性，表示这个客户的所有订单的平均价格，它的取值为与它关联的所有 Order 对象的 price 的平均值。在 CUSTOMERS 表中没有 AVG_PRICE 字段，可以在 Customer 类的 setOrders()方法中加入程序逻辑，例如：

```
private Set < Order > orders = new HashSet < Order >();
private Double avgPrice;

@Transient
public Double getAvgPrice(){
    return this.avgPrice;
}

private void setAvgPrice( Double avgPrice ){
    this.avgPrice = avgPrice;
}

public void setOrders( Set < Order > orders ){
    this.orders = orders;
    calculatePrice();
}

@OneToMany(mappedBy = "customer",targetEntity = Order.class,
            cascade = CascadeType.PERSIST)
public Set < Order > getOrders(){
    return orders;
}

private void calculatePrice(){
   double avgPrice = 0.0;
   double totalPrice = 0.0;
   int count = 0;

   if ( getOrders() != null ){
     Iterator iter = getOrders().iterator();
     while( iter.hasNext() ){
       double orderPrice = ((Order)iter.next()).getPrice();
       totalPrice += orderPrice;
       count++;
     }
     // 计算客户的所有订单的平均价格
     avgPrice = totalPrice/count;
     setAvgPrice( Double.valueOf(avgPrice) );
   }
}
```

Customer类的getAvgPrice()方法为public类型，而setAvgPrice()方法为private类型，因此Java应用程序只能读取avgPrice属性，但是不能直接修改它。当Java应用程序或者Hibernate调用setOrders()方法时，会自动调用calculatePrice()方法，calculatePrice()方法又调用setAvgPrice()方法，从而给avgPrice属性赋值。由此可见，如果希望把为持久化类的某个属性赋值的行为封装起来，可以把相应的setXXX()方法设为private类型。

Customer类的avgPrice属性无须持久化，Hibernate既不会直接访问avgPrice属性，也不会调用getAvgPrice()和setAvgPrice()方法，所以在getAvgPrice()方法前使用了@Transient注解。

Customer类的getOrders()方法前的@OneToMany注解用来映射一对多的映射关

系，第 7 章会对此做详细介绍。

3. 在 Customer 类的 setSex()方法中加入数据验证逻辑

在持久化类的访问方法中，还可以加入数据验证逻辑。例如，以下代码在 setSex()方法中先判断参数 sex 是否为 F 或者 M，如果都不是，就抛出异常。

```
public void setSex(char sex){
   if(sex!= 'F' && sex!= 'M'){
     throw new IllegalArgumentException("Invalid Sex");
   }
   this.sex = sex ;
}
```

setSex()方法有两个调用者：Java 应用程序和 Hibernate。当 Java 应用程序调用 setSex(char sex)方法时，参数值很有可能来自从用户界面输入的数据，因此有必要执行数据验证。而当 Hibernate 调用 setSex(char sex)方法时，参数值来自从数据库读出的数据，通常都是合法数据，因此没必要执行数据验证。解决这一矛盾的办法是把 Customer 类的 sex 属性的访问方式设为 field 方式，例如：

```
@Access(AccessType.FIELD)
public char getSex(){return this.sex;}
```

这样，Hibernate 就会直接访问 Customer 实例的 sex 属性，而不是调用 setSex()和 getSex()方法。

提示　在实际应用中，数据验证逻辑通常由表述层或者业务逻辑层的过程域对象来实现。在实体域对象中加入数据验证逻辑，主要是便于在软件开发和测试阶段能捕获表述层或者过程域对象应该处理而未处理的异常，提醒开发人员在表述层或者过程域对象中加入相关的数据验证逻辑。

5.1.4　设置派生属性

并不是持久化类的所有属性都直接和表的字段匹配，持久化类的有些属性的值必须在运行时通过计算才能得出来，这种属性称为派生属性。5.1.3 节已经给出了一种解决方案，以 Customer 类的 avgPrice 属性为例，该方案包括两个步骤。

(1) 把 Customer 类的 avgPrice 属性设为@Transient。

(2) 在 Customer 类的 setOrders()方法中加入程序逻辑，自动为 avgPrice 属性赋值。

本节给出另一种解决方案，即利用 Hibernate 的@Formula 注解。@Formula 注解用来设置一个 SQL 表达式，Hibernate 将根据它计算出派生属性的值。下面以 Customer 类的 totalPrice 属性为例，介绍@Formula 注解的用法。Customer 类的 totalPrice 属性表示客户的所有订单的价格总和，它的取值为与 Customer 对象关联的所有 Order 对象的 price 属性值的和。在 CUSTOMERS 表中没有对应的 TOTAL_PRICE 字段。在 Customer 类中映射 totalPrice 属性的代码如下：

```
@Formula("(select sum(o.PRICE) from ORDERS o
                    where o.CUSTOMER_ID = ID)")
public Double getTotalPrice(){
  return this.totalPrice;
}
```

当 Hibernate 从数据库中查询 Customer 对象时，在 select 语句中会包含以上用于计算 totalPrice 派生属性的子查询语句，例如：

```
select ID,NAME, SEX, `CUSTOMER DESCRIPTION`,
(select sum(o.PRICE) from ORDERS o where o.CUSTOMER_ID = 1)
from CUSTOMERS;
```

如果子查询语句的查询结果为空，即客户没有任何订单时，Hibernate 会把 totalPrice 属性赋值为 null，如果 totalPrice 属性为 double 基本类型，会抛出以下异常。

```
org.hibernate.PropertyAccessException:
Null value was assigned to a property of primitive type setter
of mypack.Customer.totalPrice
```

为了避免该异常，应该把 totalPrice 属性定义为 Double 包装类型。

@Formula 注解指定一个 SQL 表达式，该表达式可以引用表的字段，调用 SQL 函数或者包含子查询语句。例如，表示客户购买单项商品信息的 LineItem 类中有一个 unitPrice 属性，取值为商品单价(BASE_PRICE) * 购买数量(QUANTITY)。

而在 LINEITEMS 表中没有对应的 UNIT_PRICE 字段，只有 BASE_PRICE 和 QUANTITY 字段，可以通过以下方式映射 unitPrice 属性。

```
@Formula("BASE_PRICE * QUANTITY")
public Double getUnitPrice(){
  return this.unitPrice;
}
```

5.1.5 控制 insert 和 update 语句

Hibernate 在初始化阶段就会根据对象-关系映射信息，为所有的持久化类预定义以下 SQL 语句。

(1) insert 语句。例如 Order 类的 insert 语句为：

```
insert into ORDERS(ID,ORDER_NUMBER,PRICE,CUSTOMER_ID) values(?,?,?,?)
```

(2) update 语句。例如 Order 类的 update 语句为：

```
update ORDERS set ORDER_NUMBER = ?, PRICE = ?,CUSTOMER_ID = ? where ID = ?
```

(3) delete 语句。例如 Order 类的 delete 语句为：

```
delete from ORDERS where ID = ?
```

(4) 根据 OID 来从数据库加载持久化类实例的 select 语句。例如 Order 类的 select 语句为：

```
select ID,ORDER_NUMBER,PRICE,CUSTOMER_ID from ORDERS where ID = ?
```

Hibernate 除了会使用预定义的 SQL 语句，也会在程序运行中动态生成一些 SQL 语句。例如 JPQL、HQL 或 QBC 查询对应的 select 语句是在执行该查询代码时才动态生成的。

以上 SQL 语句中的？代表 JDBC PreparedStatement 中的参数。这些 SQL 语句都存放在底层 Hibernate 的 SessionFactory 的内置缓存中，当执行保存、更新、删除和加载操作时，将从缓存中找到相应的预定义 SQL 语句，再把具体的参数值绑定到该 SQL 语句中。

在默认情况下，预定义的 SQL 语句中包含了表的所有字段。此外，@Column 注解的以下两个属性决定字段是否允许插入或更新。

(1) insertable：指定字段是否允许插入，默认值为 true。

(2) updatable：指定字段是否允许更新，默认值为 true。

例如映射以下 price 属性时，设置了@Column 注解的 updatable 属性。

```
@Column(name = "PRICE", updatable = "false")
public Double getPrice(){return price;}
```

该代码把@Column 注解的 updatable 属性设为 false，这表明在 update 语句中不会包含 PRICE 字段。

表 5-1 列出了所有用于控制 insert 和 update 语句的注解及其相关的属性，5.5 节将举例演示这几个注解以及其属性对 Hibernate 运行时行为的影响。

表 5-1　用于控制 insert 和 update 语句的注解及其相关属性

注解及其相关属性	作　用
@Column 注解的 insertable 属性	默认值为 true，如果为 false，则在 insert 语句中不包含该字段，表明该字段永远不能被插入
@Column 注解的 updatable 属性	默认值为 true，如果为 false，则 update 语句中不包含该字段，表明该字段永远不能被更新
持久化类前的@Immutable 注解	如果使用了该注解，则表示数据库中相应的表中的数据不允许被更新。例如，例程 5-3 就使用了@Immutable 注解，表明数据库中对应的 DICTIONARIES 表的数据不允许更新
持久化类前的@DynamicInsert 注解	如果使用了该注解，则表示当保存一个对象时，不会使用 Hibernate 预先定义的 insert 语句，而是会动态生成 insert 语句，insert 语句中仅包含所有取值不为 null 的字段。例如例程 5-1 就使用了@DynamicInsert 注解

续表

注解及其相关属性	作　用
持久化类前的@DynamicUpdate 注解	如果使用了该注解，则表示当更新一个对象时，不会使用 Hibernate 预先定义的 update 语句，而是会动态生成 update 语句，update 语句中仅包含所有取值需要更新的字段。例如例程 5-1 就使用了@DynamicUpdate 注解

表 5-1 中的@Column 注解是 JPA 注解，而@Immutable、@DynamicInsert 和@DynamicUpdate 注解属于 Hibernate 注解，来自 org.hibernate.annotations 包。

在多数情况下，应该优先考虑让 Hibernate 使用预定义的 SQL 语句。不过，Hibernate 生成动态 SQL 语句的系统开销（如占用 CPU 的时间和占用的内存）很小，因此偶尔使用动态 SQL 语句不会影响应用的运行性能。如果表中包含许多字段，并且业务需求只会更新或插入表中的部分字段，建议把 dynamic-insert 属性和 dynamic-update 属性都设为 true。这样，在 insert 和 update 语句中就只包含需要插入或更新的字段，可以节省数据库执行 SQL 语句的时间，从而提高应用的运行性能。

5.1.6 映射枚举类型

以下代码定义了一个表示性别类的 Gender 枚举类型。

```
public class Gender extends Enum{
  public static final Gender FEMALE;
  public static final Gender MALE;
}
```

假定 Customer 类有一个表示性别的 gender 属性，它是 Gender 枚举类型，例如：

```
@Column(name = "GENDER")
private Gender gender = Gender.MALE;
```

默认情况下，Hibernate 会把枚举常量的序号存储到数据库中。Gender.FEMALE 的序号是 0，Gender.MALE 的序号为 1。所以对于该代码，在数据库中，与 gender 属性对应的 GENDER 字段的取值为 1。

也可以采用@Enumerated 注解来映射 gender 属性的类型，例如：

```
@Enumerated(EnumType.STRING)
@Column(name = "GENDER")
private Gender gender = Gender.MALE;
```

@Enumerated 注解使得 Hibernate 把枚举常量的字符串名字存储到数据库中。Gender.FEMALE 的名字是 FEMALE，Gender.MALE 的名字是 MALE。所以对于以上代码，在数据库中，与 gender 属性对应的 GENDER 字段的取值为 MALE。

5.2　处理SQL引用标识符

在SQL语法中，标识符是指用于为数据库表、视图、字段或索引等命名的字符串，常规标识符不包含空格，也不包含特殊字符，因此无须使用引用符号，如以下SQL语句中，CUTOMERS、ID和NAME都是标识符。

```
create table CUSTOMERS (
  ID bigint not null,
  NAME varchar(15) not null,
  …
);
```

如果数据库表名或字段名中包含空格，或者包含特殊字符，那么可以使用引用标识符。在MySQL中，引用标识符的形式为`IDENTIFIER NAME`。例如，以下SQL语句创建的CUSTOMERS表中有一个引用标识符字段`CUSTOMER DESCRIPTION`。

```
create table CUSTOMERS (
  ID bigint not null,
  …
  `CUSTOMER DESCRIPTION` text
);
```

在映射Customer类的description属性时，也应该使用引用标识符，例如：

```
@Column(name = "`CUSTOMER DESCRIPTION`")
@Type(type = "text")
public String getDescription(){
  return this.description;
}
```

当Hibernate生成SQL语句时，将始终采用引用标识符的形式，来访问`CUSTOMER DESCRIPTION`字段。例如，以下是Hibernate生成的insert语句的形式。

```
insert into CUSTOMERS (ID,NAME, SEX, `CUSTOMER DESCRIPTION`)
values(?,?,?,?);
```

对于不同数据库系统，引用标识符有不同的形式。在SQL Server中，引用标识符的形式为[IDENTIFIER NAME]；在MySQL中，引用标识符的形式为`IDENTIFIER NAME`。但是在映射这些字段时，可以一律采用`IDENTIFIER NAME`的形式。Hibernate会自动根据Hibernate配置文件中设置的SQL方言(即hibernate.dialect属性)，来生成正确的SQL语句。

5.3 创建命名策略

在开发软件时，通常会要求每个开发人员遵守共同的命名策略。例如，数据库的表名及字段名的所有字符都为大写，表名以S结尾，对于Customer类，对应的数据库表名为CUSTOMERS。为了在映射类和表的对应关系时遵守这种命名约定，一种方法是在持久化类中通过相关的注解来手动设置表名和字段名，但这种方式很耗时，而且容易出错；还有一种方式是实现Hibernate的命名接口。Hibernate提供了如下两个命名接口。

(1) org.hibernate.boot.model.naming.ImplicitNamingStrategy：提供默认的命名策略，Hibernate为这一接口提供了默认的实现。如果用户没有显式指定命名策略，Hibernate就会使用该默认的命名策略。

(2) org.hibernate.boot.model.naming.PhysicalNamingStrategy：显式设置命名策略。它有一个标准的实现类PhysicalNamingStrategyStandardImpl。用户可以扩展这个标准实现类，并覆盖其中的方法，指定客户化的命名策略。

例程5-5就扩展了PhysicalNamingStrategyStandardImpl类。

例程5-5 MyNamingStrategy.java

```
package mypack;
import org.hibernate.boot.model.naming.Identifier;
import org.hibernate.boot.model.naming
            .PhysicalNamingStrategyStandardImpl;
import org.hibernate.engine.jdbc.env.spi.JdbcEnvironment;

public class MyNamingStrategy
        extends PhysicalNamingStrategyStandardImpl {

  public Identifier toPhysicalTableName(Identifier name,
                        JdbcEnvironment context) {
    //将表名全部转换成大写,并以S结尾
    String tableName =
         unqualify(name.getText()).toUpperCase() + 'S';
    return name.toIdentifier(tableName);
  }

  public Identifier toPhysicalColumnName(Identifier name,
                         JdbcEnvironment context) {
    String str = name.getText();

    //如果字段名中包含空格,则把它放在引号中
    if(str.indexOf(" ")!=-1)
      str = "`" + str + "`";

    //将字段名全部转换成大写
    String columnName = str.toUpperCase();
    return name.toIdentifier(columnName);
```

```
    }

    /** 获得不包含包名的类名 */
    public static String unqualify(String qualifiedName) {
      return qualifiedName
              .substring(qualifiedName.lastIndexOf(".") + 1 );
    }
  }
```

MyNamingStrategy 类重新实现了 PhysicalNamingStrategy 接口中的如下两个方法。

（1）toPhysicalTableName()：根据类名返回相应的表名。给类名的大写加上 S 就是表名。

（2）toPhysicalColumnName()：根据持久化类的属性名返回相应的字段名。属性名的大写就是字段名。如果属性名中包含空格，还要把字段名放在引号(`)中。

对于 Customer 类的 description 属性，如果没有使用@Column 注解，那么 toPhysicalColumnName()方法中的 name. getText()方法的返回值为属性名 description，因此 toPhysicalColumnName()方法返回的相应的字段名为 DESCRIPTION。

如果 Customer 类的 description 属性使用了如下@Column 注解。

```
@Column(name = "CUSTOMER DESCRIPTION")
@Type(type = "text")
public String getDescription(){
  return this.description;
}
```

那么 toPhysicalColumnName()方法中的 name. getText()方法的返回值为@Column 注解的 name 属性值 CUSTOMER DESCRIPTION，由于包含空格，因此 toPhysicalColumnName()方法返回的相应的字段名为`CUSTOMER DESCRIPTION`。

在例程 5-5 中，unqualify()是自定义的实用方法，它的参数为一个类名，返回值是不带包名的类名。例如，调用 unqualify("mypack. Customer")的返回值是 Customer。

为了让 Hibernate 采用这个命名策略，需要在 JPA 的配置文件中设置 hibernate. physical_naming_strategy 属性，例如：

```
<!-- 在 JPA 的配置文件 persistence.xml 中设置命名策略 -->
<property name = "hibernate.physical_naming_strategy"
        value = "mypack.MyNamingStrategy" />
```

当使用了这个命名策略后，以下 Customer 类中的@Table 注解和@Column 注解都可以省略，因为 Hibernate 会根据 MyNamingStrategy 自动推断出与 Customer 类对应的表是 CUSTOMERS 表，与 id 属性对应的字段是 ID 字段。

```
@Table(name = "CUSTOMERS")  //可以省略
public class Customer implements Serializable{
  …
  @Column(name = "ID")        //可以省略
```

```
  public Long getId(){
    return id;
  }
}
```

对于 Dictionary 类，与它对应的表是 DICTIONARIES 表，不符合自定义命名策略，因此必须在映射 Dictionary 类时，显式指定表名，例如：

```
@Table(name = "DICTIONARIES")
public class Customer implements Serializable{ … }
```

5.4 设置数据库 Schema

一个数据库系统可以包含多个 schema，一个 schema 中有多个表。同一个 schema 中的表不允许同名，而不同 schema 中可以存在同名的表。例如，假定在 schema1 和 schema2 中都有一个名为 CUSTOMERS 的表，在 SQL 语句中可以通过 schema1. CUSTOMERS 和 schema2. CUSTOMERS 的形式来分别访问这两张表。

@Table 注解的 schema 属性设定表所属的 schema。例如以下代码表明 Customer 类与 schema1. CUSTOMERS 表对应。

```
@Entity
@Table(name = "CUSTOMERS", schema = "schema1")
public class Customer implements Serializable { … }
```

5.5 运行范例程序

5.1 节到 5.5 节涉及的范例程序位于配套源代码包的 sourcecode/chapter5/version1 目录下。运行该范例程序前，需要在 SAMPLEDB 数据库中手动创建 CUSTOMERS 表、ORDERS 表和 DICTIONARIES 表，相关的 SQL 脚本文件为 chapter5/schema/sampledb. sql。DICTIONARIES 表是本应用的数据字典，它的数据是不允许被改变的。在 DOS 命令行下进入 chapter5/version1 根目录，然后输入命令“ant run”，就会运行 BusinessService 类。例程 5-6 是 BusinessService 类的主要源代码。

例程 5-6 BusinessService. java

```
public class BusinessService{
  public static EntityManagerFactory entityManagerFactory;

  /** 初始化 JPA，创建 EntityManagerFactory 实例 */
  static{ … }

  public Customer loadCustomer(long customer_id){ … }
```

```
    public void saveCustomer(Customer customer){ … }
    public void loadAndUpdateCustomer(long customerId){ … }
    public void updateCustomer(Customer customer){ … }
    public void saveDictionary(Dictionary dictionary){ … }
    public void updateDictionary(Dictionary dictionary){ … }
    public Dictionary loadDictionary(long dictionary_id){ … }

    public void printCustomer(Customer customer){ … }
    public void printDictionary(Dictionary dictionary){ … }
    public void test(){ … }

    public static void main(String args[]){
      new BusinessService().test();
      entityManagerFactory.close();
    }
  }
```

BusinessService 的 main()方法调用 test()方法，test()方法执行以下步骤。

(1) 保存一个所有属性都不为 null 的 Customer 对象，例如：

```
Customer customer = new Customer("Laosan","Zhang",'M',
        new HashSet<Order>(),"A good citizen!");
Order order1 = new Order("Order001",Double.valueOf(100),customer);
Order order2 = new Order("Order002",Double.valueOf(200),customer);
customer.getOrders().add(order1);
customer.getOrders().add(order2);

saveCustomer(customer);
```

当 EntityManager 的 persist()方法保存以上 Customer 对象时，还会级联保存两个 Order 对象，底层 Hibernate 执行的 insert 语句为：

```
insert into CUSTOMERS (ID,NAME, SEX, `CUSTOMER DESCRIPTION`)
values (1,'Laosan Zhang', 'M', 'A good citizen!');
insert into ORDERS (ID,ORDER_NUMBER, PRICE, CUSTOMER_ID)
values (1,'Order001', 100, 1);
insert into ORDERS (ID,ORDER_NUMBER, PRICE, CUSTOMER_ID)
values (2,'Order002', 200, 1);
```

(2) 保存一个 description 属性为 null 的 Customer 对象，例如：

```
customer = new Customer("Laowu","Wang",'M',new HashSet<Order>(),null);
saveCustomer(customer);
```

由于 Customer 类使用了@org.hibernate.annotations.DynamicInsert 注解，因此在动态生成的 insert 语句中不会包含取值为 null 的`CUSTOMER DESCRIPTION`字段，Hibernate 执行的 insert 语句为：

```
insert into CUSTOMERS (ID,NAME,SEX) values (2, 'Laowu Wang', 'M');
```

(3) 加载并打印 OID 为 1 的 Customer 对象，例如：

```
customer = loadCustomer(1);
printCustomer(customer);
```

当加载 Customer 对象时，为了计算 totalPrice 派生属性的值，在 select 语句中包含如下子查询语句。

```
select ID,NAME, SEX, `CUSTOMER DESCRIPTION`,
(select sum(o.PRICE) from ORDERS o where o.CUSTOMER_ID = 1)
from CUSTOMERS where ID = 1;
```

提示 如果在 MySQL 4.x 版本中运行本程序会出错，这是因为该版本还不支持子查询语句。

printCustomer()方法的打印结果如下：

```
name:Laosan Zhang
sex:M
description:A good citizen!
avgPrice:150.0
totalPrice:300.0
```

(4) 修改 Customer 对象的 description 属性，然后更新 Customer 对象，例如：

```
customer.setDescription("An honest customer!");
updateCustomer(customer);
```

updateCustomer()方法的代码如下：

```
tx = entityManager.getTransaction();
tx.begin();                          //开始一个事务
entityManager.merge(customer);       //根据 Customer 对象来更新表中相应数据
tx.commit();
```

在运行该代码时，Hibernate 执行以下 update 语句。

```
select … from CUSTOMERS where ID = 1;
select … from ORDERS where CUSTOMER_ID = 1;
update CUSTOMERS set `CUSTOMER DESCRIPTION` = 'An honest customer!'
where ID = 1;
```

由于 Customer 类使用了 @DynamicUpdate 注解，Hibernate 从数据库中读取 CUSTOMERS 表和 ORDERS 表中的相应数据，然后比较 Customer 对象与 CUSTOMERS 表中的相应记录，判断出 Customer 对象的 description 属性发生了变化，因此在 update 语句中仅包含需要更新的`CUSTOMER DESCRIPTION`字段。

（5）加载并修改 OID 为 1 的 Customer 对象，例如：

```
loadAndUpdateCustomer(1);
```

loadAndUpdateCustomer()方法的代码如下：

```
tx.begin();
//加载 Customer 对象
Customer customer = entityManager.find(
      Customer.class,Long.valueOf(customerId));
customer.setDescription("A lovely customer!");
tx.commit();
```

当 EntityManager 加载了 Customer 对象后，会在缓存中生成该 Customer 对象的快照。由于 Customer 类使用了@DynamicUpdate 注解，Hibernate 通过比较当前 Customer 对象与它的快照，能够判断当前 Customer 对象的哪些属性被修改，哪些属性没有被修改，因此在 update 语句中只会包含需要更新的字段，Hibernate 执行的 update 语句为：

```
update CUSTOMERS set `CUSTOMER DESCRIPTION` = 'A lovely customer!'
where ID = 1;
```

（6）保存一个 Dictionary 对象，例如：

```
Dictionary dictionary = new Dictionary("SEX","M","MALE");
saveDictionary(dictionary);
```

（7）加载 OID 为 1 的 Dictionary 对象，修改它的 value 属性，然后更新这个对象，例如：

```
dictionary = loadDictionary(1);
dictionary.setValue("MAN");
updateDictionary(dictionary);
```

由于 Dictionary 类使用了@Immutable 注解，虽然 Dictionary 对象的 value 属性发生了变化，但是 Hibernate 不会执行更新 DICTIONARIES 表的 update 语句。

（8）再次加载 OID 为 1 的 Dictionary 对象，然后打印它的信息，例如：

```
dictionary = loadDictionary(1);
printDictionary(dictionary);
```

由于 updateDictionary()方法并没有更新数据库中 OID 为 1 的 Dictionary 对象，因此它的属性没有被改变，printDictionary()方法的打印结果如下：

```
type:SEX
key:M
value:MALE
```

5.6 使用 Hibernate 的对象-关系映射文件

前面几节介绍利用 JPA 注解以及 Hibernate 注解来描述对象-关系映射信息，并通过 JPA API 来访问数据库。本节简单介绍通过 Hibernate 的对象-关系映射文件来映射本章范例的持久化类，并通过 Hibernate API 来访问数据库。本节范例位于配套源代码包的 sourcecode/chapter5/version2 目录下。

例程 5-7～例程 5-9 分别是 Customer. hbm. xml、Order. hbm. xml 和 Dictionary. hbm. xml 映射文件的主要源代码。

例程 5-7　Customer. hbm. xml

```
<!-- 设置了 package 属性，因此<class>元素中定义的类来自 mypack 包 -->
<hibernate-mapping package="mypack">

  <!-- 设置了 dynamic-insert 和 dynamic-update 属性，
  表示会动态生成 CUSTOMERS 表的 insert 和 update 语句 -->
  <class name="Customer" dynamic-insert="true"
                         dynamic-update="true" >
    <id name="id">
      <generator class="increment"/>
    </id>

    <property name="name"/>

    <!-- 把 access 属性设为 field，因此 Hibernate 会直接访问 sex 属性，
    而不会调用 getSex()和 setSex()方法，
    这可以避免 Hibernate 执行 setSex()方法中的数据验证逻辑 -->
    <property name="sex" access="field" />
    <set
        name="orders"
        inverse="true"
        cascade="persist" >

        <key column="CUSTOMER_ID" />
        <one-to-many class="mypack.Order" />
   </set>

   <!-- totalPrice 为派生属性 -->
   <property name="totalPrice"
     formula="(select sum(o.PRICE) from ORDERS o
                         where o.CUSTOMER_ID = ID)" />

   <property name="description" type="text" >
     <column name="CUSTOMER DESCRIPTION" />
   </property>

</class>
</hibernate-mapping>
```

例程 5-8　Order.hbm.xml

```
<hibernate-mapping package="mypack">
  <class name="Order" dynamic-insert="true"
                      dynamic-update="true" >
    <id name="id">
      <generator class="increment"/>
    </id>

    <!-- 显式指定 orderNumber 属性对应的字段名，
    否则 MyNamingStrategy 会把 orderNumber 属性映射为 ORDERNUMBER 字段 -->
    <property name="orderNumber" column="ORDER_NUMBER"/>
    <property name="price" />

    <many-to-one
      name="customer"
      column="CUSTOMER_ID"
      class="Customer"
      not-null="true"
    />

  </class>
</hibernate-mapping>
```

例程 5-9　Dictionary.hbm.xml

```
<hibernate-mapping package="mypack">
  <!-- 把 mutable 属性设为 false,因此 Hibernate 不会更新 DICTIONARIES 表 -->
  <class name="Dictionary" mutable="false" >

    <id name="id">
      <generator class="increment"/>
    </id>

    <property name="type" access="field"/>

    <!-- 显式指定 key 属性对应的字段名，
    否则 MyNamingStrategy 会把 key 属性映射为 KEY 字段 -->
    <property name="key" access="field" column="TYPE_KEY"/>
    <property name="value" access="field" />
  </class>
</hibernate-mapping>
```

5.6.1　设置访问持久化类属性的方式

在对象-关系映射文件中，<property>元素的 access 属性用于指定 Hibernate 访问持久化类的属性的方式。access 属性有以下两个可选值。

(1) property：设定 property 访问方式，这是默认值，Hibernate 通过相应的 setXXX() 和 getXXX()方法来访问类的属性。

(2) field：设定 field 访问方式，Hibernate 直接访问类的属性。

例如，Customer. hbm. xml 文件中的以下代码表明 name 属性采用 property 访问方式，而 sex 属性采用 field 访问方式。

```
<property name = "name"/> <!-- 默认采用 property 访问方式 -->
<property name = "sex" access = "field" />
```

除了把<property>的 access 属性设为 field 或 property，还可以自定义持久化类的属性的访问方式。这需要创建一个实现 org. hibernate. property. PropertyAccessor 接口的类，然后把类的完整名字赋值给<property>元素的 access 属性。

5.6.2 映射 Customer 类的虚拟 name 属性

在 Customer. hbm. xml 文件中，无须映射 Customer 类的 firstname 和 lastname 属性，而是映射 name 属性，它和 CUSTOMERS 表的 NAME 字段对应，例如：

```
<property name = "name" column = "NAME" />
```

不管在 Customer 类中是否存在 name 属性，只要在 Customer. hbm. xml 文件中映射了 name 属性，在 HQL(Hibernate Query Language，Hibernate 查询语言)语句中就能访问它，例如：

```
Query query = session.createQuery(
        "from Customer as c where c.name = 'Tom' ");
```

如果把 Customer. hbm. xml 文件中 name 属性的配置代码中<property>元素的 access 属性设为 field，例如：

```
<property name = "name" column = "NAME" access = "field" />
```

程序运行时，Hibernate 就会试图直接访问 Customer 实例的 name 属性，因此抛出 org. hibernate. PropertyNotFoundException 异常。

尽管在 Customer 类中定义了 firstname 属性，但是没有在 Customer. hbm. xml 文件中映射 firstname 属性，因此以下 HQL 语句是不正确的。

```
Query query  = session.createQuery
      ("from Customer as c where c.firstname =  'Tom' ");
```

当 Hibernate 执行该 HQL 语句时，会抛出以下错误信息。

```
org.hibernate.QueryException: could not resolve property:
firstname of: mypack.Customer
[from mypack.Customer as c where c.firstname = 'Tom' ]
```

5.6.3 忽略 Customer 类的 avgPrice 属性

Customer 类的 avgPrice 属性表示客户的所有订单的平均价格。在 CUSTOMERS 表中没有 AVG_PRICE 字段。

在 Customer.hbm.xml 文件中无须映射 Customer 类的 avgPrice 属性，因此 Hibernate 既不会直接访问 avgPrice 属性，也不会调用 getAvgPrice()和 setAvgPrice()方法。

5.6.4 映射 Customer 类的 sex 属性

为了避免 Hibernate 调用 setSex(char sex)方法，从而避免执行该方法中的数据验证操作，可以把 Customer.hbm.xml 文件中映射 sex 属性的<property>元素的 access 属性设为 field，例如：

```
<property name = "sex" access = "field" />
```

这样，Hibernate 就会直接访问 Customer 实例的 sex 属性，而不是调用 setSex()和 getSex()方法。

5.6.5 映射 Customer 类的 totalPrice 派生属性

<property>元素的 formula 属性用来设置一个 SQL 表达式，Hibernate 将根据它来计算出派生属性的值。下面以 Customer 类的 totalPrice 属性为例，介绍<property>元素的 formula 属性的用法。在 Customer.hbm.xml 文件中映射 totalPrice 属性的代码如下：

```
<property name = "totalPrice"
formula = "(select sum(o.PRICE) from ORDERS o where o.CUSTOMER_ID = ID)"/>
```

当 Hibernate 从数据库中查询 Customer 对象时，在 select 语句中会包含这个用于计算 totalPrice 派生属性的子查询语句，例如：

```
select ID, NAME, SEX, `CUSTOMER DESCRIPTION`,
(select sum(o.PRICE) from ORDERS o where o.CUSTOMER_ID = 1)
from CUSTOMERS;
```

5.6.6 控制 insert 和 update 语句

在默认情况下，Hibernate 的预定义的 SQL 语句中包含了表的所有字段。此外，Hibernate 还允许在映射文件中控制 insert 和 update 语句的内容，例如：

```
<property name = "price" update = "false" column = "PRICE"/>
```

以上代码把< property >元素的 update 属性设为 false，这表明在 update 语句中不会包含 PRICE 字段。表 5-2 列出了所有用于控制 insert 和 update 语句的映射元素以及属性，并且还列出了与表 5-1 中的注解的对应关系。

表 5-2　用于控制 insert 和 update 语句的映射元素以及属性

映射元素以及属性	作　用	等价的注解以及属性
< property >元素的 insert 属性	默认值为 true，如果为 false，则在 insert 语句中不包含该字段，表明该字段永远不能被插入	@Column 注解的 insertable 属性
< property >元素的 update 属性	默认值为 true，如果为 false，则 update 语句中不包含该字段，表明该字段永远不能被更新	@Column 注解的 updatable 属性
< class >元素的 mutable 属性	默认值为 true，如果为 false，则等价于所有的< property >元素的 update 属性为 false，表示持久化类在数据库中对应的表的数据不能被更新	持久化类前的 @Immutable 注解
< class >元素的 dynamic-insert 属性	默认值为 false，如果为 true，则表示当保存一个对象时，会动态生成 insert 语句，insert 语句中仅包含所有取值不为 null 的字段	持久化类前的 @DynamicInsert 注解
< class >元素的 dynamic-update 属性	默认值为 false，如果为 true，则表示当更新一个对象时，会动态生成 update 语句，update 语句中仅包含所有取值需要更新的字段	持久化类前的 @DynamicUpdate 注解

Dictionary 类与 DICTIONARIES 表对应，DICTIONARIES 表中的数据不允许被修改，因此在映射 Dictionary 类时，把 mutable 属性设为 false，例如：

```
<class name = "Dictionary" mutable = "false" >
```

5.6.7　映射 Customer 类的 description 属性

如果没有采用显式的命名策略，在映射 Customer 类的 description 属性时，应该使用引用标识符(`)，使得 description 属性与 CUSTOMERS 表中的带空格的`CUSTOMER DESCRIPTION`字段对应，例如：

```
<property name = "description" type = "text" >
  <column name = "`CUSTOMER DESCRIPTION`" />
</property>
```

5.6.8　设置自定义的命名策略

5.3 节已经介绍了自定义的命名策略类 MyNamingStrategy。在 Hibernate 的配置文件 hibernate.cfg.xml 中，按照如下方式设置 MyNamingStrategy。

```
<!-- 在 Hibernate 的配置文件 hibernate.cfg.xml 中设置命名策略 -->
<property name = "physical_naming_strategy">
  mypack.MyNamingStrategy
</property>
```

5.6.9 设置数据库 Schema

在一个对象-关系映射文件中，可以为多个持久化类进行映射，如果这些类都和 schema1 中的各个表映射，那么可以在<hibernate-mapping>元素中设置一个 schema 属性，例如：

```
<hibernate-mapping schema = "schema1">
   <class name = "mypack.Customer" table = "CUSTOMERS" >
     …
   </class>
   <class name = "mypack.Order" table = "ORDERS" >
     …
   </class>
   …
</hibernate-mapping>
```

对于以上映射文件中的 Customer 类，Hibernate 会把它映射为表 schema1.CUSTOMERS；对于 Order 类，Hibernate 会把它映射为表 schema1.ORDERS。

如果对象-关系映射文件中的大多数类都和 schema1 中的表映射，还有个别类和 schema2 中的表映射，那么可以在这些个别类的<class>元素中也设置一个 schema 属性，例如：

```
<hibernate-mapping schema = "schema1">
   <class name = "mypack.Customer" table = "CUSTOMERS" >
     …
   </class>
   <class name = "mypack.Order" table = "ORDERS" schema = "schema2">
     …
   </class>
   …
</hibernate-mapping>
```

在<class>元素中设置的 schema 属性会覆盖在<hibernate-mapping>元素中设置的 schema 属性。对于以上映射文件中的 Customer 类，Hibernate 会把它映射为表 schema1.CUSTOMERS；而对于 Order 类，Hibernate 会把它映射为表 schema2.ORDERS。

5.6.10 设置类的包名

默认情况下，在设置<class>元素的 name 属性时，必须提供完整的类名，即包括类所在的包的名字。如果在一个映射文件中包含多个类，并且这些类都位于同一个包中，每次都设定完整的类名很烦琐。此时可以设置<hibernate-mapping>元素的package属性，避免为每个类提供完整的类名。例如，以下两种映射方式是等价的。

```
<hibernate-mapping package="mypack">
   <class name="Customer" table="CUSTOMERS">
      …
   </class>
   <class name="Order" table="ORDERS">
     …
   </class>
</hibernate-mapping>
```

或者：

```
<hibernate-mapping>
   <class
        name="mypack.Customer"
        table="CUSTOMERS">
        …
   </class>
   <class
        name="mypack.Order"
        table="ORDERS">
        …
   </class>
</hibernate-mapping>
```

5.7 小结

本章主要介绍了单个持久化类与单个数据库表之间进行映射的方法，尤其是当持久化类的属性不和数据库表的字段一一对应时的映射技巧。也许你会问，为什么不让持久化类的属性和数据库表的字段都直接对应，从而简化两者之间的映射过程呢？对这个问题有以下三点解释。

(1) 在第1章已经介绍过，域模型和关系数据模型都是各自在概念模型的基础上独立设计出来的，域模型和关系数据模型有不同的设计原则，不能强迫某一方放弃本身的设计原则，从而和另一方建立直接的对应关系。举例来说，假如经常有这样的业务需求：查询一个客户的所有订单的平均价格和总价格。为了方便业务逻辑层的编程，可以在Customer类中定义一个avgPrice和totalPrice属性，每次从数据库中查询Customer对象时，Hibernate都会自动为avgPrice和totalPrice属性赋值。如果在Customer类中没有这两个属性，业务逻辑层查询出Customer对象后，还必须再单独到数据库中查询该客户的所有订单，然后计算出总价格和平均价格。

另外，在CUSTOMERS表中没有必要提供AVG_PRICE和TOTAL_PRICE字段，关系数据库中存放的是永久数据，应该尽量避免数据的冗余。为什么称AVG_PRICE和

TOTAL_PRICE 是冗余字段呢？因为它们的值都是根据 ORDERS 表的 PRICE 字段计算出来的。冗余字段有两个缺点：浪费数据库存储空间；增加维护数据库的难度。如果修改了 ORDERS 表的 PRICE 字段，就必须同时修改 CUSTOMERS 表中相关的 AVG_PRICE 字段和 TOTAL_PRICE 字段。

（2）有的软件项目可能不是从头开发的，而是建立在遗留的关系数据模型或域模型的基础上，两种模型已经存在不对应之处，如 Customer 类中有 firstname 和 lastname 属性，而在 CUSTOMERS 表中只有 NAME 字段。由于升级或维护的困难，无法修改这两种模型的不对应之处。

（3）假如软件项目是从头开发的，在不违反域模型和关系数据模型各自的设计原则的前提下，应该尽量让它们保持直接的对应关系，这可以简化映射工作，如 Customer 类中有 firstname 和 lastname 属性，那么在 CUSTOMERS 表中提供 FIRSTNAME 和 LASTNAME 字段。

5.8　思考题

1. 假定在 Customer 类中有一个 name 属性，但没有相应的 getName()和 setName()方法，在 CUSTOMERS 表中有一个 NAME 字段，在 Customer. hbm. xml 文件中应该如何映射 Customer 类的 name 属性？（单选）

(a) <property name="NAME"column="name" access="field"/>

(b) <property name="name"column="NAME" access="field"/>

(c) <property name="name"column="NAME" access="property"/>

(d) <property name="name"column="NAME"/>

2. 订单 Order 类有一个浮点数类型的 price 属性，表示订单的价格。如果 price 属性为 0，表示免费的订单；如果 price 属性为 null，表示订单价格未知。Order 类的 price 属性应该采用什么 Java 类型？（单选）

(a) double

(b) Double

(c) double 或者 Double

(d) 由数据库中 ORDERS 表的 PRICE 字段的 SQL 类型来决定

3. 在 Test 类中有一个 Double 类型的 total 属性，以及相应的 getTotal()和 setTotal()方法，在 TESTS 表中有一个 PRICE 和 COUNT 字段，total 属性的取值为 PRICE * COUNT。在 Test. hbm. xml 文件中，应该如何映射 Test 类的 total 属性？（单选）

(a) <property name="total"column="PRICE * COUNT" />

(b) <property name="total"column="PRICE * COUNT"access="field"/>

(c) <property name="total"formula="PRICE * COUNT"/>

(d) 无法映射 total 属性

4. 如果数据库中 DICTIONARIES 表的数据不允许被更新，应该如何映射与该表对应的 Dictionary 类？（多选）

(a) 在 Dictionary 类前使用@Immutable 注解

(b) 在 Dictionary 类前使用@Access(AccessType.FIELD)注解

(c) 把映射 Dictionary 类的所有属性的@Column 注解的 update 属性设为 false

(d) 在 Dictionary 类前使用@DynamicUpdate 注解

5. 以下哪些注解来自于 Hibernate API?(多选)

(a) @Fomula　　(b) @Immutable

(c) @Entity　　(d) @DynamicInsert

6. 对于以下代码,以下哪些说法正确?(多选)

```
@Entity
@DynamicInsert
@DynamicUpdate
@Access(AccessType.PROPERTY)
public class Customer implements Serializable {…}
```

(a) 映射 Customer 类的属性的注解必须位于 setXXX()方法前面

(b) Customer 类的属性采用 property 访问方式

(c) CUSTOMERS 表中的数据不允许更新

(d) 映射 Customer 类的属性的注解必须位于 getXXX()方法前面

第6章

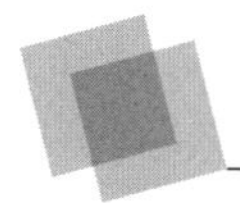

映射对象标识符

Java 语言按内存地址来识别或区分同一个类的不同对象，而关系数据库按主键值来识别或区分同一个表的不同记录。Hibernate 使用对象标识符(Object Identity，OID)来建立内存中的对象和数据库表中记录的对应关系，对象的 OID 和数据库表的主键对应。为了保证 OID 的唯一性和不可变性，应该让 Hibernate 而不是应用程序来为 OID 赋值。Hibernate 通过标识符生成器来为 OID 赋值。本章主要介绍 Hibernate 提供的几种内置标识符生成器的用法。

6.5 节和 6.6 节分别介绍映射自然主键和派生主键的方法，由于这两节的内容涉及游离对象和临时对象等概念，以及关联关系的映射，建议在阅读第 7 章和第 8 章的内容后再来看这两节。

本章范例采用了如下两种实现方式。

(1) 使用注解和 JPA API。6.4 节至 6.6 节介绍这种实现方式。

(2) 使用 Hibernate 的对象-关系映射文件和 Hibernate API。6.7 节介绍这种实现方式。

本章源代码位于本书配套源代码包的 sourcecode/chapter6 目录下，version1 和 version2 子目录分别是对应这两种方式的源代码。在每个子目录下有一个 ANT 工具的工程管理文件 build.xml，它定义了名为 run_auto、run_increment 等 Target，用于运行各自的 BusinessService 类。

首先在 MySQL 数据库中创建本章涉及的表，相应的 SQL 脚本为 sourcecode/chapter6/schema/sampledb.sql。接下来在 DOS 控制台转到 version1 或 version2 子目录下，运行 ant run_auto 等命令，就会运行各自的 BusinessService 类。

值得注意的是，即使程序通过 JPA API 来访问数据库，但是底层还是依靠 Hibernate 的 SessionFactory 和 Session 等来实现数据库访问操作。因此，在本书中，即使程序通过 JPA API 访问数据库，文中仍然会提及底层 SessionFactory 或 Session 的具体运行原理。

6.1 关系数据库按主键区分不同的记录

在关系数据库表中，用主键来识别记录并保证每条记录的唯一性。作为主键的字段必须满足以下条件。

(1) 不允许为 null。

(2) 每条记录具有唯一的主键值，不允许主键值重复。

(3) 每条记录的主键值永远不会改变。

例如，在 CUSTOMERS 表中，如果把 NAME 字段作为主键，前提条件是：

(1) 每条记录的客户姓名不允许为 null。

(2) 不允许客户重名。

(3) 不允许修改客户姓名。

NAME 字段是具有业务含义的字段，把这种字段作为主键，称为自然主键。尽管也是可行的，但是不能满足不断变化的业务需求。一旦出现了允许客户重名的业务需求，就必须修改数据模型，重新定义表的主键，这给数据库的维护增加了难度。

因此，更合理的方式是使用代理主键，即不具备业务含义的字段，该字段一般取名为 ID。代理主键通常为整数类型，因为整数类型比字符串类型要节省更多的数据库空间。那么代理主键的值从何而来呢？许多数据库系统都提供了自动生成代理主键值的机制。下面将会举例说明。

6.1.1 把主键定义为自动增长标识符类型

在 MySQL 中，如果把表的主键设为 auto_increment 类型，数据库就会自动为主键赋值。例如：

```
create table CUSTOMERS(ID int auto_increment primary key not null,
                       NAME varchar(15));
insert into CUSTOMERS (NAME) values("Tom");
insert into CUSTOMERS (NAME) values("Mike");
select ID,NAME from CUSTOMERS;
```

以上 SQL 语句先创建了 CUSTOMERS 表；然后插入两条记录，在插入时仅仅设定了 NAME 字段的值；最后查询 CUSTOMERS 表中的记录，查询结果为：

```
ID  NAME
1   Tom
2   Mike
```

由此可见，一旦把 ID 字段设为 auto_increment 类型，MySQL 数据库会自动按递增的方式为主键赋值。

在 MS SQL Server 中，如果把表的主键设为 identity 类型，数据库就会自动为主键赋值。例如：

```
create table CUSTOMERS(ID int identity(1,1) primary key not null,
                       NAME varchar(15));
insert into CUSTOMERS (NAME) values("Tom");
insert into CUSTOMERS (NAME) values("Mike");
select ID,NAME from CUSTOMERS;
```

在 SQL Server 中执行以上 SQL 语句，最后查询结果为：

```
ID  NAME
1   Tom
2   Mike
```

由此可见，一旦把 ID 字段设为 identity 类型，SQL Server 数据库会自动按递增的方式为主键赋值。identity 类型包含两个参数，第一个参数表示起始值，第二个参数表示增量(即每次增长的步长)。

6.1.2　从序列(Sequence)中获取自动增长的标识符

在 Oracle 数据库系统中，可以为每张表的主键创建一个单独的序列，然后从这个序列中获得自动增加的标识符，把它赋值给主键。例如，以下语句创建了一个名为 CUSTOMERS_ID_SEQ 的序列，这个序列的起始值为 1，增量为 2。

```
create sequence CUSTOMERS_ID_SEQ increment by 2 start with 1
```

一旦定义了 CUSTOMERS_ID_SEQ 序列，就可以访问序列的 curval 和 nextval 属性。

(1) curval：返回序列的当前值。

(2) nextval：先增加序列的值，然后返回增加后的序列值。

以下 SQL 语句先创建了 CUSTOMERS 表；然后插入两条记录，在插入时设定了 ID 和 NAME 字段的值，其中 ID 字段的值来自 CUSTOMERS_ID_SEQ 序列；最后查询 CUSTOMERS 表中的记录。

```
create table CUSTOMERS (ID int primary key not null, NAME varchar(15));
insert into CUSTOMERS values(CUSTOMERS_ID_SEQ.curval, 'Tom');
insert into CUSTOMERS values(CUSTOMERS_ID_SEQ.nextval, 'Mike');
select ID,NAME from customers;
```

如果在 Oracle 中执行该 SQL 语句，查询结果为：

```
ID  NAME
1   Tom
3   Mike
```

6.2 Java 语言按内存地址区分不同的对象

在 Java 语言中，判断两个对象引用变量是否相等，有以下两种比较方式。

(1) 比较两个变量所引用的对象的内存地址是否相同，"=="运算符就是比较的内存地址。此外，在 Object 类中定义的 equals(Object o)方法，也是按内存地址来比较的。如果用户自定义的类没有覆盖 Object 类的 equals(Object o)方法，也按内存地址比较。例如，以下代码用 new 语句创建了两个 Customer 对象，并定义了三个 Customer 类型的引用变量 c1、c2 和 c3。

```
Customer c1 = new Customer("Tom"); //line1
Customer c2 = new Customer("Tom"); //line2
Customer c3 = c1;                  //line3
c3.setName("Mike");                //line4
```

图 6-1 和图 6-2 显示了程序执行到第三行及第四行的对象图。

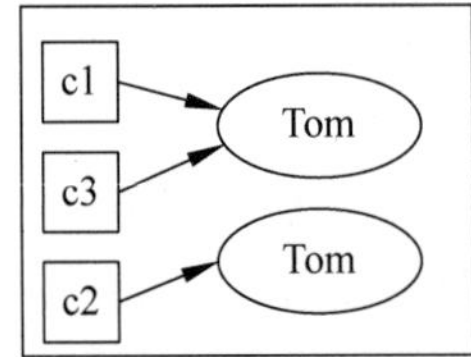

图 6-1 程序执行到第三行的对象图

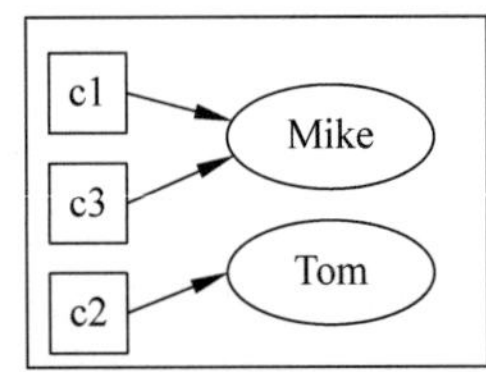

图 6-2 程序执行到第四行的对象图

从图 6-1 和图 6-2 可以看出，c1 和 c3 变量引用同一个 Customer 对象，而 c2 变量引用另一个 Customer 对象。因此，表达式 c1==c3 及 c1.equals(c3) 的值都是 true，而表达式 c1==c2 及 c1.equals(c2) 的值都是 false。

(2) 比较两个变量所引用的对象的值是否相同，Java API 中的一些类覆盖了 Object 类的 equals(Object o)方法，实现按对象值比较。这些类主要包括：String 类和 Date 类；Java 包装类，包括 Byte、Integer、Short、Character、Long、Float、Double 和 Boolean。

例如：

```
String s1 = new String("hello");
String s2 = new String("hello");
```

尽管 s1 和 s2 引用不同的 String 对象，但它们的字符串值都是 hello，因此表达式 s1==s3 的值是 false，而表达式 s1.equals(s2)的值是 true。

用户自定义的类也可以覆盖 Object 类的 equals(Object o)方法，从而实现按对象值比较。例如，在 Customer 类中添加如下 equals(Object o)方法，使它按客户的姓名来比较两个 Customer 对象是否相等。

```
public boolean equals(Object o){
  if(this == o)return true;
```

```
    if (!o instanceof Customer)
      return false;
    final Customer other = (Customer)o;
    if(this.getName().equals(other.getName()))
      return true;
    else
      return false;
  }
```

以下代码用 new 语句创建了两个 Customer 对象，并定义了两个 Customer 类型的引用变量 c1 和 c2。

```
Customer c1 = new Customer("Tom");
Customer c2 = new Customer("Tom");
```

尽管 c1 和 c2 引用不同的 Customer 对象，但它们的 name 值都是 Tom，因此表达式 c1==c2 的值是 false，而表达式 c1.equals(c2)的值是 true。

6.3 Hibernate 用对象标识符(OID)来区分对象

从 6.1 和 6.2 两节内容可以看出，Java 语言按内存地址来识别或区分同一个类的不同对象，而关系数据库按主键值来识别或区分同一个表的不同记录。Hibernate 使用 OID 来统一两者之间的矛盾，OID 是关系数据库中的主键(通常为代理主键)在 Java 对象模型中的等价物。在运行时，Hibernate 根据 OID 来维持 Java 对象和数据库表中记录的对应关系。例如：

```
Transaction tx =  session.beginTransaction();
Customer c1 = session.get(Customer.class, Long.valueOf(1));
Customer c2 = session.get(Customer.class, Long.valueOf(1));
Customer c3 = session.get(Customer.class, Long.valueOf(3));
System.out.println(c1 == c2);
System.out.println(c1 == c3);

tx.commit();
```

在以上程序中，三次调用了 Session 的 get()方法，分别加载 OID 为 1 和 3 的 Customer 对象。以下是 Hibernate 三次加载 Customer 对象的流程。

(1) 第一次加载 OID 为 1 的 Customer 对象时，先从数据库的 CUSTOMERS 表中查询 ID 为 1 的记录，再创建相应的 Customer 实例，把它保存在 Session 缓存中，最后把这个对象的引用赋值给变量 c1。

(2) 第二次加载 OID 为 1 的 Customer 对象时，直接把 Session 缓存中 OID 为 1 的 Customer 对象的引用赋值给 c2，因此 c1 和 c2 引用同一个 Customer 对象。

(3) 当加载 OID 为 3 的 Customer 对象时，由于在 Session 缓存中还不存在这样的对象，所以必须再次到数据库中查询 ID 为 3 的记录，再创建相应的 Customer 实例，把它保存在 Session 缓存中，最后把这个对象的引用赋值给变量 c3。

因此，表达式 c1==c2 的结果为 true，表达式 c1==c3 的结果为 false。图 6-3 显示了 Session 缓存中的 Customer 对象和 CUSTOMERS 表中记录的对应关系。

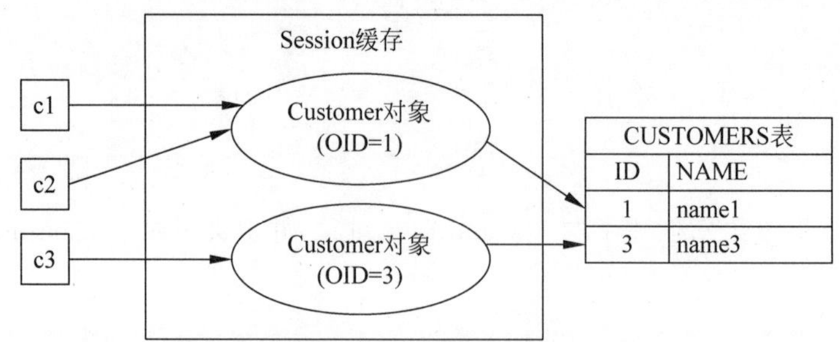

图 6-3 Session 缓存中的 Customer 对象和 CUSTOMERS 表中记录的对应关系

与表的代理主键对应，OID 也是整数类型，Hibernate 允许在持久化类中把与代理主键对应的 OID 定义为以下类型。

（1）short（或包装类 Short）：2 字节，取值范围是－2^15～2^15－1。

（2）int（或包装类 Integer）：4 字节，取值范围是－2^31～2^31－1。

（3）long（或包装类 Long）：8 字节，取值范围是－2^63～2^63－1。

（4）java.math.BigInteger 类：大整数类型。

（5）java.math.BigDecimal 类：大浮点数类型。尽管它是浮点数，实际上 Hibernate 的内置标识符生成器仍然按照整数递增的方式为 OID 赋值。

为了保证持久化对象的 OID 的唯一性和不可变性，通常由 Hibernate 或底层数据库来给 OID 赋值。因此，可以把持久化类的 OID 的 setId()方法设为 private 类型，以禁止 Java 应用程序随便修改 OID，而把 getId()方法设为 public 类型，这使得 Java 应用程序可以读取持久化对象的 OID，例如：

```
private Long id;
private void setId(Long id){
  this.id = id;
}
public Long getId(){
  return id;
}
```

在持久化类中，用来自 JPA API 的@Id 注解和@GeneratedValue 注解来映射对象标识符，例如：

```
@Id
@GeneratedValue(strategy = GenerationType.IDENTITY)
@Column(name = "ID")
private Long id;
```

@Id 注解表明 id 属性是 OID，@GeneratedValue 注解设定如何为 OID 赋值，它的

strategy 属性指定标识符生成策略。JPA API 通过 GenerationType 枚举类型定义了如下四种标识符生成策略。

(1) GenerationType. AUTO：根据标识符的数据类型以及数据库对自动生成标识符的支持方式，来选择具体的标识符生成器，如 identity、uuid 或 sequence 等。对应下文表 6-1 的 auto 标识符生成器。

(2) GenerationType. IDENTITY：由数据库自动生成标识符。对应下文表 6-1 的 identity 标识符生成器。

(3) GenerationType. SEQUENCE：由数据库中的特定序列来生成标识符。对应下文表 6-1 的 sequence 标识符生成器。

(4) GenerationType. TABLE：由用户自定义的表来生成标识符。对应下文表 6-1 的 table 标识符生成器。

Hibernate 会通过相应的标识符生成器来实现这些标识符生成策略。例如以下代码通过@SequenceGenerator 注解设置了具体的序列化标识符生成器。

```
@Id
@GeneratedValue(
  strategy = GenerationType.SEQUENCE,
  generator = "sequence-generator"
)
@SequenceGenerator(  //具体的序列化标识符生成器
  name = "sequence-generator",
  sequenceName = "hibernate_sequence"
)
@Column(name = "ID")
private Long id;
```

Hibernate 不仅为 JPA API 的标识符生成策略提供了具体的标识符生成器，还提供了其他的标识符生成器。表 6-1 列出了 Hibernate 提供的几种内置标识符生成器，下一节将详细介绍其中常用标识符生成器的用法。

表 6-1　Hibernate 提供的内置标识符生成器

标识符生成器	描　　述
increment	适用于代理主键。由 Hibernate 自动以递增的方式生成标识符，每次增量为 1
identity	适用于代理主键。由底层数据库生成标识符。前提条件是底层数据库支持自动增长字段类型，例如 DB2、MySQL、MS SQL Server、Sybase 和 HypersonicSQL
sequence	适用于代理主键。Hibernate 根据底层数据库的序列来生成标识符。前提条件是底层数据库支持序列，例如 DB2、PostgreSQL、Oracle 和 SAP DB，否则需要用自定义的表来代替序列
table	适用于代理主键。Hibernate 根据特定表中的字段来生成标识符。在默认情况下选用 hibernate_sequences 表的 next_val 字段
auto	适用于代理主键。根据标识符的数据类型以及底层数据库对自动生成标识符的支持能力，来选择 identity、uuid 或 sequence 等。在 Hibernate 的语义范畴中，auto 标识符生成器也叫作 native 标识符生成器

续表

标识符生成器	描　　述
uuid	适用于代理主键。Hibernate 采用 UUID(Universal Unique Identification)算法来生成标识符。UUID 算法能够在网络环境中生成唯一的字符串标识符。这种标识符生成策略并不流行，因为字符串类型的主键比整数类型的主键占用更多的数据库空间
assigned	适用于自然主键。由 Java 应用程序负责生成标识符，为了能让 Java 应用程序设置 OID，不能把 setId()方法声明为 private 类型。应该尽量避免使用自然主键
select	适用于遗留数据库中的代理主键或自然主键。由数据库中的触发器来生成标识符
foreign	用另一个关联的对象的标识符来作为当前对象的标识符，主要适用于一对一关联的场合

表 6-1 中的 increment 和 identity 等是标识符生成器的简写形式，真正的标识符生成器为 Hibernate API 中的 Java 类，例如 increment 对应的标识符生成器类为 org. hibernate. id. IncrementGenerator，identity 对应的标识符生成器类为 org. hibernate. id. IdentityGenerator。

6.4　Hibernate 的内置标识符生成器的用法

本节结合具体例子来演示几种常用标识符生成器的用法。下面是本范例涉及的持久化类。

（1）IncrementTester 类：演示 increment 标识符生成器的用法。

（2）IdentityTester 类：演示 identity 标识符生成器的用法。

（3）SequenceTester 类：演示 sequence 标识符生成器的用法。

（4）TableTester 类：演示 table 标识符生成器的用法。

（5）AutoTester 类：演示 auto 标识符生成器的用法。

本例还提供了一个 BusinessService 类，用来测试各种标识符生成器的用法，它的源程序参见例程 6-1。

例程 6-1　BusinessService 类

```
package mypack;

//此处省略 import 语句
…
public class BusinessService{
  public static EntityManagerFactory entityManagerFactory;

  /** 初始化 JPA,创建 EntityManagerFactory 实例 */
  static{ … }

  public void findAllObjects(String className){
    EntityManager entityManager =
                entityManagerFactory.createEntityManager();
    EntityTransaction tx = null;
    try {
      tx = entityManager.getTransaction();
```

```
      tx.begin(); //开始一个事务
      List objects = entityManager
               .createQuery("from " + className).getResultList();
      for (Iterator it = objects.iterator(); it.hasNext();) {
        Long id = Long.valueOf(0);
        if(className.equals("mypack.AutoTester"))
          id = ((AutoTester) it.next()).getId();
        if(className.equals("mypack.IncrementTester"))
          id = ((IncrementTester) it.next()).getId();
        if(className.equals("mypack.IdentityTester"))
          id = ((IdentityTester) it.next()).getId();
        if(className.equals("mypack.SequenceTester"))
          id = ((SequenceTester) it.next()).getId();
        if(className.equals("mypack.TableTester"))
          id = ((TableTester) it.next()).getId();

        System.out.println("ID of " + className + ":" + id);
      }
      tx.commit();
    }catch (RuntimeException e) {
      …
    } finally {entityManager.close(); }
  }

  public void deleteAllObjects(String className){
    EntityManager entityManager =
                 entityManagerFactory.createEntityManager();
    EntityTransaction tx = null;
    try {
      tx = entityManager.getTransaction();
      tx.begin(); //开始一个事务
      Query query = entityManager.createQuery("delete from " + className);
      query.executeUpdate();
      tx.commit();
    }catch (RuntimeException e) {
      …
    } finally {entityManager.close(); }
  }

   public void test(String className) throws Exception{
    deleteAllObjects(className);
    Object o1 = Class.forName(className)
                 .getDeclaredConstructor().newInstance();
    saveObject(o1);
    Object o2 = Class.forName(className)
                 .getDeclaredConstructor().newInstance();
    saveObject(o2);
    Object o3 = Class.forName(className)
                .getDeclaredConstructor().newInstance();
    saveObject(o3);
```

```
    findAllObjects(className);
  }

  public void testCustomer() throws Exception{
    Company company = new Company();
    CustomerId customerId = new CustomerId("Tom",company);
    Customer customer = new Customer(customerId);

    EntityManager entityManager =
      entityManagerFactory.createEntityManager();
    EntityTransaction tx = null;
    try {
      tx = entityManager.getTransaction();
      tx.begin(); //开始一个事务
      entityManager.persist(company);
      entityManager.persist(customer);
      tx.commit();
    }catch (RuntimeException e) {
      …
    } finally {entityManager.close(); }
  }

  public void testPerson() throws Exception{
    Person person = new Person("Tom");
    PersonDetail personDetail = new PersonDetail();
    personDetail.setNickName( "SunShine" );
    personDetail.setPerson( person );

    EntityManager entityManager =
      entityManagerFactory.createEntityManager();
    EntityTransaction tx = null;
    try {
      tx = entityManager.getTransaction();
      tx.begin(); //开始一个事务
      entityManager.persist(person);
      entityManager.persist(personDetail);
      System.out.println("Person ID:" + person.getId());
      System.out.println("PersonDetail ID:" + personDetail.getId());
      tx.commit();

    }catch (RuntimeException e) {
      …
    } finally {entityManager.close(); }
  }

  public static void main(String args[])throws Exception {
    String className;
    if(args.length == 0)
      className = "mypack.AutoTester";
    else
```

```
        className = args[0];

        BusinessService service = new BusinessService();
        service.test(className);
        service.testCustomer();
        service.testPerson();

        entityManagerFactory.close();
    }
}
```

在 BusinessService 类的 test(String className)方法中，按照参数 className 给定的类名，先删除与这个类映射的表中的所有记录，然后创建这个类的三个对象，把它们持久化到表中，最后把表中所有记录的 ID 打印出来。由源程序可以看出，在 test(String className)方法中并没有为这些对象设置 OID。参数 className 的可选值包括：

(1) mypack.IncrementTester。

(2) mypack.IdentityTester。

(3) mypack.SequenceTester。

(4) mypack.TableTester。

(5) mypack.AutoTester。

可以利用 ANT 工具来运行 BusinessService 类，在范例程序的根目录 chapter6/version1 下提供了 build.xml 程序，它定义了 run_increment target、run_identity target、run_sequence target、run_table target 和 run_auto target。run_increment target 的定义如下，其中<arg>子元素用于设定 BusinessService 类的 main()方法的参数。

```
<target name = "run_increment" description = "Run a Hibernate sample"
          depends = "schema">
    <java classname = "mypack.BusinessService" fork = "true">
        <arg value = "mypack.IncrementTester" />
        <classpath refid = "project.class.path"/>
    </java>
</target>
```

在 DOS 命令行下，转到范例程序的根目录 chapter6/version1，输入命令“ant run_increment”，就会运行 BusinessService 类，并且提供的命令行参数为 mypack.IncrementTester。

6.4.1 increment 标识符生成器

increment 标识符生成器由 Hibernate 以递增的方式为代理主键赋值。例如，在 IncrementTester.java 文件中声明使用 increment 标识符生成器。

```
@Id
@GeneratedValue(generator = "increment")
```

```
@GenericGenerator(name = "increment", strategy = "increment")
@Column(name = "ID")
private Long id;
```

在 JPA API 中并没有定义 increment 类型的标识符生成策略，因此在以上@GeneratedValue 注解中没有设定标识符生成策略，而是通过 generator 属性指定了标识符生成器的名字。接下来由来自 Hibernate API 的@GenericGenerator 注解设定具体的标识符生成器。

与 IncrementTester 持久化类对应的 INCREMENT_TESTER 表的 DDL 定义语句如下：

```
create table INCREMENT_TESTER (
   ID bigint not null,
   NAME varchar(15) not null,
   primary key (id)
);
```

IncrementTester 类的 id 属性为 Long 类型，与此对应，在 MySQL 中，INCREMENT_TESTER 表的 ID 字段为 bigint 类型。

在 DOS 下运行 ant run_increment，以下是在控制台输出的部分信息。

```
insert into INCREMENT_TESTER (NAME, ID) values (?, ?)
insert into INCREMENT_TESTER (NAME, ID) values (?, ?)
insert into INCREMENT_TESTER (NAME, ID) values (?, ?)
ID of mypack.IncrementTester:1
ID of mypack.IncrementTester:2
ID of mypack.IncrementTester:3
```

insert 语句中包含 ID 字段，由此可见，Hibernate 在持久化一个 IncrementTester 对象时，会以递增的方式自动生成标识符。事实上，Hibernate 会先读取 INCREMENT_TESTER 表中的最大主键值，例如：

```
select max(ID) from INCREMENT_TESTER;
```

接下来向 INCREMENT_TESTER 表中插入记录时，就在 max(ID)的基础上递增，增量为 1。下面考虑有两个 Hibernate 应用进程向同一个数据库的同一张表插入记录的情景。

(1) 假定第一个进程中的 Hibernate 先读取 INCREMENT_TESTER 表中的最大主键值为 6。

(2) 接着第二个进程中的 Hibernate 也读取 INCREMENT_TESTER 表中的最大主键值，仍然为 6。

(3) 接下来两个进程中的 Hibernate 各自向 INCREMENT_TESTER 表中插入主键值为 7 的记录，这违反了数据库的完整性约束，导致有一个进程中的插入操作失败。

由此可见，increment 标识符生成器仅仅在只有单个 Hibernate 应用进程访问数据库的情况下才能有效工作。更确切地说，即使在同一个进程中创建了连接同一个数据库的多个

SessionFactory 实例，也会导致插入操作失败。在 Java EE 软件架构中，Hibernate 通常作为 JNDI 资源运行在应用服务器上。如图 6-4 所示，如果 Hibernate 仅运行在单个应用服务器上，increment 标识符生成器能有效工作；如图 6-5 所示，如果 Hibernate 运行在多个应用服务器上(即在集群环境下)，increment 标识符生成器工作会失效。

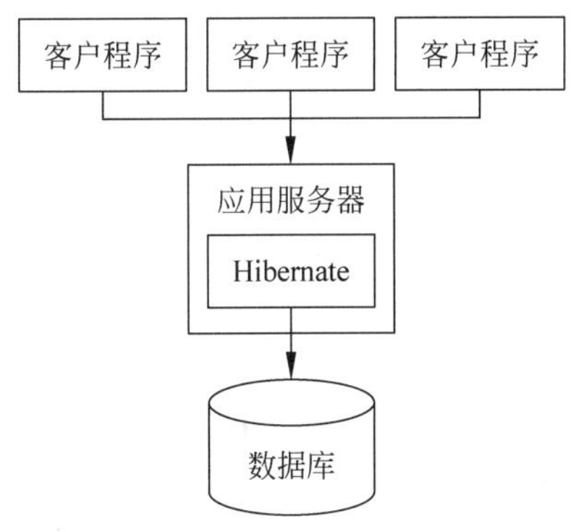

图 6-4　Hibernate 运行在单个应用服务器上

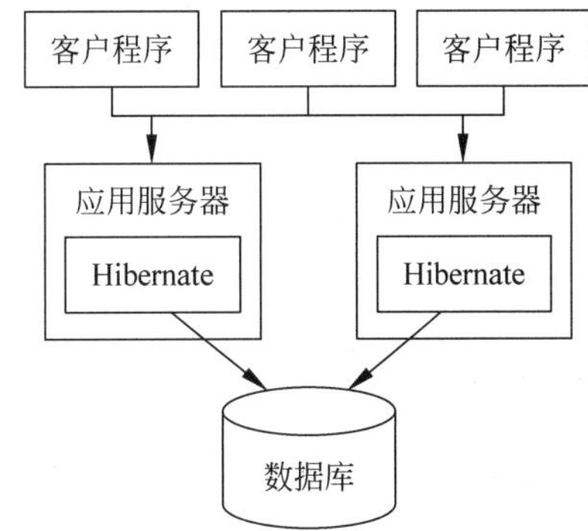

图 6-5　Hibernate 运行在多个应用服务器上

increment 标识符生成器具有以下适用范围。

(1) 由于 increment 生成标识符的机制不依赖于底层数据库系统，因此它适合于所有的数据库系统。

(2) 适用于只有单个 Hibernate 应用进程访问同一个数据库的场合，在集群环境下不推荐使用它。

(3) OID 必须为 long、int 和 short 类型(或其包装类型)以及 BigInteger 类型或 BigDecimal 类型。如果把 OID 定义为 byte 或 Byte 类型，在运行时会抛出如下异常。

```
org.hibernate.id.IdentifierGenerationException:
unrecognized id type : byte -> java.lang.Byte
```

6.4.2　identity 标识符生成器

identity 标识符生成器由底层数据库来负责生成标识符，它要求底层数据库把主键定义为自动增长字段类型。例如，在 MySQL 中，应该把主键定义为 auto_increment 类型；在 SQL Server 中，应该把主键定义为 identity 类型。在本范例的 IdentityTester 类中声明使用 identity 标识符生成器。

```
@Id
@GeneratedValue(strategy = GenerationType.IDENTITY)
@Column(name = "ID")
private Long id;
```

以上代码尽管只设定了标识符生成策略 GenerationType.IDENTITY，Hibernate 会自动用相应的标识符生成器 org.hibernate.id.IdentityGenerator 来实现这一策略。

在 MySQL 数据库中，与 IdentityTester 持久化类对应的 IDENTITY_TESTER 表的 DDL 定义语句如下：

```
create table IDENTITY_TESTER (
    ID bigint not null auto_increment,
    NAME varchar(15) not null,
    primary key (id)
);
```

在 SQL Server 数据库中，与 IdentityTester 持久化类对应的 IDENTITY_TESTER 表的 DDL 定义语句如下：

```
create table IDENTITY_TESTER (
    ID bigint not null identity,
    NAME varchar(15) not null,
    primary key (id)
);
```

在 DOS 下运行 ant run_identity，以下是在控制台输出的部分信息。

```
insert into IDENTITY_TESTER (NAME) values (?)
insert into IDENTITY_TESTER (NAME) values (?)
insert into IDENTITY_TESTER (NAME) values (?)
ID of mypack.IdentityTester:1
ID of mypack.IdentityTester:2
ID of mypack.IdentityTester:3
```

在以上 insert 语句中不包含 ID 字段，由此可见，Hibernate 在持久化一个 IdentityTester 对象时，本身不产生主键值，而是由底层数据库负责生成主键值。

identity 标识符生成器具有以下适用范围。

(1) 由于 identity 生成标识符的机制依赖于底层数据库系统，因此，要求底层数据库系统必须支持自动增长字段类型。支持自动增长字段类型的数据库包括 DB2、MySQL、SQL Server、Sybase、HypersonicSQL、HSQLDB 和 Informix 等。

(2) OID 必须为 long、int 或 short 类型（或其包装类型）以及 BigInteger 类型或 BigDecimal 类型。如果把 OID 定义为 byte 或 Byte 类型，在运行时会抛出如下异常。

```
org.hibernate.id.IdentifierGenerationException:
unrecognized id type : byte -> java.lang.Byte
```

6.4.3 sequence 标识符生成器

sequence 标识符生成器利用底层数据库提供的序列来生成标识符，默认的序列名称为 hibernate_sequence。例如，在 SequenceTester 持久化类中声明使用 sequence 标识符生成器。

```
@Id
@GeneratedValue(
  strategy = GenerationType.SEQUENCE,
  generator = "sequence-generator"
)
@SequenceGenerator(
  name = "sequence-generator",
  sequenceName = "hibernate_sequence"
)
@Column(name = "ID")
private long id;
```

以上@SequenceGenerator 注解的 sequenceName 属性指定具体的序列名为 hibernate_sequence。在 Oracle 数据库中，用如下 DDL 定义语句来创建 hibernate_sequence 序列。

```
create sequence hibernate_sequence;
```

MySQL 数据库并不支持序列，可以创建一个名为 hibernate_sequence 的表来代替序列。hibernate_sequence 表的 DDL 定义语句以及初始插入语句如下：

```
create table hibernate_sequence( next_val integer);
insert into hibernate_sequence values ( 50 );
```

与 SequenceTester 类对应的表 SEQUENCE_TESTER 的 DDL 定义语句如下：

```
create table SEQUENCE_TESTER (
   ID bigint not null,
   NAME varchar(15) not null,
   primary key (id)
);
```

假定 hibernate_sequence 序列的初始值为 50。在 DOS 下运行 ant　run_sequence，以下是在控制台输出的部分信息。

```
select next_val as id_val from hibernate_sequence for update
update hibernate_sequence set next_val = ? where next_val = ?
insert into SEQUENCE_TESTER (ID,NAME) values (?,?)
insert into SEQUENCE_TESTER (ID,NAME) values (?,?)
insert into SEQUENCE _TESTER (ID,NAME) values (?,?)
ID of mypack.SequenceTester:1
ID of mypack.SequenceTester:2
ID of mypack.SequenceTester:3
```

insert 语句中包含 ID 字段，由此可见，Hibernate 在持久化一个 SequenceTester 对象时，会依据底层数据库的 hibernate_sequence 序列来生成主键值。

@SequenceGenerator 注解还有一个 allocationSize 属性，用于指定序列的增量（即每次增长的步长），默认值为 50。例如以下代码把序列的增量设为 5。

```
@SequenceGenerator(
    name = "sequence-generator",
    sequenceName = "hibernate_sequence",
    allocationSize = 5
)
```

假定 hibernate_sequence 序列的初始值为 initialValue，增量为 allocationSize。通过 ant run_sequence 命令来运行 BusinessService 类时，Hibernate 向 SEQUENCE_TESTER 表插入三条记录的步骤如下：

（1）读取 hibernate_sequence 序列，获得初始值，假定为 initialValue。

（2）修改 hibernate_sequence 序列，把值改为 initialValue＋allocationSize。

（3）向 SEQUENCE_TESTER 表插入第一条记录，ID 为 initialValue-allocationSize＋1。

（4）向 SEQUENCE_TESTER 表插入第二条记录，ID 为 initialValue-allocationSize＋2。

（5）向 SEQUENCE_TESTER 表插入第三条记录，ID 为 initialValue-allocationSize＋3。

提示 在 6.7.3 节中，当通过映射文件 SequenceTester.hbm.xml 来设定序列化标识符生成器时，会发现它生成对象标识符的过程与本节有不同的运行时行为。这是由于 Hibernate 本身的实现造成的。Hibernate 的对象-关系映射文件已经逐步被淘汰，Hibernate 的新版本尽管支持以前旧版本遗留的对象-关系映射文件，但是已经不再对映射文件的功能进行同步升级。在本书中，还会在其他情况出现持久化类中的映射注解与 Hibernate 的映射文件的运行时行为不一致，而且随着 Hibernate 以及 JPA 版本的不断升级，不同版本的映射注解的运行时行为也会发生变化，读者需要留意这些变化和差别。

sequence 标识符生成器具有以下适用范围。

（1）由于 sequence 生成标识符的机制依赖于底层数据库系统的序列，因此，要求底层数据库系统必须支持序列。支持序列的数据库包括 Oracle、DB2、SAP DB 和 PostgreSQL 等。如果底层数据库（如 MySQL）不支持序列，则需要创建相应的表来代替序列。

（2）OID 必须为 long、int 或 short 类型（或其包装类型）以及 BigInteger 类型或 BigDecimal 类型。如果把 OID 定义为 byte 或 Byte 类型，在运行时会抛出如下异常。

```
org.hibernate.id.IdentifierGenerationException:
unrecognized id type : byte -> java.lang.Byte
```

6.4.4 table 标识符生成器

table 标识符生成器利用底层数据库的自定义的表来生成标识符，默认的表名为 hibernate_sequences。例如，在 TableTester 持久化类中声明使用 table 标识符生成器。

```
@Id
@GeneratedValue(
  strategy = GenerationType.TABLE,
  generator = "table-generator"
)
```

```
@TableGenerator(
  name = "table-generator",
  table = "hibernate_sequences",
  pkColumnName = "sequence_name",
  valueColumnName = "next_val",
  allocationSize = 5
)
@Column(name = "ID")
private Long id;
```

@TableGenerator 注解有以下属性。

(1) table 属性：指定具体的表名为 hibernate_sequences。

(2) pkColumnName 属性：设定表的主键字段名为 sequence_name。

(3) valueColumnName 属性：设定表的表示取值的字段名为 next_val。

(4) allocationSize 属性：设定表示取值的字段的增量。

hibernate_sequences 表的 DDL 定义语句如下：

```
create table hibernate_sequences (
    sequence_name varchar(255) not null,
    next_val integer,
    primary key (sequence_name)
);
```

与 TableTester 类对应的表 TABLE_TESTER 的 DDL 定义语句如下：

```
create table TALBE_TESTER (
   ID bigint not null,
   NAME varchar(15) not null,
   primary key (id)
);
```

在 DOS 下运行 ant　run_table，以下是在控制台输出的部分信息。

```
select tbl.next_val from hibernate_sequences tbl
                where tbl.sequence_name = ? for update
update hibernate_sequences set next_val = ?
                where next_val = ? and sequence_name = ?
insert into TABLE_TESTER (NAME, ID) values (?, ?)
insert into TABLE_TESTER (NAME, ID) values (?, ?)
insert into TABLE_TESTER (NAME, ID) values (?, ?)
ID of mypack.TableTester:1
ID of mypack.TableTester:2
ID of mypack.TableTester:3
```

insert 语句中包含 ID 字段，由此可见，Hibernate 在持久化一个 TableTester 对象时，会依据底层数据库的 hibernate_sequences 表来计算出唯一的主键值。

table 标识符生成器具有以下适用范围。

(1) 适用于所有的数据库系统。

(2) OID 必须为 long、int 或 short 类型(或其包装类型)以及 BigInteger 类型或 BigDecimal 类型。如果把 OID 定义为 byte 或 Byte 类型,在运行时会抛出如下异常。

```
org.hibernate.id.IdentifierGenerationException:
unrecognized id type : byte -> java.lang.Byte
```

6.4.5 auto 标识符生成器

auto 标识符生成器依据标识符的数据类型,以及底层数据库对自动生成标识符的支持方式,来选择使用 identity、uuid 或 sequence 等标识符生成器。auto 能自动判断底层数据库提供的自动生成标识符的方式。例如,如果底层数据库为 MySQL,就选择 sequence 标识符生成器,默认的序列名称为 hibernate_sequence。所以要确保 MySQL 数据库中已经创建了表示序列的 hibernate_sequence 表。

在 6.7.4 节中,当通过映射文件 AutoTester.hbm.xml 来设定 auto 标识符生成器时,会发现它自动采用 identity 标识符生成策略。

在本范例中,AutoTester 持久化类声明使用 auto 标识符生成器。

```
@Id
@GeneratedValue(strategy = GenerationType.AUTO)
@Column(name = "ID")
private Long id;
```

与 AutoTester 类对应的 AUTO_TESTER 表的 DDL 定义语句如下:

```
create table AUTO_TESTER (
   ID bigint not null auto_increment,
   NAME varchar(15) not null,
   primary key (id)
);
```

尽管以上 ID 字段定义为自动增长类型,但是 auto 标识符生成器并没有依赖这一自动增长功能,而是依据 hibernate_sequence 序列来获得 OID 的取值。假定 hibernate_sequence 序列的初始值为 50。在 DOS 下运行命令 ant run_auto,以下是在控制台输出的部分信息。

```
select next_val as id_val from hibernate_sequence for update
update hibernate_sequence set next_val = ? where next_val = ?
insert into AUTO_TESTER (NAME, ID) values (?, ?)

select next_val as id_val from hibernate_sequence for update
update hibernate_sequence set next_val = ? where next_val = ?
```

```
insert into AUTO_TESTER (NAME, ID) values (?, ?)

select next_val as id_val from hibernate_sequence for update
update hibernate_sequence set next_val = ? where next_val = ?
insert into AUTO_TESTER (NAME, ID) values (?, ?)

select ID, NAME from AUTO_TESTER
ID of mypack.AutoTester:50
ID of mypack.AutoTester:51
ID of mypack.AutoTester:52
```

insert 语句中包含 ID 字段，这是因为当底层数据库为 MySQL 时，其实使用的是序列化标识符生成器。不过，对照 6.4.3 节的序列化标识符生成器的运行时行为，会发现本节的序列化标识符生成器有着不同的运行时行为，本节的范例采用了 6.7.3 节将介绍的运行时行为。

auto 标识符生成器具有以下适用范围。

(1) 由于 auto 能根据底层数据库系统的类型，自动选择合适的标识符生成器，因此很适合于跨数据库平台开发，即同一个 Hibernate 应用需要连接多种数据库系统的场合。

(2) OID 必须为 long、int 或 short 类型(或其包装类型)以及 BigInteger 类型或 BigDecimal 类型。如果把 OID 定义为 byte 或 Byte 类型，在运行时会抛出如下异常。

```
org.hibernate.id.IdentifierGenerationException:
unrecognized id type : byte -> java.lang.Byte
```

6.5 映射自然主键

自然主键是具有业务含义的主键。如果从头设计数据库表，应该避免使用自然主键，而尽量使用不具有业务含义的代理主键。对于原有的数据库系统，假如已经使用了自然主键，并且不允许修改关系数据模型，JPA 和 Hibernate 对此也提供了映射方案。下面以 CUSTOMERS 表为例，分别介绍映射单个自然主键及复合自然主键的方案。

6.5.1 映射单个自然主键

假如 CUSTOMERS 表没有定义 ID 代理主键，而是以 NAME 字段作为主键，那么相应地，在 Customer 类中不必定义 id 属性，而是以 name 属性作为 OID。name 属性的映射代码如下：

```
@Id
@Colomn(name = "NAME")
private String name;
```

在该代码中，仅用@Id 注解把 name 属性标识为 OID，但是没有指定标识符生成策略，这就意味着由应用程序为 name 属性赋值。

为了便于对这种 Customer 对象进行各种数据库访问操作，还为 Customer 类定义了用于版本控制的 version 属性，它的作用会在 6.7.5 节介绍。

```
@Version
@Column(name = "VERSION")
private Integer version;
```

与 version 属性对应，在 CUSTOMERS 表中有一个 VERSION 字段，代码如下：

```
create table CUSTOMERS (
NAME varchar(255) not null,
VERSION integer not null,
…
primary key (NAME));
```

6.5.2 映射复合自然主键

假如 CUSTOMERS 表没有定义 ID 代理主键，而是以 NAME 字段和 COMPANY_ID 字段作为复合主键，那么相应地，在 Customer 类中也不必定义 id 属性，而是先定义单独的主键类，在本例中，将创建名为 CustomerId 的主键类，例程 6-2 是它的源程序。CustomerId 类必须实现 java.io.Serializable 接口，并且重新定义 equals()和 hashcode()方法，确保用 equals()方法判断相等的两个 CustomerId 对象具有相同的哈希码。

例程 6-2 CustomerId.java

```
@Embeddable
public class CustomerId implements java.io.Serializable {
  @Column(name = "NAME")
  private String name;

  @ManyToOne(targetEntity = Company.class)
  @JoinColumn(name = "COMPANY_ID")
  private Company company;

  public CustomerId() { }

  public CustomerId(String name, Company company) {
    this.name = name;
    this.company = company;
  }

  //此处省略 name 属性和 company 属性的 getXXX()和 setXXX()方法
  …

  public boolean equals(Object o){
    if (this == o) return true;
```

```
    if (!(o instanceof CustomerId))
      return false;

    final CustomerId other = (CustomerId) o;

    if(!name.equals(other.getName()))
      return false;
    if(!company.getId().equals(other.getCompany().getId()))
      return false;

    return true;
  }

  /** 用 equals()方法判断相等的两个 CustomerId 对象具有相同的哈希码 */
  public int hashCode(){
    int result;
    result = (name == null?0:name.hashCode());
    result = 29 * result
        + (company.getId() == null?0:company.getId().hashCode());
    return result;
  }
}
```

CustomerId 类用@Embeddable 注解标识为嵌入式类型。CustomerId 类具有 name 属性和 company 属性。假定 CustomerId 类与 Company 类之间为多对一关联关系，相应地，CUSTOMERS 表的 COMPANY_ID 作为外键参照 COMPANIES 表。对 CustomerId 类的 company 属性的映射如下：

```
@ManyToOne(targetEntity = Company.class)
@JoinColumn(name = "COMPANY_ID")
private Company company;
```

第 7 章还会进一步介绍@ManyToOne 和@JoinColumn 注解的用法。

在例程 6-1 的 testCustomer()方法中，先创建 Company 对象、CustomerId 对象和 Customer 对象，然后再持久化 Company 对象和 Customer 对象，代码如下：

```
Company company = new Company();
CustomerId customerId = new CustomerId("Tom",company);
Customer customer = new Customer(customerId);
…
entityManager.persist(company);
entityManager.persist(customer);
```

执行该程序代码时，Hibernate 会通过以下 insert SQL 语句，分别向 COMPANIES 表和 CUSTOMERS 表中插入一条记录。

```
insert into COMPANIES (ID) values (1)
insert into CUSTOMERS (VERSION, COMPANY_ID, NAME)
                  values (0, 1, 'Tom')
```

6.6 映射派生主键

假定 Person 类和 PersonDetail 类为一对一关联关系，相应地，PERSONS 表和 PERSON_DETAILS 表为一对一参照关系。PERSON_DETAILS 表的 ID 字段既是主键，又作为外键参照 PERSONS 表的 ID 主键，因此，PERSON_DETAILS 表的 ID 主键实际上来自 PERSONS 表的 ID 主键。PERSON_DETAILS 表的 ID 主键称为派生主键。

Person 类的定义如下：

```
@Entity
@Table(name = "PERSONS")
public static class Person {
  @Id
  @GeneratedValue(strategy = GenerationType.IDENTITY)
  @Column(name = "ID")
  private Long id;

  @Column(name = "NAME")
  private String name;
  …
}
```

在以下 PersonDetail 类中，person 属性使用了@MapsId 主键，表明 PersonDetail 类的 id 属性的值来自 person 属性所引用的 Person 对象的 id 属性。

```
@Entity
@Table(name = "PERSON_DETAILS")
public static class PersonDetail {
  @Id
  @Column(name = "ID")
  private Long id;

  @OneToOne
  @JoinColumn(name = " ID")
  @MapsId
  private Person person;

  @Column(name = "NICK_NAME")
  private String nickName;
  …
}
```

PERSONS 表和 PERSON_DETAILS 表的 DDL 定义语句如下：

```
create table PERSONS (ID bigint not null auto_increment,
          NAME varchar(15),primary key (ID));
create table PERSON_DETAILS (ID bigint not null,
```

```
            NICK_NAME varchar(15),primary key (ID));

alter table PERSON_DETAILS add index IDX_PERSON (ID),
add constraint FK_PERSON foreign key(ID) references PERSONS(ID);
```

例程 6-1 的 testPerson()方法先创建一个 Person 对象和 PersonDetail 对象，再对它们持久化，代码如下：

```
Person person = new Person("Tom");
PersonDetail personDetail = new PersonDetail();
personDetail.setNickName( "SunShine" );
personDetail.setPerson( person );
…
entityManager.persist( person );
entityManager.persist( personDetail );
System.out.println("Person ID:" + person.getId());
System.out.println("PersonDetail ID:" + personDetail.getId());
```

Person 对象的 id 标识符通过 identity 标识符生成器产生，而 PersonDetail 对象的 id 标识符来自 Person 对象的 id 标识符。打印结果如下：

```
Person ID:8
PersonDetail ID:8
```

6.7 使用 Hibernate 的对象-关系映射文件

前面几节介绍利用 JPA 注解以及 Hibernate 注解来映射对象标识符，并通过 JPA API 来访问数据库。本节简单介绍通过 Hibernate 的对象-关系映射文件来映射对象标识符，并通过 Hibernate API 来访问数据库。本节的范例程序位于配套源代码包的 sourcecode/chapter6/version2 目录下。下面是本节范例提供的映射文件。

(1) IncrementTester. hbm. xml：演示 increment 标识符生成器的用法。

(2) IdentityTester. hbm. xml：演示 identity 标识符生成器的用法。

(3) SequenceTester. hbm. xml：演示 sequence 标识符生成器的用法。

(4) AutoTester. hbm. xml：演示 auto 标识符生成器的用法。

(5) Company. hbm. xml 和 Customer. hbm. xml：演示如何映射复合自然主键。

(6) Person. hbm. xml 和 PersonDetail. hbm. xml：演示如何映射派生自然主键。

本节范例涉及的 BusinessService 类和例程 6-1 的 BusinessService 类能完成同样的功能，区别在于本节的 BusinessService 类通过 Hibernate API 来访问数据库，本节不再对此做详细叙述。

6.7.1 increment 标识符生成器

在 IncrementTester. hbm. xml 文件中声明使用 increment 标识符生成器。

```
<id name = "id" type = "long" column = "ID">
```

```
    <generator class = "increment"/>
</id>
```

以上< generator >元素指定采用 increment 标识符生成器，increment 是标识符生成器的简写形式，实际上对应 org. hibernate. id. IncrementGenerator 类。

6.7.2 identity 标识符生成器

在 IdentityTester. hbm. xml 文件中声明使用 identity 标识符生成器。

```
<id name = "id" type = "long" column = "ID">
    <generator class = "identity"/>
</id>
```

以上< generator >元素指定采用 identity 标识符生成器，identity 是标识符生成器的简写形式，实际上对应 org. hibernate. id. IdentityGenerator 类。

6.7.3 sequence 标识符生成器

在 SequenceTester. hbm. xml 中声明使用 sequence 标识符生成器。

```
<id name = "id" type = "long" column = "ID">
    <generator class = "sequence">
        <param name = "sequence"> hibernate_sequence </param>
    </generator>
</id>
```

以上< generator >元素有一个< param >子元素，用于设定序列的名字为 hibernate_sequence。

和 6.4.3 节相比，在本节映射文件中指定的 sequence 标识符生成器有着不同的运行时行为。假定 hibernate_sequence 序列的初始值为 initialValue。在 DOS 命令行中，转到 sourcecode/chapter6/version2 目录下，运行 ant run _ sequence 命令，Hibernate 向 SEQUENCE_TESTER 表插入三条记录的步骤如下：

(1) 读取 hibernate_sequence 序列，获得初始值 initialValue。
(2) 修改 hibernate_sequence 序列，把值改为 initialValue+1。
(3) 向 SEQUENCE_TESTER 表插入第一条记录，ID 为 initialValue。
(4) 读取 hibernate_sequence 序列，获得值 initialValue+1。
(5) 修改 hibernate_sequence 序列，把值改为 initialValue+2。
(6) 向 SEQUENCE_TESTER 表插入第二条记录，ID 为 initialValue+1。
(7) 读取 hibernate_sequence 序列，获得值 initialValue+2。
(8) 修改 hibernate_sequence 序列，把值改为 initialValue+3。
(9) 向 SEQUENCE_TESTER 表插入第三条记录，ID 为 initialValue+2。

6.7.4 auto(native)标识符生成器

在 Hibernate 的语义范畴中，auto 标识符生成器也叫作 native 标识符生成器。在 AutoTester. hbm. xml 文件中声明使用 auto 标识符生成器。

```
<id name="id" type="long" column="ID">
  <generator class="native"/>
</id>
```

以上<generator>元素的 class 属性的取值为 native，这是 auto 标识符生成器的简写形式。

和 6.4.5 节相比，在本节映射文件中指定的 auto 标识符生成器有着不同的运行时行为，它实际上通过 identity 标识符生成器来生成标识符。

6.7.5 映射单个自然主键

假如 CUSTOMERS 表没有定义 ID 代理主键，而是以 NAME 字段作为主键，那么相应的，在 Customer 类中不必定义 id 属性，而是以 name 属性作为 OID。name 属性的映射代码如下：

```
<class name="mypack.Customer" table="CUSTOMERS">
  <id name="name" column="NAME" type="string">
    <generator class="assigned"/>
  </id>

  <version name="version" column="VERSION" unsaved-value="null" />
  …
</class>
```

在该代码中，标识符生成策略为 assigned，表示由应用程序为 name 属性赋值。Session 的 saveOrUpdate()方法根据一个对象的状态来执行保存或更新操作，如果是临时对象(OID 为 null)，就执行保存操作；如果是游离对象(OID 不为 null)，就执行更新操作。而当标识符生成策略为 assigned 时，不管 Customer 对象是临时对象还是游离对象，name 属性永远不会为 null，因此 Session 的 saveOrUpdate()方法无法通过判断 name 属性是否为 null 来确定 Customer 对象的状态。在这种情况下，可以设置<version>版本控制元素的 unsaved-value 属性。以上代码表明，如果 Customer 对象的 version 属性为 null，就表示临时对象，否则为游离对象。

21.5.1 节将进一步介绍版本控制属性 version 的用法。

以下程序创建了一个 Customer 对象，然后调用 Session 的 saveOrUpdate()方法保存它。

```
Customer customer = new Customer();
customer.setName("Tom");
//由于 customer 对象的 version 属性为 null,因此实际上调用 save()方法
session.saveOrUpdate(customer);
System.out.println(session.getIdentifier(customer));
```

Session 的 getIdentifier()方法返回 Customer 对象的 OID，在以上程序中它返回 Customer 对象的 name 属性，因此以上程序的打印结果为 Tom。

如果在 Customer 类中没有定义 version 版本控制属性，那么 Session 的 saveOrUpdate()方法无法区分临时对象和游离对象，在这种情况下有如下两种解决办法。

（1）避免使用 saveOrUpdate()方法。如果保存 Customer 临时对象，就调用 Session 的 save()方法；如果更新 Customer 游离对象，就调用 Session 的 update()方法。

（2）使用 Hibernate 的拦截器(Interceptor)，在 Interceptor 实现类中区分临时对象和游离对象，9.2 节将介绍拦截器的用法。

6.7.6 映射复合自然主键

假如 CUSTOMERS 表没有定义 ID 代理主键，而是以 NAME 字段和 COMPANY_ID 字段作为复合主键，在这种情况下，有如下两种方式来映射复合主键。

（1）在 Customer 类中定义 name 属性和 companyId 属性，并以它们作为 OID，它们的映射代码如下：

```
<class name = "mypack.Customer" table = "CUSTOMERS">
  <composite - id>
    <key - property name = "name" column = "NAME" type = "string" />
    <key - property name = "companyId" column = "COMPANY_ID" type = "long" />
  </composite - id>

  <version name = "version" column = "VERSION" unsaved - value = "null" />
  …
</class>
```

以下程序创建了一个 Customer 对象，然后调用 Session 的 saveOrUpdate()方法保存它。

```
Customer customer = new Customer();
customer.setName("Tom");
customer.setCompanyId(Long.valueOf(11));
//由于 customer 对象的 version 属性为 null,因此实际调用 save()方法
session.saveOrUpdate(customer);
```

以下程序演示如何加载 Customer 对象。

```
Customer customer = new Customer();
customer.setName("Tom");
```

```
customer.setCompanyId(Long.valueOf(11));
session.get(Customer.class,customer);
```

Session 的 get()方法会从数据库中检索 NAME 字段为 Tom，并且 COMPANY_ID 字段为 11 的 CUSTOMERS 记录，然后把它的数据复制到 customer 参数引用的 Customer 对象中。

提示　值得注意的是，为了能使以上 Session 的 get()方法正常运行，要求 Customer 类必须实现 java.io.Serializable 接口，并且重新定义 equals()和 hashcode()方法，equals()方法判断两个 Customer 对象相等的条件为：这两个 Customer 对象的 name 属性和 companyId 属性都相等。hashcode()方法的实现原则为：用 equals()方法判断相等的两个 Customer 对象具有相同的哈希码。

(2) 定义单独的主键类 CustomerId 类(参见例程 6-2)，它具有 name 属性和 company 属性。在 Customer 类中，定义一个 CustomerId 类性的 customerId 属性。

```
private CustomerId customerId;
```

customerId 属性的映射代码如下：

```
<class name = "mypack.Customer" table = "CUSTOMERS">
    <composite - id name = "customerId" class = "mypack.CustomerId" >
      <key - property name = "name" column = "NAME" type = "string" />
      <key - many - to - one name = "company"
                       class = "mypack.Company"
                       column = "COMPANY_ID" />
    </composite - id >
    <version name = "version" column = "VERSION" unsaved - value = "null" />
    ...
</class >
```

6.7.7　映射派生主键

对于 6.6 节介绍的 Person 类和 PersonDetail 类，这两个类之间是一对一的关联关系，并且 PersonDetail 类的 OID 来自 Person 类的 OID，对 PersonDetail 类的 id 属性以及 person 属性的映射代码如下：

```
<class name = "mypack.PersonDetail" table = "PERSON_DETAILS">
  <id name = "id" type = "long" column = "ID">
    <generator class = "foreign">
       <param name = "property"> person </param >
    </generator >
  </id >

  <property name = "nickName" column = "NICK_NAME" type = "string" />

  <one - to - one name = "person"
```

```
        class = "mypack.Person"
        constrained = "true"/>

</class>
```

id 属性的标识符生成器为 foreign，并且< generator >元素的 property 参数的值为 person，这意味着 id 属性的取值来自 person 属性所引用的 Person 对象的 id 属性。

6.8 小结

关系数据库中的主键可分为自然主键(具有业务含义)和代理主键(不具有业务含义)，其中代理主键可以适应不断变化的业务需求，对于从头设计的关系数据模型，应该优先考虑使用代理主键。代理主键通常为整数类型，与此对应，在持久化类中也应该把 OID 定义为整数类型。Hibernate 允许把 OID 定义为 short、int 和 long 类型，以及它们的包装类型，此外还可以把 OID 定义为 java.math.BigInteger 和 java.math.BigDecimal 类型。

Hibernate 提供的几种内置标识符生成器都有其适用范围，应该根据所使用的数据库和 Hibernate 应用的软件架构来选择合适的标识符生成器。如果应用程序需要跨平台开发，同时访问多种数据库，那么采用 auto 标识符生成器会具有很好的通用性。

OID 是为持久化层服务的，通常不具备业务含义，而域对象位于业务逻辑层，用来描述业务模型。因此，在域对象中强行加入不具备业务含义的 OID，可以看作是持久化层对业务逻辑层的一种渗透，但这种渗透是不可避免的，否则 Hibernate 就无法建立 Session 缓存中的持久化对象与数据库中记录的对应关系。

6.9 思考题

1. 以下哪个标识符生成器实际上由 Hibernate 来生成主键值？(单选)
   (a) increment 标识符生成器
   (b) identity 标识符生成器
   (c) sequence 标识符生成器
   (d) auto 标识符生成器
2. 以下程序代码的打印结果是什么？

```
tx = entityManager.beginTransaction();
tx.begin();
Customer a = entityManager.get(Customer.class, Long.valueOf(1));
Customer b = entityManager.get(Customer.class, Long.valueOf(1));
Order c = entityManager.get(Order.class, Long.valueOf(1));
System.out.println(a == b);
System.out.println(a == c);
tx.commit();
```

   (a) true true　　(b) true false　　(c) false true　　(d) false false

3. 以下哪些说法正确?(多选)

(a) 代理主键不具有业务含义

(b) 代理主键的值由业务逻辑层的程序代码产生

(c) 在 Hibernate 对象-关系映射文件中,对于自然主键,可以为其设置 assigned 标识符生成器

(d) 在一个 Session 对象的缓存中,不会存在两个 OID 相同的 Customer 对象

4. 以下哪个注解来自 Hibernate API?(单选)

(a) @Embeddable　　(b) @GeneratedValue

(c) @SequenceGenerator　　(d) @GenericGenerator

5. 假设 Customer 类有一个 Long 类型的 id 属性,它是没有业务含义的 OID,为 OID 设置了 identity 标识符生成器。运行以下程序代码会出现什么情况?

```
Customer c = new Customer();                          //第 1 行
c.setName("Tom");                                     //第 2 行
Transaction tx  =  session.beginTransaction();  //第 3 行
session.save(c);                                      //第 4 行
System.out.println(c.getId());                        //第 5 行
tx.commit();                                          //第 6 行
```

(a) 第 4 行抛出异常:Customer 对象的 OID 不允许为 null

(b) 运行第 4 行时,Customer 对象的 OID 的值由底层数据库系统自动生成

(c) 运行第 4 行时,Customer 对象的 OID 的值由 Hibernate 自动生成

(d) 运行第 6 行时,底层数据库的 CUSTOMERS 表中插入一条主键为 null 的记录

第7章

映射一对多关联关系

在域模型中，类与类之间最普遍的关系就是关联关系。在 UML 语言中，关联是有方向的。以客户(Customer)和订单(Order)的关系为例，一个客户能发出多个订单，而一个订单只能属于一个客户。从 Order 到 Customer 的关联是多对一关联，这意味着每个 Order 对象都会引用一个 Customer 对象，因此在 Order 类中应该定义一个 Customer 类型的属性，来引用所关联的 Customer 对象。从 Customer 到 Order 是一对多关联，这意味着每个 Customer 对象会引用一组 Order 对象，因此在 Customer 类中应该定义一个集合类型的属性，来引用所有关联的 Order 对象。

如图 7-1 和图 7-2 所示，如果仅有从 Order 到 Customer 的关联或者仅有从 Customer 到 Order 的关联，就称为单向关联。如果同时包含两种关联，就称为双向关联，参见图 7-3。

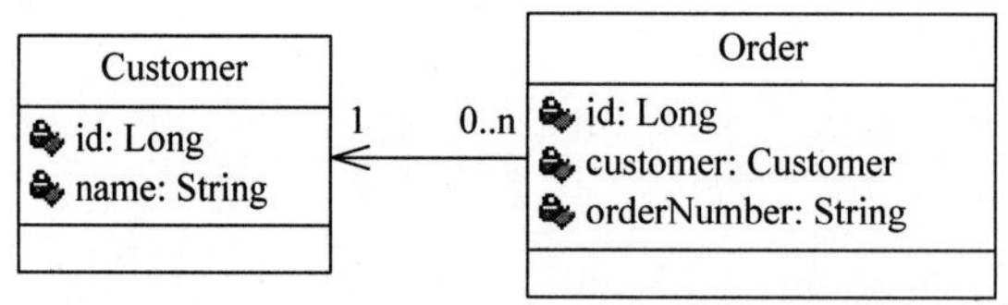

图 7-1　Order 到 Customer 的多对一单向关联

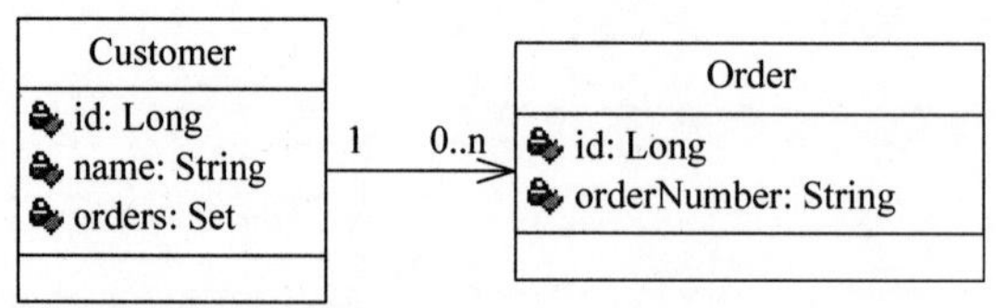

图 7-2　Customer 到 Order 的一对多单向关联

在关系数据库中，只存在外键参照关系，而且总是由 many 方参照 one 方，参见图 7-4，因为这样才能消除数据冗余，因此关系数据库实际上只支持多对一或一对一的单向关联。

本章结合具体的例子来介绍如何映射以下关联关系。

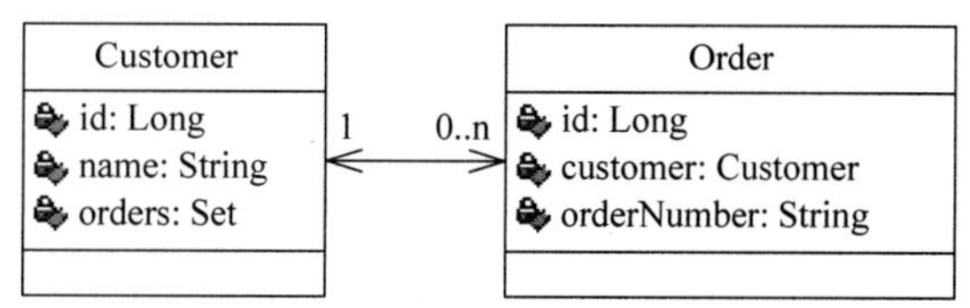

图 7-3 Customer 和 Order 的一对多双向关联

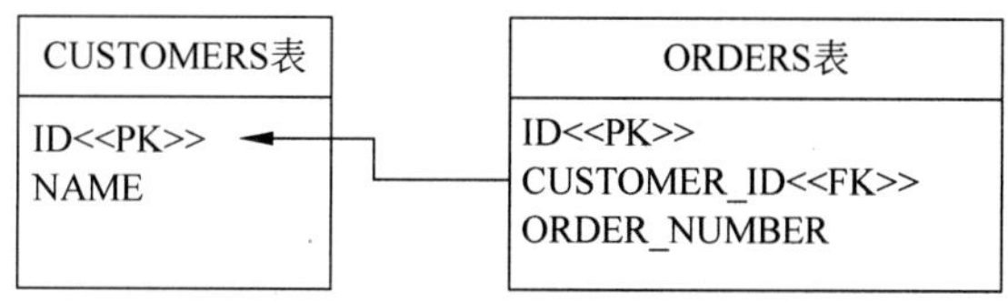

图 7-4 ORDERS 表参照 CUSTOMERS 表

(1) 以 Order 和 Customer 类为例,介绍如何映射多对一单向关联关系。

(2) 以 Order 和 Customer 类为例,介绍如何映射一对多双向关联关系。

(3) 以 Category 类为例,介绍如何映射一对多双向自身关联关系。

本章范例采用了如下两种实现方式。

(1) 使用注解和 JPA API。7.1 节至 7.4 节介绍这种实现方式。

(2) 使用 Hibernate 的对象-关系映射文件和 Hibernate API。7.5 节介绍这种实现方式。

本章源代码位于本书配套源代码包的 sourcecode/chapter7 目录下。每一节的范例都位于单独的子目录下。所有的范例都共享 sourcecode/chapter7/lib 目录中的 Hibernate 类库文件。

以 7.1 节为例,它的范例位于 sourcecode/chapter7/7.1 目录下。在这个子目录下有一个 ANT 工具的工程管理文件 build.xml,它定义了 run Target,用于运行 BusinessService 类。

运行 7.1 节的范例之前,首先要在 MySQL 数据库中创建相关的表,相应的 SQL 脚本为 sourcecode/chapter7/7.1/schema/sampledb.sql。在 DOS 命令行中,转到 sourcecode/chapter7/7.1 目录下,运行命令 ant run,就会运行 BusinessService 类,它用于演示如何查询、保存、更新或删除关联的 Java 对象。

7.1 映射多对一单向关联关系

在类与类之间各种各样的关系中,多对一的单向关联关系和关系数据库中的外键参照关系最匹配。因此如果使用单向关联,通常选择从 Order 到 Customer 的多对一单向关联。在 Order 类中需要定义一个 customer 属性,而在 Customer 类中无须定义用于存放 Order 对象的集合属性。例程 7-1 和例程 7-2 分别是 Customer 类和 Order 类的源程序。

例程 7-1 Customer.java

```
@Entity
@Table(name = "CUSTOMERS")
public class Customer implements java.io.Serializable {
```

```
  @Id
  @GeneratedValue(generator = "increment")
  @GenericGenerator(name = "increment", strategy = "increment")
  @Column(name = "ID")
  private Long id;

  @Column(name = "NAME")
  private String name;

  //此处省略构造方法,以及 id 和 name 属性的 get 和 set 访问方法
  …
}
```

例程 7-2 Order.java

```
@Entity
@Table(name = "ORDERS")
public class Order implements java.io.Serializable {
  @Id
  @GeneratedValue(generator = "increment")
  @GenericGenerator(name = "increment", strategy = "increment")
  @Column(name = "ID")
  private Long id;

  @Column(name = "ORDER_NUMBER")
  private String orderNumber;

  @ManyToOne(targetEntity = Customer.class)
  @JoinColumn(name = "CUSTOMER_ID")
  private Customer customer;

  //此处省略构造方法,以及 id 和 orderNumber 属性的 get 和 set 访问方法
  …

  public Customer getCustomer(){
    return customer;
  }
  public void setCustomer(Customer customer) {
    this.customer = customer;
  }
}
```

Customer 类的所有属性和 CUSTOMERS 表的字段一一对应，因此把 Customer 类映射到 CUSTOMERS 表非常简单。而 Order 类的 customer 属性是 Customer 类型，和 ORDERS 表的外键 CUSTOMER_ID 对应，那么能否按如下方式映射 customer 属性呢？

```
@Column(name = "CUSTOMER_ID")
private Customer customer;
```

在该映射代码中，customer 属性是 Customer 类型，而 ORDERS 表的外键 CUSTOMER_ID 是整数类型，显然类型不匹配，因此不能使用@Column 注解来映射 customer 属性，而要使用@ManyToOne 注解和@JoinColumn 注解，例如：

```
@ManyToOne(targetEntity = Customer.class)
@JoinColumn(name = "CUSTOMER_ID")
private Customer customer;
```

@ManyToOne 注解表明 Order 类与 Customer 类之间是多对一的关联关系。@JoinColumn 注解指定了 customer 属性和 ORDERS 表的外键 CUSTOMER_ID 之间的映射。

@JoinColumn 注解还有一个 nullable 属性，指定外键是否允许为 null，它的默认值为 true。如果把 nullable 属性设置为 false，则表示不允许外键为 null，例如：

```
@ManyToOne(targetEntity = Customer.class)
@JoinColumn(name = "CUSTOMER_ID", nullable = false)
private Customer customer;
```

在这种情况下，当程序试图持久化一个未和 Customer 对象关联的 Order 对象（即 customer 属性为 null）时，Hibernate 会抛出异常。

本节范例位于 sourcecode/chapter7/7.1 目录下。创建本节数据库的相应的 SQL 脚本为 sourcecode/chapter7/7.1/schema/sampledb.sql，它的内容参见例程 7-3。

例程 7-3 数据库 Schema

```
create table CUSTOMERS (
   ID bigint not null ,
   NAME varchar(15),
   primary key (ID)
);
create table ORDERS (
   ID bigint not null ,
   ORDER_NUMBER varchar(15),
   CUSTOMER_ID bigint,
   primary key (ID),
   foreign key (CUSTOMER_ID) references CUSTOMERS(ID)
);
```

从例程 7-3 可以看出，在 ORDERS 表中定义了一个外键 CUSTOMER_ID，它参照 CUSTOMERS 表的主键 ID。

在 DOS 命令行，转到 sourcecode/chapter7/7.1 目录下，运行命令 ant run，该命令会运行 BusinessService 类，它的源程序参见例程 7-4。

例程 7-4 BusinessService 类

```
public class BusinessService{
  public static EntityManagerFactory entityManagerFactory;

  /** 初始化 JPA */
```

```
  static{ … }

  /** 查询与参数指定的 Customer 对象关联的所有 Order 对象 */
  public List<Order> findOrdersByCustomer(Customer customer){ … }

  /** 按照参数指定的 OID 查询 Customer 对象 */
  public Customer findCustomer(long customer_id){ … }

  /** 级联保存 Order 和 Customer 对象 */
  public void saveCustomerAndOrderWithCascade(){ … }

  /** 分别保存 Customer 和 Order 对象 */
  public void saveCustomerAndOrder(){ … }

  /** 打印 Order 对象信息 */
  public void printOrders(List<Order> orders){
      for (Iterator<Order> it = orders.iterator(); it.hasNext();) {
         Order order = it.next();
         System.out.println("OrderNumber of "
          + order.getCustomer().getName()
          + " :" + order.getOrderNumber());
      }
  }

  public void test(){
      saveCustomerAndOrder();
      saveCustomerAndOrderWithCascade();
      Customer customer = findCustomer(1);
      List<Order> orders = findOrdersByCustomer(customer);
      printOrders(orders);
  }

  public static void main(String args[]){
    new BusinessService().test();
    entityManagerFactory.close();
  }
}
```

BusinessService 类的 main()方法调用 test()方法，test()方法又依次调用以下方法。

(1) saveCustomerAndOrder()：先创建并持久化一个 Customer 对象，然后创建两个 Order 对象，它们都和这个 Customer 对象关联，最后持久化这两个 Order 对象，如：

```
tx = entityManager.getTransaction();
tx.begin(); //开始一个事务

Customer customer = new Customer("Tom");
entityManager.persist(customer);

Order order1 = new Order("Tom_Order001",customer);
```

```
Order order2 = new Order("Tom_Order002",customer);
entityManager.persist(order1);
entityManager.persist(order2);
tx.commit();
```

运行 saveCustomerAndOrder()方法时，Hibernate 将执行以下三条 insert 语句。

```
insert into CUSTOMERS (ID,NAME) values (1, 'Tom ');
insert into ORDERS (ID,ORDER_NUMBER, CUSTOMER_ID)
         values (1, 'Tom_Order001', 1);
insert into ORDERS (ID,ORDER_NUMBER, CUSTOMER_ID)
         values (2, 'Tom_Order002', 1);
```

(2) saveCustomerAndOrderWithCascade()：该方法和 saveCustomerAndOrder()方法只有一个区别，前者没有先调用 entityManager. persist (customer)方法持久化 Customer 对象，而是仅持久化了两个 Order 对象，如：

```
tx = entityManager.getTransaction();
tx.begin();                              //开始一个事务

Customer customer = new Customer("Jack");
//entityManager.persist(customer);  //不显式持久化 customer 对象

Order order1 = new Order("Jack_Order001",customer);
Order order2 = new Order("Jack_Order002",customer);
entityManager.persist(order1);
entityManager.persist(order2);
tx.commit();
```

执行该方法时会抛出异常。

(3) findCustomer()：按照参数指定的 OID 来查询 Customer 对象。

(4) findOrdersByCustomer()：按照参数指定的 Customer 对象来查询相关的 Order 对象，它使用了如下 HQL 查询语句。

```
List<Order> orders = entityManager.createQuery(
           "from Order as o where o.customer.id = " + customer.getId()
            ,Order.class)
        .getResultList();
```

运行 findOrdersByCustomer()方法时，Hibernate 将执行以下 select 语句。

```
select * from ORDERS where CUSTOMER_ID = 1;
```

(5) printOrders()：打印参数指定的 orders 集合中所有的 Order 对象及所关联的 Customer 对象的信息。由于 Order 和 Customer 之间存在多对一的单向关联关系，因此只要调用 order. getCustomer()方法，就可以方便地从 Order 对象导航到 Customer 对象，如：

```
System.out.println("OrderNumber of " + order.getCustomer().getName() +
":" + order.getOrderNumber());
```

printOrders()方法在 DOS 控制台输出的结果为：

```
[java] OrderNumber of Tom :Tom_Order001
[java] OrderNumber of Tom :Tom_Order002
```

7.1.1 TransientPropertyValueException 异常

当执行 saveCustomerAndOrderWithCascade()方法时，会抛出如下异常。

```
org.hibernate.TransientPropertyValueException:
object references an unsaved transient instance
 - save the transient instance before flushing :
mypack.Order.customer -> mypack.Customer
```

这是在执行 tx.commit()方法时抛出的异常：

```
tx.begin();                                    //开始一个事务
Customer customer = new Customer("Jack");
//entityManager.persist(customer);             //不显式持久化 customer 对象

Order order1 = new Order("Jack_Order001",customer);
Order order2 = new Order("Jack_Order002",customer);
entityManager.persist(order1);
entityManager.persist(order2);

tx.commit(); //提交事务前清理缓存，抛出 TransientPropertyValueException
```

下面分析产生异常的原因。在调用 entityManager.save(order1)方法之前，Order1 和 Customer 对象都是临时(transient)对象。临时对象是指刚通过 new 语句创建，并且还没有被持久化的对象。如果要更加详细地了解持久化对象和临时对象的区别，参见第 8 章。

假定允许 ORDERS 表的 CUSTOMER_ID 字段为 null，并且 entityManager.persist(order1)方法执行成功，Order1 对象被成功持久化，就变成了持久化对象，而 Hibernate 不会自动持久化 Order1 所关联的 Customer 对象，在数据库中意味着仅向 ORDERS 表中插入了一条记录，并且该记录的 CUSTOMER_ID 字段为 null。以此类推，假定 entityManager.persist(order2)方法也执行成功，Order2 对象被成功持久化。但是当 Hibernate 自动清理(flush)缓存中所有持久化对象时，会发现缓存中的对象与数据库中数据不一致。清理是指 Hibernate 按照持久化对象的属性变化来同步更新数据库。对于以上代码，当执行 tx.commit()方法时会先清理缓存。Hibernate 发现持久化对象 Order1 和 Order2 都引用临时对象 Customer，而在 ORDERS 表中相应的两条记录的 CUSTOMER_ID 字段为 null，这意味着内存中的持久化对象的属性和数据库中记录不一致，参见图 7-5。而且在这种情况下，

Hibernate 没办法使两者同步，因为 Hibernate 不会自动持久化 Customer 对象。

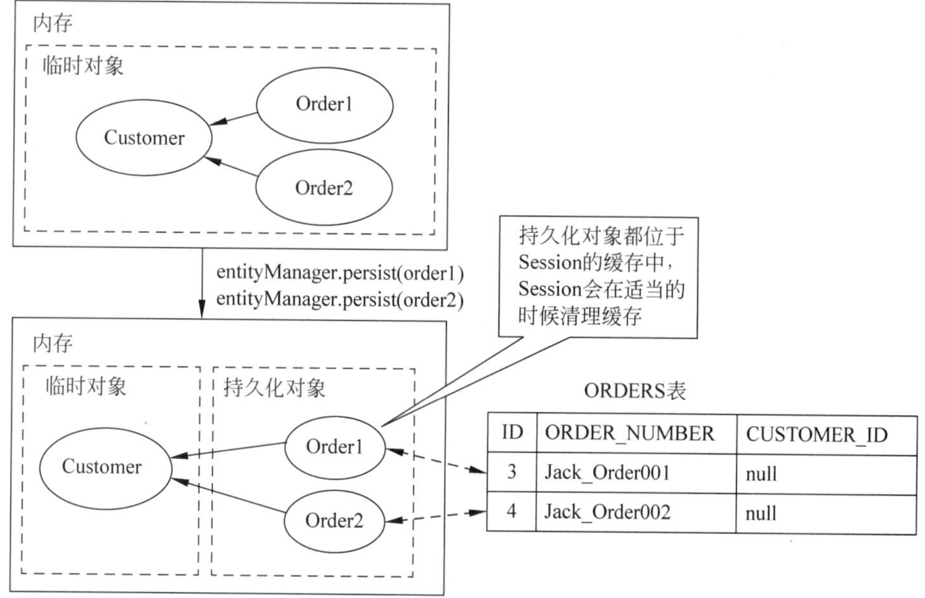

图 7-5　持久化对象 Order1 和 Order2 引用临时对象 Customer

由此可见，当持久化对象 Order1 和 Order2 的 customer 属性引用了一个临时对象 Customer，Hibernate 会抛出 TransientPropertyValueException 异常。

7.1.2　级联持久化

当 Hibernate 持久化一个临时对象时，在默认情况下，它不会自动持久化所关联的其他临时对象，所以会抛出 TransientPropertyValueException 异常。如果希望当 Hibernate 持久化 Order 对象时，自动持久化所关联的 Customer 对象，可以把@ManyToOne 注解的 cascade 属性设为 CascadeType. PERSIST，如：

```
@ManyToOne(targetEntity = Customer.class,
          cascade = CascadeType.PERSIST)
@JoinColumn(name = "CUSTOMER_ID")
private Customer customer;
```

执行 saveCustomerAndOrderWithCascade()方法中的 entityManager. persist(order1)方法时，Hibernate 把 order1 和 customer 对象一起持久化，此时 Hibernate 执行的 SQL 语句如下：

```
insert into CUSTOMERS (ID,NAME) values (2, "Jack")
insert into ORDERS(ID,ORDER_NUMBER,CUSTOMER_ID)
values(3,"Jack_Order001",2)
```

当 cascade 属性为 PERSIST，表明保存当前对象时(即执行 insert 语句时)，会级联保存与它关联的对象。8.7 节将归纳 cascade 属性的所有可选值。

7.2 映射一对多双向关联关系

当类与类之间建立了关联，就可以方便地从一个对象导航到另一个或者一组与它关联的对象。例如，对于给定的 Order 对象，如果想获得与它关联的 Customer 对象，只要调用如下方法。

```
//从 Order 对象导航到关联的 Customer 对象
Customer customer = order.getCustomer();
```

那么对于给定的 Customer 对象，如果想获得与它关联的所有 Order 对象，该如何处理呢？在 7.1 节中，由于 Customer 对象不和 Order 对象关联，因此必须通过 JPA API 查询数据库，如：

```
List orders = entityManager.createQuery(
    "from Order as o where o.customer.id = " + customer.getId())
     .getResultList();
```

对象位于内存中，在内存中从一个对象导航到另一个对象显然比到数据库中查询数据的速度快多了。但是复杂的关联关系也会给编程带来麻烦，随意修改一个对象，就有可能牵一发而动全身，必须调整许多与之关联的对象之间的关系。类与类之间建立单向关联还是双向关联，是由业务需求决定的。以 Customer 类和 Order 类为例，如果软件应用有大量以下这样的需求。

(1) 根据给定的客户，查询该客户的所有订单。

(2) 根据给定的订单，查询发出订单的客户。

则可以为 Customer 类和 Order 类建立一对多双向关联。在 7.1 节的例子中，已经建立了 Order 类到 Customer 的多对一关联，下面再增加 Customer 到 Order 类的一对多关联，这需要在 Customer 类中增加一个集合类型的 orders 属性，如：

```
private Set<Order> orders = new HashSet<Order>();
public Set<Order> getOrders(){
    return orders;
}
public void setOrders(Set<Order> orders){
    this.orders = orders;
}
```

提示　既然是双向关联，一对多双向关联和多对一双向关联是同一回事，只不过一对多双向关联听起来更顺口。

有了以上属性，对于给定的客户，查询该客户的所有订单，只需要调用 customer.getOrders()方法。Hibernate 要求在持久化类中定义集合类属性时，必须把属性声明为接口类型，如 java.util.Set、java.util.Map 和 java.util.List，关于这几个接口的用法，参见第

13 章。声明为接口可以提高持久化类的透明性，当 Hibernate 调用 setOrders(Set orders) 方法时，传递的参数是 Hibernate 自定义的实现该接口的类的实例。如果把 orders 声明为 java.util.HashSet 类型(它是 java.util.Set 接口的一个实现类)，就强迫 Hibernate 只能把 HashSet 类的实例传给 setOrders()方法，14.7 节对此会做进一步解释。

在定义 orders 集合属性时，通常把它初始化为集合实现类的一个实例，例如：

```
private Set < order > orders = new HashSet < order >();
```

这可以提高程序的健壮性，避免应用程序访问取值为 null 的 orders 集合的方法而抛出 NullPointerException 异常。例如，以下程序访问 Customer 对象的 orders 集合，即使 orders 集合中不包含任何元素，但是调用 orders.iterator()方法也不会抛出 NullPointerException 异常，因为 orders 集合并不为 null。

```
Set < Order > orders = customer.getOrders();
Iterator < Order > it = orders.iterator();
while(it.hasNext()){
  …
}
```

在本节范例中，Order 类的源代码和 7.1 节的例程 7-2 相同。例程 7-5 是本节的 Customer.java 的源程序。

例程 7-5　Customer.java

```
@Entity
@Table(name = "CUSTOMERS")
public class Customer implements java.io.Serializable {
  @Id
  @GeneratedValue(generator = "increment")
  @GenericGenerator(name = "increment", strategy = "increment")
  @Column(name = "ID")
  private Long id;

  @Column(name = "NAME")
  private String name;

  @OneToMany(mappedBy = "customer",
             targetEntity = Order.class,
             cascade = CascadeType.ALL)
  private Set < Order > orders = new HashSet < Order >();

  //此处省略构造方法,以及 id 和 name 属性的访问方法
  …
  public Set < Order > getOrders(){
    return orders;
  }
  public void setOrders(Set < Order > orders) {
    this.orders = orders;
  }
}
```

对于 Customer 类的 orders 属性，由于在 CUSTOMERS 表中没有直接与 orders 属性对应的字段，因此不能用@Column 注解来映射 orders 属性，而是要使用@OneToMany 注解。@OneToMany 注解包括以下属性。

(1) targetEntity 属性：指定 orders 集合中存放的是 Order 对象。

(2) mappedBy 属性：指定 Order 类中的 customer 属性引用所关联的 Customer 对象。

(3) cascade：当取值为 CascadeType. ALL，表示会执行级联保存、更新和删除等操作。

在双向关联关系中，可以把一方称为主动方，另一方称为被动方。主动方负责维护关联关系，而被动方不负责维护关联关系。被动方用@OneToOne、@OneToMany 和@ManyToMany 注解来映射，并且设置了 mappedBy 属性。

在 Customer 类与 Order 类的一对多双向关联关系中，Customer 类为"一"的一方，Order 类为"多"的一方。Customer 类作为"一"的一方，它的@OneToMany 注解设置了 mappedBy 属性，因此 Customer 类是被动方，而 Order 类是主动方，负责维护两者之间的关联关系。

所谓维护关联关系，有以下两层含义。

(1) 指在数据库中，主动方 Order 类对应的 ORDERS 表的外键参照 CUSTOMERS 表。假如 Customer 类的@OneToMany 注解没有使用 mappeBy 属性，那么 Customer 类变成主动方，需要维护与 Order 类的关联关系，此时需要创建额外的 CUSTOMER_ORDER 连接表。

(2) Hibernate 会根据主动方的持久化对象的关联关系的变化去同步更新数据库。

本节的范例程序位于配套源代码包的 sourcecode/chapter7/7.2 目录下。本节范例的数据库 Schema 和 7.1 节相同。在 DOS 命令行下进入 chapter7/7.2 根目录，然后输入命令"ant run"，就会运行 BusinessService 类。它的源程序参见例程 7-6。

例程 7-6 BusinessService. java

```
public class BusinessService{
  public static EntityManagerFactory entityManagerFactory;
  private Long idOfTom;
  private Long idOfTomOrder;
  private Long idOfJack;
  private Long idOfJackOrder;

  /** 初始化 JPA */
  static{ … }

  /** 打印 Customer 对象的所有 Order 对象 */
  public void printOrdersOfCustomer(Long customerId){ … }

  /** 级联保存 Customer 和 Order 对象 */
  public void saveCustomerAndOrderWithCascade(){ … }

  /** 建立 Customer 和 Order 对象的关联关系 */
  public void associateCustomerAndOrder(){ … }

  /** 分别保存 Customer 和 Order 对象 */
```

```
public void saveCustomerAndOrderSeparately(){ … }

/** 删除一个 Customer 对象 */
public void deleteCustomer(Long customerId){ … }

/** 解除一个 Order 对象和 Customer 对象的关联关系 */
public void removeOrderFromCustomer(Long customerId){ … }

/** 打印 Order 对象的信息 */
public void printOrders(Set<Order> orders){ … }

public void saveCustomerAndOrderWithInverse(){
  saveCustomerAndOrderSeparately();
  associateCustomerAndOrder();
}

public void test(){
   saveCustomerAndOrderWithCascade();
   saveCustomerAndOrderWithInverse();
   printOrdersOfCustomer(idOfTom);
   deleteCustomer(idOfJack);
   removeOrderFromCustomer(idOfTom);
}

public static void main(String args[]){
  new BusinessService().test();
  entityManagerFactory.close();
}
}
```

BusinessService 类的 main()方法调用 test()方法，test()方法又依次调用以下方法。

（1）saveCustomerAndOrderWithCascade()：该方法用于演示级联持久化与 Customer 对象关联的 Order 对象的运行时行为。该方法先创建一个 Customer 对象和 Order 对象，接着建立两者的一对多双向关联关系，最后调用 entityManager.persist(customer)方法持久化 Customer 对象，如：

```
tx = entityManager.getTransaction();
tx.begin(); //开始一个事务

//创建一个 Customer 对象和 Order 对象
Customer customer = new Customer("Tom",new HashSet());
Order order = new Order();
order.setOrderNumber("Tom_Order001");

//建立 Customer 对象和 Order 对象的一对多双向关联关系
order.setCustomer(customer);
customer.getOrders().add(order);

//保存 Customer 对象
```

```
entityManager.persist(customer);

tx.commit();

idOfTom = customer.getId();
idOfTomOrder = order.getId();
```

当映射 Customer 类的 orders 属性的@OneToMany 注解的 cascade 属性为 CascadeType.ALL，Hibernate 在持久化 Customer 对象时，会级联持久化关联的所有 Order 对象。Hibernate 将执行以下两条 insert 语句。

```
insert into CUSTOMERS (ID,NAME) values (1, "Tom");
insert into ORDERS (ID,ORDER_NUMBER,CUSTOMER_ID)
        values(1, "Tom_Order001",1);
```

（2）saveCustomerAndOrderWithInverse()：该方法用于演示如何建立已经持久化的 Customer 对象以及 Order 对象之间的关联关系。

（3）printOrdersOfCustomer()：打印与 Customer 对象关联的 Order 对象。该方法先加载 Customer 对象，接下来调用 customer.getOrders()方法，就能在内存中从 Customer 对象导航到所有关联的 Order 对象，如：

```
Customer customer = entityManager.find(Customer.class,customerId);
printOrders(customer.getOrders());
```

（4）deleteCustomer()：该方法用于演示级联删除与 Customer 对象关联的 Order 对象的行为。

（5）removeOrderFromCustomer()：该方法用于演示当解除 Customer 对象与一个 Order 对象的关联关系时，Hibernate 的运行时行为。

7.2.1 建立持久化对象之间的关联关系

saveCustomerAndOrderWithInverse()方法用于演示如何建立 Customer 对象与 Order 对象的双向关联关系。该方法依次调用以下两个方法。

（1）saveCustomerAndOrderSeparately()方法：先创建一个 Customer 对象和一个 Order 对象，不建立它们的关联关系，最后分别持久化这两个对象，如：

```
tx = entityManager.getTransaction();
tx.begin(); //开始一个事务

Customer customer = new Customer();
customer.setName("Jack");

Order order = new Order();
order.setOrderNumber("Jack_Order001");

entityManager.persist(customer);
```

```
entityManager.persist(order);

tx.commit();
idOfJack = customer.getId();
idOfJackOrder = order.getId();
```

为了使这段代码正常运行，需要确保 ORDERS 表的 CUSTOMER_ID 外键允许为 null，否则会因为违反参照完整性约束而产生异常。Hibernate 将执行以下两条 insert 语句。

```
insert into CUSTOMERS (ID,NAME) values (2, "Jack");
insert into ORDERS (ID,ORDER_NUMBER,CUSTOMER_ID)
            values (2, "Jack_Order001",null);
```

(2) associateCustomerAndOrder()：该方法加载由 saveCustomerAndOrderSeparately() 方法持久化的 Customer 对象和 Order 对象，然后建立两者的一对多双向关联关系，如：

```
tx = entityManager.getTransaction();
tx.begin(); //开始一个事务

//加载持久化对象 Customer 和 Order
Customer customer = entityManager.find(Customer.class, idOfJack);
Order order = entityManager.find(Order.class, idOfJackOrder);

//建立 Customer 和 Order 的关联关系
order.setCustomer(customer);
customer.getOrders().add(order);

tx.commit();
```

Hibernate 在执行 tx.commit()方法提交事务时会先自动清理缓存中的所有持久化对象，按照持久化对象的属性变化来同步更新数据库，执行以下 update 语句。

```
update ORDERS set ORDER_NUMBER = 'Jack_Order001', CUSTOMER_ID = 2
where ID = 2;
```

如果对 associateCustomerAndOrder()方法做如下修改，粗体字为修改部分。

```
order.setCustomer(customer); //建立 Order 到 Customer 的关联关系
//customer.getOrders().add(order); 不建立 Customer 到 Order 的关联
```

以上代码仅设置了 Order 对象的 customer 属性，Hibernate 仍然会按照 Order 对象的属性的变化来同步更新数据库，执行上述 update 语句。

如果对 associateCustomerAndOrder()方法做如下修改，粗体字为修改部分。

```
//order.setCustomer(customer); 不建立 Order 到 Customer 的关联
customer.getOrders().add(order);     //建立 Customer 到 Order 的关联关系
```

以上代码仅设置了Customer对象的orders属性，Hibernate不会执行update语句来更新数据库。由此可见，在Customer类与Order类的双向关联关系中，Customer类作为“一”的一方，其orders属性的@OneToMany注解设置了mappedBy属性，所以不会维护关联关系的变化。而Hibernate会根据“多”的一方的状态变化来同步更新数据库，Order类属于“多”的一方，所以Hibernate根据Order对象的变化来同步更新数据库。

当然，对于双向关联，当程序建立两个对象的双向关联时，建议同时修改关联两端的对象的相应属性，如：

```
customer.getOrders().add(order);
order.setCustomer(customer);
```

这样才会使程序更加健壮，提高业务逻辑层的独立性，使业务逻辑层的程序代码不受Hibernate实现的影响。同理，当解除双向关联的关系时，也应该修改关联两端的对象的相应属性，如：

```
customer.getOrders().remove(order);
order.setCustomer(null);
```

7.2.2 级联删除

在deleteCustomer()方法中，先加载一个Customer对象，然后删除这个对象，如：

```
tx = entityManager.getTransaction();
tx.begin(); //开始一个事务

Customer customer = entityManager.find(Customer.class,customerId);
entityManager.remove(customer);
tx.commit();
```

当映射Customer类的orders属性的@OneToMany注解的cascade属性为CascadeType.ALL，Hibernate删除Customer对象时，会自动级联删除和Customer关联的Order对象，此时Hibernate执行以下SQL语句。

```
delete from ORDERS where CUSTOMER_ID = 2;
delete from CUSTOMERS where ID = 2;
```

所谓删除一个持久化对象，并不是指从内存中删除这个对象，而是指从数据库中删除相关的记录。这个对象依然存在于内存中，只不过由持久化状态转变为临时状态。

7.2.3 父子关系

removeOrderFromCustomer()方法先加载一个Customer对象，然后获得与Customer对象关联的一个Order对象的引用，最后解除Customer对象和Order对象之间的关系，如：

```
tx = entityManager.getTransaction();
tx.begin(); //开始一个事务

//加载 Customer 对象
Customer customer = entityManager.find(Customer.class,customerId);

//获得与 Customer 对象关联的一个 Order 对象的引用
Order order = customer.getOrders().iterator().next();

//解除 Customer 对象和 Order 对象的关联关系
customer.getOrders().remove(order);
order.setCustomer(null);

tx.commit();
```

对于映射 Customer 类的 orders 属性的@OneToMany 注解，它还有一个 orphanRemoval 属性，它的默认值为 false。当 orphanRemoval 属性为默认值 false，如果 Hibernate 解除 Customer 对象和 Order 对象之间的关系，就会执行以下语句，使得 ORDERS 表中的相应记录不再参照 CUSTOMERS 表。

```
update ORDERS set CUSTOMER_ID = null where ID = 2;
```

如果希望 Hibernate 自动删除不再和 Customer 对象关联的 Order 对象，可以把 orphanRemoval 属性设为 true，如：

```
@OneToMany(mappedBy = "customer",
           targetEntity = Order.class,
           orphanRemoval = true,
           cascade = CascadeType.ALL)
private Set < Order > orders  =  new HashSet < Order >();
```

再运行 removeOrderFromCustomer()方法时，Hibernate 会执行以下 SQL 语句。

```
delete from ORDERS where CUSTOMER_ID = 2 and ID = 2;
```

当关联双方存在父子关系，就可以把父方的@OneToMany 注解的 orphanRemoval 属性设为 true。所谓父子关系，是指由父方来控制子方的持久化生命周期，子方对象必须和一个父方对象关联，而不允许单独存在。如果删除父方对象，应该级联删除所有关联的子方对象；如果一个子方对象不再和一个父方对象关联，应该把这个子方对象删除。

类与类之间是否存在父子关系，是由业务需求决定的。通常认为客户(Customer)和订单(Order)之间存在父子关联关系，订单总是由某个客户发出的，因此一条不属于任何客户的订单是没有存在意义的。

而公司(Company)和职工(Worker)之间不存在父子关联关系，当职工从某个公司跳槽后，可以选择一个新的公司，或者处于待业状态。在域模型中，意味着当一个 Worker 对象和一个 Company 对象解除关联关系后，它既可以和一个新的 Company 对象关联，也可以不再和任何 Company 对象关联。

7.3 映射一对多双向自身关联关系

以 Category 类为例，它代表商品类别，存在一对多双向自身关联关系。如图 7-6 所示，水果类别属于食品类别，同时它又包含两个子类别：苹果类别和橘子类别。

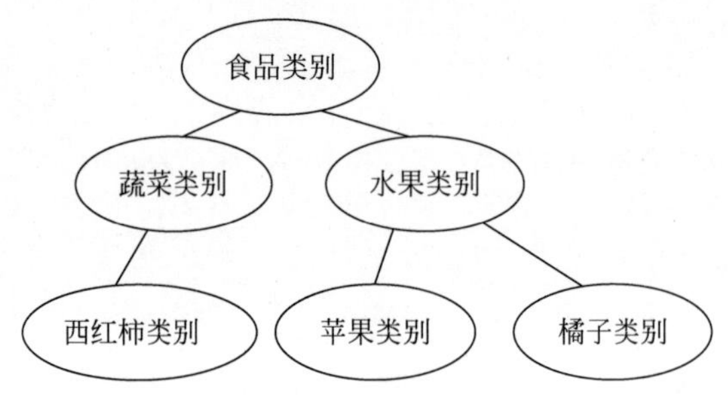

图 7-6 Category 类的对象图

图 7-6 中的每一种商品类别代表一个 Category 对象，这些对象形成了树状数据结构。每个 Category 对象可以和一个父类别 Category 对象关联，同时还可以和一组子类别 Category 对象关联。为了表达这种一对多双向自身关联关系，可以在 Category 类中定义如下两个属性。

（1）parentCategory：引用父类别 Category 对象。

（2）childCategories：引用一组子类别 Category 对象。

下面根据图 7-6 再精确地分析关联双方的数量比。

（1）一个 Category 对象（如食品类别）可以和零个父类别 Category 对象关联；一个 Category 对象（如水果类别）也可以和一个父类别 Category 对象关联。

（2）一个 Category 对象（如苹果类别）可以和零个子类别 Category 对象关联；一个 Category 对象（如水果类别）也可以和多个子类别 Category 对象关联。

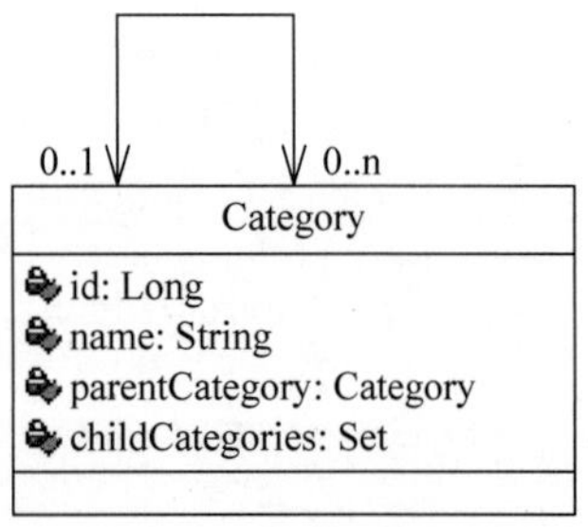

图 7-7 Category 类的类框图

图 7-7 是 Category 类的类框图，在一对多的双向关联中，one 方（父类别 Category）的数量为 0..1，many 方（子类别 Category）的数量为 0..n。此外，Category 类还有一个 name 属性，代表商品类别的名字。

例程 7-7 是 Category 类的源程序。

例程 7-7 Category.java

```
@Entity
@Table(name = "CATEGORIES")
public class Category implements java.io.Serializable {
  @Id
  @GeneratedValue(generator = "increment")
```

```
    @GenericGenerator(name = "increment", strategy = "increment")
    @Column(name = "ID")
    private Long id;

    @Column(name = "NAME")
    private String name;

  @OneToMany(mappedBy = "parentCategory",
             targetEntity = Category.class,
             cascade = CascadeType.ALL)
    private Set<Category> childCategories = new HashSet<Category>(0);

    @ManyToOne(targetEntity = Category.class)
    @JoinColumn(name = "CATEGORY_ID")
    private Category parentCategory;

    public Category() {}

    public Category(String name, Set<Category> childCategories,
                    Category parentCategory) {
        this.name = name;
        this.childCategories = childCategories;
        this.parentCategory = parentCategory;
    }

    public Long getId() {
      return this.id;
    }

    public void setId(Long id) {
      this.id = id;
    }

    public String getName() {
      return this.name;
    }

    public void setName(String name) {
      this.name = name;
    }

    public Set<Category> getChildCategories() {
      return this.childCategories;
    }

    public void setChildCategories(Set<Category> childCategories){
      this.childCategories = childCategories;
    }

    public Category getParentCategory() {
```

```
        return this.parentCategory;
    }

    public void setParentCategory(Category parentCategory) {
        this.parentCategory = parentCategory;
    }
}
```

接下来解释如何映射 Category 类的相关属性。

（1）映射 parentCategory 属性：用@ManyToOne 注解来映射该属性。由于一个 Category 对象可以和零个或一个父类别 Category 对象关联，这说明允许 parentCategory 属性为 null，所以@ManyToOne 注解的 nullable 属性采用默认值 true。

（2）映射 childCategories 属性：用@OneToMany 注解来映射该属性。@OneToMany 注解的 mappedBy 属性的取值为 parentCategory。

与 Category 类对应的 CATEGORIES 表的定义参见例程 7-8。

例程 7-8　数据库 Schema

```
create table CATEGORIES (
    ID bigint not null ,
    NAME varchar(15),
    CATEGORY_ID bigint,
    primary key (ID),
    foreign key (CATEGORY_ID) references CATEGORIES(ID)
);
```

可以看出，CATEGORIES 表包含一个外键 CATEGORY_ID，它参照本表的 ID 主键，参见图 7-8。

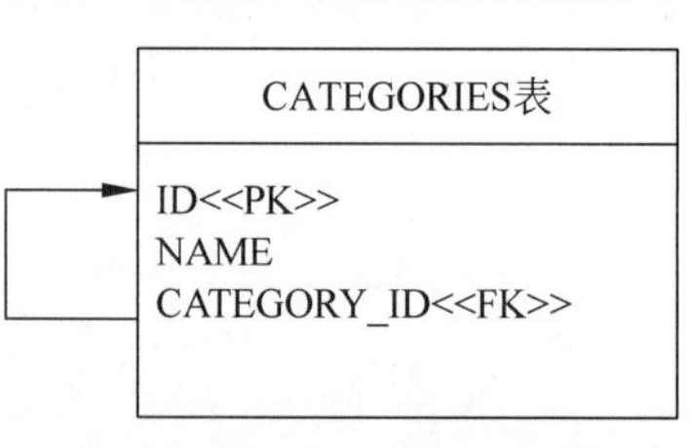

图 7-8　CATEGORIES 表的结构

本节的范例程序位于配套源代码包的 sourcecode/chapter7/7.3 目录下。在 DOS 命令行下进入 chapter7/7.3 根目录，然后输入命令“ant run”，就会运行 BusinessService 类，它的源程序参见例程 7-9。

例程 7-9　BusinessService.java

```
public class BusinessService{
    … //初始化代码

    /** 级联保存 Category 对象 */
    public void saveCategoryWithCascade(){ … }

    /** 修改 Category 对象之间的关联关系 */
    public void modifyCategoryAssociation(){ … }

    /** 按照商品类别名查询 Category 对象 */
    private Category findCategoryByName(EntityManager entityManager,
```

```
                            String name){ … }

    public void test(){
        saveCategoryWithCascade();
        modifyCategoryAssociation();
    }

    public static void main(String args[]){
      new BusinessService().test();
      entityManagerFactory.close();
    }
}
```

BusinessService 类的 main()方法调用 test()方法，test()方法又依次调用以下方法。

(1) saveCategoryWithCascade()：该方法用于演示级联保存 Category 对象的行为。该方法先创建图 7-6 中的所有 Category 对象，然后建立这些对象之间的关联关系，最后调用 entityManager.persist(foodCategory)方法来持久化在图 7-6 的对象图中最顶层的食品类别 Category 对象，如：

```
tx = entityManager.getTransaction();
tx.begin();

Category foodCategory = new Category("food",new HashSet(),null);
Category fruitCategory = new Category("fruit",new HashSet(),null);
Category vegetableCategory = new Category("vegetable",
                              new HashSet(),null);
Category appleCategory = new Category("apple",new HashSet(),null);
Category orangeCategory = new Category("orange",new HashSet(),null);
Category tomatoCategory = new Category("tomato",new HashSet(),null);

//建立食品类别和水果类别之间的关联关系
foodCategory.getChildCategories().add(fruitCategory);
fruitCategory.setParentCategory(foodCategory);

//建立食品类别和蔬菜类别之间的关联关系
foodCategory.getChildCategories().add(vegetableCategory);
vegetableCategory.setParentCategory(foodCategory);

//建立水果类别和苹果类别之间的关联关系
fruitCategory.getChildCategories().add(appleCategory);
appleCategory.setParentCategory(fruitCategory);

//建立水果类别和橘子类别之间的关联关系
fruitCategory.getChildCategories().add(orangeCategory);
orangeCategory.setParentCategory(fruitCategory);

//建立西红柿类别和水果类别之间的关联关系
tomatoCategory.setParentCategory(fruitCategory);
```

```
fruitCategory.getChildCategories().add(tomatoCategory);

entityManager.persist(foodCategory);
tx.commit();
```

当映射 childCategories 属性的@OneToMany 注解的 cascade 属性为 CascadeType.ALL 时，Hibernate 在持久化一个 Category 对象时，会自动持久化关联其他 Category 对象。因此，Hibernate 会把图 7-6 中所有的 Category 对象持久化。执行完 saveCategoryWithCascade()后，CATEGORIES 表中的记录如图 7-9 所示。

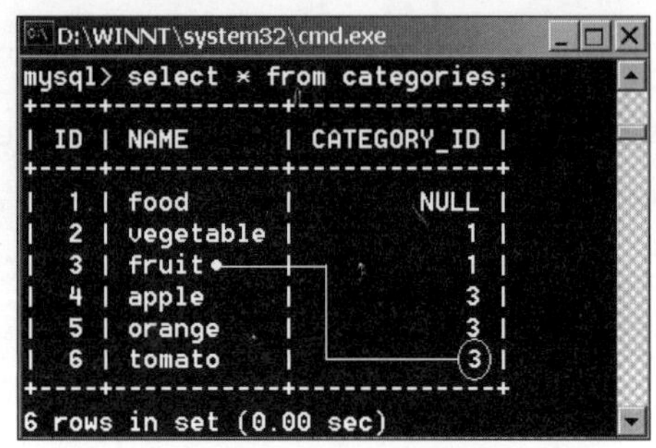

图 7-9　执行完 saveCategoryWithCascade()后 CATEGORIES 表中的记录

（2）modifyCategoryAssociation()：该方法用于演示如何修改关联对象之间的关系。在 saveCategoryWithCascade()方法中，建立了西红柿类别对象和水果类别对象的关联关系。众所周知，西红柿属于蔬菜类别，而不是水果类别。modifyCategoryAssociation()方法负责重新调整这几个 Category 对象之间的关系，如：

```
tx = entityManager.getTransaction();
tx.begin();
Category tomatoCategory = findCategoryByName(entityManager,"tomato");
Category fruitCategory = findCategoryByName(entityManager,"fruit");
Category vegetableCategory =
    findCategoryByName(entityManager,"vegetable");

//建立西红柿类和蔬菜类之间的关联关系
tomatoCategory.setParentCategory(vegetableCategory);
vegetableCategory.getChildCategories().add(tomatoCategory);
//删除西红柿类和水果类之间的关联关系
fruitCategory.getChildCategories().remove(tomatoCategory);

tx.commit();
```

该方法先调用 findCategoryByName()方法依次加载西红柿类别对象、水果类别对象和蔬菜类别对象。findCategoryByName()方法按照参数指定的商品类别名字，查询匹配的 Category 对象，然后将它返回，如：

```
private Category findCategoryByName(EntityManager entityManager,
                                         String name){
  List<Category> results = entityManager
       .createQuery("from Category as c where c.name = '" + name + "'"
                   ,Category.class)
       .getResultList();
  return results.iterator().next();
}
```

findCategoryByName()方法和 modifyCategoryAssociation()方法共用一个 EntityManager 实例，这使得从 findCategoryByName()方法返回的 Category 对象仍然处于持久化状态。

modifyCategoryAssociation()方法接着调整三个 Category 持久化对象之间的关联关系，当 Hibernate 清理缓存中的持久化对象时，会自动按照它们的属性变化来同步更新数据库。

虽然缓存中 tomatoCategory、vegetableCategory 和 fruitCategory 这三个持久化对象的属性都发生了变化，但 Hibernate 只需要执行一条 SQL 语句，如：

```
update CATEGORIES set CATEGORY_ID = 2 where ID = 6
```

执行完 modifyCategoryAssocaition()后，CATEGORIES 表中的记录如图 7-10 所示。

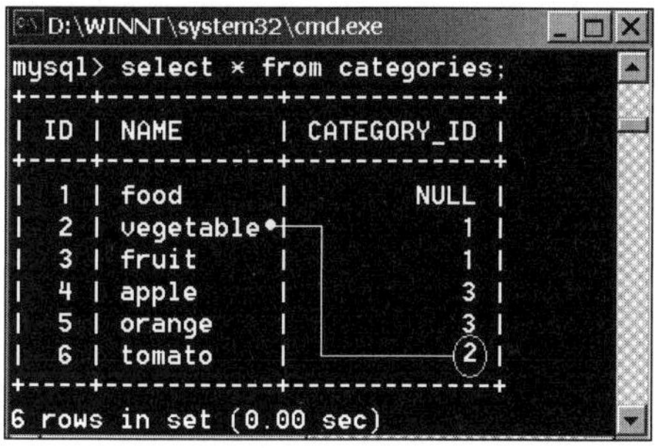

```
D:\WINNT\system32\cmd.exe
mysql> select * from categories;
+----+-----------+-------------+
| ID | NAME      | CATEGORY_ID |
+----+-----------+-------------+
|  1 | food      |        NULL |
|  2 | vegetable |           1 |
|  3 | fruit     |           1 |
|  4 | apple     |           3 |
|  5 | orange    |           3 |
|  6 | tomato    |           2 |
+----+-----------+-------------+
6 rows in set (0.00 sec)
```

图 7-10 执行完 modifyCategoryAssocaition()后 CATEGORIES 表中的记录

7.4 改进持久化类

从例程 7-9 的 BusinessService 类可以看出，如果要建立西红柿类和水果类之间的关联关系，必须分别调用 tomatoCategory 对象的 setParentCategory()方法和 fruitCategory 对象的 getChildCategories().add()方法，如：

```
//建立西红柿类和水果类之间的关联关系
tomatoCategory.setParentCategory(fruitCategory);
fruitCategory.getChildCategories().add(tomatoCategory);
```

如果要把西红柿类别重新划分到蔬菜类别，必须调用 tomatoCategory 对象的 setParentCategory()方法和 vegetableCategory 对象的 getChildCategories(). add()方法，建立这两个对象之间的关联关系，此外，还要调用 fruitCategory 对象的 getChildCategories(). remove()方法，删除西红柿类和水果类之间的关联关系，如：

```
//建立西红柿类和蔬菜类之间的关联关系
tomatoCategory.setParentCategory(vegetableCategory);
vegetableCategory.getChildCategories().add(tomatoCategory);
//删除西红柿类和水果类之间的关联关系
fruitCategory.getChildCategories().remove(tomatoCategory);
```

为了简化管理对象之间的关联关系的编程，可以为 Category 类添加一个实用方法如下：

```
public void addChildCategory(Category category) {
  if (category == null)
    throw new IllegalArgumentException("
       Can't add a null Category as child.");

  //删除旧的父类别 Category
  if (category.getParentCategory() != null)
    category.getParentCategory()
            .getChildCategories()
            .remove(category);

  //设置新的父类别 Category
  category.setParentCategory(this);

  //向当前 Category 对象中加入子类别
  this.getChildCategories().add(category);
}
```

这样，如果把一个西红柿类对象划分到水果类，只需要编写如下代码。

```
//建立西红柿类和水果类之间的关联关系
fruitCategory.addChildCategory(tomatoCategory);
```

如果要把西红柿类重新划分到蔬菜类，只需要编写如下代码。

```
//建立西红柿类和蔬菜类之间的关联关系
vegetableCategory.addChildCategory(tomatoCategory);
```

在 Category 类中添加的 addChildCategory()实用方法，是供应用程序调用的。该实用方法对 Hibernate 是透明的。在运行时，Hibernate 只会访问 Category 类的 setChildCategories()和 getChildCategories()方法。

值得注意的是，在应用程序中访问 Category 类的 childCategories 属性时，还应该通过

Set 接口来引用它，如：

```
Set<Category> childCategories = category.getChildCategories();
```

以下方式会导致 ClassCastException(类型转换异常)。

```
HashSet<Category> childCategories =
 (HashSet<Category>)category.getChildCategories();
```

这是因为 Hibernate 会在应用程序不知道的情况下悄悄用它自定义的 Set 实例来替换以上的 HashSet 实例。也就是说，category. getChildCategories()方法返回的 Set 实例未必是 HashSet 类型，而是由 Hibernate 自定义的实现 Set 接口的集合类型。

本节的范例程序位于配套源代码包的 sourcecode/chapter7/7.4 目录下。在 DOS 命令行下进入 chapter7/7.4 根目录，然后输入命令"ant run"，就会运行 BusinessService 类，它的源程序参见例程 7-10。

例程 7-10　BusinessService.java

```
public class BusinessService{
  …//初始化代码

  public void saveCategoryWithCascade(){
    EntityManager entityManager =
                entityManagerFactory.createEntityManager();
    EntityTransaction tx = null;
    try {
      tx = entityManager.getTransaction();
      tx.begin(); //开始一个事务

      Category foodCategory = new Category("food",
                              new HashSet<Category>(),null);
      Category fruitCategory = new Category("fruit",
                              new HashSet<Category>(),null);
      Category vegetableCategory = new Category("vegetable",
                              new HashSet<Category>(),null);
      Category appleCategory = new Category("apple",
                              new HashSet<Category>(),null);
      Category orangeCategory = new Category("orange",
                              new HashSet<Category>(),null);
      Category tomatoCategory = new Category("tomato",
                              new HashSet<Category>(),null);

      //建立食品类别和水果类别之间的关联关系
      foodCategory.addChildCategory(fruitCategory);

      //建立食品类别和蔬菜类别之间的关联关系
      foodCategory.addChildCategory(vegetableCategory);

      //建立水果类别和苹果类别之间的关联关系
```

```
      fruitCategory.addChildCategory(appleCategory);

      //建立水果类别和橘子类别之间的关联关系
      fruitCategory.addChildCategory(orangeCategory);

      //建立西红柿类别和水果类别之间的关联关系
      fruitCategory.addChildCategory(tomatoCategory);

      entityManager.persist(foodCategory);
      tx.commit();
                  ;
    }catch (RuntimeException e) {
      if (tx != null) {
        tx.rollback();
      }
      throw e;
    } finally {
      entityManager.close();
    }
  }

  public void modifyCategoryAssociation(){
    EntityManager entityManager =
              entityManagerFactory.createEntityManager();
    EntityTransaction tx = null;
    try {
      tx = entityManager.getTransaction();
      tx.begin(); //开始一个事务
      Category tomatoCategory =
               findCategoryByName(entityManager,"tomato");
      Category fruitCategory =
               findCategoryByName(entityManager,"fruit");
      Category vegetableCategory =
               findCategoryByName(entityManager,"vegetable");

      //建立西红柿类和蔬菜类之间的关联关系
      //并且删除西红柿类和水果类之间的关联关系
      vegetableCategory.addChildCategory(tomatoCategory);

      tx.commit();
                  ;
    }catch (RuntimeException e) {
      if (tx != null) {
        tx.rollback();
      }
      throw e;
    } finally {
      entityManager.close();
    }
  }
  …
}
```

本节的 BusinessService 类和例程 7-9 的 BusinessService 类相似，两者都包含 saveCategoryWithCascade()和 modifyCategoryAssociation()方法。两者的这两个方法的功能相同，但是实现不一样，本例的这两个方法通过 Category 类的 addChildCategory()实用方法来建立或修改 Category 对象之间的关联关系，从而简化了编程。

7.5 使用 Hibernate 的对象-关系映射文件

前面几节介绍利用 JPA 注解以及 Hibernate 注解来映射各种关联关系，并通过 JPA API 来访问数据库。本节简单介绍通过 Hibernate 的对象-关系映射文件来映射关联关系，并通过 Hibernate API 来访问数据库。

7.5.1 映射多对一单向关联关系

当 Order 类与 Customer 类之间是多对一单向关联关系时，Order 类有一个 Customer 类型的 customer 属性，和 ORDERS 表的外键 CUSTOMER_ID 对应，在 Order. hbm. xml 映射文件中用< many-to-one >元素来映射，如：

```
<many-to-one
        name="customer"
        column="CUSTOMER_ID"
        class="mypack.Customer"
        not-null="true"
        lazy="false"
/>
```

< many-to-one >元素建立了 customer 属性和 ORDERS 表的外键 CUSTOMER_ID 之间的映射。它包括以下属性。

(1) name：设定待映射的持久化类的属性的名字，此处为 Order 类的 customer 属性。

(2) column：设定和持久化类的属性对应的表的外键，此处为 ORDERS 表的外键 CUSTOMER_ID。

(3) class：设定待映射的持久化类的属性的类型，此处设定 customer 属性为 Customer 类型。

(4) not-null：如果为 true，表示 customer 属性不允许为 null，该属性的默认值为 false。not-null 属性会影响 Hibernate 的运行时行为，Hibernate 在向数据库中保存 Order 对象时，会先检查它的 customer 属性是否为 null。

(5) lazy：如果为 proxy，表示对关联的 Customer 对象使用延迟检索策略并且使用代理，这是默认值。如果为 false，就意味着当 Hibernate 从数据库中加载 Order 对象时，还会立即自动加载与它关联的 Customer 对象。

本节的范例程序位于配套源代码包的 sourcecode/chapter7/7. 5. 1 目录下。本节 BusinessService 类的作用与例程 7-4 的 BusinessService 类的作用相同。

当执行 BusinessService 类的 saveCustomerAndOrderWithCascade()方法时，

Hibernate 会成功地持久化 Order1 和 Order2 对象，执行的 insert 语句为：

```
insert into ORDERS (ID, ORDER_NUMBER, CUSTOMER_ID)
         values (3,"Jack_Order001", null)
insert into ORDERS (ID, ORDER_NUMBER, CUSTOMER_ID)
         values (4,"Jack_Order002", null)
```

但是当 Hibernate 自动清理(flush)缓存中所有持久化对象时，抛出了如下新的异常。

```
org.hibernate.TransientObjectException:
object references an unsaved transient instance -
save the transient instance before flushing: mypack.Customer
```

出现该异常的原因是持久化对象 Order1 以及 Order2 的 customer 属性引用了一个临时对象 Customer。

如果希望当 Hibernate 持久化 Order 对象时自动持久化所关联的 Customer 对象，可以在映射 Order 类的 customer 属性时，把< many-to-one >元素的 cascade 属性设为 save-update，cascade 属性的默认值为 none，如：

```
<many-to-one
        name="customer"
        column="CUSTOMER_ID"
        class="mypack.Customer"
        cascade="save-update"
        not-null="true"
        lazy="false"
/>
```

再执行 saveCustomerAndOrderWithCascade()方法中的 session.save(order1)方法时，Hibernate 把 Order1 和 Customer 对象一起持久化，此时 Hibernate 执行的 SQL 语句如下：

```
insert into CUSTOMERS (ID,NAME) values (2, "Jack")
insert into ORDERS(ID,ORDER_NUMBER,CUSTOMER_ID)
      values(3,"Jack_Order001",2)
```

当 cascade 属性为 save-update，表明保存或更新当前对象时(即执行 insert 或 update 语句时)，会级联保存或更新与它关联的对象。

7.5.2 映射一对多双向关联关系

当 Customer 类与 Order 类之间为一对多的双向关联关系时，在 Customer.hbm.xml 映射文件中，对 Customer 类的集合类型的 orders 属性的映射代码如下：

```
<set
        name="orders"
```

```
        cascade = "save - update"
        >

        < key column = "CUSTOMER_ID" />
        < one - to - many class = "mypack.Order" />
</set >
```

< set >元素包括以下属性。

(1) name：设定待映射的持久化类的属性名，这里为 Customer 类的 orders 属性。

(2) cascade：当取值为 save-update，表示级联保存和更新。

< set >元素还包含两个子元素：< key >和< one-to-many >。< key >子元素设定与所关联的持久化类对应的表的外键，此处为 ORDERS 表的 CUSTOMER_ID 字段，< one-to-many >子元素设定所关联的持久化类，此处为 Order 类。

Hibernate 根据以上映射代码获得以下信息。

(1) < set >元素表明 Customer 类的 orders 属性为 java. uitl. Set 集合类型。

(2) < one-to-many >子元素表明 orders 集合中存放的是一组 Order 对象。

(3) < key >子元素表明 ORDERS 表通过外键 CUSTOMER_ID 参照 CUSTOMERS 表。

(4) cascade 属性取值为 save-update，表明当保存或更新 Customer 对象时，会级联保存或更新 orders 集合中的所有 Order 对象。

本节的范例程序位于配套源代码包的 sourcecode/chapter7/7. 5. 2 目录下。本节 BusinessService 类的作用与例程 7-6 的 BusinessService 类的作用相同。

1. < set >元素的 inverse 属性

saveCustomerAndOrderWithInverse()方法用于演示< set >元素的 inverse 属性的用法。该方法依次调用以下两个方法。

(1) saveCustomerAndOrderSeparately()方法：先创建一个 Customer 对象和一个 Order 对象，不建立它们的关联关系，最后分别持久化这两个对象，如：

```
tx = session.beginTransaction();

Customer customer = new Customer();
customer.setName("Jack");

Order order = new Order();
order.setOrderNumber("Jack_Order001");

session.save(customer);
session.save(order);

tx.commit();
idOfJack = customer.getId();
idOfJackOrder = order.getId();
```

为了使这段代码正常运行，需要确保 Order. hbm. xml 文件中的< many-to-one >元素的 not-null 属性取默认值 false，否则会因为违反参照完整性约束而产生异常。运行这段代码时，Hibernate 将执行以下两条 insert 语句。

```
insert into CUSTOMERS (ID,NAME) values (2, "Jack");
insert into ORDERS (ID,ORDER_NUMBER,CUSTOMER_ID)
            values (2, "Jack_Order001",null);
```

（2）associateCustomerAndOrder()：该方法加载由 saveCustomerAndOrderSeparately()方法持久化的 Customer 和 Order 对象，然后建立两者的一对多双向关联关系，如：

```
tx = session.beginTransaction();

//加载持久化对象 Customer 和 Order
Customer customer = session.load(Customer.class, idOfJack);
Order order = session.load(Order.class, idOfJackOrder);

//建立 Customer 和 Order 的关联关系
order.setCustomer(customer);
customer.getOrders().add(order);

tx.commit();
```

Hibernate 会自动清理缓存中的所有持久化对象，按照持久化对象的属性变化来同步更新数据库。如果把 Customer.hbm.xml 文件中< set >元素的 inverse 属性设为 false，那么 Hibernate 在清理以上 Customer 对象和 Order 对象时执行以下两条 SQL 语句。

```
update ORDERS set ORDER_NUMBER = 'Jack_Order001', CUSTOMER_ID = 2
                                             where ID = 2;
update ORDERS set CUSTOMER_ID = 2 where ID = 2;
```

尽管实际上只是修改了 ORDERS 表的一条记录，但是 SQL 语句表明 Hibernate 执行了两次 update 操作。这是因为 Hibernate 根据内存中持久化对象的属性变化来决定需要执行哪些 SQL 语句。当建立 Order 对象和 Customer 对象的双向关联关系时，需要在程序中分别修改这两个对象的属性。先修改 Order 对象，建立 Order 对象到 Customer 对象的多对一关联关系，如：

```
order.setCustomer(customer);
```

Hibernate 探测到持久化对象 Order 的属性的上述变化后，执行相应的 SQL 语句为：

```
update ORDERS set ORDER_NUMBER = 'Jack_Order001', CUSTOMER_ID = 2
                                             where ID = 2;
```

再修改 Customer 对象，建立 Customer 对象到 Order 对象的一对多关联关系，如：

```
customer.getOrders().addOrder(order);
```

Hibernate 探测到持久化对象 Customer 的属性的上述变化后，执行相应的 SQL 语句为：

```
update ORDERS set CUSTOMER_ID = 2 where ID = 2;
```

重复执行多余的 SQL 语句会影响 Java 应用的性能，解决这一问题的办法是把< set >元素的 inverse 属性设为 true，该属性的默认值为 false，如：

```
<set
        name = "orders"
        cascade = "save - update"
        inverse = "true" >

        <key column = "CUSTOMER_ID" />
        <one - to - many class = "mypack.Order" />
</set>
```

以上代码表明在 Customer 和 Order 的双向关联关系中，Customer 端的关联只是 Order 端关联的镜像。当 Hibernate 探测到持久化对象 Customer 和 Order 的属性均发生变化时，仅按照 Order 对象属性的变化来同步更新数据库。

按照上述方式修改 Customer.hbm.xml，再运行 associateCustomerAndOrder()方法，Hibernate 仅执行如下一条 SQL 语句。

```
update ORDERS set ORDER_NUMBER = 'Jack_Order001', CUSTOMER_ID = 2
where ID = 2;
```

如果对 associateCustomerAndOrder()方法做如下修改，粗体字为修改部分。

```
tx = session.beginTransaction();

//加载持久化对象 Customer 和 Order
Customer customer = session.load(Customer.class, idOfJack);
Order order = session.load(Order.class, idOfJackOrder);

order.setCustomer(customer); //建立 Order 到 Customer 的关联关系
//customer.getOrders().add(order); 不建立 Customer 到 Order 的关联

tx.commit();
```

该代码仅设置了 Order 对象的 customer 属性，Hibernate 仍然会按照 Order 对象的属性的变化来同步更新数据库，执行以下 SQL 语句。

```
update ORDERS set ORDER_NUMBER = 'Jack_Order001', CUSTOMER_ID = 2
where ID = 2;
```

如果对 associateCustomerAndOrder()方法做如下修改，粗体字为修改部分。

```
tx = session.beginTransaction();

//加载持久化对象 Customer 和 Order
```

```
Customer customer = session.load(Customer.class, idOfJack);
Order order = session.load(Order.class, idOfJackOrder);

//order.setCustomer(customer); 不建立 Order 到 Customer 的关联
customer.getOrders().add(order);     //建立 Customer 到 Order 的关联关系

tx.commit();
```

该代码仅设置了 Customer 对象的 order 属性，由于< set >元素的 inverse 属性设为 true，因此，Hibernate 不会按照 Customer 对象的属性变化来同步更新数据库。

根据上述实验，可以得出这样的结论：在映射一对多的双向关联关系时，应该在 one 方把< set >元素的 inverse 属性设为 true，这可以提高应用的性能。

当然，为了提高应用程序的健壮性，当程序建立两个对象的双向关联时，建议同时修改关联两端的对象的相应属性。

2. 级联删除

在 deleteCustomer()方法中，先加载一个 Customer 对象，然后删除这个对象，如：

```
tx = session.beginTransaction();
Customer customer = session.load(Customer.class, customerId);
session.delete(customer);
tx.commit();
```

如果 cascade 属性取默认值 none，当 Hibernate 删除一个持久化对象时，不会自动删除与它关联的其他持久化对象。如果希望 Hibernate 删除 Customer 对象时，自动删除和 Customer 关联的 Order 对象，可以把 cascade 属性设为 delete，如：

```
< set
        name = "orders"
        cascade = "delete"
        inverse = "true"
        >
        < key column = "CUSTOMER_ID" />
        < one - to - many class = "mypack.Order" />
</set >
```

再运行 deleteCustomer()方法时，Hibernate 会同时删除 Customer 对象及关联的 Order 对象，此时 Hibernate 执行以下 SQL 语句。

```
delete from ORDERS where CUSTOMER_ID = 2;
delete from CUSTOMERS where ID = 2;
```

3. 父子关系

removeOrderFromCustomer()方法先加载一个 Customer 对象，然后获得与 Customer 对象关联的一个 Order 对象的引用，最后解除 Customer 和 Order 对象之间的关系，如：

```
tx = session.beginTransaction();

//加载 Customer 对象
Customer customer = session.load(Customer.class,customerId);

//获得与 Customer 对象关联的一个 Order 对象的引用
Order order = customer.getOrders().iterator().next();

//解除 Customer 对象和 Order 对象的关联关系
customer.getOrders().remove(order);
order.setCustomer(null);

tx.commit();
```

如果 cascade 属性取默认值 none，当 Hibernate 解除 Customer 和 Order 对象之间的关系时，会执行以下语句，使得 ORDERS 表中的相应记录不再参照 CUSTOMERS 表。

```
update ORDERS set CUSTOMER_ID = null where ID = 2;
```

如果希望 Hibernate 自动删除不再和 Customer 对象关联的 Order 对象，可以把 cascade 属性设为 all-delete-orphan，如：

```
<set
        name = "orders"
        cascade = "all - delete - orphan"
        inverse = "true"
        >
        <key column = "CUSTOMER_ID" />
        <one - to - many class = "mypack.Order" />
</set>
```

再运行 removeOrderFromCustomer()方法时，Hibernate 会执行以下 SQL 语句。

```
delete from ORDERS where CUSTOMER_ID = 2 and ID = 2;
```

当 Customer.hbm.xml 的<set>元素的 cascade 属性取值为 all-delete-orphan，它将包含 all 和 delete-orphan 的行为，delete-orphan 表明 Customer 类与 Order 类之间是父子关系。

7.5.3 映射一对多双向自身关联关系

当 Category 类存在一对多双向自身关联关系时，在 Category.hbm.xml 映射文件中，映射 parentCategory 属性的代码如下：

```
<many - to - one
        name = "parentCategory"
        column = "CATEGORY_ID"
        class = "mypack.Category"
/>
```

由于一个 Category 对象可以和零个或一个父类别 Category 对象关联，这说明允许 parentCategory 属性为 null，所以不用把< many-to-one >元素的 not-null 属性设为 true。

对 Category 类的 childCategories 属性的映射代码如下：

```
<set
        name = "childCategories"
        cascade = "save - update"
        inverse = "true"
        >
        <key column = "CATEGORY_ID" />
        <one - to - many class = "mypack.Category" />
</set>
```

本节的范例程序位于配套源代码包的 sourcecode/chapter7/7.5.3 目录下。本节 BusinessService 类的作用与例程 7-10 的 BusinessService 类的作用相同。

7.6 小结

本章介绍了一对多关联关系的映射方法，重点介绍了@OneToMany 和@ManyToOne 注解的用法。这两个注解都有一个 cascade 属性，用来控制级联操作，可选值包括 CascadeType.PERSIST、CascadeType.DELETE 和 CascadeType.ALL 等。

本章还介绍了通过 JTA API 以及 Hibernate API 来保存、修改和删除具有关联关系的对象的方法。当@OneToMany 和@ManyToOne 注解的 cascade 属性取不同值时，Hibernate 有着不同的运行时行为。本章涉及了好几个新概念：临时对象、持久化对象和清理(flush)，第 8 章会对此做进一步解释。

7.7 思考题

思考题 1、思考题 2 和思考题 3 都基于这样的前提：假定 Customer 类与 Order 类为双向关联关系。在 Customer 类文件中，orders 集合属性的映射代码如下：

```
@OneToMany(mappedBy = "customer",
           targetEntity = Order.class,
           cascade = CascadeType.PERSIST)
private Set < Order > orders  =  new HashSet < Order >();
```

在 Order 类文件中，customer 属性的映射代码如下：

```
@ManyToOne(targetEntity  = Customer.class)
@JoinColumn(name = "CUSTOMER_ID")
private Customer customer;
```

1. 运行以下程序代码会出现什么情况？

```
tx  =  entityManager.getTransaction();
tx.begin(); //开始一个事务
```

```
Customer customer = new Customer("Tom",new HashSet());
Order order1 = new Order();
order1.setOrderNumber("Tom_Order001");

Order order2 = new Order();
order2.setOrderNumber("Tom_Order002");

order1.setCustomer(customer);
customer.getOrders().add(order1);

entityManager.persist(customer);
tx.commit();
```

(a) 仅在 CUSTOMERS 表中插入一条记录

(b) 分别在 CUSTOMERS 表和 ORDERS 表中插入一条记录

(c) 在 CUSTOMERS 表中插入一条记录，在 ORDERS 表中插入两条记录

(d) 程序运行出错，因为没有建立 customer 对象和 order2 对象的关联关系

2. 运行以下程序代码会出现什么情况？

```
tx = entityManager.getTransaction();
tx.begin(); //开始一个事务
Customer customer =
    entityManager.find(Customer.class,Long.valueOf(1));
Order order = customer.getOrders().iterator().next();

customer.getOrders().remove(order);
order.setCustomer(null);

tx.commit();
```

(a) 仅在 ORDERS 表中删除一条记录

(b) 分别在 CUSTOMERS 表和 ORDERS 表中删除一条记录

(c) 修改 ORDERS 表中的一条记录，使得这条记录的 CUSTOMER_ID 外键取值为 null

(d) 程序运行出错，因为 order 对象的 customer 属性不允许为 null

3. 对于思考题 2 中的程序代码，如果该程序能从数据库中删除与 Customer 对象解除关联关系的 Order 对象，应该如何修改映射文件？(单选)

(a) 修改 Customer 类文件，把@OneToMany 注解的 nullable 属性设为 false

(b) 修改 Customer 类文件，把@OneToMany 注解的 cascade 属性设为 CascadeType.DELETE

(c) 修改 Customer 类文件，把@OneToMany 注解的 orphanRemoval 属性设为 true

(d) 修改 Order 类文件，把@ManyToOne 注解的 nullable 属性设为 false

4. 假定 Order 类与 Customer 类为单向多对一关联关系。在 Order.hbm.xml 文件中，customer 属性的映射代码如下：

```
<many-to-one
```

```
        name = "customer"
        column = "CUSTOMER_ID"
        class = "mypack.Customer"       />
```

运行以下程序代码会出现什么情况？

```
tx = session.beginTransaction();
Customer customer = new Customer("Jack");
Order order = new Order("Jack_Order001",customer);
session.save(order);
tx.commit();
```

(a) 抛出 NullPointerException 异常

(b) 抛出 TransientObjectException 异常

(c) 仅向数据库保存 Order 对象

(d) 向数据库保存 Customer 对象和 Order 对象

5. 假定 Customer 类与 Order 为单向一对多关联关系。删除一个 Customer 对象时，可以级联删除与它关联的 Order 对象。应该如何在 Customer.hbm.xml 文件中映射 orders 集合属性？(单选)

(a)

```
<set name = "orders" inverse = "true" cascade = "save-update" >
        <key column = "CUSTOMER_ID" />
        <one-to-many class = "mypack.Order" />
</set>
```

(b)

```
<set name = "orders" inverse = "true" not-null = "true" >
        <key column = "CUSTOMER_ID" />
        <one-to-many class = "mypack.Order" />
</set>
```

(c)

```
<set name = "orders" cascade = "delete" >
        <key column = "CUSTOMER_ID" />
        <one-to-many class = "mypack.Order" />
</set>
```

(d)

```
<one-to-many name = "orders" cascade = "save-update" type = "mypack.Order">
        <key column = "CUSTOMER_ID" />
</one-to-many>
```

第8章

通过JPA和Hibernate操纵对象(上)

EntityManager 接口是 JPA API 向应用程序提供的操纵数据库的最主要接口，它提供了基本的保存、更新、删除和加载 Java 对象的方法。EntityManager 接口的具体实现依靠持久化缓存来存放 Java 对象，位于持久化缓存中的对象称为持久化对象，它和数据库中的相关记录对应。

视频讲解

由于本书的 JPA API 是通过 Hibernate 来提供具体的实现。因此 EntityManager 接口所需要的持久化缓存实际上由 Hibernate 的 Session 实现类来提供。

Session 能够在某些时间点，按照持久化缓存中对象的变化来执行相关 SQL 语句，来同步更新数据库，这一过程被称为清理缓存(flush)。

站在持久化层的角度，可以把对象分为四种状态：持久化状态、临时状态、游离状态和删除状态。EntityManager 以及 Session 的特定方法能使对象从一个状态转换到另一个状态。

本章先介绍持久化缓存，然后介绍对象的四种状态及状态转换条件，接着介绍 Session 接口和 EntityManager 接口的主要方法，以及级联操纵对象图的方法。

8.1 Java 对象在 JVM 中的生命周期

当应用程序通过 new 语句创建一个 Java 对象时，JVM(Java Virtual Machine，Java 虚拟机)会为这个对象分配一块内存空间，只要这个对象被引用变量引用，它就一直存在于内存中。如果这个对象不被任何引用变量引用，它就结束生命周期，此时 JVM 的垃圾回收器会在适当时候回收它占用的内存。下面通过一段程序代码来解释 Java 对象的生命周期。

```
//创建一个 Customer 对象和两个 Order 对象,并定义三个引用变量 c、o1 和 o2
Customer c = new Customer("Tom",new HashSet < Order >());
```

```
Order o1 = new Order("Order1",null);      //创建第一个 Order 对象
Order o2 = new Order("Order2",null);      //创建第二个 Order 对象

//建立 Customer 对象和第一个 Order 对象的一对多双向关联关系
o1.setCustomer(c);
c.getOrders().add(o1);

//将引用变量 o1、o2 和 c 分别置为 null
o1 = null;                                //第 6 行
o2 = null;                                //第 7 行
c = null;                                 //第 8 行
```

对于这段代码，第二个 Order 对象在第 7 行结束生命周期，第一个 Order 对象和 Customer 对象在第 8 行结束生命周期。下面仔细分析程序代码控制 Java 对象的生命周期的流程。

（1）如图 8-1 所示，创建一个 Customer 对象和两个 Order 对象，并且定义三个引用变量 c、o1 和 o2，它们分别引用 Customer 对象、Order1 对象和 Order2 对象，代码如下：

```
Customer c = new Customer("Tom",new HashSet());
Order o1 = new Order("Order1",null);
Order o2 = new Order("Order2",null);
```

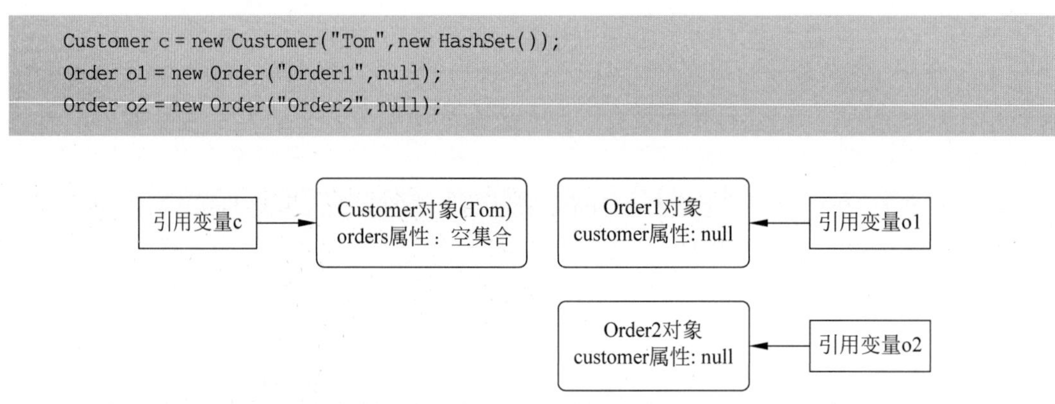

图 8-1 引用变量 c、o1 和 o2 分别引用 Customer 对象、Order1 对象和 Order2 对象

（2）如图 8-2 所示，建立 Customer 对象和 Order1 对象的双向关联关系，这意味着在 Customer 对象的 orders 集合中存放了 Order1 对象的引用，而 Order1 对象的 customer 属性引用 Customer 对象，代码如下：

```
o1.setCustomer(c);
c.getOrders().add(o1);
```

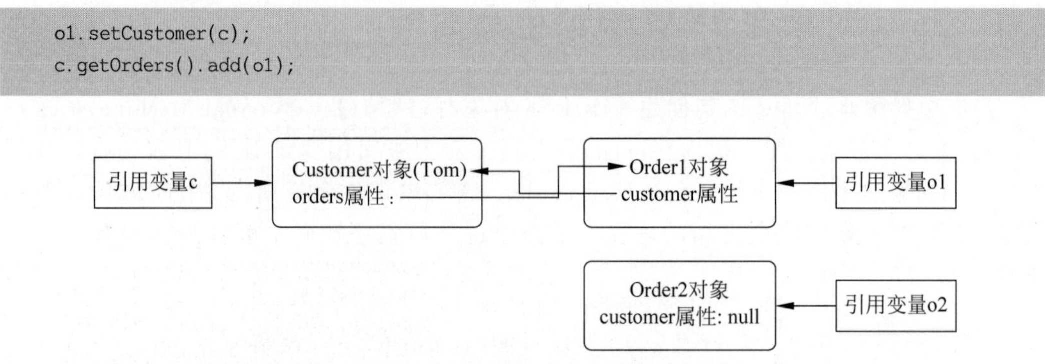

图 8-2 Customer 对象与 Order1 对象双向关联

提示　Java 集合(如 Set、List 和 Map)的一个重要特性是：集合中存放的是 Java 对象的引用。当向集合中添加一个对象时，其实是把这个对象的引用添加到集合中。

(3) 把 o1 变量置为 null，尽管 o1 变量不再引用 Order1 对象，但 Customer 对象的 orders 集合属性中还存放了 Order1 对象的引用，程序代码可以通过 c.getOrders()方法从 Customer 对象导航到 Order1 对象，因此 Order1 对象并没有结束生命周期。

```
o1 = null;
```

(4) 把 o2 变量置为 null，Order2 对象不再被任何引用变量引用，因此结束生命周期，它占用的内存会被垃圾回收器回收。

```
o2 = null;
```

(5) 如图 8-3 所示，把 c 变量置为 null，Customer 对象不再被任何引用变量引用，因此结束生命周期。相应地，Order1 对象也不被任何引用变量引用，因此也结束生命周期。

```
c = null;
```

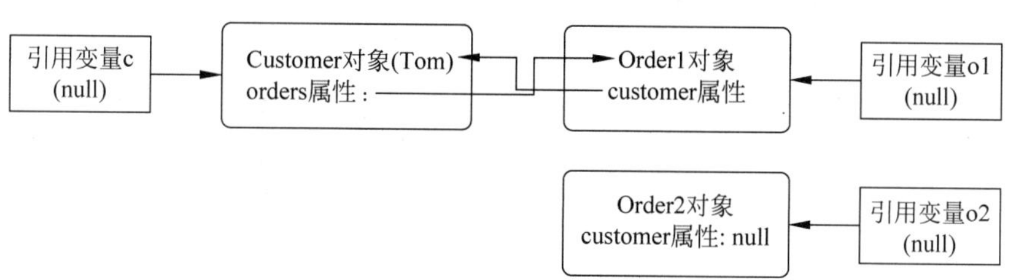

图 8-3　Customer、Order1 和 Order2 对象结束生命周期

在图 8-3 中，尽管 Customer 对象和 Order1 对象之间还存在双向引用，但程序代码中没有任何引用变量引用这两个对象，因此程序代码无法访问到这两个对象，所以它们是可以被 JVM 进行垃圾回收的无用对象。

8.2　理解持久化缓存

如果希望一个 Java 对象 A 一直处于生命周期中，就必须保证至少有一个变量引用它，或者可以从其他处于生命周期中的对象 B 导航到这个对象 A，如在对象 B 的 Java 集合属性中存放了对象 A 的引用。在 Session 接口的实现中包含一系列的 Java 集合，这些 Java 集合构成了持久化缓存。如图 8-4 所示，只要 Session 实例没有结束生命周期，存放在它缓存中的对象也不会结束生命周期。

当 EntityManager 的 persist()方法持久化一个 Customer 对象时，Customer 对象被加入到持久化缓存中，以后即使应用程序中的引用变量不再引用 Customer 对象，只要持久化缓存还没有被清空，Customer 对象仍然处于生命周期中。

当 EntityManager 的 find()方法试图从数据库中加载一个 Customer 对象时，底层的

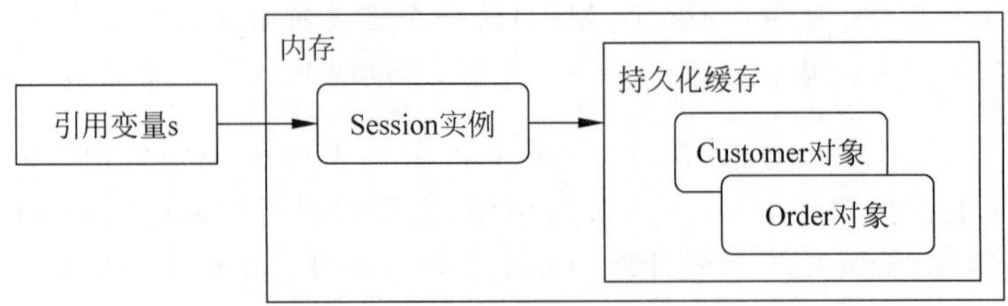

图 8-4　持久化缓存中对象的生命周期依赖于 Session 实例

Session 先判断持久化缓存中是否已经存在这个 Customer 对象，如果存在，就不需要再到数据库中检索，而直接从缓存中获得这个 Customer 对象。

提示 持久化缓存由底层的 Session 对象负责创建和管理。因此在本书中，持久化缓存也称为 Session 的缓存。

在例程 8-1 的程序代码中，当调用 EntityManager 的 persist()方法持久化 Customer 对象时，Customer 对象被加入到持久化缓存中。接下来把引用变量 c1 置为 null，但是 Customer 对象仍然位于持久化缓存中，因此它仍然处于生命周期中。当调用 EntityManager 的 find()方法再加载该对象时，只需要从缓存中读取 Customer 对象，而不需要通过 SQL select 语句到数据库中重新加载。

例程 8-1　持久化缓存与 Customer 对象

```
tx = entityManager.getTransaction();
tx.begin(); //开始一个事务

Customer c1 = new Customer("Tom",new HashSet < Order >());

//Customer 对象被持久化,并且加入到持久化缓存中
entityManager.persist(c1);
Long id = c1.getId();

//c1 变量不再引用 Customer 对象
c1 = null;
//从持久化缓存中读取 Customer 对象,使 c2 变量引用 Customer 对象
Customer c2 = entityManager.find(Customer.class, id);
tx.commit();
//关闭 EntityManager,清空缓存,Customer 对象不再位于持久化缓存中
entityManager.close();

//访问 Customer 对象
System.out.println(c2.getName());

//c2 变量不再引用 Customer 对象,此时 Customer 对象结束生命周期
c2 = null;
```

对于这段程序代码，当调用 entityManager.close()方法时，持久化缓存被清空，但是由于引用变量 c2 仍然引用 Customer 对象，所以 Customer 对象依然处于生命周期中。当程序代码最后把 c2 变量置为 null 时，Customer 对象不再被任何变量或缓存引用，这时它才结束生命周期。图 8-5 显示了先后引用 Customer 对象的变量 c1、持久化缓存和变量 c2。

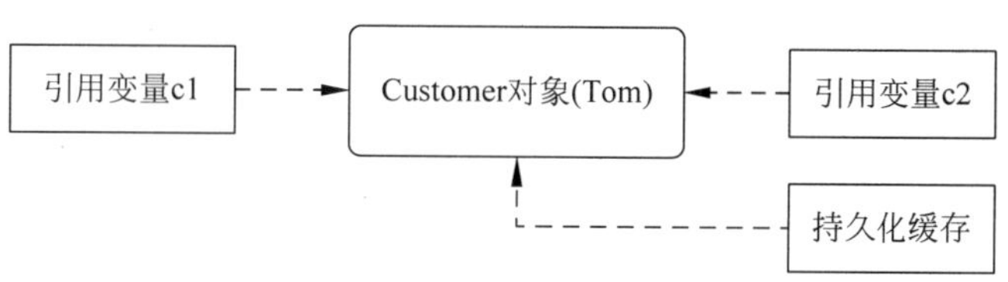

图 8-5　Customer 对象先后被变量 c1、持久化缓存和变量 c2 引用

8.2.1　持久化缓存的作用

持久化缓存有如下三大作用。

(1) 减少访问数据库的频率。应用程序从缓存中读取持久化对象的速度显然比到数据库中查询数据的速度快多了，因此持久化缓存可以提高访问数据库的性能。

例如，以下代码试图两次加载同一个 Customer 对象：

```
tx = entityManager.getTransaction();
tx.begin(); //开始一个事务

//第一次执行 EntityManager 的 find()方法
Customer c1 = entityManager.find(Customer.class,
                                 Long.valueOf(1));
//第二次执行 EntityManager 的 find()方法
Customer c2 = entityManager.find(Customer.class,
                                 Long.valueOf(1));
System.out.println(c1 == c2); //true
tx.commit();
```

图 8-6 显示了第一次执行 EntityManager 的 find()方法的过程。find()方法先到持久化缓存中查找 OID 为 1 的 Customer 对象，由于还不存在这样的 Customer 对象，因此只好通过 select 语句到数据库中去加载该对象，并把它放到持久化缓存中，再返回该 Customer 对象的引用。

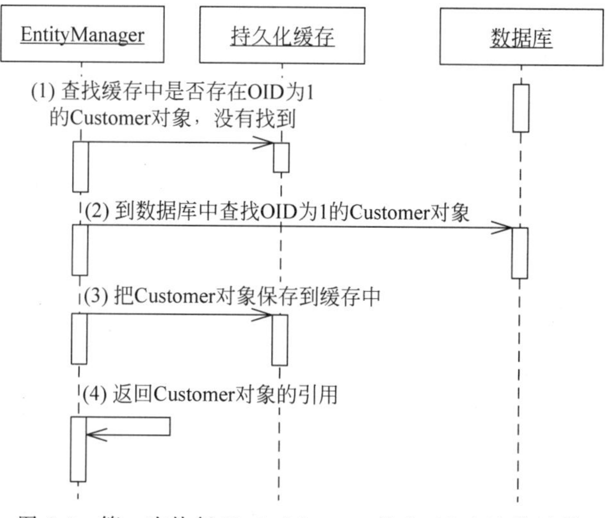

图 8-6　第一次执行 EntityManager 的 find()方法的过程

图 8-7 显示了第二次执行 EntityManager 的 find()方法的过程。find()方法先到持久化缓存中查找 OID 为 1 的 Customer 对象，由于已经存在这样的 Customer 对象，就直接返回该 Customer 对象的引用。因此在以上程序代码中，变量 c1 和变量 c2 引用的是同一个 Customer 对象。

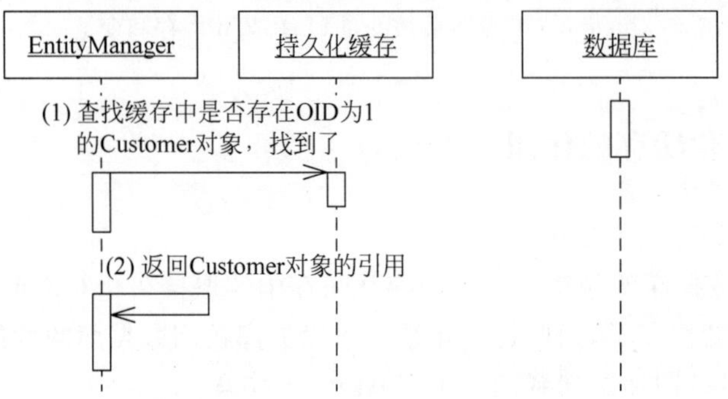

图 8-7　第二次执行 EntityManager 的 find()方法的过程

(2) 当持久化缓存中的持久化对象之间存在循环关联关系时，底层 Session 会保证访问对象图时不出现死循环，以及由死循环引起的 JVM 堆栈溢出异常。

(3) 保证数据库中的相关记录与持久化缓存中的相应对象保持同步。如图 8-8 所示，对象-关系映射文件建立了 CUSTOMERS 表与 Customer 类的静态映射，而底层 Session 则建立了 CUSTOMERS 表中的关系数据与程序运行时的持久化缓存中的 Customer 对象的动态映射。

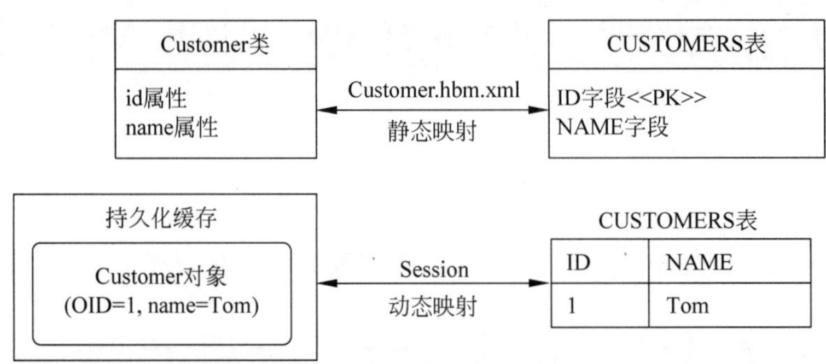

图 8-8　静态映射和动态映射

以下程序代码先把 Customer 对象加载到持久化缓存中，接下来修改持久化缓存中 Customer 对象的 name 属性。

```
tx = entityManager.getTransaction();
tx.begin();                  //开始一个事务

Customer customer = entityManager.find(Customer.class,
                                        Long.valueOf(1));
customer.setName("Jack");  //修改 Customer 对象的 name 属性
tx.commit();
```

如图 8-9 所示，执行完 customer.setName("Jack")语句后，持久化缓存中 Customer 对象的 name 属性与 CUSTOMERS 表中对应记录的 NAME 字段的值不一致了。

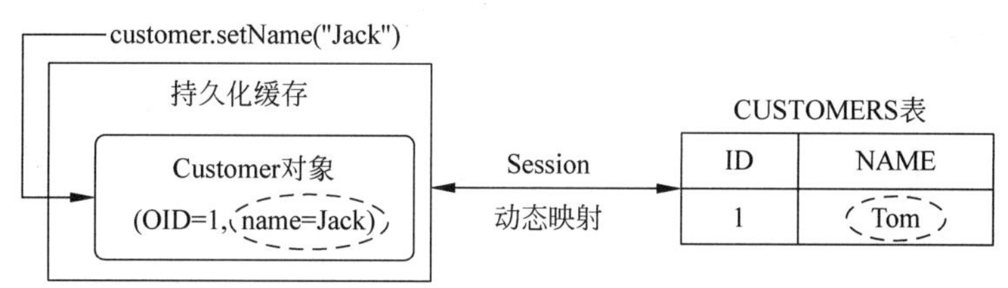

图 8-9　持久化缓存中对象与数据库中相应记录不匹配

幸运的是，底层 Session 在清理缓存的时候，会自动进行脏检查(Dirty-check)，如果发现持久化缓存中的对象与数据库中相应记录不一致，就会根据对象的最新属性去同步更新数据库。在本例中，Session 会向数据库提交一条 update 语句，把 CUSTOMERS 表中对应记录的 NAME 字段的值改为 Jack。

8.2.2　脏检查及清理缓存的机制

Session 是如何进行脏检查的呢？当一个 Customer 对象被加入到持久化缓存中时，Session 会为 Customer 对象的值类型的属性复制一份快照(SnapShot)。当 Session 清理缓存时，会先进行脏检查，即比较 Customer 对象的当前属性与它的快照，来判断 Customer 对象的属性是否发生了变化，如果发生了变化，就称这个对象是脏对象。Session 会根据脏对象的最新属性来执行相关 SQL 语句，从而同步更新数据库。图 8-10 显示了加载 Customer 对象、脏检查及同步更新数据库的过程。

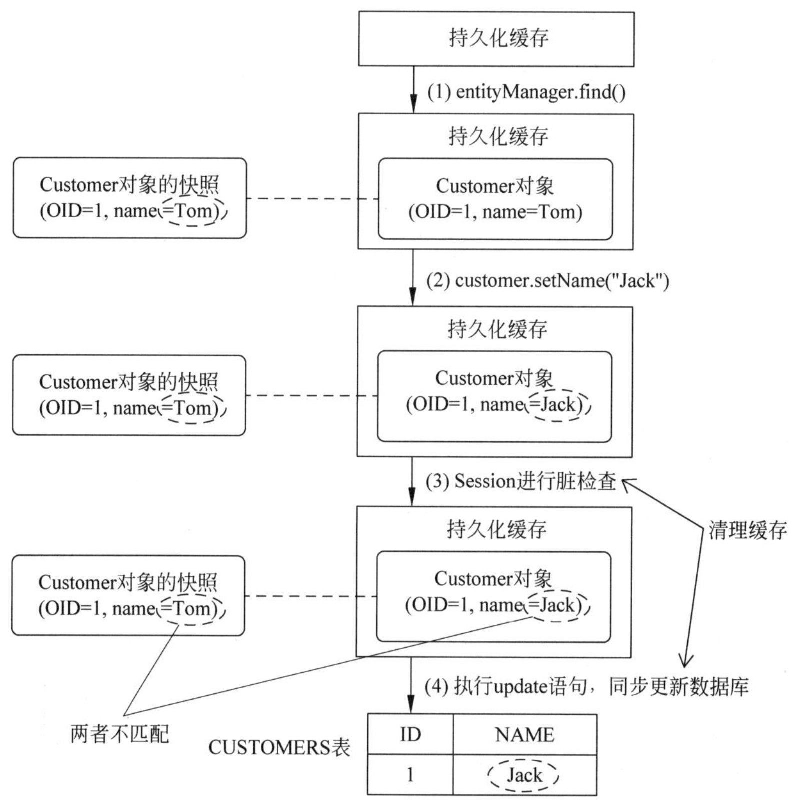

图 8-10　加载 Customer 对象、脏检查及同步更新数据库的过程

当持久化缓存中对象的属性每次发生了变化，Session 并不会立即清理缓存及执行相关的 update 语句，而是在特定的时间点才清理缓存，这使得 Session 能够把几条相关的 SQL 语句合并为一条 SQL 语句，以便减少访问数据库的次数，从而提高应用程序的数据库访问性能。例如，以下程序代码对 Customer 对象的 name 属性修改了两次。

```
tx = entityManager.getTransaction();
tx.begin(); //开始一个事务

Customer customer = entityManager.find(Customer.class,
                                        Long.valueOf(1));
customer.setName("Jack");
customer.setName("Mike");
tx.commit();
```

当 Session 清理缓存时，不必先后执行两条 update 语句，如：

```
update CUSTOMERS set NAME = 'Jack'... where ID = 1;
update CUSTOMERS set NAME = 'Mike'... where ID = 1;
```

而只需要执行如下一条 update 语句。

```
update CUSTOMERS set NAME = 'Mike'... where ID = 1;
```

Session 在清理缓存时，按照以下顺序执行 SQL 语句。

(1) 按照应用程序调用 entityManager.persist()方法的先后顺序，执行所有对实体进行插入的 insert 语句。

(2) 执行所有对实体进行更新的 update 语句。

(3) 执行所有对集合进行删除的 delete 语句。

(4) 执行所有对集合元素进行删除、更新或者插入的 SQL 语句。

(5) 执行所有对集合进行插入的 insert 语句。

(6) 按照应用程序调用 entityManager.remove()方法的先后顺序，执行所有对实体进行删除的 delete 语句。

在默认情况下，Session 会在以下时间点清理缓存。

(1) 当应用程序调用 tx.commit()方法提交事务的时候，commit()方法先清理缓存，然后再向数据库提交事务。Hibernate 把清理缓存的时间点安排在事务快结束时，一方面是因为可以减少访问数据库的频率，另一方面是因为可以尽可能缩短当前事务对数据库中相关资源的锁定时间。

(2) 当应用程序执行一些查询操作时，如果缓存中持久化对象的属性已经发生了变化，就会先清理缓存，使得持久化缓存与数据库已进行了同步，从而保证查询结果返回的是正确的数据。

(3) 当应用程序显式调用 EntityManager 接口或者 Session 接口的 flush()方法的时候。

例如，以下代码两次清理了缓存。entityManager.flush()语句使得 Session 立即清理缓存，执行 update 语句，把 CUSTOMERS 表的相应记录的 NAME 字段改为 Jack；tx.

commit()语句使得 Session 自动清理缓存，执行 update 语句，把 CUSTOMERS 表的相应记录的 NAME 字段改为 Mike。

```
tx = entityManager.getTransaction();
tx.begin();                    //开始一个事务

Customer customer = entityManager.find(Customer.class,
                                      Long.valueOf(1));
customer.setName("Jack");
entityManager.flush();         //显式清理缓存，执行 update 语句
customer.setName("Mike");
tx.commit();                   //自动清理缓存，执行 update 语句，再提交事务
```

Session 清理缓存的时间点也会有一些例外情况。例如，当对象依靠底层的数据库的自动增长功能来生成对象标识符时，需要立即执行 insert 语句来获得对象标识符。在以下代码中，对 Customer 对象的 id 属性采用 GenerationType. IDENTITY 策略。

```
@Id
@GeneratedValue(strategy = GenerationType.IDENTITY)
@Column(name = "ID")
private Long id;
```

当调用 EntityManager 的 persist()方法保存 Customer 对象时，会立即执行向数据库插入该实体的 insert 语句。因为只有立即执行了 insert 语句，才能为 Customer 对象的 id 属性赋值。

注意 entityManager. flush()和 tx. commit()方法的区别：flush()方法进行清理缓存的操作，执行一系列的 SQL 语句，但不会提交事务；commit()方法会先调用 flush()方法，然后提交事务，提交事务意味着对数据库所做的更新被永久保存下来。

如果不希望 Session 在以上默认的时间点清理缓存，也可以通过 EntityManager 的 setFlushMode()方法或 Session 的 setHibernateFlushMode()方法来显式设定清理缓存的时间点。

EntityManager 的 setFlushMode()方法有两个可选值，分别代表了如下两种清理模式。

(1) javax. persistence. FlushModeType. AUTO。

(2) javax. persistence. FlushModeType. COMMIT。

例如，以下代码用于把清理模式设为 FlushModeType. COMMIT。

```
entityManager.setFlushMode(FlushModeType.COMMIT);
```

表 8-1 列出了 JPA API 中规定的两种清理模式各自执行清理缓存操作的时间点。

表 8-1 JPA API 中规定的两种清理模式

清理缓存的模式	各种查询方法	EntityTransaction 的 commit()方法	EntityManager 的 flush()方法
FlushModeType. AUTO(默认模式)	清理	清理	清理
FlushModeType. COMMIT	不清理	清理	清理

Session 的 setHibernateFlushMode()方法有四个可选值，分别代表了以下四种清理模式。

(1) org.hibernate.FlushMode.ALWAYS。

(2) org.hibernate.FlushMode.AUTO。

(3) org.hibernate.FlushMode.COMMIT。

(4) org.hibernate.FlushMode.MANUAL。

例如，以下代码用于把清理模式设为 FlushMode.COMMIT。

```
session.setHibernateFlushMode(FlushMode.COMMIT);
```

表 8-2 列出了 Hibernate API 中规定的四种清理模式各自执行清理缓存操作的时间点。

表 8-2 Hibernate API 中规定的四种清理模式

清理缓存的模式	各种查询方法	Transaction 的 commit()方法	Session 的 flush()方法
FlushMode.ALWAYS	清理	清理	清理
FlushMode.AUTO（默认模式）	如果确定持久化缓存中的数据都是正确合理的，就不会清理缓存；否则就会先清理缓存，确保查询方法能返回正确的数据	清理	清理
FlushMode.COMMIT	不清理	清理	清理
FlushMode.MANUAL	不清理	不清理	清理

FlushMode.AUTO 是默认值，也是优先考虑的清理模式，它会保证在整个事务中，持久化缓存中的对象和数据库数据保持一致。如果事务仅包含查询数据库的操作，而不会修改数据库的数据，可以选用 FlushMode.MANUAL 模式，这可以避免在执行各种查询操作或提交事务时先清理缓存，以稍微提高应用程序的性能。

对比 JPA API 和 Hibernate API 对清理模式的规定，会发现 Hibernate API 对清理模式做了更细致的划分。如果程序是通过 JPA API 来访问数据库，为了保证程序有广泛的兼容性，如可以兼容其他的 ORM 软件，那么应该尽量通过 EntityManager.setFlushMode()方法来设置清理模式。如果程序多数时候都使用 JPA API，但在个别情况下确实需要使用 Hibernate API 中的清理模式，那么可通过以下方式来设置。

```
//获得 Hibernate API 中的 Session
Session session = entityManager.unwrap( Session.class );
sesssion.setHibernateFlushMode(FlushMode.MANUAL);
```

在多数情况下，应用程序不需要显式调用 EntityManager 接口或 Session 接口的 flush()方法，flush()方法适用于以下场合。

(1) 插入、删除或更新某个持久化对象会引发数据库中的触发器。假定向 CUSTOMERS 表新增一条记录时会引发一个数据库触发器，在应用程序中，通过 EntityManager 的 persist()

方法保存了一个 Customer 对象后，应该调用 EntityManager 的 flush()方法，如：

```
entityManager.persist(customer);  //计划执行一条 insert 语句
entityManager.flush();            //真正执行 insert 语句
```

EntityManager 的 flush()方法会立即执行 insert 语句，该语句接着引发相关的触发器工作，9.1 节会对此做进一步介绍。

(2) 在应用程序中混合使用 JPA API 和 JDBCAPI，或者混合使用 Hibernate API 和 JDBC API。

(3) JDBC 驱动程序不健壮，导致 Hibernate 在自动清理缓存的模式下无法正常工作。

8.3 Java 对象在持久化层的状态

8.1 节已经介绍了 Java 对象在内存中的生命周期。当应用程序通过 new 语句创建了一个对象，这个对象的生命周期就开始了，当不再有任何引用变量引用它，这个对象就结束生命周期，它占用的内存就可以被 JVM 的垃圾回收器回收。

站在持久化层的角度，一个 Java 对象在它的生命周期中，可处于以下某个状态。

(1) 临时状态(transient)：刚用 new 语句创建，还没有被持久化，并且不处于持久化缓存中。处于临时状态的 Java 对象被称为临时对象。

(2) 持久化状态(persistent)：已经被持久化，并且加入到持久化缓存中。处于持久化状态的 Java 对象被称为持久化对象。

(3) 删除状态(removed)：不再处于持久化缓存中，并且 Session 已经计划将其从数据库中删除。处于删除状态的 Java 对象被称为被删除对象。

(4) 游离状态(detached)：已经被持久化，但不再处于持久化缓存中。处于游离状态的 Java 对象被称为游离对象。

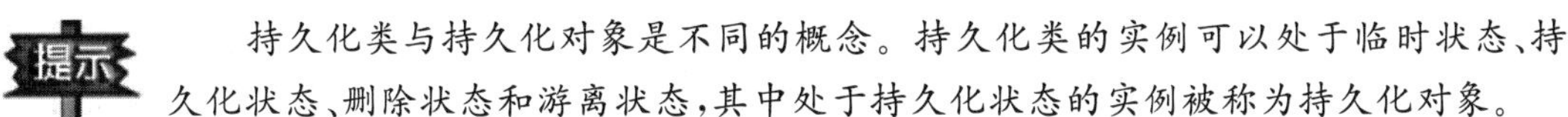

持久化类与持久化对象是不同的概念。持久化类的实例可以处于临时状态、持久化状态、删除状态和游离状态，其中处于持久化状态的实例被称为持久化对象。

对象的状态有两种含义：一种是指由对象的属性表示的数据；一种是指以上的临时状态、持久化状态、删除状态或游离状态之一。读者应该根据上下文来辨别状态的具体含义，如当文中提到 Session 按照对象的状态变化来同步更新数据库，这里的状态是指对象的属性表示的数据。

表 8-3 列出了例程 8-1 中 Customer 对象的状态转换过程。

表 8-3 Customer 对象的状态转换过程

程 序 代 码	Customer 对象的生命周期	Customer 对象的状态

tx = entityManager.getTransaction();
tx.begin(); //开始一个事务
Customer c1=
new Customer("Tom",new HashSet<Order>());
	开始生命周期	临时状态

entityManager.persist(c1);	处于生命周期中	转变为持久化状态

续表

程序代码	Customer 对象的生命周期	Customer 对象的状态

Long id=c1.getId();
c1=null;
Customer c2=entityManager.find(Customer.class,id);
tx.commit();
	处于生命周期中	处于持久化状态

entityManager.close();	处于生命周期中	转变为游离状态
System.out.println(c2.getName());	处于生命周期中	处于游离状态
c2=null;	结束生命周期	结束生命周期

从表 8-3 可以看出，EntityManager 的 persist()方法使 Customer 对象由临时状态转变为持久化状态，close()方法使 Customer 对象由持久化状态转变为游离状态。图 8-11 为 Java 对象的完整状态转换图，EntityManager 以及 javax.persistence.Query 的特定方法使 Java 对象由一个状态转换到另一个状态。

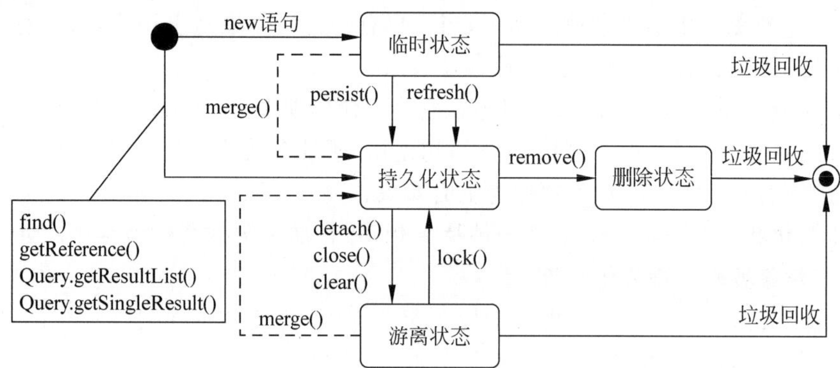

图 8-11　在 JPA API 的作用下，对象在持久化层的状态转换图

从图 8-11 可以看出，当 Java 对象处于临时状态、删除状态或游离状态，只要不被任何变量引用，就会结束生命周期，它占用的内存就可以被 JVM 的垃圾回收器回收；当处于持久化状态，由于持久化缓存会引用它，因此它始终处于生命周期中。

当通过 Hibernate API 访问数据库，Session 以及 org.hibernate.query.Query 的特定方法也会使 Java 对象由一个状态转换到另一个状态，参见图 8-12。

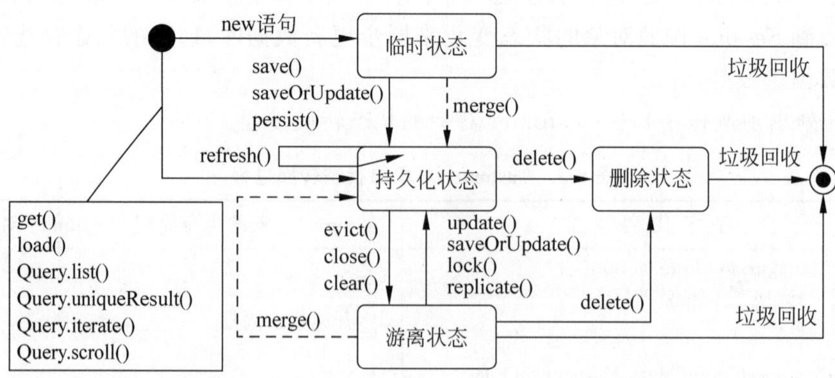

图 8-12　在 Hibernate API 的作用下，对象在持久化层的状态转换图

8.3.1　临时对象(Transient Object)的特征

临时对象具有以下特征。

(1) 在使用代理主键的情况下,OID 通常为 null。

(2) 不处于持久化缓存中,也可以说,不被任何一个底层 Session 实例关联。

(3) 在数据库中没有对应的记录。

在以下情况下,Java 对象进入临时状态。

(1) 当通过 new 语句新创建了一个 Java 对象,此时它处于临时状态,不和数据库中的任何记录对应。

(2) 如果在 Hibernate 的配置文件 hibernate. cfg. xml 或者 JPA 的配置文件 persistence. xml 中,把 Hibernate 的配置属性 hibernate. use_identifier_rollback 设为 true,那么 Session 的 delete()方法以及 EntityManager 的 remove()方法能使一个持久化对象或游离对象转变为临时对象,8. 4. 6 节将对此做进一步介绍。

8.3.2　持久化对象(Persistent Object)的特征

持久化对象具有以下特征。

(1) OID 不为 null。

(2) 位于一个特定的持久化缓存中,也可以说,持久化对象总是被一个底层的 Session 实例关联。

(3) 持久化对象和数据库中的相关记录对应。

(4) Session 在清理缓存时,会根据持久化对象的属性变化,来同步更新数据库。

提示　在 JPA 规范中,持久化对象也称作受控对象(Managed Object),持久化状态也称作受控状态(Managed Status)。

EntityManager 的以下方法使 Java 对象进入持久化状态。

(1) EntityManager 的 persist()方法把临时对象转变为持久化对象。

(2) EntityManager 的 find()方法返回的对象总是处于持久化状态。

(3) javax. persistence. Query 的 getResultList()方法返回的 List 集合中存放了持久化对象,它的 getSingleResult()方法返回持久化对象。

(4) EntityManager 的 lock()方法使游离对象转变为持久化对象。

(5) 当一个持久化对象关联一个临时对象,在允许级联保存的情况下,底层 Session 在清理缓存时会把这个临时对象也转变为持久化对象。

Session 的以下方法使 Java 对象进入持久化状态。

(1) Session 的 save()方法和 persist()方法把临时对象转变为持久化对象。

(2) Session 的 load()方法或 get()方法返回的对象总是处于持久化状态。

(3) Query 的 list()方法或 getResultList()方法返回的 List 集合中存放了持久化对象。

(4) Session 的 update()方法、saveOrUpdate()方法和 lock()方法使游离对象转变为持

久化对象。

(5) 当一个持久化对象关联一个临时对象，在允许级联保存的情况下，Session 在清理缓存时会把这个临时对象也转变为持久化对象。

一个 EntityManager 对象总是和一个底层的 Session 对象存在一对一的关联关系，而这个 Session 对象拥有唯一的单独的持久化缓存。从 Hibernate API 的角度，可以把这个持久化缓存看作是属于特定 Session 对象的缓存。而从 JPA API 的角度，则可以把这个持久化缓存看作是属于特定 EntityManager 对象的缓存。

底层 Hibernate 实现保证在同一个 EntityManger 对象(以及同一个 Session 对象)的持久化缓存中，数据库表中的每条记录只对应唯一的持久化对象。如对于以下代码，共创建了两个 EntityManager 实例：entityManager1 和 entityManager2。entityManager1 和 entityManager2 拥有各自的持久化缓存。在 entityManager1 的缓存中，只会有唯一的 OID 为 1 的 Customer 持久化对象；在 entityManager2 的缓存中，也只会有唯一的 OID 为 1 的 Customer 持久化对象。因此在内存中共有两个 Customer 持久化对象，一个属于 entityManager1 的缓存，一个属于 entityManager2 的缓存。引用变量 a 和 b 都引用 entityManager1 缓存中的 Customer 持久化对象，而引用变量 c 引用 entityManager2 缓存中的 Customer 持久化对象。

```
EntityManager entityManager1 =
          entityManagerFactory.createEntityManager();
EntityManager entityManager2 =
          entityManagerFactory.createEntityManager();

EntityTransaction tx1 = entityManager1.getTransaction();
tx1.begin(); //开始一个事务

EntityTransaction tx2 = entityManager2.getTransaction();
tx2.begin(); //开始一个事务

Customer a = entityManager1.find(
              Customer.class,Long.valueOf(1));
Customer b = entityManager1.find(
              Customer.class,Long.valueOf(1));
Customer c = entityManager2.find(
              Customer.class,Long.valueOf(1));

System.out.println(a == b); //true
System.out.println(a == c); //false

tx1.commit();
tx2.commit();
entityManager1.close();
entityManager2.close();
```

Java 对象的持久化状态是相对某个具体的 EntityManager 实例以及底层 Session 实例的，以下代码试图使一个 Java 对象同时被两个 Session 实例关联。

```
Session session1 = sessionFactory.openSession();
Session session2 = sessionFactory.openSession();
Transaction tx1  =  session1.beginTransaction();
Transaction tx2  =  session2.beginTransaction();

//Customer 对象被 session1 关联
Customer c = session1.get(Customer.class,Long.valueOf(1));
session2.update(c);//Customer 对象被 session2 关联
c.setName("Jack"); //修改 Customer 对象的属性

tx1.commit();        //执行 update 语句
tx2.commit();        //执行 update 语句
session1.close();
session2.close();
```

当执行 session1 的 get()方法时，OID 为 1 的 Customer 对象被加入到 session1 的缓存中，因此它是 session1 的持久化对象，此时它还没有被 session2 关联，因此相对于 session2，它处于游离状态；当执行 session2 的 update()方法时，Customer 对象被加入到 session2 的缓存中，因此也成为 session2 的持久化对象。接下来修改 Customer 对象的 name 属性，会导致两个 Session 实例在清理各自的缓存时，都执行相同的 update 语句：

```
update CUSTOMERS set NAME = 'Jack' … where ID = 1;
```

在实际应用程序中，应该避免一个 Java 对象同时被多个 Session 实例关联，因为这会导致重复执行 SQL 语句，并且极容易出现一些并发问题。第 21 章将介绍出现并发问题的原因及解决方法。

8.3.3　被删除对象(Removed Object)的特征

被删除对象具有以下特征。

(1) OID 不为 null。

(2) 从一个 Session 实例的持久化缓存中删除。

(3) 被删除对象和数据库中的相关记录对应。

(4) Session 已经计划将其从数据库中删除。

(5) Session 在清理缓存时，会执行 delete 语句，删除数据库中的相应记录。

(6) 一般情况下，应用程序不应该再使用被删除的对象。

在以下情况，Java 对象进入删除状态。

(1) 在 Hibernate 的配置文件 hibernate.cfg.xml 或 JPA 的配置文件 persistence.xml 中，当 hibernate.use_identifier_rollback 属性取默认值 false 的情况下，Session 的 delete()方法把持久化对象及游离对象转变为被删除对象，此外，EntityManager 的 remove()方法把持久化对象转变为被删除对象。8.4.6 节将对此做进一步介绍。

(2) 当一个持久化对象 A 关联一个持久化对象 B，在允许级联删除的情况下，Session 删除持久化对象 A 时，会级联删除持久化对象 B，使得持久化对象 A 和持久化对象 B 都进入删除状态。

8.3.4 游离对象(Detached Object)的特征

游离对象具有以下特征：

(1) OID不为null。

(2) 不再位于持久化缓存中，也可以说，游离对象不被EntityManager对象以及Session对象关联。

(3) 游离对象是由持久化对象转变过来的，因此在数据库中可能还存在与它对应的记录(前提条件是没有其他程序删除这条记录)。

游离对象与临时对象的相同之处在于，两者都不被EntityManager对象以及Session对象关联，因此Hibernate不会保证它们的属性变化与数据库保持同步。游离对象与临时对象的区别在于，前者是由持久化对象转变过来的，因此可能在数据库中还存在对应的记录；而后者在数据库中没有对应的记录。

游离对象与被删除对象的相同之处在于，两者都不位于持久化缓存中，并且在数据库中都可能存在对应的记录。两者的区别在于，游离对象与Session完全脱离关系，Session不会再管理游离对象与数据库之间的对应关系；而对于被删除对象，Session会计划将其从数据库中删除，等到Session清理缓存时，会执行相应的delete语句，从数据库中删除对应的记录。

EntityManager以及Session通过以下方法使持久化对象转变为游离对象。

(1) 当调用EntityManager或Session的close()方法时，持久化缓存被清空，缓存中的所有持久化对象都变为游离对象。如果在应用程序中没有引用变量引用这些游离对象，它们就会结束生命周期。

(2) EntityManager的detach()方法或Session的evict()方法能够从缓存中清除特定的持久化对象，使它变为游离对象。当持久化缓存中保存了大量的持久化对象，会消耗许多内存空间，为了提高性能，可以考虑调用这些方法，从缓存中清除一些持久化对象。但是在多数情况下不推荐使用这些方法，而应该通过查询语言或者显式的导航来控制对象图的深度。

(3) EntityManager或Session的clear()方法能够清除缓存中的所有持久化对象，使它们变为游离对象。9.6.1节将介绍clear()方法在批量操作中的用途。

8.4 Session接口的用法

Session接口是Hibernate向应用程序提供的操纵数据库的最主要的接口，它提供了基本的保存、更新、删除和加载对象等方法。

8.4.1 Session的save()方法和persist()方法

Session的save()方法使一个临时对象转变为持久化对象。例如，以下代码保存一个Customer对象。

```
Customer customer = new Customer();          //创建 Customer 临时对象

/* 为 Customer 临时对象设置 OID 是无效的.
假定 Customer 类的 setId()方法为 public 类型 */
customer.setId(Long.valueOf(9));

customer.setName("Tom");
Session session = sessionFactory.openSession();
tx = session.getTransaction();
tx.begin();                                  //开始一个事务
session.save(customer);                      //计划执行 insert 语句
System.out.println(customer.getId());        //id = 1
tx.commit();                                 //真正执行 insert 语句
session.close();
```

Session 的 save()方法完成以下操作。

(1) 把 Customer 对象加入到持久化缓存中，使它进入持久化状态。

(2) 选用映射文件指定的标识符生成器，为持久化对象分配唯一的 OID。Customer.hbm.xml 文件中<id>元素的<generator>子元素指定标识符生成器，如：

```
<id name = "id" column = "ID">
      <generator class = "increment"/>
</id>
```

在使用代理主键而非自然主键的情况下，程序代码试图通过 setId()方法为 Customer 临时对象设置 OID 是无效的。假如起初 CUSTOMERS 表中没有记录，那么执行完 save()方法后，Customer 对象的 OID 为 1，这个 OID 的值是由 Hibernate 的特定标识符生成器产生的。如果希望由程序来为 Customer 对象指定 OID，可以调用 save()的另一个重载方法，如：

```
session.save(customer, Long.valueOf(9));
```

save()方法的第二个参数显式指定 Customer 对象的 OID。这种形式的 save()方法不推荐使用，尤其在使用代理主键的场合，不应该由程序为持久化对象指定 OID。

(3) 计划执行一个 insert 语句，把 Customer 对象当前的属性值组装到 insert 语句中，如：

```
insert into CUSTOMERS(ID,NAME, … ) values(1, 'Tom', … );
```

值得注意的是，save()方法并不立即执行 insert 语句。只有当 Session 清理缓存时，才会执行 insert 语句。如果在 save()方法之后，又修改了持久化对象的属性，这会使得 Session 在清理缓存时，额外执行 update 语句。

以下两段代码尽管都能完成相同的功能，但是左边代码仅执行一条 insert 语句，而右边代码执行一条 insert 和一条 update 语句。左边的代码减少了操纵数据库的次数，具有更好的运行性能。

```
Customer customer = new Customer();
//先设置 Customer 对象的属性
//再保存它
customer.setName("Tom");
session.save(customer);
tx.commit(); //执行 insert 语句
```

```
Customer customer = new Customer();
//先保存 Customer 对象,再修改它的属性
session.save(customer);
customer.setName("Tom");
tx.commit(); //执行 insert 和 update 语句
```

Hibernate 通过持久化对象的 OID 来维持它和数据库相关记录的对应关系。当 Customer 对象处于持久化状态时，不允许程序随意修改它的 OID，例如：

```
Customer customer = new Customer();
session.save(customer);
//假定 Customer 类的 setId()方法为 public 访问级别
customer.setId(Long.valueOf(100));
tx.commit(); //抛出 HibernateException
```

以上代码会导致 Session 在清理缓存时抛出如下异常。

```
[java] org.hibernate.HibernateException: identifier of an instance of
mypack.Customer altered from 1 to 100
```

在使用代理主键的场合，无论 Java 对象处于临时状态、持久化状态、删除状态还是游离状态，应用程序都不应该修改它的 OID。因此，比较安全的做法是，在定义持久化类时，把它的 setId()方法设为 private 类型，禁止外部程序访问该方法。

Session 的 save()方法是用来持久化一个临时对象的。在应用程序中不应该把持久化对象或游离对象传给 save()方法。例如，以下代码两次调用了 Session 的 save()方法，第二次传给 save()方法的 Customer 对象处于持久化状态，这步操作其实是多余的。

```
Customer customer = new Customer();
session.save(customer);
customer.setName("Tom");
session.save(customer);  //这步操作是多余的
tx.commit();
```

再例如，以下代码把 Customer 游离对象传给 session2 的 save()方法，session2 会把它当做临时对象处理，再次向数据库中插入一条 Customer 记录。

```
Customer customer = new Customer();
customer.setName("Tom");
Session session1 = sessionFactory.openSession();
Transaction tx1  =  session1.beginTransaction();
session1.save(customer); //此时 Customer 对象的 ID 变为 1
tx1.commit();
session1.close();         //此时 Customer 对象变为游离对象

Session session2 = sessionFactory.openSession();
```

```
Transaction tx2 = session2.beginTransaction();
session2.save(customer);    //此时 Customer 对象的 ID 变为 2
tx2.commit();
session2.close();
```

尽管这段程序代码能正常运行，但是会导致 CUSTOMERS 表中有两条代表相同业务实体的记录，因此不符合业务逻辑。所以让 Session 的 save()方法保存游离对象是不符合持久化规范的操作。

Session 的 persist()方法和 save()方法的作用类似，也能把一个临时对象转变为持久化对象。例如：

```
tx = session.getTransaction();
tx.begin();                      //开始一个事务
session.persist(customer);       //把 Customer 临时对象转变为持久化对象
tx.commit();
```

persist()方法和 save()方法的区别在于，persist()方法是在 Hibernate 3 版本中才开始出现的，它是从 JPA API 的 EntityManager 接口中继承而来的方法，实现了 Java EE 规范中定义的持久化语义。persist()方法没有返回值，而 save()方法有一个 Serializable 类型的返回值，用于返回持久化对象的对象标识符，例如：

```
//返回 Customer 对象的 Id
Long id = (Long)session.save(Customer);
```

8.4.2 Session 的 load()方法和 get()方法

Session 的 load()方法和 get()方法都能根据给定的 OID 从数据库中加载一个持久化对象，这两个方法的一个区别在于，当数据库中不存在与 OID 对应的记录时，load()方法抛出 org.hibernate.ObjectNotFoundException 异常，而 get()方法返回 null。

load()方法和 get()方法的一个更重要的区别在于，两者采用不同的检索策略。如果读者不了解检索策略的概念，建议先阅读第 16 章，了解了检索策略的概念后再来阅读以下这段内容。

在默认情况下，load()方法会采用延迟检索策略加载持久化对象。除非把<class>元素的 lazy 属性的值设为 false，load()方法才会采用立即检索策略，如：

```
<class name = "mypack.Customer" table = "CUSTOMERS" lazy = "false" >
```

在持久化类中把来自 Hibernate 的@Proxy 注解的 lazy 属性设为 false，load()方法也会采用立即检索策略，如：

```
@Entity
@Table(name = "CUSTOMERS")
@org.hibernate.annotations.Proxy(lazy = false)
public class Customer implements java.io.Serializable {…}
```

而 get()方法会忽略< class >元素或@Proxy 注解的 lazy 属性，即不管 lazy 属性取什么值，get()方法总是采用立即检索策略。

假定< class >元素或@Proxy 注解的 lazy 属性取默认值 true，则 load()方法采用延迟检索策略，而 get()方法采用立即检索策略，此时这两个方法有各自的使用场合。

(1) 如果加载一个对象的目的是访问它的各个属性，可以用 get()方法。

(2) 如果加载一个对象的目的是删除它，或者为了建立与别的对象的关联关系，可以用 load()方法。例如，假定有一个 Order 对象和 Customer 对象尚未建立关联关系，以下代码试图建立两者的多对一单向关联关系。

```
tx = session.getTransaction();
tx.begin();        //开始一个事务
//立即检索策略
Order order = session.get(Order.class, Long.valueOf(1));

//延迟检索策略
Customer customer = session.load(Customer.class, Long.valueOf(1));

//建立 Order 和 Customer 的多对一单向关联关系
order.setCustomer(customer);
tx.commit();       //执行 update 语句
```

Session 不需要知道 Customer 对象的各个属性的值，而只要知道 Customer 对象的 OID，就可以生成以下 update 语句。

```
update ORDERS set CUSTOMER_ID = 1, ORDER_NUMBER = … where ID = 1;
```

由 get()、load()或其他查询方法返回的对象都位于当前持久化缓存中，处于持久化状态，因此接下来修改了持久化对象的属性后，当 Session 清理缓存时，会根据持久化对象的属性变化来同步更新数据库。

8.4.3 Session 的 update()方法

Session 的 update()方法使一个游离对象转变为持久化对象，并且会计划执行一条 update 语句。例如，以下代码在 session1 中保存一个 Customer 对象，然后在 session2 中更新这个 Customer 对象。

```
Customer customer = new Customer();
customer.setName("Tom");
Session session1 = sessionFactory.openSession();
Transaction tx1 = session1.beginTransaction();
session1.save(customer);
tx1.commit();                  //清理缓存，提交事务
session1.close();              //此时 Customer 对象变为游离对象

Session session2 = sessionFactory.openSession();
```

```
Transaction tx2 = session2.beginTransaction();
customer.setName("Linda")  //在和 session2 关联之前修改 Customer 对象的属性
session2.update(customer); //Customer 对象和 session2 关联
customer.setName("Jack");  //在和 session2 关联之后修改 Customer 对象的属性
tx2.commit();              //清理缓存,提交事务
session2.close();
```

Session 的 update()方法完成以下操作。

(1) 把 Customer 游离对象加入到当前持久化缓存中,使它变为持久化对象。

(2) 计划执行一个 update 语句。

值得注意的是,Session 只有在清理缓存的时候才会执行 update 语句,并且在执行时才会把 Customer 对象当前的属性值组装到 update 语句中。因此,即使程序中多次修改了 Customer 对象的属性,在清理缓存时只会执行一次 update 语句。

以下两段代码是等价的,无论是左边的代码,还是右边的代码,Session 都只会执行一条 update 语句。

```
…
Session session2 = sessionFactory.openSession();
Transaction tx2 = session2.beginTransaction();
customer.setName("Linda")
session2.update(customer);
customer.setName("Jack");
tx2.commit(); //清理缓存,提交事务
session2.close();
```

```
…
Session session2 = sessionFactory.openSession();
Transaction tx2 = session2.beginTransaction();
session2.update(customer);
customer.setName("Linda")
customer.setName("Jack");
tx2.commit(); //清理缓存,提交事务
session2.close();
```

以上代码尽管把 Customer 对象的 name 属性修改了两次,但 Session 在清理缓存时,根据 Customer 对象的当前属性来组装 update 语句,因此执行的 update 语句为:

```
update CUSTOMERS set name = 'Jack' … where ID = 1;
```

只要通过 update()方法使游离对象被一个 Session 关联,即使没有修改 Customer 对象的任何属性,Session 在清理缓存时也会执行由 update()方法计划的 update 语句。例如,以下程序使 Customer 对象被 session2 关联,但是没有修改 Customer 对象的任何属性。

```
//假定 customer 对象为游离对象
…
Session session2 = sessionFactory.openSession();
Transaction tx2 = session2.beginTransaction();
session2.update(customer);
tx2.commit();
session2.close();
```

Session 在清理缓存时,会执行由 update()方法计划的 update 语句,并且根据 Customer 对象的当前属性来组装 update 语句,如:

```
update CUSTOMERS set name = 'Tom' … where ID = 1;
```

如果希望 Session 仅当修改了 Customer 对象的属性时，才执行 update 语句，可以把映射文件中<class>元素的 select-before-update 设为 true，该属性的默认值为 false，如：

```
<class name = "mypack.Customer" table = "CUSTOMERS"
select - before - update = "true">
```

如果按以上方式修改了 Customer.hbm.xml 文件，当 Session 清理缓存时，会先执行一条 select 语句，如：

```
select * from CUSTOMERS where ID = 1;
```

然后比较 Customer 对象的属性是否和从数据库中检索出来的记录一致，只有在不一致的情况下，才执行 update 语句。

应该根据实际情况来决定是否把 select-before-update 设为 true。如果 Java 对象的属性不会经常变化，可以把 select-before-update 属性设为 true，避免 Session 执行不必要的 update 语句，这样会提高应用程序的性能。如果程序需要经常修改 Java 对象的属性，就没必要把 select-before-update 属性设为 true，因为它会导致在执行 update 语句之前，执行一条多余的 select 语句。

当 update()方法关联一个游离对象时，如果在持久化缓存中已经存在相同 OID 的持久化对象，会抛出异常。例如，以下代码通过 session2 先加载了 OID 为 1 的 customerB 持久化对象，接下来又试图把 OID 为 1 的 customerA 游离对象加入到 session2 的缓存中。

```
//假定 customerA 对象为游离对象
…
Session session2 = sessionFactory.openSession();
Transaction tx2  =  session2.beginTransaction();
//session2 加载 OID 为 1 的 customerB 持久化对象
Customer customerB = session2.get(Customer.class, Long.valueOf(1));

//把 OID 为 1 的 customerA 游离对象加入到 session2 的缓存中
session2.update(customerA);   //抛出 NonUniqueObjectException

tx2.commit();
session2.close();
```

当执行 session2 的 update()方法时，由于在 session2 的缓存中已经存在了 OID 为 1 的 customerB 持久化对象，因此不允许把 OID 为 1 的 customerA 游离对象再加入到 session2 的缓存中，Session 在运行时会抛出 NonUniqueObjectException 异常。此外，当 update()方法关联一个游离对象时，如果在数据库中不存在相应的记录，也会抛出异常。

在分层的软件结构中，临时对象和游离对象会在客户层与业务逻辑层之间传递。例如，对于一个购物网站会包含以下业务过程。

(1) 创建客户账号：客户层创建一个 Customer 临时对象，里面包含用户输入的注册信息，业务逻辑层调用 Session 的 save()方法持久化这个临时对象。

(2) 查询客户账号：业务逻辑层按照客户层给定的查询条件，调用 Query 接口的 list()

方法,查询出符合条件的 Customer 对象,向客户层返回处于游离状态的 Customer 对象。

(3) 修改客户账号:客户层修改查询客户账号返回的 Customer 游离对象的属性,然后再把它传给业务逻辑层,业务逻辑层调用 Session 的 update()方法更新数据库。

(4) 注销客户账号:客户层把查询客户账号返回的 Customer 游离对象再传给业务逻辑层,业务逻辑层调用 Session 的 delete()方法从数据库中删除相关的记录。

在业务逻辑层,每当事务结束,都会关闭 Session,使 Customer 对象进入游离状态。图 8-13 显示了客户层与业务逻辑层之间传递临时对象和游离对象的过程。

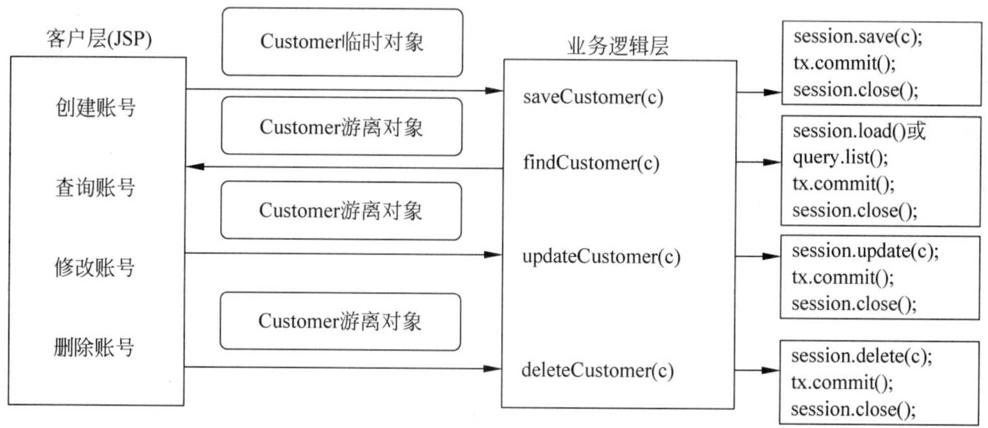

图 8-13 客户层与业务逻辑层之间传递临时对象和游离对象的过程

8.4.4 Session 的 saveOrUpdate()方法

Session 的 saveOrUpdate()方法同时包含了 save()方法与 update()方法的功能,如果传入的参数是临时对象,就调用 save()方法;如果传入的参数是游离对象,就调用 update()方法;如果传入的参数是持久化对象,那就直接返回。在传入参数不是持久化对象的前提下,saveOrUpdate()方法如何判断一个对象处于临时状态还是游离状态呢?如果满足以下情况之一,Hibernate 就把它作为临时对象,否则就作为游离对象。

(1) Java 对象的 OID 取值为 null。

(2) Java 对象具有 version 版本控制属性并且取值为 null。

(3) 在映射文件中为< id >元素设置了 unsaved-value 属性,并且 Java 对象的 OID 取值与这个 unsaved-value 属性值匹配。

(4) 在映射文件中为 version 版本控制属性设置了 unsaved-value 属性,并且 Java 对象的 version 版本控制属性的取值与映射文件中 unsaved-value 属性值匹配。

(5) 为 Hibernate 的 Interceptor(拦截器)提供了自定义的实现,并且 Interceptor 实现类的 isUnsaved()方法返回 Boolean. TRUE。

在以下程序中,假定 customerA 起初为游离对象,customerB 起初为临时对象,session2 的 saveOrUpdate()方法分别将它们变为持久化对象。

```
//假定 customerA 为游离对象
...
```

```
Session session2 = sessionFactory.openSession();
Transaction tx2  =  session2.beginTransaction();
Customer customerB = new Customer(); //创建临时对象
customerB.setName("Tom");

//使 customerA 游离对象被 session2 关联
session2.saveOrUpdate(customerA);
//使 customerB 临时对象被 session2 关联
session2.saveOrUpdate(customerB);

tx2.commit();
session2.close();
```

如果 Customer 类的 id 属性为 java.lang.Long 类型，它的默认值为 null，那么 session2 很容易就判断出 customerA 对象为游离对象，因为它的 id 属性不为 null，而 customerB 对象为临时对象，因为它的 id 属性为 null。因此 session2 对 customerA 对象执行 update 操作，对 customerB 对象执行 insert 操作。

如果 Customer 类的 id 属性为 long 类型，它的默认值为 0，此时需要显式设置< id >元素的 unsaved-value 属性，它的默认值为 null，例如：

```
<id name = "id" column = "ID" unsaved - value = "0">
      <generator class = "increment"/>
</id>
```

这样，如果一个 Customer 对象的 id 取值为 0，saveOrUpdate()方法就会把它作为临时对象。

8.4.5 Session 的 merge()方法

Session 的 merge()方法能够把一个游离对象的属性复制到一个持久化对象中。8.4.3 节已经讲过，当 Session 用 update()方法关联一个游离对象时，如果在持久化缓存中已经存在一个同类型的并且 OID 相同的持久化对象，那么 update()方法会抛出 NonUniqueObjectException，例如：

```
customer1.setName("Jack");      //假定 customer1 为游离对象，OID 为 1

Session session = sessionFactory.openSession();
tx  =  session.getTransaction();
tx.begin();                     //开始一个事务

//session 加载 OID 为 1 的 Customer 持久化对象
Customer customer2 = session.get(Customer.class, Long.valueOf(1));

//把 OID 为 1 的 customer1 游离对象加入到持久化缓存中
session.update(customer1);      //抛出 NonUniqueObjectException

tx.commit();
session.close();
```

下面的代码把 update()方法改为 merge()方法。

```
customer1.setName("Jack");    //假定 customer1 为游离对象,OID 为 1

Session session = sessionFactory.openSession();
tx = session.getTransaction();
tx.begin();                   //开始一个事务

//session 加载 OID 为 1 的 Customer 持久化对象
Customer customer2 = session.get(Customer.class, Long.valueOf(1));

//把 customer1 对象的属性复制到持久化缓存中的相应持久化对象中
Customer customer3 = (Customer)session.merge(customer1);

customer1 == customer2; //false
customer1 == customer3; //false
customer2 == customer3; //true

//执行 update 语句,把 CUSTOMERS 表中 ID 为 1 记录的 NAME 字段改为 Jack
tx.commit();

session.close();
return customer3;
```

如图 8-14 所示,Session 的 merge()方法的处理流程如下:

(1) 根据 customer1 游离对象的 OID 到持久化缓存中查找匹配的持久化对象。在本例中,找到了匹配的 customer2 持久化对象,就把 customer1 游离对象的属性复制到 customer2 持久化对象中,计划执行一条 update 语句,再返回 customer2 持久化对象的引用,所以表达式 customer2==customer3 的值为 true。

(2) 如果在持久化缓存中没有找到与 customer1 游离对象的 OID 一致的 Customer 持久化对象,那么就试图根据这个 OID 从数据库中加载 Customer 持久化对象。如果在数据库中存在这样的 Customer 持久化对象,就把 customer1 游离对象的属性复制到这个刚加载的 Customer 持久化对象中,计划执行一条 update 语句,再返回这个 Customer 持久化对象的引用;如果在数据库中不存在这样的 Customer 持久化对象,就会创建一个新的 Customer 对象,把 customer1 游离对象的属性复制到这个新建的 Customer 对象中,再调用 save()方法持久化这个 Customer 对象,最后返回这个 Customer 持久化对象的引用。

(3) 如果 merge()方法的参数 customer1 为一个临时对象,那么也会创建一个新的 Customer 对象,把 customer1 临时对象的属性复制到这个新建的 Customer 对象中,再调用 save()方法持久化这个 Customer 对象,最后返回这个 Customer 持久化对象的引用。

从 merge()方法的处理流程可以看出,merge()方法返回的 customer3 是一个持久化对象。参数传入的 customer1 为游离对象或临时对象,customer1 的属性被复制到 customer3 持久化对象中。程序调用完 merge()方法,customer1 对象就没有使用价值,可以结束生命周期了,程序接下来可以继续操纵 customer3 对象。

merge()方法到底把 customer1 对象的哪些属性复制到 customer3 持久化对象中呢?

主要包括以下内容。

（1）customer1 对象的所有值类型的属性。关于值类型属性的概念参见 10.3.1 节。

（2）customer1 对象的集合类型属性中的元素。例如，假定 customer1 对象的 orders 集合属性中存放了 Order 对象，以下代码先对 orders 集合做添加及删除操作，那么 merge()方法会对 customer3 持久化对象的 orders 集合属性也做相应的添加及删除操作。

```
customer1.getOrders().add(order1);     //加入一个订单
customer1.getOrders().remove(order2); //删除一个订单
…
Customer customer3 = (Customer)session.merge(customer1);
```

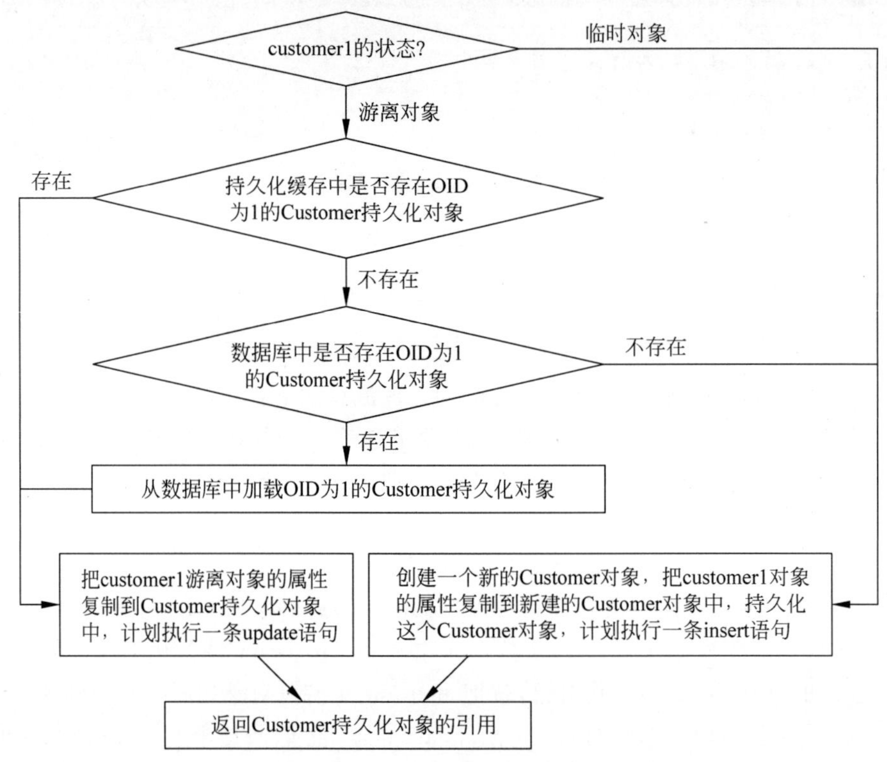

图 8-14　merge()方法的处理流程

提示 在图 8-11 和图 8-12 中，merge()方法使对象从临时状态或游离状态转变为持久化状态，但是图中采用虚线来标识，这是因为 session.merge(customer)方法不会改变参数传入的 Customer 对象本身的状态，实际上是返回另外一个持久化状态的 Customer 对象。

8.4.6　Session 的 delete()方法

Session 的 delete()方法用于从数据库中删除一个 Java 对象。delete()方法既可以删除持久化对象，也可以删除游离对象。delete()方法的处理过程如下。

(1) 如果传入的参数是游离对象,先使游离对象被当前 Session 关联,使它变为持久化对象;如果传入的参数是持久化对象,则忽略这一步。让游离对象先变为持久化对象,是为了确保在使用了拦截器(Interceptor)的场合,拦截器能正常工作。

(2) 计划执行一个 delete 语句。

(3) 把对象从持久化缓存中删除,该对象进入删除状态。

值得注意的是,Session 只有在清理缓存的时候才会执行 delete 语句。

例如,以下代码先加载一个持久化对象,然后通过 delete()方法将它删除。

```
Session session = sessionFactory.openSession();
tx = session.getTransaction();
tx.begin();                                          //开始一个事务

//先加载一个持久化对象,
//此处加载持久化对象是为了删除它,无须访问它的属性
//因此用 load()方法而不是 get()方法,可以获得更好的性能
Customer customer = session.load(Customer.class, Long.valueOf(1));

//计划执行一个 delete 语句,从缓存中删除 Customer 对象
//把 Customer 对象转变为被删除对象
session.delete(customer);

//以下 session.contains()方法判断持久化缓存中是否存在 customer 对象
System.out.println(session.contains(customer));  //打印 false

tx.commit();                                         //执行 delete 语句
session.close();
```

以下代码直接通过 delete()方法删除一个游离对象。

```
Session session = sessionFactory.openSession();
tx = session.getTransaction();
tx.begin();             //开始一个事务

//假定 customer 是一个游离对象
//以下 delete()方法先使它被 Session 关联,使它变为持久化对象
//然后计划执行一个 delete 语句,并使它变为被删除对象
session.delete(customer);

tx.commit();            //执行 delete 语句
session.close();
```

在默认情况下,delete()方法能把持久化对象或游离对象转变为被删除对象,被删除对象是无用对象,程序不应该再使用这些对象。

Hibernate 有一个配置属性 hibernate.use_identifier_ rollback,它的默认值为 false,如果把它设为 true,那么将改变 Session 的 delete()方法的运行时行为。delete()方法会把持

久化对象或游离对象的 OID 置为 null，使它们转变为临时对象，这样程序就可以重复使用这些临时对象了。在实际应用中，当用户删除了一个对象，如果允许用户撤销删除操作，这时候就需要用到这一特性。

假定 hibernate.use_identifier_rollback 属性为 true，在以下这段代码中，执行完 session.delete(customer)语句后，customer 的 OID 变为 null。

```
tx = session.getTransaction();
tx.begin();                                          //开始一个事务

Customer customer = session.load(Customer.class, Long.valueOf(1));
session.delete(customer);                            //customer 转变为临时对象
System.out.println("ID = " + customer.getId());     //打印 ID = null
System.out.println(session.contains(customer));     //打印 false
tx.commit();
```

Session 的 delete()方法一次只能删除一个对象。9.6.3 节将介绍批量删除多个 Customer 对象的方法。

8.4.7 Session 的 replicate()方法

Session 的 replicate()方法能够把一个数据库中的对象复制到另一个数据库中。以下代码中的 sessionFactory1 和 sessionFactory2 分别代表两个不同的数据存储源。session1 的 get()方法从 sessionFactory1 代表的数据存储源中加载一个 Customer 对象，session2 的 replicate()方法把 Customer 对象复制到 sessionFactory2 代表的数据存储源中。

```
Session session1 = sessionFactory1.openSession();
Transaction tx1 =  session1.beginTransaction();
Customer customer = session1.get(Customer.class, Long.valueOf(1));
tx1.commit();
session1.close();

Session session2 = sessionFactory2.openSession();
Transaction tx2 =  session2.beginTransaction();
//把 Customer 对象复制到第二个数据库存储源中
session2.replicate(customer,ReplicationMode.LATEST_VERSION);
tx2.commit();
session2.close();
```

在这段代码中，session2.replicate(customer，ReplicationMode.LATEST_VERSION)方法能把本来是游离状态的 Customer 对象转变为持久化状态。replicate()方法的第二个参数决定复制的模式，它有以下可选值。

(1) ReplicationMode.IGNORE：无论在目标数据库中是否存在 OID 相同的 Customer 对象，都不会更新目标数据库。

(2) ReplicationMode.OVERWRITE：如果在目标数据库中已经存在 OID 相同的

Customer 对象，就把参数中的 Customer 对象的数据覆盖掉目标数据库中的已经存在的 Customer 对象。

(3) ReplicationMode. EXCEPTION：如果在目标数据库中已经存在 OID 相同的 Customer 对象，就抛出异常。

(4) ReplicationMode. LATEST_VERSION：如果在目标数据库中已经存在 OID 相同的 Customer 对象，那就比较已存在 Customer 对象和参数中待复制 Customer 对象的版本。如果待复制 Customer 对象的版本更加新，那就把待复制 Customer 对象覆盖掉已存在 Customer 对象，否则就什么也不做。这个模式要求 Hibernate 采用了乐观锁并发控制。21.5 节将介绍乐观锁的概念及用法。

8.4.8　Session 的 byId()方法

Session 的 byId(Class < T > entityClass)方法返回一个 org. hibernate. IdentifierLoadAccess 类型的对象。IdentifierLoadAccess 类的 load(Serializable id)方法可以根据参数 id 来加载特定类型的持久化对象。

例如以下代码用于加载 id 为 1 的 Customer 对象。

```
Long customerId = Long.valueOf(1);

Customer customer =  session
      .byId( Customer.class )   //指定持久化类的类型
      .load( customerId );      //指定 id
```

IdentifierLoadAccess 类的 load()方法和 Session 的 get()方法的运行时行为相同，如果数据库中不存在相应的 Customer 对象，会返回 null。因此这段代码和以下代码的作用是等价的。

```
Customer customer = session.get(Customer.class,Long.valueOf(1));
```

8.4.9　Session 的 refresh()方法

Session 的 refresh()方法会立即执行一条 SQL select 查询语句，重新到数据库中去检索特定的对象，随后按照数据库中的最新数据来刷新持久化缓存中的持久化对象。例如在以下代码中，加载了一个 Customer 对象后，然后调用 session. refresh(customer)方法来刷新这个对象。

```
tx = session.beginTransaction();
//加载 Customer 对象
Customer customer = session.get(Customer.class, Long.valueOf(1));

/** 睡眠 1 分钟,
```

```
假定在睡眠的这段时间内,用户通过 MySQL 的客户端程序手动修改了
这条 ID 为 1 的 CUSTOMERS 记录的 NAME 属性 */
Thread.sleep(1000 * 60);

System.out.println("before refresh:" + customer.getName());
session.refresh(customer);  //刷新 Customer 对象
System.out.println("after refresh:" + customer.getName());
tx.commit();
```

为了便于测试 Session 的 refresh()方法的运行时行为，在 session.refresh(customer)方法前后都会打印 Customer 对象的 name 属性，比较该 name 属性是否发生变化。

以上代码在加载了 Customer 对象后，先睡眠一分钟。当程序在睡眠时，用户可以通过 MySQL 的客户端程序来手动修改 CUSTOMERS 表中 ID 为 1 的记录，例如在 MySQL 的客户端程序中输入以下 SQL 语句。

```
use sampledb;
update CUSTOMERS set NAME = 'Linda' where ID = 1;
```

实验结果表明，Session 的 refresh()方法的运行时行为与事务隔离级别有关。关于事务隔离级别的详细介绍参见 21.3 节。默认情况下，Hibernate 使用所连接数据库的默认事务隔离级别，MySQL 的默认事务隔离级别为 4：Repeatable Read。在这种情况下，在一个事务内看不到其他事务对数据所做的更新，所以对于以上代码，即使调用了 session.refresh(customer)方法，Customer 对象的 name 属性还是未发生变化。

如果希望一个事务看到其他事务对数据所做的更新，应该把 Hibernate 的表示事务隔离级别的配置属性 hibernate.connection.isolation 设为 2，表示 Read Commited 事务隔离级别。这时候再执行以上程序代码，就会发现 session.refresh(customer)方法会读到其他事务对 CUSTOMERS 表的记录所做的更新。

当一个事务运行时间很长，包含了许多任务，这种情况下不建议使用 Session 的 refresh()方法。refresh()方法适用于以下情况。

(1) 执行完 insert 或 update 操作后，引发数据库中的触发器修改特定对象的数据。

(2) 在同一个事务中，直接通过 JDBC API 执行了 SQL 语句(例如进行批量更新)之后。

(3) 向数据库中插入了 Blog 或 Clob 类型的数据后。

8.5 EntityManager 接口的用法

在 Hibernate 和 JPA 的发展历史中，先出现 Hibernate，然后再出现 JPA 规范。随后 Hibernate 实现了 JPA API。所以 Session 接口继承了 EntityManager 接口。Session 接口与 EntityManager 接口的同名并且参数签名也相同的方法的功能相同。此外，EntityManager 接口与 Session 接口的一些不同名的方法的也有相同或者相似的功能，表 8-4 对这两个接口的方法做了对比。

表 8-4 对比 EntityManager 接口与 Session 接口

EntityManager 接口的方法	Session 接口的方法	描 述	运行时行为是否相同
flush()	flush()	清理持久化缓存	是
persist()	persist()	保存对象	是
无	save()	保存对象	否,只有 Session 接口具有该方法
find()	get()	加载对象	是
getReference()	load()	加载对象	基本上相同。一个区别是,当数据库中不存在与参数 OID 对应的记录时,Session 的 load()方法抛出 org. hibernate. ObjectNotFoundException 异常,而 EntityManager 的 getReference()方法抛出 javax. persistence. EntityNotFoundException
无	update()	更新对象	否,只有 Session 接口具有该方法
无	saveOrUpdate()	保存或更新对象	否,只有 Session 接口具有该方法
merge()	merge()	把一个游离对象或临时对象的属性复制到一个持久化对象中	是
remove()	delete()	删除对象	基本上相同。一个区别是,Session 的 delete()方法可以删除持久化对象和游离对象,而 EntityManager 的 remove()方法只能删除持久化对象
无	replicate()	把一个数据库中的对象复制到另一个数据库中	否,只有 Session 接口具有该方法
refresh()	refresh()	刷新持久化对象	是
lock()	lock()	为持久化对象设置锁,参见 21.5.3 节	基本相同。区别在于 Session 的 lock()方法还能把一个临时对象变成持久化对象
detach()	evict()	从持久化缓存中清除参数指定的持久化对象,使该对象变成游离对象,参见 22.3 节	是
clear()	clear()	清空持久化缓存,参见 22.3 节	是

表 8-4 列出了 Session 接口在未继承 EntityManager 接口之前本来具有的方法。实际上,EntityManager 接口中的所有方法在 Session 接口中都有完全相同的方法。

EntityManager 的 remove()方法与 Session 的 delete()方法的作用基本上相同,两者的一个区别是,Session 的 delete()方法可以删除持久化对象和游离对象,而 EntityManager 的 remove()方法只能删除持久化对象。

如果程序主要通过 JPA API 访问数据库,但在个别情况下需要访问 Hibernate API,那么可以参考 4.3.3 节从 EntityManager 接口中获得底层 Session 对象，如：

```
//获得 Hibernate API 中的 Session
Session session = entityManager.unwrap( Session.class );
```

下面再总结更新数据库中数据的两种常见方式。

(1) 先加载持久化对象，修改持久化对象的属性，然后底层 Session 在清理缓存时自动同步更新数据库中的相应数据。

以下代码通过 JPA API 来更新持久化对象。

```
//使用 JPA API
tx = entityManager.getTransaction();
tx.begin();                    //开始一个事务
Customer customer = entityManager.find(Customer.class,Long.valueOf(1));

customer.setName("Jack"); //修改 Customer 持久化对象的 name 属性
tx.commit();                   //清理持久化缓存,更新数据库中的相应数据
```

以下代码通过 Hibernate API 来更新持久化对象。

```
//使用 Hibernate API
tx = session.beginTransaction();
Customer customer = session.get(Customer.class,Long.valueOf(1));

customer.setName("Jack"); //修改 Customer 持久化对象的 name 属性
tx.commit();                   //清理持久化缓存,更新数据库中的相应数据
```

(2) 修改游离对象的属性，然后使该游离对象转变为持久化对象。

以下代码通过 JPA API 中 EntityManager 的 merge()方法来更新数据库中的相应数据：

```
//使用 JPA API
Customer customer = …              //假定 customer 为游离对象
customer.setName("Jack");          //修改 Customer 游离对象的 name 属性

tx = entityManager.getTransaction();
tx.begin();                        //开始一个事务

//计划执行一条 SQL update 语句
Customer mergedCustomer = entityManager.merge(customer);
tx.commit();                       //清理持久化缓存,更新数据库中的相应数据
```

以下代码通过 Hibernate API 中的 Session 的 update()方法来更新数据库中的相应数据。

```
//使用 Hibernate API
Customer customer = …              //假定 customer 为游离对象
customer.setName("Jack");          //修改 Customer 游离对象的 name 属性

tx = session.beginTransaction();
```

```
session.update(customer);  //计划执行一条 update 语句
tx.commit();               //清理持久化缓存,更新数据库中的相应数据
```

8.6 通过 Hibernate API 级联操纵对象图

对于实际应用,对象与对象之间是相互关联的。因此,在持久化缓存中存放的是一幅相互关联的对象图。7.3 节已经介绍过 Category 类的一对多双向自身关联关系,以下代码看似仅加载了一个 Category 对象。

```
Category appleCategory = session.get(Category.class, Long.valueOf(4));
```

实际上,如果在关联级别设置了立即检索策略,那么 Session 可以自动加载所有和 appleCategory 直接关联或间接关联的 Category 对象,参见图 8-15。

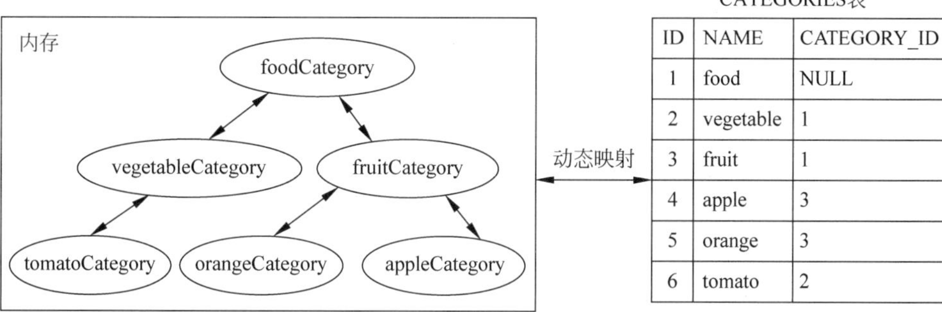

ID	NAME	CATEGORY_ID
1	food	NULL
2	vegetable	1
3	fruit	1
4	apple	3
5	orange	3
6	tomato	2

图 8-15 内存中互相关联的 Category 对象图与数据库中 CATEGORIES 表的关系数据对应

在应用程序中,可以通过 getParentCategory()方法导航到父类别 Category 对象,通过 getChildCategories()方法导航到子类别 Category 对象,如:

```
Category foodCategory = appleCategory.getParentCategory()
                                     .getParentCategory();
Category orangeCategory = appleCategory.getParentCategory()
                                        .getChildCategories()
                                        .iterator()
                                        .next();
```

在对象-关系映射文件中,用于映射持久化类之间关联关系的元素,如< set >、< many-to-one >和< one-to-one >元素,都有一个 cascade 属性,它用于指定如何操纵与当前对象关联的其他对象。表 8-5 列出了 cascade 属性的可选值。

表 8-5 cascade 属性

cascade 属性值	描 述
none	当 Session 操纵当前对象时,忽略其他关联的对象。它是 cascade 属性的默认值
save-update	当通过 Session 的 save()、update()及 saveOrUpdate()方法来保存或更新当前对象时,级联保存所有关联的新建的临时对象,并且级联更新所有关联的游离对象

续表

cascade 属性值	描　　述
persist	当通过 Session 的 persist()方法来保存当前对象时，会级联保存所有关联的新建的临时对象
merge	当通过 Session 的 merge()方法来融合当前对象时，会级联融合所有关联的对象
delete	当通过 Session 的 delete()方法删除当前对象时，会级联删除所有关联的对象
lock	当通过 Session 的 lock()方法把当前游离对象加入到持久化缓存中时，会把所有关联的游离对象也加入到持久化缓存中
replicate	当通过 Session 的 replicate()方法复制当前对象时，会级联复制所有关联的对象
evict	当通过 Session 的 evict()方法从持久化缓存中清除当前对象时，会级联清除所有关联的对象
refresh	当通过 Session 的 refresh()方法刷新当前对象时，会级联刷新所有关联的对象。所谓刷新是指读取数据库中相应数据，然后根据数据库中的最新数据去同步更新持久化缓存中的相应对象
all	包含 save-update、persist、merge、delete、lock、replicate、evict 及 refresh 的行为
delete-orphan	删除所有和当前对象解除关联关系的对象
all-delete-orphan	包含 all 和 delete-orphan 的行为

下面通过例子来演示如何操纵对象图。本节的例子建立在 7.5.3 节的例子的基础上。在 Category.hbm.xml 文件中设置了<set>元素和<many-to-one>元素的 cascade 属性，代码如下：

```
<set
      name="childCategories"
      cascade="save-update"
      inverse="true"
      lazy="false"
      >
      <key column="CATEGORY_ID" />
      <one-to-many class="mypack.Category" />
</set>

 <many-to-one
      name="parentCategory"
      column="CATEGORY_ID"
      class="mypack.Category"
      cascade="save-update"
      lazy="false" />
```

<set>元素的 cascade 属性为 save-update，因此在保存或更新当前 Category 对象时，Session 会调用 getChildCategories()方法，导航到所有的子类别 Category 对象，然后对这些子类别 Category 对象进行级联保存或更新。

<many-to-one>元素的 cascade 属性为 save-update，因此在保存或更新当前 Category 对象时，Session 会调用 getParentCategory()方法，导航到父类别 Category 对象，然后对父类别 Category 对象进行级联保存或更新。

此外，<set>元素以及<many-to-one>元素的 lazy 属性的取值都是 false，表明在关联级别采用立即检索策略，当加载一个 Category 对象时，会立即加载与它关联的父类别 Category 对象以及所有的子类别 Category 对象。

本节范例程序位于配套源代码包的 sourcecode/chapter8/version1 目录下，在该目录下有个 ANT 的工程文件 build.xml。运行范例之前，首先要在 MySQL 数据库中创建相关的表，相应的 SQL 脚本为 chapter8/version1/schema/sampledb.sql。

在 DOS 命令行下进入 version1 目录，然后输入命令"ant run"，会运行 BusinessService 类，它的源程序参见例程 8-2。

例程 8-2　BusinessService 类

```
public class BusinessService{
  public static SessionFactory sessionFactory;

  /** 初始化 Hibernate,创建 SessionFactory 实例 */
  static{ … }
  public void saveFoodCategory(){ … }
  public void navigateCategories(){ … }
  private void navigateCategories(Category category,
                                  Set<Category> categories){ … }
  public void saveVegetableCategory(){ … }
  public void updateVegetableCategory(){ … }

  public void saveOrangeCategory(){
    Session session = sessionFactory.openSession();
    Transaction tx = null;
    try {
      tx = session.beginTransaction();
      Category fruitCategory = findCategoryByName(session,"fruit");
      Category orangeCategory = new Category("orange",null,
                                             new HashSet<Category>());
      fruitCategory.addChildCategory(orangeCategory);
      tx.commit();
    }catch(RuntimeException e) {
      if (tx != null) {
        tx.rollback();
      }
      throw e;
    } finally {
      session.close();
    }
  }

  public void saveOrUpdate(Object object){
    Session session = sessionFactory.openSession();
    Transaction tx = null;
    try {
      tx = session.beginTransaction();
```

```
        session.saveOrUpdate(object);
        tx.commit();
      }catch (RuntimeException e) {
        if (tx != null) {
          tx.rollback();
        }
        throw e;
      } finally {
        session.close();
      }
    }

    /** 按照参数指定的名字返回匹配的 Category 游离对象 */
    public Category findCategoryByName(String name){ … }

    /** 按照参数指定的名字返回匹配的 Category 持久化对象 */
    private Category findCategoryByName(Session session, String name){
      List<Categorry> results = session
                .createQuery("from Category as c where c.name = '"
                    + name + "'",Category.class)
               .getResultList();
      return results.iterator().next();
    }

    public void test(){
      saveFoodCategory();
      saveOrangeCategory();
      saveVegetableCategory();
      updateVegetableCategory();
      navigateCategories();
    }

    public static void main(String args[ ]){
      new BusinessService().test();
      sessionFactory.close();
    }
  }
```

BusinessService 类的 main()方法调用 test()方法，test()方法又依次调用以下方法。

(1) saveFoodCategory()方法：演示如何级联保存临时对象。

(2) saveOrangeCategory()方法：演示如何更新持久化对象。

(3) saveVegetableCategory()方法：演示如何持久化与游离对象关联的临时对象。

(4) updateVegetableCategory()方法：演示如何更新游离对象。

(5) navigateCategories()方法：演示如何遍历对象图。

8.6.1 级联保存临时对象

saveFoodCategory()方法先创建三个 Category 临时对象，建立它们的关联关系，参见图 8-16，然后调用 saveOrUpdate()方法保存 foodCategory 对象，如：

```
Category foodCategory = new Category("food",new HashSet(),null);
Category fruitCategory = new Category("fruit",new HashSet(),null);
Category appleCategory = new Category("apple",new HashSet(),null);

//建立食品类别和水果类别之间的关联关系
foodCategory.addChildCategory(fruitCategory);

//建立水果类别和苹果类别之间的关联关系
fruitCategory.addChildCategory(appleCategory);

saveOrUpdate(foodCategory);
```

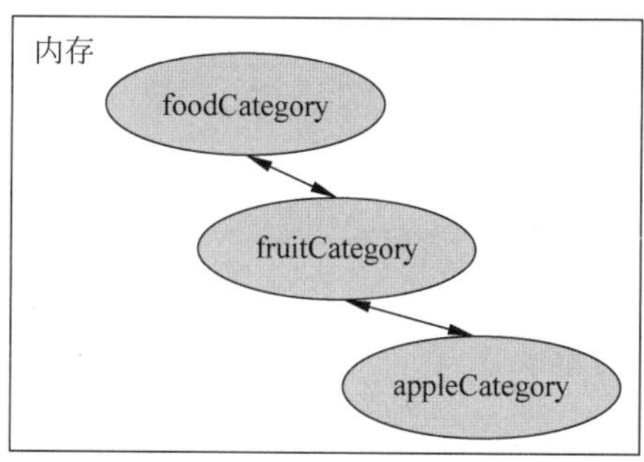

图 8-16　内存中 3 个临时对象互相关联的对象图

saveOrUpdate()方法调用 Session 的 saveOrUpdate()来保存 foodCategory 对象。Session 的 saveOrUpdate()执行以下步骤。

(1) 由于 foodCategory 为临时对象,因此 Session 调用 save()方法来保存 foodCateogry 对象。

(2) Session 通过 foodCategory.getChildCategories()方法导航到 fruitCategory 临时对象,调用 save()方法来级联保存 fruitCateogry 临时对象。

(3) Session 通过 fruitCategory.getChildCategories()方法导航到 appleCategory 对象,调用 save()方法来级联保存 appleCateogry 对象。

Session 在清理缓存时执行如下三条 insert 语句。

```
insert into CATEGORIES (NAME, CATEGORY_ID, ID) values ('food', null, 1);
insert into CATEGORIES (NAME, CATEGORY_ID, ID) values ('fruit', 1, 2);
insert into CATEGORIES (NAME, CATEGORY_ID, ID) values ('apple', 2, 3);
```

8.6.2　更新持久化对象

saveOrangeCategory()方法用于持久化一个 orangeCategory 对象,参见图 8-17。saveOrangeCategory()方法先调用 findCategoryByName(session,"fruit")方法,由于该查询方法与 saveOrangeCategory()方法共用一个 Session,因此它返回的 fruitCategory 对象处于持久化状态。接下来创建一个 orangeCategory 临时对象,建立 fruitCategory 与

orangeCategory 之间的关联关系，代码如下所示。

```
tx = session.beginTransaction();
//返回的 fruitCategory 是持久化对象
Category fruitCategory = findCategoryByName(session,"fruit");
Category orangeCategory = new Category("orange",
                         new HashSet < Category >(),null);
//fruitCategory 持久化对象与 orangeCategory 临时对象关联
fruitCategory.addChildCategory(orangeCategory);
tx.commit(); //执行 insert 语句
```

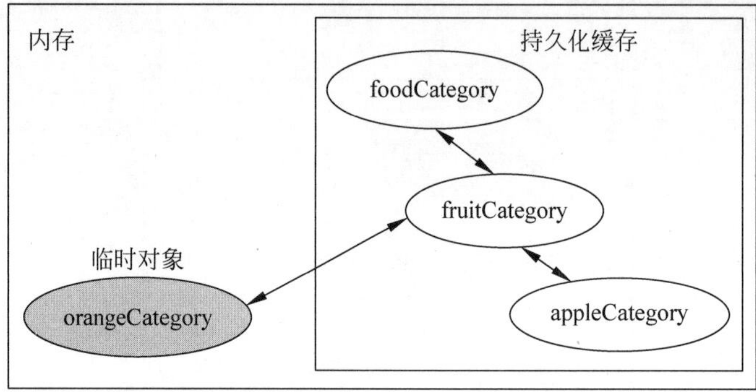

图 8-17　内存中临时对象与持久化对象互相关联的对象图

当 Session 清理缓存时，发现 fruitCategory 持久化对象关联了一个 orangeCategory 临时对象，会自动持久化 orangeCategory 对象，Session 执行以下 SQL 语句。

```
insert into CATEGORIES (NAME, CATEGORY_ID, ID) values('orange', 2, 4);
```

8.6.3　持久化临时对象

saveVegetableCategory()方法用于持久化一个 vegetableCategory 临时对象，参见图 8-18。

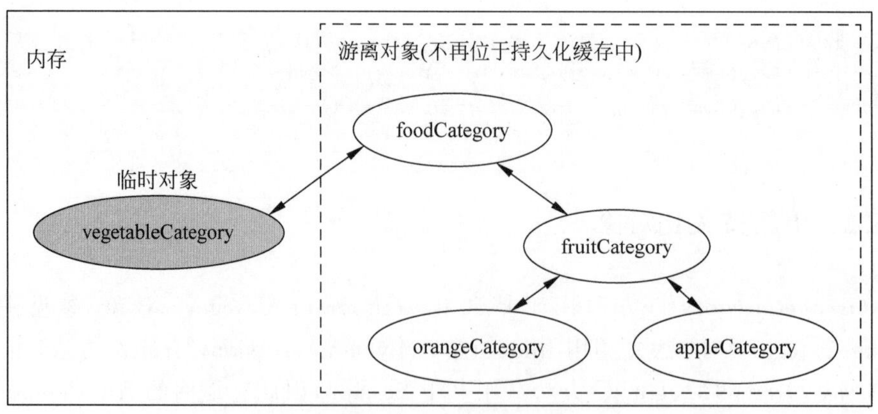

图 8-18　内存中临时对象与游离对象互相关联的对象图

saveVegetableCategory()方法先调用 findCategoryByName("food")方法,该查询方法不与 saveVegetableCategory()方法共用一个 Session,因此返回的 foodCategory 对象处于游离状态。接下来创建一个 vegetableCategory 临时对象,建立 foodCategory 与 vegetableCategory 之间的关联关系。最后调用 saveOrUpdate()方法保存 vegetableCategory 对象:

```
//返回的 foodCategory 是游离对象
Category foodCategory = findCategoryByName("food");
Category vegetableCategory = new Category("vegetable",
                new HashSet<Category>(),null);
//foodCategory 游离对象与 vegetableCategory 临时对象关联
foodCategory.addChildCategory(vegetableCategory);
saveOrUpdate(vegetableCategory);
```

saveOrUpdate()方法调用 Session 的 saveOrUpdate()来保存 vegetableCategory 对象。Session 的 saveOrUpdate()执行以下步骤。

(1) 由于 vegetableCategory 为临时对象,因此 Session 调用 save()方法持久化 vegetableCategory 对象。

(2) Session 通过 vegetableCategory. getParentCategory()方法导航到 foodCategory 对象,由于 foodCategory 对象为游离对象,因此调用 update()方法更新 foodCategory 对象。

(3) Session 通过 foodCategory. getChildCategories()方法导航到 fruitCategory 对象,由于 fruitCategory 对象为游离对象,因此调用 update()方法更新 fruitCategory 对象。

(4) 以此类推,Session 会遍历图 8-18 中所有的 Category 游离对象,并对这些游离对象进行更新操作。

所以,Session 在清理缓存时,除了执行一条 insert 语句,还会执行如下四条多余的 update 语句。

```
insert into CATEGORIES (NAME, CATEGORY_ID, ID)
                    values ('vegetable', 1, 5);
update CATEGORIES set NAME = 'food', CATEGORY_ID = null where ID = 1;
update CATEGORIES set NAME = 'fruit', CATEGORY_ID = 1 where ID = 2;
update CATEGORIES set NAME = 'apple', CATEGORY_ID = 2 where ID = 3;
update CATEGORIES set NAME = 'orange', CATEGORY_ID = 2 where ID = 4;
```

提示　由此可见,级联保存和级联更新总是结合在一起,所以在 cascade 属性的所有可选值中,只有 save-update,而没有单独的 save 或 update。

假如有 1000 个 Category 游离对象相互关联,Session 就会执行 1 000 条多余的 update 语句,这会大大影响应用程序的性能。解决办法是把<many-to-one>元素的 cascade 属性设为默认值 none,而<set>元素的 cascade 属性依然为 save-update。这样,Session 在通过 save()方法保存 vegetableCategory 对象时,就不会通过 vegetableCategory. getParentCategory()方法导航到 foodCategory 对象。因此 Session 在清理缓存时,只需要执行一条 insert 语句。当然,如果 vegetableCategory 对象还关联了子类别 Category 临时对象,

Session 会通过 getChildCategories()方法导航到子类别 Category 临时对象，并对它们进行级联保存操作。

8.6.4 更新游离对象

updateVegetableCategory()方法用于更新 vegetableCategory 对象的 name 属性，并且创建一个 tomatoCategory 对象，它与 vetetableCategory 对象关联，参见图 8-19。

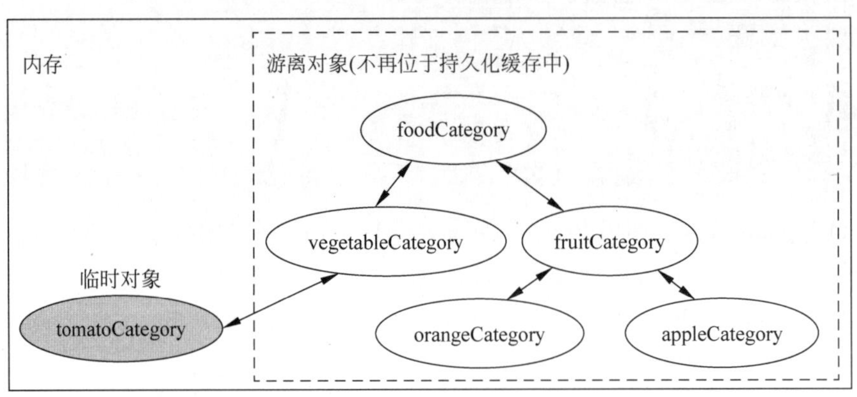

图 8-19 内存中临时对象与游离对象互相关联的对象图

updateVegetableCategory()方法先调用 findCategoryByName("vegetable")方法，该查询方法不与 updateVegetableCategory()方法共用一个 Session，因此返回的 vegetableCategory 对象处于游离状态。接下来修改 vegetableCategory 对象的 name 属性，然后创建一个 tomatoCategory 临时对象，建立 vegetableCategory 与 tomatoCategory 之间的关联关系。最后调用 saveOrUpdate()方法更新 vegetableCategory 对象，代码如下所示。

```
//返回的 vegetableCategory 是游离对象
Category vegetableCategory = findCategoryByName("vegetable");
vegetableCategory.setName("green vegetable");
Category tomatoCategory = new Category("tomato",null,
                          new HashSet<Category>());
//vegetableCategory 游离对象与 tomato 临时对象关联
vegetableCategory.addChildCategory(tomatoCategory);
saveOrUpdate(vegetableCategory);
```

saveOrUpdate()方法调用 Session 的 saveOrUpdate()来更新 vegetableCategory 对象。Session 的 saveOrUpdate()执行以下步骤。

(1) 由于 vegetableCategory 为游离对象，因此 Session 调用 update()方法更新 vegetableCategory 对象。

(2) Session 通过 vegetableCategory.getChildCategories()方法导航到 tomatoCategory 临时对象，由于它是临时对象，因此调用 save()方法保存 tomatoCategory 对象。

(3) 如果< set >和< many-to-one >元素的 cascade 属性都为 save-update，Session 会通过 getParentCategory()和 getChildCategories()方法遍历所有关联的游离 Category 对象，

对它们都进行级联更新，这会导致 Session 执行四条多余的 update 语句，依次更新 foodCategory、fruitCategory、orangeCategory 和 appleCategory 对象。为了避免执行多余的 update 语句，应该把< many-to-one >元素的 cascade 属性设置为 none，这样，Session 就不会通过 getParentCategory()方法导航到其他游离对象。

如果< many-to-one >元素的 cascade 属性为 none，Session 在清理缓存时仅执行如下两条 SQL 语句。

```
insert into CATEGORIES (NAME, CATEGORY_ID, ID) values ('tomato', 5, 1);
update CATEGORIES set NAME = 'green vegetable', CATEGORY_ID = 1 where ID = 5;
```

8.6.5　遍历对象图

navigateCategories()方法先调用 findCategoryByName("fruit")方法，由于该查询方法不与 navigateCategories()共用一个 Session，因此它返回的 fruitCategory 对象处于游离状态。接下来调用 navigateCategories(fruitCategory, categories)取得所有关联的 Category 游离对象，代码如下：

```
public void navigateCategories(){
   Category fruitCategory = findCategoryByName("fruit");
   HashSet < Category > categories = new HashSet < Category >();
   navigateCategories(fruitCategory,categories);
   //打印 categories 集合中所有的 Category 对象
   for (Iterator < Category > it = categories.iterator();it.hasNext();){
      System.out.println(it.next().getName());
   }
}
```

navigateCategories(Category category, Set categories)方法利用递归算法，遍历所有与 fruitCategory 关联的父类别及子类别 Category 对象，把它们存放在 Set 集合类型的参数 categories 中，如：

```
/** 参数 categories 集合中存放所有被遍历过的 Category 对象 */
private void navigateCategories(Category category,
                  Set < Category > categories){
  //如果 Category 对象为 null 或者已经存在于集合中，就退出递归
  if(categories.contains(category)|| category == null)return;
  //把 Category 对象加入到集合中
  categories.add(category);

  //递归遍历父类 Category
  navigateCategories(category.getParentCategory(),categories);

  Set < Category > childCategories = category.getChildCategories();
  if(childCategories == null)return;
```

```
    //递归遍历所有子类 Category
    for(Iterator<Category> it = childCategories.iterator();
                                          it.hasNext();){
      navigateCategories(it.next(),categories);
    }
  }
```

navigateCategories()方法最后打印 Set 集合中所有的 Category 对象，打印结果为：

```
[java] apple
[java] fruit
[java] food
[java] green vegetable
[java] orange
[java] tomato
```

对于某些 Hibernate 版本，如果运行以上 navigateCategories()方法没有看到打印结果，可以尝试修改 hibernate.cfg.xml 配置文件中的 show_sql 属性，把它的取值设为 false。

8.7 通过 JPA API 级联操纵对象图

在 JPA API 中，javax.persistence.CascadeType 类中定义了一些常量，分别表示特定的级联操作。表 8-6 对 javax.persistence.CascadeType 类的常量做了描述。

表 8-6 JPA API 所支持的级联操作

CascadeType 类的常量	描　述
CascadeType.PERSIST	当通过 EntityManager 的 persist()方法来保存当前对象时，会级联保存所有关联的新建的临时对象
CascadeType.REMOVE	当通过 EntityManager 的 remove()方法来删除当前持久化对象时，会级联删除所有关联的持久化对象
CascadeType.DETACH	当通过 EntityManager 的 detach()方法来从持久化缓存中清除当前对象时，会级联清除所有关联的对象
CascadeType.MERGE	当通过 EntityManager 的 merge()方法来融合当前对象时，会级联融合所有关联的对象
CascadeType.REFRESH	当通过 EntityManager 的 refresh()方法刷新当前对象时，会级联刷新所有关联的对象
CascadeType.ALL	包含了以上所有的级联操作行为

当通过注解来映射持久化类时，如果希望使用底层 Hibernate 的一些级联特性，那么还可以使用 org.hibernate.annotations. CascadeType 类的一些常量，例如：

(1) org.hibernate.annotations.CascadeType.LOCK：当通过底层 Session 的 lock()方法把当前游离对象加入到持久化缓存中时，会把所有关联的游离对象也加入到持久化缓存中。

(2) org. hibernate. annotations. CascadeType. REPLICATE：当通过底层 Session 的 replicate()方法复制当前对象时，会级联复制所有关联的对象。

(3) org. hibernate. annotations. CascadeType. SAVE_UPDATE：当通过底层 Session 的 save()、update()及 saveOrUpdate()方法来保存或更新当前对象时，会级联保存所有关联的新建的临时对象，并且级联更新所有关联的游离对象。

例如以下代码的@OneToMany 注解的 cascade 属性的取值为 org. hibernate. annotations. CascadeType. SAVE_UPDATE。

```
@OneToMany(mappedBy = "parentCategory",
  targetEntity = Category.class)

@org.hibernate.annotations.Cascade(
  org.hibernate.annotations.CascadeType.SAVE_UPDATE)

private Set < Category > childCategories  =  new HashSet < Category >(0);
```

本节范例程序位于配套源代码包的 sourcecode/chapter8/version2 目录下，它和 8.6 节的范例会对 Category 对象进行同样的操作。由于 EntityManager 接口与 Session 接口的方法有许多相同之处，因此本节范例与 8.6 节范例的代码也非常相似，所以本节不再详细阐述这些代码，仅介绍一些需要特别关注的地方。

(1) 对于 Category 类的 childCategories 属性以及 parentCategory 属性，进行了如下映射。

```
@OneToMany(mappedBy = "parentCategory",
           targetEntity = Category.class,
           cascade = CascadeType.ALL,
           fetch = FetchType.EAGER)
private Set < Category > childCategories  =  new HashSet < Category >(0);

@ManyToOne(targetEntity  = Category.class,
          cascade = CascadeType.ALL,
          fetch = FetchType.EAGER)
@JoinColumn(name = "CATEGORY_ID")
private Category parentCategory;
```

对于这两个属性，它们的级联操作都是 CascadeType. ALL，这意味着对当前的 Category 对象进行特定操作时，会对所关联的父类别 Category 对象，以及所关联的所有子类别 Category 对象进行同样的级联操作。

另外，为了保证从数据库中加载一个 Category 对象时，会立即加载所关联的父类别和子类别 Category 对象，采用了立即检索策略 FetchType. EAGER。

(2) 在 8.4.4 节，通过 Session 接口的 saveOrUpdate()方法来更新游离对象。由于 EntityManager 接口没有 saveOrUpdate()方法，因此在本节的 BusinessService 类的 saveOrUpdate(Object object)方法中，通过 EntityManager 的 merge()方法来更新游离对象，代码如下：

```
tx = entityManager.getTransaction();
tx.begin(); //开始一个事务
entityManager.merge(object);
tx.commit();
```

8.8 小结

站在持久化层的角度，Java 对象在生命周期中可处于临时状态、持久化状态、删除状态和游离状态。处于持久化状态的 Java 对象位于一个由特定 Session 实例管理的持久化缓存中，Session 能根据这个对象的属性变化来同步更新数据库。Session 的 save()方法把一个临时对象转变为持久化对象；update()方法把一个游离对象转变为持久化对象；saveOrUpdate()方法先判断对象的状态，如果处于临时状态，就调用 save()方法，如果处于游离状态，就调用 update()方法。

EntityManager 接口与 Session 接口具有许多相同的方法，例如 persist()、merge()、refresh()、flush()、clear()、close()和 lock()方法。这两个接口的有些方法虽然功能相同或相似，但名字不一样，例如 EntityManger 接口的 remove()方法对应 Session 接口的 delete()方法，EntityManger 接口的 find()方法对应 Session 接口的 get()方法。

在 Hibernate 的对象-关系映射文件中，< set >元素和< many-to-one >元素的 cascade 属性用来指定如何操纵与当前对象关联的其他对象。而在 JPA API 中，@OneToMany 和 @ManyToOne 注解的 cascade 属性用来设定级联操作，它的可选值包括 CascadeType.PERSIST、CascadeType.REMOVE、CascadeType.MERGE 和 CascadeType.ALL 等。

8.9 思考题

1. 对于以下代码，以下哪些说法正确？（多选）

```
tx = entityManager.getTransaction();   //第 1 行
tx.begin();                            //第 2 行
Customer customer = entityManager.find( //第 3 行
    Customer.class,Long.valueOf(1));
customer.setName("Jack");              //第 4 行
customer.setName("Mike");              //第 5 行
tx.commit();                           //第 6 行
entityManager.close();                 //第 7 行
```

(a) 在第 5 行，EntityManager 会执行一条 update 语句
(b) 在第 6 行，EntityManager 会执行一条 update 语句
(c) 在第 7 行，customer 对象变成游离对象
(d) 在第 7 行，底层 Session 会清理持久化缓存

2. 处于持久化状态的对象具有哪些特征？（多选）
(a) 位于一个持久化缓存中

(b) 持久化对象不能与临时对象关联

(c) 持久化对象和数据库中的相关记录对应

(d) Session 在清理缓存时,会根据持久化对象的属性变化,来同步更新数据库

3. Session 的哪些方法能够使 Java 对象进入持久化状态?(多选)

(a) save()　(b) load()　(c) update()　(d) lock()　(e) close()

4. EntityManager 的哪些方法能够使 Java 对象进入游离状态?(多选)

(a) clear()　(b) detach()　(c) merge()　(d) lock()　(e) close()

5. 假定数据库的 CUSTOMERS 表中存在一条 ID 为 1 的记录。对于以下代码,以下哪些说法正确?(多选)

```
//假定 customer1 变量引用 OID 为 1 的 Customer 游离对象
customer1.setName("Jack");                              //第 1 行
EntityManager entityManager =
  entityManagerFactory.createEntityManager();           //第 2 行

tx = entityManager.getTransaction();                    //第 3 行
tx.begin();                                             //第 4 行
Customer customer2 =
       (Customer) entityManager.merge(customer1);       //第 5 行
customer1 == customer2;                                 //第 6 行
tx.commit();                                            //第 7 行
entityManager.close();                                  //第 8 行
```

(a) 在第 5 行,customer1 变为持久化对象

(b) 在第 5 行,customer2 为持久化对象

(c) 第 6 行,customer1==customer2 的值为 false

(d) 第 7 行,EntityManager 执行一条 update 语句

6. EntityManager 的哪个方法会立即执行特定 SQL 语句,从而根据持久化缓存中对象的最新属性去同步更新数据库中的相应数据?(单选)

(a) refresh()　(b) flush()　(c) persist()　(d) merge()

7. 对于以下代码,以下哪些说法正确?(多选)

```
Session session = sessionFactory.openSession(); //第 1 行
tx = session.beginTransaction();                //第 2 行
Customer customer =                             //第 3 行
    session.get(Customer.class,Long.valueOf(1));
if(customer.getName().equals("Tom")){           //第 4 行
  session.delete(customer);                     //第 5 行
}else{                                          //第 6 行
  customer.setName("Jack");                     //第 7 行
  session.update(customer);                     //第 8 行
}                                               //第 9 行
tx.commit();                                    //第 10 行
session.close();                                //第 11 行
```

(a) 第 3 行返回的 customer 对象处于持久化状态

(b) 第 5 行的代码运行出错。因为 Session 的 delete()方法的参数必须是游离对象

(c) 第 8 行的代码是多余的

(d) 第 10 行会执行一条 select 语句

8. 假定 Customer 类与 Order 类之间为一对多双向关联，在 Customer. hbm. xml 文件中，为 orders 属性做了如下映射。

```
<set
        name = "orders"
        cascade = "all - delete - orphan"
        inverse = "true"
        >
        <key column = "CUSTOMER_ID" />
        <one - to - many class = "mypack.Order" />
  </set>
```

在 Order. hbm. xml 文件中，为 customer 属性做了如下映射。

```
  <many - to - one
        name = "customer"
        column = "CUSTOMER_ID"
        class = "mypack.Customer" />
```

以下哪些说法正确？（多选）

(a) 当持久化一个 Order 临时对象时，会级联持久化与它关联的 Customer 临时对象

(b) 当持久化一个 Customer 临时对象时，会级联持久化与它关联的 Order 临时对象

(c) 当解除了一个 Customer 持久化对象与一个 Order 持久化对象的关联关系时，会删除这个 Order 持久化对象

(d) 当删除一个 Customer 持久化对象时，会级联删除与它关联的 Order 持久化对象

9. 对于以下代码，以下哪个说法正确？（单选）

```
Customer customer = new Customer(); //第 1 行
customer.setName("Tom");            //第 2 行
tx = session.beginTransaction();    //第 3 行
customer.setName("Mike");           //第 4 行
session.saveOrUpdate(customer);     //第 5 行
tx.commit();                        //第 6 行
session.close();                    //第 7 行
customer.setName("Jack");           //第 8 行
```

(a) 在第 4 行，Session 计划执行一条 insert 语句和一条 update 语句

(b) 在第 6 行，Session 执行一条 insert 语句

(c) 在第 6 行，Session 执行一条 insert 语句和一条 update 语句

(d) 在第 8 行，Session 执行一条 update 语句

第9章

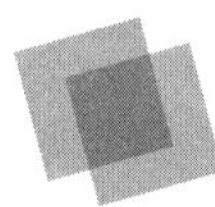

通过JPA和Hibernate操纵对象(下)

当程序通过 JAP 和 Hibernate 来加载、保存、更新或删除对象时，会触发以下组件做出相应的处理。

(1) 在数据库层，会引发触发器执行相关的操作。

(2) 在 Hibernate 层，可以触发拦截器执行相关的操作。

(3) 在 Hibernate 层，可以触发事件处理系统执行相关的操作。

本章介绍 Hibernate 与触发器协同工作的技巧、拦截器(Interceptor)的用法和 Hibernate 以及 JPA 的事件处理方法。

此外，如果按照常规的方式对大量数据进行批量操作，会加载大量持久化对象到内存中，消耗大量内存空间，可能会导致内存空间不足的错误。本章介绍 JPA 和 Hibernate 提供的用于批量处理数据的方法，这些方法都能避免同时加载大批量数据到内存中。

9.1 与触发器协同工作

数据库系统有时会利用触发器来完成某些业务规则。触发器在接收到特定的事件时被激发，执行事先定义好的一组数据库操作。能激发触发器运行的事件可分为以下几种。

(1) 插入记录事件，即执行 insert 语句。

(2) 更新记录事件，即执行 update 语句。

(3) 删除记录事件，即执行 delete 语句。

当 Hibernate 与数据库中的触发器协同工作时，会造成以下两类问题。

1. 触发器使 Session 缓存(即持久化缓存)中的数据与数据库不一致

当 Session 向数据库中保存、更新或删除对象时，如果激发数据库中的某个触发器，常会带来一个问题，那就是 Session 缓存中的持久化对象无法与数据库中的数据保持同步。出现这一问题的原因在于，触发器运行在数据库中，它执行的操作对 Session 是透明的，假如在 Session 的缓存中已经存在一个 Customer 对象，接下来当触发器修改数据库中 CUSTOMERS 表的相应记录时，Session 无法检测到数据库中数据的变化，因此 Session 不会自动刷新缓存中的 Customer 对象。下面举例说明。

假定 Customer 对象有一个 registeredTime 属性，代表客户注册时间，相应地，在 CUSTOMERS 表中有一个 REGISTERED_TIME 字段，它的取值为向 CUSTOMERS 表插入记录时的数据库系统时间。有两种赋值方案：把 REGISTERED_TIME 字段定义为 TIMSESTAMP 类型，第 3 章的例子就使用了这种方案；定义一个自动为 REGISTERED_TIME 字段赋值的触发器，当 Hibernate 保存一个 Customer 对象时，就会激发这个触发器。

假定以上两种方案都要求 Hibernate 不会为 REGISTERED_TIME 字段赋值，而是由数据库负责为这个字段赋值，那么在 Customer. hbm. xml 文件中，可以按以下方式映射 Customer 类的 registeredTime 属性。

```
<property
name = "registeredTime"
column = "REGISTERED_TIME"
type = "timestamp"
insert = "false"
update == "false"
/>
```

<property>元素的 insert 和 update 属性都是 false，因此 Hibernate 既不会插入，也不会更新 REGISTER_TIME 字段。

如果采用注解的方式来进行对象-关系的映射，那么在 Customer 类中，采用如下注解来映射 registeredTime 属性。

```
@Basic(optional = true)
@Column(name = "REGISTERED_TIME",
        columnDefinition = "TIMESTAMP",
        insertable = "false",
        updatable = "false" )
@Type(type = "timestamp")
private Timestamp registeredTime;
```

以下代码保存一个 Customer 对象，然后打印它的 registeredTime 属性。

```
tx = session.beginTransaction();
session.save(customer);
System.out.println(customer.getRegisteredTime()); //打印 null
tx.commit();
```

假定在调用 Session 的 save()方法之前，Customer 对象的 registeredTime 属性为 null，当运行 Session 的 save()方法时，Session 仅计划执行一个 insert 语句，但不会立即执行它。接下来的打印结果显示 Customer 对象的 registeredTime 属性仍为 null。

下面对程序做一些改动。

```
tx = session.beginTransaction();
session.save(customer);
session.flush();
System.out.println(customer.getRegisteredTime()); //打印 null
tx.commit();
```

这段代码在调用了 Session 的 save()方法后，又立即调用 Session 的 flush()方法，flush()方法会清理缓存，立即执行由 save()方法计划的 insert 语句。在这个 insert 语句中，并不包含 REGISTERED_TIME 字段。当数据库系统执行这个 insert 语句时，会自动把当前的系统时间赋值给 REGISTERED_TIME 字段，但数据库系统的这一自动赋值操作对 Session 是透明的，在 Session 的缓存中，Customer 对象的 registeredTime 属性仍为 null。

下面再对程序做一些改动。

```
tx = session.beginTransaction();
session.save(customer);
session.flush();
session.refresh(customer);
System.out.println(customer.getRegisteredTime());
tx.commit();
```

如图 9-1 所示，这段代码在调用了 Session 的 flush()方法后，又立即调用 Session 的 refresh()方法，refresh()方法重新从数据库中加载刚刚被保存的 Customer 对象，因此接下来的打印结果显示 Customer 对象的 registeredTime 属性为保存时的数据库系统时间。

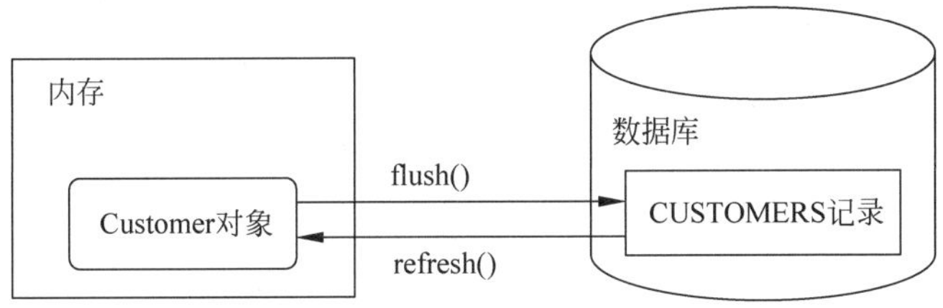

图 9-1　flush()和 refresh()方法的作用

由此可见，假如 Session 的 save()、update()、saveOrUpdate()或 delete()方法会激发一个触发器，而这个触发器的行为会导致 Session 的缓存的数据与数据库不一致，解决办法是在执行完这个操作后，立即调用 Session 的 flush()和 refresh()方法，迫使 Session 的缓存与数据库同步。另外，对于以上范例，如果执行完 Session 的 save()方法后，不会再访问 Customer 对象，那么也没必要迫使 Session 的缓存与数据库同步。

2. Session 的 update()方法盲目地激发触发器

假如在数据库中定义了由 update 事件激发的触发器，那么必须谨慎地使用 Session 的 update()和 saveOrUpdate()方法，这两个方法都能够使一个游离对象重新和 Session 关联，由于在 Session 的缓存中还不存在这个对象的快照，因此 Session 无法判断游离对象的属性是否和数据库保持一致。为了保险起见，Session 的处理原则为，不管游离对象的属性是否发生过变化，都会执行 update 语句，而 update 语句会激发数据库中相应的触发器。假如游离对象的属性实际上和数据库是一致的，那么这条 update 语句显然是多余的，激发触发器是无意义的。为了避免这一情况，可以在映射文件的< class >元素中设置 select-before-update 属性，例如：

```
<class name = "mypack.Customer" table = "CUSTOMERS"
       select - before - update = "true" >
   …
</class>
```

当 Session 的 update()或 saveOrUpdate()方法更新一个 Customer 游离对象时，会先执行 select 语句，获得这个 Customer 对象在数据库中的最新数据，然后比较 Customer 游离对象与数据库中的数据是否一致，只有在不一致的情况下，才会执行 update 语句，这就避免了执行多余的 update 语句，以及盲目地激发相关的触发器。

9.2 利用拦截器(Interceptor)生成审计日志

在实际应用中，有可能需要审计对数据库中重要数据的更新历史，每当发生向 CUSTOMERS 表中插入或更新记录的事件时，就会向 AUDIT_LOGS 审计日志表中插入一条记录，AUDIT_LOGS 表的定义如下：

```
create table AUDIT_LOGS(
   ID bigint auto_increment not null,
   ENTITY_ID bigint not null,
   ENTITY_CLASS varchar(128) not null,
   MESSAGE varchar(255) not null,
   CREATED timestamp not null,
   primary key (ID)
);
```

数据库触发器常用来生成审计日志，这种办法简便，并且有很好的性能，缺点是不支持跨数据库平台。Hibernate 的拦截器也能生成审计日志，它不依赖于具体的数据库平台。可以把拦截器看作持久化层的触发器，当 Session 执行 save()、update()、saveOrUpdate()、delete()及 flush()方法时，就会调用拦截器的相关方法。用户定义的拦截器必须实现 org.hibernate.Interceptor 接口，在这个接口中主要定义了以下方法。

(1) findDirty()：决定 Session 缓存中哪些对象是脏对象。Session 的 flush()方法调用本方法。如果返回 null，Session 就会按默认的方式进行脏检查。

(2) instantiate(String entityName, EntityMode entityMode, Serializable id)：创建实体类的实例。在 Session 构造实体类的实例前调用本方法。如果返回 null，Hibernate 就会按默认的方式创建实体类的实例。

(3) onDelete()：当 Session 删除一个对象之前调用此方法。

(4) onFlushDirty()：当 Session 的 flush()方法检查到脏对象时调用此方法。

(5) onLoad()：当 Session 初始化一个持久化对象时调用本方法，如果在这个方法中修改了持久化对象的数据，就返回 true，否则返回 null。

(6) onSave()：当 Session 保存一个对象之前调用本方法，如果在这个方法中修改了对象的数据，就返回 true，否则返回 null。

(7) postFlush(Iterator entities)：当 Session 的 flush()方法执行完所有 SQL 语句后调用此方法。

(8) preFlush(Iterator entities)：在 Session 执行 flush()方法之前调用本方法。

在 org.hibernate 包中还提供了 Interceptor 接口的一个实现类 EmptyInterceptor。这个类的所有方法实际上什么也不做，用户自定义的拦截器类也可以扩展 EmptyInterceptor 类。

本节介绍的审计系统主要包括以下接口和类。

1. Auditable 接口

凡是需要审计的持久化类(如 Customer 类)都应该实现 Auditable 接口，它的定义如下：

```
public interface Auditable{
   public Long getId();
}
```

2. AuditLogRecord 类

AuditLogRecord 类代表具体的审计日志，它的定义如下：

```
public class AuditLogRecord{
  private Long id;
  public String message;
  public Long entityId;
  public Class entityClass;
  public Date created;

  public AuditLogRecord(String message,
         Long entityId,Class entityClass) {
    this.message = message;
    this.entityId = entityId;
    this.entityClass = entityClass;
    this.created = new Date();
  }
  public AuditLogRecord() { }
}
```

AuditLogRecord 类与 AUDIT_LOGS 表对应，例程 9-1 是它的映射文件的代码。由于在 AuditLogRecord 类中没有显式定义 id 属性，但是在 AUDIT_LOGS 表中定义了 ID 主键，因此在< id >元素中只设置了 column 属性，而没有设置 name 属性。此外，AuditLogRecord 类的所有属性都没有相应的 getXXX()和 setXXX()方法，因此< property >元素的 access 属性都为 field，表示 Hibernate 会直接访问 AuditLogRecord 对象的属性。

例程 9-1　AuditLogRecord.hbm.xml

```
<hibernate-mapping>

  <class name="mypack.AuditLogRecord" table="AUDIT_LOGS">
```

```
    <id type="long" column="ID">
      <generator class="native"/>
    </id>

    <property name="message" type="string" access="field"
         column="MESSAGE" not-null="true" />

   <property name="entityId" type="long" access="field"
         column="ENTITY_ID" not-null="true" />

   <property name="entityClass" type="class" access="field"
         column="ENTITY_CLASS" not-null="true" />

  <property name="created" type="timestamp" access="field"
         column="CREATED" not-null="true" />

  </class>
</hibernate-mapping>
```

3. AuditLogInterceptor 类

AuditLogInterceptor 类代表具体的拦截器，它扩展了 org.hibernate.EmptyInterceptor 类，例程 9-2 是 AuditLogInterceptor 类的源程序。

例程 9-2　AuditLogInterceptor.java

```
public class AuditLogInterceptor extends EmptyInterceptor
                            implements Serializable {
  private Session session;
  private Set<Auditable> inserts = new HashSet<Auditable>();
  private Set<Auditable> updates = new HashSet<Auditable>();

  public void setSession(Session session){
    this.session = session;
  }

  public void onDelete(Object entity,
                       Serializable id,
                       Object[] state,
                       String[] propertyNames,
                       Type[] types) {
    // do nothing
  }

  public boolean onFlushDirty(Object entity,
                              Serializable id,
                              Object[] currentState,
                              Object[] previousState,
                              String[] propertyNames,
                              Type[] types){

     if ( entity instanceof Auditable ) {
       updates.add((Auditable)entity);
```

```
    }
    return false;
}

public boolean onLoad(Object entity,
                    Serializable id,
                    Object[] state,
                    String[] propertyNames,
                    Type[] types) {
   return false;
}

public boolean onSave(Object entity,
                    Serializable id,
                    Object[] state,
                    String[] propertyNames,
                    Type[] types) {

   if ( entity instanceof Auditable ) {
     inserts.add((Auditable)entity);
   }
   return false;
}

public void postFlush(Iterator entities) {
  try{
    Iterator it = updates.iterator();
    while(it.hasNext()){
      Auditable entity = (Auditable)it.next();
      AuditLog.logEvent("update",entity,session);
    }
    it = inserts.iterator();
    while(it.hasNext()){
      Auditable entity = (Auditable)it.next();
      AuditLog.logEvent("insert",entity,session);
    }
  }catch(Exception e){e.printStackTrace();}
  finally{
      inserts.clear();
      updates.clear();
  }
}

public void preFlush(Iterator entities) {
  //do nothing
}

public Object instantiate(Class clazz,Serializable id){
  return null;
```

```
  }

  public int[] findDirty(Object entity,
                        Serializable id,
                        Object[] currentState,
                        Object[] previousState,
                        String[] propertyNames,
                        Type[] types){
     return null;
  }
}
```

AuditLogInterceptor类主要实现了onFlushDirty()、onSave()和postFlush()方法，其他方法都采用默认的实现。当Session的flush()方法检查到Customer对象为脏对象时，就会调用onFlushDirty()方法；在Session保存Customer对象之前，会调用onSave()方法；当Session的flush()方法执行完所有的SQL语句后，会调用postFlush()方法，postFlush()方法调用AuditLog类的logEvent()方法生成日志。

为了使Session保存或更新Customer对象时，能够激发拦截器，必须先注册AuditLogInterceptor。Interceptor对象有以下两种注册方式。

(1) 为每个Session实例分配一个Interceptor实例，这个实例存放在Session范围内，如：

```
Session session = sessionFactory
     .withOptions()
     .interceptor(new AuditLogInterceptor() )
     .openSession();
```

(2) 为SessionFactory实例分配一个Interceptor实例，这个实例存放在SessionFactory范围内，被所有的Session实例共享，如：

```
SessionFactory sessionFactory = new MetadataSources(
          new StandardServiceRegistryBuilder().build() )
     .addAnnotatedClass( Customer.class )
     .getMetadataBuilder()
     .build()
     .getSessionFactoryBuilder()
     .applyInterceptor( new AuditLogInterceptor() )
     .build();
```

4. AuditLog类

AuditLog类的静态方法logEvent()生成审计日志。例程9-3是AuditLog类的源程序。

例程9-3 AuditLog.java

```
public class AuditLog{
  public static void logEvent(String message,Auditable entity,
                              Session session) {
```

```
      StatelessSession tempSession = null;
      try{
        SessionFactory sessionFactory = session.getSessionFactory();
        tempSession = sessionFactory.openStatelessSession();

        AuditLogRecord record = new AuditLogRecord(message,entity.getId(),
                                                   entity.getClass());
        tempSession.insert(record); //向数据库插入审计日志
      }catch(Exception e){e.printStackTrace();}
      finally{
        try{
          tempSession.close();
        }catch(Exception e){
          e.printStackTrace();
        }
      }
    }
  }
```

值得注意的是，在 logEvent()方法中并没有直接使用参数传入的 Session 对象，这个 Session 对象刚执行完 flush()方法中的所有 SQL 语句，它的状态是不稳定的，不能通过它来生成审计日志。以上代码通过 session.getSessionFactory()方法获得 SessionFactory 对象，然后通过 sessionFactory.openStatelessSession()方法创建一个无状态的 StatelessSession 对象。所谓无状态的 StatelessSession，是指它不会创建一个持久化缓存，来管理对象的状态。

本节范例程序提供了如下两种实现方式。

(1) 使用 Hibernate 的对象-关系映射文件以及 Hibernate API，位于配套源代码包的 sourcecode/chapter9/9.2/version1 目录下，

(2) 使用 JPA 注解以及 JPA API 和 Hibernate API，位于配套源代码包的 sourcecode/chapter9/9.2/version2 目录下。

运行该程序前，需要在 SAMPLEDB 数据库中手动创建 CUSTOMERS 和 AUDIT_LOGS 表，相关的 SQL 脚本文件为 9.2/version1/schema/sampledb.sql。

在 DOS 命令行下进入 9.2/version1 或 9.2/version2 根目录，然后输入命令“ant run”，就会运行 BusinessService 类。BusinessService 的 main()方法调用 test()方法，test()方法的程序代码如下：

```
Customer customer = new Customer("Tom");
saveOrUpdateCustomer(customer);

customer.setName("Mike");
saveOrUpdateCustomer(customer);

findAllAuditLogRecords();
```

test()方法两次调用 saveOrUpdateCustomer()方法。9.2/version2 目录下的 BusinessService 类的 saveOrUpdateCustomer()方法的程序代码如下：

```
AuditLogInterceptor interceptor = new AuditLogInterceptor();
SessionFactory sessionFactory =
        entityManagerFactory.unwrap( SessionFactory.class );
Session session = sessionFactory
            .withOptions()
            .interceptor(interceptor)
            .openSession();

interceptor.setSession(session);

tx = session.beginTransaction();
session.saveOrUpdate(customer);
customer.setName("Jack");
tx.commit();
```

这段代码先通过 entityManagerFactory.unwrap()方法获得 SessionFactory 对象，然后再通过 SessionFactory 对象创建 Session 对象，拦截器位于 Session 范围内。

当第一次调用 saveOrUpdateCustomer()方法时，Session 先保存 Customer 对象，然后再更新 Customer 对象，并且生成两条日志记录，执行以下 select 语句。

```
insert into CUSTOMERS (NAME, ID) values ('Tom', 1)
update CUSTOMERS set NAME = 'Jack' where ID = 1
insert into AUDIT_LOGS (MESSAGE, ENTITY_ID, ENTITY_CLASS, CREATED)
   values ('insert', 1, 'mypack.Customer', 2019 - 03 - 24 19:35:43)
insert into AUDIT_LOGS (MESSAGE, ENTITY_ID, ENTITY_CLASS, CREATED)
   values ('update', 1, 'mypack.Customer', 2019 - 03 - 24 19:35:43)
```

当第二次调用 saveOrUpdateCustomer()方法时，Session 对 Customer 对象执行一次更新操作，并且生成一条日志记录，执行以下 select 语句。

```
update CUSTOMERS set NAME = 'Jack' where ID = 1
insert into AUDIT_LOGS (MESSAGE, ENTITY_ID, ENTITY_CLASS, CREATED)
   values ('update', 1, 'mypack.Customer', 2019 - 03 - 24 19:35:43)
```

test()方法最后调用 findAllAuditLogRecords()，它的程序代码如下：

```
tx = entityManager.getTransaction();
tx.begin(); //开始一个事务
List < AuditLogRecord > results = entityManager
          .createQuery("from AuditLogRecord",AuditLogRecord.class)
          .getResultList();
Iterator < AuditLogRecord > it = results.iterator();
while(it.hasNext()){
  AuditLogRecord record = it.next();
  System.out.println("**********");
  System.out.println("message:" + record.message);
  System.out.println("entityId:" + record.entityId);
  System.out.println("entityClass:" + record.entityClass);
```

```
    System.out.println("created:" + record.created);
  }
  tx.commit();
```

该方法输出 AUDIT_LOGS 表的三条记录,结果如下:

```
**********
message:update
entityId:1
entityClass:class mypack.Customer
created:2019 - 03 - 24 19:35:43.0
**********
message:insert
entityId:1
entityClass:class mypack.Customer
created:2019 - 03 - 24 19:35:43.0
**********
message:update
entityId:1
entityClass:class mypack.Customer
created:2019 - 03 - 24 19:35:43.0
```

9.3 Hibernate 的事件处理 API

Hibernate 的核心处理模块采用了"事件/监听器"设计模式。例如,当 Hibernate 从数据库加载一个对象时,它会触发一个加载事件。

Session 的大部分方法,如 load()、get()、save()、update()和 delete()等,都能触发特定事件,该事件由相应的监听器来处理。例如 Session 的 get()方法触发 org.hibernate.event.spi.LoadEvent 事件,该事件由 org.hiberante.event.spi.LoadEventListener 接口的实现类来处理。

在 org.hibernate.event.spi 包中提供了与 Session 的各个方法对应的事件类及监听器接口。下面举例说明创建及注册客户化监听器的方法。

1. 创建客户化监听器

客户化监听器实现了特定的监听器接口。例如例程 9-4 的 MyLoadEventListener 类实现了 LoadEventListener 接口。

例程 9-4 MyLoadEventListener.java

```
package mypack;

import org.hibernate.event.spi.LoadEvent;
import org.hibernate.event.spi.LoadEventListener;
import org.hibernate.HibernateException;

public class MyLoadListener implements LoadEventListener {
```

```
    public void onLoad(LoadEvent event,
      LoadEventListener.LoadType loadType)
      throws HibernateException {

      System.out.println("正在加载 OID 为" + event.getEntityId() + "的"
         + event.getEntityClassName() + "对象");

    }
  }
```

2. 注册客户化监听器

注册客户化监听器有以下三种方式。

(1) 在 Hibernate 的 hibernate.cfg.xml 配置文件中通过<event>元素来注册。例如：

```
<event type = "load">
  <listener class = "mypack.MyLoadListener" />
</event>
```

(2) 在 Hibernate 的 hibernate.cfg.xml 配置文件中通过<listener>元素来注册。例如：

```
<listener class = "mypack.MyLoadListener" type = "load"/>
```

(3) 在 JPA 的 persistence.xml 配置文件中通过特定的属性来注册。例如：

```
<property name = "hibernate.ejb.event.load"
        value = "mypack.MyLoadListener" />
```

这三种注册方式都允许为同一个事件注册多个监听器，例如：

```
<event type = "load">
  <listener class = "mypack.MyLoadListener1" />
  <listener class = "mypack.MyLoadListener2" />
  <listener class = "mypack.MyLoadListener3" />
</event>
```

Hibernate 会按照它们在配置文件中出现的先后顺序依次注册它们。当 LoadEvent 事件发生时，Hibernate 则会按照它们的注册顺序依次调用它们的 onLoad()方法。

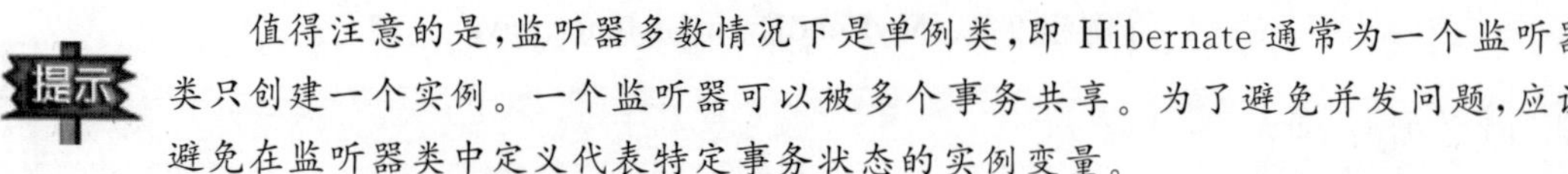

提示　值得注意的是，监听器多数情况下是单例类，即 Hibernate 通常为一个监听器类只创建一个实例。一个监听器可以被多个事务共享。为了避免并发问题，应该避免在监听器类中定义代表特定事务状态的实例变量。

本节范例采用了如下两种实现方式。

(1) 使用 Hibernate 的对象-关系映射文件以及 Hibernate API，位于配套源代码包的 sourcecode/chapter9/9.3/version1 目录下，

(2) 使用 JPA 注解以及 JPA API 和 Hibernate API，位于配套源代码包的 sourcecode/

chapter9/9.3/version2 目录下。

运行该程序前，需要在 SAMPLEDB 数据库中手动创建 CUSTOMERS 表，相关的 SQL 脚本文件为 9.3/version1/schema/sampledb.sql。

本节范例的 BusinessService 类负责加载一个 Customer 对象。version1 和 version2 目录中的 BusinessService 类分别通过 Hibernate API 和 JPA API 来加载 Customer 对象，如：

```
//方式一
Customer c = session.get(Customer.class,Long.valueOf(1));
//方式二
Customer c = entityManager.find(Customer.class,Long.valueOf(1));
```

执行 session.get()方法或 entityManager.find()方法时，都会触发 LoadEvent 事件，MyLoadListener 负责处理该事件，MyLoadListener 打印如下内容。

```
正在加载 OID 为 1 的 mypack.Customer 对象
```

9.4　利用 Hibernate 的 Envers 生成审计日志

Hibernate 的 Envers 组件能够记录实体对象的历史修订版本，主要用于审计数据，便于找回意外丢失的数据以及审计数据的合法性等。

如果一个持久化类的对象需要进行审计，可以用 Envers 的 @Audited 注解来指定。Hibernate 会为该持久化类创建相应的审计表。当程序运行时，Hibernate 会自动监测程序对持久化对象进行的保存、更新和删除操作，并把这些信息记录到审计表中。

@Audited 注解来自 org.hibernate.envers 包。以下 Customer 持久化类就使用了 @Audited 注解。

```
@Entity
@Table(name = "CUSTOMERS")
@Audited
public class Customer implements Serializable{ … }
```

为了让 Hibernate 自动创建审计表，可以在 JPA 的配置文件 persistence.xml 中，把 hibernate.hbm2ddl.auto 属性设为 update，如：

```
<property name = "hibernate.hbm2ddl.auto" value = "update" />
```

做了以上配置后，对于 Customer 类，Hibernate 不仅会自动创建 CUSTOMERS 表，还会创建两张用于审计的表。

(1) REVINFO 表：记录所有的修订版本号和修订时间。REV 字段为主键，表示修订版本号。REVTSTMP 字段表示修订时间，以修订时间与基准时间(1970 年 1 月 1 日，00:00:00 GMT)的时间差来表示(以毫秒为单位)。

(2) CUSTOMERS_AUD 表：这是针对 CUSTOMERS 表的审计表，记录 CUSTOMERS

表中数据的修订信息。ID 字段和 NAME 字段分别与 CUSTOMERS 表的 ID 字段和 NAME 字段对应。REV 字段表示修订版本号。REVTYPE 字段表示修订类型。CUSTOMERS_AUD 表以 ID 和 REV 字段作为联合主键，并且 REV 字段作为外键参照 REVINFO 表。

CUSTOMERS_AUD 表的 REVINFO 字段表示修订类型，有以下可选值。

(1) 0：表示添加操作。

(2) 1：表示更新操作。

(3) 2：表示删除操作。

图 9-2 展示了 REVINFO 表和 CUSTOMERS_AUD 表的结构。

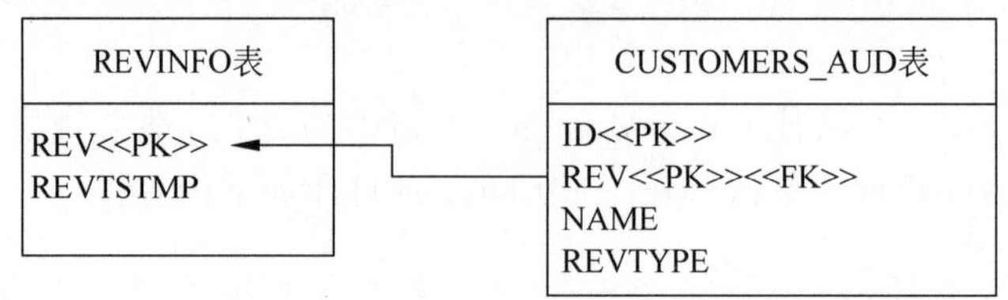

图 9-2　REVINFO 表和 CUSTOMERS_AUD 表的结构

本节范例位于配套源代码包的 sourcecode/chapter9/9.4 目录下。在 DOS 命令行下进入 9.4 根目录，然后输入命令"ant run"，将运行 BusinessService 类。BusinessService 类不仅会进行保存、更新和删除 Customer 对象的操作，而且会通过 org.hibernate.envers.AuditReader 类读取审计表中的数据。

BusinessService 类的 readAudit(Long customerId)根据参数 customerId 指定的 Customer ID，读取相关的审计信息。该方法的主要代码如下：

```
tx = entityManager.getTransaction();
tx.begin(); //开始一个事务
AuditReader auditReader = AuditReaderFactory.get(entityManager);
List < Number > revisions = auditReader.getRevisions(
                                Customer.class,customerId);
for(Number revision:revisions){
  Customer customer = auditReader.find(
                      Customer.class, customerId, revision);
  System.out.println("Revision:" + revision + ",Name:" + customer);
}
tx.commit();
```

auditReader.getRevisions(Customer.class，customerId)方法返回一个列表，它包含了与 customerId 对应的所有修订版本号。auditReader.find(Customer.class，customerId，revision)方法根据 customerId 参数(对应 CUSTOMERS_AUD 表的 ID 字段)和 revision 参数(对应 CUSTOMERS_AUD 表的 REV 字段)，读取 CUSTOMERS_AUD 表中的相应记录，并以 Customer 对象的形式返回。

运行 BusinessService 类的 readAudit(Long customerId)方法，会得到以下打印结果。

```
Revision:1,Name:Tom
Revision:2,Name:Jack
Revision:3,Name:null
```

当程序对一个 Customer 对象执行了删除操作，Hibernate 会在 CUSTOMERS_AUD 表中插入一条 NAME 字段为 NULL 的记录。当通过 auditReader. find(Customer. class, customerId, revision)方法读取这条记录时，会返回 null。

BusinessService 类的 readFullAudit()方法读取所有的审计信息，它的主要代码如下：

```
tx = entityManager.getTransaction();
tx.begin(); //开始一个事务
AuditReader auditReader = AuditReaderFactory.get(entityManager);
AuditQuery auditQuery = auditReader
          .createQuery()
          .forRevisionsOfEntity(Customer.class,false,false);
List<Object[]> result = auditQuery.getResultList();

for(Object[] record : result){
  Customer customer = (Customer)record[0];
  DefaultRevisionEntity revision = (DefaultRevisionEntity)record[1];
  RevisionType revisionType = (RevisionType)record[2];
  System.out.println("Name:" + customer + ",Revision:"
                + revision + ",RevisionType:" + revisionType);
}
tx.commit();
```

auditQuery. getResultList()方法读取 CUSTOMERS_AUD 表中所有数据，以一个列表的形式返回，列表中的每个元素都是 Object[]类型的对象数组。该对象数组的第一个元素为 Customer 对象，第二个元素为表示修订版本号的 DefaultRevisionEntity 对象，第三个元素为表示修订类型的 RevisionType 对象。

运行 BusinessService 类的 readFullAudit()方法，会得到以下打印结果。

```
--- 打印 CUSTOMERS_AUD 表中的内容 ---
Name:Tom,Revision:DefaultRevisionEntity(id = 1,
    revisionDate = 2019 年 4 月 3 日 下午 3:17:39),RevisionType:ADD
Name:Jack,Revision:DefaultRevisionEntity(id = 2,
    revisionDate = 2019 年 4 月 3 日 下午 3:17:39),RevisionType:MOD
```

运行完 BusinessService 类，REVINFO 表和 CUSTOMERS_ADD 表中的数据参见图 9-3 和图 9-4。

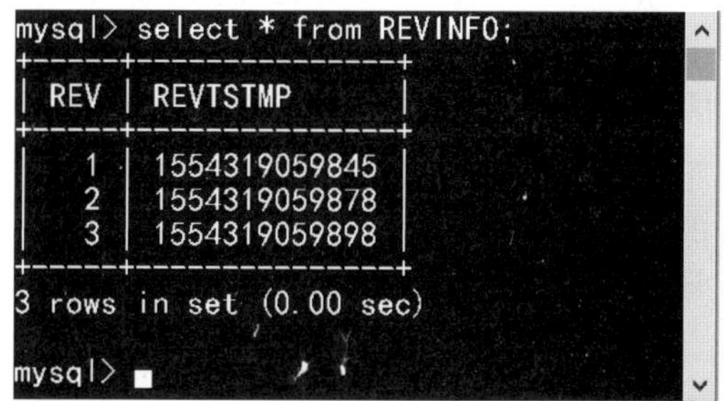

图 9-3　REVINFO 表中的数据

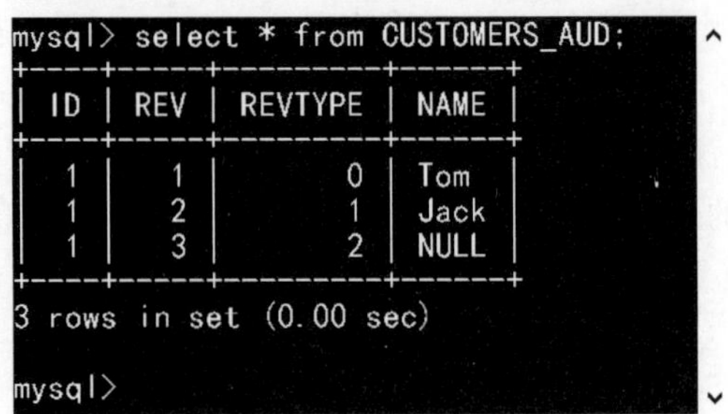

```
mysql> select * from CUSTOMERS_AUD;
+----+-----+---------+------+
| ID | REV | REVTYPE | NAME |
+----+-----+---------+------+
|  1 |   1 |       0 | Tom  |
|  1 |   2 |       1 | Jack |
|  1 |   3 |       2 | NULL |
+----+-----+---------+------+
3 rows in set (0.00 sec)

mysql>
```

图 9-4　CUSTOMERS_AUD 表中的数据

9.5　JPA 的事件处理 API

JPA API 也提供了处理事件的办法，它主要包括两个步骤。

1. 创建监听器类

监听器类不需要实现特定的接口，可以是任意的 Java 类，例如例程 9-5 的 MyLastUpdateListener 类就是一个监听器类。

例程 9-5　MyLastUpdateListener.java

```
package mypack;
import javax.persistence.*;
import java.util.*;
public class MyLastUpdateListener {

  @PreUpdate
  @PrePersist
  public void setLastUpdate( Customer customer ) {
    System.out.println("设置最新更新时间");
    customer.setLastUpdate( new Date() );
  }
}
```

MyLastUpdateListener 类的 setLastUpdate()的方法前使用了@PreUpdate 和@PrePersist 注解，这两个注解指定了调用 setLastUpdate()方法的时机。@PreUpdate 注解表示在更新实体对象之前调用 setLastUpdate()方法；@PrePersist 注解表示在持久化实体对象之前调用 setLastUpdate()方法。除了这两个注解，JPA 还提供了以下用于指定监听方法的调用时机的注解。

(1) @PostLoad：加载一个对象之后。

(2) @PostPersist：持久化一个对象之后。

(3) @PostUpdate：更新一个对象之后。

(4) @PreRemove：删除一个对象之前。

(5) @PostRemove：删除一个对象之后。

2. 在持久化类中通过@EntityListeners 注解来注册监听器

假定 Customer 类需要使用 MyLastUpdateListener 监听器，通过该监听器来设置 Customer

对象的 lastUpdate 属性。可以在 Customer 类中按照如下方式注册 MyLastUpdateListener 监听器。

```
@Entity
@Table(name = "CUSTOMERS")
@EntityListeners( mypack.MyLastUpdateListener.class )
public class Customer implements Serializable{ … }
```

本节范例位于配套源代码包的 sourcecode/chapter9/9.5 目录下。运行该程序前，需要在 SAMPLEDB 数据库中手动创建 CUSTOMERS 表，相关的 SQL 脚本文件为 9.5/schema/sampledb.sql。

在 DOS 命令行下进入 9.5 根目录，然后输入命令"ant run"，将运行 BusinessService 类。BusinessService 类会进行保存和更新 Customer 对象的操作。

当程序在保存或更新 Customer 对象之前，会触发 JPA 调用 MyLastUpdateListener 监听器的 setLastUpdate()方法，该方法会更新 Customer 对象的 lastUpdate 属性，该属性表示 Customer 对象的最新更新时间。

运行 BusinessService 类，会得到以下打印结果。

```
设置最新更新时间
Last Update:Wed Apr 03 17:15:29 EDT 2019
设置最新更新时间
Last Update:Wed Apr 03 17:15:29 EDT 2019
```

9.6　批量处理数据

通常，在一个 Session 对象的持久化缓存中只存放数量有限的持久化对象，等到 Session 对象处理事务完毕，还要关闭 Session 对象，从而及时释放 Session 的缓存占用的内存。

批量处理数据是指在一个事务中处理大量数据。以下程序在一个事务中批量更新 CUSTOMERS 表中年龄大于零的所有记录的 AGE 字段。

```
tx = entityManager.getTransaction();
tx.begin();
Iterator<Customer> customers = entityManager.createQuery(
          "from Customer c where c.age > 0",Customer.class)
           .getResultList()
           .iterator();
while(customers.hasNext()){
  Customer customer = customers.next();
  customer.setAge(customer.getAge() + 1);
}
tx.commit();
entityManager.close();
```

如果 CUSTOMERS 表中有一万条年龄大于零的纪录，那么 Hibernate 会一下子加载一万个 Customer 对象到内存。当执行 tx.commit()方法时，会清理缓存，Hibernate 执行一万条更新 CUSTOMERS 表的 update 语句，如：

```
update CUSTOMERS set AGE = ? …. where ID = i;
update CUSTOMERS set AGE = ? …. where ID = j;
…
update CUSTOMERS set AGE = ? …. where ID = k;
```

这种批量更新方式有以下两个缺点。

(1) 占用大量内存，必须把一万个 Customer 对象先加载到内存，然后一一更新它们。

(2) 执行的 update 语句的数目太多，每个 update 语句只能更新一个 Customer 对象，必须通过一万条 update 语句才能更新一万个 Customer 对象，频繁地访问数据库，会大大降低应用的性能。

一般来说，应该尽可能避免在应用层进行批量操作，而应该在数据库层直接进行批量操作。例如，直接在数据库中执行用于批量更新或删除的 SQL 语句，如果批量操作的逻辑比较复杂，则可以通过直接在数据库中运行的存储过程来完成批量操作。

当然，在应用层也可以进行批量操作，主要有以下方式。

(1) 通过 EntityManager 或 Session 来进行批量操作。

(2) 通过 Hibernate API 的 StatelessSession 来进行批量操作。

(3) 通过 JPQL 来进行批量操作。

(4) 直接通过 JDBC API 来进行批量操作。

9.6.1 通过 EntityManger 或 Session 来进行批量操作

JPA 的 EntityManager 以及 Hibernate 的 Session 都可以进行批量操作。本节主要介绍用 EntityManager 进行批量操作的步骤，这也适用于 Session。EntityManager 的 persist()以及 merge()方法都会把处理的对象存放在持久化缓存中。如果通过一个 EntityManager 对象来处理大量持久化对象，应该及时从缓存中清空已经处理完毕并且不会再访问的对象。具体的做法是，在处理完一个对象或小批量对象后，立刻调用 flush()方法清理缓存，然后再调用 clear()方法清空缓存。

通过 EntityManager 来进行批量操作会受到以下约束。

(1) 需要通过 Hibernate 的配置属性 hibernate.jdbc.batch_size 来设置 JDBC 单次批量处理的数目，合理的取值通常为 10～50，例如：

```
hibernate.jdbc.batch_size = 20
```

在按照本节介绍的方法进行批量操作时，应该保证每次向数据库发送的批量 SQL 语句数目与这个 batch_size 属性一致。

(2) 如果对象采用 identity 标识符生成器，则 Hibernate 无法在 JDBC 层进行批量插入操作。

(3) 进行批量操作时，建议关闭 Hibernate 的第二级缓存。第 22 章将对第二级缓存做

详细介绍。Session 的持久化缓存为 Hibernate 的第一级缓存,通常它是事务范围内的缓存,也就是说,每个事务都有单独的第一级缓存。SessionFactory 的外置缓存为 Hibernate 的第二级缓存,它是应用范围内的缓存,也就是说,所有事务都共享同一个第二级缓存。在任何情况下,Hibernate 的第一级缓存总是可用的。而在默认情况下,Hibernate 的第二级缓存是关闭的,此外也可以通过 Hibernate 的配置属性 hibernate.cache.use_second_level_cache 来显式关闭第二级缓存,如:

```
hibernate.cache.use_second_level_cache = false
```

1. 批量插入数据

以下代码一共向数据库中插入十万条 CUSTOMERS 记录,单次批量插入 20 条 CUSTOMERS 记录。

```
tx = entityManager.getTransaction();
tx.begin();
for ( int i = 0; i < 100000; i++) {
    Customer customer = new Customer("Tom",25);
    entityManager.persist(customer);
    if ( i % 20 == 0 ) { //单次批量操作的数目为 20
       //清理缓存,执行批量插入 20 条记录的 SQL insert 语句
       entityManager.flush();
       //清空缓存中的 Customer 对象
       entityManager.clear();
    }
}
tx.commit();
entityManager.close();
```

在这段程序中,每次执行 entityManager.flush()方法,就会向数据库中批量插入 20 条记录。接下来 entityManager.clear()方法把 20 个刚保存的 Customer 对象从缓存中清空。

为了保证以上程序顺利运行,需要遵守以下约束。

(1) 应该把 Hibernate 的配置属性 hibernate.jdbc.batch_size 也设为 20。

(2) 关闭第二级缓存。因为假如使用了第二级缓存,那么所有在第一级缓存(即 Session 的缓存)中创建的 Customer 对象还要先复制到第二级缓存中,然后再保存到数据库中,这会导致大量不必要的开销。

(3) Customer 对象的标识符生成器不能为 identity。

2. 批量更新数据

进行批量更新时,如果一下子把所有对象到加载到 Session 的持久化缓存中,然后再在缓存中一一更新它们,显然是不可取的。为了解决这一问题,可以使用可滚动的结果集 org.hibernate.ScrollableResults,org.hibernate.query.Query 的 scroll()方法返回一个 ScrollableResults 对象。以下代码演示批量更新 Customer 对象,该代码一开始利用 ScrollableResults 对象来加载所有的 Customer 对象。

```
Session session = entityManager.unwrap(Session.class);
org.hibernate.Transaction tx = session.beginTransaction();

org.hibernate.ScrollableResults result =
            session.createQuery("from Customer")
            .scroll(org.hibernate.ScrollMode.SCROLL_INSENSITIVE);
int count = 0;
while ( result.next() ) {
  Customer customer = (Customer) result.get(0);
  //更新 Customer 对象的 age 属性
  customer.setAge(customer.getAge() + 1);
  //单次批量操作的数目为 20
  if ( ++count % 20 == 0 ) {
    //清理缓存,执行批量更新 20 条记录的 SQL update 语句
    session.flush();
    //清空缓存中的 Customer 对象
    session.clear();
  }
}

result.close(); //关闭使用游标的结果集
tx.commit();
session.close();
```

在这段代码中，org.hibernate.query.Query 的 scroll()方法返回的 ScrollableResults 对象中实际上并不包含任何 Customer 对象，它仅包含用于在线定位数据库中 CUSTOMERS 记录的游标。只有当程序遍历访问 ScrollableResults 对象中的特定元素时，它才会到数据库中加载相应的 Customer 对象。

为了保证以上程序顺利运行，需要遵守以下约束。

(1) 把 Hibernate 的配置属性 hibernate.jdbc.batch_size 也设为 20。

(2) 关闭第二级缓存。假如已经在配置文件中启用了第二级缓存，也可以通过以下方式在程序中忽略第二级缓存。

```
ScrollableResults result = session.createQuery("from Customer")
          //忽略第二级缓存
          .setCacheMode(org.hibernate.CacheMode.IGNORE)
          .scroll(ScrollMode.SCROLL_INSENSITIVE);
```

(3) 如果持久化类中具有版本控制属性，需要把 Hibernate 的配置属性 hibernate.jdbc.batch_versioned_data 设为 true。

9.6.2 通过 StatelessSession 来进行批量操作

Session 具有一个用于保持内存中对象与数据库中相应数据保持同步的持久化缓存，位于 Session 缓存中的对象为持久化对象。但在进行批量操作时，把大量对象存放在 Session

缓存中会消耗大量内存空间。作为一种替代方案，可以采用无状态的 org. hibernate. StatelessSession 来进行批量操作。

以下代码利用 StatelessSession 来进行批量更新操作。

```
SessionFactory sessionFactory =
        entityManagerFactory.unwrap(SessionFactory.class);
org.hibernate.StatelessSession session =
      sessionFactory.openStatelessSession();
org.hibernate.Transaction tx = session.beginTransaction();

org.hibernate.ScrollableResults result =
     session.createQuery("from Customer")
     .scroll(org.hibernate.ScrollMode.SCROLL_INSENSITIVE);

while ( result.next() ) {
  Customer customer = (Customer) result.get(0);
  //在内存中更新 Customer 对象的 age 属性
  customer.setAge(customer.getAge() + 1);
  //立即执行 update 语句，更新数据库中相应 CUSTOMERS 记录
  session.update(customer);
}
result.close();
tx.commit();
session.close();
```

从形式上看，StatelessSession 与 Session 的用法有点相似。然而 StatelessSession 与 Session 相比，有以下区别。

(1) StatelessSession 没有持久化缓存，通过 StatelessSession 来加载、保存或更新后的对象都处于游离状态。

(2) StatelessSession 不会与 Hibernate 的第二级缓存交互。

(3) 当调用 StatelessSession 的 insert()、update()或 delete()方法时，这些方法会立即执行相应的 SQL 语句，而不会仅计划执行一条 SQL 语句。

(4) StatelessSession 不会对所加载的对象自动进行脏检查。所以在以上程序中，修改了内存中 Customer 对象的属性后，还需要通过 StatelessSession 的 update()方法来更新数据库中的相应数据。

(5) StatelessSession 不会对关联的对象进行任何级联操作。举例来说，通过 StatelessSession 来保存一个 Customer 对象时，不会级联保存与之关联的 Order 对象。

(6) StatelessSession 所做的操作可以被 Interceptor 拦截器捕获到，但会被 Hibernate 的事件处理系统忽略。

(7) 通过同一个 StatelessSession 对象两次加载 OID 为 1 的 Customer 对象时，会得到两个具有不同内存地址的 Customer 对象，例如：

```
StatelessSession session = sessionFactory.openStatelessSession();
Customer c1 = session.get(Customer.class, Long.valueOf(1));
```

```
Customer c2 = session.get(Customer.class, Long.valueOf(1));
System.out.println(c1 == c2); //打印 false
```

9.6.3 通过 JPQL 来进行批量操作

JPA 的 JPQL(JPA Query Language,JPA 查询语言)不仅可以检索数据,还可以进行批量更新、删除和插入数据。批量操作实际上直接在数据库中完成,所处理的数据不会被保存在 Session 的持久化缓存中,因此不会占用内存空间。

Query.executeUpdate()方法和 JDBC API 中的 PreparedStatement.executeUpdate()很相似,前者执行用于更新、删除和插入的 JPQL 语句;而后者执行用于更新、删除和插入的 SQL 语句。

1. 批量更新数据

以下程序代码演示通过 JPQL 来批量更新 Customer 对象。

```
tx = entityManager.getTransaction();
tx.begin();

String jpqlUpdate = "update Customer c set c.name = :newName"
                + " where c.name = :oldName";
int updatedEntities = entityManager.createQuery( jpqlUpdate )
       .setParameter( "newName", "Mike" )
       .setParameter( "oldName", "Tom" )
       .executeUpdate();

tx.commit();
entityManager.close();
```

向数据库发送的 SQL 语句为:

```
update CUSTOMERS set NAME = "Mike" where NAME = "Tom"
```

除了使用 JPQL,还可以使用 HQL(Hibernate Query Language,Hibernate 查询语言)以及 Hibernate API 来进行批量更新。HQL 语言和 JPQL 语言的语法几乎是相同的,如:

```
Session session = sessionFactory.openSession();
Transaction tx = session.beginTransaction();

String hqlUpdate = "update Customer c set c.name = :newName"
                + " where c.name = :oldName";
int updatedEntities = session.createQuery( hqlUpdate )
       .setParameter( "newName", "Mike" )
       .setParameter( "oldName", "Tom" )
       .executeUpdate();

tx.commit();
session.close();
```

2. 批量删除数据

EntityManager 的 remove()方法一次只能删除一个对象，不适合进行批量删除操作。以下程序代码演示通过 JPQL 来批量删除 Customer 对象。

```
tx = entityManager.getTransaction();
tx.begin();

String jpqlDelete = "delete Customer c where c.name = :oldName";
int deletedEntities = entityManager.createQuery( jpqlDelete )
        .setParameter( "oldName", "Tom" )
        .executeUpdate();

tx.commit();
entityManager.close();
```

以上程序代码向数据库提交的 SQL 语句为：

```
delete from CUSTOMERS where NAME = "Tom"
```

3. 批量插入数据

插入数据的 JPQL 语法为：

```
insert into EntityName properties_list select_statement
```

以上 EntityName 表示持久化类的名字，properties_list 表示持久化类的属性列表，select_statement 表示子查询语句。

JPQL 只支持 insert into…select…形式的插入语句，而不支持 insert into…values…形式的插入语句。

下面举例说明如何通过 JPQL 来批量插入数据。假定有 DelinquentAccount 类和 Customer 类，它们都用@Entity 注解等进行了对象-关系映射。它们都有 id 和 name 属性，与这两个类对应的表分别为 DELINQUENT_ACCOUNTS 和 CUSTOMERS 表。以下代码能够把 CUSTOMERS 表中的数据复制到 DELINQUENT_ACCOUNTS 表中。

```
tx = entityManager.getTransaction();
tx.begin();

String jpqlInsert = "insert into DelinquentAccount (id, name) "
        + "select c.id, c.name from Customer c where c.id > 1";

int createdEntities = entityManager.createQuery( jpqlInsert )
                        .executeUpdate();

tx.commit();
entityManager.close();
```

向数据库提交的SQL语句为：

```
insert into DELINQUENT_ACCOUNTS(ID,NAME)
select ID,NAME from CUSTOMERS where ID > 1
```

9.6.4 直接通过JDBC API来进行批量操作

当通过JDBC API来执行SQL insert、update和delete语句时，SQL语句中涉及的数据不会被加载到持久化缓存中，因此不会占用内存空间。

在Hibernate API中，org.hibernate.jdbc.Work接口表示直接通过JDBC API来访问数据库的操作，Work接口的execute()方法用于执行直接通过JDBC API来访问数据库的操作，如：

```
public interface Work {
  //直接通过 JDBC API 来访问数据库的操作
  public void execute(Connection connection) throws SQLException;
}
```

Session的doWork(Work work)方法用于执行Work对象指定的操作，即调用Work对象的execute()方法。Session会把当前使用的数据库连接传给execute()方法。

以下程序演示了通过Work接口及Session的doWork()方法来执行批量操作的过程。

```
Transaction tx = session.beginTransaction();
//定义一个匿名类,实现了 Work 接口
Work work = new Work(){
  public void execute(Connection connection)throws SQLException{
    //通过 JDBC API 执行用于批量更新的 SQL 语句
    PreparedStatement stmt = connection
          .prepareStatement("update CUSTOMERS set AGE = AGE + 1 "
          + "where AGE > 0 ");
    stmt.executeUpdate();
  }
};

//执行 work
session.doWork(work);
tx.commit();
```

当通过JDBC API中的PreparedStatement接口来执行SQL语句时，SQL语句中涉及的数据不会被加载到Session的缓存中，因此不会占用内存空间。

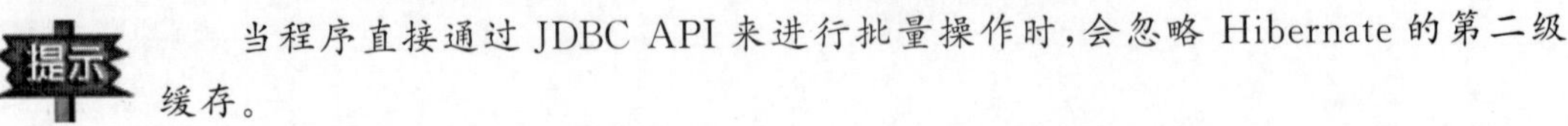
提示 当程序直接通过JDBC API来进行批量操作时，会忽略Hibernate的第二级缓存。

9.7 通过 JPA 访问元数据

Hibernate 和 JPA 都通过元数据来描述域模型中的持久化类及其属性的类型。在多数情况下，元数据主要是供 Hibernate 访问的，但有时这些元数据对应用程序本身也很有帮助。例如，应用程序可以利用元数据来实现一种通用的对象复制机制。假定以下 copy()方法提供了通用的对象复制功能，它能复制参数指定的对象，然后返回复制出来的对象。

```
public object copy(Object original)
```

在 copy()方法的实现中，需要通过元数据来了解参数指定的对象所拥有的属性及属性的类型，还要知道属性的类型是可变类型还是不可变类型。

那么，在应用程序中如何访问元数据呢？JPA API 为此提供了 javax.persistence.metamodel.Metamodel 接口，它表示用元数据描述的域模型。EntityManagerFactory 的 getMetamodel()方法返回这个接口的实例。Metamodel 接口的 getEntities()方法返回一个 Set 集合，这个集合中存放了域模型中所有实体类的元数据，每个实体类的元数据用一个 EntityType 对象表示。以下代码演示如何访问并打印域模型的元数据。

```
public void printMetaModel(){
  Metamodel metaModel = entityManagerFactory.getMetamodel();
  Set<EntityType<? extends Object>> types = metaModel.getEntities();
  for(EntityType<? extends Object> type : types) {
    System.out.println("--> 实体类名:" + type.getName());
    Set attributes = type.getAttributes();
    for(Object obj : attributes) {
      System.out.println("-- 属性名: " + ((Attribute)obj).getName());
      System.out.println("是否为集合属性:"
                  + ((Attribute)obj).isCollection());
      System.out.println("是否存在关联关系: "
                  + ((Attribute)obj).isAssociation());
      System.out.println("属性类型: "
                  + ((Attribute)obj).getPersistentAttributeType());
    }
  }
}
```

这种方法位于配套源代码包的 sourcecode/chapter9/9.5 目录下的 BusinessService 类中。假如域模型中包含 Customer 和 Order 两个持久化类，它们之间为一对多单向关联关系，那么打印结果为：

```
--> 实体类名:Customer
-- 属性名: id
是否为集合属性:false
是否存在关联关系: false
属性类型: BASIC
-- 属性名: name
```

```
是否为集合属性:false
是否存在关联关系: false
属性类型: BASIC

--> 实体类名:Order
-- 属性名: id
是否为集合属性:false
是否存在关联关系: false
属性类型: BASIC
-- 属性名: orderNumber
是否为集合属性:false
是否存在关联关系: false
属性类型: BASIC
-- 属性名: customer
是否为集合属性:false
是否存在关联关系: true
属性类型: MANY_TO_ONE
```

javax.persistence.metamodel.EntityType 类表示一个实体类的元数据。以下代码用来获得 Customer 类的元数据。

```
EntityType<Customer> customerType = metaModel.entity(Customer.class);
//打印"实体类名:Customer"
System.out.println("实体类名:" + customerType.getName());
```

9.8 调用存储过程

存储过程直接在数据库中运行，运行速度快。不过，并不是所有的数据库都支持存储系统，MySQL 的早期版本就不支持它，直到 MySQL 5 版本才开始支持存储过程。以下 SQL 代码在 MySQL 数据库中定义了一个名为 batchUpdateCustomer()的存储过程。

```
delimiter //
create procedure batchUpdateCustomer(in p_age integer)
begin
update CUSTOMERS set AGE = AGE + 1 where AGE > p_age;
end //
```

delimiter 语句指定结束符号为//，create procedure 语句定义存储过程。以上存储过程有一个输入参数 p_age，代表客户的年龄。

除了可以在数据库中直接调用存储过程，应用程序也可按照以下方式调用存储过程。

1. 通过 Hibernate API 调用存储过程

以下代码通过 Session 的 doWork()方法来调用存储过程。

```
Transaction tx = session.beginTransaction();
//定义一个匿名类,实现了 Work 接口
```

```
Work work = new Work(){
  public void execute(Connection connection)throws SQLException{
    String procedure = "{call batchUpdateCustomer(?) }";
    //通过 JDBC API 调用存储过程
    CallableStatement cstmt = connection.prepareCall(procedure);
    cstmt.setInt(1,0); //把年龄参数设为 0
    cstmt.executeUpdate();
  }
};

//执行 work
session.doWork(work);
tx.commit();
```

2. 通过 JPA API 调用存储过程

以下 SQL 代码定义了一个名为 findCustomers 的存储过程,p_age 为输入参数,p_count 为输出参数。

```
delimiter //
create procedure findCustomers(in p_age integer,out p_count integer)
begin
select count( * ) into p_count from CUSTOMERS where AGE > p_age;
select name from CUSTOMERS;
end //
```

JPA API 中的 StoredProcedureQuery 接口能够调用存储过程,并且还能设置输入参数,以及读取输出参数,代码如下:

```
StoredProcedureQuery query = entityManager
          .createStoredProcedureQuery("findCustomers");

//注册参数
query.registerStoredProcedureParameter(1,
                      Integer.class,ParameterMode.IN);
query.registerStoredProcedureParameter(2,
                      Integer.class,ParameterMode.OUT);
int age = 15;
query.setParameter(1,age);              //设置参数
List names = query.getResultList();     //调用存储过程

for(Object name:names)                  //遍历查询结果
  System.out.println((String)name);

//读取输出参数
System.out.println("年龄大于" + age + "的客户数目: "
       + (Integer)query.getOutputParameterValue(2));
```

9.9 小结

当程序通过 Hibernate 来加载、保存、更新或删除对象时，会触发 Hibernate 的拦截器及事件监听器做出相应的处理。拦截器与事件监听器有以下区别。

(1) 拦截器是可配置的。在拦截器接口 Interceptor 中声明了处理各种事件的方法。

(2) 在 Hibernate API 中，针对每一种事件都有相应的事件监听器接口，如 LoadEvent 对应 LoadEventListener 接口，SaveEvent 对应 SaveEventListener 接口。用户通过实现特定的事件监听器接口来处理特定的事件。

本书介绍 4 种批量处理数据的方式。假定要批量更新 10 万个 Customer 对象，下面说明这 4 种方式的处理过程。

(1) 通过 EntityManager 或 Session 来进行批量操作。每次小批量从数据库中加载 20 个 Customer 持久化对象，更新它们；然后立即通过 EntityManager 或 Session 的 flush()方法清理缓存，同步更新数据库；再调用 clear()方法把它们从 Session 缓存中清空；再小批量处理接下来的 20 个 Customer 对象，如此循环，直到处理完 10 万个 Customer 对象。

(2) 通过 org.hibernate.StatelessSession 来进行批量操作。每次从数据库中加载一个 Customer 游离对象，更新它；再处理下一个 Customer 对象，如此循环，直到处理完 10 万个 Customer 对象。

(3) 通过 JPQL 来进行批量操作。利用 javax.persistence.Query 接口的 executeUpdate()方法来执行用于更新 10 万个 Customer 对象的 JPQL 语句。不需要把任何 Customer 对象加载到内存中，Hibernate 会把 JPQL 语句翻译为相应的 SQL 语句，然后直接在数据库中执行 SQL 语句。

(4) 直接通过 JDBC API 来进行批量操作。利用 JDBC API 中的 PreparedStatement 接口的 executeUpdate()方法来执行用于更新 10 万个 Customer 对象的 SQL 语句。不需要把任何 Customer 对象加载到内存中，而是直接在数据库中执行 SQL 语句。

从性能上看，第 4 种方式执行批量操作的性能最好，接下来依次是第 3 种、第 2 种和第 1 种方式。第 3 种、第 2 种和第 1 种方式虽然在性能上不是最佳的，但各有优点和使用场合。

(1) 第 3 种方式与第 4 种方式相比，前者使用的是跨数据库平台的、面向对象的 JPQL 语言；而后者使用的是不跨数据库平台的、与关系数据库结构绑定的 SQL 语句。

(2) 第 1 种方式及第 2 种方式的共同优点在于，把关系数据加载到内存中再更新，可以通过灵活的程序代码，来实现 JPQL 语言以及 SQL 语言无法表达的复杂的更新逻辑。

9.10 思考题

1. 当 Session 的缓存中已经有一个 Customer 持久化对象，Session 的哪个方法能够再次到数据库中加载 Customer 对象的最新数据？(单选)

(a) flush() (b) refresh() (c) get() (d) load()

2. 以下哪些属于 org.hibernate.Interceptor 接口的方法？(多选)

(a) onLoad() (b) onSave() (c) onDelete() (d) onFlush()

3. 对于以下程序代码，哪些说法正确？（多选）

```
Session session  =  sessionFactory.openSession(); //第 1 行
Transaction tx =  session.beginTransaction();     //第 2 行
Customer c = session.get(Customer.class,
                       Long.valueOf(1));          //第 3 行
c.setAge(c.getAge() + 1);                         //第 4 行
tx.commit();                                      //第 5 行
session.close()                                   //第 6 行
```

(a) 第 3 行触发 LoadEvent 事件，该事件由 LoadEventListener 来处理

(b) 第 4 行触发 UpdateEvent 事件，该事件由 UpdateEventListener 来处理

(c) 第 5 行触发 LoadEvent 事件，该事件由 LoadEventListener 来处理

(d) 第 5 行触发 FlushEvent 事件，该事件由 FlushEventListener 来处理

4. 以下哪些批量操作方式进行批量更新时，不会把待更新的数据先加载到内存中，而是直接在数据库中更新数据？（多选）

(a) 通过 EntityManager 或 Session 来进行批量更新操作

(b) 通过 StatelessSession 来进行批量更新操作

(c) 通过 JPQL 来进行批量更新操作

(d) 直接通过 JDBC API 来进行批量更新操作

5. 对于以下程序代码，哪个说法正确？（单选）

```
StatelessSession session  =
        sessionFactory.openStatelessSession(); //第 1 行
Transaction tx =  session.beginTransaction();    //第 2 行
Customer c = session.get(Customer.class,
                       Long.valueOf(1));         //第 3 行
c.setAge(c.getAge() + 1);                        //第 4 行
tx.commit();                                     //第 5 行
session.close()                                  //第 6 行
```

(a) 第 3 行返回的 Customer 对象处于游离状态

(b) 第 3 行返回的 Customer 对象处于持久化状态

(c) 第 4 行 Session 会清理缓存，执行更新 CUSTOMERS 记录的 SQL 语句

(d) 第 5 行 Session 会清理缓存，执行更新 CUSTOMERS 记录的 SQL 语句

6. JPA 的@PreUpdate 注解用在什么场合？（单选）

(a) 用来注解持久化类

(b) 用来注解持久化类的特定属性

(c) 用来注解持久化类的特定方法

(d) 用来注解监听器类的特定方法

第10章

映射组成关系

在域模型中，有些类由几个部分类组成，部分类的对象的生命周期依赖于整体类的对象的生命周期，当整体消失时，部分也就随之消失。这种整体与部分的关系被称为聚集关系。例如，计算机系统就是一个聚集体，它由主机箱(CPU Box)、键盘(Keyboard)、鼠标(Mouse)、显示器(Monitor)和打印机(Printer)等组成，还可能包括几个音箱(Speaker)。而主机箱(CPU Box)内除CPU外，还包含一些驱动设备，如显示卡(Graphics Card)和声卡(Sound Card)等。图10-1显示了计算机系统的组成，整体类(如计算机系统)位于层次结构的顶部，以下依次是各个部分类，每个部分类还可以由其他部分类组成。

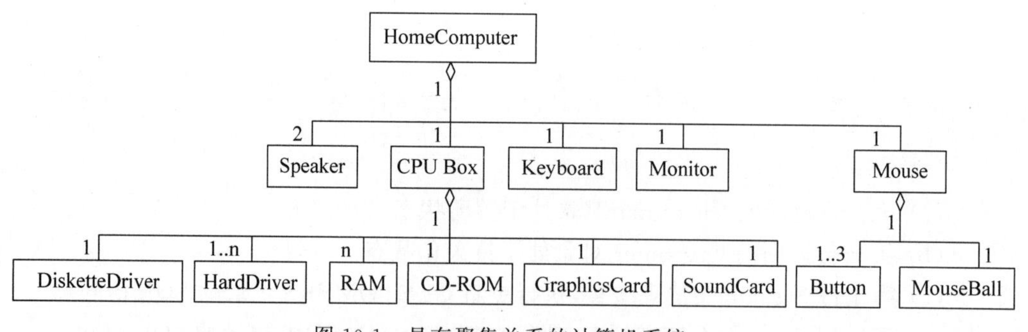

图10-1　具有聚集关系的计算机系统

在有些情况下，部分类的对象可以被多个整体类的对象共享，如在家庭影院系统中，电视机和录像机可以共用一个遥控器，那么这个遥控器既是电视机的组成部分，也是录像机的组成部分。还有一些情况下，一个部分类的对象只能属于一个整体类的特定对象，而不能被同一个整体类的其他对象或者被其他整体类的对象共享。例如，人和手是整体与部分的关系，每双手只能属于特定的人，张三的手永远不可能变成李四的手，更不可能变成黑猩猩的手。如果部分只能属于特定的整体，这种聚集关系也称为组成关系，在UML中，用实心菱形箭头表示组成关系，参见图10-2。

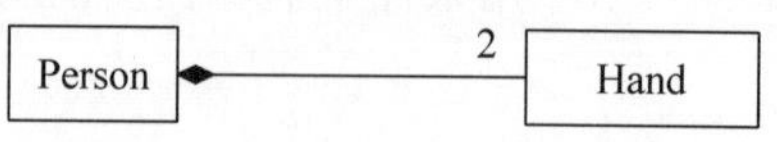

图10-2　人和手的组成关系

本章以 Customer 类和 Address 类的关系，以及 Computer 类、CpuBox 类、GraphicsCard 类和 Vendor 类的关系为例，介绍如何映射组成关系。本章的 BusinessService 类用于演示如何保存、更新、删除或查询具有组成关系的 Java 对象。

本章范例程序提供了以下两种实现方式。

(1) 10.3 节和 10.4 节使用注解以及 JPA API，源代码位于配套源代码包的 sourcecode/chapter10/version1 目录下。

(2) 10.5 节使用 Hibernate 的对象-关系映射文件以及 Hibernate API，源代码位于配套源代码包的 sourcecode/chapter10/version2 目录下。

运行该程序前，需要在 SAMPLEDB 数据库中手动创建 CUSTOMERS 表、COMPUTERS 表和 VENDORS 表，相关的 SQL 脚本文件为 chapter10/version1/schema/sampledb.sql。

在 DOS 命令行下进入 chapter10/version1 或 chapter10/version2 根目录，然后输入命令"ant run"，就会运行 BusinessService 类。

10.1 建立精粒度对象模型

假定在 Customer 类中有以下代表家庭地址及公司地址的属性。

```
private String homeProvince;        //家庭地址所在的省
private String homeCity;            //家庭地址所在的城市
private String homeStreet;          //家庭地址所在的街道
private String homeZipcode;         //家庭地址的邮编
private String comProvince;         //公司地址所在的省
private String comCity;             //公司地址所在的城市
private String comStreet;           //公司地址所在的街道
private String comZipcode;          //公司地址的邮编
```

为了提高程序代码的可重用性，不妨从 Customer 类中抽象出单独的 Address 类，不仅 Customer 类可以引用 Address 类，如果日后又增加了 Employee 类，它也包含地址信息，那么 Employee 类也能引用 Address 类。按这种设计思想创建的对象模型称为精粒度对象模型，参见图 10-3，它可以最大限度地提高代码的重用性。Customer 类与 Address 类之间为组成关系，因为它们的关系有以下特征。

(1) Address 对象的生命周期依赖于 Customer 对象。当删除一个 Customer 对象时，应该把相关的 Address 对象删除。

(2) 一个 Address 对象只能属于某个特定的 Customer 对象，不能被其他 Customer 对象共享。

在精粒度对象模型中，只需要为 Customer 类定义两个 Address 类型的属性，来存放家庭地址和公司地址信息，如：

```
private Address homeAddress;
private Address comAddress;
```

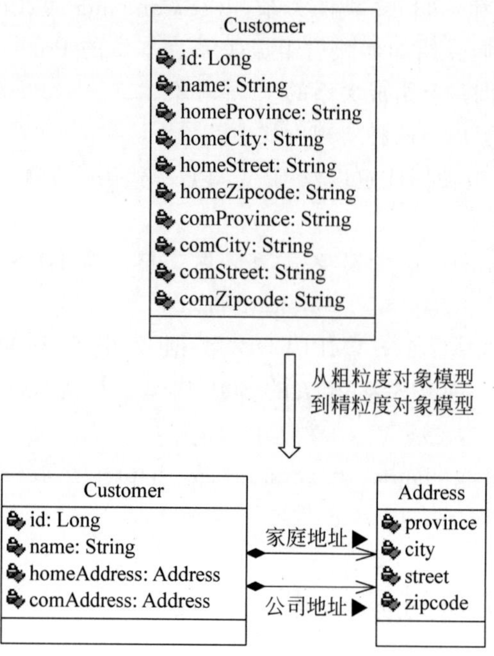

图 10-3　从粗粒度对象模型到精粒度对象模型

10.2　建立粗粒度关系数据模型

建立关系数据模型的一个重要原则是在不会导致数据冗余的前提下，尽可能减少数据库表的数目及表之间的外键参照关系。因为如果表之间的外键参照关系很复杂，那么数据库系统在每次对关系数据进行插入、更新、删除和查询等 SQL 操作时，都必须建立多个表的连接，这是很耗时的操作，会影响数据库的运行性能。

以 CUSTOMERS 表为例，一种方案是把客户的地址信息放在单独的 ADDRESS 表中，然后建立两个表之间的外键参照关系，如图 10-4 所示。

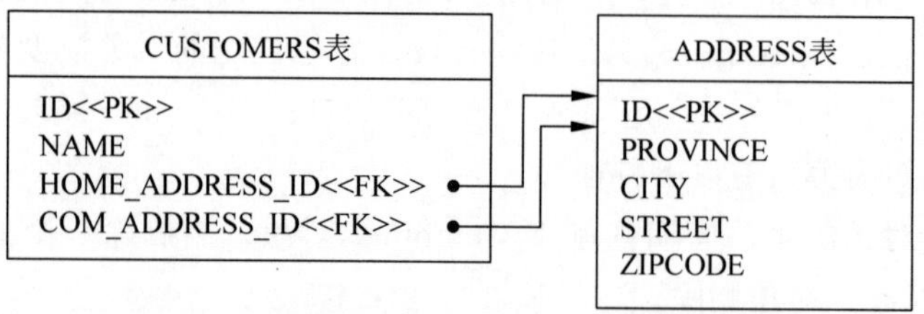

图 10-4　CUSTOMERS 表参照 ADDRESS 表

这使得每次查询客户信息时，都要建立这两个表的连接。例如，以下 SQL 语句用于查询名为 Tom 的客户的家庭地址。

```
select PROVINCE,CITY,STREET,ZIPCODE
from CUSTOMERS as c, ADDRESS as a
where c.HOME_ADDRESS_ID = a.ID and c.NAME = 'Tom';
```

建立表的连接是很耗时的操作，为了提高数据库运行性能，没有必要拆分 CUSTOMERS 表和 ADDRESS 表，只需要在 CUSTOMERS 表中包含所有的地址信息就可以了，这样做并不会导致数据冗余，例程 10-1 为 CUSTOMERS 表的 DDL 定义。

例程 10-1　CUSTOMERS 表的 DDL 定义

```
create table CUSTOMERS (
  ID bigint not null,
  NAME varchar(15),
  HOME_STREET varchar(255),
  HOME_CITY varchar(255),
  HOME_PROVINCE varchar(255),
  HOME_ZIPCODE varchar(255),
  COM_STREET varchar(255),
  COM_CITY varchar(255),
  COM_PROVINCE varchar(255),
  COM_ZIPCODE varchar(255),
  primary key (ID)
);
```

这样，当每次查询客户信息时，不再需要建立表的连接。例如，以下 SQL 语句用于查询名为 Tom 的客户的家庭地址。

```
select HOME_PROVICE, HOME_CITY, HOME_STREET, HOME_ZIPCODE
from CUSTOMERS where NAME = 'Tom';
```

10.3　映射组成关系

从 10.1 和 10.2 两节内容可以看出，建立域模型和关系数据模型有着不同的出发点。域模型是由程序代码组成的，通过细化持久化类的粒度可提高代码可重用性，简化编程。关系数据模型是由关系数据组成的。在存在数据冗余的情况下，需要把粗粒度的表拆分成具有外键参照关系的几个细粒度的表，从而节省存储空间；另外，在没有数据冗余的前提下，应该尽可能减少表的数目，简化表之间的参照关系，以便提高访问数据库的速度。因此，在建立关系数据模型时，需要在节省数据存储空间和节省数据操纵时间这两者之间进行折中。

由于建立域模型和关系数据模型的原则不一样，使得持久化类的数目往往比数据库表的数目多，而且持久化类的属性并不和表的字段一一对应。如图 10-5 所示，Customer 类的 homeAddress 属性及 comAddress 属性均和 CUSTOMERS 表中的多个字段对应。

Address 类不是独立的实体类，不能用@Entity 注解来映射，而是用来自 JPA 的@Embeddable 注解来映射，例如：

```
@Embeddable
public class Address implements java.io.Serializable {
  @Column(name = "HOME_PROVINCE")
  private String province;

  @Column(name = "HOME_CITY")
```

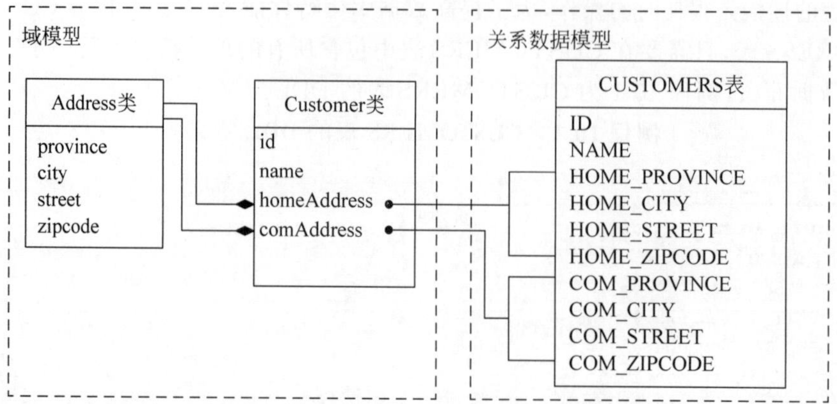

图 10-5　域模型中类的数目比关系数据模型中表的数目多

```
  private String city;

  @Column(name = "HOME_STREET")
  private String street;

  @Column(name = "HOME_ZIPCODE")
  private String zipcode;

  @Parent
  private Customer customer;

  //此处省略构造方法,以及所有属性的访问方法
  …
}
```

Address 类还有一个 customer 属性，用来自 org.hibernate.annotations 包的@Parent 注解来映射 Address 类的 customer 属性。

在 Customer 类中，使用来自 JPA 的@Embedded 注解来映射 homeAddress 属性和 comAddress 属性，如：

```
@Embedded
private Address homeAddress;

@Embedded
@AttributeOverrides({
    @AttributeOverride(
      name = "province",
      column = @Column(name = "COM_PROVINCE")
    ),
    @AttributeOverride(
      name = "city",
      column = @Column(name = "COM_CITY")
    ),
```

```
        @AttributeOverride(
          name = "street",
          column = @Column(name = "COM_STREET")
        ),
       @AttributeOverride(
         name = "zipcode",
         column = @Column(name = "COM_ZIPCODE"))
})
private Address comAddress;
```

值得注意的是,@Embedded 注解也可以省略。因为当 Address 类用@Embeddable 注解来映射时,JPA 会自动判断出 Customer 类的 homeAddress 属性和 comAddress 属性是嵌入式类型。

在 Address 类中,通过@Column 注解把 province 属性和 CUSTOMERS 表中的 HOME_PROVINCE 字段映射。对于 Customer 类的 homeAddress 属性,它的 homeAddress. province 属性和 CUSTOMERS 表的 HOME_PROVINCE 字段对应;而对于 comAddress 属性,它的 comAddress. province 属性和 CUSTOMERS 表的 COM_PROVINCE 字段对应。因此在映射 Customer 类的 comAddress 属性时,需要通过@AttributeOverrides 注解来重新设定 comAddress. province 属性和 CUSTOMERS 表的 COM_PROVINCE 字段的对应关系。

10.3.1 区分值(Value)类型和实体(Entity)类型

Address 类没有 OID,这是 Hibernate 组件的一个重要特征。由于 Address 类没有 OID,因此不能通过 EntityManager 或 Session 来单独保存、更新、删除或加载一个 Address 对象。例如,以下每行代码都会抛出 IllegalArgumentException 异常。

```
entityManager.find(Address.class,Long.valueOf(1));
entityManager.persist(address);
entityManager.remove(address);
```

错误原因为 Unknown entity class: mypack. Address。为何称 Address 类是未知的实体类呢?这是因为 Hibernate 把持久化类的属性分为两种:值(Value)类型和实体(Entity)类型。值类型和实体类型的最重要的区别是,前者没有 OID,不能被单独持久化,它的生命周期依赖于所属的持久化类的对象的生命周期,组件类型就是一种值类型;而实体类型有 OID,可以被单独持久化。假定 Customer 类有以下属性:

```
private String name;
private int age;
private Date birthday;

//Customer 和 Address 类是组成关系
private Address homeAddress;
private Address comAddress;

//Customer 和 Company 类是多对一关联关系
```

```
private Company currentCompany;

//Customer 和 Order 类是一对多关联关系
private Set orders;
```

在这些属性中，name、age、birthday、homeAddress 及 comAddress 都是值类型属性，而 currentCompany 是实体类型属性，orders 集合中的 Order 对象也是实体类型属性。当删除一个 Customer 持久化对象时，Hibernate 会从数据库中删除所有值类型属性对应的数据，但是实体类型属性对应的数据有可能依然保留在数据库中，也有可能被删除，这取决于是否设置了级联删除。假如对 orders 集合设置了级联删除，那么删除 Customer 对象时，也会删除 orders 集合中的所有 Order 对象。假如没有对 currentCompany 属性设置级联删除，那么删除一个 Customer 对象时，currentCompany 属性引用的 Company 对象依然存在。

Address 类作为值类型没有 OID，因此不能建立从其他持久化类到 Address 类的关联关系（注意关联是有方向性的）。假如在 Customer 类中按如下方式映射 currentCompany 属性和 homeAddress 属性。

```
@ManyToOne
@JoinColumn(name = "COMPANY_ID")
Company currentCompany;

@OneToOne
Address homeAddress;
```

这段代码对 currentCompany 属性做了正确的映射，但对 homeAddress 属性的映射是不正确的。这段代码意味着在数据库中，CUSTOMERS 表参照 Address 类所对应的表，而实际上 Address 类在数据库中根本没有对应的表。

10.3.2 在应用程序中访问具有组成关系的持久化类

BusinessService 类用于保存、检索以及删除包含 Address 组件的 Customer 对象。它的源程序参见例程 10-2。

例程 10-2 BusinessService 类

```
public class BusinessService{
  public static EntityManagerFactory entityManagerFactory;
  static{ … }    /** 初始化 JPA,创建 EntityManagerFactory 实例 */

  /** 保存一个 Customer 对象 */
  public void saveCustomer(){ … }

  /** 单独保存一个 Address 对象 */
  public void saveAddressSeparately(){ … }

  /** 保存一个 Address 为 null 的 Customer 对象 */
```

```
    public void saveCustomerWithNoAddress(){ … }

    /** 按照 Customer ID 查询 Customer 对象 */
    public Customer findCustomer(long customer_id) { … }

    /** 打印 Customer 的地址信息 */
    public void printCustomerAddress(Customer customer) { … }

    /** 删除一个 Customer 对象 */
    public void deleteCustomer(Customer customer) { … }

    public void test(){
        saveCustomer();
        saveAddressSeparately();
        saveCustomerWithNoAddress();
        Customer customer = findCustomer(1);
        printCustomerAddress(customer);
        customer = findCustomer(2);
        printCustomerAddress(customer);
        deleteCustomer(customer);
    }

    public static void main(String args[]){
      new BusinessService().test();
      entityManagerFactory.close();
    }
}
```

BusinessService 类的 main()方法调用 test()方法，test()方法又依次调用以下方法。

(1) saveCustomer()：先创建一个 Customer 对象和两个 Address 对象，建立 Customer 和 Address 对象之间的组成关系，然后保存 Customer 对象，代码如下：

```
tx = entityManager.getTransaction();
tx.begin();

Customer customer = new Customer();
Address homeAddress = new Address(
      "province1","city1","street1","100001",customer);
Address comAddress = new Address(
      "province2","city2","street2","200002",customer);
customer.setName("Tom");
customer.setHomeAddress(homeAddress);
customer.setComAddress(comAddress);

entityManager.persist(customer);
id = customer.getId();
tx.commit();
```

当 Hibernate 持久化 Customer 对象时，会自动保存两个 Address 组件类对象。

Hibernate 执行以下 SQL 语句。

```
insert into CUSTOMERS
(ID,NAME,HOME_PROVINCE,HOME_CITY,HOME_STREET,HOME_ZIPCODE,
COM_PROVINCE,COM_CITY,COM_STREET,COM_ZIPCODE)
values(1, 'Tom','province1','city1','street1','100001',
'province2','city2','street2','200002');
```

(2) saveAddressSeparately()：这个方法试图单独保存一个 Address 对象，代码如下：

```
tx = entityManager.getTransaction();
tx.begin();

Address address = new Address(
      "province1","city1","street1","100001",null);
entityManager.persist(address);

tx.commit();
```

Hibernate 不允许单独持久化组件类对象，执行这段代码会抛出以下异常。

```
[java] java.lang.IllegalArgumentException:
Unknown entity class: mypack.Address
```

提示 运行 chapter10/version1 目录下的 BusinessService 类时，会抛出 IllegalArgumentException；而运行 chapter10/version2 目录下的 BusinessService 类时，会抛出 org.hibernate.MappingException。

(3) saveCustomerWithNoAddress()：该方法先创建一个 Customer 对象，它的 homeAddress 属性引用一个 Address 对象，但是该 Address 对象的所有属性都是 null，Customer 对象的 comAddress 属性也为 null，最后保存这个 Customer 对象。

```
tx = entityManager.getTransaction();
tx.begin();

Customer customer = new Customer(
      "Mike",new Address(null,null,null,null,null),null);

entityManager.persist(customer);
id = customer.getId();
tx.commit();
```

当 Hibernate 持久化 Customer 对象时，执行以下 SQL 语句。

```
insert into CUSTOMERS
(ID,NAME,HOME_PROVINCE,HOME_CITY,HOME_STREET,HOME_ZIPCODE,
COM_PROVINCE,COM_CITY,COM_STREET,COM_ZIPCODE)
values(2, 'Mike','null','null',
       'null','null','null','null','null','null');
```

（4）findCustomer()：按照参数指定的 OID 来查询 Customer 对象。

（5）printCustomerAddress()：打印参数指定的 Customer 对象的所有地址信息。由于 Address 对象是 Customer 对象的组件，因此只要调用 customer.getHomeAddress()方法，就可以方便地从 Customer 对象导航到 Address 对象，如：

```
Address homeAddress = customer.getHomeAddress();
Address comAddress = customer.getComAddress();

if(homeAddress == null)
  System.out.println("Home Address of "
                  + customer.getName() + " is null.");
else
  System.out.println("Home Address of "
      + customer.getName() + " is: "
      + homeAddress.getProvince() + " "
      + homeAddress.getCity() + " "
      + homeAddress.getStreet());

if(comAddress == null)
  System.out.println("Company Address of "
                  + customer.getName() + " is null.");
else
  System.out.println("Company Address of "
      + customer.getName() + " is: "
      + comAddress.getProvince() + " "
      + comAddress.getCity() + " "
      + comAddress.getStreet());
```

当 printCustomerAddress()打印 OID 为 1 的 Customer 对象时，输出的信息为：

```
Home Address of Tom is: street1 city1 province1
Company Address of Tom is: street2 city2 province2
```

当 printCustomerAddress()打印 OID 为 2 的 Customer 对象时，输出的信息为：

```
Home Address of Mike is null.
Company Address of Mike is null.
```

OID 为 2 的 Customer 对象是在 saveCustomerWithNoAddress()方法中创建的，在保存 Customer 对象时，它的 homeAddress 属性引用一个 Address 实例，但这个 Address 实例的所有属性都是 null。当从数据库中加载这个 Customer 对象时，由于数据库中 HOME_PROVINCE、HOME_CITY、HOME_STREET 和 HOME_ZIPCODE 字段都是 null，因此 Hibernate 把 homeAddress 属性赋值为 null。

（6）deleteCustomer()：删除参数指定的 Customer 对象，如：

```
tx = entityManager.getTransaction();
tx.begin();
```

```
customer = entityManager.find(Customer.class,
          Long.valueOf(customer.getId()));
entityManager.remove(customer);
tx.commit();
```

当 Hibernate 删除 Customer 对象时，会自动删除它包含的 Address 类组件对象。Hibernate 执行的 SQL 语句为：

```
delete from CUSTOMERS where ID = 2;
```

10.4 映射复合组成关系

一个 Hibernate 组件可以包含其他 Hibernate 组件，或者和其他实体类关联。如在图 10-6 中，CpuBox 类是 Computer 类的一个组件，而 GraphicsCard 类是 CpuBox 类的组件，此外，CpuBox 类还和 Vendor（供应商）类多对一关联。

图 10-6 中有四个类，Computer 类和 Vendor 类是实体类，而 CpuBox 类和 GraphicsCard 类都是值类型的组件类。

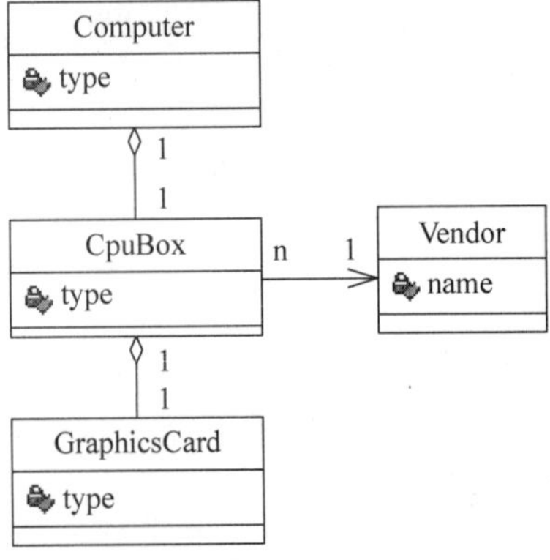

图 10-6 Computer 类和它的组件类

GraphicsCard 组件类用@Embeddable 注解来映射，它的 cpuBox 属性用@Parent 注解来映射，如：

```
@Embeddable
public class GraphicsCard implements java.io.Serializable {
    @Column(name = "GRAPHICSCARD_TYPE")
    private String type;
    @Parent
    private CpuBox cpuBox;
    …
}
```

CpuBox 组件类用@Embeddable 注解来映射，它的 graphicsCard 属性用@Embedded 注解映射，vendor 属性用@ManyToOne 注解映射，computer 属性用@Parent 注解映射，如：

```
@Embeddable
public class CpuBox implements java.io.Serializable {
@Column(name = "CPUBOX_TYPE")
  private String type;

  @Embedded
  private GraphicsCard graphicsCard;

  @ManyToOne
  @JoinColumn(name = "VENDOR_ID")
```

```
    private Vendor vendor;

    @Parent
    private Computer computer;
    …
}
```

Computer类与Vendor类作为实体类，都用@Entity注解来映射。Computer类的cpuBox属性用@Embedded注解映射，如：

```
@Entity
@Table(name = "COMPUTERS")
public class Computer implements Serializable{
    @Id
    @GeneratedValue(generator = "increment")
    @GenericGenerator(name = "increment", strategy = "increment")
    @Column(name = "ID")
    private Long id;

    @Column(name = "COMPUTER_TYPE")
    private String type;

    @Embedded
    private CpuBox cpuBox;
    …
}
```

在数据库中，只需要创建VENDORS表和COMPUTERS表，COMPUTERS表的CPUBOX_VENDOR_ID外键参照VENDORS表的ID主键，它们的DDL定义如下。

```
reate table VENDORS (
    ID bigint not null,
    TYPE varchar(15),
    primary key (ID)
);
create table COMPUTERS (
    ID bigint not null,
    COMPUTER_TYPE varchar(15),
    CPUBOX_TYPE varchar(15),
    GRAPHICSCARD_TYPE varchar(15),
    CPUBOX_VENDOR_ID bigint not null,
    primary key (ID)
);
alter table COMPUTERS add index IDX_VENDOR(CPUBOX_VENDOR_ID),
add constraint FK_VENDER foreign key (CPUBOX_VENDOR_ID)
references VENDORS(ID);
```

10.5　使用Hibernate的对象-关系映射文件

在Hibernate的对象-关系映射文件中，用< component >元素来映射组件类。在< component >元素中还可以嵌套< component >元素，构成复合组成关系。

10.5.1 映射组成关系

对于 Customer 类与 Address 类的组成关系，Address 类作为值类型的组件类，没有单独的 Address.hbm.xml 映射文件。

在 Customer.hbm.xml 映射文件中，不能使用<property>元素来映射 Customer 类的 homeAddress 属性，而要使用<component>元素，映射代码如下：

```
<component name = "homeAddress" class = "mypack.Address">
  <parent name = "customer" />
  <property name = "street" type = "string" column = "HOME_STREET"/>
  <property name = "city" type = "string" column = "HOME_CITY"/>
  <property name = "province" type = "string" column = "HOME_PROVINCE"/>
  <property name = "zipcode" type = "short" column = "HOME_ZIPCODE"/>
</component>
```

<component>元素表明 homeAddress 属性是 Customer 类的一个组成部分，在 Hibernate 中称之为组件。<component>元素有以下两个属性。

(1) name：设定被映射的持久化类的属性名，此处为 Customer 类的 homeAddress 属性。

(2) class：设定 homeAddress 属性的类型，此处表明 homeAddress 属性为 Address 类型。

提示：Hibernate 的组件和 Java EE 软件架构中的组件(如 EJB 组件)是不同的概念，两者没有任何关系。

<component>元素还包含一个<parent>子元素和一系列<property>子元素。<parent>子元素指定 Address 类所属的整体类，这里设为 customer，它与 Address 类的 customer 属性对应。

<component>元素的<property>子元素用来配置组件类的属性和表中字段的映射。例如，homeAddress 组件的 city 属性和 CUSTOMERS 表的 HOME_CITY 字段映射，而 comAddress 组件的 city 属性和 CUSTOMERS 表的 COM_CITY 字段映射。例程 10-3 是 Customer.hbm.xml 文件的源代码。

例程 10-3　Customer.hbm.xml

```
<hibernate-mapping>

  <class name = "mypack.Customer" table = "CUSTOMERS" >
    <id name = "id" type = "long" column = "ID">
      <generator class = "increment"/>
    </id>

    <property name = "name" type = "string" >
        <column name = "NAME" length = "15" />
    </property>

    <component name = "homeAddress" class = "mypack.Address">
```

```
      <parent name = "customer" />
      <property name = "street" type = "string" column = "HOME_STREET"/>
      <property name = "city" type = "string" column = "HOME_CITY"/>
      <property name = "province" type = "string" column = "HOME_PROVINCE"/>
      <property name = "zipcode" type = "string" column = "HOME_ZIPCODE"/>
    </component>

    <component name = "comAddress" class = "mypack.Address">
      <parent name = "customer" />
      <property name = "street" type = "string" column = "COM_STREET"/>
      <property name = "city" type = "string" column = "COM_CITY"/>
      <property name = "province" type = "string" column = "COM_PROVINCE"/>
      <property name = "zipcode" type = "string" column = "COM_ZIPCODE"/>
    </component>
  </class>
</hibernate-mapping>
```

10.5.2 映射复合组成关系

对于本章10.4节介绍的Computer类、CpuBox类、GraphicsCard类和Vendor类，只有Computer类和Vendor类是实体类，而CpuBox类和GraphicsCard类都是值类型的组件类。因此只需要为Computer类和Vendor类提供对象-关系映射文件。

例程10-4列出了Computer.hbm.xml文件的源代码，Vendor.hbm.xml文件的源代码很简单，可以参考本书配套源代码包中的相关内容。

例程10-4　Computer.hbm.xml文件

```
hibernate-mapping>

  <class name = "mypack.Computer" table = "COMPUTERS" >
    <id name = "id" type = "long" column = "ID">
      <generator class = "increment"/>
    </id>

    <property name = "type" type = "string" >
        <column name = "COMPUTER_TYPE" length = "15" />
    </property>

    <component name = "cpuBox" class = "mypack.CpuBox">
      <parent name = "computer" />

      <property name = "type" type = "string" >
        <column name = "CPUBOX_TYPE" length = "15" />
      </property>

      <component name = "graphicsCard" class = "mypack.GraphicsCard">
        <parent name = "cpuBox" />

        <property name = "type" type = "string" >
```

```
        <column name = "GRAPHICSCARD_TYPE" length = "15" />
      </property>

    </component>

    <many - to - one
      name = "vendor"
      column = "CPUBOX_VENDOR_ID"
      class = "mypack.Vendor"
      not - null = "true" />
  </component>
 </class>
</hibernate - mapping>
```

在例程 10-4 中，< component >元素中嵌套了< component >元素和< many-to-one >元素。

10.6 小结

本章主要以 Customer 和 Address 类为例介绍了组成关系的映射。Address 类作为组件类，用@Embeddable 注解来映射，在 Hibernate 的对象-关系映射文件中，用< component >元素来映射 Customer 类的 homeAddress 和 comAddress 属性。Address 类作为组件类，具有以下特征。

（1）没有 OID，在数据库中没有对应的表。

（2）不需要单独创建 Address 类的映射文件。

（3）不能单独持久化 Address 对象。Address 对象的生命周期依赖于 Customer 对象的生命周期。

（4）其他持久化类不允许关联 Address 类。

（5）Address 类可以关联其他持久化类。

在一个组件类中还可以嵌套其他的组件类，构成复合组成关系。

10.7 思考题

思考题 1 至思考题 5 都基于图 10-7 的域模型。Customer 类有 name、age、orders 和 email 属性。Customer 类的 name 属性为 Name 类型，Name 类有 firstname 和 lastname 属性。Customer 类的 orders 属性为 Set 类型，它存放关联的 Order 对象。

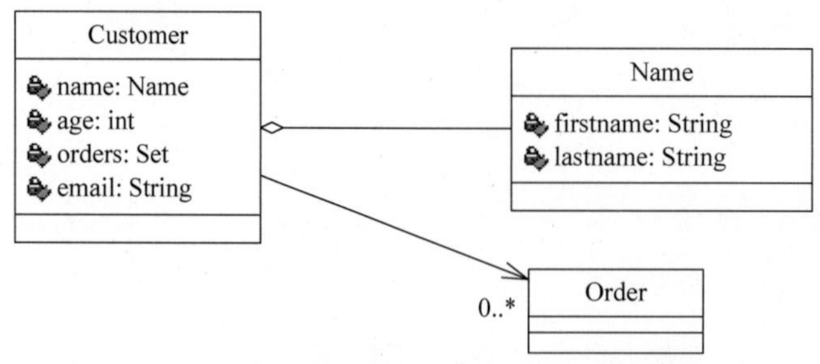

图 10-7 Customer、Name 和 Order 类的域模型

1. 在 Customer 类中，哪些属于值类型的属性？（多选）

 (a) name (b) age (c) orders (d) email

2. 应该如何设计关系数据模型，既能避免数据冗余，又能提高数据库运行性能？（单选）

 (a) 创建 CUSTOMERS、NAMES 和 ORDERS 三张表。ORDERS 表参照 CUSTOMERS 表，CUSTOMERS 表参照 NAMES 表

 (b) 创建 CUSTOMERS、NAMES 和 ORDERS 三张表。ORDERS 表和 NAMES 表都参照 CUSTOMERS 表

 (c) 创建 CUSTOMERS、NAMES 和 ORDERS 三张表。其中 CUSTOMERS 表和 ORDERS 表有 ID 代理主键，而 NAMES 表没有 ID 代理主键

 (d) 创建 CUSTOMERS 和 ORDERS 两张表。ORDERS 表参照 CUSTOMERS 表。CUSTOMERS 表中的 FIRSTNAME 和 LASTNAME 字段与 Customer 类的中的 name 属性对应

3. 在对象-关系映射文件中，应该用什么元素映射 Customer 类的 name 属性？（单选）

 (a) <property> (b) <set>

 (c) <component> (d) <many-to-one>

4. 关于以下程序代码，以下哪个说法正确？（单选）

```
Transaction tx = session.beginTransaction(); //第 1 行
Customer customer = new Customer();          //第 2 行
Name name = new Name("小亚","王");           //第 3 行
customer.setName(name);                      //第 4 行
session.save(name);                          //第 5 行
session.save(customer);                      //第 6 行
tx.commit();                                 //第 7 行
```

 (a) 第 5 行把 Name 对象保存到数据库中

 (b) 第 5 行抛出 org.hibernate.MappingException

 (c) 第 6 行抛出 org.hibernate.MappingException

 (d) 第 7 行执行以下 SQL insert 语句：

```
insert into CUSTOMERS(ID,FISTNAME,LASTNAME,AGE,EMAIL)
values(1,'小亚','王',NULL,NULL)
```

5. 对于 Name 类，应该用什么注解来映射？

 (a) @Embeddable (b) @Embedded

 (c) @Entity (d) @Component

6. Hibernate 的组件类型具有哪些特征？（多选）

 (a) 没有 OID，在数据库中没有对应的表

 (b) 不能被单独持久化

 (c) 可以单独从数据库中删除组件类型的对象

 (d) 可以关联其他持久化类

第11章

Hibernate的映射类型

视频讲解

在 Hibernate 的对象-关系映射文件中，Hibernate 采用映射类型作为 Java 类型和 SQL 类型的桥梁。例如，对于例程 3-4 的 Customer. hbm. xml 文件，< property >元素中的 type 属性用来设定 Hibernate 映射类型，代码如下：

```
< property name = "description" column = "DESCRIPTION" type = "text" />
```

该代码指定 Customer 类的 description 属性的 Hibernate 映射类型为 text。

在持久化类中，利用来自 Hibernate API 的 org. hibernate. annotations 包中的 @Type 注解来设定 Hibernate 映射类型。例如，对于例程 4-1 的 Customer 类，用@Type 注解把 Customer 类的 description 属性的 Hibernate 映射类型设为 text，代码如下：

```
@Basic(optional = true)
@Column(name = "DESCRIPTION")
@Type(type = "text")
private String description;
```

Hibernate 映射类型分为两种：内置映射类型和客户化映射类型。内置映射类型负责把一些常见的 Java 类型映射到相应的 SQL 类型；Hibernate 还允许用户实现 UserType 或 CompositeUserType 接口，来灵活地定制客户化映射类型，客户化映射类型能够把用户定义的 Java 类型映射到数据库表的相应字段。

此外，JPA 还提供了 Converter 类型转换器，能够灵活地把 Java 类型映射到相应的 SQL 类型。

11.1 Hibernate 的内置映射类型

Hibernate 的内置映射类型通常使用和 Java 类型相同的名字，它能够把 Java 基本类型、Java 时间和日期类型、Java 大对象类型及 JDK 中常用 Java 类型映射到相应的标准 SQL 类型。

11.1.1 Java 基本类型以及数字类型的 Hibernate 映射类型

表 11-1 列出了 Hibernate 映射类型、对应的 Java 基本类型(或者它们的包装类)和数字类型、对应的标准 SQL 类型及大小和取值范围。

表 11-1 Hibernate 映射类型、对应的 Java 基本类型和数字类型、对应的标准 SQL 类型及大小和取值范围

Hibernate 映射类型	Java 类型	标准 SQL 类型	大小和取值范围
int 或 integer	int 或者 java. lang. Integer	INTEGER	4 字节,−2^31～2^31−1
long	long 或者 java. lang. Long	BIGINT	8 字节,−2^63～2^63−1
short	short 或者 java. lang. Short	SMALLINT	2 字节,−2^15～2^15−1
byte	byte 或者 java. lang. Byte	TINYINT	1 字节,−128～127
float	float 或者 java. lang. Float	FLOAT	4 字节,单精度浮点数
double	double 或者 java. lang. Double	DOUBLE	8 字节,双精度浮点数
character	char 或者 java. lang. Character、java. lang. String	CHAR(1)	定长字符
string	java. lang. String	VARCHAR	变长字符串
boolean	boolean 或者 java. lang. Boolean	BIT	布尔类型
yes_no	boolean 或者 java. lang. Boolean	CHAR(1)(Y 或者 N)	布尔类型
true_false	boolean 或者 java. lang. Boolean	CHAR(1)(T 或者 F)	布尔类型
big_integer	java. math. BigInteger	NUMERIC	任意大小的整数,仅受内存大小的限制
big_decimal	java. math. BidDecimal	NUMERIC	任意大小的小数,仅受内存大小的限制
characters	char[]	VARCHAR	字符数组
wrapper-characters	Character[]	VARCHAR	字符数组

11.1.2 Java 时间和日期类型的 Hibernate 映射类型

在 Java 中,代表时间和日期的类型包括 java. uitl. Date 和 java. util. Calendar。此外,在 JDBC API 中还提供了三个扩展了 java. uitl. Date 类的子类: java. sql. Date、java. sql. Time 和 java. sql. Timestamp,这三个类分别和标准 SQL 类型中的 DATE 、TIME 和 TIMESTAMP 类型对应。

表 11-2 列出了 Hibernate 映射类型、对应的 Java 时间和日期类型,以及对应的标准 SQL 类型。

表 11-2 Hibernate 映射类型、对应的 Java 时间和日期类型及对应的标准 SQL 类型

Hibernate 映射类型	Java 类型	标准 SQL 类型	描　述
date	java. util. Date 或者 java. sql. Date	DATE	代表日期,形式为 YYYY-MM-DD
time	java. util. Date 或者 java. sql. Time	TIME	代表时间,形式为 HH:MM:SS
timestamp	java. util. Date 或者 java. sql. Timestamp	TIMESTAMP	代表时间和日期,形式为 YYYYMMDDHHMMSS

续表

Hibernate 映射类型	Java 类型	标准 SQL 类型	描　述
calendar	java. util. Calendar	TIMESTAMP	同上
calendar_date	java. util. Calendar	DATE	代表日期，形式为 YYYY-MM-DD
calendar_time	java. util. Calendar	TIME	代表时间，形式为 HH:MM:SS

在标准 SQL 中，DATE 类型表示日期，TIME 类型表示时间，TIMESTAMP 类型表示时间戳，它同时包含日期和时间信息。例如，以下 SQL 语句创建了一个 MYTABLE 表，它的 DATE_FIELD 字段为 DATE 类型，TIME_FIELD 字段为 TIME 类型，TIMESTAMP_FIELD 字段为 TIMESTAMP 类型。

```
create table MYTABLE(DATE_FIELD date,TIME_FIELD time,
TIMESTAMP_FIELD timestamp);
```

以下 insert 语句向 MYTABLE 表插入记录。

```
insert into MYTABLE values('2019-05-09','11:46:54','20190509114654');
insert into MYTABLE(DATE_FIELD,TIME_FIELD)
          values('2019-5-10','11:11:11');
```

第一条 insert 语句显式地给三个字段赋值，第二条 insert 语句没有为 TIMESTAMP 类型的 TIMESTAMP_FIELD 字段显式赋值，数据库系统会自动把当前的系统时间赋值给 TIMESTAMP_FIELD 字段。

MYTABLE 表最后包含如下两条记录。

DATE_FIELD	TIME_FIELD	TIMESTAMP_FIELD
2019-05-09 2019-05-10	11:46:54 11:11:11	20190509114654 20190509115337

在第 4 章介绍的 Customer 类中，birthday 属性为 java. sql. Date 类型，registeredTime 属性为 java. sql. Timestamp 类型。在 CUSTOMERS 表中，BIRTHDAY 字段为 DATE 类型，REGISTERED_TIME 字段为 TIMESTAMP 类型。在 Customer 类中相关的映射代码如下：

```
@Basic(optional = true)
@Column(name = "BIRTHDAY",columnDefinition = "DATE")
@Type(type = "date")
private Date birthday;

@Basic(optional = true)
@Column(name = "REGISTERED_TIME",columnDefinition = "TIMESTAMP")
@Type(type = "timestamp")
private Timestamp registeredTime;
```

11.1.3　Java 大对象类型的 Hibernate 映射类型

在 Java 中，java. lang. String 可用于表示长字符串（长度超过 255），字节数组 byte[]可用于存放图片或长文件的二进制数据。此外，在 JDBC API 中提供了 java. sql. Clob 和 java. sql. Blob 类型，它们分别和标准 SQL 中的 CLOB(Character Large Object，字符大对象)和 BLOB(Binary Large Object，二进制大对象)类型对应。表 11-3 列出了 Hibernate 映射类型、对应的 Java 大对象类型及对应的标准 SQL 类型，以及与标准 SQL 类型对应的 MySQL 类型及 Oracle 类型。

表 11-3　Hibernate 映射类型、对应的 Java 大对象类型及对应的标准 SQL 类型

Hibernate 映射类型	Java 类型	标准 SQL 类型	MySQL 类型	Oracle 类型
binary	byte[]	VARBINARY	BLOB	BLOB
materialized_blob	byte[]	BLOB	BLOB	BLOB
materialized_clob	java. lang. String	CLOB	TEXT	CLOB
text	java. lang. String	LONGVARCHAR	TEXT	CLOB
serializable	实现 java. io. Serializable 接口的任意一个 Java 类	VARBINARY	BLOB	BLOB
clob	java. sql. Clob	CLOB	TEXT	CLOB
blob	Java. sql. Blob	BLOB	BLOB	BLOB

从表 11-3 可以看出，MySQL 数据库不支持标准 SQL 的 CLOB 类型，在 MySQL 中，用 TEXT、MEDIUMTEXT 及 LONGTEXT 类型来表示长度超过 255 的长文本数据，它们的大小分别为 0～65 535 字节、0～16 777 215 字节和 0～4 294 967 295 字节。11. 4 节将进一步介绍在程序中操纵 Blob 及 Clob 类型数据的方法。

11.1.4　JDK 自带的个别 Java 类的 Hibernate 映射类型

表 11-4 列出了用于映射 JDK 自带的个别 Java 类的 Hibernate 映射类型，与此对应的标准 SQL 类型均为 VARCHAR 类型。

表 11-4　Hibernate 映射类型、对应的 Java 类型及对应的标准 SQL 类型

Hibernate 映射类型	Java 类型	标准 SQL 类型
class	java. lang. Class	VARCHAR
locale	java. util. Locale	VARCHAR
timezone	java. uitl. TimeZone	VARCHAR
currency	java. util. Currency	VARCHAR

11.1.5　使用 Hibernate 内置映射类型

前几节列出了与 Hibernate 映射类型对应的 ANSI-标准 SQL 类型，有的数据库系统并不支持所有标准 SQL 类型。例如，Oracle 自己开发了变长字符串类型 VARCHAR2，来替代标准的 VARCHAR，再如 MySQL 用 TEXT 类型来替代标准的 CLOB 类型。尽管如此，在通过 Hibernate 访问数据库时，底层数据库使用的数据类型对 Java 应用程序是透明的。在程序运行时，Java 应用程序通过 Hibernate 访问数据库，而 Hibernate 又通过 JDBC 驱动程序访问数据库，JDBC 驱动程序对底层数据库使用的 SQL 类型进行了封装，向上提供标准 SQL 类型接口，使得 Hibernate 可以访问各种各样的数据库，如图 11-1 所示。

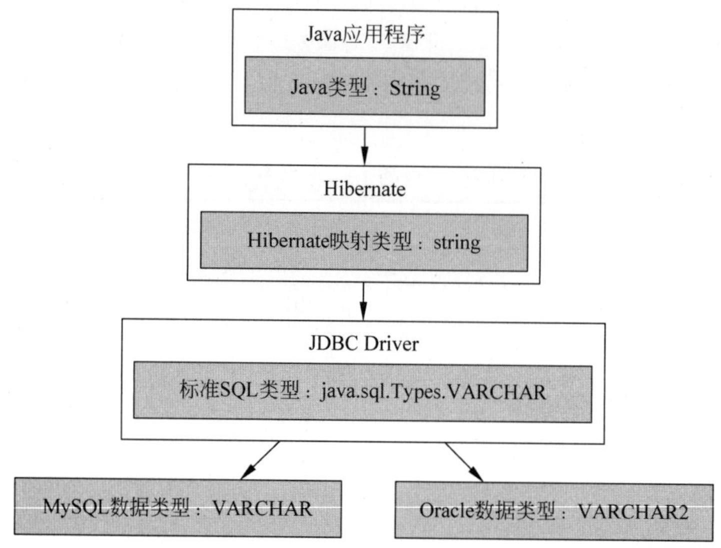

图 11-1　JDBC 驱动程序对底层数据库使用的数据类型进行了封装

当利用 Hibernate 的 hbm2ddl 工具生成数据库表的 DDL(Data Definition Language)时，Hibernate 能够根据底层数据库系统使用的 SQL 方言，把标准 SQL 类型翻译成相应的底层数据库的数据类型。例如，对于以下映射代码：

```
@Basic(optional = false)
@Column(name = "EMAIL", length = 128)
@Type(type = "string")
private String email;
```

如果把 Hibernate 连接到 MySQL，那么 hbm2ddl 工具生成的 DDL 为：

```
create table CUSTOMERS( … EMAIL varchar(128) … )
```

如果把 Hibernate 连接到 Oracle，那么 hbm2ddl 工具生成的 DDL 为：

```
create table CUSTOMERS( … EMAIL varchar2(128) … )
```

Hibernate 的内置映射类型、Java 类型和标准 SQL 类型三者之间的关系是固定的。例如，Customer 类的 id 属性为 java. lang. Long，而 CUSTOMERS 表的 ID 字段为 BIGINT 类型，那么应该用 Hibernate 的 long 类型来映射它们；Customer 类的 email 属性为 java. lang. String，而 CUSTOMERS 表的 EMAIL 字段为 VARCHAR 类型，那么应该用 Hibernate 的 string 类型来映射，如图 11-2 所示。

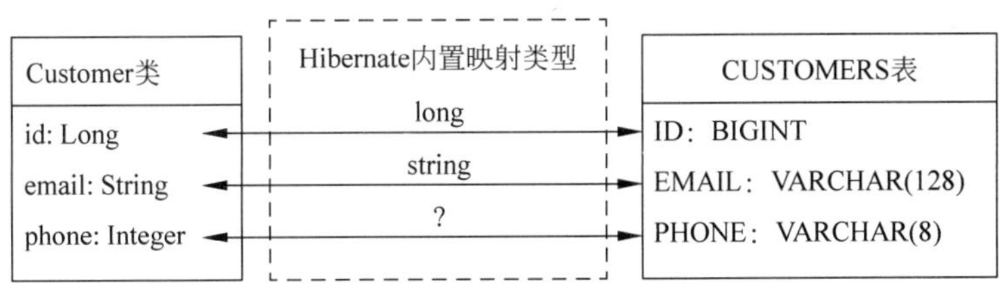

图 11-2 Customer 类和 CUSTOMERS 表的映射

由于 Hibernate 的内置映射类型、Java 类型和标准 SQL 类型三者之间的关系是固定的，因此在映射持久化类的属性时，有时可以省略设置 Hibernate 映射类型，例如在 Customer. hbm. xml 映射文件中，以下两种映射方式是等价的。

```
<property name = "email" column = "EMAIL" type = "string" />
```

或者：

```
<property name = "email" column = "EMAIL" />
```

如果没有指定映射类型，Hibernate 会运用反射机制，先判别 Customer 类的 email 属性的 Java 类型，然后采用相应的 Hibernate 映射类型。

但是，在一个 Java 类型对应多个 Hibernate 映射类型的场合，必须显式指定 Hibernate 映射类型。例如，如果持久化类的属性为 java. util. Date 类型，对应的 Hibernate 映射类型可以是 date、time 或 timestamp。此时必须根据对应的数据库表的字段的 SQL 类型，来设定 Hibernate 映射类型。如果字段为 DATE 类型，那么 Hibernate 映射类型为 date；如果字段为 TIME 类型，那么 Hibernate 映射类型为 time；如果字段为 TIMESTAMP 类型，那么 Hibernate 映射类型为 timestamp。

在图 11-2 中，Customer 类的 phone 属性为 java. lang. Integer，而对应的表的 PHONE 字段为 VARCHAR 类型，那么应该用 Hibernate 的什么类型来映射呢？下面的两种映射方式都是不正确的。

```
@Column(name = "PHONE", length = 8, columnDefinition = "VARCHAR")
@Type(type = "int")
private Integer phone;
```

或者：

```
@Column(name = "PHONE", length = 8, columnDefinition = "VARCHAR")
@Type(type = "String")
private Integer phone;
```

当 Hibernate 持久化 Customer 对象，无法自动把 java. lang. Integer 类型的 phone 属性转换为字符串类型，因此会抛出 ClassCastException。在下一节，将介绍如何利用 Hibernate 的客户化映射类型，把持久化类的任意类型的属性映射到数据库中。

11.2 客户化映射类型

Hibernate 提供了客户化映射类型接口，允许用户以编程的方式创建自定义的映射类型，以便把持久化类的任意类型的属性映射到数据库中。例程 11-1 的 PhoneUserType 实现了 org.hibernate.usertype.UserType 接口，它能够把 Customer 类的 Integer 类型的 phone 属性映射到 CUSTOMERS 表的 VARCHAR 类型的 PHONE 字段。

例程 11-1 PhoneUserType

```
public class PhoneUserType implements UserType {
  private static final int[] SQL_TYPES = {Types.VARCHAR};

  public int[] sqlTypes() { return SQL_TYPES; }

  public Class returnedClass() { return Integer.class; }

  public boolean isMutable() { return false; }

  public Object deepCopy(Object value) {
    return value;
  }

  public boolean equals(Object x, Object y) {
    if (x == y) return true;
    if (x == null || y == null) return false;
    return x.equals(y);
  }

  public int hashCode(Object x){
    return x.hashCode();
  }

  public Object nullSafeGet(ResultSet resultSet, String[] names,
        SharedSessionContractImplementor session,Object owner)
        throws HibernateException, SQLException {

    if (resultSet.wasNull()) {
      return null;
    }
    String phone = resultSet.getString(names[0]);
    return Integer.parseInt(phone);
  }

  public void nullSafeSet(PreparedStatement statement,
        Object value,int index,
        SharedSessionContractImplementor session)
        throws HibernateException, SQLException {
    if (value == null) {
```

```
            statement.setNull(index,StandardBasicTypes.STRING.sqlType());
        } else {
            String phone = ((Integer)value).toString();
            statement.setString(index, phone);
        }
    }

    public Object assemble(Serializable cached, Object owner){
        return cached;
    }

    public Serializable disassemble(Object value) {
        return (Serializable)value;
    }

    public Object replace(Object original,Object target,Object owner){
        return original;
    }
}
```

PhoneUserType 实现了 org.hibernate.UserType 接口中的所有方法，下面解释这些方法的作用。

(1) sqlTypes()方法：设置 CUSTOMERS 表的 PHONE 字段的 SQL 类型，它是 VARCHAR 类型，如：

```
private static final int[] SQL_TYPES  =  {Types.VARCHAR};
public int[] sqlTypes() { return SQL_TYPES; }
```

(2) returnedClass()方法：设置 Customer 类的 phone 属性的 Java 类型，它是 Integer 类型，如：

```
public Class returnedClass() { return Integer.class; }
```

(3) isMutable()方法：Hibernate 调用 isMutable()方法来了解 Integer 类是不是可变类。本例的 Integer 类是不可变类，因此返回 false，代码如下：

```
public boolean isMutable() { return false; }
```

Hibernate 处理不可变类型的属性时，会采取一些性能优化措施。

(4) deepCopy(Object value)方法：Hibernate 调用 deepCopy(Object value)方法来生成 phone 属性的快照(也称为深度复制)。deepCopy()方法的 value 参数代表 Integer 类型的 phone 属性。由于 Integer 类是不可变类，因此本方法直接返回 value 参数，代码如下：

```
public Object deepCopy(Object value) {
    return value;
}
```

对于可变类，必须返回参数的复制值，例程11-7将进一步介绍。

(5) equals(Object x, Object y)方法：Hibernate调用equals(Object x, Object y)方法来比较Customer类的phone属性的当前值是否和它的快照相同，该方法的参数x代表phone属性的当前值，参数y代表由deepCopy()方法生成的phone属性的快照，如：

```
public boolean equals(Object x, Object y) {
  if (x == y) return true;
  if (x == null || y == null) return false;
  return x.equals(y);
}
```

(6) hashCode(Object x)方法：Hibernate调用hashCode(Object x)方法来获得Customer类的phone属性的哈希码，该方法的参数x代表phone属性的当前值，如：

```
public int hashCode(Object x){
  return x.hashCode();
}
```

(7) nullSafeGet(ResultSet resultSet, String[] names, SharedSessionContractImplementor session, Object owner)方法：当Hibernate从数据库加载Customer对象时，调用nullSafeGet()方法来取得phone属性值。参数resultSet为JDBC查询结果集，参数names为存放了表字段名的数组，此处为{"PHONE"}，参数owner代表phone属性的宿主，此处为Customer对象，代码如下：

```
public Object nullSafeGet(ResultSet resultSet, String[] names,
       SharedSessionContractImplementor session,Object owner)
       throws HibernateException, SQLException {

  if (resultSet.wasNull()) {
     return null;
  }
  String phone = resultSet.getString(names[0]);
  return Integer.parseInt(phone);
}
```

在nullSafeGet()方法中，从ResultSet中读取PHONE字段的值，然后把它转换为Integer对象，最后将它作为phone属性值返回。

(8) nullSafeSet(PreparedStatement statement, Object value, int index, SharedSessionContractImplementor session)方法：当Hibernate把Customer对象持久化到数据库中时，调用nullSafeSet()方法来把phone属性添加到SQL insert语句中。参数statement包含了预定义的SQL insert语句，参数value代表phone属性，参数index代表把phone属性插入到SQL insert语句中的位置，代码如下：

```
public void nullSafeSet(PreparedStatement statement,
      Object value, int index,
```

```
        SharedSessionContractImplementor session)
        throws HibernateException, SQLException {
    if (value == null) {
      statement.setNull(index,StandardBasicTypes.STRING.sqlType());
    } else {
      String phone = ((Integer)value).toString();
      statement.setString(index, phone);
    }
}
```

在 nullSafeSet()方法中，参数 value 代表 phone 属性。因此，先把 Integer 类型的 value 转换为 String 类型，然后把它添加到 JDBC Statement 中。

(9) assemble(Serializable cached, Object owner)方法：当 Hibernate 把第二级缓存中的 Customer 对象加载到 Session 缓存(即持久化缓存)中时，调用 assemble()方法来获得 phone 属性的反序列化数据。第二级缓存中存放了 Customer 对象的序列化数据。第 22 章将介绍第二级缓存的概念。参数 cached 代表 phone 属性的反序列化数据，参数 owner 代表 phone 属性的宿主，此处为 Customer 对象。如果参数 cached 为不可变类型，可以直接返回 cached 参数；如果参数 cached 为可变类型，则应该返回参数 cached 的快照(即调用 deepCopy(cached)方法的返回值)，代码如下：

```
public Object assemble(Serializable cached, Object owner){
  return cached;
}
```

(10) disassemble(Object value)方法：当 Hibernate 把 Session 缓存中的 Customer 对象保存到第二级缓存中时，调用 disassemble()方法来获得 phone 属性的序列化数据。参数 value 代表 phone 属性的序列化数据。如果参数 value 为不可变类型，可以直接返回 value 参数；如果参数 value 为可变类型，则应该返回参数 value 的快照(即调用 deepCopy(value)方法的返回值)，代码如下：

```
public Serializable disassemble(Object value) {
  return (Serializable)value;
}
```

(11) replace(Object original,Object target,Object owner)方法：当 Session 的 merge()方法把一个 CustomerA 游离对象融合到 CustomerB 持久化对象中时，会调用此 replace()方法来获得用于替代 CustomerB 对象的 phone 属性的值。参数 original 代表 CustomerA 游离对象的 phone 属性，参数 target 代表 CustomerB 对象的 phone 属性，参数 owner 代表 CustomerA 对象。如果参数 original 为不可变类型，可以直接返回 original 参数；如果参数 original 为可变类型，则应该返回参数 original 的快照(即调用 deepCopy(original)方法的返回值)，代码如下：

```
public Object replace(Object original,Object target,Object owner){
  return original;
}
```

创建了以上的 PhoneUserType 类后，下面介绍用 PhoneUserType 来映射 Customer 类的 phone 属性。实际上，PhoneUserType 不仅可以用来映射 phone 属性，还能够把持久化类的任何一个 Integer 类型的属性映射到数据库表中 VARCHAR 类型的字段。

1. 在持久化类中用注解来映射

在 Customer 类中，首先通过来自 org. hibernate. annotations 包的 @ TypeDefs 和 @TypeDef 注解来声明所使用的客户化类型，如：

```
@TypeDefs({
 @TypeDef(
   name = "address_type",
   typeClass = AddressUserType.class
 ),
 @TypeDef(
   name = "gender_type",
   typeClass = GenderUserType.class
 ),
 @TypeDef(
   name = "name_type",
   typeClass = NameCompositeUserType.class
 ),
 @TypeDef(
   name = "phone_type",
   typeClass = PhoneUserType.class
 ),
})

@Entity
@Table(name = "CUSTOMERS")
public class Customer implements Serializable { … }
```

以上代码声明了 address_type 和 phone_type 等 Hibernate 映射类型，其中 address_type 映射类型对应 AddressUserType 类，phone_type 映射类型对应 PhoneUserType 类。11.2.1 节、11.2.2 节和 11.2.3 节会分别介绍 AddressUserType、GenderUserType 和 NameCompositeUserType 类的创建方法。

接下来，就可以用 phone_type 映射类型来映射 Customer 类的 phone 属性，如：

```
@Type(type = "phone_type")
@Column(name = "PHONE")
private Integer phone;
```

2. 使用 Hibernate 的对象-关系映射文件

在 Customer.hbm.xml 映射文件中，用< property >元素的 type 属性来设定客户化映射类型，如：

```
<property name = "phone" type = "mypack.PhoneUserType" column = "PHONE" />
```

11.2.1 用客户化映射类型取代 Hibernate 组件

第 10 章介绍了用 Hibernate 组件来映射 Customer 类的 Address 类型的 homeAddress 属性和 comAddress 属性。本节自定义了一个 AddressUserType 映射类型，它也能把 Address 类型的属性映射到数据库。

本章把 Address 类设计为不可变类。所谓不可变类，是指当创建了这种类的实例后，就不允许修改它的属性。在 Java API 中，所有的基本类型的包装类，如 Integer 和 Long 类，都是不可变类，java.lang.String 也是不可变类。在创建用户自己的不可变类时，可以考虑采用以下的设计模式。

(1) 把属性定义为 private final 类型。

(2) 不对外公开用于修改属性的 setXXX()方法。

(3) 只对外公开用于读取属性的 getXXX()方法。

(4) 允许在构造方法中设置所有属性。

(5) 覆盖 Object 类的 equals()和 hashCode()方法，在 equals()方法中根据对象的属性值来比较两个对象是否相等，保证用 equals()方法比较相等的两个对象的 hashCode()方法的返回值也相等。

例程 11-2 是 Address 类的源程序。

例程 11-2 Address.java

```
package mypack;
import java.io.Serializable;

public class Address implements Serializable {
  private final String province;
  private final String city;
  private final String street;
  private final String zipcode;

  public Address(String province, String city,
            String street, String zipcode){
    this.street = street;
    this.city = city;
    this.province = province;
    this.zipcode = zipcode;
  }

  public String getProvince() {
    return this.province;
  }

  public String getCity() {
    return this.city;
  }

  public String getStreet() {
```

```
    return this.street;
  }

  public String getZipcode() {
    return this.zipcode;
  }

  public boolean equals(Object o){
    if (this == o) return true;
    if (!(o instanceof Address)) return false;

    final Address address = (Address) o;

    if(!province.equals(address.province)) return false;
    if(!city.equals(address.city)) return false;
    if(!street.equals(address.street)) return false;
    if(!zipcode.equals(address.zipcode)) return false;

    return true;
  }

  public int hashCode(){
    int result;
    result= (province==null?0:province.hashCode());
    result = 29 * result + (city==null?0:city.hashCode());
    result = 29 * result + (street==null?0:street.hashCode());
    result = 29 * result + (zipcode==null?0:zipcode.hashCode());
    return result;
  }
}
```

由于 Address 类是不可变类，因此创建了 Address 类的实例后，就无法修改它的属性。如果要修改 Customer 对象的 comAddress 属性，必须使它引用一个新的 Address 实例，如：

```
Address comAddress = new Address("comProvince",
                "comCity","comStreet","200002");
customer.setComAddress(comAddress);

//创建一个新的 Address 实例
comAddress = new Address("comProvinceNew","comCityNew",
              "comStreetNew","200002");
//修改 Customer 对象的 comAddress 属性
customer.setComAddress(comAddress);
```

例程 11-3 是 AddressUserType 类的源程序，它实现了 UserType 接口。

例程 11-3　AddressUserType.java

```
public class AddressUserType implements UserType {
  /** 设置和 Address 类的四个属性 province、city、street 和 zipcode 对应
```

```
的字段的 SQL 类型,它们均为 VARCHAR 类型 */
private static final int[] SQL_TYPES =
{Types.VARCHAR,Types.VARCHAR,Types.VARCHAR,Types.VARCHAR};

public int[] sqlTypes() { return SQL_TYPES; }

/** 设置 AddressUserType 所映射的 Java 类: Address 类 */
public Class returnedClass() { return Address.class; }

/** 指明 Address 类是不可变类 */
public boolean isMutable() { return false; }

/** 返回 Address 对象的快照,由于 Address 类是不可变类,
因此直接将参数代表的 Address 对象返回 */
public Object deepCopy(Object value) {
  return value;
}

/** 比较一个 Address 对象是否和它的快照相同 */
public boolean equals(Object x, Object y) {
  if (x == y) return true;
  if (x == null || y == null) return false;
  return x.equals(y);
}

public int hashCode(Object x){
  return x.hashCode();
}

/** 从 JDBC ResultSet 中读取 province、city、street 和 zipcode,
   然后构造一个 Address 对象 */
public Object nullSafeGet(ResultSet resultSet, String[] names,
      SharedSessionContractImplementor session,Object owner)
      throws HibernateException, SQLException {

  if(resultSet.wasNull())
    return null;

  String province = resultSet.getString(names[0]);
  String city = resultSet.getString(names[1]);
  String street = resultSet.getString(names[2]);
  String zipcode = resultSet.getString(names[3]);

  if(province == null && city == null && street == null
                         && zipcode == null)
    return null;

  return new Address(province,city,street,zipcode);
}

/** 把 Address 对象的属性添加到 JDBC PreparedStatement 中 */
```

```
  public void nullSafeSet(PreparedStatement statement,
          Object value, int index,
          SharedSessionContractImplementor session)
          throws HibernateException, SQLException {

    if (value == null) {
      int stringSqlType = StandardBasicTypes.STRING.sqlType();
      statement.setNull(index, stringSqlType);
      statement.setNull(index + 1, stringSqlType);
      statement.setNull(index + 2, stringSqlType);
      statement.setNull(index + 3, stringSqlType);
    } else {
      Address address = (Address)value;
      statement.setString(index, address.getProvince());
      statement.setString(index + 1, address.getCity());
      statement.setString(index + 2, address.getStreet());
      statement.setString(index + 3, address.getZipcode());
    }
  }

  public Object assemble(Serializable cached, Object owner){
    return cached;
  }

  public Serializable disassemble(Object value) {
    return (Serializable)value;
  }

  public Object replace(Object original, Object target, Object owner){
    return original;
  }
}
```

创建了 AddressUserType 类后，在 Customer 类中先通过@TypeDef 注解声明相应的 address_type 类型，然后按以下方式映射 Customer 类的 homeAddress 和 comAddress 属性。

```
@Type(type = "address_type")
@Columns(columns = {
  @Column(name = "HOME_PROVINCE"),
  @Column(name = "HOME_CITY"),
  @Column(name = "HOME_STREET"),
  @Column(name = "HOME_ZIPCODE")
})
private Address homeAddress;

@Type(type = "address_type")
@Columns(columns = {
@Column(name = "COM_PROVINCE"),
```

```
    @Column(name = "COM_CITY"),
    @Column(name = "COM_STREET"),
    @Column(name = "COM_ZIPCODE")
})
private Address comAddress;
```

在 Customer. hbm. xml 对象-关系映射文件中按以下方式映射 Customer 类的 homeAddress 和 comAddress 属性。

```
<property name = "homeAddress" type = "mypack.AddressUserType" >
  <column name = "HOME_STREET"/>
  <column name = "HOME_CITY"/>
  <column name = "HOME_PROVINCE"/>
  <column name = "HOME_ZIPCODE" />
</property>

<property name = "comAddress" type = "mypack.AddressUserType" >
  <column name = "COM_STREET"/>
  <column name = "COM_CITY"/>
  <column name = "COM_PROVINCE"/>
  <column name = "COM_ZIPCODE"/>
</property>
```

Hibernate 组件和客户化映射类型都是值类型，在某些情况下能够完成同样的功能，到底选择何种方式取决于用户自己的喜好。总的来说，Hibernate 组件采用的是 XML 配置方式或注解方式，因此具有较好的可维护性。客户化映射类型采用的是编程方式，能够完成更加复杂灵活的映射。

11.2.2 用 UserType 映射枚举类型

枚举类型是一种常见的 Java 类的设计模式。在枚举类型的 Java 类中，定义了这个类本身的一些静态实例。例程 11-4 定义了一个 Gender 类，它包含两个静态常量类型的 Gender 实例：Gender. FEMALE 和 Gender. MALE。Gender 类有两个属性：sex 和 description。sex 属性代表性别的缩写，可选值为 F 和 M；description 属性代表性别的完整名字，可选值为 Female 和 Male。

例程 11-4 Gender. java

```
package mypack;
import java.util.*;
public enum Gender{
  FEMALE(Character.valueOf('F'), "Female"),
  MALE(Character.valueOf('M'), "Male");

  private Character sex;
  private String description;

  private Gender(Character sex,String description){
```

```
    this.sex = sex;
    this.description = description;
  }

  public Character getSex(){
    return sex;
  }

  public String getDescription(){
    return description;
  }

  public static Gender getInstanceBySex(Character sex) {
    if(sex.charValue() == 'F')
      return FEMALE;
    if (sex.charValue() == 'M')
      return MALE;

    throw new NoSuchElementException(sex.toString());
  }
}
```

当业务模型中有一些固定的常量数据，就可以用枚举类型的类来实现。枚举类型的优点在于节省内存空间。以 Gender 类为例，当程序运行后，在内存中只可能有两个 Gender 实例：Gender.FEMAIL 和 Gender.MALE。Gender 类封装了构造方法，不允许外部程序构造 Gender 实例。

假定在 Customer 类中有一个 Gender 类型的 gender 属性，在 CUSTOMERS 表中有一个 CHAR(1)类型的 GENDER 字段，可选值为 F 和 M。可以创建一个 GenderUserType 类，它负责把持久化类的 Gender 类型的属性映射到数据库表中 CHAR(1)类型的字段。例程 11-5 是 GenderUserType 类的源程序。

例程 11-5　GenderUserType.java

```
public class GenderUserType implements UserType {
  /** 设置和 Gender 类的 sex 属性对应的字段的 SQL 类型,它是 CHAR 类型 */
  public int[] sqlTypes() {
    int[] typeList = { Types.CHAR };
    return typeList;
  }

  /** 设置 GenderUserType 所映射的 Java 类: Gender 类 */
  public Class returnedClass() {
    return Gender.class;
  }

  /** 指明 Gender 类是不可变类 */
  public boolean isMutable() {
    return false;
```

```
    }

    /** 返回 Gender 对象的快照,由于 Gender 类是不可变类,
        因此直接将参数代表的 Gender 对象返回 */
    public Object deepCopy(Object value) {
      return (Gender)value;
    }

    /** 比较一个 Gender 对象是否和它的快照相同 */
    public boolean equals(Object x, Object y) {
      //由于内存中只可能有两个静态常量 Gender 实例
      //因此可以直接按内存地址比较
      return (x == y);
    }

    public int hashCode(Object x){
      return x.hashCode();
    }

    /** 从 JDBC ResultSet 中读取 sex,然后返回相应的 Gender 实例 */
    public Object nullSafeGet(ResultSet rs, String[] names,
       SharedSessionContractImplementor session,Object owner)
       throws HibernateException, SQLException{
      if (rs.wasNull()) {
        return null;
      }
      Character sex = Character.valueOf(
           rs.getString(names[0]).charAt(0));

      return Gender.getInstanceBySex(sex);
    }

    /** 把 Gender 对象的 sex 属性添加到 JDBC PreparedStatement 中 */
    public void nullSafeSet(PreparedStatement st, Object value,
        int index,SharedSessionContractImplementor session)
        throws HibernateException, SQLException{
      if (value == null)
        st.setNull(index,StandardBasicTypes.CHARACTER.sqlType());
      else{
        Character sex = ((Gender)value).getSex();
        st.setString(index,sex.toString());
      }
    }

    public Serializable disassemble(Object value) {
      return (Serializable)value;
    }

    public Object replace(Object original,Object target,Object owner){
      return original;
    }
}
```

创建了 GenderUserType 类后，在 Customer 类中先通过@TypeDef 注解声明相应的 gender_type 类型，然后按以下方式映射 Customer 类的 gender 属性。

```
@Type(type = "gender_type")
@Column(name = "SEX")
private Gender gender;
```

在 Customer.hbm.xml 对象-关系映射文件中按以下方式映射 Customer 类的 gender 属性。

```
<property name = "gender" type = "mypack.GenderUserType" >
    <column name = "SEX"/>
</property>
```

11.2.3 实现 CompositeUserType 接口

Hibernate 还提供了一个 CompositeUserType 接口，它不仅能完成和 UserType 相同的功能，而且还提供了对 Hibernate 查询语言（HQL）以及 JPA 查询语言（JPQL）的支持。下面通过例子来介绍 CompositeUserType 接口的用法。

假定在 Customer 类中包含一个 Name 类型的 name 属性，代表客户的姓名。例程 11-6 是 Name 类的源程序。

例程 11-6 Name.java

```
package mypack;
import java.io.Serializable;

public class Name implements Serializable {
  private String firstname;
  private String lastname;

  public Name(String firstname, String lastname) {
    this.firstname = firstname;
    this.lastname = lastname;
  }

  //此处省略 firstname 和 lastname 属性的 setXXX()和 getXXX()方法
  …

  public boolean equals(Object o){
    if (this == o) return true;
    if (!(o instanceof Name)) return false;

    final Name name = (Name) o;
    if(!firstname.equals(name.firstname)) return false;
    if(!lastname.equals(name.lastname)) return false;
```

```
      return true;
    }

    public int hashCode(){
      int result;
      result = (firstname == null?0:firstname.hashCode());
      result = 29 * result + (lastname == null?0:lastname.hashCode());
      return result;
    }

    public String toString(){
      return lastname + " " + firstname;
    }
}
```

从例程 11-6 可以看出，Name 类是可变类。因此，如果需要修改 Customer 对象的 name 属性，只需要调用 Name 类的 setFirstname()和 setLastname()方法，如：

```
customer.setName(new Name("Laosan","Zhang"));

//修改 Customer 对象的 name 属性
customer.getName().setFirstname("Laosi");
customer.getName().setLastname("Li");
```

接下来创建 NameCompositeUserType 类，它负责把 Customer 类的 Name 类型的属性映射到 CUSTOMERS 表的 FIRSTNAME 和 LASTNAME 字段。例程 11-7 是 NameCompositeUserType 类的源程序。

例程 11-7　NameCompositeUserType.java

```
public class NameCompositeUserType implements CompositeUserType {
  /** 返回 Name 类的所有属性的名字 */
  public String[] getPropertyNames() {
    return new String[] { "firstname", "lastname" };
  }

  /** 返回 Name 类的所有属性的 Hibernate 映射类型 */
  public Type[] getPropertyTypes() {
    return new Type[] { StandardBasicTypes.STRING,
                        StandardBasicTypes.STRING};
  }

  /** 获取 Name 对象的某个属性的值.参数 component 代表 Name 对象,
     参数 property 代表属性在 Name 对象中的位置 */
  public Object getPropertyValue(Object component, int property) {
    Name name = (Name)component;
    String result;

    switch (property) {
```

```
    case 0:
         result = name.getFirstname();
         break;
    case 1:
         result = name.getLastname();
         break;
     default:
        throw new IllegalArgumentException("unknown property: " +
                                           property);
  }
  return result;
}

/** 设置 Name 对象的某个属性的值.参数 component 代表 Name 对象,
    参数 property 代表属性在 Name 对象中的位置,参数 value 代表属性值 */
public void setPropertyValue(Object component, int property,
                                           Object value){
  Name name = (Name)component;
  String nameValue = (String)value;
  switch (property) {
    case 0:
         name.setFirstname(nameValue);
         break;
    case 1:
         name.setLastname(nameValue);
         break;
    default:
         throw new IllegalArgumentException("unknown property: " +
                                             property);
  }
}

/** 设置 NameCompositeUserType 所映射的 Java 类: Name 类 */
public Class returnedClass() {
  return Name.class;
}

/** 比较一个 Name 对象是否和它的快照相同 */
public boolean equals(Object x, Object y) {
  if (x == y) {
    return true;
  }
  if (x == null || y == null) {
    return false;
  }
  return x.equals(y);
}

public int hashCode(Object x){
  return x.hashCode();
```

```
}

/** 指明 Name 类是可变类 */
public boolean isMutable() {
  return true;
}

/** 创建 Name 对象的快照,由于 Name 类是可变类,
   因此必须把 Name 对象的属性复制到一个新的 Name 实例中 */
public Object deepCopy(Object value) {
  if (value == null) return null;
  Name name = (Name)value;
  return new Name(name.getFirstname(), name.getLastname());
}

/** 从 JDBC ResultSet 读取 firstname 和 lastname,
   然后构造一个 Name 对象 */
public Object nullSafeGet(ResultSet resultSet,
       String[] names,SharedSessionContractImplementor session,
       Object owner)throws HibernateException, SQLException {
  if (resultSet.wasNull()) {
    return null;
  }

  String firstname = resultSet.getString(names[0]);
  String lastname = resultSet.getString(names[1]);

  if(firstname == null && lastname == null)
    return null;

  return new Name(firstname,lastname);
}

/** 把 Name 对象的属性添加到 JDBC PreparedStatement 中 */
public void nullSafeSet(PreparedStatement statement,Object value,
           int index,SharedSessionContractImplementor session)
       throws HibernateException, SQLException {

  if (value == null) {
    statement.setNull(index, StandardBasicTypes.STRING.sqlType());
    statement.setNull(index + 1,StandardBasicTypes.STRING.sqlType());
  }else {
    Name name = (Name)value;
    statement.setString(index, name.getFirstname());
    statement.setString(index + 1, name.getLastname());
  }
}

/** 根据缓存中的序列化的 Name 对象,重新构建一个 Name 对象,
   参数 cached 代表缓存中的序列化的 Name 对象 */
```

```
    public Object assemble(Serializable cached,
          SharedSessionContractImplementor session, Object owner){
      return deepCopy(cached);
    }

    /** 创建一个序列化的 Name 对象,Hibernate 将把它保存到缓存中 */
    public Serializable disassemble(Object value,
                    SharedSessionContractImplementor session){
      return (Serializable) deepCopy(value);
    }

    public Object replace(Object original,Object target,
               SharedSessionContractImplementor session,Object owner){
      return deepCopy(original);
    }
}
```

从例程 11-7 可以看出，CompositeUserType 包含了 UserType 接口中的大部分方法，此外，它还包含以下用来访问 Name 类的所有属性的方法。

（1）getPropertyNames()：返回 Name 类的所有属性的名字。

（2）getPropertyTypes()：返回 Name 类的所有属性的 Hibernate 映射类型。

（3）getPropertyValue(Object component, int property)：返回 Name 对象的某个属性值。参数 component 代表 Name 对象，参数 property 代表属性在 Name 对象中的位置。

（4）setPropertyValue(Object component, int property, Object value)：设置 Name 对象的某个属性的值。参数 component 代表 Name 对象，参数 property 代表属性在 Name 对象中的位置，参数 value 代表属性值。

创建了 NameCompositeUserType 类后，在 Customer 类中先通过@TypeDef 注解声明相应的 name_type 类型，然后按以下方式映射 Customer 类的 name 属性。

```
@Type(type = "name_type")
@Columns(columns = {
  @Column(name = "FIRSTNAME"),
  @Column(name = "LASTNAME")
})
private Name name;
```

在 Customer.hbm.xml 文件中，以下代码用于把 Name 类型的 name 属性映射到 CUSTOMERS 表的 FIRSTNAME 和 LASTNAME 字段。

```
<property name = "name" type = "mypack.NameCompositeUserType" >
  <column name = "FIRSTNAME"/>
  <column name = "LASTNAME"/>
</property>
```

在应用程序中创建 JPQL 语句时，可以通过 c.name.firstname 的形式访问 Customer 的 name 属性的 firstname 属性，如：

```
List<Customer> results = entityManager
      .createQuery("from Customer as c where c.name.firstname = 'Tom'"
                  ,Customer.class)
      .getResultList();
```

11.2.4　运行本节范例程序

本节共创建了四个客户化映射类型：NameCompositeUserType、AddressUserType、GenderUserType 和 PhoneUserType，图 11-3 显示了这几个映射类型的作用。

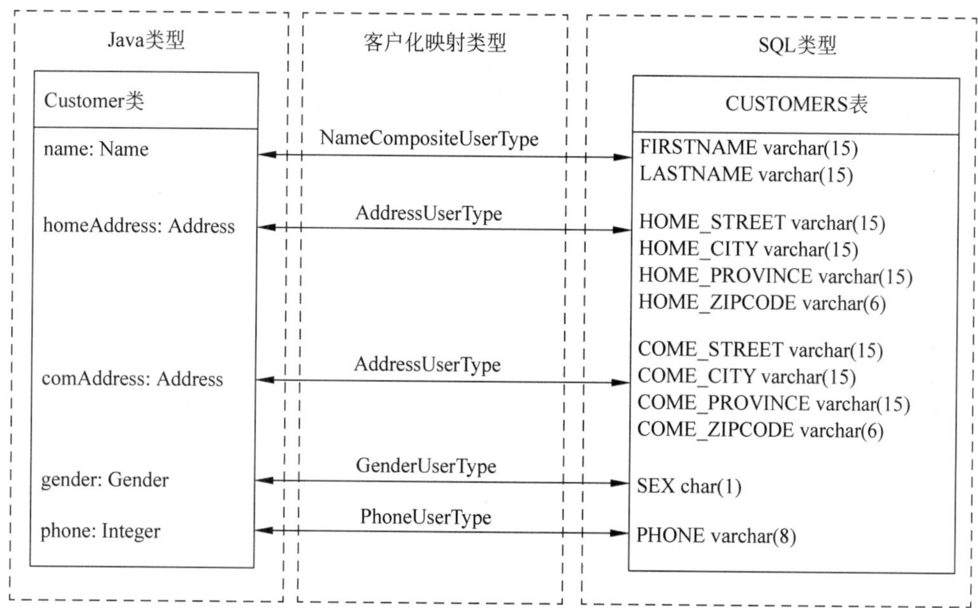

图 11-3　范例中 Java 类型、客户化映射类型和 SQL 类型的对应关系

本节范例程序提供了以下两种实现方式。

(1) 使用 JPA 注解以及 JPA API 和 Hibernate API，位于配套源代码包的 sourcecode/chapter11/11.2/version1 目录下。

(2) 使用 Hibernate 的对象-关系映射文件以及 Hibernate API，位于配套源代码包的 sourcecode/chapter11/11.2/version2 目录下。

这两种实现方式都使用了 Hibernate 的动态生成 update 语句的功能，这意味着当更新 CUSTOMERS 表时，Hibernate 会动态生成 update 语句，仅把需要更新的字段包含在 update 语句中。

在 version1 目录的 Customer 类中，使用了@DynamicUpdate 注解，如：

```
@Entity
@DynamicUpdate
@Table(name = "CUSTOMERS")
public class Customer implements Serializable {…}
```

在 version2 目录的 Customer. hbm. xml 映射文件中，<class>元素的 dynamic-update 属性设为 true，如：

```
<class name = "mypack.Customer" table = "CUSTOMERS"
dynamic - update = "true">
```

运行该程序前，需要在 SAMPLEDB 数据库中手动创建 CUSTOMERS 表，相关的 SQL 脚本文件为 11. 2/version1/schema/sampledb. sql。例程 11-8 是 CUSTOMERS 表的 DDL 定义。

例程 11-8 CUSTOMERS 表的 DDL 定义

```
create table CUSTOMERS (
   ID bigint not null,
   FIRSTNAME varchar(15),
   LASTNAME varchar(15),
   HOME_STREET varchar(15),
   HOME_CITY varchar(15),
   HOME_PROVINCE varchar(15),
   HOME_ZIPCODE varchar(6),
   COM_STREET varchar(15),
   COM_CITY varchar(15),
   COM_PROVINCE varchar(15),
   COM_ZIPCODE varchar(6),
   SEX char(1),
   PHONE varchar(8),
   primary key (ID)
);
```

在 DOS 命令行下进入 11. 2/version1 或 11. 2/version2 根目录，然后输入命令“ant run”，就会运行 BusinessService 类。version1 目录中的 BusinessService 类的源程序参见例程 11-9。

例程 11-9 BusinessService. java

```
public class BusinessService{
  public static EntityManagerFactory entityManagerFactory;

  /** 初始化 Hibernate，创建 EntityManagerFactory 实例 */
  static{ … }

  /** 创建一个 Customer 对象，然后把它持久化 */
  public void saveCustomer(){ … }

  /** 创建一个 Address 对象，然后把它持久化 */
  public void saveAddressSeparately(){ … }

  /** 按照客户的名字查询 Customer 对象 */
```

```
    public Customer findCustomerByFirstname(String firstname){…}

    /** 按照客户的省份查询 Customer 对象 */
    public Customer findCustomerByProvince(String province){…}

    /** 打印客户信息 */
    public void printCustomer(Customer customer){…}

    /** 删除一个 Customer 对象 */
    public void deleteCustomer(Customer customer){…}

    /** 更新 Customer 对象,修改 homeAddress、comAddress 和 name 属性 */
    public void updateCustomer(){…}

    public void test(){
        saveCustomer();
        saveAddressSeparately();
        Customer customer1 = findCustomerByFirstname("Laosan");
        printCustomer(customer1);
        updateCustomer();
        Customer customer2 = findCustomerByFirstname("Laosi");
        printCustomer(customer2);
        Customer customer3 = findCustomerByProvince("homeProvince");
        deleteCustomer(customer1);
    }

    public static void main(String args[]){
      new BusinessService().test();
      entityManagerFactory.close();
    }
}
```

BusinessService 类的 main()方法调用 test()方法,test()方法又依次调用以下方法。

1. saveCustomer()方法

该方法先创建一个 Customer 对象,然后设置它的 name、homeAddress、comAddress、gender 和 phone 属性,最后调用 entityManager. persist(customer)方法持久化 Customer 对象,代码如下:

```
tx = entityManager.getTransaction();
tx.begin();
Customer customer = new Customer();
Address homeAddress =
  new Address("homeProvince","homeCity","homeStreet","100001");
Address comAddress =
  new Address("comProvince","comCity","comStreet","200002");
Gender gender = Gender.getInstanceBySex(new Character('M'));
customer.setName(new Name("Laosan","Zhang"));
customer.setHomeAddress(homeAddress);
```

```
customer.setComAddress(comAddress);
customer.setGender(gender);
customer.setPhone(new Integer(55556666));

entityManager.persist(customer);
tx.commit();
```

当 Hibernate 持久化 Customer 对象时，执行以下 insert 语句。

```
insert into CUSTOMERS (FIRSTNAME, LASTNAME, HOME_STREET,
HOME_CITY, HOME_PROVINCE, HOME_ZIPCODE, COM_STREET, COM_CITY,
COM_PROVINCE, COM_ZIPCODE, SEX, PHONE, ID)
values ('Laosan', 'Zhang',
'homeStreet', 'homeCity', 'homeProvince', '100001',
'comStreet', 'comCity', 'comProvince', '200002',
'M', '55556666',1);
```

2. saveAddressSeparately()方法

该方法试图单独持久化一个 Address 对象，如：

```
tx = entityManager.getTransaction();
tx.begin();
Address homeAddress = new Address(
        "homeProvince","homeCity","homeStreet","100001");
entityManager.persist(homeAddress);
tx.commit();
```

由于 Address 是值类型，而非实体类型，因此不允许被单独持久化。执行该方法时，Hibernate 会抛出以下异常。

```
org.hibernate.MappingException: Unknown entity class: mypack.Address
```

3. findCustomerByFirstname()方法

该方法按照客户名字查询 Customer 对象。由于 NameCompositeUserType 实现了 CompositeUserType 接口，因此可以在 JPQL 语句通过 c.name.firstname 的形式来访问 Customer 的 name 属性的 firstname 属性，代码如下：

```
tx = entityManager.getTransaction();
tx.begin();

List<Customer> results = entityManager
    .createQuery("from Customer as c where c.name.firstname = '"
                + firstname + "'",Customer.class)
    .getResultList();
tx.commit();
return
  results.iterator().hasNext()
  ? results.iterator().next():null;
```

4. printCustomer()方法

该方法打印客户的信息。第一次调用该方法时，打印如下 OID 为 1 的 Customer 对象的信息。

```
Home Address of Zhang Laosan is: homeProvince homeCity homeStreet
Company Address of Zhang Laosan is: comProvince comCity comStreet
Gender of Zhang Laosan is: Male
Phone of Zhang Laosan is: 55556666
```

5. updateCustomer()方法

该方法修改 Customer 对象的 homeAddress 属性、comAddress 属性和 name 属性，代码如下：

```
tx = entityManager.getTransaction();
tx.begin();
Customer customer =
   entityManager.find(Customer.class,Long.valueOf(1));
Address homeAddress =
  new Address("homeProvince","homeCity","homeStreet","100001");
Address comAddress =
  new Address("comProvinceNew","comCityNew","comStreetNew",
                                         "200002");
customer.setHomeAddress(homeAddress);
customer.setComAddress(comAddress);

customer.getName().setFirstname("Laosi");
customer.getName().setLastname("Li");
tx.commit();
```

由于 Address 类是不可变类，因此必须重新创建两个 Address 实例，然后使 Customer 对象的 homeAddress 属性和 comAddress 属性分别引用这两个实例。由于 Name 类是可变类，因此只需要直接调用 Name 类的 setFirstname()方法和 setLastname()方法，来修改 Customer 对象的 name 属性。

当 Hibernate 清理缓存中的 Customer 持久化对象时，会比较 Customer 对象的属性及相应的快照是否相同，如果不同，就按照更新后的属性值来同步更新数据库。Hibernate 执行的 update 语句为：

```
update CUSTOMERS set FIRSTNAME = 'Laosi', LASTNAME = 'Li',
     COM_STREET = 'comStreetNew', COM_CITY = 'comCityNew',
     COM_PROVINCE = 'comProvinceNew', COM_ZIPCODE = '200002'
where ID = 1;
```

由于 Customer 类使用了@DynamicUpdate 注解，因此更新 CUSTOMERS 表时，Hibernate 仅把需要更新的字段包含在 update 语句中。从以上 update 语句看出，Hibernate 没有修改 CUSTOMERS 表中和 homeAddress 属性对应的字段。

下面是运行 updateCustomer()方法时，Hibernate 处理 Customer 对象的 homeAddress 和 comAddress 属性的流程。

(1) 在通过 entityManager. find() 方法加载 Customer 对象时，Hibernate 调用 AddressUserType 类的 deepCopy()方法生成 homeAddress 属性的快照，代码如下：

```
public Object deepCopy(Object value) {
  return value;
}
```

deepCopy()方法直接返回代表 homeAddress 属性的 value 参数，因此 homeAddress 属性和它的快照引用同一个 Address 对象，参见图 11-4。

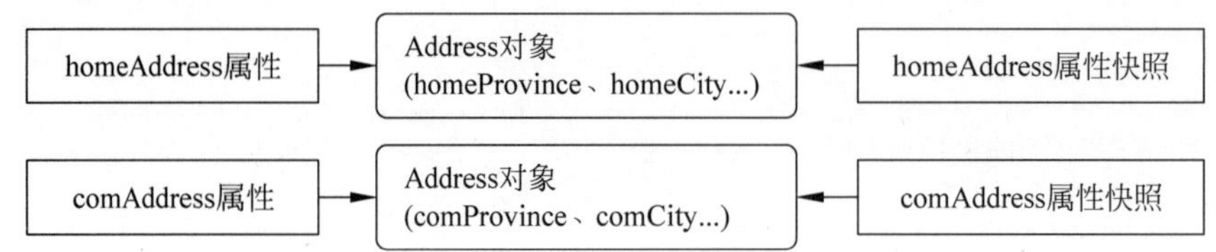

图 11-4　homeAddress 属性和 comAddress 属性与它们的快照分别引用同一个 Address 对象

(2) Hibernate 接着调用 AddressUserType 类的 deepCopy()方法生成 comAddress 属性的快照。和 homeAddress 属性相同，comAddress 属性与它的快照也引用同一个 Address 对象，如图 11-4 所示。

(3) 在应用程序中修改 Customer 对象的 homeAddress 属性和 comAddress 属性，使它们分别引用新的 Address 实例。这时，homeAddress 属性与它的快照不再引用同一个 Address 实例，同样，comAddress 属性和它的快照也不再引用同一个实例，参见图 11-5。

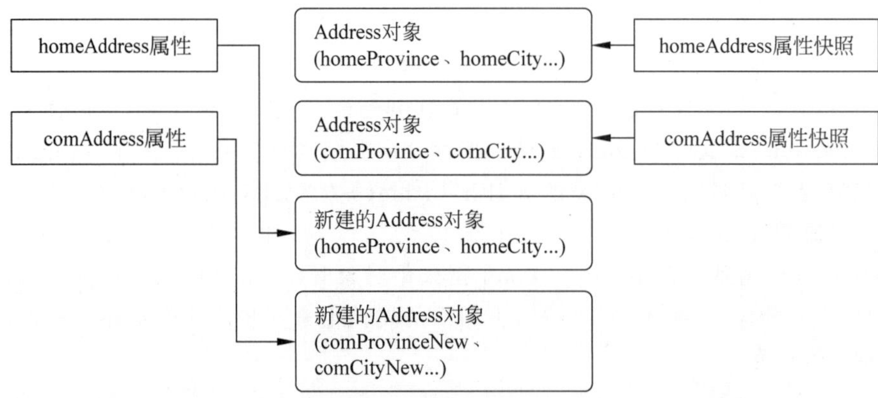

图 11-5　homeAddress 属性和 comAddress 属性与它们的快照分别引用不同的 Address 对象

(4) Hibernate 清理 Session 缓存(即持久化缓存)中的 Customer 对象时，调用 AddressUserType 类的 equals()方法，比较 Customer 对象的 homeAddress 属性和 comAddress 属性是否与它们的快照相同。AddressUserType 类的 equals()方法的代码如下：

```
public boolean equals(Object x, Object y) {
  if (x == y) return true;
```

```
  if (x == null || y == null) return false;
  return x.equals(y);
}
```

提示　AddressUserType 类的 equals()方法的两个参数 x 和 y 声明为 Object 类，在运行时，它们分别引用两个 Address 对象，按照 Java 动态绑定的规则，JVM 会调用在 Address 类中定义的 equals()方法，而不是 Object 类的 equals()方法。

AddressUserType 类的 equals()方法最后调用 Address 类的 equals()方法，该方法比较两个 Address 对象的 province、city、street 和 zipcode 属性的字符串值是否相同，比较结果为 homeAddress 属性与它的快照相同，comAddress 属性与它的快照不同。

(5) 由于 Customer 类中使用了@DynamicUpdate 注解，因此 Hibernate 在 update 语句中仅包含和 comAddress 属性对应的字段，如：

```
update CUSTOMERS set COM_STREET = 'comStreetNew',
COM_CITY = 'comCityNew' …
```

下面是运行 updateCustomer()方法时，Hibernate 处理 Customer 对象的 name 属性的流程。

(1) 通过 entityManager.find()方法加载 Customer 对象时，Hibernate 调用 NameCompositeUserType 类的 deepCopy()方法生成 name 属性的快照，如：

```
public Object deepCopy(Object value) {
  if (value == null) return null;
  Name name = (Name)value;
  return new Name(name.getFirstname(), name.getLastname());
}
```

deepCopy()方法重新创建了一个 Name 对象，然后把 name 属性的值复制到新的 Name 对象中。因此，name 属性和它的快照引用不同的 Name 对象，参见图 11-6。

图 11-6　name 属性和与它的快照引用不同的 Name 对象

(2) 应用程序修改 Customer 对象的 name 属性，参见图 11-7。

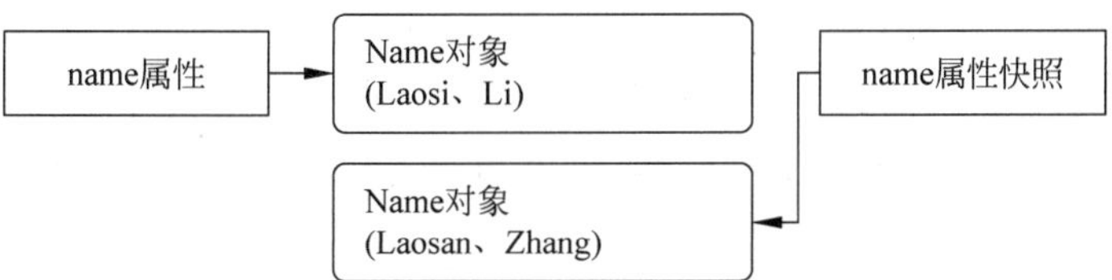

图 11-7　应用程序修改 Customer 对象的 name 属性

(3) Hibernate 清理 Session 缓存中的 Customer 对象时，调用 NameCompositeUserType 类的 equals()方法，比较 Customer 对象的 name 属性是否和它的快照相同。NameCompositeUserType 类的 equals()方法的代码如下：

```
public boolean equals(Object x, Object y) {
  if (x == y) return true;
  if (x == null || y == null) return false;
  return x.equals(y);
}
```

NameCompositeUserType 类的 equals()方法最后调用 Name 类的 equals()方法，该方法比较两个 Name 对象的 firstname 和 lastname 属性的字符串值是否相同，比较结果为 name 属性与它的快照不同。

(4) Hibernate 在 update 语句中包含和 name 属性对应的字段，如：

```
update CUSTOMERS set FIRSTNAME = 'Laosi', LASTNAME = 'Li' …
```

如果对 NameCompositeUserType 的 deepCopy()方法做如下修改：

```
public Object deepCopy(Object value) {
     return value;
}
```

那么 Customer 对象的 name 属性与它的快照始终引用同一个 Name 对象，参见图 11-8。

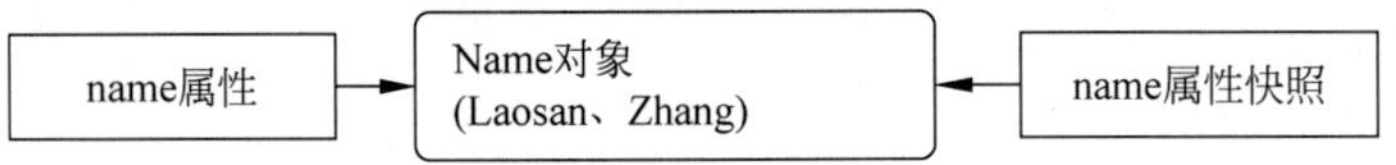

图 11-8　name 属性和与它的快照引用同一个的 Name 对象

当应用程序修改了 Customer 对象的 name 属性的值后，name 属性和它的快照仍然引用同一个 Name 对象，参见图 11-9。

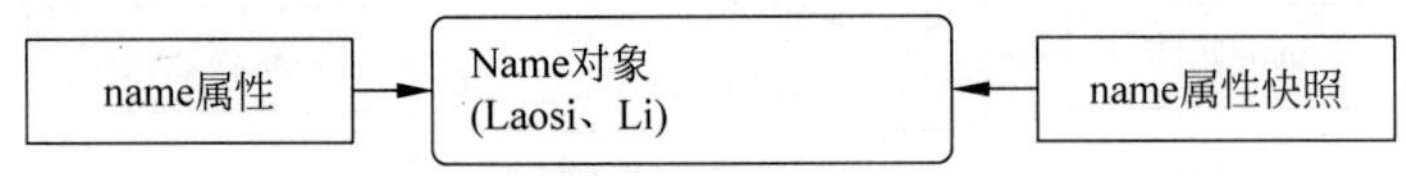

图 11-9　应用程序修改 Customer 对象的 name 属性

因此，Hibernate 调用 NameCompositeUserType 的 equals()方法时，equals()方法返回结果为 name 属性和它的快照相同，所以 Hibernate 不会把 name 属性的变化同步更新到数据库中。

由此可见，对于不可变类(如 Address 类)，在它的客户化映射类(如 AddressUserType 类)的 deepCopy()方法中可以直接返回参数；对于可变类(如 Name 类)，在它的客户化映射类(如 NameCompositeUserType 类)的 deepCopy()方法中必须返回参数的复制。

6. findCustomerByProvince()方法

该方法按照参数指定的省份查询 Customer 对象，由于 AddressUserType 类仅实现了

UserType 接口，因此不能在 JPQL 语句中通过 c.homeAddress.province 的形式来引用 Customer 对象的 homeAddress 属性的 province 属性，例如：

```
tx = entityManager.getTransaction();
tx.begin();

List<Customer> results = entityManager
      .createQuery("from Customer as c "
        + where c.homeAddress.province = '" + province + "'",Customer.class)
      .getResultList();
tx.commit();

return results.iterator().hasNext()
      ? results.iterator().next():null;
```

在执行以上代码时，Hibernate 会抛出如下 QueryException 异常。

```
org.hibernate.QueryException: could not resolve property: province of:
mypack.Customer [from mypack.Customer as c
where c.homeAddress.province = 'homeProvince']
```

7. deleteCustomer()方法

该方法删除一个 Customer 对象，Hibernate 执行以下 SQL 语句。

```
delete from CUSTOMERS where ID = 1;
```

11.3 使用 JPA Converter(类型转换器)

JPA 提供了一个简单的 AttributeConverter 接口，它可以把特定的 Java 类型映射到相应的 SQL 类型。如图 11-10 所示，本节将创建如下两个 Converter。

(1) GenderConverter：把 Gender Java 类型映射到 CHAR(1) SQL 类型。在映射 Customer 类的 gender 属性时会使用这个 GenderConverter。

(2) PhoneConverter：把 Integer Java 类型映射到 VARCHAR SQL 类型。在映射 Customer 类的 phone 属性时会使用这个 PhoneConverter。

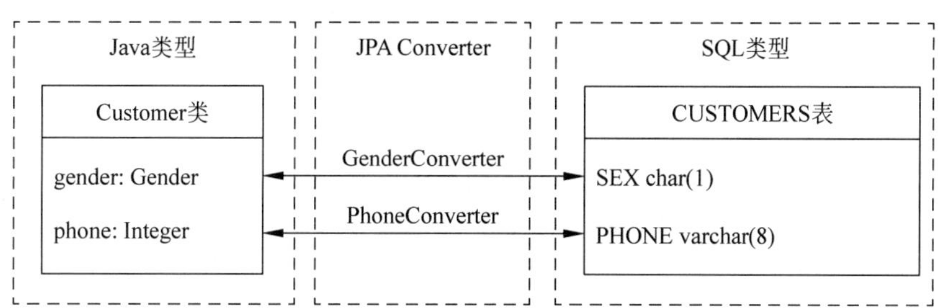

图 11-10 GenderConverter 和 PhoneConverter

例程 11-10 和例程 11-11 分别是 GenderConverter 和 PhoneConverter 的源程序，它们都实现了 javax.persistence.AttributeConverter 接口。

例程 11-10 GenderConverter.java

```
package mypack;
import javax.persistence.*;

@Converter(autoApply = true)
public class GenderConverter
          implements AttributeConverter<Gender,String>{
  public String convertToDatabaseColumn(Gender gender){
    return gender.getSex().toString();
  }

  public Gender convertToEntityAttribute(String sex){
    Character s = Character.valueOf(sex.charAt(0));
    return Gender.getInstanceBySex(s);
  }
}
```

例程 11-11 PhoneConverter.java

```
package mypack;
import javax.persistence.*;

@Converter(autoApply = false)
public class PhoneConverter
          implements AttributeConverter<Integer,String>{
  public String convertToDatabaseColumn(Integer phone){
    return phone.toString();
  }

  public Integer convertToEntityAttribute(String phone){
    return Integer.parseInt(phone);
  }
}
```

AttributeConverter 接口有以下两个方法。

(1) convertToDatabaseColumn()方法：把持久化类的属性转换为数据库表的相应字段。

(2) convertToEntityAttribute()方法：把数据库表的字段转换为持久化类的相应属性。

GenderConverter 类和 PhoneConverter 类都通过@Converter 注解来声明自身是 JPA Converter。

@Converter 注解有一个 autoApply 属性，其默认值为 true。GenderConverter 类的@Converter 注解的 autoApply 属性为 true，意味着默认情况下，持久化类中所有 Gender 类型的属性都会自动使用 GenderConverter 类型转换器。在这种情况下，假如持久化类的某个 Gender 类型的属性不希望使用 GenderConverter 类型转换器，那么可以在持久化类中把@Convert 注解的 disableConversion 属性设为 true。例如以下代码表明 gender 属性不会使用 GenderConverter。

```
@Convert(converter = mypack.GenderConverter.class,
        disableConversion = true)
@Type(type = "gender_type")
@Column(name = "SEX")
private Gender gender;
```

在 Customer 类中通过@Convert 注解来使用 Converter 类型转换器，如：

```
@Convert(converter = mypack.GenderConverter.class)
@Column(name = "SEX")
private Gender gender;

@Convert(converter = mypack.PhoneConverter.class)
@Column(name = "PHONE")
private Integer phone;
```

由于 GenderConverter 类的 @ Converter 注解的 autoApply 属性为 true，因此在 Customer 类中，即使不显式采用@Convert 注解来映射 gender 属性，Hibernate 也会自动采用 GenderConverter 类型转换器来映射 gender 属性。

本节范例程序位于配套源代码包的 sourcecode/chapter11/11.3 目录下。运行该程序前，需要在 SAMPLEDB 数据库中手动创建 CUSTOMERS 表，相关的 SQL 脚本文件为 11.3/schema/sampledb.sql。

在 DOS 命令行下进入 sourcecode/chapter11/11.3 根目录，然后输入命令“ant run”，就会运行 BusinessService 类，它负责执行保存、加载和删除 Customer 对象的操作，本节不再对此做赘述。

11.4　操纵 Blob 和 Clob 类型数据

11.1.3 节介绍了二进制大对象及字符串大对象的映射方法。在持久化类中，二进制大对象可以声明为 byte[]或 java.sql.Blob 类型；字符串大对象可以声明为 java.lang.String 或 java.sql.Clob 类型。

java.sql.Blob 和 java.sql.Clob 是 JDBC API 中的接口。在默认情况下，Blob 和 Clob 接口的实现会使用 SQL 定位器，这意味着当程序从数据库加载 Blob 类型或 Clob 类型的数据时，实际上加载的仅是 Blob 类型或 Clob 类型的数据的逻辑指针。接下来程序需要通过 Blob.getBinaryStream()或 Clob.getCharacterStream()方法得到 Blob 或 Clob 类型的数据的输入流，才可以真正读取到大对象数据。对于以下程序代码：

```
Customer customer = entityManager.find(Customer.class,
                                  Long.valueOf(1); //第 1 行
Blob image = customer.getImage();                  //第 2 行
InputStream in = image.getBinaryStream();          //第 3 行
```

第二行的 image 变量引用的只是数据库中 Blob 类型的数据的逻辑指针。第三行通过 image. getBinaryStream()方法得到 Blob 类型的数据的输入流，才可以真正读取到数据库中的大对象数据。

org. hibernate. LobHelper 接口提供了一系列用于创建 Blob 和 Clob 对象的方法，如：

```
public Blob createBlob(byte[ ] bytes)
public Blob createBlob(InputStream stream, long length)
public Clob createClob(String string)
public Clob createClob(Reader reader, long length)
```

Hibernate 的 Session 接口的 getLobHelper()方法返回一个 LobHelper 对象。

假定 Customer 类的 image 属性为 java. sql. Blob 类型，在 MySQL 数据库中 CUSTOMERS 表的 IMAGE 字段为 BLOB 类型。在 Customer. hbm. xml 文件中映射 image 属性的代码如下：

```
<property name = "image" type = "blob" column = "IMAGE"/>
```

在 Customer 类中，映射 image 属性的代码如下：

```
@Column(name = "IMAGE")
@Type(type = "blob")
private Blob image;
```

此外，JPA API 还提供了一个@Lob 注解，用来映射 Blob 或 Clob 类型的属性。因此，也可以用@Lob 注解来映射 image 属性，如：

```
@Column(name = "IMAGE")
@Lob
private Blob image;
```

本节范例程序提供了以下两种实现方式。

(1) 使用 JPA 注解以及 JPA API 和 Hibernate API，位于配套源代码包的 sourcecode/chapter11/11. 4/version1 目录下。

(2) 使用 Hibernate 的对象-关系映射文件以及 Hibernate API，位于配套源代码包的 sourcecode/chapter11/11. 4/version2 目录下，

运行该程序前，需要在 SAMPLEDB 数据库中手动创建 CUSTOMERS 表，相关的 SQL 脚本文件为 11. 4/version1/schema/sampledb. sql。

在 DOS 命令行下进入 11. 4/version1 或 11. 4/version2 根目录，然后输入命令“ant run”，就会运行 BusinessService 类。例程 11-12 的 BusinessService 类来自 version1 目录，演示了保存和加载具有 Blob 类型的 image 属性的 Customer 对象的过程。

例程 11-12 BusinessService. java

```
public class BusinessService{
  public static EntityManagerFactory entityManagerFactory;
```

```
static{ … }                                    //初始化 Hibernate

public Long saveCustomer()throws Exception{    //保存 Customer 对象
  //读取 photo.gif 文件的二进制数据
  InputStream in = this.getClass()
                  .getResourceAsStream("photo.gif");
  byte[] buffer = new byte[in.available()];
  in.read(buffer);
  in.close();

  EntityManager entityManager =
          entityManagerFactory.createEntityManager();
  EntityTransaction tx = entityManager.getTransaction();
  tx.begin();

  Customer customer = new Customer();
  customer.setName("Tom");

  Session session = entityManager.unwrap(Session.class);
  customer.setImage(
         session.getLobHelper().createBlob(buffer));

  entityManager.persist(customer);

  tx.commit();
  entityManager.close();
  return customer.getId();
}

public void loadCustomer(Long id) throws Exception{
  EntityManager entityManager =
            entityManagerFactory.createEntityManager();
  EntityTransaction tx = entityManager.getTransaction();
  tx.begin();
  Customer customer =
        entityManager.find(Customer.class,id);
  getBlob(customer);
  tx.commit();
  entityManager.close();
}

public void getBlob(Customer customer)throws Exception{
  //把 Blob 对象保存到 photo_bak.gif 文件中
  Blob image = customer.getImage();
  InputStream in = image.getBinaryStream();
  FileOutputStream fout = new FileOutputStream("photo_bak.gif");
  int b =-1;
  while((b = in.read())!=-1)
  fout.write(b);
  fout.close();
```

```
    in.close();
  }

  public void test() throws Exception{
    Long id = saveCustomer();
    loadCustomer(id);
  }

  public static void main(String args[]) throws Exception {
    new BusinessService().test();
    entityManagerFactory.close();
  }
}
```

对于 MySQL 数据库系统，可以通过以下方式，在保存 Customer 对象的同时保存它的 Blob 类型的属性。

```
Customer customer = new Customer();
customer.setName("Tom");

Session session = entityManager.unwrap(Session.class);
//创建一个 Blob 对象
customer.setImage(
           session.getLobHelper().createBlob(buffer));
entityManager.persist(customer);
```

对于有些数据库系统，可能需要先保存一个空的 Blob 或 Clob 实例，然后锁定数据库中的相应记录，更新它的 Blob 或 Clob 实例，把二进制数据或长文本数据写到 Blob 或 Clob 实例中。以下是按这种方式保存 Customer 对象的 saveCustomer()方法。

```
public Long saveCustomer()throws Exception{
  //读取 photo.gif 文件的二进制数据
  InputStream in =
       this.getClass().getResourceAsStream("photo.gif");
  byte[] buffer  =  new byte[in.available()];
  in.read(buffer);
  in.close();

  EntityManager entityManager  =
           entityManagerFactory.createEntityManager();
  EntityTransaction tx  =  entityManager.getTransaction();
  tx.begin();

  Customer customer = new Customer();
  customer.setName("Tom");
  //创建一个空的 Blob 对象
  Session session = entityManager.unwrap(Session.class);
  customer.setImage(
```

```
        session.getLobHelper().createBlob(new byte[1]));

    entityManager.persist(customer);

    entityManager.flush();
    //锁定这条记录
    entityManager.refresh(customer,
                    LockModeType.PESSIMISTIC_WRITE);

    java.sql.Blob image = customer.getImage();
    OutputStream out = image.setBinaryStream(1);
    out.write(buffer);
    out.close();

    tx.commit();
    entityManager.close();

    return customer.getId();
}
```

假定 Customer 类的 description 属性为 java.sql.Clob 类型，在 Oracle 数据库中的 CUSTOMERS 表的 DESCRIPTION 字段为 CLOB 类型，在 Customer 类中映射 description 属性的代码如下：

```
@Column(name = "DESCRITPION")
@Lob
private Clob description;
```

以下程序代码用于把包含 Clob 类型的 description 属性的 Customer 对象持久化到 Oracle 数据库中。

```
EntityTransaction tx = entityManager.getTransaction();
tx.begin();

customer = new Customer();
Session session = entityManager.unwrap(Session.class);
//先保存一个空的 Clob 实例
customer.setDescription(
        session.getLobHelper().createClob(" "));

entityManager.persist(customer);
entityManager.flush();
//锁定这条记录
entityManager.refresh(customer, LockModeType.PESSIMISTIC_WRITE );
oracle.sql.CLOB clob = (oracle.sql.CLOB) customer.getDescription();
//把长文本数据写到 Clob 实例中
java.io.Writer pw = clob.setCharacterStream();
pw.write(longText); //longText 变量表示一个长度超过 255 的字符串
```

```
pw.close();
tx.commit();
entityManager.close();
```

尽管java.sql.Blob和java.sql.Clob是处理Java大对象的有效方式，但是使用java.sql.Blob和java.sql.Clob受到以下限制。

(1) 程序只有在一个数据库事务范围内，才可以访问Blob或者Clob类型的实例。在数据库事务以外，访问Blob或者Clob类型的实例可能会导致异常。

(2) 有些数据库系统的JDBC驱动程序不支持java.sql.Blob或java.sql.Clob。

(3) 持久化类中必须引入JDBC API中的java.sql.Blob或java.sql.Clob类型，这加强了持久化类对JDBC API的依赖，削弱了持久化类的独立性。

如果在Java应用程序中处理图片或长文件的二进制数据，使用byte[]比java.sql.Blob更方便；如果处理长度超过255的字符串，使用java.lang.String比java.sql.Clob更方便。第3章例子中的Customer类的image属性为byte[]，用于存放图片的二进制数据，description属性为java.lang.String类型，用于存放长文本数据，这个例子详细介绍了把二进制图片数据及长文本数据存储到数据库中的技巧。

前面已经讲到，对于java.sql.Blob和java.sql.Clob类型，由于其实现使用了SQL定位器，因此程序起初从数据库中加载的只是它们的逻辑指针，只有当程序真正需要访问它们时，才会从数据库中加载大对象数据。这可以避免程序把实际上不需要访问的大对象数据加载到内存中，白白浪费时间及内存空间。

那么，如果大对象被定义为byte[]和java.lang.String类型，又该如何避免加载程序实际上不需要访问的大对象呢？答案是可以采用延迟检索策略。以Customer类的image属性为例，假定image属性是byte[]类型：

```
private byte[] image;
```

在Customer.hbm.xml对象-关系映射文件中，image属性的映射代码如下：

```
<property name = "image" column = "IMAGE" type = "materialized_blob"
lazy = "true" />
```

在Customer持久化类中，image属性的映射代码如下：

```
@Basic(fetch = FetchType.LAZY)
@Column(name = "IMAGE")
@Type(type = "materialized_blob")
private byte[] image;
```

对于以下代码：

```
Customer customer = session.get(Customer.class,new Long(1));
byte[] buffer = customer.getImage();
```

第一行程序代码加载的 Customer 对象的 image 属性并没有被真正赋值。第二行程序代码的 customer. getImage()方法访问 image 属性,此时会导致 Hibernate 到数据库中加载二进制大对象的数据,把它赋值给 image 属性。

11.5 小结

Hibernate 映射类型是 Java 类型和 SQL 类型之间的桥梁。Hibernate 映射类型分为两种:内置映射类型和客户化映射类型。内置映射类型负责把一些常见的 Java 类型映射到相应的 SQL 类型;此外,Hibernate 还允许用户实现 UserType 或 CompositeUserType 接口,来灵活地定制客户化映射类型。CompositeUserType 接口不仅能完成和 UserType 相同的功能,而且还提供了对 Hibernate 查询语言(HQL)以及 JPA 查询语言(JPQL)的支持。

在创建客户化映射类型时,deepCopy()方法用于生成持久化对象的属性的快照。当 Hibernate 清理缓存中的持久化对象时,会比较对象的属性及相应的快照是否相同,如果不同,就按照更新后的属性值来同步更新数据库。对于可变类型,deepCopy()方法返回属性值的复制;对于不可变类型,deepCopy()方法直接返回属性值。

JPA 提供了一个简单的 AttributeConverter 接口,它可以把特定的 Java 类型映射到相应的 SQL 类型。在 AttributeConverter 接口的实现类中,通过@Converter 注解来声明自身是 Converter。在持久化类中,通过@Convert 注解来使用特定的 Converter。

11.6 思考题

1. 对于以下代码,哪个说法正确?(单选)

```
<property name = "description" type = "text" column = "DESCRIPTION" />
```

(a) <property>元素的 type 属性用于设定持久化类的 description 属性的 Java 类型

(b) <property>元素的 type 属性用于设定 Hibernate 映射类型

(c) <property>元素的 type 属性用于设定数据库表的 DESCRIPTION 字段的 SQL 类型

(d) 从以上代码可以推断出,DESCRIPTION 字段可能为 VARCHAR 或 CLOB 类型

2. 一个持久化类的属性为 java. util. Date 类型,对应的表的字段为 TIME 类型,应该用什么 Hibernate 映射类型进行映射?(单选)

(a) date (b) time (c) timestamp (d) calandar

3. 一个持久化类的属性为 String 类型,对应的表的字段为 CLOB 类型,应该用什么 Hibernate 映射类型进行映射?(单选)

(a) blob (b) clob (c) binary (d) string

4. 在 11.2.1 节的例子中,涉及 Customer 类型的 homeAddress 属性、mypack. Address 类和 mypack. AddressUserType 类。以下哪些说法正确?(多选)

(a) 在 Customer 类中,定义了如下 homeAddress 属性:

```
private AddressUserType homeAddress;
```

(b) 在 Customer.hbm.xml 文件中，按如下方式映射 homeAddress 属性：

```
<property name = "homeAddress" type = "mypack.Address" >
  <column name = "HOME_PROVINCE" length = "15" />
  <column name = "HOME_CITY" length = "15" />
  <column name = "HOME_STREET" length = "15" />
  <column name = "HOME_ZIPCODE" length = "6" />
</property>
```

(c) 在 Customer 类中，定义了如下 homeAddress 属性：

```
private Address homeAddress;
```

(d) 在 Customer.hbm.xml 文件中，按如下方式映射 homeAddress 属性：

```
<property name = "homeAddress" type = "mypack.AddressUserType" >
  <column name = "HOME_PROVINCE" length = "15" />
  <column name = "HOME_CITY" length = "15" />
  <column name = "HOME_STREET" length = "15" />
  <column name = "HOME_ZIPCODE" length = "6" />
</property>
```

5. 关于不可变类，以下哪些说法正确？(多选)

(a) 不允许修改不可变类的 Java 源代码

(b) 不允许修改不可变类的实例的属性

(c) 不可变类只能有一个实例

(d) 不可变类可以有任意多个实例

6. 以下哪些属于 org.hibernate.usertype.UserType 接口的方法(忽略方法的参数)？(多选)

(a) merge()　　(b) isMutable()

(c) deepCopy()　　(d) nullSafeSet()

(e) assemble()

7. Customer 类的 image 属性是 java.sql.Blob 类型，CUSTOMERS 表的 IMAGE 字段是 BLOB 类型，在 Customer 类中，可以使用哪些注解来映射 image 属性？(多选)

(a) @Clob　　(b) @Lob

(c) @Type(type="blob")　　(d) @Type(type="binary")

第12章

映射继承关系

在域模型中,类与类之间除了关联关系和聚集关系,还可以存在继承关系,在图 12-1 所示的域模型中,Company 类和 Employee 类之间为一对多的双向关联关系(假定不允许雇员同时在多个公司兼职),Employee 类为抽象类,因此它不能被实例化,它有两个具体的子类:HourlyEmployee 类和 SalariedEmployee 类。由于 Java 只允许一个类最多有一个直接的父类,因此 Employee 类、HourlyEmployee 类和 SalariedEmployee 类构成了一棵继承关系树。

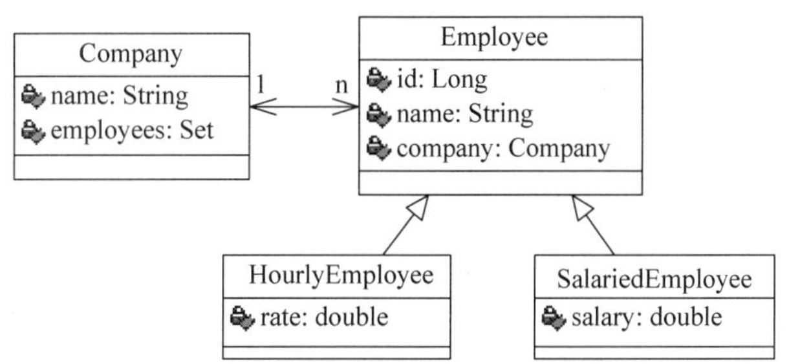

图 12-1　包含继承关系的域模型

在面向对象的范畴中,还存在多态的概念,多态建立在继承关系的基础上。简单地理解,多态是指当一个 Java 应用变量被声明为 Employee 类时,这个变量既可以引用 HourlyEmployee 类的实例,也可以引用 SalariedEmployee 类的实例。以下这段程序代码就体现了多态。

```
List<Employee> employees = businessService.findAllEmployees();
Iterator<Employee> it = employees.iterator();
while(it.hasNext()){
  Employee e = it.next();
  if(e instanceof HourlyEmployee){
    System.out.println(e.getName() + " "
```

```
            + ((HourlyEmployee)e).getRate());
    }else
      System.out.println(e.getName() + " "
          + ((SalariedEmployee)e).getSalary());
  }
```

BusinessService 类的 findAllEmployees()方法通过 Hibernate API 从数据库中检索出所有 Employee 对象。findAllEmployees()方法返回的集合既包含 HourlyEmployee 类的实例，也包含 SalariedEmployee 类的实例，这种查询被称为多态查询。以上程序中变量 e 被声明为 Employee 类型，它既可能引用 HourlyEmployee 类的实例，也可能引用 SalariedEmployee 类的实例。

此外，从 Company 类到 Employee 类为多态关联，因为 Company 类的 employees 集合中可以包含 HourlyEmployee 类和 SalariedEmployee 类的实例。从 Employee 类到 Company 类不是多态关联，因为 Employee 类的 company 属性只会引用 Company 类本身的实例。

数据库表之间并不存在继承关系，那么如何把域模型的继承关系映射到关系数据模型中呢？本章将介绍以下三种映射方式。

（1）继承关系树的每个具体类对应一个表：关系数据模型完全不支持域模型中的继承关系和多态。

（2）继承关系树的根类对应一个表：对关系数据模型进行非常规设计，在数据库表中加入额外的区分子类型的字段。通过这种方式，可以使关系数据模型支持继承关系和多态。

（3）继承关系树的每个类对应一个表：在关系数据模型中用外键参照关系来表示继承关系。

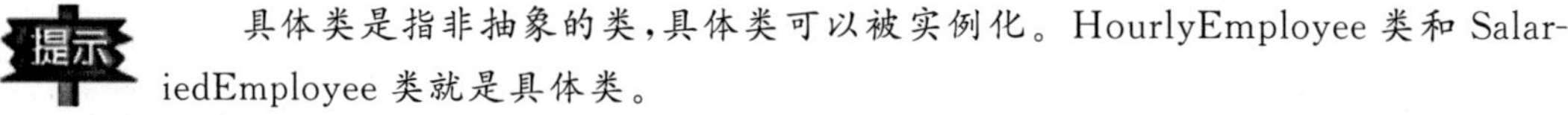

具体类是指非抽象的类，具体类可以被实例化。HourlyEmployee 类和 SalariedEmployee 类就是具体类。

这三种映射方式都有利有弊，本章除了介绍每种映射方式的具体步骤，还将介绍它们的适用范围。对于每一种映射方式，本章都会介绍如何通过注解以及 Hibernate 的对象-关系映射文件来映射。

12.1 继承关系树的每个具体类对应一个表

把每个具体类映射到一张表是最简单的映射方式。如图 12-2 所示，在关系数据模型中只需要定义 COMPANIES、HOURLY_EMPLOYEES 和 SALARIED_EMPLOYEES 表。为了叙述的方便，下文把 HOURLY_EMPLOYEES 表简称为 HE 表，把 SALARIED_EMPLOYEES 表简称为 SE 表。HourlyEmployee 类和 HE 表对应。HourlyEmployee 类本身的 rate 属性，以及从 Employee 类中继承的 id 属性和 name 属性，在 HE 表中都有对应的字段。此外，HourlyEmployee 类继承了 Employee 类与 Company 类的关联关系，与此对应，在 HE 表中定义了参照 COMPANIES 表的 COMPANY_ID 外键。

SalariedEmployee 类和 SE 表对应。SalariedEmployee 类本身的 salary 属性，以及从

Employee 类中继承的 id 属性和 name 属性，在 SE 表中都有对应的字段。此外，Salaried-Employee 类继承了 Employee 类与 Company 类的关联关系，与此对应，在 SE 表中定义了参照 COMPANIES 表的 COMPANY_ID 外键。

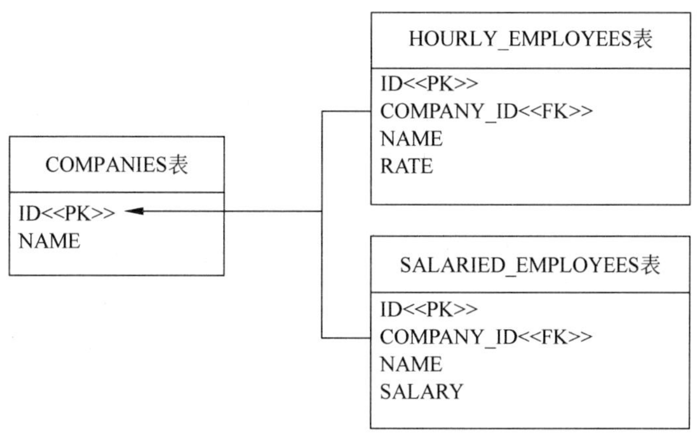

图 12-2 每个具体类对应一个表

12.1.1 用注解来映射

下面分别介绍如何映射 Company 类、Employee 类、HourlyEmployee 类和 Salaried-Employee 类。这些类都是实体类，在它们的类文件中都用@Entity 注解来映射类本身。

1. 映射 Company 类

Company 类与 Employee 类是一对多的关联关系，Company 类中有个 Set 类型的 employees 属性，它存放了所有的 Employee 对象。用@OneToMany 注解来映射，如：

```
@OneToMany(mappedBy = "company",
          targetEntity = Employee.class)
private Set < Employee > employees = new HashSet < Employee >();
```

2. 映射 Employee 类

在 Employee 类中，通过@Inheritance 注解指明继承关系的映射方式为 InheritanceType.TABLE_PER_CLASS。例程 12-1 是 Employee 类的部分源代码。

例程 12-1 Employee.java

```
@Entity
@Inheritance(strategy = InheritanceType.TABLE_PER_CLASS)
abstract public class Employee implements Serializable {

  @Id
  @GeneratedValue(generator = "increment")
  @GenericGenerator(name = "increment",strategy  =  "increment")
  @Column(name = "ID")
```

```
    private Long id;

    @Column(name = "NAME")
    private String name;

    @ManyToOne(targetEntity = Company.class)
    @JoinColumn(name = "COMPANY_ID")
    private Company company;
    …
}
```

3. 映射 HourlyEmployee 类和 SalariedEmployee 类

HourlyEmployee 类和 SalariedEmployee 类在数据库中有对应的表，因此通过@Table 注解来指明所对应的表。例程 12-2 和例程 12-3 分别是这两个类的部分源代码。

例程 12-2　HourlyEmployee.java

```
@Entity
@Table(name = "HOURLY_EMPLOYEES")
public class HourlyEmployee extends Employee{
  @Column(name = "RATE")
  private double rate;
  …
}
```

例程 12-3　SalariedEmployee.java

```
@Entity
@Table(name = "SALARIED_EMPLOYEES")
public class SalariedEmployee extends Employee {
  @Column(name = "SALARY")
  private double salary;
  …
}
```

12.1.2　用对象-关系映射文件来映射

Company 类、HourlyEmployee 类和 SalariedEmployee 类作为具体类，都有相应的映射文件，而 Employee 类是抽象类，没有相应的映射文件。图 12-3 显示了持久化类、映射文件和数据库表之间的对应关系。

如果 Employee 类不是抽象类，即 Employee 类本身也能被实例化，那么还需要为 Employee 类创建对应的 EMPLOYEES 表，此时 HE 表和 SE 表的结构仍然和图 12-2 中所示的一样。这意味着在 EMPLOYEES 表、HE 表和 SE 表中都定义了相同的 NAME 字段及参照 COMPANIES 表的外键 COMPANY_ID。另外，还需要为 Employee 类创建单独的 Employee.hbm.xml 文件。

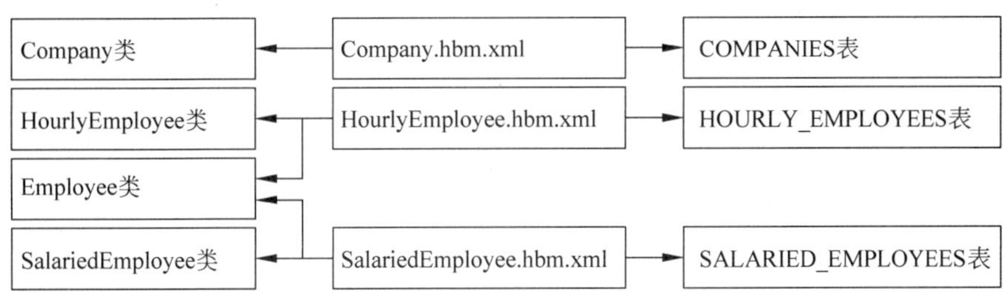

图 12-3 持久化类、映射文件和数据库表之间的对应关系

从 Company 类到 Employee 类是多态关联，但是由于关系数据模型没有描述 Employee 类和它的两个子类的继承关系，因此无法映射 Company 类的 employees 集合。例程 12-4 是 Company. hbm. xml 文件的代码，该文件仅映射了 Company 类的 id 和 name 属性。

例程 12-4 Company. hbm. xml

```
<hibernate-mapping>
  <class name="mypack.Company" table="COMPANIES" >
    <id name="id" type="long" column="ID">
      <generator class="increment"/>
    </id>

    <property name="name" type="string" column="NAME" />

  </class>
</hibernate-mapping>
```

HourlyEmployee. hbm. xml 文件用于把 HourlyEmployee 类映射到 HE 表，在这个映射文件中，除了需要映射 HourlyEmployee 类本身的 rate 属性，还需要映射从 Employee 类中继承的 name 属性，此外还要映射从 Employee 类中继承的与 Company 类的关联关系。例程 12-5 是 HourlyEmployee. hbm. xml 文件的代码。

例程 12-5 HourlyEmployee. hbm. xml

```
<hibernate-mapping>
  <class name="mypack.HourlyEmployee" table="HOURLY_EMPLOYEES">
      <id name="id" type="long" column="ID">
        <generator class="increment"/>
      </id>

      <property name="name" type="string" column="NAME" />
      <property name="rate" column="RATE" type="double" />

      <many-to-one
        name="company"
        column="COMPANY_ID"
        class="mypack.Company"
      />
  </class>
</hibernate-mapping>
```

SalariedEmployee.hbm.xml 文件用于把 SalariedEmployee 类映射到 SE 表，在这个映射文件中，除了需要映射 SalariedEmployee 类本身的 salary 属性，还需要映射从 Employee 类中继承的 name 属性，此外还需要映射从 Employee 类中继承的与 Company 类的关联关系。例程 12-6 是 SalariedEmployee.hbm.xml 文件的代码。

例程 12-6 SalariedEmployee.hbm.xml

```
<hibernate-mapping>
  <class name="mypack.SalariedEmployee" table="SALARIED_EMPLOYEES">
      <id name="id" type="long" column="ID">
        <generator class="increment"/>
      </id>

      <property name="name" type="string" column="NAME" />
      <property name="salary" column="SALARY" type="double" />

      <many-to-one
        name="company"
        column="COMPANY_ID"
        class="mypack.Company"
      />
  </class>
</hibernate-mapping>
```

12.1.3 操纵持久化对象

本节的范例程序位于配套源代码包的 sourcecode\chapter12\12.1 目录下，采用了以下三种实现方式。

(1) 使用注解和 JPA API，程序位于 chapter12\12.1\12.1.1 目录下。

(2) 使用 Hibernate 的对象-关系映射文件和 Hibernate API 程序，位于 chapter12\12.1\12.1.2 目录下。

(3) 使用注解和 JPA API，程序位于 chapter12\12.1\12.1.4 目录下。采用了另外一种映射方式，12.1.4 节会对此做介绍。

运行本范例时，需要在 SAMPLEDB 数据库中手动创建 COMPANIES 表、HE 表和 SE 表，然后加入测试数据，相关的 SQL 脚本文件为 12.1\12.1.1\schema\sampledb.sql。

在 DOS 命令行下进入 chapter12\12.1\12.1.1、chapter12\12.1\12.1.2 或 chapter12\12.1\12.1.4 目录，输入命令“ant run”，就会运行 BusinessService 类。BusinessService 类用于演示操纵 Employee 类的对象的方法。

1. 使用注解和 JPA API

例程 12-7 是 chapter12\12.1\12.1.1 目录下的 BusinessService 类的源程序，它通过 JPA API 来访问数据库。

例程 12-7　BusinessService.java

```
public class BusinessService{
  public static EntityManagerFactory entityManagerFactory;
  static{ … } /* 初始化 JPA,创建 EntityManagerFactory 实例 */

  public void saveEmployee(Employee employee){ … }
  public List<Employee> findAllEmployees(){ … }
  public Company loadCompany(long id){ … }

  public void test(){
    List<Employee> employees = findAllEmployees();
    printAllEmployees(employees.iterator());

    Company company = loadCompany(1);
    printAllEmployees(company.getEmployees().iterator());

    Employee employee = new HourlyEmployee("Mary",300,company);
    saveEmployee(employee);
  }

  private void printAllEmployees(Iterator<Employee> it){
    while(it.hasNext()){
      Employee e = it.next();
      if(e instanceof HourlyEmployee){
        System.out.println(((HourlyEmployee)e).getRate());
      }else
        System.out.println(((SalariedEmployee)e).getSalary());
    }
  }

  public static void main(String args[]){
    new BusinessService().test();
    entityManagerFactory.close();
  }
}
```

BusinessService 的 main()方法调用 test()方法，test()方法依次调用以下方法。

(1) findAllEmployees()：检索数据库中所有的 Employee 对象。运行 findAllEmployees()方法，它的代码如下：

```
List<Employee> results = entityManager
          .createQuery("from Employee", Employee.Class)
          .getResultList();
tx.commit();
return results;
```

执行该查询语句时，Hibernate 会分别到 HE 表和 SE 表中检索所有的 HourlyEmployee 对象和 SalariedEmployee 对象，然后把它们合并到同一个集合中。Hibernate 执行以下 select

语句。

```
select ID,COMPANY_ID,NAME,SALARY,RATE, clazz_ from
( select ID, NAME, COMPANY_ID, SALARY, null as RATE,
1 as clazz_ from SALARIED_EMPLOYEES
union select ID, NAME, COMPANY_ID, null as SALARY,
RATE, 2 as clazz_ from HOURLY_EMPLOYEES ) employee0_;
select ID,NAME from COMPANIES where ID = ?
```

尽管 JPQL 查询语句中，from Employee 仅包含 Employee 类名，而实际上它能查询出所有子类的对象，这种查询方式称为多态查询。

程序除了可以直接查询所有的 Employee 对象，当然也可以分别查询所有的 HourlyEmployee 对象和 SalariedEmployee 对象，如：

```
List<HourlyEmployee> results1 = entityManager
    .createQuery("from HourlyEmployee",HourlyEmployee.class)
    .getResultList();
List<SalariedEmployee> results2 = entityManager
     .createQuery("from SalariedEmployee",SalariedEmployee.class)
     .getResultList();
```

值得注意的是，对于目前的 Hibernate 版本，由于其实现的限制，如果在两个子类对应的子表（HE 表和 SE 表）中存在同样的 ID 主键值，在查询某个子类时，会出现 org.hibernate.WrongClassException。所以在本范例中，为了避免出现这样的异常，要确保 HE 表和 SE 表中不存在同样的 ID。

(2) loadCompany()：加载一个 Company 对象。运行 loadCompany()方法，它的代码如下：

```
tx = entityManager.getTransaction();
tx.begin();
Company company = entityManager.find(
            Company.class,Long.valueOf(id));
System.out.println("共有："
          + company.getEmployees().size() + "雇员");
tx.commit();
return company;
```

EntityManager 对象的 find()方法加载 Company 对象的 employees 集合时，会采用默认的延迟检索策略，因此不会立即加载实际的 Employee 对象，Company 对象的 employees 属性仅仅引用一个集合代理类的实例。

当程序执行 company.getEmployees().size()方法时，会从数据库中检索出所有与 Company 对象关联的 HourlyEmployee 对象及 SalariedEmployee 对象，然后把它们加入到 employees 集合中。

(3) saveEmployee()：保存一个 Employee 对象。运行 saveEmployee(Employee employee)方法，它的代码如下：

```
tx = entityManager.getTransaction();
tx.begin();
entityManager.persist(employee);
tx.commit();
```

在 test()方法中,创建了一个 HourlyEmployee 实例,然后调用 saveEmployee()方法保存这个实例,代码如下:

```
Employee employee = new HourlyEmployee("Mary",300,company);
saveEmployee(employee);
```

EntityManager 的 persist()方法能判断 employee 变量实际引用的实例的类型,如果 employee 变量引用 HourlyEmployee 实例,就向 HE 表插入一条记录,执行如下 insert 语句。

```
insert into HOURLY_EMPLOYEES(ID,NAME,RATE,CUSTOMER_ID)
values(3, 'Mary',300,1);
```

如果 employee 变量引用 SalariedEmployee 实例,就向 SE 表插入一条记录。

2. 使用对象-关系映射文件和 Hibernate API

chapter12\12.1\12.1.2 目录下的 BusinessService 类通过 Hibernate API 来访问数据库,它的功能和 chapter12\12.1\12.1.1 目录下的 BusinessService 类相同,但在实现上存在一些区别。

当采用对象-关系映射文件来映射每个具体类对应一个表的继承关系时,Employee 类作为抽象类没有对应的数据库表,也没有相应的对象-关系映射文件,所以在这种情况下,不支持多态查询。对于以下查询语句:

```
List<Employee> employees = session
      .createQuery("from Employee",Employee.class)
      .getResultList();
```

如果 Employee 类是抽象类,那么 Hibernate 会抛出异常。如果 Employee 类是具体类,那么 Hibernate 仅查询 EMPLOYEES 表,检索出 Employee 类本身的实例,但不会检索出它的两个子类的实例。

(1) BusinessService 类的 findAllEmployees()方法的代码如下:

```
List<Employee> results = new ArrayList<Employee>();
tx = session.beginTransaction();
List<HourlyEmployee> hourlyEmployees = session
     .createQuery("from HourlyEmployee",HourlyEmployee.class)
     .getResultList();
results.addAll(hourlyEmployees);

List<SalariedEmployee> salariedEmployees = session
```

```
        .createQuery("from SalariedEmployee",SalariedEmployee.class)
        .getResultList();
    results.addAll(salariedEmployees);

    tx.commit();
    return results;
```

为了检索所有的 Employee 对象，程序必须分别检索所有的 HourlyEmployee 对象和 SalariedEmployee 对象，然后把它们合并到同一个集合中。在运行第一个 Query 的 getResultList()方法时，Hibernate 执行以下 select 语句。

```
select * from HOURLY_EMPLOYEES;
```

在运行第二个 Query 的 getResultList()方法时，Hibernate 执行以下 select 语句。

```
select * from SALARIED_EMPLOYEES;
```

(2) BusinessService 类的 loadCompany()方法的代码如下：

```
tx = session.beginTransaction();
Company company = session.get(Company.class,Long.valueOf(id));

List<HourlyEmployee> hourlyEmployees = session
    .createQuery("from HourlyEmployee h where h.company.id = " + id,
                 HourlyEmployee.class)
    .getResultList();
company.getEmployees().addAll(hourlyEmployees);

List<SalariedEmployee> salariedEmployees = session
    .createQuery("from SalariedEmployee s where s.company.id = " + id,
                 SalariedEmployee.class)
    .getResultList();
company.getEmployees().addAll(salariedEmployees);

tx.commit();
return company;
```

由于这种映射方式不支持多态查询，因此由 Session 的 get()方法加载的 Company 对象的 employees 集合中不包含任何 Employee 对象。BusinessService 类必须负责从数据库中检索出所有与 Company 对象关联的 HourlyEmployee 对象及 SalariedEmployee 对象，然后把它们加入到 employees 集合中。

12.1.4 其他映射方式

如图 12-4 所示，Employee 父类没有 id 属性，而它的两个子类都具有单独的 id 属性。本节所使用的数据库表依然采用图 12-2 所示的结构。

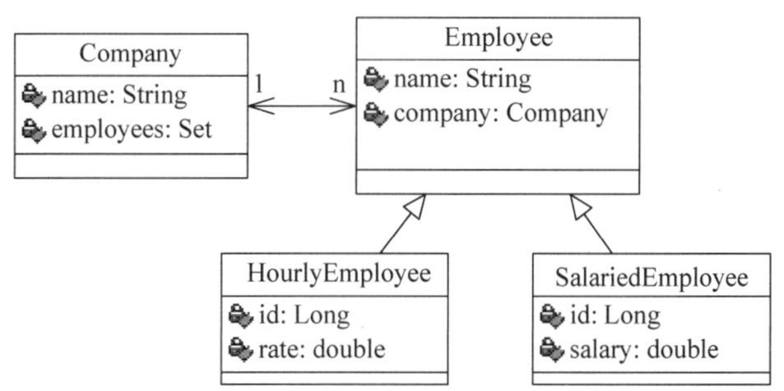

图 12-4　子类中分别定义了 id 属性

1. 用注解映射持久化类

在这种情况下，Employee 类不能用@Entity 注解来映射，而是使用@MappedSuperclass 注解，如：

```
@MappedSuperclass
abstract public class Employee implements Serializable {

  @Column(name = "NAME")
  private String name;

  @ManyToOne(targetEntity = Company.class)
  @JoinColumn(name = "COMPANY_ID")
  private Company company;
  …
}
```

在 HourlyEmployee 类和 SalariedEmployee 类中，需要映射 id 属性。以下是 HourlyEmployee 类的代码。

```
@Entity
@Table(name = "HOURLY_EMPLOYEES")
public class HourlyEmployee extends Employee{
  @Id
  @GeneratedValue(generator = "increment")
  @GenericGenerator(name = "increment", strategy = "increment")
  @Column(name = "ID")
  private Long id;

  @Column(name = "RATE")
  private double rate;
  …
}
```

在这种情况下，无法映射从 Company 类到 Employee 类的一对多关联关系，所以对于 Company 类的 employees 属性，用@Transient 注解来映射，代码如下：

```
@Transient
private Set<Employee> employees = new HashSet<Employee>();
```

2. 通过 JPA API 操纵持久化对象

本节范例位于 sourcecode/chapter12/12.1/12.1.4 目录下。BusinessService 类的作用与 12.1.1 目录下的 BusinessService 类相同，区别在于实现方式有所不同。

由于本节的映射方式无法映射从 Company 类到 Employee 类的一对多关联关系，因此不支持多态查询。为了检索所有的 Employee 对象，程序必须分别检索所有的 HourlyEmployee 对象和 SalariedEmployee 对象，然后把它们合并到同一个集合中。以下是 findAllEmployees() 方法的部分代码。

```
tx = entityManager.getTransaction();
tx.begin();
List<Employee> results = new ArrayList<Employee>();
List<HourlyEmployee> hourlyEmployees = entityManager
     .createQuery("from HourlyEmployee",HourlyEmployee.class)
     .getResultList();
results.addAll(hourlyEmployees);

List<SalariedEmployee> salariedEmployees = entityManager
      .createQuery("from SalariedEmployee",SalariedEmployee.class)
      .getResultList();
results.addAll(salariedEmployees);

tx.commit();
return results;
```

12.2 继承关系树的根类对应一个表

这种映射方式只需要为继承关系树的 Employee 根类创建一张表 EMPLOYEES。如图 12-5 所示，在 EMPLOYEES 表中不仅提供和 Employee 类的属性对应的字段，还要提供和它的两个子类的所有属型对应的字段，此外，EMPLOYEES 表中需要额外加入一个字符串类型的 EMPLOYEE_TYPE 字段，用于区分 Employee 的具体类型。

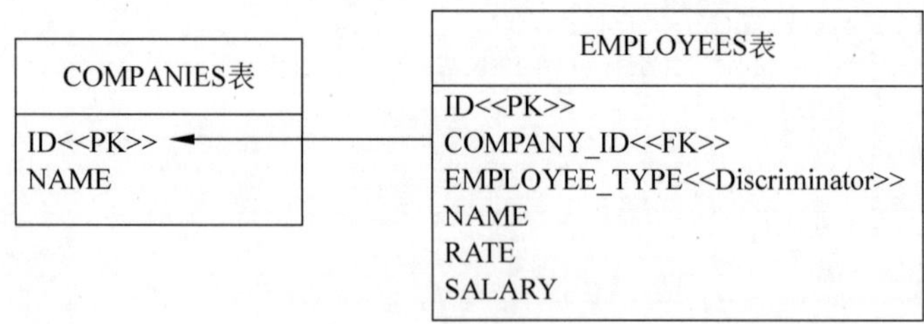

图 12-5 继承关系树的根类对应一个表

12.2.1 用注解来映射

下面分别介绍如何映射 Company 类、Employee 类、HourlyEmployee 类和 SalariedEmployee 类。这些类都是实体类，在它们的类文件中都用@Entity 注解来映射类本身。

1. 映射 Company 类

Company 类与 Employee 类是一对多的关联关系，Company 类有一个 Set 类型的 employees 属性，它存放了所有的 Employee 对象，用@OneToMany 注解来映射，代码如下：

```
@OneToMany(mappedBy = "company",
              targetEntity = Employee.class)
private Set<Employee> employees = new HashSet<Employee>();
```

2. 映射 Employee 类

在 Employee 类中，通过@Inheritance 注解指明继承关系的映射方式为 InheritanceType.SINGLE_TABLE，通过@Table 注解来指定对应的数据库表，通过@DiscriminatorColumn 注解来指定数据库表中用来区分 Employee 类型的字段。例程 12-8 是 Employee 类的部分源代码。

例程 12-8　Employee.java

```
@Entity
@Inheritance(strategy = InheritanceType.SINGLE_TABLE)
@DiscriminatorColumn(name = "EMPLOYEE_TYPE")
@Table(name = "EMPLOYEES")
abstract public class Employee implements Serializable {…}
```

3. 映射 HourlyEmployee 类和 SalariedEmployee 类

HourlyEmployee 类和 SalariedEmployee 类在数据库中没有对应的表，因此仅仅用@Entity 注解声明自身是实体类，并且用@DiscriminatorValue 注解来设定自己的类型值。例如，当 EMPLOYEES 表中 EMPLOYEE_TYPE 字段取值为 HE，表明这条记录对应 HourlyEmployee 对象；当 EMPLOYEE_TYPE 字段取值为 SE，表明这条记录对应 SalariedEmployee 对象。

例程 12-9 和例程 12-10 分别是 HourlyEmployee 类和 SalariedEmployee 类的部分源代码。

例程 12-9　HourlyEmployee.java

```
@Entity
@DiscriminatorValue("HE")
public class HourlyEmployee extends Employee{
  @Column(name = "RATE")
  private double rate;
  …
}
```

例程 12-10　SalariedEmployee.java

```
@Entity
@DiscriminatorValue("SE")
public class SalariedEmployee extends Employee {
  @Column(name = "SALARY")
```

```
    private double salary;
    ...
}
```

12.2.2 用对象-关系映射文件来映射

Company 类和 Employee 类有相应的映射文件，而 HourlyEmployee 类和 SalariedEmployee 类没有相应的映射文件。图 12-6 显示了持久化类、映射文件和数据库表之间的对应关系。

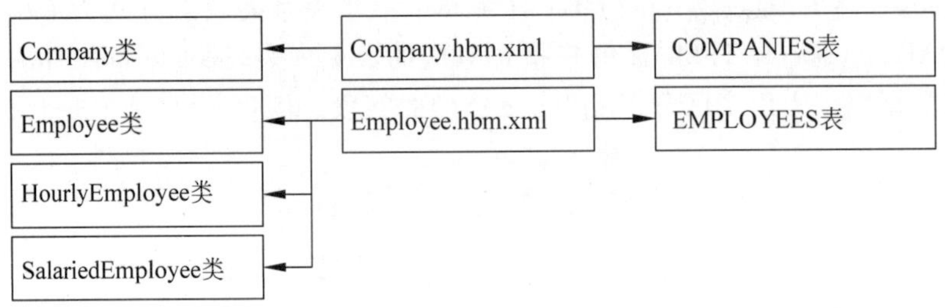

图 12-6 持久化类、映射文件和数据库表之间的对应关系

从 Company 类到 Employee 类是多态关联，由于关系数据模型可以反映出 Employee 类和它的两个子类的继承关系，因此可以映射 Company 类的 employees 集合。例程 12-11 是 Company.hbm.xml 文件的代码，该文件不仅映射了 Company 类的 id 和 name 属性，还映射了它的 employees 集合。

例程 12-11 Company.hbm.xml

```
<hibernate-mapping>
  <class name="mypack.Company" table="COMPANIES">
    <id name="id" type="long" column="ID">
      <generator class="increment"/>
    </id>

    <property name="name" type="string" column="NAME" />
    <set
        name="employees"
        inverse="true">
        <key column="COMPANY_ID" />
        <one-to-many class="mypack.Employee" />
    </set>

  </class>
</hibernate-mapping>
```

Employee.hbm.xml 文件用于把 Employee 类映射到 EMPLOYEES 表，在这个映射文件中，除了需要映射 Employee 类本身的属性，还需要在<subclass>元素中映射两个子类的属性。例程 12-12 是 Employee.hbm.xml 文件的代码。

例程 12-12 Employee.hbm.xml

```
<hibernate-mapping >
  <class name = "mypack.Employee" table = "EMPLOYEES">
    <id name = "id" type = "long" column = "ID">
      <generator class = "increment"/>
    </id>
    <discriminator column = "EMPLOYEE_TYPE" type = "string" />
    <property name = "name" type = "string" column = "NAME" />

    <many-to-one
      name = "company"
      column = "COMPANY_ID"
      class = "mypack.Company"
    />

    <subclass name = "mypack.HourlyEmployee"
            discriminator-value = "HE" >
      <property name = "rate" column = "RATE" type = "double" />
    </subclass>

    <subclass name = "mypack.SalariedEmployee"
            discriminator-value = "SE" >
      <property name = "salary" column = "SALARY" type = "double" />
    </subclass>

  </class>

</hibernate-mapping>
```

在 Employee.hbm.xml 文件中，<discriminator>元素指定 EMPLOYEES 表中用于区分 Employee 类型的字段为 EMPLOYEE_TYPE，两个<subclass>元素分别用于映射 HourlyEmployee 类和 SalariedEmployee 类，<subclass>元素的 discriminator-value 属性指定 EMPLOYEE_TYPE 字段的取值。假定 EMPLOYEES 表包含如图 12-7 所示的记录：

ID	NAME	EMPLOYEE_TYPE	RATE	SALARY	COMPANY_ID
1	Tom	HE	100	NULL	1
2	Mike	HE	200	NULL	1
3	Jack	SE	NULL	5000	1
4	Linda	SE	NULL	6000	1

图 12-7 EMPLOYEES 表的记录

其中 ID 为 1 和 2 的记录的 EMPLOYEE_TYPE 字段的取值为 HE，因此它们对应 HourlyEmployee 类的实例；其中 ID 为 3 和 4 的记录的 EMPLOYEE_TYPE 字段的取值为 SE，因此它们对应 SalariedEmployee 类的实例。

这种映射方式要求 EMPLOYEES 表中和子类属性对应的字段允许为 null，例如 ID 为

1 和 2 的记录的 SALARY 字段为 null，而 ID 为 3 和 4 的记录的 RATE 字段为 null。如果业务需求规定 SalariedEmployee 对象的 rate 属性不允许为 null，显然无法在 EMPLOYEES 表中为 SALARY 字段定义 not null 约束，可见这种映射方式无法保证关系数据模型的数据完整性。

如果 Employee 类不是抽象类，即它本身也能被实例化，那么可以在< class >元素中定义它的 discriminator 值，形式如下：

```
<class name = "mypack.Employee" table = "EMPLOYEES"
discriminator - value = "EE">
```

以上代码表明，如果 EMPLOYEES 表中一条记录的 EMPLOYEE_TYPE 字段的取值为 EE，那么它对应 Employee 类本身的实例。

12.2.3 操纵持久化对象

本节的范例程序位于配套源代码包的 sourcecode\chapter12\12.2 目录下，采用了如下两种实现方式。

(1) 使用注解和 JPA API，位于 chapter12\12.2\12.2.1 目录下。

(2) 使用 Hibernate 的对象-关系映射文件和 Hibernate API，位于 chapter12\12.2\12.2.2 目录下。

运行本范例时，需要在 SAMPLEDB 数据库中手动创建 COMPANIES 表和 EMPLOYEES 表，然后加入测试数据，相关的 SQL 脚本文件为 12.2\12.2.1\schema\sampledb.sql。

在 DOS 命令行下进入 chapter12\12.2\12.2.1 目录或 chapter12\12.2\12.2.2 目录，然后输入命令"ant run"，就会运行 BusinessService 类。BusinessService 类用于演示操纵 Employee 类的对象的方法。

无论是采用注解还是采用 Hibernate 的对象-关系映射文件来映射继承关系，这两种映射方式都支持多态查询，对于以下查询语句：

```
List < Employee > employees = entityManager
     .createQuery("from Employee",Employee.class)
     .getResultList();
```

Hibernate 会检索出所有的 HourlyEmployee 对象和 SalariedEmployee 对象。此外，也可以单独查询 Employee 类的两个子类的实例，例如：

```
List < HourlyEmployee > hourlyEmployees = entityManager
       .createQuery("from HourlyEmployee",HourlyEmployee.class)
       .getResultList();
```

BusinessService 的 main()方法调用 test()方法，test()方法依次调用以下方法。

(1) findAllHourlyEmployees()：检索数据库中所有的 HourlyEmployee 对象。运行

findAllHourlyEmployees()方法,它的代码如下:

```
tx = entityManager.getTransaction();
tx.begin();
List<HourlyEmployee> results = entityManager
    .createQuery("from HourlyEmployee", HourlyEmployee.class)
    .getResultList();
tx.commit();
return results;
```

在运行 Query 的 getResultList()方法时,Hibernate 执行以下 select 语句。

```
select * from EMPLOYEES where EMPLOYEE_TYPE = 'HE';
```

(2) findAllEmployees():检索数据库中所有的 Employee 对象。运行 findAllEmployees()方法,它的代码如下:

```
tx = entityManager.getTransaction();
tx.begin();
List<Employee> results = entityManager
            .createQuery("from Employee",Employee.class)
            .getResultList();
tx.commit();
return results;
```

在运行 Query 的 getResultList()方法时,Hibernate 执行以下 select 语句。

```
select * from EMPLOYEES;
```

在这种映射方式下,Hibernate 支持多态查询,对于从 EMPLOYEES 表获得的查询结果,如果 EMPLOYEE_TYPE 字段取值为 HE,就创建 HoulyEmployee 实例;如果 EMPLOYEE_TYPE 字段取值为 SE,就创建 SalariedEmployee 实例。

(3) loadCompany():加载一个 Company 对象。运行 loadCompany()方法,它的代码如下:

```
tx = entityManager.getTransaction();
tx.begin();
Company company = entityManager.find(
          Company.class,Long.valueOf(id));
Hibernate.initialize(company.getEmployees());
tx.commit();
return company;
```

这种映射方式支持多态关联。默认情况下,对 Company 类的 employees 集合采用默认的延迟检索策略。以上程序代码通过 Hibernate 类的静态 initialize()方法来显式初始化 employees 集合。第 16 章将对各种检索策略做详细的介绍。

（4）saveEmployee()：保存一个 Employee 对象。运行 saveEmployee(Employee employee)方法，它的代码如下：

```
tx = entityManager.getTransaction();
tx.begin();
entityManager.persist(employee);
tx.commit();
```

在 test()方法中，创建了一个 HourlyEmployee 实例，然后调用 saveEmployee()方法保存这个实例，代码如下：

```
Employee employee = new HourlyEmployee("Mary",300,company);
saveEmployee(employee);
```

EntityManager 的 persist()方法能判断 employee 变量实际引用的实例的类型，如果 employee 变量引用 HourlyEmployee 实例，就执行如下 insert 语句。

```
insert into EMPLOYEES(ID,NAME,RATE,EMPLOYEE_TYPE,CUSTOMER_ID)
values(5, 'Mary ',300, 'HE',1);
```

insert 语句没有为 SalariedEmployee 类的 salary 属性对应的 SALARY 字段赋值，因此这条记录的 SALARY 字段为 null。

12.3 继承关系树的每个类对应一个表

在这种映射方式下，继承关系树的每个类及接口都对应一个表。在本例中，需要创建 EMPLOYEES 表、HE 表和 SE 表。如图 12-8 所示，EMPLOYEES 表仅包含和 Employee 类的属性对应的字段，HE 表仅包含和 HourlyEmployee 类的属性对应的字段，SE 表仅包含和 SalariedEmployee 类的属性对应的字段。此外，HE 表和 SE 表都以 EMPLOYEE_ID 字段作为主键，该字段还同时作为外键参照 EMPLOYEES 表。

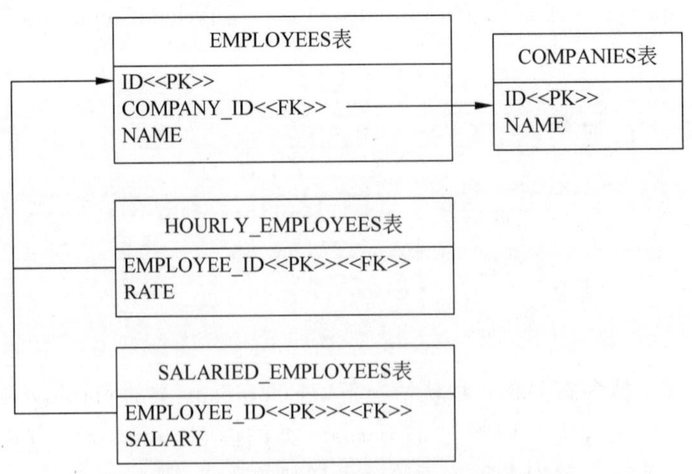

图 12-8 继承关系树的每个类对应一个表

12.3.1　用注解来映射

下面分别介绍如何映射 Company 类、Employee 类、HourlyEmployee 类和 SalariedEmployee 类。这些类都是实体类，在它们的类文件中都用@Entity 注解来映射类本身。

1. 映射 Company 类

Company 类与 Employee 类是一对多的关联关系，Company 类有一个 Set 类型的 employees 属性，它存放了所有的 Employee 对象，用@OneToMany 注解来映射，代码如下：

```
@OneToMany(mappedBy = "company",
           targetEntity = Employee.class)
private Set<Employee> employees = new HashSet<Employee>();
```

2. 映射 Employee 类

在 Employee 类中，通过@Inheritance 注解指明继承关系的映射方式为 InheritanceType.JOINED，通过@Table 注解来指定对应的数据库表。例程 12-13 是 Employee 类的部分源代码。

例程 12-13　Employee.java

```
@Entity
@Inheritance(strategy = InheritanceType.JOINED)
@Table(name = "EMPLOYEES")
abstract public class Employee implements Serializable {…}
```

3. 映射 HourlyEmployee 类和 SalariedEmployee 类

HourlyEmployee 类和 SalariedEmployee 类在数据库中都有对应的表，因此用@Table 注解来指定对应的数据库表，用@PrimaryKeyJoinColumn 注解来指定参考 EMPLOYEES 表的外键。例程 12-14 和例程 12-15 分别是这两个类的部分源代码。

例程 12-14　HourlyEmployee.java

```
@Entity
@PrimaryKeyJoinColumn(name = "EMPLOYEE_ID")
@Table(name = "HOURLY_EMPLOYEES")
public class HourlyEmployee extends Employee{
  @Column(name = "RATE")
  private double rate;
  …
}
```

例程 12-15　SalariedEmployee.java

```
@Entity
@PrimaryKeyJoinColumn(name = "EMPLOYEE_ID")
@Table(name = "SALARIED_EMPLOYEES")
```

```
public class SalariedEmployee extends Employee {
  @Column(name = "SALARY")
  private double salary;
  …
}
```

12.3.2 用对象-关系映射文件来映射

在这种映射方式下，Company 类和 Employee 类有相应的映射文件，而 HourlyEmployee 类和 SalariedEmployee 类没有相应的映射文件。图 12-9 显示了持久化类、映射文件和数据库表之间的对应关系。

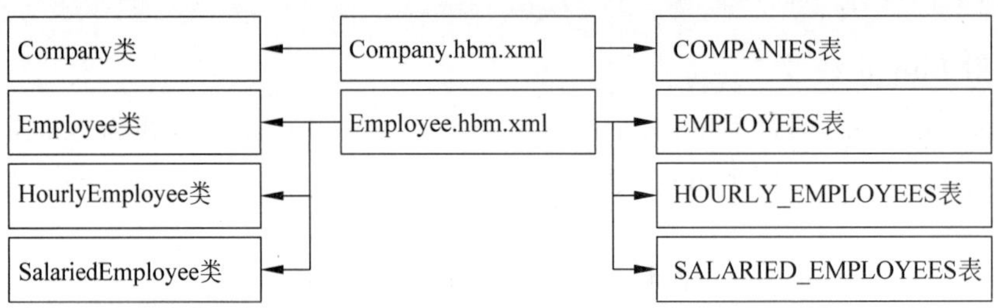

图 12-9 持久化类、映射文件和数据库表之间的对应关系

从 Company 类到 Employee 类是多态关联，由于关系数据模型反映出了 Employee 类和它的两个子类的继承关系，因此可以映射 Company 类的 employees 集合。例程 12-16 是 Company.hbm.xml 文件的代码，该文件不仅映射了 Company 类的 id 和 name 属性，还映射了它的 employees 集合。

例程 12-16 Company.hbm.xml

```
<hibernate-mapping>
  <class name="mypack.Company" table="COMPANIES">
    <id name="id" type="long" column="ID">
      <generator class="increment"/>
    </id>

    <property name="name" type="string" column="NAME" />
    <set
        name="employees"
        inverse="true">
        <key column="COMPANY_ID" />
        <one-to-many class="mypack.Employee" />
    </set>

  </class>
</hibernate-mapping>
```

Employee.hbm.xml 文件用于把 Employee 类映射到 EMPLOYEES 表，在这个映射文

件中，除了需要映射 Employee 类本身的属性，还需要在<joined-subclass>元素中映射两个子类的属性。例程 12-17 是 Employee. hbm. xml 文件的代码。

例程 12-17　Employee. hbm. xml

```
<hibernate-mapping>

  <class name="mypack.Employee" table="EMPLOYEES">
    <id name="id" type="long" column="ID">
      <generator class="increment"/>
    </id>
    <property name="name" type="string" column="NAME" />

    <many-to-one
      name="company"
      column="COMPANY_ID"
      class="mypack.Company"
    />

    <joined-subclass name="mypack.HourlyEmployee"
                     table="HOURLY_EMPLOYEES" >
      <key column="EMPLOYEE_ID" />
      <property name="rate" column="RATE" type="double" />
    </joined-subclass>

    <joined-subclass name="mypack.SalariedEmployee"
                     table="SALARIED_EMPLOYEES" >
      <key column="EMPLOYEE_ID" />
      <property name="salary" column="SALARY" type="double" />
    </joined-subclass>

  </class>
</hibernate-mapping>
```

在 Employee. hbm. xml 文件中，两个<joined-subclass>元素分别用于映射 HourlyEmployee 类和 SalariedEmployee 类，<joined-subclass>元素的<key>子元素指定 HE 表和 SE 表中既作为主键，又作为外键的 EMPLOYEE_ID 字段。图 12-10 显示了 EMPLOYEES 表、HE 表和 SE 表中记录的参照关系。

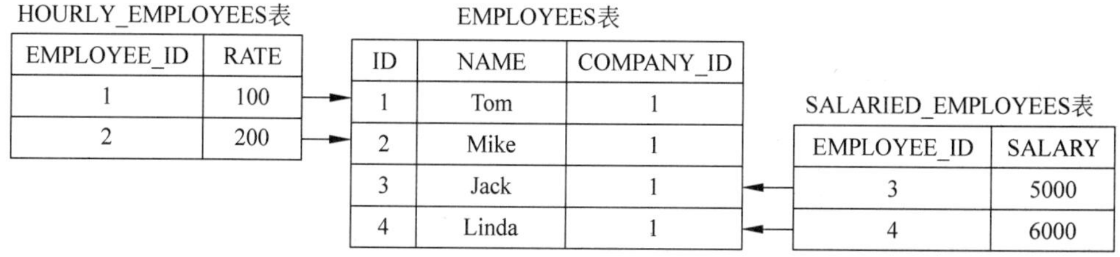

HOURLY_EMPLOYEES表

EMPLOYEE_ID	RATE
1	100
2	200

EMPLOYEES表

ID	NAME	COMPANY_ID
1	Tom	1
2	Mike	1
3	Jack	1
4	Linda	1

SALARIED_EMPLOYEES表

EMPLOYEE_ID	SALARY
3	5000
4	6000

图 12-10　EMPLOYEES 表、HE 表和 SE 表中记录的参照关系

也可以在单独的映射文件中配置<subclass>或<joined-subclass>元素，但此时必须显式设定它们的 extends 属性。例如，可以在单独的 HourlyEmployee. hbm. xml 文件中映射 HourlyEmployee 类，代码如下：

```
<hibernate-mapping>
  <joined-subclass
    name="mypack.HourlyEmployee"
    table="HOURLY_EMPLOYEES"
    extends="mypack.Employee">
    …
  </joined-class>
<hibernate-mapping>
```

12.3.3 操纵持久化对象

本节的范例程序位于配套源代码包的 sourcecode\chapter12\12.3 目录下，采用了如下两种实现方式。

（1）使用注解和 JPA API，位于 chapter12\12.3\12.3.1 目录下。

（2）使用 Hibernate 的对象-关系映射文件和 Hibernate API，位于 chapter12\12.3\12.3.2 目录下。

运行本范例时，需要在 SAMPLEDB 数据库中手动创建 COMPANIES 表、EMPLOYEES 表、HE 表和 SE 表，然后加入测试数据，相关的 SQL 脚本文件为 12.3\12.3.1\schema\sampledb.sql。

在 DOS 命令行下进入 chapter12\12.3\12.3.1 或 chapter12\12.3\12.3.2 目录，然后输入命令“ant run”，就会运行 BusinessService 类。BusinessService 类用于演示操纵 Employee 类的对象的方法。

无论是采用注解还是采用 Hibernate 的对象-关系映射文件来映射继承关系，这两种映射方式都支持多态查询，对于以下查询语句：

```
List<Employee> employees = entityManager
              .createQuery("from Employee",Employee.class)
              .getResultList();
```

Hibernate 会检索出所有的 HourlyEmployee 对象和 SalariedEmployee 对象。此外，也可以单独查询 Employee 类的两个子类的实例，例如：

```
List<HourlyEmployee> hourlyEmployees = entityManager
           .createQuery("from HourlyEmployee", HourlyEmployee.class)
           .getResultList();
```

BusinessService 的 main()方法调用 test()方法，test()方法依次调用以下方法。

（1）findAllHourlyEmployees()：检索数据库中所有的 HourlyEmployee 对象。它的代码如下：

```
tx = entityManager.getTransaction();
tx.begin();
List<HourlyEmployee> results = entityManager
```

```
    .createQuery("from HourlyEmployee", HourlyEmployee.class)
    .getResultList();
tx.commit();
return results;
```

在运行 Query 的 getResultList()方法时，Hibernate 执行以下 select 语句。

```
select * from HOURLY_EMPLOYEES he inner join EMPLOYEES e
on he.EMPLOYEE_ID = e.ID;
```

Hibernate 通过 HE 表与 EMPLOYEES 表的内连接获得 HourlyEmployee 对象的所有属性值。

(2) findAllEmployees()：检索数据库中所有的 Employee 对象。它的代码如下：

```
tx = entityManager.getTransaction();
tx.begin();
List<Employee> results = entityManager
        .createQuery("from Employee", Employee.Class)
        .getResultList();
tx.commit();
return results;
```

在运行 Query 的 getResultList()方法时，Hibernate 执行以下 select 语句。

```
select * from EMPLOYEES e
left outer join HOURLY_EMPLOYEES he on e.ID = he.EMPLOYEE_ID
left outer join SALARIED_EMPLOYEES se on e.ID = se.EMPLOYEE_ID;
```

Hibernate 把 EMPLOYEES 表与 HE 表及 SE 表进行左外连接，从而获得 HourlyEmployee 对象和 SalariedEmployee 对象的所有属性值。在这种映射方式下，Hibernate 支持多态查询。对于以上查询语句获得的查询结果，如果 HE 表的 EMPLOYEE_ID 字段不为 null，就创建 HoulyEmployee 实例；如果 SE 表的 EMPLOYEE_ID 字段不为 null，就创建 SalariedEmployee 实例。

(3) loadCompany()：加载一个 Company 对象。它的代码如下：

```
tx = entityManager.getTransaction();
tx.begin();
Company company = entityManager.find(
          Company.class,Long.valueOf(id));
Hibernate.initialize(company.getEmployees());
tx.commit();
return company;
```

这种映射方式支持多态关联。默认情况下，对 Company 类的 employees 集合采用默认的延迟检索策略，因此以上程序代码通过 Hibernate 类的静态 initialize()方法来显式初始化 employees 集合，初始化时执行以下 select 语句。

```
select e.COMPANY_ID, e.ID,e.NAME, e.COMPANY_ID,
he.RATE, se.SALARY,
case when he.EMPLOYEE_ID is not null then 1
when se.EMPLOYEE_ID is not null then 2
when e.ID is not null then 0 end as clazz
from EMPLOYEES e
left outer join HOURLY_EMPLOYEES he on e.ID = he.EMPLOYEE_ID
left outer join SALARIED_EMPLOYEES se on e.ID = se.EMPLOYEE_ID
where e.COMPANY_ID = 1
```

(4) saveEmployee()：保存一个 Employee 对象。它的代码如下：

```
tx = entityManager.getTransaction();
tx.begin();
entityManager.persist(employee);
tx.commit();
```

在 test()方法中，创建了一个 HourlyEmployee 实例，然后调用 saveEmployee()方法保存这个实例，代码如下：

```
Employee employee = new HourlyEmployee("Mary",300,company);
saveEmployee(employee);
```

EntityManager 的 persist()方法能判断 employee 变量实际引用的实例的类型，如果 employee 变量引用 HourlyEmployee 实例，就执行如下 insert 语句。

```
insert into EMPLOYEES (ID,NAME, COMPANY_ID) values (5, 'Mary', 1);
insert into HOURLY_EMPLOYEES (EMPLOYEE_ID ,RATE) values (5, 300);
```

可见，每保存一个 HourlyEmployee 对象，需要分别向 EMPLOYEES 表和 HE 表插入一条记录，EMPLOYEES 表的记录和 HE 表的记录共享同一个主键值。

12.4 选择继承关系的映射方式

本章介绍的三种映射方式各有优缺点，表 12-1 对这三种映射方式做了比较。

表 12-1 比较三种映射方式

比较方面	每个具体类对应一个表	根类对应一个表	每个类对应一个表
关系数据模型的复杂度	每个具体类对应一个表，这些表中包含重复字段	只需要创建一个表	表的数目最多，并且表之间还有外键参照关系
查询性能	采用 Hibernate 对象-关系映射文件或者 12.1.4 节的 JPA 注解时，不支持多态查询，如果要查询父类的对象，必须查询所有具体的子类对应的表	有很好的查询性能，无须进行表的连接	需要进行表的内连接或左外连接

续表

比较方面	每个具体类对应一个表	根类对应一个表	每个类对应一个表
数据库 Schema 的可维护性	如果父类的属性发生变化，必须修改所有具体的子类对应的表	只需要修改一张表	如果某个类的属性发生变化，只需要修改和这个类对应的表
是否支持多态查询和多态关联	采用 12.1.1 节的 JPA 注解时，支持多态查询和多态关联，而采用 Hibernate 对象-关系映射文件或者 12.1.4 节的 JPA 注解时，不支持多态查询和多态关联	支持	支持
是否符合关系数据模型的常规设计规则	符合	在表中引入额外的区分子类的类型的字段。如果子类中的某个属性不允许为 null，在表中无法为对应的字段创建 not null 约束	符合

对于历史遗留的域模型和数据库，如果持久化类和数据库表都不允许更改，那就要根据现有的持久化类和数据库表的对应关系，来选择合适的继承映射方式。

如果是从头设计域模型和数据库，则可以根据实际需求来选择继承的映射方式。如果父类的属性不多，可以采用每个具体类对应一个表的映射方式；如果需要支持多态查询和多态关联，并且子类包含的属性不多，可以采用根类对应一个表的映射方式；如果需要支持多态查询和多态关联，并且子类包含的属性很多，可以采用每个类对应一个表的映射方式。如果继承关系树中包含接口，可以把它当做抽象类来处理。

12.5 映射复杂的继承树

当一棵继承树上有多个类，或者有多级继承关系，该如何映射呢？在这方面，JPA 注解所提供的支持非常有限，而 Hibernate 的对象-关系映射文件则提供了更灵活的支持。

12.5.1 用注解来映射

目前的 JPA 规范不允许在一棵继承树上有多种继承映射方式。例如在图 12-11 的继承树上，ClassA 与 ClassC 之间和 ClassA 与 ClassD 之间需要采用同样的继承映射方式。

有一种例外情况是，当 ClassA 与 ClassC 之间采用根类对应一个表的映射方式时，ClassA 与 ClassD 之间除了采用根类对应一个表的映射方式，还可以采用每个类对应一个表的映射方式。此时，数据库中包含两张表，参见图 12-12。TABLE_A 表与 ClassA 对应，TABLE_D 表与 ClassD 类对应。

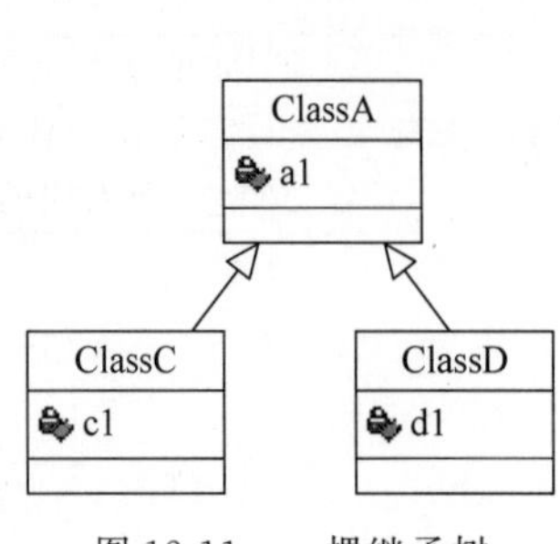

图 12-11　一棵继承树

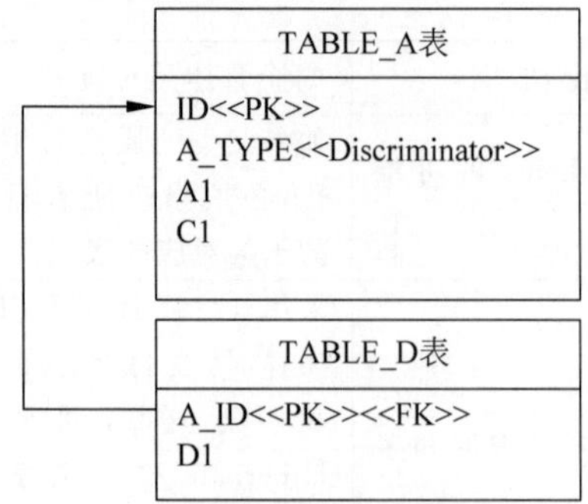

图 12-12　TABLE_A 表和 TABLE_D 表

1. 映射 ClassA 类

ClassA 类采用 InheritanceType. SINGLE_TABLE 来映射继承关系。例程 12-18 是 ClassA 的源代码。@DiscriminatorColumn 注解指定 TABLE_A 表的 A_TYPE 字段用来区分不同的子类型。假定 ClassA 类本身是具体类，注解@DiscriminatorValue("A")指定当 A_TYPE 字段取值为 A，表明这条记录和一个 ClassA 本身的实例对应。

例程 12-18　ClassA. java

```
@Entity
@Inheritance(strategy = InheritanceType.SINGLE_TABLE)
@Table(name = "TABLE_A")
@DiscriminatorColumn(name = "A_TYPE")
@DiscriminatorValue("A")
public class ClassA{ … }
```

2. 映射 ClassC 类

ClassC 类没有对应的表。注解@DiscriminatorValue("C")指定当 TABLE_A 表的 A_TYPE 字段取值为 C，表明这条记录和一个 ClassC 对象对应。以下是 ClassC 类的源代码。

```
@Entity
@DiscriminatorValue("C")
public class ClassC extends ClassA { … }
```

3. 映射 ClassD 类

ClassD 子类没有采用 ClassA 父类中设定的 InheritanceType. SINGLE_TABLE 映射方式，而是采用了 InheritanceType. JOIN 映射方式。ClassD 类本身对应单独的 TABLE_D 表。在这种情况下，用@SecondaryTable 注解来设定这个 TABLE_D 表，@PrimaryKeyJoinColumn 注解指定参考 TABLE_A 表的外键为 A_ID，如：

```
@Entity
@DiscriminatorValue("D")
@SecondaryTable(name = "TABLE_D",
pkJoinColumns = @PrimaryKeyJoinColumn(name = "A_ID"))
```

```
public class ClassD extends ClassA {
    @Column(table = "TABLE_D", name = "D1")
    private String d1;
    …
}
```

@DiscriminatorValue("D")注解指定当 TABLE_A 表的 A_TYPE 字段取值为 D，表明这条记录和一个 ClassD 对象对应。

ClassD 类的 d1 属性所对应的 D1 字段位于 TABLE_D 表中，而不是位于默认的 TABLE_A 表中，因此，在映射 d1 属性时，需要在@Column 注解中专门指定 TABLE_D 表。

4. 操纵持久化对象

本节的范例程序位于配套源代码包的 sourcecode\chapter12\12.5\12.5.1 目录下。运行本范例时，需要在 SAMPLEDB 数据库中手动创建 TABLE_A 表和 TABLE_D 表，相关的 SQL 脚本文件为 12.5\12.5.1\schema\sampledb.sql。

在 BusinessService 类中，分别创建了 ClassC 对象和 ClassD 对象，并分别保存它们，例如：

```
ClassA c = new ClassC("a1","c1");
save(c);

ClassA d = new ClassD("a1","d1");
save(d);
```

BusinessService 类的 save()方法会通过 EntitiyManager 类的 persist()方法来保存 ClassC 对象和 ClassD 对象。

当保存 ClassC 对象时，Hibernate 执行的 insert 语句为：

```
insert into TABLE_A (A1, C1, A_TYPE, ID) values ('a1','c1', 'C', 1)
```

当保存 ClassD 对象时，Hibernate 执行的 insert 语句为：

```
insert into TABLE_A (A1, A_TYPE, ID) values ('a1', 'D', 2)
insert into TABLE_D (D1, A_ID) values ('d1', 2)
```

由此可见，当 Hibernate 保存 ClassD 对象时，会同时向 TABLE_A 表和 TABLE_D 表插入一条记录。

运行完 BusinessService 类后，TABLE_A 表和 TABLE_D 表中插入的新记录如图 12-13 所示。

```
mysql> select * from TABLE_A;
+----+----+------+--------+
| ID | A1 | C1   | A_TYPE |
+----+----+------+--------+
|  1 | a1 | c1   | C      |
|  2 | a1 | NULL | D      |
+----+----+------+--------+
mysql> select * from TABLE_D;
+------+----+
| A_ID | D1 |
+------+----+
|    2 | d1 |
+------+----+
```

图 12-13 TABLE_A 表和 TABLE_D 表中插入的新记录

12.5.2 用对象-关系映射文件来映射

Hibernate 的对象-关系映射文件可以映射采用多种映射方式的继承树。图 12-14 显示了一棵复杂的继承关系树，其中 DOClass 类为抽象类，其他均为具体类。

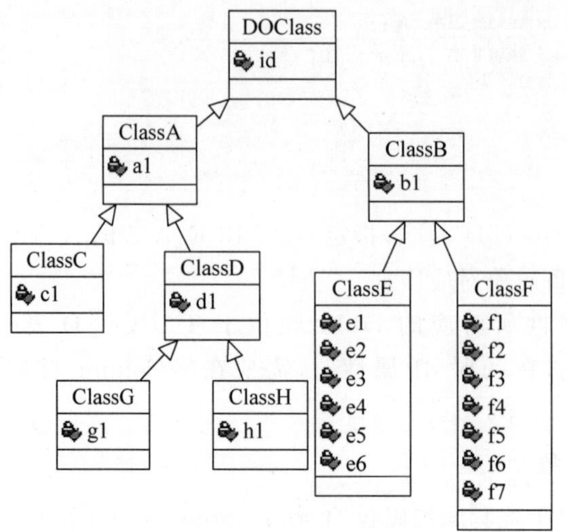

图 12-14 复杂的继承关系树

可以将图 12-14 的继承关系树分解为以下三棵子树。

(1) DOClass 类、ClassA 类和 ClassB 类为一棵子树。DOClass 类为抽象类，位于整个继承关系树的顶层，通常不会对它进行多态查询，因此可以采用每个具体类对应一个表的映射方式，ClassA 类对应 TABLE_A 表，ClassB 类对应 TABLE_B 表。

(2) ClassA 类、ClassC 类、ClassD 类、ClassG 类和 ClassH 类为一棵子树。ClassA 类的所有子类都只包含少量属性，因此可以采用根类对应一个表的映射方式，ClassA 类对应 TABLE_A 表。

(3) ClassB 类、ClassE 类和 ClassF 为一棵子树。ClassB 类的两个子类都包含很多属性，因此采用每个类对应一个表的映射方式，ClassB 类对应 TABLE_B 表，ClassE 类对应 TABLE_E 表，ClassF 类对应 TABLE_F 表。

如图 12-15 所示，在关系数据模型中，只需要创建 TABLE_A、TABLE_B、TABLE_E 和 TABLE_F 表，其中 TABLE_A 中包含了与 DOClass、ClassA、ClassC、ClassD、ClassG 和 ClassH 的属性对应的字段，TABLE_B 中包含了与 DOClass 和 ClassB 的属性对应的字段，TABLE_E 和 TABLE_F 的 B_ID 字段既是主键，又是参照 TABLE_B 表的外键。

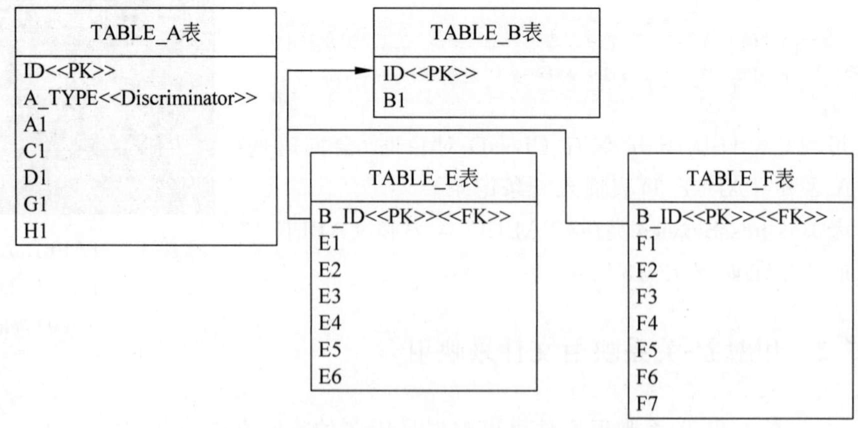

图 12-15 复杂继承关系树对应的关系数据模型

只需要创建两个映射文件：ClassA. hbm. xml 和 ClassB. hbm. xml，例程 12-19 和例程 12-20 分别为它们的源代码。

例程 12-19　ClassA. hbm. xml

```
<hibernate-mapping>
   <class name="mypack.ClassA" table="TABLE_A"
                           discriminator-value="A" >
      <id name="id" type="long" column="ID">
        <generator class="increment"/>
      </id>
      <discriminator column="A_TYPE" type="string" />
      <property name="a1" type="string" column="A1" />

      <subclass name="mypack.ClassC" discriminator-value="C" >
         <property name="c1" column="C1" type="string" />
      </subclass>

      <subclass name="mypack.ClassD" discriminator-value="D" >
        <property name="d1" column="D1" type="string" />

        <subclass name="mypack.ClassG" discriminator-value="G" >
           <property name="g1" column="G1" type="string" />
        </subclass>

        <subclass name="mypack.ClassH" discriminator-value="H" >
           <property name="h1" column="H1" type="string" />
        </subclass>
     </subclass>
   </class>
</hibernate-mapping>
```

例程 12-20　ClassB. hbm. xml

```
<hibernate-mapping>

   <class name="mypack.ClassB" table="TABLE_B">
      <id name="id" type="long" column="ID">
        <generator class="increment"/>
      </id>
      <property name="b1" type="string" column="B1" />

      <joined-subclass name="mypack.ClassE" table="TABLE_E">
         <key column="B_ID" />
         <property name="e1" column="E1" type="string" />
         <property name="e2" column="E2" type="string" />
         <property name="e3" column="E3" type="string" />
         <property name="e4" column="E4" type="string" />
         <property name="e5" column="E5" type="string" />
         <property name="e6" column="E6" type="string" />
```

```
      </joined-subclass>

      <joined-subclass name="mypack.ClassF" table="TABLE_F">
         <key column="B_ID" />
         <property name="f1" column="F1" type="string" />
         <property name="f2" column="F2" type="string" />
         <property name="f3" column="F3" type="string" />
         <property name="f4" column="F4" type="string" />
         <property name="f5" column="F5" type="string" />
         <property name="f6" column="F6" type="string" />
      </joined-subclass>
   </class>
</hibernate-mapping>
```

在 ClassA.hbm.xml 文件中，在用于映射 ClassD 的<subclass>元素中还嵌入了两个<subclass>元素，它们分别映射 ClassG 和 ClassH 类。在<class>及所有的<subclass>元素中都设置了 discriminator-value 属性，Hibernate 根据 discriminator-value 属性来判断 TABLE_A 表中的记录对应哪个类的实例，如果 TABLE_A 表的一条记录的 A_TYPE 字段取值为 A，表明它是 ClassA 类的实例；如果 A_TYPE 字段取值为"G"，表明它是 ClassG 类的实例，以此类推。

值得注意的是，在<subclass>元素中只能嵌入<subclass>子元素，不能嵌入<joined-subclass>子元素，而在<joined-subclass>元素中只能嵌入<joined-subclass>子元素，不能嵌入<subclass>子元素。

本节的范例程序位于 sourcecode\chapter12\12.5\12.5.2 目录下，运行该程序前，需要在 SAMPLEDB 数据库中手动创建 TABLE_A 表、TABLE_B 表、TABLE_E 表和 TABLE_F 表，相关的 SQL 脚本文件为 12.5\12.5.2\schema\sampledb.sql。

4.4 节已经讲过，JPA API 和 Hibernate API 都可以访问 Hibernate 的对象-关系映射文件。本节范例的 BusinessService 类通过 JPA API 来读取对象-关系映射文件。在 BusinessService 类中创建了一个 ClassG 类的实例和一个 ClassF 类的实例，然后调用 saveDO()方法分别保存这两个实例，代码如下：

```
ClassG g = new ClassG("a1","d1","g1");
saveDO(g);

ClassF f = new ClassF("b1","f1","f2","f3","f4","f5","f6","f7");
saveDO(f);
```

BusinessService 类的 saveDO()方法通过 EntityManager 的 persist()方法来保存 ClassG 类的实例和一个 ClassF 类。EntityManager 的 persist()方法能判断 object 变量实际引用的实例的类型，如果 object 变量引用 ClassG 类的实例，就执行如下 insert 语句。

```
insert into TABLE_A (ID,A1,D1,G1,A_TYPE)
values (1, 'a1', 'd1', 'g1','G');
```

如果 object 变量引用 ClassF 类的实例，就执行如下 insert 语句。

```
insert into TABLE_B (ID,B1) values (1, 'b1');
insert into TABLE_F (B_ID ,F1, F2, F3, F4, F5, F6)
values (1, 'f1', 'f2', 'f3', 'f4', 'f5', 'f6', 'f7');
```

12.6 映射多对一多态关联

Company 与 Employee 类之间为一对多的多态关联关系。12.1 节、12.2 节和 12.3 节已经介绍了在各种继承映射方式下如何映射 Company 类的 employees 集合。

本节介绍如何映射多对一的多态关联。如图 12-16 所示，ClassD 与 ClassA 为多对一的多态关联关系。

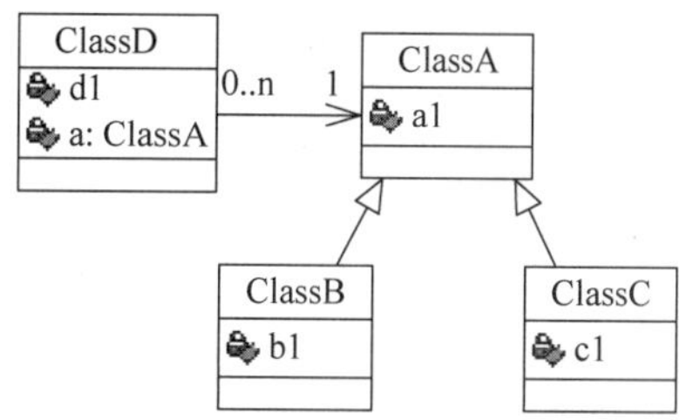

图 12-16　ClassD 与 ClassA 为多对一的多态关联关系

ClassA、ClassB 和 ClassC 构成了一棵继承关系树，如果继承关系树的根类对应一个表，或者每个类对应一个表，那么在对象-关系映射文件中，可以按以下方式映射 ClassD 的 a 属性。

```
<many-to-one name="a"
class="ClassA"
column="A_ID" />
```

在 ClassD 类中，用@ManyToOne 注解来映射 a 属性，如：

```
@ManyToOne(targetEntity = ClassA.class)
@JoinColumn(name = "A_ID")
private ClassA a;
```

假定与 ClassD 类对应的表为 TABLE_D，与 ClassA 类对应的表为 TABLE_A，在 TABLE_D 中定义了外键 A_ID，它参照 TABLE_A 表的主键。

ClassD 对象的 a 属性既可以引用 ClassB 对象，也可以引用 ClassC 对象，例如：

```
tx = entityManage.getTransaction();
tx.begin();

ClassD d = entityManager.find(ClassD.class,id);
ClassA a = d.getA();  //假定对 ClassD 类的 a 属性采用立即检索策略
if(a instanceof ClassB)
  System.out.println(((ClassB)a).getB1());
if(a instanceof ClassC)
  System.out.println(((ClassC)a).getC1());
tx.commit();
```

假定在映射 ClassD 类的 a 属性时采用默认的延迟检索策略。当 Hibernate 加载 ClassD 对象时，它的属性 a 引用 ClassA 的代理类实例，在这种情况下，如果对 ClassA 的代理类实例进行类型转换，会抛出 ClassCastException 异常。

```
ClassD d = entityManager.find(ClassD.class, id);
ClassA a = d.getA();
ClassB b = (ClassB)a; //抛出 ClassCastException
```

解决以上问题的一种办法是使用 EntityManager 的 getReference()方法，例如：

```
ClassD d = enityManager.find(ClassD.class, id);
ClassA a = d.getA();
ClassB b = entityManager.getReference(ClassB.class,a.getId());
System.out.println(b.getB1());
```

当执行 EntityManager 的 getReference()方法时，Hibernate 并不会访问数据库，而是仅返回 ClassB 的代理类实例。这种解决办法的前提条件是必须事先知道 ClassD 对象实际上和 ClassA 的哪个子类的对象关联。对于 Hibernate API，则可以通过 Session 的 load 方法来加载 ClassB 对象，load()方法的作用和 EntityManager 的 getReference()方法相同。

解决以上问题的另一种办法是显式使用立即左外连接检索，避免 Hibernate 创建 ClassA 的代理类实例，而是直接创建 ClassA 的特定子类的实例，例如：

```
tx = entityManager.getTransaction();
tx.begin();

ClassD d = entityManager
           .createQuery("from D d left join fetch d.a a "
              + "where c.id = " + id,ClassD.class)
           .getSingleResult();

ClassA a = d.getA();
if(a instanceof ClassB)
  System.out.println(((ClassB)a).getB1());
if(a instanceof ClassC)
  System.out.println(((ClassC)a).getC1());
tx.commit();
```

如果继承关系树的具体类对应一个表，为了表达 ClassD 与 ClassA 的多态关联，需要在 TABLE_D 中定义两个字段：A_TYPE 和 A_ID，A_TYPE 字段表示子类的类型，A_ID 参照在子类对应的表中的主键。图 12-17 显示了表 TABLE_D、TABLE_B 和 TABLE_C 的结构。

由于关系数据模型不允许一个表的外键同时参照两个表的主键，因此无法对 TABLE_D 表的 A_ID 字段定义外键参照约束，而应该通过其他方式，如触发器，来保证 A_ID 字段的参照完整性。由于 TABLE_D 表的 A_ID 字段既可能参照 TABLE_B 表的 ID 主键，也可能参照 TABLE_C 表的 ID 主键，因此要求 TABLE_B 表和 TALBE_C 表的 ID 主键具有相同的 SQL 类型。

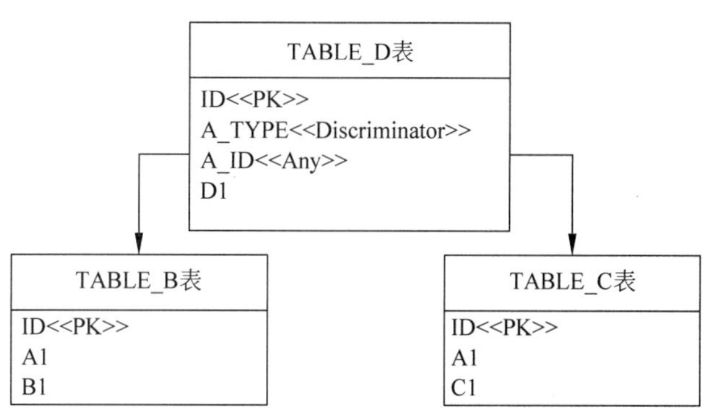

图 12-17　表 TABLE_D、TABLE_B 和 TABLE_C 的结构

在 ClassD. hbm. xml 文件中，用< any >元素来映射 ClassD 的 a 属性，例如：

```
<any name = "a"
  meta - type = "string"
  id - type = "long" >

  <meta - value value = "B" class = "ClassB" />
  <meta - value value = "C" class = "ClassC" />
  <column name = "A_TYPE" />
  <column name = "A_ID" />
</any>
```

< any >元素的 meta-type 属性指定 TABLE_D 中 A_TYPE 字段的类型，id-type 属性指定 TABLE_D 中 A_ID 字段的类型，< meta-value >子元素设定 A_TYPE 字段的可选值。在本例中，如果 A_TYPE 字段取值为 B，表示为 ClassB 的对象，A_ID 字段参照 TABLE_B 表中的 ID 主键；如果 A_TYPE 字段取值为 C，表示为 ClassC 的对象，A_ID 字段参照 TABLE_C 表中的 ID 主键。< column >子元素指定 TABLE_D 表中的 A_TYPE 字段和 A_ID 字段，必须先指定 A_TYPE 字段，再指定 A_ID 字段。

在 ClassD 类中，可以通过来自 org. hibernate. annotations 包中的@Any 注解和@AnyMetaDef 注解来映射 ClassD 类的 a 属性，例如：

```
@Any(metaColumn = @Column(name = A_TYPE"))
@AnyMetaDef(idType = "long", metaType = "string",
  metaValues = {
  @MetaValue(targetEntity = ClassB.class, value = "B"),
  @MetaValue(targetEntity = Class.class, value = "C")
})
@JoinColumn(name = "A_ID")
private ClassA a;
```

12.7　小结

本章介绍了映射继承关系的三种方式。

(1) 继承关系树的每个具体类对应一个表。在具体类对应的表中，不仅包含和具体类的属性对应的字段，还包含和具体类的父类的属性对应的字段。这种映射方式符合关系数据模型的常规设计规则。

(2) 继承关系树的根类对应一个表。在根类对应的表中，不仅包含和根类的属性对应的字段，还包含和所有子类的属性对应的字段。这种映射方式支持多态关联和多态查询，并且能获得最佳查询性能。缺点是需要对关系数据模型进行非常规设计，在数据库表中加入额外的区分各个子类的字段，此外，不能为所有子类的属性对应的字段定义 not null 约束。

(3) 继承关系树的每个类对应一个表。在每个类对应的表中只需要包含和这个类本身属性对应的字段，子类对应的表参照父类对应的表。这种映射方式支持多态关联和多态查询，而且符合关系数据模型的常规设计规则。缺点是它的查询性能不如第二种映射方式。在这种映射方式下，必须通过表的内连接或左外连接来实现多态查询和多态关联。

在默认情况下，对于简单的继承关系树，可以采用根类对应一个表的映射方式。如果必须保证关系数据模型的数据完整性，可以采用每个类对应一个表的映射方式。对于复杂的继承关系树，可以将它分解为几棵子树，对每棵子树采用不同的映射方式。由于 JPA 注解对于一棵继承树采用多种映射方式没有提供强有力的支持，在这种情况下可以使用 Hibernate 的对象-关系映射文件来映射。当然，在设计域模型时，应该尽量避免设计过分复杂的继承关系，这不仅会增加把域模型映射到关系数据模型的难度，而且也会增加在 Java 程序代码中操纵持久化对象的复杂度。

对于不同的映射方式，必须创建不同的关系数据模型和映射文件，但是域模型是一样的，域模型中的持久化类的实现也都一样。只要具备 Java 编程基础知识，就能创建具有继承关系的持久化类，因此本章没有详细介绍这些持久化类的创建过程。在此仅提醒一点，子类的完整构造方法不仅负责初始化子类本身的属性，还应该负责初始化从父类中继承的属性，如以下是 HourlyEmployee 类的构造方法。

```
public class HourlyEmployee extends Employee{
  private double rate;

  /** 完整构造方法 */
  public HourlyEmployee(String name, double rate,Company company) {
    super(name,company);
    this.rate = rate;
  }

  /** 默认构造方法 */
  public HourlyEmployee() {}
  …
}
```

Hibernate 只会访问持久化类的默认构造方法，永远不会访问其他形式的构造方法。提供以上形式的完整构造方法，主要是为 Java 应用的编程提供方便。

12.8 思考题

以下问题都基于这样的域模型：Employee 类是抽象类，HourlyEmployee 和 SalariedEmployee 类是它的子类。从 Company 类到 Employee 类为一对多双向关联。

1. 关于12.1.1节所介绍的每个具体类对应一个表的映射方式，以下哪些说法正确？（多选）

(a) HOURLY_EMPLOYEES 和 SALARIED_EMPLOYEES 表中都会包含与 Employee 类的属性对应的字段

(b) 在 HOURLY_EMPLOYEES 和 SALARIED_EMPLOYEES 表中都包含参照 COMPANIES 表的 COMPANY_ID 外键

(c) entityManager.find(Employee.class,Long.valueOf(1))方法不可以加载一个ID为1的Employee子类的对象

(d) entityManager.find(HourlyEmployee.class, Long.valueOf(1))方法不可以加载一个ID为1的HourlyEmployee对象

2. 关于继承关系树的根类对应一个表的映射方式，以下哪些说法正确？（多选）

(a) EMPLOYEES 表中会包含与 HourlyEmployee 类及 SalariedEmployee 类的属性对应的字段

(b) EMPLOYEES 表中需要额外加入一个字符串类型的 EMPLOYEE_TYPE 字段，用于区分 Employee 的具体类型

(c) entityManager.find(Employee.class, Long.valueOf(1))方法可以加载一个ID为1的Employee子类的对象

(d) entityManager.find(HourlyEmployee.class, Long.valueOf(1))方法可以加载一个ID为1的HourlyEmployee对象

3. 关于继承关系树的每个类对应一个表的映射方式，以下哪些说法正确？（多选）

(a) HOURLY_EMPLOYEES 和 SALARIED_EMPLOYEES 表都以 EMPLOYEE_ID 字段作为主键，该字段还同时作为外键参照 EMPLOYEES 表

(b) EMPLOYEES 表中需要额外加入一个字符串类型的 EMPLOYEE_TYPE 字段，用于区分 Employee 的具体类型

(c) entityManager.find(Employee.class, Long.valueOf(1))方法可以加载一个ID为1的Employee子类的对象

(d) entityManager.find(HourlyEmployee.class, Long.valueOf(1))方法可以加载一个ID为1的HourlyEmployee对象

第13章

Java集合类

Java 的集合类都位于 java. util 包中,Java 集合中存放的是对象的引用,而非对象本身。出于表达上的便利,下文把集合中的对象的引用简称为集合中的对象。Java 集合主要分为以下四种类型。

(1) Set(集):集合中的对象不按特定方式排序,并且没有重复对象。它的有些实现类能对集合中的对象按特定方式排序。

(2) List(列表):集合中的对象按索引位置排序,可以有重复对象,允许按照对象在集合中的索引位置检索对象。

(3) Map(映射):集合中的每一个元素包含一对键对象和值对象,集合中没有重复的键对象,值对象可以重复。它的有些实现类能对集合中的键对象进行排序。

(4) Queue(队列):集合中的对象按照先进先出的规则来排列。在队列的末尾添加元素,在队列的头部删除元素,可以有重复对象。双向队列则允许在队列的末尾和头部添加和删除元素。本章未对这种集合展开讨论。

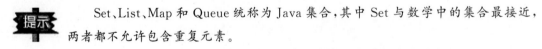

提示 Set、List、Map 和 Queue 统称为 Java 集合,其中 Set 与数学中的集合最接近,两者都不允许包含重复元素。

图 13-1 显示了 Java 的主要集合类的类框图。本章从运用的角度,介绍一些常用 Java 集合的特性和使用方法,主要是为第 14 章做铺垫。因为只有深刻理解了 Java 集合的特性,才能进一步了解如何在 Hibernate 应用中映射 Java 集合。如果读者已经对 Java 集合非常熟悉,可以越过本章,直接阅读第 14 章。

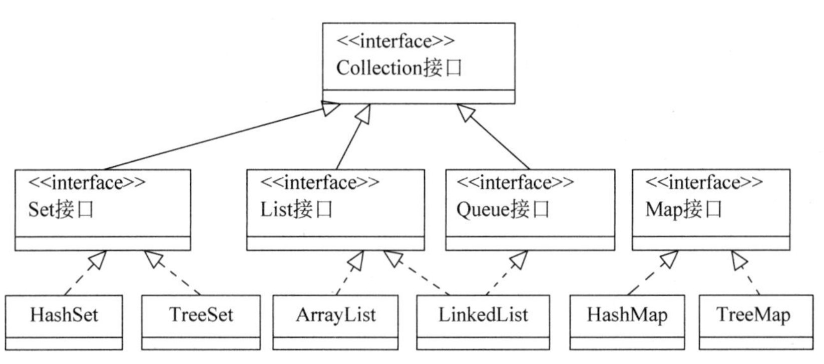

图 13-1　Java 的主要集合类的类框图

13.1　Set(集)

Set 是最简单的一种集合,集合中的对象不按特定方式排序,并且没有重复对象。Set 接口主要有两个实现类: HashSet 和 TreeSet。HashSet 类按照哈希算法来存取集合中的对象,存取速度比较快。HashSet 类还有一个子类 LinkedHashSet 类,它不仅实现了哈希算法,而且实现了链表数据结构。TreeSet 类实现了 SortedSet 接口,具有排序功能。

13.1.1　Set 的一般用法

Set 集合中存放的是对象的引用,并且没有重复对象。以下代码创建了三个引用变量 s1、s2 和 s3,s1 和 s2 变量引用同一个字符串对象 hello,s3 变量引用另一个字符串对象 world,Set 集合依次把这三个引用变量加入到集合中。

```
Set < String > set = new HashSet < String >();
String s1 = new String("hello");
String s2 = s1;
String s3 = new String("world");
set.add(s1);
set.add(s2);
set.add(s3);
System.out.println(set.size()); //打印集合中对象的数目
```

该程序的输出结果为 2,实际上只向 Set 集合加入了两个对象,如图 13-2 所示。

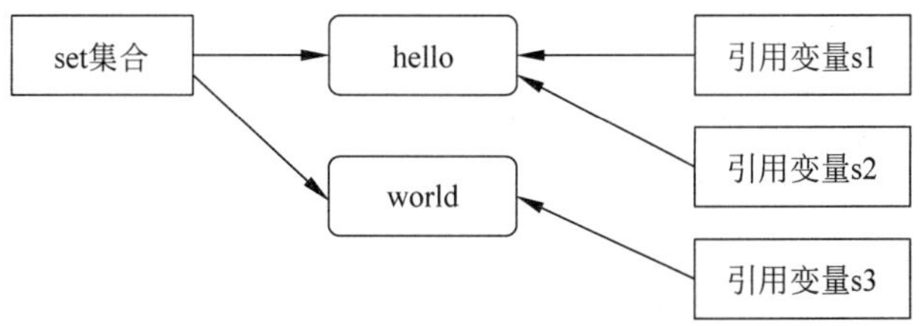

图 13-2　Set 集合中包含两个字符串对象

提示　本节程序选用 HashSet 作为 Set 实现类，但是本节涉及的 Set 集合的基本特性，不仅适用于 HashSet，也适用于 TreeSet。

那么，当一个新的对象加入到 Set 集合中时，Set 的 add()方法是如何判断这个对象是否已经存在于集合中的呢？下面这段代码演示了 add()方法的判断流程，其中 newObject 表示待加入的新对象。

```
boolean isExists = false;
Iterator < Object > it = set.iterator();
while(it.hasNext()){
    Object oldObject = it.next();
    if(newObject.equals(oldObject)){
      isExists = true;
      break;
  }
}
```

可见，Set 采用对象的 equals()方法比较两个对象是否相等，而不是采用"=="比较运算符。以下程序代码尽管两次调用了 Set 的 add()方法，实际上只加入了一个对象。

```
Set < String > set = new HashSet < String >();
String s1 = new String("hello");
String s2 = new String("hello");
set.add(s1);
set.add(s2);
System.out.println(set.size()); //打印集合中对象的数目
```

虽然变量 s1 和 s2 实际上引用的是两个内存地址不同的字符串对象，但是由于 s2.equals(s1)的比较结果为 true，因此 Set 认为它们是相等的对象。当第二次调用 Set 的 add()方法时，add()方法不会把 s2 引用的字符串对象加入到集合中，以上程序的输出结果为 1。

6.2 节介绍了 Object 类的 equals()方法和比较运算符"=="的区别。

遍历集合有几种方式，一种方式是通过 Iterator 枚举接口来遍历，例如：

```
Set < String > set = new HashSet < String >();
set.add("hello");
set.add("world");

//通过 Iterator 来遍历集合
Iterator < String > it = set.iterator();
while(it.hasNext()){
  String s = it.next();
  System.out.println(s);
}
```

还有一种方式是采用 for 循环，例如：

```
Set<String> set = new HashSet<String>();
set.add("hello");
set.add("world");

for(String str:set){            //通过 for 循环遍历集合
  System.out.println(str);      //str 变量表示集合中的每个元素
}
```

13.1.2 HashSet 类

HashSet 类按照哈希算法来存取集合中的对象，具有很好的存取性能。当 HashSet 向集合中加入一个对象时，会调用对象的 hashCode()方法获得哈希码，然后根据这个哈希码进一步计算出对象在集合中的存放位置。

在 Object 类中定义了 hashCode()和 equals()方法，equals()方法按照内存地址比较对象是否相等。如果 object1. equals(object2)为 true，表明 object1 变量和 object2 变量实际上引用同一个对象，那么 object1 和 object2 的哈希码也肯定相同。

为了保证 HashSet 能正常工作，要求当两个对象用 equals()方法比较的结果为相等时，它们的哈希码也相等。也就是说，如果 customer1. equals(customer2)为 true，那么以下表达式的结果也为 true。

```
customer1.hashCode() == customer2.hashCode()
```

如果用户定义的 Customer 类覆盖了 Object 类的 equals()方法，但是没有覆盖 Object 类的 hashCode()方法，就会导致当 customer1. equals(customer2)为 true 时，customer1 和 customer2 的哈希码可能不一样，这会使 HashSet 无法正常工作。

例程 13-1 是 Customer 类的 equals()方法，它的比较规则为，如果两个 Customer 对象的 name 属性和 age 属性相同，那么这两个 Customer 对象相等。

例程 13-1 Customer 类的 equals()方法

```
public boolean equals(Object o){
  if(this == o)return true;
if(! (o instanceof Customer)) return false;
  final Customer other = (Customer)o;

  if(this.name.equals(other.getName()) && this.age == other.getAge())
     return true;
  else
     return false;
}
```

以下程序向 HashSet 中加入两个 Customer 对象。

```
Set<Customer> set = new HashSet<Customer>();
Customer customer1 = new Customer("Tom",15);
Customer customer2 = new Customer("Tom",15);
set.add(customer1);
set.add(customer2);
System.out.println(set.size());
```

由于 customer1.equals(customer2)的比较结果为 true，按理说 HashSet 只应该把 customer1 加入集合中，但实际上以上程序的输出结果为 2，表明集合中加入了两个对象。出现这一非正常现象的原因在于，customer1 和 customer2 的哈希码不一样，因此 HashSet 为 customer1 和 customer2 计算出不同的存放位置，把它们存放在集合中的不同地方。

可见，为了保证 HashSet 正常工作，如果 Customer 类覆盖了 equals()方法，也应该覆盖 hashCode()方法，并且保证两个相等的 Customer 对象的哈希码也一样。与例程 13-1 的 equals()方法对应，可按以下方式定义 Customer 类的 hashCode()方法。

```
public int hashCode(){
  int result;
  result = name.hashCode();
  result = 29 * result + age;
  return result;
}
```

由于在 equals()方法中按 Customer 类的 name 属性和 age 属性比较两个 Customer 对象是否相等，因此在 hashCode()方法中也只需要包含 name 属性和 age 属性。以上程序代码假定 name 属性不会为 null，因此没有先判断 name 属性是否为 null，就直接调用 name 属性的 hashCode()方法。本例中的 age 属性为 int 类型，如果 age 属性为 Integer 类型，那么可按以下方式定义 hashCode()方法。

```
public int hashCode(){
  int result;
  result = (name == null?0:name.hashCode());
  result = 29 * result + (age == null?0:age.hashCode());
  return result;
}
```

这段程序假定 name 属性和 age 属性都有可能为 null，因此为了保证程序代码的健壮性，先判断 name 和 age 属性是否为 null。

13.1.3 TreeSet 类

TreeSet 类实现了 SortedSet 接口，能够对集合中的对象进行排序。以下程序创建了一个 TreeSet 对象，然后向集合中加入四个 Integer 对象。

```
Set<Integer> set = new TreeSet<Integer>();
set.add(8); //Set 集合会自动把"8"转换成 Integer 对象，再加入到集合中
```

```
set.add(7);
set.add(6);
set.add(9);

Iterator < Integer > it = set.iterator();
while(it.hasNext()){
  System.out.println(it.next());
}
```

输出结果为：

```
6 7 8 9
```

当 TreeSet 向集合中加入一个对象时，会把它插入到有序的对象序列中。那么 TreeSet 是如何对对象进行排序的呢？TreeSet 支持两种排序方式：自然排序和客户化排序，在默认情况下 TreeSet 采用自然排序方式。

1. 自然排序

在 JDK 中，有一部分类实现了 Comparable 接口，如 Integer、Double 和 String 等。Comparable 接口有一个 compareTo(Object o)方法，它返回整数类型。对于表达式 x.compareTo(y)，如果返回值为 0，表示 x 和 y 相等；如果返回值大于 0，表示 x 大于 y；如果返回值小于 0，表示 x 小于 y。

TreeSet 调用对象的 compareTo()方法比较集合中对象的大小，然后进行升序排列，这种排序方式称为自然排序。表 13-1 显示了 JDK 中实现了 Comparable 接口的一些类的排序方式。

表 13-1 JDK 中实现了 Comparable 接口的一些类的排序方式

类	排　序
BigDecimal、BigInteger、Byte、Double、Float、Integer、Long、Short	按数字大小排序
Character	按字符的 Unicode 值的数字大小排序
String	按字符串中字符的 Unicode 值排序

使用自然排序时，只能向 TreeSet 集合中加入同类型的对象，并且这些对象的类必须实现了 Comparable 接口。以下程序先后向 TreeSet 集合加入一个 Integer 对象和 String 对象。

```
Set < Object > set = new TreeSet < Object >();
set.add(8);     //加入 Integer 对象
set.add("9");   //抛出 ClassCastException 异常
```

当第二次调用 TreeSet 的 add()方法时会抛出 ClassCastException 异常。

```
java.lang.ClassCastException: java.lang.Integer
at java.lang.String.compareTo(String.java:825)
at java.util.TreeMap.compare(TreeMap.java:1047)
at java.util.TreeMap.put(TreeMap.java:449)
at java.util.TreeSet.add(TreeSet.java:198)
```

在 String 类的 compareTo(Object o)方法中，首先对参数 o 进行类型转换，如：

```
String s = (String)o;
```

如果参数 o 实际引用的不是 String 类型的对象，以上代码就会抛出 ClassCastException 异常。例程 13-2 向 TreeSet 集合加入三个 Customer 对象，但是 Customer 类没有实现 Comparable 接口。

例程 13-2　向 TreeSet 集合加入三个 Customer 对象

```
Set<Customer> set = new TreeSet<Customer>();
set.add(new Customer("Tom",15));
set.add(new Customer("Tom",20));
set.add(new Customer("Tom",15));
set.add(new Customer("Mike",15));
Iterator<Customer> it = set.iterator();
while(it.hasNext()){
  Customer customer = it.next();
  System.out.println(customer.getName() + " " + customer.getAge());
}
```

当第二次调用 TreeSet 的 add()方法时，也会抛出 ClassCastException 异常。如果希望避免这种异常，应该使 Customer 类实现 Comparable 接口；相应地，在 Customer 类中应该实现 compareTo()方法。以下是一种 Customer 类的 compareTo()方法的实现方式。

```
public class Customer extends BusinessObject
            implements Comparable<Customer>{
  …
  public int compareTo(Customer other){
    //先按照 name 属性排序
    if(this.name.compareTo(other.getName())> 0)return 1;
    if(this.name.compareTo(other.getName())< 0)return -1;

    //再按照 age 属性排序
    if(this.age > other.getAge())return 1;
    if(this.age < other.getAge())return -1;
    return 0;
  }
}
```

为了保证 TreeSet 能正确地排序，要求 Customer 类的 compareTo()方法与 equals()方法按相同的规则比较两个 Customer 对象是否相等。也就是说，如果 customer1.equals(customer2)为 true，那么 customer1.compareTo(customer2)为 0。

compareTo()方法判断两个 Customer 对象相等的条件为 name 属性和 age 属性都相等，因此在 Customer 类的 equals()方法中应该采用相同的比较规则，例如：

```
public boolean equals(Object o){
   if(this == o)return true;
```

```
    if(! (o instanceof Customer)) return false;
    final Customer other = (Customer)o;

    if(this.name.equals(other.getName()) && this.age == other.getAge())
      return true;
    else
      return false;
}
```

在上一小节已经指出，如果一个类重新实现了 equals()方法，那么也应该重新实现 hashCode()方法，并且保证当两个对象相等时，它们的哈希码相同，所以在 Customer 类中还应该实现 hashCode()方法。

```
public int hashCode() {
  int result;
  result = (name == null?0:name.hashCode());
  result = 29 * result + age;
  return result;
}
```

如果在 Customer 类中实现了 compareTo()方法、equals()方法和 hashCode()方法，例程 13-2 的输出结果为：

```
Mike 15
Tom 15
Tom 20
```

提示　值得注意的是，对于 TreeSet 中已经存在的 Customer 对象，如果修改了它们的 name 属性或 age 属性，TreeSet 不会对集合进行重新排序。

例如，以下程序先后把 customer1 对象和 customer2 对象加入到 TreeSet 集合中，然后修改 customer1 的 age 属性。

```
Set<Customer> set = new TreeSet<Customer>();
Customer customer1 = new Customer("Tom",15);
Customer customer2 = new Customer("Tom",16);
set.add(customer1);
set.add(customer2);
customer1.setAge(20);

Iterator<Customer> it = set.iterator();
while(it.hasNext()){
  Customer customer = it.next();
  System.out.println(customer.getName() + " " + customer.getAge());
}
```

输出结果为：

```
Tom 20
Tom 16
```

可见，当程序修改了已经加入到 TreeSet 集合中的 customer1 对象的 age 属性后，TreeSet 不会重新排序。在实际域模型中，Customer 类是实体类，Customer 对象的 name 属性和 age 属性可以被更新，因此不适合通过 TreeSet 来排序。最适合于排序的是不可变类，不可变类的主要特征是它的对象的属性不能被修改。

2. 客户化排序

除了自然排序，TreeSet 还支持客户化排序。java.util.Comparator 接口用于指定具体的排序方式，它有一个 compare(Object object1，Object object2)方法，用于比较两个对象的大小。当表达式 compare(x,y)的值大于 0，表示 x 大于 y；当 compare(x,y)的值小于 0，表示 x 小于 y；当 compare(x,y)的值等于 0，表示 x 等于 y。如果希望 TreeSet 仅按照 Customer 对象的 name 属性进行降序排列，可以先创建一个实现 Comparator 接口的类 CustomerComparator，参见例程 13-3。

例程 13-3　CustomerComparator.java

```
package mypack;
import java.util.*;
public class CustomerComparator implements Comparator<Customer>{
  public int compare(Customer c1,Customer c2){
    if(c1.getName().compareTo(c2.getName())>0) return -1;
    if(c1.getName().compareTo(c2.getName())<0) return 1;

    return 0;
  }
}
```

接下来在构造 TreeSet 的实例时，调用它的 TreeSet(Comparator comparator)构造方法，如：

```
Set<Customer> set = new TreeSet<Customer>(new CustomerComparator());
Customer customer1 = new Customer("Tom",15);
Customer customer3 = new Customer("Jack",16);
Customer customer2 = new Customer("Mike",26);
set.add(customer1);
set.add(customer2);
set.add(customer3);

Iterator<Customer> it = set.iterator();
while(it.hasNext()){
  Customer customer = it.next();
  System.out.println(customer.getName() + " " + customer.getAge());
}
```

当 TreeSet 向集合中加入 Customer 对象时，会调用 CustomerComparator 类的 compare()方法进行排序，以上 TreeSet 按照 Customer 对象的 name 属性进行降序排列，最后输出的结果为：

```
Tom 15
Mike 26
Jack 16
```

13.1.4 向 Set 中加入持久化类的对象

当两个 Session 实例从数据库加载相同的 Order 对象时，每个 Session 实例都会创建一个 Order 对象，如以下程序中的 session1 和 session2 先后从数据库加载 OID 为 1 的 Order 对象。

```
Session session1 = sessionFactory.openSession();
Transaction tx1  =  session.beginTransaction();
Order order1 = session.get(Order.class,Long.valueOf(1));
tx1.commit();
session1.close();

Session session2 = sessionFactory.openSession();
Transaction tx2  =  session.beginTransaction();
Order order2 = session.get(Order.class,Long.valueOf(1));
tx2.commit();
session2.close();

Set < Order > orders = new HashSet < Order >();
orders.add(order1);
orders.add(order2);
```

在默认情况下，Order 类的 equals()方法比较两个 Order 对象的内存地址是否相同，因此 order1.equals(order2)的结果为 false，以上程序会把 order1 和 order2 游离对象都加入到 orders 集合中，但实际上 order1 和 order2 对应的是 ORDERS 表中的同一条记录。从业务逻辑角度来看，在不允许存放重复对象的 orders 集合中包含两个相同的 Order 对象，这违反了业务规则。对于这一问题，有以下两种解决方案。

(1) 在应用程序中，把来自不同 Session 缓存的游离对象加入到 Set 集合中，例如在以上程序代码中加入判断逻辑：

```
Set < Order > orders = new HashSet < Order >();
orders.add(order1);
if(!order2.getOrderNumber().equals(order1.getOrderNumber()))
  orders.add(order2);
```

(2) 在 Order 类中重新实现 equals()和 hashCode()方法，按照业务主键比较两个 Order 对象是否相等。当 ORDERS 表以 ID 作为代理主键时，通常为业务主键定义 unique 约束。由于每个 Order 对象都具有唯一的订单编号，订单编号不允许为空且不允许被修改，因此把 ORDER_NUMBER 字段作为 ORDERS 表的业务主键。Order 类的 equals()和 hashCode()方法的定义如下：

```
public boolean equals(Object o){
  if(this == o)return true;
  if(! (o instanceof Order)) return false;
```

```
    final Order other = (Order)o;

    return this.orderNumber.equals(other.getOrderNumber());
  }

  public int hashCode(){
    return orderNumber.hashCode();
  }
```

提示 为什么不按照 OID 来比较两个 Order 对象是否相等呢？这是因为当 Order 处于临时状态，它的 OID 为 null。假如把处于临时状态的 Order 对象先加入到集合中，然后再通过 Session 把它们保存到数据库中，此时 Session 会为每个 Order 对象分配唯一的 OID。相应地，这些对象的哈希码会发生变化，这会导致 Set 集合无法正常工作。为了保证 HashSet 正常工作，要求位于 HashSet 集合中的对象的哈希码不会发生变化。

13.2 List（列表）

List 的主要特征是其对象以线性方式存储，且集合中允许存放重复对象。List 接口主要的实现类有 LinkedList 和 ArrayList。LinkedList 采用链表数据结构，ArrayList 代表大小可变的数组。

List 将集合中的对象按索引位置排序，允许按照索引位置检索对象。以下程序向 List 中加入四个 Integer 对象。

```
List<Integer> list = new ArrayList<Integer>();
list.add(3);
list.add(4);
list.add(3);
list.add(2);
```

List 的 get(int index)方法返回集合中由参数 index 指定的索引位置的对象，第一个加入到集合中的对象的索引位置为 0。以下程序依次检索出集合中的所有对象。

```
for(int i = 0;i < list.size();i++)
   System.out.println(list.get(i));
```

输出结果为：

```
3  4  3  2
```

List 的 iterator()方法和 Set 的 iterator()方法一样，也能返回 Iterator 对象。通过 Iterator 对象，可以遍历集合中的所有对象，例如：

```
Iterator<Integer> it = list.iterator();
while(it.hasNext()){
 System.out.println(it.next());
}
```

List 只能对集合中的对象按索引位置排序，如果希望将 List 中的对象按其他特定方式排序，可以借助 Comparator 接口和 Collections 类。Collections 类是 Java 集合 API 中的辅助类，它提供了操纵集合的各种静态方法，其中 sort()方法用于对 List 中的对象进行排序：

(1) sort(List list)：对 List 中的对象进行自然排序。

(2) sort(List list, Comparator comparator)：对 List 中的对象进行客户化排序，comparator 参数指定排序方式。

以下程序对 List 中的 Integer 对象进行自然排序。

```
List<Integer> list = new ArrayList<Integer>();
list.add(3);
list.add(4);
list.add(3);
list.add(2);

Collections.sort(list);
for(int i = 0;i < list.size();i++)
  System.out.println(list.get(i));
```

输出结果为：

```
2 3 3 4
```

13.3　Map(映射)

Map(映射)是一种把键对象和值对象进行映射的集合，它的每一个元素都包含一对键对象和值对象，而值对象仍可以是 Map 类型，以此类推，就形成了多级映射。向 Map 集合中加入元素时，必须提供一对键对象和值对象；从 Map 集合中检索元素时，只要给出键对象，就会返回对应的值对象，如以下程序通过 Map 的 put(Object key, Object value)方法向集合中加入元素，通过 Map 的 get(Object key)方法来检索与键对象对应的值对象。

```
Map<String,String> map = new HashMap<String,String>();
map.put("1","Monday");
map.put("2","Tuesday");
map.put("3","Wendsday");
map.put("4","Thursday");

String day = map.get("2"); //day 的值为"Tuesday"
```

Map 集合中的键对象不允许重复，也就是说，任意两个键对象通过 equals()方法比较的结果都是 false。对于值对象则没有唯一性的要求，可以将任意多个键对象映射到同一个值对象上。例如，以下 Map 集合中的键对象"1"和"one"都和同一个值对象"Monday"对应。

```
Map<String,String> map = new HashMap<String,String> ();
map.put("1","Mon.");
```

```
map.put("1","Monday");
map.put("one","Monday");
```

由于第一次和第二次加入 Map 中的键对象都为“1”，因此第一次加入的值对象将被覆盖，Map 集合中最后只有两个元素，分别为：

```
"1"对应"Monday"
"one"对应"Monday"
```

Map 有两种比较常用的实现：HashMap 和 TreeMap。HashMap 按照哈希算法来存取键对象，有很好的存取性能，为了保证 HashMap 能正常工作，和 HashSet 一样，要求当两个键对象通过 equals()方法比较为 true 时，这两个键对象的 hashCode()方法返回的哈希码也一样。

TreeMap 实现了 SortedMap 接口，能对键对象进行排序。和 TreeSet 一样，TreeMap 也支持自然排序和客户化排序两种方式。以下程序中的 TreeMap 会对 4 个字符串类型的键对象“1”“3”“4”和“2”进行自然排序。

```
Map<String,String> map = new TreeMap<String,String>();
map.put("1","Monday");
map.put("3","Wendsday");
map.put("4","Thursday");
map.put("2","Tuesday");

Set<String> keys = map.keySet();
Iterator<String> it = keys.iterator();
while(it.hasNext()){
  String key = it.next();
  String value = map.get(key);
  System.out.println(key + " " + value);
}
```

Map 的 keySet()方法返回集合中所有键对象的集合，以上程序的输出结果为：

```
1 Monday
2 Tuesday
3 Wendsday
4 Thursday
```

如果希望 TreeMap 进行客户化排序，可调用它的另一个构造方法 TreeMap(Comparator comparator)，参数 comparator 指定具体的排序方式。

Hibernate 的 Session 有一个基于内存的事务范围的缓存(即持久化缓存)，用来存放当前事务的所有持久化对象，这个缓存就是通过各种 Java 集合来实现的。接下来将创建一个缓存类 EntityCache，它能够粗略地模仿 Session 的缓存功能。EntityCache 中封装了一个 Map，存放在这个 Map 中的键对象为自定义的 Key 类的实例，值对象为实体对象，如 Customer 对象或 Order 对象。EntityCache 保证缓存中不会出现两个 OID 相同的

Customer 对象或两个 OID 相同的 Order 对象，这种唯一性是由键对象的唯一性来保证的。例程 13-4 和例程 13-5 分别是 EntityCache 类和 Key 类的源程序。

例程 13-4 EntityCache.java

```
package mypack;
import java.util.*;
public class EntityCache {
  private Map<Key,BusinessObject> entitiesByKey;
  public EntityCache() {
    entitiesByKey = new HashMap<Key,BusinessObject>();
  }

  public void put(BusinessObject entity){
    Key key = new Key(entity.getClass(),entity.getId());
    entitiesByKey.put(key,entity);
  }

  public BusinessObject get(Class classType,Long id){
    Key key = new Key(classType,id);
    return entitiesByKey.get(key);
  }

  public Collection<BusinessObject> getAllEntities(){
      return entitiesByKey.values();
  }
  public boolean contains(Class classType,Long id){
    Key key = new Key(classType,id);
    return entitiesByKey.containsKey(key);
  }
}
```

例程 13-5 Key.java

```
package mypack;

public class Key{
  private Class classType;
  private Long id;

  public Key(Class classType,Long id){
    this.classType = classType;
    this.id = id;
  }

  public Class getClassType(){
    return this.classType;
  }
  public Long getId(){
    return this.id;
```

```
    }
    public boolean equals(Object o){
      if(this == o)return true;
      if(!(o instanceof Key))return false;
      final Key other = (Key)o;
      if(classType.equals(other.getClassType())
                 && id.equals(other.getId()))
        return true;
      return false;
    }

    public int hashCode(){
      int result;
          result = classType.hashCode();
          result = 29 * result + id.hashCode();
          return result;
    }
  }
```

Key 类包含一个 classType 属性和一个 id 属性，它的 equals()方法用来比较两个 Key 对象是否相等，判断规则为，当两个键对象的 classType 属性和 id 属性都相等，那么这两个键对象相等。由于 EntityCache 中的 Map 采用 HashMap 实现，因此在 Key 类中还重新定义了 hashCode()方法，这是保证 HashMap 正常工作的必要条件。

提示 假定 EntityCache 中存放的是持久化对象，它们的 OID 不为 null，并且不会被改变，因此可以用 OID 是否相等来作为判断两个持久化对象是否相同的一个条件。

EntityCache 的 put(BusinessObject entity)方法用于向缓存中加入一个实体对象，在 BusinessObject 类中定义了 id 属性及相应的 getId()和 setId()方法。所有的实体类，如 Customer 类和 Order 类，都继承了 BusinessObject 类。

本章的范例程序位于配套源代码包的 sourcecode\chapter13 目录下，在 DOS 命令行下进入 chapter13 根目录，然后输入命令“ant run”，就会运行 CollectionTester 类，这个类中包含了操纵 Java 集合的演示代码。以下是 CollectionTester 类的 main()方法的代码，它创建了一个 EntityCache 对象，然后再遍历访问这个 EntityCache 缓存中的实体对象。

```
EntityCache cache = new EntityCache();
Customer c1 = new Customer("Tom",21);
c1.setId(Long.valueOf(1));
Customer c2 = new Customer("Tom",25);
c2.setId(Long.valueOf(1));

Order o1 = new Order("Tom_order001",100);
o1.setId(Long.valueOf(1));
Order o2 = new Order("Tom_order001",200);
o2.setId(Long.valueOf(1));

cache.put(c1);
```

```
    cache.put(c1);
    cache.put(c2);
    cache.put(o1);
    cache.put(o1);
    cache.put(o2);

    Collection<BusinessObject> entities = cache.getAllEntities();
    Iterator<BusinessObject> it = entities.iterator();
    while(it.hasNext()){
      BusinessObject o = it.next();
      if(o instanceof Customer){
        Customer customer = (Customer)o;
        System.out.println(customer.getId() + " "
                + customer.getName() + " " + customer.getAge());
      }else{
        Order order = (Order)o;
        System.out.println(order.getId() + " "
                + order.getOrderNumber() + " " + order.getPrice());
      }
    }
```

这段程序实际上只向 EntityCache 中加入一个 Customer 对象和一个 Order 对象。程序的最后输出结果为：

```
1 Tom_order001 200.0
1 Tom 25
```

13.4 小结

本章介绍了几种常用 Java 集合类的特性和使用方法。为了保证集合正常工作，有些集合类对存放的对象有特殊的要求，归纳如下：

(1) HashSet：如果集合中对象所属的类重新定义了 equals()方法，那么这个类也必须重新定义 hashCode()方法，并且保证当两个对象用 equals()方法比较的结果为 true 时，这两个对象的 hashCode()方法的返回值相等。

(2) TreeSet：如果对集合中的对象进行自然排序，要求对象所属的类实现 Comparable 接口，并且保证这个类的 compareTo()和 equals()方法采用相同的比较规则来比较两个对象是否相等。

(3) HashMap：如果集合中键对象所属的类重新定义了 equals()方法，那么这个类也必须重新定义 hashCode()方法，并且保证当两个键对象用 equals()方法比较的结果为 true 时，这两个键对象的 hashCode()方法的返回值相等。

(4) TreeMap：如果对集合中的键对象进行自然排序，要求键对象所属的类实现 Comparable 接口，并且保证这个类的 compareTo()和 equals()方法采用相同的比较规则来比较两个键对象是否相等。

由此可见，为了使应用程序更加健壮，在编写 Java 类时不妨养成以下编程习惯。

(1) 如果 Java 类重新定义了 equals()方法，那么这个类也必须重新定义 hashCode()方法，并且保证当两个对象用 equals()方法比较的结果为 true 时，这两个对象的 hashCode()方法的返回值相等。

(2) 如果 Java 类实现了 Comparable 接口，那么应该重新定义 compareTo()方法、equals()方法和 hashCode()方法，保证 compareTo()方法和 equals()方法采用相同的比较规则来比较两个对象是否相等，并且保证当两个对象用 equals()方法比较的结果为 true 时，这两个对象的 hashCode()方法的返回值相等。

13.5 思考题

1. 应该使用哪种 Java 集合来存放一个班级的所有学生的名字，以及对应的数学成绩？例如王小二为 98，张三为 93，李四为 93 等。假定这个班级不存在同名的学生。(单选)

(a) Set　　(b) List　　(c) Map　　(d) Java 数组：int[]

2. 以下这段程序的输出结果是什么？

```
Set < String > set = new HashSet < String >();
String s1 = new String("hello");
String s2 = new String("hello");
String s3 = s1;
set.add(s1);
set.add(s2);
set.add(s3);
set.add(s1);
System.out.println(set.size()); //打印集合中对象的数目
```

(a) 4　　(b) 3　　(c) 2　　(d) 1

3. 关于 Set 集合的排序，以下哪个说法正确？(多选)

(a) HashSet 能够对集合中的对象排序

(b) TreeSet 集合能对加入其中的对象进行自然排序或客户化排序

(c) 为了让 TreeSet 对 Customer 对象进行自然排序，Customer 对象应该实现 java.util.Comparator 接口

(d) 为了让 TreeSet 对 Customer 对象进行自然排序，Customer 对象应该实现 java.util.Comparable 接口

4. 以下程序代码的输出结果是什么？

```
List < Integer > list = new ArrayList < Integer >();
list.add(3);
list.add(5);
list.add(3);list.add(2);

Collections.sort(list);
```

```
for(int i = 0;i < list.size();i++)
  System.out.println(list.get(i));
```

(a) 3　5　3　2　　(b) 2　3　5

(c) 2　3　3　5　　(d) 输出结果不确定

5. 以下程序代码的输出结果是什么?

```
Map < String,String > map = new HashMap < String,String >(); //第 1 行
map.put("1","Monday");                                        //第 2 行
map.put("1","Mon.")                                           //第 3 行
map.put("one","Mon.");                                        //第 4 行
map.put("2","Thursday");                                      //第 5 行
System.out.println(map.get("1"));                             //第 6 行
```

(a) Mon.　　(b) one

(c) Monday　　(d) 第 3 行抛出异常

第14章

映射值类型集合

视频讲解

Customer 类与 Order 类为一对多关联关系，在 Customer 类中定义了一个集合类型的属性 orders，它用来存放所有与 Customer 对象关联的 Order 对象。假如 Customer 类还有一个集合类型的属性 images，用来存放 Customer 对象的所有照片的文件名，那么 images 属性和 orders 属性有相同的定义形式：

```
private Set < Order > orders = new HashSet < Order >();
private Set < String > images = new HashSet < String >();
```

orders 属性与 images 属性的区别在于，前者存放的是实体类型的 Order 对象，而后者存放的是值类型的 String 对象。10.3.1 节介绍了实体类型和值类型的区别，实体类型的对象有单独的 OID 和独立的生命周期，而值类型的对象没有单独的 OID 和独立的生命周期。本章将介绍如何映射值类型的集合。

上一章已经介绍过，按照集合的数据结构划分，Java 集合主要分为四类：Set、List、Map 和 Queue。目前 Hibernate 和 JPA 的版本支持对以下集合类型进行映射。

(1) Set：集合中的对象不按特定方式排序，并且没有重复对象。它的有些实现类(如 TreeSet)能对集合中的对象按特定方式排序。

(2) List：集合中的对象按索引位置排序，可以有重复对象，允许按照对象在集合中的索引位置检索对象。

(3) Map：集合中的每一个元素包含一对键对象和值对象，集合中没有重复的键对象，值对象可以重复。它的有些实现类(如 TreeMap)能对集合中的键对象按特定方式排序。

JPA 与 Hibernate 允许把这三种 Java 集合都映射到数据库中。在持久化类中，采用 JPA 的@ElementCollection 注解来映射这些集合。

本章每一节范例的目录下都有一个 ANT 工具的工程管理文件 build.xml，它定义了 run Target，用于运行 BusinessService 类。运行每一节范例前，都需要先在 MySQL 数据库中创建相关的表，相应的 SQL 脚本文件为 schema/sampledb. sql。

本章的范例主要通过注解来映射值类型集合，并通过 JPA API 来访问数据库。如果想了解如何通过 Hibernate 的对象-关系映射文件来映射实体关联关系，请扫描二维码阅读本章的补充知识。

补充知识

14.1　映射 Set(集)

假定 Customer 对象的 images 集合中不允许存放重复的照片文件名，因此可以把 images 属性定义为 Set 类型，如：

```
private Set < String > images = new HashSet < String >();
```

在数据库中定义了一张 IMAGES 表，它的 CUSTOMER_ID 字段参照 CUSTOMERS 表的外键。由于 Customer 对象不允许有重复的照片文件名，因此应该把 IMAGES 表的 CUSTOMER_ID 和 FILENAME 字段作为联合主键，图 14-1 显示了 CUSTOMERS 表和 IMAGES 表的结构。

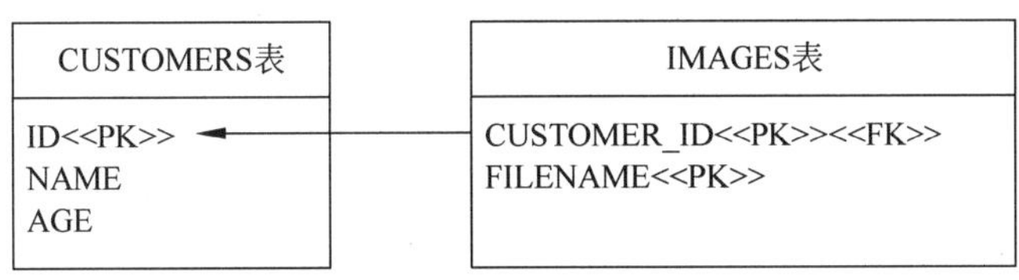

图 14-1　CUSTOMERS 表和 IMAGES 表的结构

以下是 IMAGES 表的 DDL 定义。

```
create table IMAGES(
   CUSTOMER_ID bigint not null,
   FILENAME varchar(15) not null,
   primary key (CUSTOMER_ID, FILENAME),
   foreign key (CUSTOMER_ID) references CUSTOMERS(ID)
);
```

在 Customer 类中，映射 Customer 类的 images 属性的代码如下：

```
@ElementCollection
@CollectionTable(name = "IMAGES",
       joinColumns = @JoinColumn(name = "CUSTOMER_ID"))
@Column(name = "FILENAME")
private Set < String > images = new HashSet < String >();
```

@ElementCollection 注解用于映射集合类型 images 属性。@CollectionTable 注解指定 images 集合对应 IMAGES 数据库表，joinColumns 属性指定 IMAGES 表的 CUSTOMER_ID 外键参照 CUSTOMERS 主表。@Column 注解指定 images 集合中的每个元素对应 IMAGES 表的 FILENAME 字段。

默认情况下，对 Customer 对象的 images 属性采用延迟检索策略。如果需要采用立即检索策略，可以通过@ElementCollection 注解的 fetch 属性来设定，例如：

```
@ElementCollection(fetch = FetchType.EAGER)
```

本节的范例程序位于配套源代码包的 sourcecode/chapter14/14.1 目录下。例程 14-1 是 BusinessService 类的源程序。

例程 14-1　BusinessService.java

```
public class BusinessService{
  public static EntityManagerFactory entityManagerFactory;
  /** 初始化 JPA,创建 EntityManagerFactory 对象 */
  static{ … }
  public void saveCustomer(Customer customer){ … }
  public Customer loadCustomer(long id){ … }

  public void test(){
    Set<String> images = new HashSet<String>();
    images.add("image1.jpg");
    images.add("image4.jpg");
    images.add("image2.jpg");
    images.add("image5.jpg");

    Customer customer = new Customer("Tom",21,images);
    saveCustomer(customer);
    customer = loadCustomer(1);
    printCustomer(customer);
  }

  private void printCustomer(Customer customer){
    System.out.println(customer.getImages().getClass().getName());
    Iterator<String> it = customer.getImages().iterator();
    while(it.hasNext()){
      String fileName = it.next();
      System.out.println(customer.getName() + " " + fileName);
    }
  }

  public static void main(String args[]){
    new BusinessService().test();
    entityManagerFactory.close();
  }
}
```

BusinessService 的 main()方法调用 test()方法，test()方法依次调用以下方法。

(1) saveCustomer()：保存一个 Customer 对象。运行 saveCustomer (Customer customer) 方法，它的代码如下：

```
tx = entityManager.getTransaction();
tx.begin();
```

```
entityManager.persist(customer);
tx.commit();
```

在 test()方法中创建了一个 Customer 实例，然后调用 saveCustomer()方法保存这个实例，代码如下：

```
Set<String> images = new HashSet<String>();
images.add("image1.jpg");
images.add("image4.jpg");
images.add("image2.jpg");
images.add("image5.jpg");

Customer customer = new Customer("Tom",21,images);
saveCustomer(customer);
```

EntityManager 的 persist()方法向 CUSTOMERS 表插入一条记录，同时还会向 IMAGES 表插入四条记录，执行如下 insert 语句。

```
insert into CUSTOMERS (ID,NAME, AGE) values (1, 'Tom', 21);
insert into IMAGES (CUSTOMER_ID, FILENAME) values (1, 'image1.jpg');
insert into IMAGES (CUSTOMER_ID, FILENAME) values (1, 'image4.jpg');
insert into IMAGES (CUSTOMER_ID, FILENAME) values (1, 'image2.jpg');
insert into IMAGES (CUSTOMER_ID, FILENAME) values (1, 'image5.jpg');
```

(2) loadCustomer()：加载一个 Customer 对象。运行 loadCustomer()方法，它的代码如下：

```
tx = entityManager.getTransaction();
tx.begin();
Customer customer = entityManager.find(Customer.class,
                                        Long.valueOf(id));
Hibernate.initialize(customer.getImages());
tx.commit();
return customer;
```

由于映射 Customer 类的 images 集合时使用了延迟检索策略，因此需要通过 Hibernate 类的 initialize()方法显示初始化 images 集合，这样才能保证当 Customer 对象成为游离对象后，BusinessService 类的 test()方法能够正常访问 images 集合中的元素。当 Hibernate 类的 initialize()方法初始化 Customer 对象的 images 属性时，执行以下 select 语句。

```
select CUSTOMER_ID,FILENAME from IMAGES where CUSTOMER_ID = 1;
```

(3) printCustomer()：打印 Customer 对象的信息，包括它的 images 集合中的所有照片文件名。运行 printCustomer()方法，它的代码如下：

```
System.out.println(customer.getImages().getClass().getName());
Iterator<String> it = customer.getImages().iterator();
```

```
while(it.hasNext()){
    String fileName = it.next();
    System.out.println(customer.getName() + " " + fileName);
}
```

输出结果为：

```
org.hibernate.collection.internal.PersistentSet
Tom image5.jpg
Tom image1.jpg
Tom image4.jpg
Tom image2.jpg
```

从输出结果可以看出，当 Hibernate 加载 Customer 对象的 images 集合时，创建的是 org.hibernate.collection.internal.PersistentSet 实例，PersistentSet 类实现了 java.util.Set 接口。此外，Customer 对象的 images 集合中的元素不会保持固定顺序，在 test()方法中向 Customer 对象的 images 集合加入元素的顺序为 image1.jpg、image4.jpg、image2.jpg、image5.jpg。

而 Hibernate 加载的顺序为 image5.jpg、image1.jpg、image4.jpg、image2.jpg。

14.2 映射 Bag(包)

Bag 集合中的对象不按特定方式排序，允许有重复对象。在 Java 集合 API 中并没有提供 Bag 接口，Hibernate 允许在持久化类中用 List 来模拟 Bag 的行为。假定 Customer 对象的 images 集合中允许存放重复的照片文件名，可以把 images 属性定义为 List 类型，如：

```
private List<String> images = new ArrayList<String>();
```

在数据库中定义了一张 IMAGES 表，它的 CUSTOMER_ID 字段参照 CUSTOMERS 表的外键，由于 Customer 对象允许有重复的照片文件名，因此应该在 IMAGES 表中定义一个代理主键 ID，图 14-2 显示了 CUSTOMERS 表和 IMAGES 表的结构。

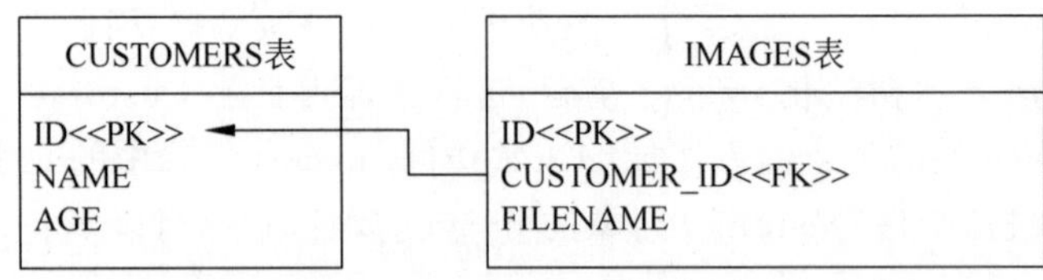

图 14-2　CUSTOMERS 表和 IMAGES 表的结构

以下是 IMAGES 表的 DDL 定义。

```
create table IMAGES(
    ID bigint not null,
    CUSTOMER_ID bigint not null,
    FILENAME varchar(15) not null,
```

```
    primary key (ID),
    foreign key (CUSTOMER_ID) references CUSTOMERS(ID)
);
```

在 Customer 类中，映射 Customer 类的 images 属性的代码如下：

```
@ElementCollection
@CollectionTable(name = "IMAGES",
        joinColumns = @JoinColumn(name = "CUSTOMER_ID"))
@Column(name = "FILENAME")
@CollectionId(columns = @Column(name = "ID"),
              type = @Type(type = "long"),
              generator = "increment")
private List < String > images = new ArrayList < String >();
```

@CollectionId 注解来自 org.hibernate.annotations 包，指定 IMAGES 表的主键为 ID，映射类型为 long，采用 increment 标识符生成策略。

本节的范例程序位于配套源代码包的 sourcecode/chapter14/14.2 目录下。BusinessService 类的源程序和例程 14-1 很相似。BusinessService 类的运行过程如下。

(1) 运行 saveCustomer (Customer customer)方法。在 test()方法中创建了一个 Customer 实例，然后调用 saveCustomer()方法保存这个实例，代码如下：

```
List < String > images = new ArrayList < String >();
images.add("image1.jpg");
images.add("image4.jpg");
images.add("image2.jpg");
images.add("image2.jpg");
images.add("image5.jpg");

Customer customer = new Customer("Tom",21,images);
saveCustomer(customer);
```

在 saveCustomer()方法中，通过 EntityManager 的 persist()方法保存 Customer 对象。EntityManager 的 persist()方法向 CUSTOMERS 表插入一条记录，同时还会向 IMAGES 表插入 5 条记录，执行如下 insert 语句。

```
insert into CUSTOMERS (ID,NAME, AGE) values (1, 'Tom', 21);
insert into IMAGES (ID,CUSTOMER_ID, FILENAME) values (1, 1,'image1.jpg');
insert into IMAGES (ID,CUSTOMER_ID, FILENAME) values (2, 1,'image4.jpg');
insert into IMAGES (ID,CUSTOMER_ID, FILENAME) values (3, 1,'image2.jpg');
insert into IMAGES (ID,CUSTOMER_ID, FILENAME) values (4, 1,'image2.jpg');
insert into IMAGES (ID,CUSTOMER_ID, FILENAME) values (5, 1,'image5.jpg');
```

(2) 运行 loadCustomer()方法，当 Hibernate 类的 initialize()方法初始化 Customer 对象的 images 属性时，执行以下 select 语句。

```
select ID,CUSTOMER_ID,FILENAME from IMAGES where CUSTOMER_ID = 1;
```

(3) 运行 printCustomer()方法，它的输出结果为：

```
org.hibernate.collection.internal.PersistentIdentifierBag
Tom image1.jpg
Tom image4.jpg
Tom image2.jpg
Tom image2.jpg
Tom image5.jpg
```

从输出结果可以看出，当 Hibernate 加载 Customer 对象的 images 集合时，创建的是 org.hibernate.collection.internal.PersistentIdentifierBag 实例，PersistentIdentifierBag 类实现了 java.util.List 接口。此外，在 test()方法中向 Customer 对象的 images 集合加入元素的顺序为 image1.jpg、image4.jpg、image2.jpg、image2.jpg、image5.jpg，Hibernate 加载的 Customer 对象的 images 集合中的元素也采用相同的顺序。尽管这两者的顺序相同，但这只是偶然情况，事实上，Hibernate 不会保证 Bag 集合中的元素保持固定的顺序，因此在程序中应该避免通过以下方式访问 images 集合中的元素。

```
Customer customer = loadCustomer(1);
List<String> images = customer.getImages();
String fileName = images.get(4);
```

这个程序按照索引位置检索 images 集合中的元素，但是由于 Hibernate 并不会保证每个元素有固定的索引位置，因此多次执行该程序时，images.get(4)方法有可能返回 Bag 集合中的不同元素。

14.3 映射 List(列表)

在上一节中，尽管 Customer 类的 images 属性被定义为 List 类型，但是由于按照 Bag 来映射它，因此 images 集合中的元素并不会按照索引位置排序。如果希望 images 集合中允许存放重复元素，并且按照索引位置排序，首先应该在 IMAGES 表中定义一个 POSITION 字段，代表每个元素在集合中的索引位置。CUSTOMER_ID 和 POSITION 字段共同构成了 IMAGES 表的主键，图 14-3 显示了 CUSTOMERS 表和 IMAGES 表的结构。

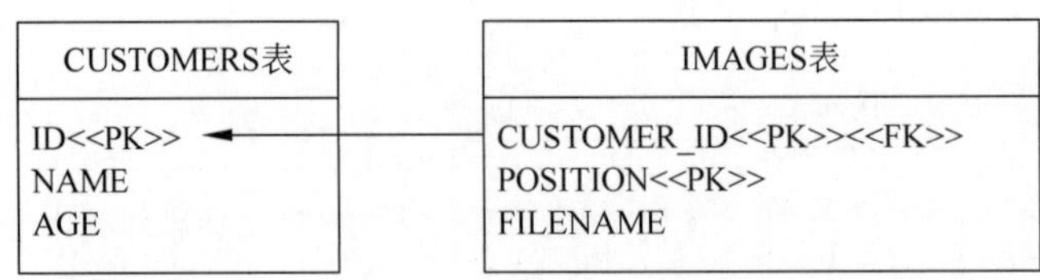

图 14-3 CUSTOMERS 表和 IMAGES 表的结构

以下是 IMAGES 表的 DDL 定义。

```
create table IMAGES(
    CUSTOMER_ID bigint not null,
    POSITION int not null,
```

```
    FILENAME varchar(15) not null,
    primary key (CUSTOMER_ID,POSITION),
    foreign key (CUSTOMER_ID)references CUSTOMERS(ID)
);
```

在 Customer 类中，映射 Customer 类的 images 属性的代码如下：

```
@ElementCollection
@CollectionTable(name = "IMAGES",
        joinColumns = @JoinColumn(name = "CUSTOMER_ID"))
@OrderColumn(name = "POSITION")
@Column(name = "FILENAME")
private List < String > images = new ArrayList < String >();
```

@OrderColumn 注解指定 IMAGES 表中的 POSITION 字段代表索引位置。

本节的范例程序位于配套源代码包的 sourcecode/chapter14/14.3 目录下。BusinessService 类的源程序和例程 14-1 很相似。BusinessService 类的运行过程如下。

(1) 运行 saveCustomer (Customer customer)方法。在 test()方法中创建了一个 Customer 实例，然后调用 saveCustomer()方法保存这个实例，代码如下：

```
List < String > images = new ArrayList < String >();
images.add("image1.jpg");
images.add("image4.jpg");
images.add("image2.jpg");
images.add("image2.jpg");
images.add("image5.jpg");

Customer customer = new Customer("Tom",21,images);
saveCustomer(customer);
```

EntityManager 的 persist()方法向 CUSTOMERS 表插入一条记录，同时还会向 IMAGES 表插入 5 条记录，执行如下 insert 语句。

```
insert into CUSTOMERS (ID,NAME, AGE) values (1, 'Tom', 21);
insert into IMAGES (POSITION,CUSTOMER_ID, FILENAME)
         values (0,1, 'image1.jpg');
insert into IMAGES (POSITION,CUSTOMER_ID, FILENAME)
         values (1, 1,'image4.jpg');
insert into IMAGES (POSITION,CUSTOMER_ID, FILENAME)
         values (2, 1,'image2.jpg');
insert into IMAGES (POSITION,CUSTOMER_ID, FILENAME)
         values (3, 1,'image2.jpg');
insert into IMAGES (POSITION,CUSTOMER_ID, FILENAME)
         values (4, 1,'image5.jpg');
```

Customer 对象的 images 集合中的第一个元素的索引位置为 0，第二个元素的索引位置为 1，以此类推。假如应用程序向数据库保存第二个 Customer 对象：

```
List<String> images = new ArrayList<String>();
images.add("file2.jpg");
images.add("file1.jpg");

Customer customer = new Customer("Mike",25,images);
saveCustomer(customer);
```

那么 Customer 对象的 images 集合中元素的索引位置仍然从 0 开始计数，EntityManager 的 persist()方法执行如下 insert 语句。

```
insert into CUSTOMERS (ID,NAME, AGE) values (2, 'Mike', 25);
insert into IMAGES (POSITION,CUSTOMER_ID, FILENAME)
        values (0,2, 'file2.jpg');
insert into IMAGES (POSITION,CUSTOMER_ID, FILENAME)
        values (1, 2,'file1.jpg');
```

(2) 运行 loadCustomer()方法，当 Hibernate 类的 initialize()方法初始化 Customer 对象的 images 属性时，执行以下 select 语句。

```
select POSITION,CUSTOMER_ID,FILENAME from IMAGES where CUSTOMER_ID = 1;
```

(3) 运行 printCustomer()方法，它的代码如下所示。

```
System.out.println(customer.getImages().getClass().getName());
List<String> images = customer.getImages();
for(int i = images.size() - 1;i >= 0;i -- ){
  String fileName = images.get(i);
  System.out.println(customer.getName() + " " + fileName);
}
```

输出结果为：

```
org.hibernate.collection.internal.PersistentList
Tom image5.jpg
Tom image2.jpg
Tom image2.jpg
Tom image4.jpg
Tom image1.jpg
```

从输出结果可以看出，当 Hibernate 加载 Customer 对象的 images 集合时，创建的是 org.hibernate.collection.internal.PersistentList 实例，PersistentList 类实现了 java.util.List 接口。由于按照 List 类型来映射 Customer 类的 images 属性，Hibernate 会保证 images 集合中的每个元素有固定的索引位置，因此在程序中可以通过 images.get(i)方法来检索 images 集合中的元素。

14.4 映射 Map(映射)

如果 Customer 类的 images 集合中的每一个元素包含一对键对象和值对象，那么应该把 images 集合定义为 Map 类型，如：

```
private Map<String,String> images = new HashMap<String,String>();
```

在 IMAGES 表中定义一个 IMAGE_NAME 字段，它和 images 集合中的键对象对应。CUSTOMER_ID 和 IMAGE_NAME 字段共同构成了 IMAGES 表的主键，图 14-4 显示了 CUSTOMERS 表和 IMAGES 表的结构。

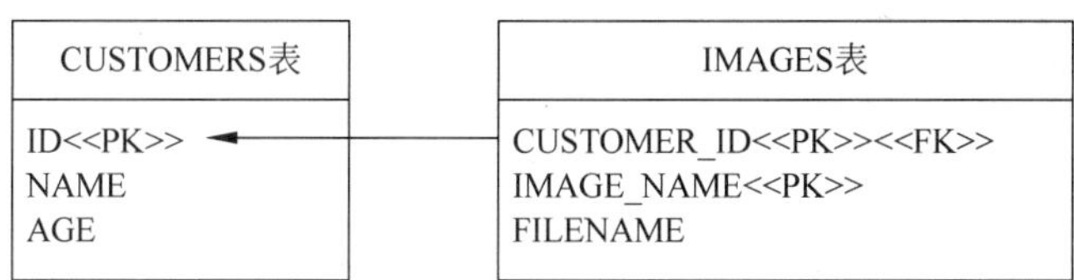

图 14-4　CUSTOMERS 表和 IMAGES 表的结构

表 14-1 显示了 IMAGES 表中的数据。

表 14-1　IMAGES 表中的数据

CUSTOMER_ID	IMAGE_NAME	FILENAME
1	image1	image1.jpg
1	image4	image4.jpg
1	image2	image2.jpg
1	imageTwo	image2.jpg
1	image5	image5.jpg
2	file1	file1.jpg
2	file2	file2.jpg

以下是 IMAGES 表的 DDL 定义。

```
create table IMAGES(
  CUSTOMER_ID bigint not null,
  IMAGE_NAME varchar(15) not null,
  FILENAME varchar(15) not null,
  primary key (CUSTOMER_ID,IMAGE_NAME),
  foreign key (CUSTOMER_ID) references CUSTOMERS(ID)
);
```

在 Customer 类中，用注解映射 Customer 类的 images 属性的代码如下：

```
@ElementCollection
@CollectionTable(name = "IMAGES",
        joinColumns = @JoinColumn(name = "CUSTOMER_ID"))
@MapKeyColumn(name = "IMAGE_NAME")
```

```
@Column(name = "FILENAME")
private Map<String,String> images = new HashMap<String,String>();
```

@MapKeyColumn 注解指定 IMAGES 表中和 images 集合的键对象对应的字段为 IMAGE_NAME。

本节的范例程序位于配套源代码包的 sourcecode/chapter14/14.4 目录下。BusinessService 类的源程序和例程 14-1 很相似。BusinessService 类的运行过程如下。

（1）运行 saveCustomer（Customer customer）方法。在 test()方法中创建了一个 Customer 实例，然后调用 saveCustomer()方法保存这个实例，代码如下：

```
Map<String,String> images = new HashMap<String,String>();
images.put("image1","image1.jpg");
images.put("image4","image4.jpg");
images.put("image2","image2.jpg");
images.put("imageTwo","image2.jpg");
images.put("image5","image5.jpg");

Customer customer = new Customer("Tom",21,images);
saveCustomer(customer);
```

EntityManager 的 persist()方法向 CUSTOMERS 表插入一条记录，同时还会向 IMAGES 表插入 5 条记录，执行如下 insert 语句。

```
insert into CUSTOMERS (ID,NAME, AGE) values (1, 'Tom', 21);
insert into IMAGES (IMAGE_NAME,CUSTOMER_ID,FILENAME)
               values('image1',1,'image1.jpg');
insert into IMAGES (IMAGE_NAME,CUSTOMER_ID,FILENAME)
               values('image4',1,'image4.jpg');
insert into IMAGES (IMAGE_NAME,CUSTOMER_ID,FILENAME)
               values('image2',1,'image2.jpg');
insert into IMAGES (IMAGE_NAME,CUSTOMER_ID,FILENAME)
               values('imageTwo',1,'image2.jpg');
insert into IMAGES (IMAGE_NAME,CUSTOMER_ID,FILENAME)
               values('image5',1,'image5.jpg');
```

（2）运行 loadCustomer()方法，当 Hibernate 类的 initialize()方法初始化 Customer 对象的 images 属性时，执行以下 select 语句。

```
select IMAGE_NAME,CUSTOMER_ID,FILENAME from IMAGES where CUSTOMER_ID = 1;
```

（3）运行 printCustomer()方法，它的代码如下所示。

```
private void printCustomer(Customer customer){
  System.out.println(customer.getImages().getClass().getName());
  Map<String,String> images = customer.getImages();
  Set<String> keys = images.keySet();
```

```
    Iterator<String> it = keys.iterator();
    while(it.hasNext()){
      String key = it.next();
      String filename = images.get(key);
      System.out.println(customer.getName() + " " + key + " " + filename);
    }
  }
```

输出结果为：

```
org.hibernate.collection.internal.PersistentMap
Tom imageTwo image2.jpg
Tom image2 image2.jpg
Tom image4 image4.jpg
Tom image5 image5.jpg
Tom image1 image1.jpg
```

从输出结果可以看出，当 Hibernate 加载 Customer 对象的 images 集合时，创建的是 org.hibernate.collection.internal.PersistentMap 实例，PersistentMap 类实现了 java.util.Map 接口。此外，Hibernate 不会对 images 集合中的键对象进行排序。

14.5　对集合排序

Hibernate 对集合中的元素支持以下两种排序方式。

(1) 在数据库中排序，简称为数据库排序。当 Hibernate 通过 select 语句到数据库中检索集合对象时，利用 order by 子句进行排序。

(2) 在内存中排序，简称为内存排序。当 Hibernate 把数据库中的集合数据加载到内存中的 Java 集合中后，利用 Java 集合的排序功能进行排序，可以选择自然排序或者客户化排序两种方式。

Hibernate 提供了用于排序的注解，它们都位于 org.hibernate.annotations 包中。@SortNatural 注解和@SortComparator 注解用于内存排序，@OrderBy 注解用于数据库排序。表 14-2 显示了 Set、Bag、List 和 Map 所支持的排序方式。

表 14-2　Set、Bag、List 和 Map 所支持的排序方式

排序类型	Set	Bag	List	Map
内存排序	支持	不支持	不支持	支持
数据库排序	支持	支持	不支持	支持

从表 14-2 可以看出，Set 和 Map 支持内存排序和数据库排序，List 元素不支持任何排序方式，Bag 仅支持数据库排序。

14.5.1　在数据库中对集合排序

来自 Hibernate API 的@OrderBy 注解能对集合进行数据库排序。下面对 14.1 节的 Customer 类文件做一些修改，为 images 属性进行数据库排序。

```
@ElementCollection
…
@OrderBy(clause = "FILENAME asc")
private Set < String > images = new HashSet < String >();
```

@OrderBy 注解表明，当 Hibernate 通过 select 语句到数据库中检索集合对象时，利用 order by 子句对 FILENAME 字段进行升序排列。如果要进行降序排列，应该使用如下形式。

```
@OrderBy(clause = "FILENAME desc")
```

如果对 images 集合中的元素进行升序排列，那么当 Hibernate 加载 Customer 对象的 images 集合时，执行的 select 语句为：

```
select CUSTOMER_ID, FILENAME from IMAGES
where CUSTOMER_ID = 1 order by FILENAME;
```

再次运行 BusinessService 类，它的 printCustomer()方法的输出结果如下：

```
org.hibernate.collection.internal.PersistentSet
Tom image1.jpg
Tom image2.jpg
Tom image4.jpg
Tom image5.jpg
```

@OrderBy 注解中还可以加入 SQL 函数，例如：

```
@OrderBy(clause = " lower(FILENAME) desc ")
```

当 Hibernate 加载 Customer 对象的 images 集合时，执行的 select 语句为：

```
select CUSTOMER_ID, FILENAME from IMAGES
where CUSTOMER_ID = 1 order by lower(FILENAME) desc;
```

14.5.2 在内存中对集合排序

来自 Hibernate API 的@SortNatural 注解（支持自然排序）和@SortComparator 注解（支持客户化排序）能在内存中对集合进行排序。

1. 在内存中对 Set 集合排序

下面对 14.1 节的 Customer 类文件做一些修改，为 images 属性进行内存排序，代码如下：

```
@ElementCollection
…
@SortNatural
private Set < String > images = new TreeSet < String >();
```

@SortNatural 注解表明会对 images 集合中的字符串进行自然排序。

如果对 images 集合映射内存排序(包括自然排序和客户化排序)，Hibernate 采用 org. hibernate. collection. internal. PersistentSortedSet 作为 Set 的实现类，PersistentSortedSet 类实现了 java. util. SortedSet 接口。当底层 Session 保存一个 Customer 对象时，会调用 org. hibernate. type. SortedSetType 类的 wrap()方法，把 Customer 对象的 images 集合包装为 SortedSet 类的实例，wrap()方法的代码如下：

```
public PersistentCollection wrap(
            SharedSessionContractImplementor session,
            Object collection) {

  return new PersistentSortedSet(
            session,
            (java.util.SortedSet) collection );
}
```

从 wrap()方法的源代码可以看出，应用程序中创建的 Customer 对象的 images 集合必须是 java. util. SortedSet 类型，否则会抛出 ClassCastException 异常。由于 java. util. TreeSet 类实现了 java. util. SortedSet 接口，因此在 Customer 类中初始化 images 属性时，可以创建 TreeSet 类型的实例，例如：

```
private Set < String > images = new TreeSet < String >();
```

在 BusinessService 类的 test()方法中也应该创建 TreeSet 类的实例，例如：

```
Set < String > images = new TreeSet < String >();
images.add("image1.jpg");
images.add("image4.jpg");
images.add("image2.jpg");
images.add("image5.jpg");
…
```

再次运行 14.1 节的 BusinessService 类，它的 printCustomer()方法的输出结果如下：

```
org.hibernate.collection.internal.PersistentSortedSet
Tom image1.jpg
Tom image2.jpg
Tom image4.jpg
Tom image5.jpg
```

从输出结果可以看出，当 Hibernate 加载 Customer 对象的 images 集合时，创建的是 org. hibernate. collection. internal. PersistentSortedSet 实例，PersistentSortedSet 类实现了 java. util. SortedSet 接口，具有排序功能。

Hibernate 还支持客户化内存排序。例程 14-2 的 ReverseStringComparator 类定义了一种对字符串进行降序排列的排序方式。

例程 14-2 ReverseStringComparator. java

```
public class ReverseStringComparator implements Comparator<String>{
  public int compare(String s1,String s2){
    if(s1.compareTo(s2)>0) return -1;
    if(s1.compareTo(s2)<0) return 1;

    return 0;
  }
}
```

下面对 14.1 节的 Customer 类文件做一些修改，为 images 属性进行客户化内存排序，代码如下：

```
@ElementCollection
…
@SortComparator(mypack.ReverseStringComparator.class)
private Set<String> images = new TreeSet<String>();
```

@SortComparator 注解表明会对 images 集合中的字符串按照 ReverseStringComparator 类设定的比较规则进行排序。

再次运行 14.1 节的 BusinessService 类，它的 printCustomer()方法的输出结果为：

```
org.hibernate.collection.internal.PersistentSortedSet
Tom image5.jpg
Tom image4.jpg
Tom image2.jpg
Tom image1.jpg
```

可见，Hibernate 能够根据 ReverseStringComparator 类定义的客户化排序方式对 images 集合中的字符串做降序排列。

2. 在内存中对 Map 映射排序

@SortNatural 注解和@SortComparator 注解也能对 Map 中的键对象进行内存排序，例如：

```
//自然排序
@SortNatural
private SortedMap<String,String> images =
                        new TreeMap<String,String>();
```

或者：

```
//客户化排序
@SortComparator(mypack.ReverseStringComparator.class)
private SortedMap<String,String> images =
                        new TreeMap<String,String>();
```

如果对 Map 类型的 images 属性映射内存排序（包括自然排序和客户化排序），Hibernate 采用 org. hibernate. collection. internal. PersistentSortedMap 作为 Map 的实现类，PersistentSortedMap 类实现了 java. util. SortedMap 接口。当底层 Session 保存一个 Customer 对象时，会调用 org. hibernate. type. SortedMapType 类的 wrap() 方法，把 Customer 对象的 images 集合包装为 PersistentSortedMap 类的实例，wrap()方法的代码如下：

```
public PersistentCollection wrap(
          SharedSessionContractImplementor session,
          Object collection) {

  return new PersistentSortedMap(
          session,
          (java.util.SortedMap) collection );
}
```

从 wrap()方法的源代码可以看出，应用程序中创建的 Customer 对象的 images 集合必须是 java. util. SortedMap 类型，否则以上 wrap()方法会抛出 ClassCastException 异常。由于 java. util. TreeMap 类实现了 java. util. SortedMap 接口，因此在 Customer 类中初始化 images 属性时，可以创建 TreeMap 类型的实例：

```
private Map<String,String> images = new TreeMap<String,String>();
```

在 BusinessService 类的 test()方法中，也应该创建 TreeMap 类型的实例：

```
Map<String,String> images = new TreeMap<String,String>();
images.put("image1","image1.jpg");
images.put("image4","image4.jpg");
images.put("image2","image2.jpg");
images.put("imageTwo","image2.jpg");
images.put("image5","image5.jpg");
…
```

本节的范例程序位于配套源代码包的 sourcecode/chapter14/14. 5. 2 目录下。当采用自然排序时，BusinessService 类的 printCustomer()方法的输出结果如下：

```
org.hibernate.collection.internal.PersistentSortedMap
Tom image1 image1.jpg
Tom image2 image2.jpg
Tom image4 image4.jpg
Tom image5 image5.jpg
Tom imageTwo image2.jpg
```

从输出结果可以看出，当 Hibernate 加载 Customer 对象的 images 集合时，创建的是 org. hibernate. collection. internal. PersistentSortedMap 实例，PersistentSortedMap 类实现了 java. util. SortedMap 接口，具有排序功能。

14.6 映射组件类型集合

第 10 章已经介绍了组件类，Customer 类和 Address 类之间是组成关系，Address 类被映射为组件类。如果客户的照片包含照片名、文件名、长和宽，可以专门定义一个 Image 组件类来表示照片。图 14-5 显示了 Customer 类和 Image 类的组成关系。

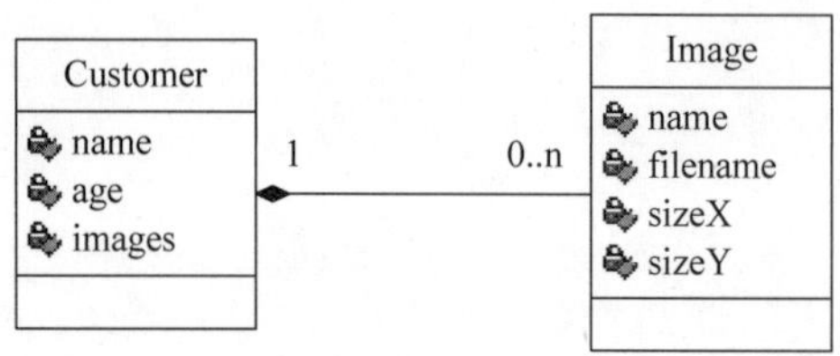

图 14-5　Customer 类和 Image 类的组成关系

从图 14-5 可以看出，Customer 类与 Image 类之间是一对多的组成关系。因此，可以在 Customer 类中定义一个 Set 类型的 images 集合来存放所有的 Image 对象，例如：

```
private Set<Image> images = new HashSet<Image>();
```

Image 类作为一种值类型，没有 OID。此外，由于 Image 对象会存放在 Java 集合中，为了保证 Java 集合正常工作，应该在 Image 类中实现 equals()和 hashCode()方法。例程 14-3 是 Image 类的未用注解映射的源程序。

例程 14-3　Image.java

```
public class Image implements Serializable {
  private String name;
  private String filename;
  private int sizeX;
  private int sizeY;
  private Customer customer;

  //省略显示 Image 类的构造方法,以及 getXXX()和 setXXX()方法
  …

  public boolean equals(Object o){
    if(this == o)return true;
    if(! (o instanceof Image)) return false;
    final Image other = (Image)o;

    if(this.name.equals(other.getName())
        && this.filename.equals(other.getFilename())
        && this.sizeX == other.getSizeX()
        && this.sizeY == other.getSizeY())
      return true;
    else
      return false;
```

```
    }

    public int hashCode() {
      int result;
      result = (name == null?0:name.hashCode());
      result = 29 * result + (filename == null?0:filename.hashCode());
      result = 29 * result + sizeX + sizeY;
      return result;
    }
}
```

提示　尽管 Hibernate 并不强迫所有的组件类都必须重新实现 equals()和 hashCode()方法，但是为了使程序更加健壮，建议为所有的组件类实现 equals()和 hashCode()方法，并且保证当组件类的两个实例用 equals()方法比较为 true 时，这两个实例的 hashCode()方法的返回值也一样。

在 IMAGES 表中定义了 CUSTOMER_ID、IMAGE_NAME、FILENAME、SIZEX 和 SIZEY 字段，这些字段共同构成了 IMAGES 表的主键，图 14-6 显示了 CUSTOMERS 表和 IMAGES 表的结构。

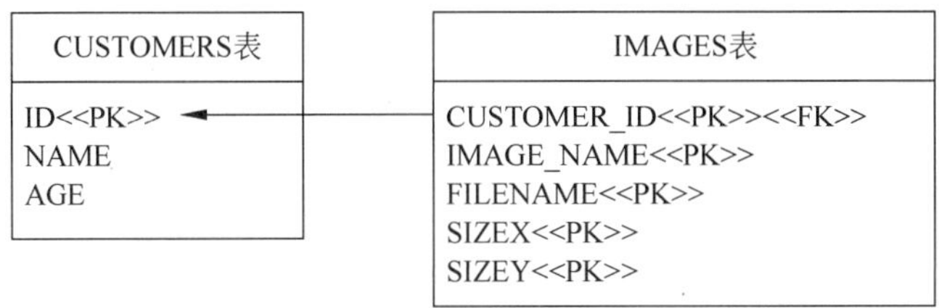

图 14-6　CUSTOMERS 表和 IMAGES 表的结构

以下是 IMAGES 表的 DDL 定义。

```
create table IMAGES(
  CUSTOMER_ID bigint not null,
  IMAGE_NAME varchar(15) not null,
  FILENAME varchar(15) not null,
  SIZEX int not null,
  SIZEY int not null,
  primary key (CUSTOMER_ID, IMAGE_NAME, FILENAME, SIZEX, SIZEY),
  foreign key (CUSTOMER_ID) references CUSTOMERS(ID)
);
```

由于作为主键的字段不允许为 null，而 IMAGES 表以所有字段构成主键，因此所有字段都不允许为 null，这是这种映射方式的不足之处。

Image 类作为组件类，它的映射代码如下：

```
@Embeddable
public class Image implements Serializable {
   @Column(name = "IMAGE_NAME")
   private String name;

   @Column(name = "FILENAME")
```

```
    private String filename;

    @Column(name = "SIZEX")
    private int sizeX;

    @Column(name = "SIZEY")
    private int sizeY;

    @Parent
    private Customer customer;
    …
}
```

在 Customer 类中，映射 Customer 类的 images 属性的代码如下：

```
@ElementCollection
@CollectionTable(name = "IMAGES",
        joinColumns = @JoinColumn(name = "CUSTOMER_ID"))
@OrderBy(clause = "IMAGE_NAME asc")
private Set < Image > images = new TreeSet < Image >();
```

@CollectionTable 注解指定与 images 集合中的元素对应的表为 IMAGES。

本节的范例程序位于配套源代码包的 sourcecode/chapter14/14.6 目录下。BusinessService 类的运行过程如下。

(1) 运行 saveCustomer(Customer customer)方法。在 test()方法中创建了一个 Customer 实例，然后调用 saveCustomer()方法保存这个实例，代码如下：

```
Set < Image > images = new HashSet < Image >();
images.add(new Image("image1","image1.jpg",50,50));
images.add(new Image("image4","image4.jpg",50,50));
images.add(new Image("image2","image2.jpg",50,50));
images.add(new Image("image5","image5.jpg",50,50));

Customer customer = new Customer("Tom",21,images);
saveCustomer(customer);
```

EntityManager 的 persist()向 CUSTOMERS 表插入 1 条记录，同时还会向 IMAGES 表插入 4 条记录，执行如下 insert 语句。

```
insert into CUSTOMERS (ID,NAME, AGE) values (1, 'Tom', 21);
insert into IMAGES (IMAGE_NAME,CUSTOMER_ID,FILENAME,SIZEX,SIZEY)
                        values('image1',1,'image1.jpg', 50, 50);
insert into IMAGES (IMAGE_NAME,CUSTOMER_ID,FILENAME,SIZEX,SIZEY)
                        values('image4',1,'image4.jpg', 50, 50);
insert into IMAGES (IMAGE_NAME,CUSTOMER_ID,FILENAME,SIZEX,SIZEY)
                        values('image2',1,'image2.jpg', 50, 50);
insert into IMAGES (IMAGE_NAME,CUSTOMER_ID,FILENAME,SIZEX,SIZEY)
                        values('image5',1,'image5.jpg', 50, 50);
```

(2) 运行 loadCustomer()方法，当 Hibernate 类的 initialize()方法初始化 Customer 对象的 images 属性时，执行以下 select 语句。

```
select IMAGE_NAME,CUSTOMER_ID,FILENAME,SIZEX,SIZEY from IMAGES
where CUSTOMER_ID = 1 order by IMAGE_NAME asc;
```

由于在映射 Customer 类的 images 属性时，按照 IMAGES 表中的 IMAGE_NAME 字段进行升序排列，因此 select 语句的查询结果按照 IMAGE_NAME 字段排序。

(3) 运行 printCustomer()方法，它的打印结果如下：

```
org.hibernate.internal.collection.internal.PersistentSet
Tom image1 image1.jpg 50 50
Tom image2 image2.jpg 50 50
Tom image4 image4.jpg 50 50
Tom image5 image5.jpg 50 50
```

Customer 类的 images 集合不仅可以定义为 Set 类型，也可以是 Bag 类型或 Map 类型，下面分别介绍。

1. 映射 Bag 类型的 images 属性

如果 Customer 类的 images 集合中允许包含重复的 Image 对象，可以用 Bag 来映射 images 集合，步骤如下所示。

(1) 把 Customer 类的 images 集合定义为 java.util.List 类型，用 List 来模拟 Bag 的行为。

(2) 在 IMAGES 表中增加代理主键 ID，图 14-7 显示了 CUSTOMERS 表和 IMAGES 表的结构。

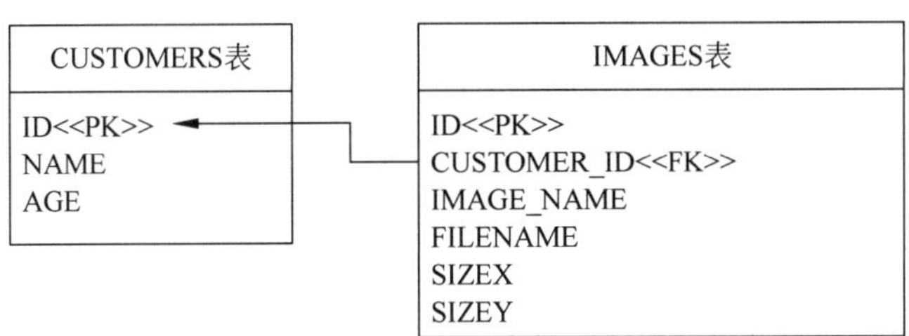

图 14-7 CUSTOMERS 表和 IMAGES 表的结构

以下是 IMAGES 表的 DDL 定义。

```
create table IMAGES(
  ID bigint not null,
  CUSTOMER_ID bigint not null,
  IMAGE_NAME varchar(15),
  FILENAME varchar(15) not null,
  SIZEX int,
  SIZEY int,
  primary key (ID),
  foreign key (CUSTOMER_ID) references CUSTOMERS(ID);
);
```

由于 IMAGES 表中的 IMAGE_NAME、SIZEX 和 SIZEY 字段不再作为主键，因此这些字段允许为 null。

(3) 映射 Customer 类的 images 属性。在 Customer 类中，映射 images 属性的代码如下：

```
@ElementCollection
@CollectionTable(name = "IMAGES",
        joinColumns = @JoinColumn(name = "CUSTOMER_ID"))
@Column(name = "FILENAME")
@CollectionId(columns = @Column(name = "ID"),
              type = @Type(type = "long"),
              generator = "increment")
@OrderBy(clause = "IMAGE_NAME asc")
private List < Image > images = new ArrayList < Image >();
```

2. 映射 Map 类型的 images 属性

如果 Customer 类的 images 集合中的每个元素包含一对键对象和值对象，可以用 Map 来映射 images 集合，步骤如下所示。

(1) 把 Customer 类的 images 集合定义为 Map 类型。

(2) 把 Image 类中的 name 属性及相应的 getName()和 setName()方法删除。该 name 属性将作为 Customer 类的 images 集合中的每个元素的键对象。

(3) 在 IMAGES 表中用 CUSTOMER_ID 和 IMAGE_NAME 字段作为主键，图 14-8 显示了 CUSTOMERS 表和 IMAGES 表的结构。

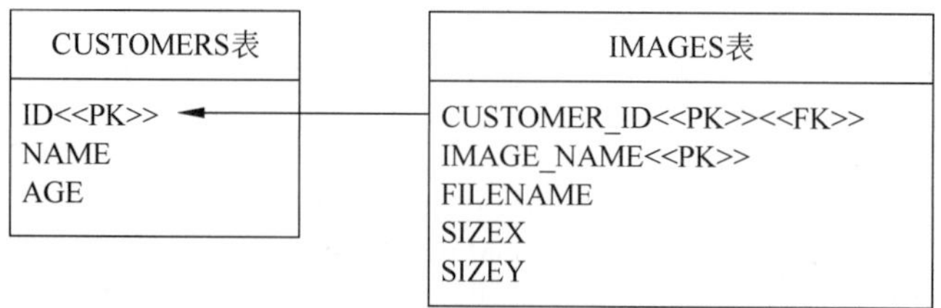

图 14-8 CUSTOMERS 表和 IMAGES 表的结构

以下是 IMAGES 表的 DDL 定义。

```
create table IMAGES(
  CUSTOMER_ID bigint not null,
  IMAGE_NAME varchar(15) not null,
  FILENAME varchar(15) not null,
  SIZEX int,
  SIZEY int,
  primary key (CUSTOMER_ID, IMAGE_NAME),
  foreign key (CUSTOMER_ID) references CUSTOMERS(ID)
);
```

由于 IMAGES 表中 SIZEX 和 SIZEY 字段不再作为主键，因此这些字段允许为 null。

(4) 映射 Customer 类的 images 属性。在 Customer 类中，映射 images 属性的代码

如下：

```
@ElementCollection
@CollectionTable(name = "IMAGES",
        joinColumns = @JoinColumn(name = "CUSTOMER_ID"))
@MapKeyColumn(name = "IMAGE_NAME")
@OrderBy(clause = "IMAGE_NAME asc")
private Map < String, Image > images = new HashMap < String, Image >();
```

14.7 小结

本章介绍了值类型集合的映射方法，在这种集合中存放的对象没有 OID，它们的生命周期依赖集合所属的对象的生命周期。JPA 通过@ElementCollection 注解来映射集合，通过@CollectionTable 注解来设定和集合元素对应的数据库表。

JPA 和 Hibernate 支持对 Set(集)、Bag(包)、List(列表)和 Map(映射)进行映射。Bag 集合中的元素允许重复，但是不按特定方式排序，在 Java 类中没有提供 Bag 接口，Hibernate 允许在持久化类中用 java. util. List 来模拟 Bag 的行为。

对于每一种 Java 集合接口，Hibernate 都提供了内置的实现类，包括：

(1) org. hibernate. collection. internal. PersistentSet。

(2) org. hibernate. collection. internal. PersistentSortedSet。

(3) org. hibernate. collection. internal. PersistentIdentifierBag。

(4) org. hibernate. collection. internal. PersistentList。

(5) org. hibernate. collection. internal. PersistentMap。

(6) org. hibernate. collection. internal. PersistentSortedMap。

当 Hibernate 的 Session 从数据库中加载 Java 集合时，会创建内置集合类的实例。第 13 章已经介绍过，在 JDK 中也提供了现成的 Java 集合实现类，如 java. util. HashSet、java. util. TreeSet、java. util. ArrayList、java. util. HashMap 和 java. util. TreeMap 等。那么，Hibernate 为什么不直接使用 JDK 中现成的 Java 集合实现类呢？主要有以下三个原因。

(1) Hibernate 的内置集合类具有集合代理功能，支持延迟检索策略。如果对集合使用了延迟检索策略，只有当初始化集合时，才会真正加载集合中的对象。

(2) JDK 中没有 Bag 接口，Hibernate 的内置 org. hibernate. collection. PersistentIdentifierBag 类能够模拟 Bag 集合的行为。

(3) Hibernate 的内置集合类封装了 JDK 中的集合类，如 org. hibernate. collection. PersistentSet 封装了 java. util. HashSet 类，org. hibernate. collection. PersistentSortedSet 封装了 java. util. TreeSet 类。Hibernate 的内置集合类对 JDK 中的集合类进行了包装，使得 Hibernate 能够对缓存中的集合对象进行脏检查，按照集合对象的状态变化来同步更新数据库。

当 Hibernate 的 Session 从数据库中加载 Java 集合时，创建的是 Hibernate 内置集合类的实例，因此在持久化类中定义集合属性时，必须把它定义为 Java 接口类型，如：

```
private Set < String > images = new HashSet < String >();
```

如果把以上 images 集合定义为 HashSet 类型：

```
private HashSet < String > images = new HashSet < String >();
```

那么当 Session 从数据库中加载 images 集合时，会把 org. hibernate. collection. PersistentSet 实例赋值给 images 属性，从而抛出 ClassCastException 异常。

14.8 思考题

1. 假定按照 14.1 节的方式来映射 Customer 类的 java. util. Set 类型的 images 属性。运行以下程序时会出现什么情况？（单选）

```
Set < String > images = new HashSet < String >(); //第 1 行
images.add("image1.jpg");                         //第 2 行
images.add("image1.jpg");                         //第 3 行
images.add("image2.jpg");                         //第 4 行
images.add("image2.jpg");                         //第 5 行
tx = entityManager.getTransaction();              //第 6 行
tx.begin();                                       //第 7 行
entityManager.persist(images);                    //第 8 行
tx.commit();                                      //第 9 行
```

(a) 第 9 行执行 4 条 insert 语句，向 IMAGES 表插入 4 条记录
(b) 第 9 行执行 1 条 insert 语句，向 CUSTOMERS 表插入 1 条记录
(c) 第 8 行抛出异常
(d) 第 9 行执行 2 条 insert 语句，向 IMAGES 表插入 4 条记录

2. 假定按照 14.3 节的方式来映射 Customer 类的 java. util. List 类型的 images 属性。以下哪些说法正确？（多选）

(a) Customer 类的 images 属性中可以存放重复元素
(b) Customer 类中有一个 position 属性，用于指定每个元素在 images 集合中的位置
(c) IMAGES 表中有一个 POSITION 字段，用于指定每个记录在 images 集合中的位置
(d) 当 Hibernate 加载 Customer 对象的 images 集合时，创建的是 org. hibernate. collection. internal. PersistentList 实例

3. 以下哪些集合类型支持内存排序？（多选）

(a) Set　(b) Bag　(c) List　(d) Map

4. 以下哪些集合类型支持数据库排序？（多选）

(a) Set　(b) Bag　(c) List　(d) Map

5. 以下哪些注解来自 JPA API？（多选）

(a) @ElementCollection　(b) @CollectionTable
(c) @CollectionId　(d) OrderBy

6. 如果对 Cutomer 类的 Set 类型的 images 集合采用自然排序，那么在程序中，images 集合可以是哪些集合类型的实例？（单选）

(a) HashSet　(b) TreeSet　(c) TreeSet 和 HashSet

第15章

映射实体关联关系

第 7 章已经介绍了映射一对多关联关系的方法，这是域模型中最常见的关联关系。本章将介绍另外两种关联关系的映射：一对一关联和多对多关联。

本章以 Customer 类与 Address 类的关系为例，介绍映射一对一关联的方法，然后以 Category（商品类别）类与 Item（商品）类，以及 Order（订单）类与 Item（商品）类的关系为例，介绍映射多对多关联的方法。

本章还提到了在关联级别使用的检索策略，第 16 章将对此做进一步介绍。

本章的范例主要通过注解来映射实体关联关系，并通过 JPA API 来访问数据库。如果想了解如何通过 Hibernate 的对象-关系映射文件来映射实体关联关系，请扫描二维码阅读本章的补充知识。

补充知识

15.1 映射一对一关联

第 10 章介绍了 Customer 类与 Address 类的组成关系，Address 类是组件类，它没有 OID，在数据库中没有对应的表，Address 对象的生命周期依赖于 Customer 对象的生命周期。在本章范例中，Customer 类定义了一个值类型的 homeAddress 属性，例如：

```
private Address homeAddress;
```

如果是从头设计域模型和数据模型，应该优先考虑把 Customer 类与 Address 类设计为组成关系。假如在数据库中已经存在独立的 ADDRESSES 表，并且 Address 类已经被设计为实体类，有单独的 OID，那么 Customer 类与 Address 类之间就变成了一对一关联关系，图 15-1 为这两个类的类框图。映射一对一关联关系主要有以下两种方法。

（1）按照外键映射：在 CUSTOMERS 表中定义一个外键 HOME_ADDRESS_ID，它参照 ADDRESSES 表的主键。

(2) 按照主键映射：ADDRESSES 表的 ID 字段既是主键，同时作为外键参照 CUSTOMERS 表的主键，也就是说，ADDRESSES 表与 CUSTOMERS 表共享主键。

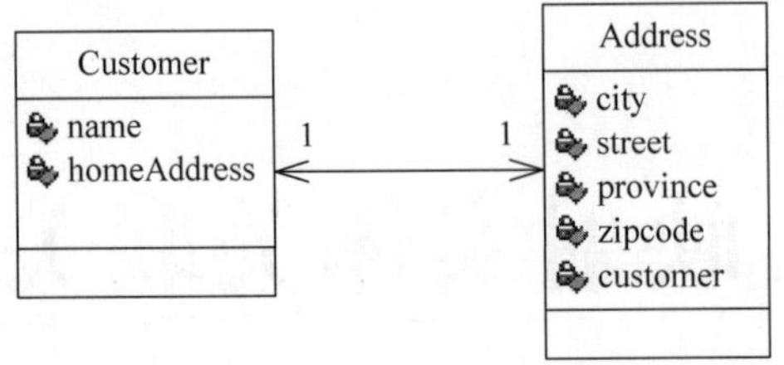

图 15-1　Customer 类与 Address 类的一对一关联关系

这两种映射方式的使用场合有什么区别呢？如果 Customer 类与 Address 类之间有两个一对一关联，例如 Customer 类不仅与 homeAddress 属性关联，而且与 comAddress 属性关联，这种情况下要使用按照外键映射的方式。CUSTOMERS 表中有两个外键：HOME_ADDRESS_ID 和 COM_ADDRESS_ID，它们都参照 ADDRESSES 表。但这种按照外键映射的方式只能映射 Customer 与 homeAddress 对象的双向一对一关联，而不能同时映射 Customer 与 comAddress 对象的双向一对一关联，从 Customer 到 comAddress 对象只能是单向关联。

如果 Customer 类与 Address 类之间只有一个一对一关联，应该优先考虑使用按照主键映射的方式。

15.1.1　按照外键映射

在图 15-2 中，CUSTOMERS 表的一个外键 HOME_ADDRESS_ID 参照 ADDRESSES 表的主键。

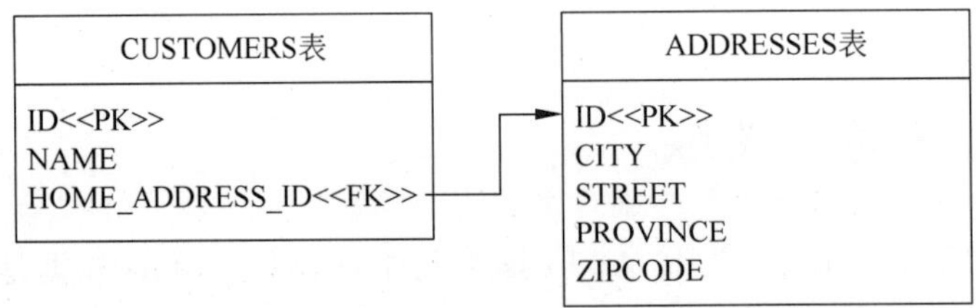

图 15-2　CUSTOMERS 表和 ADDRESSES 表的结构

以下是 CUSTOMERS 表的 DDL 定义。

```
create table CUSTOMERS (
    ID bigint not null,
    NAME varchar(15),
    HOME_ADDRESS_ID bigint unique,
    primary key (ID),
    foreign key (HOME_ADDRESS_ID) references ADDRESSES(ID)
);
```

CUSTOMERS 表的 HOME_ADDRESS_ID 外键设定了 unique 约束，确保每条 CUSTOMERS 记录都具有唯一的 HOME_ADDRESS_ID。

在 Customer 类中，用@OneToOne 注解来映射 Customer 类的 homeAddress 属性，如：

```
@OneToOne(cascade = CascadeType.ALL)
@JoinColumn(name = "HOME_ADDRESS_ID")
private String homeAddress;
```

@OneToOne 注解的 cascade 属性为 CascadeType. ALL，表明当保存、更新或删除 Customer 对象时，会级联保存、更新或删除 homeAddress 对象。

此时，Address 类作为实体类，也用@OneToOne 注解来映射它的 customer 属性，如：

```
@OneToOne(mappedBy = "homeAddress")
private Customer customer;
```

@OneToOne 注解使用了 mappedBy 属性，表明 Address 类是被动方，由 Customer 类作为主动方来维护关联关系。7.2 节已经详细介绍了 mappedBy 属性的作用。

由于 Customer 类与 Address 类之间为双向关联关系，程序代码能从 Customer 持久化对象导航到 homeAddress 持久化对象，也能从 homeAddress 持久化对象导航到 Customer 持久化对象，例如：

```
customer.getHomeAddress().getCustomer();
```

本节的范例程序位于配套源代码包的 sourcecode/chapter15/15.1.1 目录下，运行该程序前，需要在 SAMPLEDB 数据库中手动创建 CUSTOMERS 表和 ADDRESSES 表，相关的 SQL 脚本文件为 15.1/schema/sampledb.sql。

例程 15-1 是 BusinessService 类的源程序。

例程 15-1 BusinessService.java

```
public class BusinessService{
  public static EntityManagerFactory entityManagerFactory;
  /** 初始化 JPA,创建 EntityManagerFactory 对象 */
  static{ … }
  public void saveCustomer(Customer customer){ … }
  public Customer loadCustomer(Long id){ … }
  public void printCustomer(Customer customer){ … }

  public void test(){
    Customer customer = new Customer();
    Address homeAddress = new Address("province1", "city1","street1"
                ,"100001", customer);
    customer.setName("Tom");
    customer.setHomeAddress(homeAddress);

    saveCustomer(customer);
```

```
    customer = loadCustomer(customer.getId());
    printCustomer(customer);
  }

  public static void main(String args[]){
    new BusinessService().test();
    entityManagerFactory.close();
  }
}
```

BusinessService 的 main()方法调用 test()方法，test()方法依次调用以下方法。

(1) saveCustomer()：保存一个 Customer 对象。运行 saveCustomer (Customer customer) 方法，它的代码如下：

```
tx = entityManager.getTransaction();
tx.begin();
entityManager.persist(customer);
tx.commit();
```

在 test()方法中创建了一个 Customer 对象和一个 homeAddress 对象，并建立了它们的关联关系，然后调用 saveCustomer()方法保存这个实例，代码如下：

```
Customer customer = new Customer();
Address homeAddress = new Address("province1","city1","street1"
                  ,"100001",customer);
customer.setName("Tom");
customer.setHomeAddress(homeAddress);
saveCustomer(customer);
```

EntityManager 的 persist()方法向 CUSTOMERS 表插入一条记录，同时还会向 ADDRESSES 表插入一条记录，执行如下 insert 语句。

```
insert into ADDRESSES(ID,CITY,STREET,PROVINCE,ZIPCODE)
   values (1, 'city1', 'street1', 'province1', '100001 ');
insert into CUSTOMERS (ID,NAME, HOME_ADDRESS_ID)
   values (1, 'Tom', 1);
```

(2) loadCustomer()：加载一个 Customer 对象。运行 loadCustomer()方法，它的代码如下：

```
tx = entityManager.getTransaction();
tx.begin();
Customer customer = entityManager.find(Customer.class,
           Long.valueOf(id));
tx.commit();
return customer;
```

在默认情况下，一对一关联采用迫切左外连接检索策略，因此程序加载 Customer 对象时执行以下 select 语句。

```
select c.ID,c.NAME, c.HOME_ADDRESS_ID,
a.ID,a.CITY,a.STREET,a.PROVINCE,a.ZIPCODE
from CUSTOMERS c
left outer join ADDRESSES a on c.HOME_ADDRESS_ID = a.ID
where c.ID = 1;
```

(3) printCustomer()：打印 Customer 对象的信息，包括它的 homeAddress 信息。运行 printCustomer()方法，它的代码如下：

```
//从 Customer 对象导航到 homeAddress 对象
Address homeAddress = customer.getHomeAddress();

System.out.println("Home Address of " + customer.getName() + " is: "
 + homeAddress.getProvince() + " "
 + homeAddress.getCity() + " "
 + homeAddress.getStreet());

//从 homeAddress 对象导航到 Customer 对象
if(homeAddress.getCustomer() == null)
  System.out.println(
                "Can not naviagte from homeAddress to Customer.");
```

输出结果为：

```
Home Address of Tom is: province1 city1 street1
```

由于 Customer 类与 Address 类之间为一对一双向关联，所以可以从 Customer 对象导航到 homeAddress 对象，反之亦可。

15.1.2　按照主键映射

在图 15-3 中，ADDRESSES 表的 ID 字段既是主键，同时作为外键参照 CUSTOMERS 表的主键，也就是说，ADDRESSES 表与 CUSTOMERS 表共享主键。

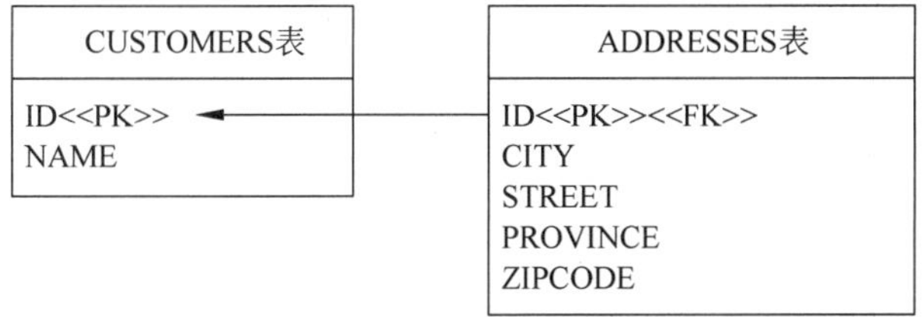

图 15-3　CUSTOMERS 表和 ADDRESSES 表的结构

在 Customer 类中，用@OneToOne 注解来映射 homeAddress 属性，例如：

```
@OneToOne(
  cascade = CascadeType.ALL,
```

```
  mappedBy = "customer"
)
private Address homeAddress;
```

在 Customer 类与 Address 类的一对一双向关联关系中，由 Address 类作为主动方，来维护关联关系，它所对应的 ADDRESSES 表的 ID 键会参照 CUSTOMERS 表。Customer 类是被动方，因此以上@OneToOne 注解设置了 mappedBy 属性。

在 Address 类中，用@OneToOne 注解来映射 customer 属性，并且在映射 id 属性时没有指定对象标识符生成策略，例如：

```
@Id
@Column(name = "ID")
private Long id;

@OneToOne(optional = false)
@JoinColumn(name = " ID")
@MapsId
private Customer customer;
```

@MapsId 注解表明 ADDRESSES 表的 ID 主键是由 CUSTOMERS 表的主键决定的，所以 ADDRESSES 表不需要单独生成主键。

本节的范例程序位于配套源代码包的 sourcecode/chapter15/15.1.2 目录下，运行该程序前，需要在 SAMPLEDB 数据库中手动创建 CUSTOMERS 表和 ADDRESSES 表，相关的 SQL 脚本文件为 15.1.2/schema/sampledb.sql。

本节的 BusinessService 类的源程序和例程 15-1 很相似。BusinessService 类的运行过程如下。

(1) 运行 saveCustomer (Customer customer)方法。EntityManager 的 persist()方法向 CUSTOMERS 表插入一条记录，同时还会向 ADDRESSES 表插入一条记录，执行如下 insert 语句。

```
insert into CUSTOMERS (ID,NAME)values (1, 'Tom');
insert into ADDRESSES(ID,CITY,STREET,PROVINCE,ZIPCODE)
   values (1, 'city1', 'street1', 'province1', '100001 ');
```

(2) 运行 loadCustomer()方法。在默认情况下，一对一关联采用迫切左外连接检索策略，程序加载 Customer 对象时执行以下 select 语句。

```
select c.ID,c.NAME, a.ID,a.CITY,a.STREET,a.PROVINCE,a.ZIPCODE
from CUSTOMERS c
left outer join ADDRESSES a on c.ID = a.ID
where c.ID = 1;
```

(3) 运行 printCustomer()方法，它的输出结果为：

```
Home Address of Tom is: province1 city1 street1
```

15.2 映射单向多对多关联

假定仅建立了从 Category(商品类别)类到 Item(商品)类的单向多对多关联,在 Category 类中需要定义集合类型的 items 属性,而在 Item 类中不需要定义集合类型的 categories 属性。图 15-4 显示了 Category 类和 Item 类的关联关系。

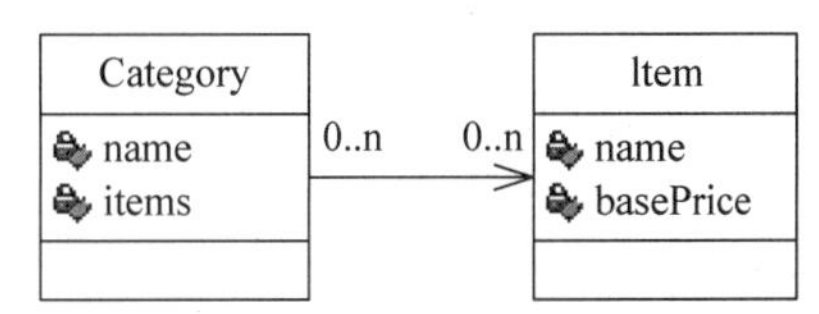

图 15-4　Category 类与 Item 类的单向多对多关联关系

在 Category 类中定义 items 属性的代码如下所示。

```
private Set<Item> items = new HashSet<Item>();
```

在关系数据模型中,无法直接表达 CATEGORIES 表和 ITEMS 表之间的多对多关系,需要创建一个连接表 CATEGORY_ITEM,它同时参照 CATEGORIES 表和 ITEMS 表。图 15-5 显示了这三张表的结构。

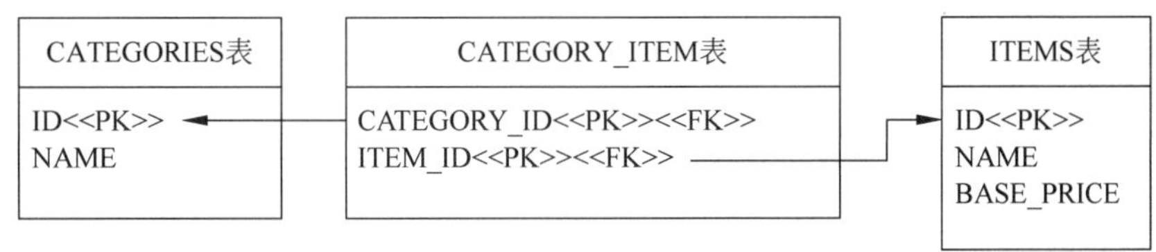

图 15-5　CATEGORIES 表、ITEMS 表及连接表的结构

CATEGORY_ITEM 表以 CATEGORY_ID 和 ITEM_ID 作为联合主键。CATEGORY_ID 字段作为外键参照 CATEGORIES 表,ITEM_ID 字段作为外键参照 ITEMS 表。以下是 CATEGORY_ITEM 表的 DDL 定义。

```
create table CATEGORY_ITEM(
  CATEGORY_ID bigint not null,
  ITEM_ID bigint not null,
  primary key(CATEGORY_ID, ITEM_ID),
  foreign key (CATEGORY_ID) references CATEGORIES(ID),
  foreign key (ITEM_ID) references ITEMS(ID)
);
```

在 Category 类中,映射 items 属性的代码如下所示。

```
@ManyToMany(cascade = CascadeType.PERSIST)
@JoinTable(
  name = "CATEGORY_ITEM",
  joinColumns = @JoinColumn(name = "CATEGORY_ID"),
  inverseJoinColumns = @JoinColumn(name = "ITEM_ID")
)
private Set<Item> items = new HashSet<Item>();
```

@ManyToMany 注解映射 items 属性。@JoinTable 注解指定连接表，它的 joinColumns 属性和 inverseJoinColumns 属性分别设定连接表参照 CATEGORIES 表和 ITEMS 表的外键。

本节的范例程序位于配套源代码包的 sourcecode/chapter15/15.2 目录下，运行该程序前，需要在 SAMPLEDB 数据库中手动创建 CATEGORIES、ITEMS 和 CATEGORY_ITEM 表，相关的 SQL 脚本文件为 15.2/schema/sampledb.sql。

BusinessService 类的源程序的结构和例程 15-1 很相似。BusinessService 的 main()方法调用 test()方法，test()方法依次调用以下方法。

(1) saveCategory()：保存一个 Category 对象。运行 saveCategory (Category category)方法。在 test()方法中创建了一个 Category 对象和两个 Item 对象，并建立它们的关联关系，然后调用 saveCategory()方法保存 Category 对象，代码如下：

```
Item item1 = new Item("NEC500",1000);
Item item2 = new Item("BELL4560",1800);

Category category1 = new Category();
category1.setName("CellPhone");
category1.getItems().add(item1);
category1.getItems().add(item2);

saveCategory(category1);
```

图 15-6 显示了建立的 Category 对象与 Item 对象的关联关系。

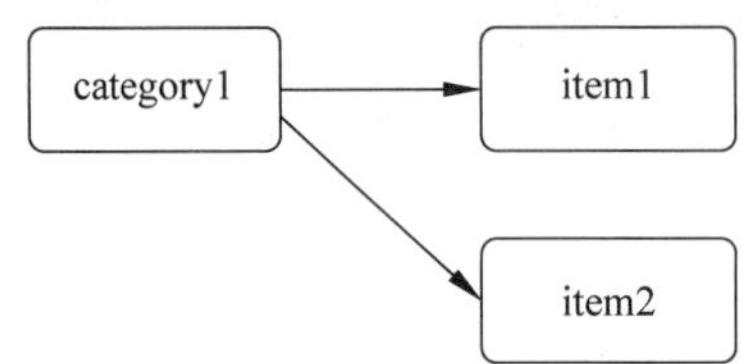

图 15-6　Category 对象与 Item 对象的关联关系

当 EntityManager 的 persist()方法保存 category1 对象时，会向 CATEGORIES 表插入一条记录，还会分别向 ITEMS 和 CATEGORY_ITEM 表插入两条记录，执行如下 insert 语句。

```
insert into CATEGORIES (ID,NAME) values (1, 'CellPhone');
insert into ITEMS(ID,NAME,BASE_PRICE) values (1,'NEC500',1000);
insert into ITEMS(ID,NAME,BASE_PRICE) values (2,'BELL4560',1800);
insert into CATEGORY_ITEM(CATEGORY_ID,ITEM_ID) values(1,1);
insert into CATEGORY_ITEM(CATEGORY_ID,ITEM_ID) values(1,2);
```

(2) loadCategory()：加载一个 Category 对象。运行 loadCategory()方法，它的代码如下所示。

```
tx = entityManager.getTransaction();
tx.begin();
Category category = entityManager.find(Category.class,
```

```
        Long.valueOf(id));
Hibernate.initialize(category.getItems());
tx.commit();
return category;
```

默认情况下，对 Category 类的 items 集合属性使用延迟检索策略，因此程序必须通过 Hibernate 类的 initialize()方法显式初始化 items 集合，这样才能保证当 Category 对象成为游离对象后，BusinessService 类的 test()方法能够正常访问 items 集合中的元素。Hibernate 类的 initialize()方法执行以下 select 语句。

```
select ci.CATEGORY_ID, ci.ITEM_ID, i.ID,i.NAME,i.BASE_PRICE
from CATEGORY_ITEM ci inner join ITEMS i
on ci.ITEM_ID = i.ID where ci.CATEGORY_ID = 1;
```

(3) printCategory()：打印 Category 对象的信息，包括它的 items 集合中的所有 Item 对象的信息。运行 printCategory()方法，它的代码如下所示。

```
Set < Item > items = category.getItems();
Iterator < Item > it = items.iterator();
while(it.hasNext()){
    Item item = it.next();
    System.out.println(category.getName() + " "
          + item.getName() + "" + item.getBasePrice());
}
```

输出结果为：

```
CellPhone NEC500 1000.0
CellPhone BELL4560 1800.0
```

15.3 映射双向多对多关联关系

本节介绍如何映射多对多的双向关联关系，分为以下两种情况。

(1) 关联本身不具有额外的属性，例如 Category 类和 Item 类就是这种关联关系。15.3.1 节会介绍如何映射这种双向关联关系。

(2) 关联本身具有额外的属性。例如 Order(订单)类与 Item(商品)类的多对多关联，关联本身包含 quantity(数量)、basePrice(单价)和 unitPrice(单价×数量)属性。可以定义专门的组件类 LineItem 来描述关联，参见 15.3.2 节。也可以把 Order 类与 Item 类的多对多关联关系分解为 Order 与 LineItem 类，以及 Item 与 LineItem 类的一对多关联关系，参见 15.3.3 节。

15.3.1 用@ManyToMany 注解映射双向关联

假定建立了 Category(商品类别)类和 Item(商品)类的双向多对多关联，在 Category 类中需要定义集合类型的 items 属性，并且在 Item 类也需要定义集合类型的 categories 属性。图 15-7 显示了 Category 类和 Item 类的关联关系。

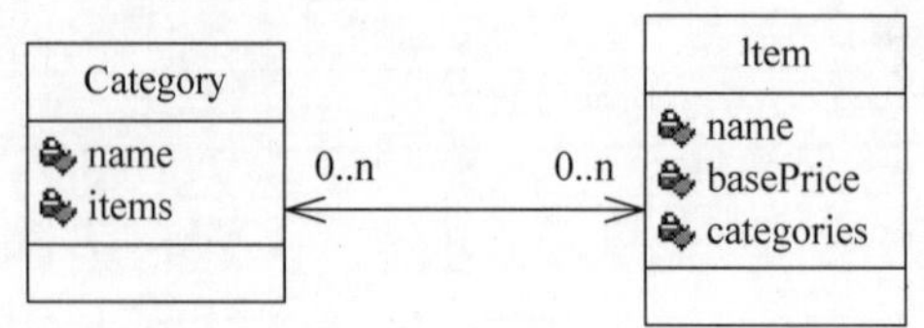

图 15-7　Category 与 Item 的双向多对多关联关系

CATEGORIES 表、ITEMS 表和 CATEGORY_ITEM 表的结构和图 15-5 一样。在 Category 类中，映射 items 属性的代码如下所示。

```
@ManyToMany(cascade = CascadeType.PERSIST)
@JoinTable(
  name = "CATEGORY_ITEM",
  joinColumns = @JoinColumn(name = "CATEGORY_ID"),
  inverseJoinColumns = @JoinColumn(name = "ITEM_ID")
)
private Set < Item > items = new HashSet < Item >();
```

在 Item 类中，映射 categories 属性的代码如下所示。

```
@ManyToMany(mappedBy = "items")
private Set < Category > categories = new HashSet < Category >();
```

双向多对多关联关系中，需要把一方设为被动方。在本范例中，Item 类是被动方，它的 @ManyToMany 注解设置了 mappedBy 属性。

在 BusinessService 类中，同时建立了从 Category 到 Item，以及从 Item 到 Category 的关联关系，如：

```
Item item1 = new Item("NEC500",1000);
Item item2 = new Item("BELL4560",1800);

Category category1 = new Category();
category1.setName("CellPhone");

//建立 Category 和 Item 的双向关联关系
category1.getItems().add(item1);
category1.getItems().add(item2);
item1.getCategories().add(category1);
item2.getCategories().add(category1);
```

图 15-8 显示了建立的 Category 对象与 Item 对象的关联关系。

本节的范例程序位于配套源代码包的 sourcecode/chapter15/15.3.1 目录下，运行该程序前，需要在 SAMPLEDB 数据库中手动创建 CATEGORIES、ITEMS 和 CATEGORY_ITEM 表，相关的 SQL 脚本文件为 15.3.1/schema/sampledb.sql。

本节 BusinessService 类的源代码以及运行结果和 15.2 节的 BusinessService 类相似，因此不再做详细介绍。

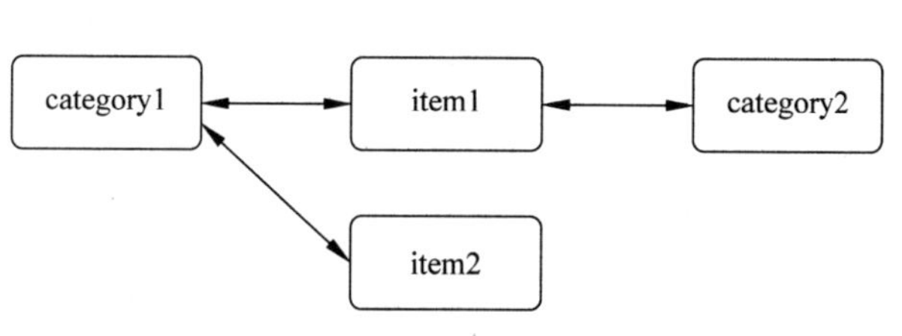

图 15-8　Category 对象与 Item 对象的关联关系

15.3.2　使用组件类集合

Item 类与 Order 类之间也是多对多的关联关系。例如在编号为 Order001 的订单中包含以下内容：两台 NEC500 的手机和一台 BELL4560 的手机。在编号为 Order002 的订单中包含以下内容：一台 NEC500 的手机和两台 BELL4560 的手机。可见，一个 Order 对象和多个 Item 对象关联，一个 Item 对象也和多个 Order 对象关联。

Order001 订单和 NEC500 商品关联，关联的数量为 2，Order001 订单还和 BELL4560 商品关联，关联的数量为 1。可以通过专门的组件类 LineItem 来描述 Order 类与 Item 类的关联信息。图 15-9 为 Order、Item 和 LineItem 类的类框图。

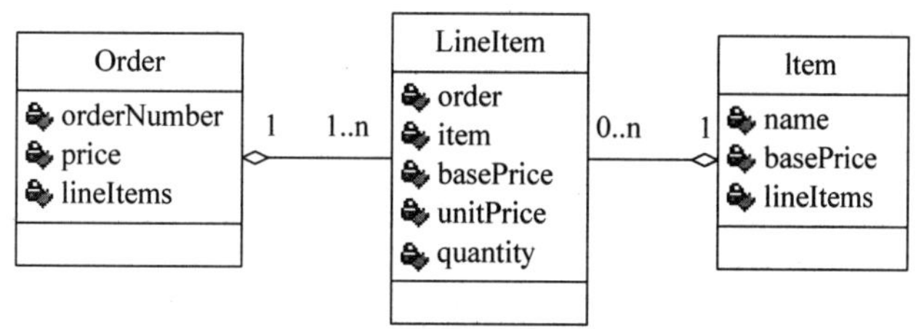

图 15-9　Order、Item 和 LineItem 类的类框图

在关系数据模型中，用 LINEITEMS 表作为连接表，图 15-10 显示了 ORDERS 表、ITEMS 表及 LINEITEMS 表的结构。

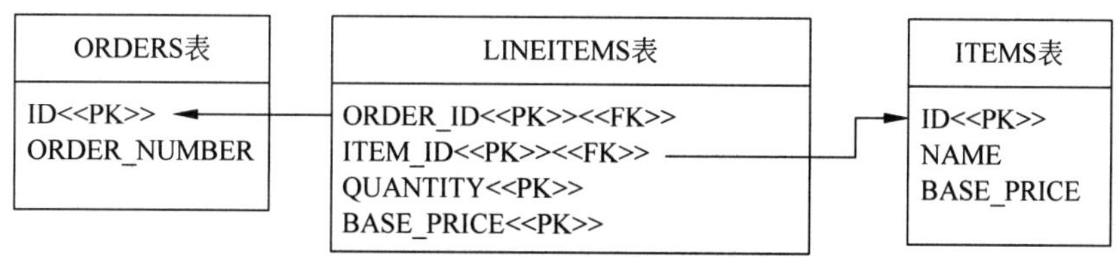

图 15-10　ORDERS 表、ITEMS 表及连接表的结构

提示　LINEITEMS 表中的 BASE_PRICE 字段值是 ITEMS 表中 BASE_PRICE 字段值的复制，为什么要在 LINEITEMS 表中提供 BASE_PRICE 冗余字段呢？这是因为在实际的商品交易中，商品的价格会不断变化，而客户订单中的商品价格应该始终为生成订单时的价格。也就是说，当 ITEMS 表中的 BASE_PRICE 字段发生变化时，不会影响 LINEITEMS 表中的 BASE_PRICE 字段。

LINEITEMS 表以所有的字段作为联合主键。它的 ORDER_ID 字段作为外键参照 ORDERS 表，ITEM_ID 字段作为外键参照 ITEMS 表。以下是 LINEITEMS 表的 DDL 定义。

```
create table LINEITEMS(
  ORDER_ID bigint not null,
  ITEM_ID bigint not null,
  BASE_PRICE double precision not null,
  QUANTITY int not null,
  primary key(ORDER_ID,ITEM_ID,BASE_PRICE;QUANTITY),
  foreign key(ORDER_ID) references ORDERS(ID),
  foreign key(ITEM_ID) references ITEMS(ID)
);
```

例程 15-2 是 LineItem 类的源程序。作为组件类，LineItem 类没有 OID。

例程 15-2　LineItem. java

```
@Embeddable
public class LineItem implements Serializable {
  @ManyToOne
  @JoinColumn(name = "ITEM_ID",nullable = false)
  private Item item;

  @Parent
  private Order order;

  @Column(name = "BASE_PRICE",nullable = false)
  private double basePrice;

  @Column(name = "QUANTITY",nullable = false)
  private int quantity;

  public LineItem(Item item,Order order,
                  double basePrice,int quantity) {
    this.item =  item;
    this.order  =  order;
    this.basePrice = basePrice;
    this.quantity = quantity;
  }

  //省略显示 item、order、basePrice
  //和 quantity 属性的 getXXX()和 setXXX()方法
  …

  public double getUnitPrice() {
    return basePrice * quantity;
  }
}
```

LineItem 类是 Order 类的组件，所以 LineItem 类的 order 属性用@Parent 注解来映射。LineItem 类与 Item 类之间是多对一的关联关系，所以 LineItem 类的 item 属性用@ManyToOne 注解来映射。

LineItem 类并没有定义 unitPrice 属性，仅提供了 getUnitPrice()方法，它是为应用程序提供的便捷方法，所以无须映射 unitPrice 属性。

在 Order 类和 Item 类中都定义了 Set 类型的 lineItems 属性，如：

```
private Set<LineItem> lineItems = new HashSet<Item>();
```

在 Order 类中，lineItems 属性是存放组件的集合属性，用@ElementCollection 注解来映射，如：

```
@ElementCollection
@CollectionTable(
  name = "LINEITEMS",
  joinColumns = @JoinColumn(name = "ORDER_ID")
)
private Set<LineItem> lineItems = new HashSet<LineItem>();
```

Order 类的 price 属性被映射为派生属性，因此在 ORDERS 表中不必定义 PRICE 字段，price 属性用@Formula 注解来映射，如：

```
@Formula("(select sum(line.BASE_PRICE * line.QUANTITY)
           from LINEITEMS line where line.ORDER_ID = ID)")
private double price;
```

在 Item 类中，lineItems 属性也是存放组件的集合属性，用@ElementCollection 注解来映射，如：

```
@ElementCollection
@CollectionTable(name = "LINEITEMS")
private Set<LineItem> lineItems = new HashSet<LineItem>();
```

本节的范例程序位于配套源代码包的 sourcecode/chapter15/15.3.2 目录下，运行该程序前，需要在 SAMPLEDB 数据库中手动创建 ORDERS、ITEMS 和 LINEITEMS 表，相关的 SQL 脚本文件为 15.3.2/schema/sampledb.sql。

BusinessService 类的源程序的结构和例程 15-1 很相似。BusinessService 的 main()方法调用 test()方法，test()方法依次调用以下方法。

(1) saveItem()：保存一个 Item 对象。运行 saveItem (Item item)方法，它的代码如下所示。在 test()方法中创建了两个 Item，然后调用 saveItem()方法保存 Item 对象。

```
Item item1 = new Item("NEC500",1000,null);
Item item2 = new Item("BELL4560",1800,null);
saveItem(item1);
saveItem(item2);
```

(2) saveOrder()：保存一个 Order 对象。运行 saveOrder (Order order)方法，它的代码如下所示。在 test()方法中创建了一个 Order 对象和两个 LineItem 对象，并建立它们的关联关系，然后调用 saveOrder()方法保存 Order 对象。

```
Order order = new Order();
order.setOrderNumber("Order001");
LineItem lineItem1 = new LineItem(item1,order,item1.getBasePrice(),2);
LineItem lineItem2 = new LineItem(item2,order,item2.getBasePrice(),1);

order.getLineItems().add(lineItem1);
order.getLineItems().add(lineItem2);
saveOrder(order);
```

当 EntityManager 的 persist()方法保存 Order 对象时，会向 CATEGORIES 表插入一条记录，同时向 LINEITEMS 表插入两条记录。LINEITEMS 表中包含的数据如图 15-11 所示。

ORDER_ID	ITEM_ID	BASE_PRICE	QUANTITY
1	1	1000	2
1	2	1800	1

图 15-11　LINEITEMS 表中包含的数据

(3) loadOrder()：加载一个 Order 对象。运行 loadOrder()方法，它的代码如下所示。

```
tx = entityManager.getTransaction();
tx.begin();
Order order = entityManager.find(Order.class, id);

Set lineItems = order.getLineItems();
Iterator it = lineItems.iterator();                    //初始化 LineItems
while(it.hasNext()){
   LineItem lineItem = (LineItem)it.next();
   Hibernate.initialize(lineItem.getItem());           //初始化 Item
}
tx.commit();
return order;
```

Hibernate 加载 Order 对象时，执行以下 select 语句。

```
select ID, ORDER_NUMBER,
(select sum(line.BASE_PRICE * line.QUANTITY)
from LINEITEMS line where line.ORDER_ID = ID)
from ORDERS where ID = 1;
```

select 语句中包含一个子查询语句，它用于计算 Order 对象的 price 派生属性。由于默认情况下，对 Order 类的 lineItems 集合属性使用延迟检索策略，因此必须初始化 lineItems 集合，以及与该集合中的 LineItem 对象关联的 Item 对象，这样才能保证当 Order 对象成为游离对象后，BusinessService 类的 test()方法能够正常访问 lineItems 集合中的元素。

(4) printOrder()：打印 Order 对象的信息，包括它的 lineItems 集合中的所有 LineItem 对象的信息。运行 printOrder()方法，它的代码如下所示。

```
System.out.println("订单编号:" + order.getOrderNumber());
System.out.println("总价格:" + order.getPrice());

Set<LineItem> lineItems = order.getLineItems();
Iterator<LineItem> it = lineItems.iterator();
while(it.hasNext()){
  LineItem lineItem = it.next();
  System.out.println("------------------------");
  System.out.println("商品名:" + lineItem.getItem().getName());
  System.out.println("购买数量:" + lineItem.getQuantity());
  System.out.println("商品单价:" + lineItem.getBasePrice());
  System.out.println("单元价格:" + lineItem.getUnitPrice());
}
```

输出结果为：

```
订单编号:Order001
总价格:3800.0
------------------------
商品名:NEC500
购买数量:2
商品单价:1000.0
单元价格:2000.0
------------------------
商品名:BELL4560
购买数量:1
商品单价:1800.0
单元价格:1800.0
```

15.3.3　把多对多关联分解为两个一对多关联

可以把 Order 与 Item 的多对多关联分解为两个一对多关联，如图 15-12 所示。LineItem 为独立的实体类，有单独的 OID。Order 类与 LineItem 类，以及 Item 类与 LineItem 类都是一对多双向关联关系。

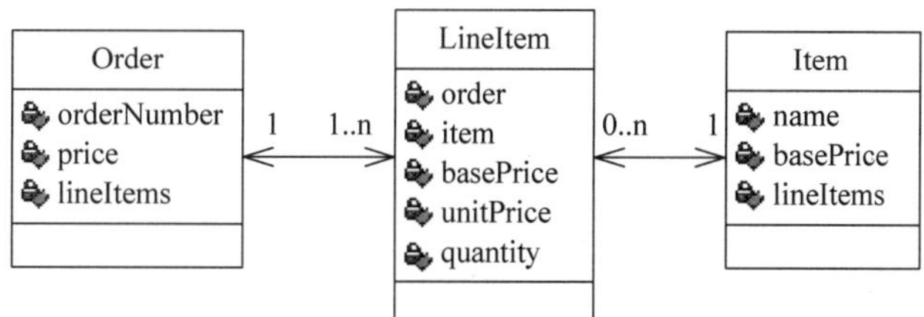

图 15-12　Order 类、LineItem 类与 Item 类的类框图

在关系数据模型中，用 LINEITEMS 表作为连接表，LINEITEMS 表有单独的 ID 代理主键。图 15-13 是 ORDERS 表、ITEMS 表及连接表的结构。

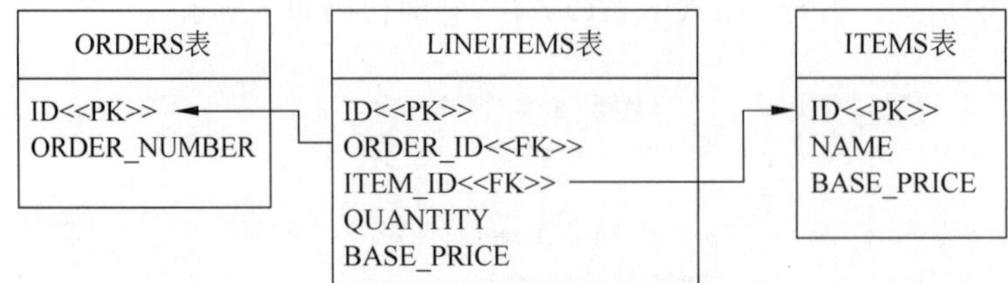

图 15-13　ORDERS 表、ITEMS 表及连接表的结构

以下是 LINEITEMS 表的 DDL 定义。

```
create table LINEITEMS(
  ID bigint not null,
  ORDER_ID bigint not null,
  ITEM_ID bigint not null,
  BASE_PRICE double precision,
  QUANTITY int,
  primary key(ID),
  foreign key (ORDER_ID) references ORDERS(ID),
  foreign key (ITEM_ID) references ITEMS(ID)
);
```

在 Order 类中，用@OneToMany 注解来映射 lineItems 属性，如：

```
@OneToMany(mappedBy = "order",cascade = CascadeType.PERSIST)
private Set < LineItem > lineItems = new HashSet < LineItem >();
```

在 Item 类中，也用@OneToMany 注解来映射 lineItems 属性，如：

```
@OneToMany(mappedBy = "item" ,cascade = CascadeType.PERSIST)
private Set < LineItem > lineItems = new HashSet < LineItem >();
```

由于 LineItem 类是实体类，因此也必须用@Entity 注解来映射它。例程 15-3 是它的源代码，其中有两个@ManyToOne 注解，它们分别用来映射 LineItem 类的 order 属性和 item 属性。

例程 15-3　LineItem.java

```
@Entity
@Table(name = "LINEITEMS")
public class LineItem implements Serializable {
  @Id
  @GeneratedValue(generator = "increment")
  @GenericGenerator(name = "increment", strategy = "increment")
  @Column(name = "ID")
```

```
    private Long id;

    @ManyToOne
    @JoinColumn(name = "ITEM_ID")
    private Item item;

    @ManyToOne
    @JoinColumn(name = "ORDER_ID")
    private Order order;

    @Column(name = "BASE_PRICE")
    private double basePrice;

    @Column(name = "QUANTITY")
    private int quantity;

    //省略显示构造方法和各个属性的 getXXX()和 setXXX()方法
    …
}
```

本节的范例程序位于配套源代码包的 sourcecode/chapter15/15.3.3 目录下，运行该程序前，需要在 SAMPLEDB 数据库中手动创建 ORDERS、ITEMS 和 LINEITEMS 表，相关的 SQL 脚本文件为 15.3.3/schema/sampledb.sql。

本节的 BusinessService 类的运行结果和 15.3.2 节的 BusinessService 类的运行结果相似，因此不再做详细介绍。

15.4　小结

映射一对一关联有两种方式：按照外键映射；按照主键映射。如果两个类之间只有一个一对一关联，应该优先考虑使用按照主键映射的方式。

对于双向关联，必须把其中一端设为被动方，被动方的@OneToOne、@OneToMany 和 @ManyToMany 注解需要设置 mappedBy 属性。

所有的多对多关联都可以分解为两个一对多关联，按照这种方式映射多对多关联，会使域模型和关系数据模型具有更好的可扩展性。

15.5　思考题

假定公司(Company)和雇员(Employee)之间为双向多对多关联关系，请参照 15.3.1 节，完成以下任务。

(1) 创建 Company 类和 Employee 类，用注解来映射相关的属性。Company 类具有 name 属性(公司的名字)和 count 属性(公司中所有员工的数目)。Employee 类具有 name 属性(雇员的名字)。

(2) 创建 COMPANIES 表、EMPLOYEES 表和 COMPANY_EMPLOYEE 连接表。

(3) 创建 BusinessService 类,把图 15-14 中的 Company 对象和 Employee 对象保存到数据库中,然后再从数据库中加载一个 Company 对象,打印与它关联的所有 Employee 对象的 name 属性。

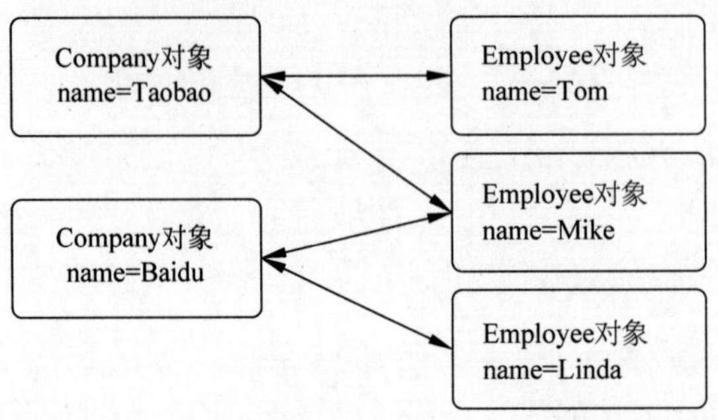

图 15-14　Company 对象与 Employee 对象的关联关系

第16章

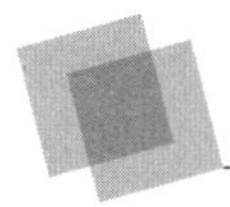

Hibernate的检索策略

在 Session 的持久化缓存中可以存放相互关联的对象图。当 Hibernate 从数据库中加载 Customer(客户)对象时，如果同时自动加载了所有关联的 Order(订单)对象，而程序实际上仅需要访问 Customer 对象，那么这些关联的 Order 对象就浪费了许多内存空间。本章以 Customer 类和 Order 类为例，介绍如何设置 Hibernate 的检索策略，以优化检索性能。

本章的范例主要通过注解和 JPA API 来设置检索策略。如果想了解如何通过 Hibernate 的对象-关系映射文件和 Hibernate API 来设置检索策略，请扫描二维码阅读本章的补充知识。

假定 Customer 类和 Order 类之间为双向一对多关联关系。Customer 类包含如下属性：

```
/** Customer 对象的 OID */
private Long id;

/** Customer 对象的姓名 */
private String name;

/** Customer 对象的年龄 */
private int age; //本章范例不包含此属性,在后面一些章的范例中包含此属性

/** 所有与 Customer 对象关联的 Order 对象 */
private Set < Order > orders = new HashSet < Order >();
```

Order 类包含如下属性：

```
/** Order 对象的 OID */
private Long id;

/** Order 对象的订单编号 */
```

```
private String orderNumber;

/** Order 对象的订单价格 */
private double price; //本章范例不包含此属性,在后面一些章的范例中包含此属性

/** 与 Order 对象关联的 Customer 对象 */
private Customer customer;
```

与域模型对应，在关系数据库中，ORDERS 表参照 CUSTOMERS 表。假定 ORDERS 表的 CUSTOMER_ID 外键允许为 null，图 16-1 列出了 CUSTOMERS 表和 ORDERS 表中的记录。

ORDERS表

ID	ORDER_NUMBER	CUSTOMER_ID
1	Tom_Order001	1
2	Tom_Order002	1
3	Mike_Order001	2
4	Jack_Order001	3
5	Linda_Order001	4
6	UnknownOrder	null

CUSTOMERS表

ID	NAME
1	Tom
2	Mike
3	Jack
4	Linda

图 16-1　CUSTOMERS 表和 ORDERS 表中的记录

以下代码用于在数据库中检索所有的 Customer 对象。

```
List<Customer> customerLists = entityManager
            .createQuery("from Customer as c",Customer.class)
            .getResultList();
```

假定 Hibernate 加载每个 Customer 对象时还会立即加载与之关联的 Order 对象，那么运行 Query 接口的 getResultList()方法时，Hibernate 将先查询 CUSTOMERS 表中所有的记录，然后根据每条记录的 ID，在 ORDERS 表中查询有参照关系的记录，Hibernate 将依次执行以下 select 语句。

```
select * from CUSTOMERS;
select * from ORDERS where CUSTOMER_ID = 1;
select * from ORDERS where CUSTOMER_ID = 2;
select * from ORDERS where CUSTOMER_ID = 3;
select * from ORDERS where CUSTOMER_ID = 4;
```

通过 select 语句，Hibernate 加载了四个 Customer 对象和五个 Order 对象，在内存中形成了一幅关联的对象图，如图 16-2 所示。

Hibernate 检索 Customer 对象时也会检索与之关联的 Order 对象，这种检索方式有以下两方面的不足。

（1）select 语句的数目太多，需要频繁地访问数据库，会影响检索性能。如果需要查询

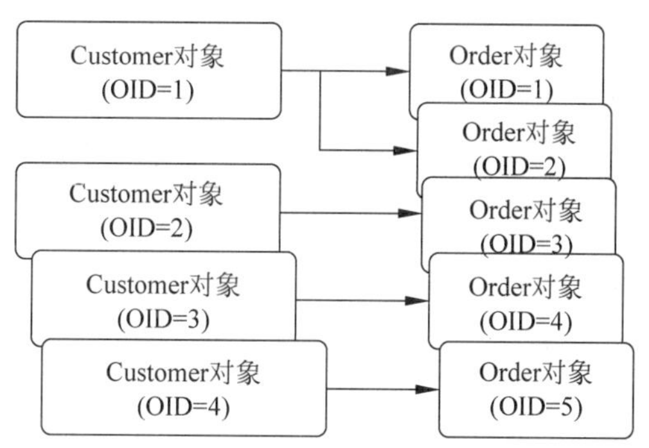

图 16-2 Customer 对象与 Order 对象的关联对象图

n 个 Customer 对象，那么必须执行 $n+1$ 条 select 查询语句。这种检索策略没有利用 SQL 的连接查询功能。例如，以上五条 select 语句完全可以通过如下一条 select 语句来完成。

```
select * from CUSTOMERS left outer join ORDERS
on CUSTOMERS.ID = ORDERS.CUSTOMER_ID
```

select 语句使用了 SQL 的左外连接查询功能，能够在一条 select 语句中查询出 CUSTOMERS 表的所有记录，以及匹配的 ORDERS 表的记录。

(2) 在应用逻辑只需要访问 Customer 对象，而不需要访问 Order 对象的场合，加载 Order 对象完全是多余的操作，这些多余的 Order 对象浪费了许多内存空间。

为了解决以上问题，Hibernate 提供了可以灵活配置的检索策略，主要包括立即检索策略和延迟检索策略。此外，Hibernate 还提供了三种检索模式：外连接检索模式、多查询语句检索模式和带子查询检索模式。检索策略和检索模式可以灵活搭配，满足各种应用需求。

延迟检索策略能避免加载应用程序不需要访问的关联对象。在关联级别，联合采用立即检索策略和外连接检索模式，能充分利用 SQL 的外连接查询功能，减少 select 语句的数目。此外，在程序中还可以动态指定采用左外连接来检索关联的对象。本章将详细介绍这些检索策略的运行机制和使用方法。

16.1 Hibernate 的检索策略简介

EntityManager 的 find()方法和 getReference()方法按照参数指定的 OID 加载一个持久化对象。Query 的 getResultList()方法按照参数指定的 JPQL 语句加载一个或多个持久化对象。以下代码都用于检索 OID 为 1 的 Customer 对象。

```
//调用 EntityManager 的 getReference()方法
Customer customer = entityManager
                  .getReference(Customer.class,Long.valueOf(1));

//调用 EntityManager 的 find()方法
Customer customer = entityManager
                  .find(Customer.class,Long.valueOf(1));

//调用 Query 的 getResultList()方法
```

```
List<Customer> customerLists = EntityManager
        .createQuery("from Customer as c where c.id = 1",Customer.class)
        .getResultList();
```

当 Hibernate 执行这些方法时，需要获得以下信息。

(1) 类级别检索策略：EntityManager 的 find()方法和 getReference()方法，以及 Query 的 JPQL 语句直接指定检索的是 Customer 对象，对 Customer 对象采用立即检索策略还是延迟检索策略？

(2) 关联级别检索策略：与 Customer 关联的 Order 对象，即 Customer 对象的 orders 集合属性，采用立即检索策略还是延迟检索策略？

表 16-1 列出了类级别和关联级别可选的检索策略，以及默认的检索策略。这些检索策略可以在持久化类中通过注解来设置。

表 16-1　类级别和关联级别的默认检索策略

检索策略的作用域	默认的检索策略
类级别，EntityManager 的 find()方法，以及 Query 的 getResultList()方法	立即检索
类级别，EntityManager 的 getReference()方法	延迟检索
多对一和一对一关联级别	立即检索
一对多和多对多关联级别	延迟检索

表 16-2 列出了这两种检索策略的运行机制。

表 16-2　两种检索策略的运行机制

检索策略的类型	类　级　别	关 联 级 别
立即检索	立即加载检索方法指定的对象	立即加载与检索方法指定的对象关联的对象，可以设定批量检索数量
延迟检索	延迟加载检索方法指定的对象	延迟加载与检索方法指定的对象关联的对象，可以设定批量检索数量

应用逻辑是多种多样的，有些应用逻辑需要同时访问 Customer 及关联的 Order 对象，而有些应用逻辑仅需要访问 Customer 对象。在持久化类中，通过注解设置的检索策略是固定的，不能满足运行时各种应用逻辑的动态需求。为此，Hibernate 允许在应用程序中以编程方式动态设定检索策略。程序代码中的检索策略会覆盖持久化类中设置的检索策略，如果程序代码没有显式设定检索策略，则采用持久化类中设置的检索策略。

表 16-1 和表 16-2 中对 Hibernate 的检索策略做了归纳，下面结合具体的例子更详细地介绍各种检索策略的运行机制及设置方法。本章范例程序位于配套源代码包的 sourcecode/chapter16 目录下。在运行本章程序之前，需要先在 MySQL 数据库中手动创建 SAMPLEDB 数据库、CUSTOMERS 表和 ORDERS 表，然后向 CUSTOMERS 表和 ORDERS 表中插入图 16-1 中列出的记录，相关的 SQL 脚本文件为 schema/sampledb.sql。

在 BusinessService 类中定义了以下一系列检索方法。

(1) getReferenceOfCustomer()：用 EntityManager 的 getReference()方法加载一个 Customer 对象，然后通过它导航到关联的 Order 对象。

(2) getCustomer()：用 EntityManager 的 find()方法加载一个 Customer 对象，然后通过它导航到关联的 Order 对象。

(3) findAllCustomers()：用 Query 的 getResultList()方法加载所有的 Customer 对象，然后通过它们导航到关联的 Order 对象。

(4) getReferenceOfOrder()：用 EntityManager 的 getReference()方法加载一个 Order 对象，然后通过它导航到关联的 Customer 对象。

(5) getOrder()：用 EntityManager 的 find()方法加载一个 Order 对象，然后通过它导航到关联的 Customer 对象。

(6) findAllOrders()：用 Query 的 getResultList()方法加载所有的 Order 对象，然后通过它们导航到关联的 Order 对象。

(7) findCustomerLeftJoinOrder()：用 Query 的 getResultList()方法加载所有的 Customer 对象，并且在应用程序中动态指定采用左外连接来检索关联的 Order 对象。

每个检索方法中都会输出一些用于跟踪程序运行状态的信息。例如，以下是 getReferenceOfCustomer()方法的源代码。

```
tx = entityManager.getTransaction();
tx.begin();

System.out.println("getReferenceOfCustomer():"
                   + "executing entityManager.getReference()");
Customer customer = entityManager
                 .getReference(Customer.class,Long.valueOf(1));

System.out.println("getReferenceOfCustomer():"
                 + "executing customer.getName()");
customer.getName();

System.out.println("getReferenceOfCustomer():"
                 + "executing customer.getOrders().iterator()");
Iterator orderIterator = customer.getOrders().iterator();

tx.commit();
```

默认情况下，getReferenceOfCustomer()方法向控制台输出以下信息。

```
getReferenceOfCustomer():
executing entityManager.getReference()

getReferenceOfCustomer():
executing customer.getName()

Hibernate: select customer0_.ID as ID1_0_0_,
customer0_.NAME as NAME2_0_0_
from CUSTOMERS customer0_
where customer0_.ID = ?
...
```

接下来修改 Customer 类，通过@Proxy(lazy=false)注解来禁止生成 Customer 类的代理类实例，如：

```
@org.hibernate.annotations.Proxy(lazy = false)
@Entity
@Table(name = "CUSTOMERS")
public class Customer implements java.io.Serializable{ … }
```

这时候 getReferenceOfCustomer()方法向控制台输出以下信息。

```
getReferenceOfCustomer():
executing entityManager.getReference()

Hibernate: select customer0_.ID as ID1_0_0_,
customer0_.NAME as NAME2_0_0_
from CUSTOMERS customer0_
where customer0_.ID = ?

getReferenceOfCustomer():
executing customer.getName()
…
```

对比输出信息可以看出，默认情况下，在运行 entityManager.getReference()方法时，对 Customer 对象采用延迟检索策略，因此 Hibernate 不会立即执行查询 CUSTOMERS 表的 select 语句，直到调用 customer.getName()方法时，Hibernate 才执行查询 CUSTOMERS 表的 select 语句。如果禁止生成 Customer 类的代理类实例，entityManager.getReference()方法会对 Customer 对象采用立即检索策略，运行该方法时，会立即执行查询 CUSTOMERS 表的 select 语句。16.2.2 节会进一步介绍代理类的概念。

读者还可以进一步修改 Customer 类和 Order 类中的检索策略或检索模式，然后运行 BusinessService 类，观察在各种设置下生成的 select 语句，从而加深对各种检索策略和检索模式的理解。

16.2 类级别的检索策略

类级别可选的检索策略包括：

(1) 立即检索：EntityManager 的 find()方法以及 Query 的 getResultList()方法在类级别默认采用这种策略。

(2) 延迟检索：EntityManager 的 getReference()方法在类级别默认采用这种策略。

如果程序加载一个持久化对象是为了访问它的属性，可以采用立即检索；如果程序加载一个持久化对象仅为了获得它的引用，可以采用延迟检索，例如以下程序代码用于保存一个 Order 对象，它无须访问 Customer 对象的属性。

```
//entityManager.getReference()方法采用默认延迟检索策略,
//不会执行查询 CUSTOMERS 表的 select 语句
```

```
Customer customer = entityManager
        .getReference(Customer.class, Long.valueOf(1));  //第 1 行
Order order = new Order("Tom_Order001");                 //第 2 行
order.setCustomer(customer); //建立关联关系               //第 3 行
//计划执行 insert 语句,向 ORDERS 表插入一条记录
entityManager.persist(order);                             //第 4 行
```

这段代码向数据库中保存了一个 Order 对象，它与已经存在的一个 Customer 持久化对象关联。第 1 行的 entityManager.getReference()方法不会执行访问 CUSTOMERS 表的 select 语句，只是返回一个 Customer 代理类的实例，它的 id 属性为 1，其余属性都为 null。第 4 行的 entityManager.persist()方法计划执行的 insert 语句为：

```
insert into ORDERS(ID,ORDER_NUMBER,CUSTOMER_ID)
values(1,'Tom_Order001',1)
```

16.2.1　立即检索

EntityManager 的 find()方法在类级别总是采用立即检索策略，如：

```
Customer customer = entityManager.find(Customer.class,
                                        Long.valueOf(1));
```

执行以上代码时，底层 Hibernate 会立即执行如下查询 CUSTOMERS 表的 select 语句。

```
select * from CUSTOMERS where ID = 1;
```

提示　当通过 EntityManager 的 find()方法加载 Customer 对象时，假定对与 Customer 关联的 Order 对象采用延迟检索策略，那么 Hibernate 只会立即到数据库中加载 Customer 对象，而不会立即加载与之关联的 Order 对象，即不会立即执行查询 ORDERS 表的 select 语句。

Query 的 getResultList()方法在类级别也总是采用立即检索，它会立即到数据库中检索 Customer 对象，例如：

```
List<Customer> customerLists = entityManager
        .createQuery("from Customer as c",Customer.class)
        .getResultList();
```

当运行 Query 的 getResultList()方法时，Hibernate 立即执行以下 select 语句。

```
select * from CUSTOMERS;
```

提示 当通过 Query 的 getResultList()方法加载 Customer 对象时，假定对与 Customer 关联的 Order 对象采用延迟检索策略，那么 Hibernate 只会立即到数据库中加载 Customer 对象，而不会立即加载与之关联的 Order 对象，即不会立即执行查询 ORDERS 表的 select 语句。

16.2.2 延迟检索

EntityManager 的 getReference()方法在类级别默认采用延迟检索策略。以下代码用于获得 Customer 对象的引用。

```
Customer customer = entityManager
        .getReference(Customer.class,Long.valueOf(1));
```

Hibernate 不会执行查询 CUSTOMERS 表的 select 语句，仅返回 Customer 类的代理类的实例，这个代理类具有以下特征。

(1) 由 Hibernate 在运行时动态生成，它扩展了 Customer 类，因此它继承了 Customer 类的所有属性和方法，但它的实现对应用程序是透明的。

Hibernate 采用 CGLIB 工具生成持久化类的代理类。CGLIB 是一个功能强大的 Java 字节码生成工具，它能够在程序运行时动态生成扩展 Java 类或者实现 Java 接口的代理类。关于 CGLIB 的更多知识，请参考 https://github.com/cglib/cglib。

(2) 当 Hibernate 创建 Customer 代理类实例时，仅初始化了它的 OID 属性，其他属性都为 null，因此这个代理类实例占用的内存很少。

(3) 当应用程序第一次访问 Customer 代理类实例时(例如调用 customer.getXXX()或 customer.setXXX()方法)，Hibernate 会初始化代理类实例。在初始化过程中，Hibernate 执行 select 语句，真正从数据库中加载 Customer 对象的所有数据。但也有例外，当应用程序访问 Customer 代理类实例的 getId()方法时，Hibernate 不会初始化代理类实例，因为在创建代理类实例时 OID 就已经存在，不必到数据库中去查询。

以下代码先通过 EntityManager 的 getReference()方法加载 Customer 对象，然后访问它的 name 属性。

```
Customer customer = entityManager
        .getReference(Customer.class, Long.valueOf(1));
customer.getName();  //初始化 Customer 代理类实例，执行 select 语句
```

在运行 entityManager.getReference()方法时，Hibernate 不执行任何 select 语句，仅返回 Customer 类的代理类的实例，它的 OID 为 1，这是由 getReference()方法的第二个参数指定的。当应用程序调用 customer.getName()方法时，Hibernate 会初始化 Customer 代理类实例，从数据库中加载 Customer 对象的数据，执行以下 select 语句。

```
select * from CUSTOMERS where ID = 1;
```

程序通过 entityManager.getReference()方法获得了 Customer 类的代理类实例后，访问它时有以下注意事项。

(1) 如果在整个 EntityManager 的生命周期范围内，应用程序没有访问过 Customer 对象，那么 Customer 代理类的实例一直不会被初始化，Hibernate 不会执行任何 select 语句。以下代码试图在关闭 EntityManager 后访问 Customer 游离对象。

```
tx = entityManager.getTransaction();
tx.begin();
Customer customer = entityManager
        .getReference(Customer.class,Long.valueOf(1));
tx.commit();
entityManager.close();
customer.getName(); //抛出 LazyInitializationException
```

由于引用变量 customer 引用的 Customer 代理类的实例在 EntityManager 生命周期范围内始终没有被初始化，因此在执行 customer.getName()方法时，Hibernate 会抛出以下异常。

```
org.hibernate.LazyInitializationException:
could not initialize proxy [mypack.Customer#1] - no Session
```

由此可见，Customer 代理类的实例只有在当前 EntityManager 生命周期范围内才能被初始化。

(2) org.hibernate.Hibernate 类的 initialize()静态方法用于在 EntityManager 生命周期范围内显式初始化代理类实例，isInitialized()方法用于判断代理类实例是否已经被初始化。例如：

```
tx = entityManager.getTransaction();
tx.begin();
Customer customer = entityManager
         .getReference(Customer.class,Long.valueOf(1));
if(!Hibernate.isInitialized(customer))
  Hibernate.initialize(customer);
tx.commit();
entityManager.close();
customer.getName();  //可以正常访问 name 属性
```

以上代码在 EntityManager 生命周期范围内通过 Hibernate 类的 initialize()方法显式初始化了 Customer 代理类实例，因此当 EntityManager 关闭后，可以正常访问 Customer 游离对象。

在 JPA API 中，PersistenceUtil 接口的 isLoaded()方法和 Hibernate 类的 isInitialized()方法的作用相同，也能判断代理类实例是否被初始化。例如：

```
PersistenceUtil persistenceUtil = Persistence.getPersistenceUtil();
if(!persistenceUtil.isLoaded(customer))
  Hibernate.initialize(customer);
```

PersistenceUtil 接口的 isLoaded()方法还能判断代理类实例的特定属性是否被初始化，例如：

```
PersistenceUtil persistenceUtil = Persistence.getPersistenceUtil();
//判断 Customer 代理类实例的 orders 属性是否被初始化
System.out.println(persistenceUtil.isLoaded(customer,"orders"));
```

(3) 当应用程序访问代理类实例的 getId()方法时，不会触发 Hibernate 初始化代理类实例的行为，例如：

```
tx = entityManager.getTransaction();
tx.begin();
Customer customer = entityManager
        .getReference(Customer.class,Long.valueOf(1));
customer.getId();
tx.commit();
entityManager.close();
customer.getName();  //抛出异常
```

当应用程序访问 customer.getId()方法时，该方法直接返回 Customer 代理类实例的 OID 值，无须查询数据库。由于引用变量 customer 始终引用的是没有被初始化的 Customer 代理类实例，因此当 EntityManager 关闭后再执行 customer.getName()方法时，Hibernate 会抛出以下异常。

```
org.hibernate.LazyInitializationException:
could not initialize proxy [mypack.Customer#1] - no Session
```

(4) 以下代码通过@Proxy(lazy=false)注解禁止对 Customer 类使用代理类。

```
@Entity
@Table(name = "CUSTOMERS")
@org.hibernate.annotations.Proxy(lazy = false)
public class Customer implements java.io.Serializable {…}
```

在这种情况下，entityManager.getReference()方法会改为采用立即检索策略，立即执行查询 CUSTOMERS 表的 select 语句，返回具体的 Customer 对象。

16.3 一对多和多对多关联的检索策略

@OneToMany 注解和@ManyToMany 注解分别用来映射一对多和多对多的关联关系。@OneToMany 注解和@ManyToMany 注解的 fetch 属性用来设置检索策略，它的默认值为 FetchType.LAZY。默认情况下，在一对多和多对多关联级别采用延迟检索策略。

在 Customer 类中定义了一个 java.util.Set 集合类型的 orders 属性，如：

```
private Set<Order> orders = new HashSet<Order>();
```

Hibernate 也为 Set 集合类提供了代理类 org.hibernate.collection.internal.PersistentSet，

它扩展了 Set 接口，它的实现对应用程序是透明的。与持久化类的代理类不同，不管是否设置了延迟检索策略，Hibernate 的各种检索方法在为 Customer 对象的 orders 属性赋值时，orders 属性总是引用 PersistentSet 集合代理类的实例。

16.3.1 立即检索(FetchType.EAGER)

以下代码表明对 Customer 类的 orders 集合属性采用立即检索策略。

```
@OneToMany(mappedBy = "customer",
          fetch = FetchType.EAGER)
private Set < Order > orders  =  new HashSet < Order >();
```

以下代码通过 EntityManager 的 find()方法加载 OID 为 1 的 Customer 对象。

```
Customer customer = entityManager.find(Customer.class,
                                     Long.valueOf(1));
Set < Order > orders =  customer.getOrders();
Iterator < Order > orderIterator = orders.iterator();
```

执行 EntityManager 的 find()方法时，对 Customer 对象采用类级别的立即检索策略；对 Customer 对象的 orders 集合属性(即与 Customer 关联的所有 Order 对象)采用一对多关联级别的立即检索策略，Hibernate 执行以下 select 语句。

```
select * from CUSTOMERS left outer join ORDERS
on CUSTOMERS.ID  = ORDERS.CUSTOMER_ID where CUSTOMERS.ID = 1;
```

通过左外连接查询语句，Hibernate 加载了一个 Customer 对象和两个 Order 对象。Customer 对象的 orders 属性引用的是一个 Hibernate 提供的集合代理类实例，这个代理类实例引用了两个 Order 对象，参见图 16-3。

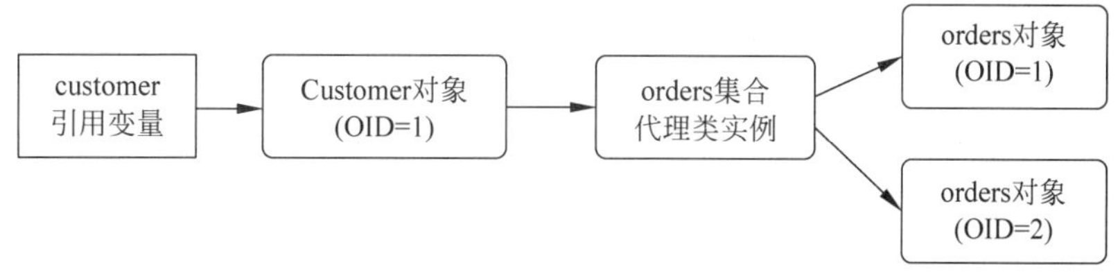

图 16-3 Customer 对象的 orders 属性引用一个集合代理类实例

假如一个客户有 100 个订单，EntityManager 的 find()方法会立即加载一个 Customer 对象和 100 个 Order 对象。但在多数情况下，应用程序并不需要访问这些 Order 对象，加载 100 个 Order 对象显然是多余的，所以在一对多关联级别中不能随意使用立即检索策略。

16.3.2 多查询语句立即检索(FetchMode.SELECT)

在 16.3.1 节的范例中，对于关联级别的立即检索，EntityManager 的 find()方法使用的是左外连接查询语句，如：

```
select * from CUSTOMERS left outer join ORDERS
on CUSTOMERS.ID = ORDERS.CUSTOMER_ID where CUSTOMERS.ID = 1;
```

左外连接查询语句能够避免 $n+1$ 条 select 语句问题，减少 select 语句的数目，从而减少访问数据库的次数，提高数据库访问性能。但是，当数据库执行左外连接查询语句时，会加载冗余数据，对内存空间的消耗更大。例如对于以上左外连接查询语句，表 16-3 列出了数据库加载的数据。

表 16-3 左外连接查询语句加载的数据（c 表示 CUSTOMERS 表，o 表示 ORDERS 表）

c. ID	c. NAME	o. ID	o. ORDER_NUMBER	o. CUSTOMER_ID
1	Tom	1	Tom_Order001	1
1	Tom	2	Tom_Order002	1

在表 16-3 中，用斜线阴影标识的数据是冗余数据。如果需要检索 n 个 Customer 对象，每个 Customer 对象有 m 个关联的 Order 对象，那么数据库会加载 $n \times m$ 条记录，这一问题称作笛卡儿积问题（Cartesian Product Problem）。

对于实际应用，如果笛卡儿积问题消耗大量内存，那么可以联合采用多查询语句检索模式和立即检索策略。以下代码对 Customer 类的 orders 集合属性的检索就采用这种方式。

```
//联合采用多查询语句检索模式和立即检索策略
@OneToMany(mappedBy = "customer", fetch = FetchType.EAGER)
@org.hibernate.annotations.Fetch(
        org.hibernate.annotations.FetchMode.SELECT)
private Set < Order > orders = new HashSet < Order >();
```

这时，通过 EntityManager 的 find()方法加载 Customer 对象，会通过单独的 select 语句来分别加载 Customer 对象以及关联的 Order 对象，如：

```
select * from CUSTOMERS where ID = 1;
select * from ORDERS where CUSTOMER_ID = 1;
```

多查询语句检索模式不仅适用于一对多和多对多的关联，也适用于一对一和多对一的关联。

16.3.3 延迟检索（FetchType. LAZY）

对于一对多关联和多对多关联，应该优先考虑使用默认的延迟检索策略。在 Customer 类中，以下代码对 orders 集合属性采用延迟检索策略。

```
//采用默认的延迟检索策略
@OneToMany(mappedBy = "customer")
private Set < Order > orders = new HashSet < Order >();
```

或者：

```
//显式设置延迟检索策略
@OneToMany(mappedBy = "customer",
           fetch = FetchType.LAZY)
private Set < Order > orders  =  new HashSet < Order >();
```

此时运行 EntityManager 的 find(Customer.class,Long.valueOf(1))方法,仅立即加载 Customer 对象,执行以下 select 语句。

```
select * from CUSTOMERS where ID = 1;
```

EntityManager 的 find()方法返回的 Customer 对象的 orders 属性引用了一个没有被初始化的集合代理类实例。换句话说,此时 orders 集合中没有存放任何 Order 对象。

只有当 orders 集合代理类实例被初始化时,才会到数据库中检索所有与 Customer 关联的 Order 对象,执行以下 select 语句。

```
select * from ORDERS where CUSTOMER_ID = 1;
```

那么,Customer 对象的 orders 属性引用的集合代理类实例什么时候被初始化呢?主要分为以下两种情况。

(1) 当应用程序第一次访问它,例如调用它的 iterator()、size()、isEmpty()或 contains()方法:

```
Set < order > orders = customer.getOrders();

//导致 orders 集合代理类实例被初始化
Iterator < Order > it = orders.iterator();
```

(2) 通过 org.hibernate.Hibernate 类的 initialize()静态方法初始化它,例如:

```
Set < Order > orders = customer.getOrders();
Hibernate.initialzie(orders); //导致 orders 集合代理类实例被初始化
```

16.3.4 增强延迟检索(LazyCollectionOption.EXTRA)

在 Customer 类中,以下代码表明对 orders 集合属性采用增强延迟检索策略。

```
@OneToMany(mappedBy = "customer")
@org.hibernate.annotations.LazyCollection(
  org.hibernate.annotations.LazyCollectionOption.EXTRA)
private Set < Order > orders  =  new HashSet < Order >();
```

增强延迟检索策略与一般的延迟检索策略(@oneToMany 注解的 lazy 属性为 FetchType.LAZY)很相似。主要区别在于,增强延迟检索策略能进一步延迟 Customer 对象的 orders 集合代理类实例的初始化时机:

(1) 当程序第一次访问 orders 属性的 iterator()方法时，会导致 orders 集合代理类实例的初始化。

(2) 当程序第一次访问 orders 属性的 size()、contains()和 isEmpty()方法时，Hibernate 不会初始化 orders 集合代理类实例，仅通过特定的 select 语句查询必要的信息，而不会检索所有的 Order 对象。

以下程序代码演示了采用增强延迟检索策略时的 Hibernate 运行时行为。

```
Customer customer = entityManager.find(Customer.class,
                                      Long.valueOf(1));

//以下语句不会初始化 orders 集合代理类实例
//执行 SQL 语句：select count(*) from ORDERS where CUSTOMER_ID = 1
int size = customer.getOrders().size();

//以下语句会初始化 orders 集合代理类实例
//执行 SQL 语句：select * from ORDERS where CUSTOMER_ID = 1
Iterator<Order> orderIterator = customer.getOrders().iterator();
```

16.3.5 批量检索(@BatchSize 注解)

@org.hibernate.annotations.BatchSize 注解用于为延迟检索策略或立即检索策略设定批量检索的数量。批量检索能减少 select 语句的数目，提高延迟检索或立即检索的运行性能。下面举例说明它的用法。

Query 的 getResultList()方法在默认情况下，总是采用多查询语句检索模式来检索关联的对象。但是，多查询语句检索模式会导致出现 $n+1$ 条 select 语句问题。避免 $n+1$ 条 select 语句问题的出现有以下方式。

(1) 通过设置批量检索数目来减少 select 语句的数目，参见本节。

(2) 使用子查询语句，参见 16.3.6 节。

(3) 在程序中动态使用左外连接检索，参见 16.6 节。

1. 批量延迟检索

以下代码用于检索所有的 Customer 对象。

```
List<Customer> customerLists = entityManager
              .createQuery("from Customer as c",Customer.class)
              .getResultList();
Iterator<Customer> customerIterator = customerLists.iterator();

Customer customer1 = customerIterator.next();
Customer customer2 = customerIterator.next();
Customer customer3 = customerIterator.next();
Customer customer4 = customerIterator.next();

Iterator<Order> orderIterator1 = customer1.getOrders().iterator();
```

```
Iterator < Order > orderIterator2 = customer2.getOrders().iterator();
Iterator < Order > orderIterator3 = customer3.getOrders().iterator();
Iterator < Order > orderIterator4 = customer4.getOrders().iterator();
```

如果对 Customer 对象的 orders 集合属性采用延迟检索策略，那么当 Query 的 getResultList()方法检索 Customer 对象时，仅立即执行检索 Customer 对象的 select 语句，如：

```
select * from CUSTOMERS ;
```

在 CUSTOMERS 表中共有四条记录，因此，Hibernate 将创建四个 Customer 对象，它们的 orders 属性各自引用一个集合代理类实例。图 16-4 显示了 Query 的 getResultList() 方法创建的 Customer 对象及 orders 集合代理类实例。

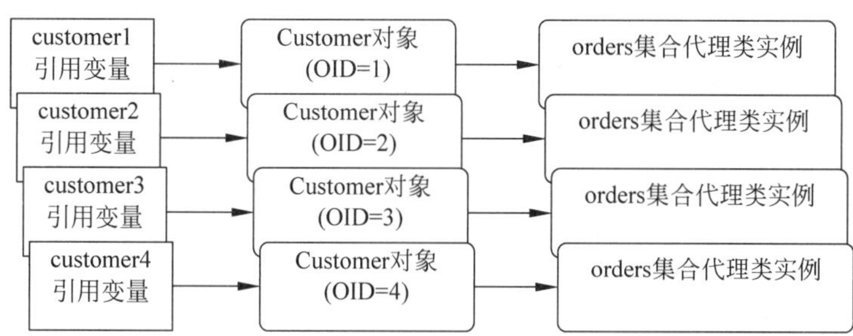

图 16-4　Query 的 getResultList()方法创建的 Customer 对象及 orders 集合代理类实例

当访问 customer1.getOrders().iterator()方法时，会初始化 OID 为 1 的 Customer 对象的 orders 集合代理类实例，Hibernate 执行的 select 语句为：

```
select * from ORDERS where CUSTOMER_ID = 1;
```

当访问 customer2.getOrders().iterator()方法时，会初始化 OID 为 2 的 Customer 对象的 orders 集合代理类实例，Hibernate 执行的 select 语句为：

```
select * from ORDERS where CUSTOMER_ID = 2;
```

当访问 customer3.getOrders().iterator()方法时，会初始化 OID 为 3 的 Customer 对象的 orders 集合代理类实例，Hibernate 执行的 select 语句为：

```
select * from ORDERS where CUSTOMER_ID = 3;
```

当访问 customer4.getOrders().iterator()方法时，会初始化 OID 为 4 的 Customer 对象的 orders 集合代理类实例，Hibernate 执行的 select 语句为：

```
select * from ORDERS where CUSTOMER_ID = 4;
```

由此可见，为了初始化四个 orders 集合代理类实例，Hibernate 必须执行四条查询 ORDERS 表的 select 语句。为了减少 select 语句的数目，可以采用批量延迟检索，如：

```
@OneToMany(mappedBy = "customer")
@org.hibernate.annotations.BatchSize(size = 3)
private Set < Order > orders  =  new HashSet < Order >();
```

完成设置后，当访问 customer1.getOrders().iterator()方法时，Session 的持久化缓存中共有四个 orders 集合代理类实例没有被初始化。由于@BatchSize 注解的 size 属性为 3，因此会批量初始化三个 orders 集合代理类实例，Hibernate 执行的 select 语句为：

```
select * from ORDERS where CUSTOMER_ID in (1,2,3);
```

当访问 customer2.getOrders().iterator()方法时，不需要再初始化它的 orders 集合代理类实例。同样，当访问 customer3.getOrders().iterator()方法时，也不需要再初始化它的 orders 集合代理类实例。

当访问 customer4.getOrders().iterator()方法时，会自动批量初始化三个 orders 集合代理类实例。假如 Session 的持久化缓存中不足三个 orders 集合代理类实例，就初始化剩余的所有 orders 集合代理类实例。在本例中，会初始化 OID 为 4 的 Customer 对象的 orders 集合代理类实例，Hibernate 执行的 select 语句为：

```
select * from ORDERS where CUSTOMER_ID = 4;
```

由此可见，如果把@BatchSize 注解的 size 属性设为 3，那么初始化四个 orders 集合代理类实例，只需要执行两条查询 ORDERS 表的 select 语句。

如果把@BatchSize 注解的 size 属性设为 4，那么在访问 customer1.getOrders().iterator()方法时，会批量初始化四个 orders 集合代理类实例，Hibernate 执行的 select 语句为：

```
select * from ORDERS where CUSTOMER_ID in (1,2,3,4) ;
```

2. 批量立即检索

对于以下检索方法：

```
List < Customer > customerLists = entityManager
            .createQuery("from Customer as c",Customer.class)
            .getResultList();
```

如果 Customer 类的 orders 集合使用立即检索策略，如：

```
@OneToMany(mappedBy = "customer", fetch = FetchType.EAGER)
private Set < Order > orders  =  new HashSet < Order >();
```

那么 Query 的 getResultList()方法会立即执行以下 select 语句。

```
select * from CUSTOMERS;
select * from ORDERS where CUSTOMER_ID = 1;
select * from ORDERS where CUSTOMER_ID = 2;
select * from ORDERS where CUSTOMER_ID = 3;
select * from ORDERS where CUSTOMER_ID = 4;
```

为了减少 select 语句数目，可以设置批量立即检索，如：

```
@OneToMany(mappedBy = "customer", fetch = FetchType.EAGER)
@org.hibernate.annotations.BatchSize(size = 3)
private Set < Order > orders  =  new HashSet < Order >();
```

此时 Query 的 getResultList()方法立即执行以下 select 语句。

```
select * from CUSTOMERS;
select * from ORDERS where CUSTOMER_ID in (1,2,3);
select * from ORDERS where CUSTOMER_ID = 4;
```

如果把@BatchSize 注解的 size 属性设为 4，那么 Query 的 getResultList()方法立即执行以下 select 语句。

```
select * from CUSTOMERS;
select * from ORDERS where CUSTOMER_ID in (1,2,3,4);
```

16.3.6 使用子查询语句(FetchMode.SUBSELECT)

16.3.5 节介绍了通过批量检索来避免 $n+1$ 条 select 语句问题。本节介绍通过子查询语句检索模式来减少 select 语句的数目。

例如有以下代码：

```
List < Customer > customerLists = entityManager
            .createQuery("from Customer as c",Customer.class)
            .getResultList();                                     //第 1 行
Iterator < Customer > customerIterator = customerLists.iterator();  //第 2 行
Customer customer1 = customerIterator.next();                     //第 3 行
Customer customer2 = customerIterator.next();                     //第 4 行
Customer customer3 = customerIterator.next();                     //第 5 行
Customer customer4 = customerIterator.next();                     //第 6 行
Iterator < Order > orderIterator1 =
        customer1.getOrders().iterator();                         //第 7 行
```

下面分别介绍在不同检索策略下，使用子查询语句检索模式时，这段代码的运行时行为。

(1) 对 Customer 类的 orders 集合属性使用立即检索策略，并且使用子查询语句检索模式，如：

```
@OneToMany(mappedBy = "customer",fetch = FetchType.EAGER)
@org.hibernate.annotations.Fetch(
```

```
        org.hibernate.annotations.FetchMode.SUBSELECT)
private Set<Order> orders = new HashSet<Order>();
```

程序第 1 行的 Query 的 getResultList()方法会立即执行以下带子查询的 select 语句。

```
select * from CUSTOMERS;

select * from ORDERS where CUSTOMER_ID
in (select ID from CUSTOMERS);
```

(2) 对 Customer 类的 orders 集合属性使用默认的延迟检索策略，并且使用子查询语句检索模式，如：

```
@OneToMany(mappedBy = "customer")
@org.hibernate.annotations.Fetch(
        org.hibernate.annotations.FetchMode.SUBSELECT)
private Set<Order> orders = new HashSet<Order>();
```

程序会在第 7 行初始化 orders 集合代理类实例，执行以下带子查询的 select 语句。

```
select * from ORDERS where CUSTOMER_ID
in (select ID from CUSTOMERS);
```

由此可见，假定 Session 的持久化缓存中有 n 个 orders 集合代理类实例没有被初始化，那么当使用子查询语句时，Hibernate 能够通过带子查询的 select 语句，来批量初始化 n 个 orders 集合代理类实例。

子查询语句本身为最初查询 CUSTOMERS 表的 select 语句。例如，假定查询 CUSTOMERS 表的 select 语句为：

```
select * from CUSTOMERS where age > 20;
```

那么初始化 orders 集合代理类实例的 select 语句为：

```
select * from ORDERS
where CUSTOMER_ID in (select ID from CUSTOMERS where age > 20);
```

提示 子查询语句检索模式不仅适用于一对多和多对多的关联，也适用于一对一和多对一的关联。

16.4 多对一和一对一关联的检索策略

@ManyToOne 注解和@OneToOne 注解分别用来映射多对一和一对一的关联关系。@ManyToOne 注解和@OneToOne 注解的 fetch 属性用来设置检索策略，它的默认值为 FetchType.EAGER。默认情况下，在多对一和一对一关联级别采用立即检索策略。

假如应用程序仅希望访问 Order 对象，并不需要立即访问与 Order 关联的 Customer 对象，则应该使用延迟检索策略。

16.4.1 立即检索(FetchType.EAGER)

对于多对一关联和一对一关联，可以优先考虑使用默认的立即检索策略。例如在 Order 类中，通过以下代码对 customer 属性采用立即检索策略。

```
//采用默认的立即检索策略
@ManyToOne(targetEntity = Customer.class)
@JoinColumn(name = "CUSTOMER_ID")
private Customer customer;
```

或者：

```
//显式设置立即检索策略
@ManyToOne(targetEntity = Customer.class,
                          fetch = FetchType.EAGER)
@JoinColumn(name = "CUSTOMER_ID")
private Customer customer;
```

对于以下程序代码：

```
Order order = entityManager.find(Order.class,Long.valueOf(1));
```

在运行 entityManager.find()方法时，Hibernate 需要决定以下检索策略。

(1) 类级别的 Order 对象的检索策略。根据 16.2.1 节的介绍，EntityManager 的 find()方法在类级别总是使用立即检索策略。

(2) 与 Order 多对一关联的 Customer 对象(即 Order 类的 customer 属性)的检索策略。假定采用默认的立即检索策略。

(3) 与 Customer 一对多关联的 Order 对象(即 Customer 类的 orders 集合属性)的检索策略。假定采用立即检索策略。

根据检索策略，Hibernate 执行以下 select 语句。

```
//立即检索 Order 对象以及关联的 Customer 对象
select * from ORDERS left outer join CUSTOMERS
on ORDERS.CUSTOMER_ID = CUSTOMERS.ID where ORDERS.ID = 1

//立即检索与 Customer 对象关联的 Order 对象
select * from ORDERS where CUSTOMER_ID = 1
```

通过这两条 select 语句，EntityManager 的 find()方法实际上加载了三个持久化对象，如图 16-5 所示。

假定对与 Customer 关联的 Order 对象(即 Customer 类的 orders 集合属性)采用延迟

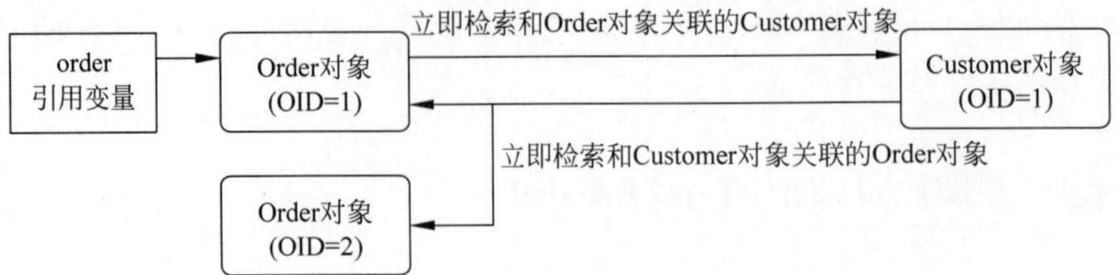

图 16-5　EntityManager 的 find()方法加载的三个持久化对象的对象图

检索策略，那么通过 EntityManager 的 find()方法加载 Order 对象时，Hibernate 仅执行以下 select 语句。

```
select * from ORDERS left outer join CUSTOMERS
on ORDERS.CUSTOMER_ID = CUSTOMERS.ID where ORDERS.ID = 1;
```

通过这条 select 语句，EntityManager 的 find()方法实际上加载了两个持久化对象，如图 16-6 所示。

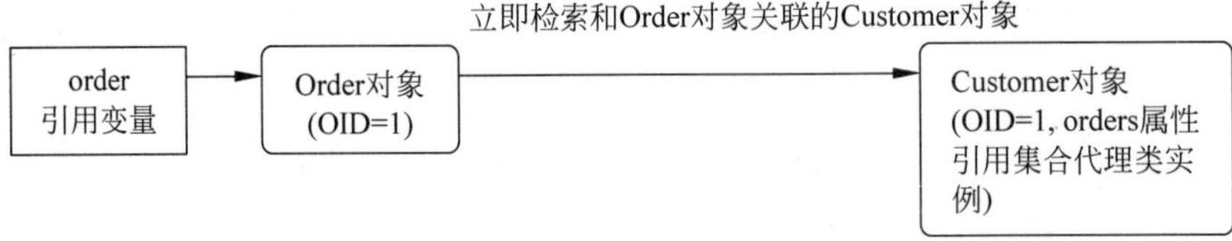

图 16-6　EntityManager 的 find()方法加载的两个持久化对象的对象图

16.4.2　延迟检索(FetchType.LAZY)

如果希望检索 Order 对象时，延迟检索关联的 Customer 对象，那么需要在 Order 类中对 customer 属性进行如下设置。

```
//显式设置延迟检索策略
@ManyToOne(targetEntity = Customer.class,
                    fetch = FetchType.LAZY)
@JoinColumn(name = "CUSTOMER_ID")
private Customer customer;
```

对于以下程序代码：

```
Order order = entityManager.find(Order.class,Long.valueOf(1));
//order.getCustomer()返回 Customer 代理类实例的引用
Customer customer = order.getCustomer();
String name = customer.getName();
```

当运行 EntityManager 的 find()方法时，仅立即执行如下检索 Order 对象的 select 语句。

```
select * from ORDERS where ID = 1;
```

Order 对象的 customer 属性引用 Customer 代理类实例，这个代理类实例的 OID 由 ORDERS 表的 CUSTOMER_ID 外键值决定。order.getCustomer()方法返回 Customer 代理类实例的引用，参见图 16-7。

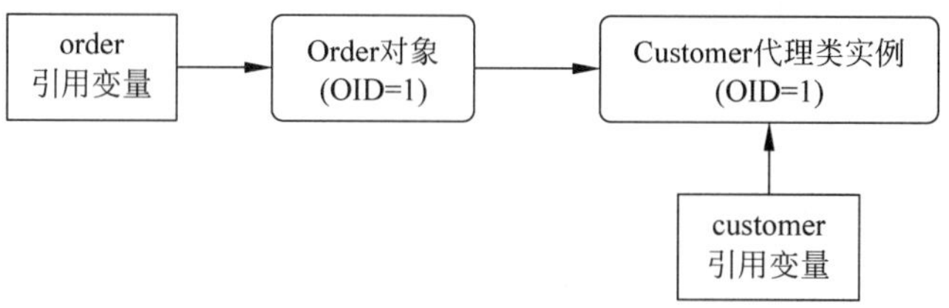

图 16-7 Order 对象与 Customer 代理类的实例关联

在图 16-7 中，customer 引用变量引用 Customer 代理类实例。当执行 customer.getName()方法时，Hibernate 初始化 Customer 代理类实例，执行以下 select 语句，到数据库中加载 Customer 对象。

```
select * from CUSTOMERS where ID = 1;
```

假定对 Customer 类的 orders 集合属性采用延迟检索策略，那么此时仅初始化 Customer 代理类实例，而不会立即检索与 Customer 对象关联的所有 Order 对象。

16.4.3 无代理延迟检索

对于以下程序代码：

```
Order order = entityManager.find(Order.class,
                        Long.valueOf(1));      //第 1 行
Customer customer = order.getCustomer();      //第 2 行
Long id = customer.getId();                   //第 3 行
customer.getName();                           //第 4 行
```

如果对 Order 类的 customer 属性使用延迟检索策略，那么将在程序第 4 行初始化 Customer 代理类实例，执行查询 CUSTOMERS 表的 select 语句。

下面对 Order 类的 customer 属性进行如下映射。

```
@ManyToOne(targetEntity = Customer.class, fetch = FetchType.LAZY)
@org.hibernate.annotations.LazyToOne(
          org.hibernate.annotations.LazyToOneOption.NO_PROXY)
@JoinColumn(name = "CUSTOMER_ID")
private Customer customer;
```

代码对 Order 类的 customer 属性设置了无代理延迟检索。在这种情况下，本节开头的程序的第 1 行加载的 Order 对象的 customer 属性为 null。当程序第 2 行调用 order.getCustomer()方法时，将触发 Hibernate 执行查询 CUSTOMERS 表的 select 语句，从而加载 Customer 对象。

由此可见，采用默认的有代理延迟检索策略，可以更加长延迟加载 Customer 对象的时机。而对于无代理延迟检索，则可以避免使用由 Hibernate 提供的 Customer 代理类实例，使 Hibernate 对程序提供更加透明的持久化服务。

值得注意的是，为了使无代理延迟检索生效，必须在 ANT 工具的 build. xml 文件中定义例程 16-1 所示的用于增强持久化类的字节码的 Enhance 任务。Enhance 任务是由 org. hibernate. tool. enhance. EnhancementTask 类来实现的。

例程 16-1 build. xml 文件中的 Enhance 任务

```
<target name = "enhance" depends = "compile">
  <taskdef name = "enhance" classname =
        "org.hibernate.tool.enhance.EnhancementTask">
     <classpath refid = "project.class.path"/>
  </taskdef>

  <enhance base = "${class.root}" dir = "${class.root}"
       failOnError = "true"
       enableLazyInitialization = "true"
       enableDirtyTracking = "true"
       enableAssociationManagement = "true"
       enableExtendedEnhancement = "true" />
</target>
```

该任务能够改写 Order 持久化类的字节码，加入拦截器的功能，使得程序访问 Order 对象的 getCustomer()方法时，就能够触发 Hibernate 到数据库加载 Customer 对象的行为。

对于 Hibernate 5 版本，字节码增强功能的实现机制还不够完善，因此运行 Enhance 任务可能会失败。请读者参照最新的 Hibernate 版本，通过阅读 Hibernate 的 JavaDoc 文档或者 EnhancementTask 类的源代码，来了解它的使用方法。

16.4.4 批量检索(@BatchSize 注解)

16.3.5 节已经提到，在关联级别可以设定批量检索，从而提高延迟检索或立即检索的运行性能，下面举例说明如何在多对一关联级别设置批量检索。

1. 批量延迟检索

以下代码先通过 Query 的 getResultList()方法检索出所有的 Order 对象，接着从每个 Order 对象导航到关联的 Customer 对象，然后访问 Customer 对象的 getName()方法。

```
List<Order> orderLists = entityManager
      .createQuery("from Order as c ",Order.class)
      .getResultList();

Iterator<Order> orderIterator = orderLists.iterator();

Order order1 = orderIterator.next();
```

```
Order order2 = orderIterator.next();
Order order3 = orderIterator.next();
Order order4 = orderIterator.next();
Order order5 = orderIterator.next();
Order order6 = orderIterator.next();

Customer customer1 = order1.getCustomer();
if(customer1!= null) customer1.getName(); //customer1.id = 1

Customer customer2 = order2.getCustomer();
if(customer2!= null)customer2.getName(); //customer2.id = 1

Customer customer3 = order3.getCustomer();
if(customer3!= null)customer3.getName(); //customer3.id = 2

Customer customer4 = order4.getCustomer();
if(customer4!= null)customer4.getName(); //customer4.id = 3

Customer customer5 = order5.getCustomer();
if(customer5!= null)customer5.getName(); //customer5.id = 4

Customer customer6 = order6.getCustomer();
if(customer6!= null)customer6.getName(); //customer6 = null
```

假定对 Order 类的 customer 属性采用延迟检索，那么当 Query 的 getResultList()方法检索 Order 对象时，仅立即执行如下检索 Order 对象的 select 语句。

```
select * from ORDERS;
```

select 语句共检索出 6 条 ORDERS 记录，Hibernate 将创建 6 个 Order 对象。如果一条 ORDERS 记录的 CUSTOMER_ID 字段不为 null，就创建一个 Customer 代理类实例。Hibernate 保证在 Session 的持久化缓存中不会出现 OID 相同的两个 Customer 代理类实例，因此，OID 为 1 和 2 的两个 Order 对象都和同一个 Customer 代理类实例关联。图 16-8 显示了 Query 的 getResultList()方法创建的 Order 对象及 Customer 代理类实例。

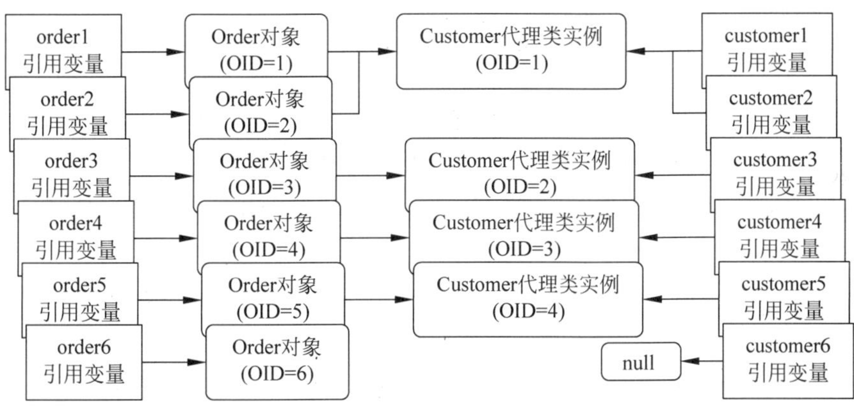

图 16-8 Query 的 getResultList()方法创建的 Order 对象及 Customer 代理类实例

当访问 customer1. getName()方法时，会初始化 OID 为 1 的 Customer 代理类实例，Hibernate 到数据库中检索 OID 为 1 的 Customer 对象，Hibernate 执行的 select 语句为：

```
select * from CUSTOMERS where ID = 1;
```

假定对 Customer 类的 orders 集合属性采用延迟检索策略，当 Hibernate 检索 Customer 对象时，不会立即查询 ORDERS 表来初始化 Customer 对象的 orders 集合代理类实例。

当访问 customer2. getName()方法时，由于 OID 为 1 的 Customer 代理类实例已经被初始化，因此 Hibernate 不需要再对它初始化。

当访问 customer3. getName()方法时，会初始化 OID 为 2 的 Customer 代理类实例，Hibernate 到数据库中检索 OID 为 2 的 Customer 对象，Hibernate 执行的 select 语句为：

```
select * from CUSTOMERS where ID = 2;
```

当访问 customer4. getName()方法时，会初始化 OID 为 3 的 Customer 代理类实例，Hibernate 到数据库中检索 OID 为 3 的 Customer 对象，Hibernate 执行的 select 语句为：

```
select * from CUSTOMERS where ID = 3;
```

当访问 customer5. getName()方法时，会初始化 OID 为 4 的 Customer 代理类实例，Hibernate 到数据库中检索 OID 为 4 的 Customer 对象，Hibernate 执行的 select 语句为：

```
select * from CUSTOMERS where ID = 4;
```

由于 customer6 为 null，因此应用程序不会访问它的 getName()方法。

由此可见，为了检索四个 Customer 对象，Hibernate 必须执行四条查询 CUSTOMERS 表的 select 语句。为了减少 select 语句的数目，可以在 Customer 类中设置批量检索数目，如：

```
@Entity
@Table(name = "CUSTOMERS")
@org.hibernate.annotations.BatchSize(size = 3)
public class Customer implements java.io.Serializable {…}
```

@BatchSize 注解用于指定批量初始化 Customer 代理类实例的数目。当访问 customer1. getName()方法时，Session 的持久化缓存中有四个 Customer 代理类实例没有被初始化，由于批量检索数目为 3，因此 Hibernate 会批量初始化三个 Customer 代理类实例，Hibernate 执行的 select 语句为：

```
select * from CUSTOMERS where ID in (1,2,3);
```

接下来访问 customer2. getName()、customer3. getName()和 customer4. getName()方法时，都不再需要初始化 Customer 代理类实例。

当访问 customer5. getName()方法时，此时 Session 的持久化缓存中只有 OID 为 4 的

Customer 代理类实例没有初始化，因此 Hibernate 初始化这个实例，执行的 select 语句为：

```
select * from CUSTOMERS where ID = 4;
```

由此可见，如果把批量检索数目设为 3，为了检索四个 Customer 对象，Hibernate 只需要执行两条查询 CUSTOMERS 表的 select 语句。

再看把批量检索数目设为 4 的情形。当访问 customer1.getName()方法时，此时 Session 的持久化缓存中有四个 Customer 代理类实例没有被初始化，因此 Hibernate 会批量初始化四个 Customer 代理类实例，Hibernate 执行的 select 语句为：

```
select * from CUSTOMERS where ID in (1,2,3,4);
```

接下来访问 customer2.getName()、customer3.getName()、customer4.getName()方法和 customer5.getName()方法时，都不再需要初始化 Customer 代理类实例。

由此可见，如果把批量检索数目设为 4，为了检索四个 Customer 对象，Hibernate 只需要执行一条查询 CUSTOMERS 表的 select 语句。

如果 Session 的持久化缓存中有 n 个 Customer 代理类实例没有被初始化，当批量检索数目为默认值 1，那么必须执行 n 条查询 CUSTOMERS 表的 select 语句；如果把批量检索数目设为 m，那么必须执行 n/m 条查询 CUSTOMERS 表的 select 语句。尽管批量检索能减少 select 语句的数目，但是如果批量检索数目的取值太大，就会使延迟加载失去意义。假如 Session 的持久化缓存中有 100 个 Customer 代理类实例没有被初始化，但应用程序实际上只会访问其中 5 个 Customer 代理类实例，此时如果把批量检索数目设为 100，会导致多余加载 95 个 Customer 对象。

因此，必须根据实际情况确定批量检索数目，合理的批量检索数目应该控制在 3～10 之间。

2. 批量立即检索

假如 Customer 类及它的 orders 属性都通过@BatchSize 注解把批量检索数目设为 4，Customer 类的 orders 集合属性以及 Order 类的 customer 属性都采用立即检索策略，那么执行以下程序时：

```
List < Order > orderLists = entityManager
      .createQuery("from Order as c ",Order.class)
      .getResultList();
```

Hibernate 对 Order 对象采用立即检索，对与 Order 关联的 Customer 对象和与 Customer 关联的 Order 对象采用批量立即检索，Hibernate 执行如下三条 select 语句。

```
select * from ORDERS;
select * from CUSTOMERS where ID in (1,2,3,4);
select * from ORDERS where CUSTOMER_ID in (1,2,3,4);
```

16.5 控制左外连接检索的深度

假定有七个类：类A、类B、类C、类D、类E、类F和类G，它们的关联关系参见图16-9。

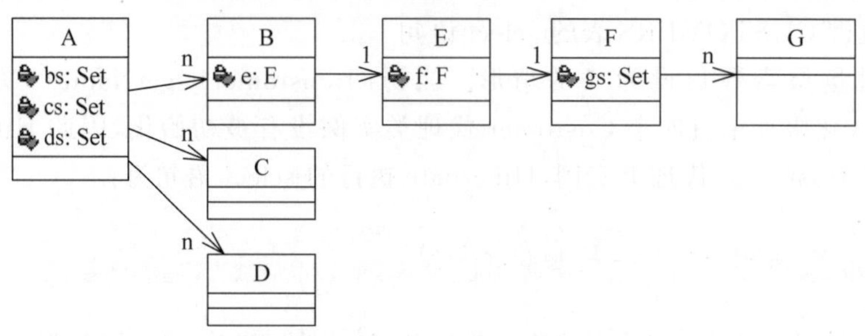

图16-9 类A、类B、类C、类D、类E、类F和类G的类框图

在图16-9中，类A和类B、类A和类C、类A和类D以及类F和类G为一对多关联，类B和类E以及类E和类F为多对一关联。假定这些类在关联级别都采用立即检索策略。

对于以下的程序代码：

```
A a = entityManager.find(A.class,Long.valueOf(1));
```

EntityManager的find()方法在关联级别会通过左外连接查询语句来检索关联的对象。Hibernate会执行以下select语句。

```
select a.ID,
b.A_ID, b.ID, b.E_ID,
e.ID, e.F_ID,
c.A_ID, c.ID, c.ID,
d.A_ID, d.ID from A a
left outer join B b on a.ID = b.A_ID
left outer join E e on b.E_ID = e.ID
left outer join C c on a.ID = c.A_ID
left outer join D d on a.ID = d.A_ID
where a.ID = 1
```

可以看出，当检索A对象时，会外连接检索与它关联的B、C和D对象。此外，还会外连接检索与B关联的E对象。但不会再外连接检索与E对象关联的F对象，以及与F对象关联的G对象。

数据库进行表连接是一项耗时的操作，如果select语句中表的外连接的深度太大，会影响检索性能，此时可以通过Hibernate的配置属性hibernate.max_fetch_depth来控制外连接的深度。从表A到表B、表A到表C，以及表A到表D的外连接深度都为1，而从表A到表E的外连接深度为2。默认情况下，hibernate.max_fetch_depth属性的值为2。在JPA的配置文件中，可以按照如下方式设置hibernate.max_fetch_depth属性。

```
<property name = "hibernate.max_fetch_depth" value = "1" />
```

如果把 hibernate.max_fetch_depth 属性设为 1,那么在 select 语句中只允许深度为 1 的表外连接。运行 EntityManager 的 find()方法加载对象 A 时,Hibernate 会执行以下 select 语句。

```
select a.ID,
b.A_ID, b.ID, b.E_ID,
c.A_ID, c.ID, c.ID,
d.A_ID, d.ID from A a
left outer join B b on a.ID = b.A_ID
left outer join C c on a.ID = c.A_ID
left outer join D d on a.ID = d.A_ID
where a.ID = 1
```

可以看出,当检索 A 对象时,会外连接检索与它关联的 B、C 和 D 对象,但不会外连接检索与 B 关联的 E 对象。

如果把 hibernate.max_fetch_depth 属性设为 4,那么在 select 语句中允许深度为 4 的表外连接,Hibernate 会执行以下 select 语句。

```
select a.ID, b.A_ID,
b.ID, b.ID, b.E_ID,
e.ID, e.F_ID,
f.ID,
g.F_ID,g.ID,
c.A_ID,c.ID,
d.A_ID,d.ID
from A a
left outer join B b on a.ID = b.A_ID
left outer join E e on b.E_ID = e.ID
left outer join F f on e.F_ID = f.ID
left outer join G g on f.ID = g.F_ID
left outer join C c on a.ID = c.A_ID
left outer join D d on a.ID = d.A_ID
where a.ID = 1
```

可以看出,当检索 A 对象时,会外连接检索与它关联的 B、C 和 D 对象,还会外连接检索与 B 关联的 E 对象,与 E 对象关联的 F 对象,以及与 F 对象关联的 G 对象。

hibernate.max_fetch_depth 属性的合理取值取决于数据库系统的表连接性能及表的大小。如果数据库表的记录少,并且数据库系统具有良好的表连接性能,可以把 hibernate.max_fetch_depth 属性值设置得高一些。通常,可以先把它设为 4,然后慢慢加大或者减小,比较取不同值时应用程序的运行性能,然后选择一个最佳值。

提示 对于不同的 Hibernate 版本,hibernate.max_fetch_depth 属性的默认值可能会有所变化。

本节范例位于配套源代码包的 chapter16/16.5 目录下,可以按如下步骤运行本节范例。

(1) 先在 MySQL 数据库中运行 chapter16/16.5/schema/sampledb.sql 脚本，创建 A、B、C、D、E、F 和 G 表，并插入测试数据。

(2) 在 DOS 下转到 chapter16/16.5 目录下，运行 ANT 命令 ant run，该命令将运行 BusinessService 测试类。

16.6 在程序中动态指定立即左外连接检索

在持久化类中通过注解设定的检索策略是固定的，要么为延迟检索，要么为立即检索。但应用逻辑是多种多样的，有些情况下需要延迟检索，而有些情况下需要立即检索。Hibernate 允许在应用程序中覆盖持久化类中设定的检索策略，由应用程序在运行时决定检索对象图的深度。

以下代码两次调用 Query 的 getResultList()方法，都用于检索 OID 为 1 的 Customer 对象。

```
//第一个 Query.getResultList()方法
entityManager
     .createQuery("from Customer as c where c.id = 1",Customer.class)
     .getResultList();

//第二个 Query.getResultList()方法
entityManager
       .createQuery("from Customer as c"
            + " left join fetch c.orders where c.id = 1",Customer.class)
       .getResultList();
```

假定在 Customer 类中，对 orders 集合属性采用延迟检索策略。在执行第一个 Query.getResultList()方法时，将使用 Customer 类中设置的检索策略。在执行第二个 Query.getResultList()方法时，在 JPQL 语句中显式指定左外连接检索关联的 Order 对象，因此会覆盖 Customer 类中设置的检索策略，Hibernate 执行以下 select 语句。

```
select * from CUSTOMERS left outer join ORDERS
on CUSTOMERS.ID = ORDERS.CUSTOMER_ID where CUSTOMERS.ID = 1;
```

查询语句会立即检索 Customer 对象，以及和它关联的所有 Order 对象。

16.7 定义和检索对象图

JPA API 提供了一组定义和检索对象图的接口、类和注解，使得程序可以灵活地检索出需要的对象图。下面以 Customer 类为例，介绍定义和检索对象图的方法。假定在 Customer 类中，对它的 orders 集合属性采用默认的延迟检索策略。

首先在 Customer 类中通过@ NamedEntityGraphs 注解来定义一个名为 ordersGraph 的对象图，例如：

```
@NamedEntityGraphs(
    @NamedEntityGraph(
        name = "ordersGraph",
        attributeNodes = {@NamedAttributeNode("orders")}
    )
)

@Entity
@Table(name = "CUSTOMERS")
public class Customer implements java.io.Serializable {…}
```

代码定义了名为 ordersGraph 的对象图,@NamedEntityGraph 注解的 attributeNodes 属性表明在该对象图中会包含 Customer 对象的 orders 集合属性。

以下程序代码通过 EntityManager 的 find()方法检索 Customer 对象。

```
//获得名为 ordersGraph 的对象图
EntityGraph ordersGraph = entityManager.getEntityGraph("ordersGraph");

//把对象图保存到一个 Properties 对象中
Map<String,Object> properties = new HashMap<String,Object>();
properties.put("javax.persistence.loadgraph",ordersGraph);

//按照对象图来检索 Customer 对象以及关联的 Order 对象
Customer customer = entityManager.find(Customer.class,
                    Long.valueOf(1),properties);
```

运行 EntityManager 的 find()方法时,会通过左外连接查询语句立即加载 Customer 对象以及与它关联的所有 Order 对象。由此可见,以上检索过程覆盖了在 Customer 类中为 orders 集合属性设置的默认延迟检索策略。

Query 的 getResultList()方法也支持检索对象图,如:

```
//获得名为 ordersGraph 的对象图
EntityGraph ordersGraph = entityManager.getEntityGraph("ordersGraph");

//按照对象图来检索 Customer 对象以及关联的 Order 对象
List<Customer> customerLists = entityManager
            .createQuery("from Customer as c",Customer.class)
            .setHint("javax.persistence.loadgraph", ordersGraph)
            .getResultList();
```

运行 Query 的 getResultList()方法时,会通过左外连接查询语句立即加载所有的 Customer 对象以及与它关联的所有 Order 对象。

在 Customer 类中通过@ NamedEntityGraphs 注解定义的对象图是固定的。此外,还可以在程序中动态地创建对象图,然后再检索它。例如:

```
//创建一个基于 Customer 类的对象图
EntityGraph<Customer> ordersGraph =
```

```
        entityManager.createEntityGraph(Customer.class);

//在对象图中加入 orders 集合属性节点
ordersGraph.addAttributeNodes("orders");

//把对象图保存到一个 Properties 对象中
Map<String,Object> properties = new HashMap<String,Object>();
properties.put("javax.persistence.loadgraph",ordersGraph);

//按照对象图来检索 Customer 对象以及关联的 Order 对象
Customer customer = entityManager.find(Customer.class,
                              Long.valueOf(1),properties);
```

运行以上 EntityManager 的 find()方法时，会通过左外连接查询语句立即加载 Customer 对象以及与它关联的所有 Order 对象。

16.8 用@FecthProfile 注解指定检索规则

在 Hibernate API 中提供了一个@org.hibernate.annotations.FetchProfile 注解，它可以覆盖在持久化类中为特定属性设定的检索策略，使得程序可以灵活地使用@FetchProfile 注解所设定的检索规则。下面以 Customer 类为例，介绍@FetchProfile 注解的用法。假定在 Customer 类中，对它的 orders 集合属性采用默认的延迟检索策略。

首先在 Customer 类中声明@FetchProfile 注解，如：

```
@FetchProfile(
   name = "customerProfile",
   fetchOverrides = {
       @FetchProfile.FetchOverride(
           entity = Customer.class,
           association = "orders",
           mode = FetchMode.JOIN)}
)

@Entity
@Table(name = "CUSTOMERS")
public class Customer implements java.io.Serializable {…}
```

@FetchProfile 注解定义了一个名为 customerProfile 的检索规则，它指定对 Customer 类的 orders 集合属性采用左外连接检索模式。

@FetchProfile 注解不仅可以放在 Customer 类中，也可以放在单独的存放元数据的类文件中，例如把它放在一个包级别的 package-info.java 文件中，代码如下：

```
@FetchPofiles({
   @FetchProfile(…)
   @FetchProfile(…)
})
```

在程序中，只要调用 Session 的 enableFetchProfile()方法，就能按照@ FetchProfile 注解定义的检索规则来检索数据，如：

```
Session session = entityManager.unwrap(Session.class);
session.enableFetchProfile("customerProfile");
List < Customer > customerLists = entityManager
              .createQuery("from Customer as c",Customer.class)
              .getResultList();
```

运行程序代码时，Query 的 getResultList()方法会通过左外连接查询语句，立即检索 Customer 对象以及与它关联的所有 Order 对象。由此可见，以上检索过程覆盖了在 Customer 类中为 orders 集合属性设置的默认延迟检索策略。

提示　笔者在用 Hibernate 5 的某个版本测试以上程序代码时，Query 的 getResultList()方法实际上采用多查询语句来立即检索 Customer 对象以及与它关联的所有 Order 对象。这是 Hibernate 5 的一个需要修正的地方。读者在运用这一功能时需要留意，也许 Hibernate 的后期版本会完善这一功能。

16.9　属性级别的检索策略

前面几节已经介绍了类级别和关联级别的检索策略。此外，在属性级别也可以设置检索策略。@Basic 注解的 fetch 属性用来为属性设置检索策略，fetch 属性的默认值为 FetchType.EAGER。

属性级别的延迟检索策略适用于二进制大对象、字符串大对象以及大容量组件类型的属性。假定 Customer 类有一个用于存放图片的二进制数据的 image 属性，它为 byte[]类型，可以对该属性采用延迟检索策略。

```
@Column(name = "IMAGE")
@Basic(fetch = FetchType.LAZY)
private byte[ ] image;
```

对于以下代码：

```
Customer customer = entityManager.find(Customer.class,
                                      Long.valueOf(1));
//Hibernate 到数据库中加载二进制大对象的数据
byte[ ] buffer = customer.getImage();
```

第一行程序代码加载的 Customer 对象的 image 属性并没有被真正赋值。第二行程序代码的 customer.getImage()方法访问 image 属性，此时会导致 Hibernate 到数据库中加载二进制大对象的数据，把它赋值给 image 属性。

值得注意的是，如果对持久化类的属性使用延迟检索策略，必须通过 ANT 的 Enhance 任务来增强持久化类的字节码，从而使得程序访问持久化类的特定属性时，能触发 Hibernate 到数据库中检索相应数据的行为。在 ANT 工具的 build.xml 文件中，Enhance 任务的定义代码参见例程 16-1。

Enhance 任务能够改写 Customer 持久化类的字节码，加入拦截器，使得程序访问 Customer 对象的 getImage()方法时，能够触发 Hibernate 到数据库加载二进制大对象的行为。

16.10 小结

按照检索对象的时机分类，Hibernate 提供了以下两种检索策略。

(1) 立即检索：在多对一关联级别和一对一关联级别，默认情况下会采用这种检索策略。EntityManager 的 find()方法在类级别使用这种检索策略。

(2) 延迟检索：在一对多关联级别和多对多关联级别，默认情况下会采用这种检索策略。此外，默认情况下，EntityManager 的 getReference()方法在类级别使用这种检索策略。

按照检索对象所使用的 SQL 语句来分类，Hibernate 提供了三种检索模式，由 FetchMode 类来表示。FetchMode 类有如下三个静态常量，分别表示三种检索模式。

(1) FetchMode.JOIN(外连接检索模式)：采用外连接查询语句加载关联的对象。EntityManager 的 find()方法默认情况下采用这种检索模式。

(2) FetchMode.SELECT(多查询语句检索模式)：采用多个查询语句分别加载当前对象以及关联的对象。Query 的 getResultList()方法默认情况下采用这种检索模式。

(3) FetchMode.SUBSELECT(带子查询语句检索模式)：采用子查询语句来检索关联的对象。

表 16-4 总结了几种常见的检索策略和检索模式组合的优缺点，以及各自优先考虑使用的场合。

表 16-4 比较几种常见的检索策略和检索模式的组合

检索策略与检索模式	优　　点	缺　　点	优先考虑使用的场合
立即检索、FetchMode.JOIN	对应用程序完全透明，不管对象处于持久化状态，还是游离状态，应用程序都可以方便地从一个对象导航到与它关联的对象；使用了外连接，select 语句数目少	可能会加载应用程序不需要访问的对象，浪费许多内存空间；复杂的数据库表连接也会影响检索性能	多对一或者一对一关联；应用程序需要立即访问的对象；数据库系统具有良好的表连接性能
立即检索、FetchMode.SELECT	对应用程序完全透明，不管对象处于持久化状态，还是游离状态，应用程序都可以方便地从一个对象导航到与它关联的对象	select 语句数目多；可能会加载应用程序不需要访问的对象，浪费许多内存空间	应用程序需要立即访问的对象；使用了第二级缓存
延迟检索	由应用程序决定需要加载哪些对象，可以避免执行多余的 select 语句，以及避免加载应用程序不需要访问的对象，因此能提高检索性能，节省内存空间	应用程序如果希望访问游离状态的代理类实例，必须保证它在持久化状态时已经被初始化	一对多或者多对多关联；应用程序不需要立即访问或者根本不会访问的对象

对于 FetchMode.SELECT 检索模式，在查询每张表时都使用单独的 select 语句，这种查询方式的优点在于，每个 select 语句很简单，查询速度快；缺点在于 select 语句的数目多，增加了访问数据库的次数。FetchMode.JOIN 检索模式运用了 SQL 外连接的查询功能，优点在于 select 语句的数目少，能够减少访问数据库的次数；缺点在于 select 语句的复杂度提高，数据库系统建立表之间的连接也十分耗时，并且会加载冗余数据，占用较多的内存空间。

无论是在类级别还是关联级别，都可以设置批量检索的数目，以减少 select 语句的数目，从而改善检索性能。在类级别和关联级别，批量检索的数目的合理取值在 3～10 之间。

在持久化类中设置的检索策略是固定的，Hibernate 还允许通过以下方式覆盖在持久化类中设置的检索策略。

(1) 在应用程序的 JPQL 语句中动态指定左外连接检索，参见 16.6 节。

(2) 利用 JPA API 提供的注解和类来定义和检索对象图，参见 16.7 节。

(3) 利用 Hibernate API 提供的@FecthProfile 注解来指定检索规则，参见 16.8 节。

对于实际的应用，为了选择合适的检索策略，需要测试应用程序的各个用例，跟踪使用不同检索策略和检索模式时 Hibernate 执行的 SQL 语句。可以把 Hibernate 配置文件的 show_sql 属性设为 true，使得 Hibernate 在运行时输出执行的 SQL 语句。根据特定的关系模型，评估各种查询语句的性能，比较是使用外连接查询速度快，如：

```
select * from CUSTOMERS left outer join ORDERS
on CUSTOMERS.ID = ORDERS.CUSTOMER_ID where CUSTOMERS.ID = 1;
```

还是使用分开的 select 语句速度更快，如：

```
select * from CUSTOMERS where ID = 1;
select * from ORDERS where CUSTOMER_ID = 1;
```

不断地调整检索策略和检索模式，以便在减少 select 语句数目和减少 select 语句复杂度之间找到一个平衡点，获得最佳的检索性能。

16.11 思考题

1. 假定以下选项中的方法都用于检索 Customer 对象。在 Customer 类中，映射 Customer 时使用了@org.hibernate.annotations.Proxy(lazy=false)注解。以下哪些说法正确？(多选)

(a) EntityManager 接口的 getReference()方法会立即加载 Customer 对象

(b) EntityManager 接口的 find()方法会立即加载 Customer 对象

(c) EntityManager 接口的 getReference()方法会延迟加载 Customer 对象

(d) EntityManager 接口的 find()方法会延迟加载 Customer 对象

2. 假定对 Customer 类的 orders 集合属性采用延迟检索策略。对于以下程序代码，哪些说法正确？(多选)

```
tx = entityManager.getTransaction();                    //第 1 行
tx.begin();                                             //第 2 行
```

```
Customer customer = entityManager.find(Customer.class,
                        Long.valueOf(1));          //第 3 行
Set orders =  customer.getOrders();               //第 4 行
tx.commit();                                       //第 5 行
entityManager.close();                             //第 6 行
Iterator orderIterator = orders.iterator();        //第 7 行
```

(a) 第 3 行执行查询 CUSTOMERS 表的 select 语句

(b) 第 4 行执行查询 ORDERS 表的 select 语句

(c) 第 7 行执行查询 ORDERS 表的 select 语句

(d) 第 7 行抛出异常

3. 以下代码对 Customer 类的 orders 属性采用了增强延迟检索策略。

```
@OneToMany(mappedBy = "customer")
@org.hibernate.annotations.LazyCollection(
  org.hibernate.annotations.LazyCollectionOption.EXTRA)
private Set < Order > orders  =  new HashSet < Order >();
```

对于程序检索出来的一个 Customer 对象，当它处于持久化状态时，在哪些情况下会初始化它的 orders 集合代理类实例？（单选）

(a) 当程序第一次访问 orders 属性的 iterator()方法时

(b) 当程序第一次访问 orders 属性的 size()方法时

(c) 当程序第一次访问 customer.getOrders()方法时

(d) 当程序第一次访问 orders 属性的 isEmpty()方法时

4. 以下哪些选项属于 FetchMode 类的静态常量？（多选）

(a) EAGER　　(b) JOIN　　(c) SELECT　　(d) SUBSELECT

(e) LAZY

5. 假定在 Customer 类中，对它的 orders 集合属性设置了延迟检索策略。对于以下程序代码，哪些说法正确？（多选）

```
List < Customer > customerList = session
      .createQuery("from Customer as c"
            + " left join fetch c.orders where c.id = 1",Customer.class)
      .getResultList();
```

(a) Query 的 getResultList()方法返回的 List 集合中存放的是 Customer 代理类的实例

(b) Query 的 getResultList()方法返回的 List 集合中存放的是 Customer 对象，它的 orders 属性为 null

(c) Query 的 getResultList()方法返回的 List 集合中存放的是 Customer 对象，它的 orders 属性中存放了关联的 Order 对象

(d) Query 的 getResultList()方法执行的 select 语句为：

```
select * from CUSTOMERS left outer join ORDERS
on CUSTOMERS.ID = ORDERS.CUSTOMER_ID where CUSTOMERS.ID = 1;
```

6. 以下哪些说法正确？（多选）
   (a) org.hibernate.Hibernate 类的静态方法 initialize()可以初始化已经处于游离状态的 Customer 代理类实例
   (b) 可以通过 Hibernate 配置文件中的 hibernate.max_fetch_depth 属性，来控制 Hibernate 生成的用于检索数据的 select 语句中表的外连接的深度
   (c) 默认情况下，在多对一关联级别采用立即检索策略
   (d) EntityManager 的 find()方法以及 Query 的 getResultList()方法在类级别总是使用立即检索策略
7. 以下哪些办法可以避免 $n+1$ 条 select 语句问题？（多选）
   (a) 对关联的对象，在程序中动态指定左外连接检索
   (b) 对关联的对象，采用立即检索策略
   (c) 对关联的对象，采用 FetchMode.SUBSELECT 检索模式
   (d) 对关联的对象，采用批量检索
8. 以下哪个办法可以避免笛卡儿积问题？（单选）
   (a) 对关联的对象，在程序中动态指定左外连接检索
   (b) 对关联的对象，采用立即检索策略
   (c) 对关联的对象，采用 FetchMode.SELECT 检索模式
   (d) 对关联的对象，采用批量检索

第17章

检索数据API(上)

视频讲解

在开发应用程序时,常需要到数据库中检索对象。本章和第 18 章将系统介绍 JPA 和 Hibernate 提供的检索对象的各种方式。JPA 和 Hibernate 提供了以下几种检索对象的方式。

(1) 导航对象图检索方式。根据已经加载的对象导航到其他对象。例如,对于已经加载的 Customer 对象,调用它的 getOrders().iterator()方法可以导航到所有关联的 Order 对象。假如在关联级别使用了延迟加载检索策略,那么首次执行此方法时,Hibernate 会从数据库中加载关联的 Order 对象,否则就会从 Session 的持久化缓存中取得 Order 对象。

(2) OID 检索方式。按照对象的 OID 来检索对象。EntityManager 的 getReference()和 find()方法提供了这种功能。如果在应用程序中事先知道了 OID,就可以使用这种检索对象的方式。

(3) JPQL(JPA Query Language)检索方式。使用面向对象的 JPQL 查询语言。这种查询语言和 SQL 语言在语法形式上有些相似,但 JPQL 查询语言中的主体是对象及其属性。

(4) QBC 检索方式。使用 QBC(Query By Criteria)API 来检索对象。这种 API 封装了基于字符串形式的查询语句,提供了更加面向对象的查询接口。

(5) 本地 SQL 检索方式。使用本地数据库的 SQL 查询语句。Hibernate 会负责把检索到的 JDBC ResultSet 结果集映射为持久化对象图。

本章主要介绍 JPA API 提供的 JPQL 检索方式和 QBC 检索方式的基本用法,重点介绍 JPQL 查询语言的语法,以及 QBC 中主要接口和类的用法。此外,还简单介绍本地 SQL 检索方式的用法。

补充知识

如果想了解如何通过 Hibernate API 来检索数据,请扫描二维码阅读本章的补充知识。

提示 JPQL 是 JPA API 提供的面向对象的查询语句。Hibernate 也提供了 HQL(Hibernate Query Language)查询语句。JPQL 和 HQL 非常相似,本章主要介绍 JPQL。

17.1 检索方式简介

如果直接通过 JDBC API 查询数据库，就必须在应用程序中嵌入冗长的 SQL 语句。例如，以下代码按照参数指定的客户姓名到数据库中检索匹配的 Customer 对象及关联的 Order 对象。

```
public List<Customer> findCustomerByName(String name) throws Exception{
  HashMap<Long,Customer> map = new HashMap<Long,Customer>();
  List<Customer> result = new ArrayList<Customer>();

  Connection con = null;
  PreparedStatement stmt = null;
  ResultSet rs = null;
  try{
    con = getConnection();          //获得数据库连接
    String sqlString = "select c.ID CUSTOMER_ID,c.NAME,c.AGE, "
     + "o.ID ORDER_ID, "
     + "o.ORDER_NUMBER,o.PRICE "
     + "from CUSTOMERS c left outer join ORDERS o"
     + "on c.ID  = o.CUSTOMER_ID where c.NAME = ?";

    stmt  =  con.prepareStatement(sqlString);
    stmt.setString(1,name);         //绑定参数
    rs = stmt.executeQuery();

    while (rs.next()){
      //编历 JDBC ResultSet 结果集
      Long customerId  = Long.valueOf( rs.getLong(1));
      String customerName =  rs.getString(2);
      int customerAge =  rs.getInt(3);
      Long orderId  = Long.valueOf( rs.getLong(4));
      String orderNumber =  rs.getString(5);
      double price = rs.getDouble(6);

      //映射 Customer 对象
      Customer customer = null;
      if(map.containsKey(customerId))
        //如果在 map 中已经存在 OID 匹配的 Customer 对象,就获得此对象的引用
        //这样就避免创建重复的 Customer 对象
        customer = map.get(customerId);
      else{
        //如果在 map 中不存在 OID 匹配的 Customer 对象
        //就创建一个 Customer 对象,然后把它保存到 map 中
        customer = new Customer();
        customer.setId(customerId);
        customer.setName(customerName);
        customer.setAge(customerAge);
```

```
        map.put(customerId,customer);
      }

      //映射 Order 对象
      Order order = new Order();
      order.setId(orderId);
      order.setOrderNumber(orderNumber);
      order.setPrice(price);

      //建立 Customer 对象与 Order 对象的关联关系
      customer.getOrders().add(order);
      order.setCustomer(customer);
    }
    //把 map 中所有的 Customer 对象加入到 result 集合中
    Iterator<Customer> iter = map.values().iterator();
    while ( iter.hasNext() ) {
      result.add(iter.next());
    }
    return result;
  }finally{
    //关闭 ResultSet 和 Statement 对象
    rs.close();
    stmt.close();
  }
}
```

假如 SQL 语句查询出如下三条匹配的记录，参见图 17-1。

CUSTOMER_ID	NAME	ORDER_ID	ORDER_NUMBER
1	Tom	1	Tom_Order001
1	Tom	2	Tom_Order002
1	Tom	3	Tom_Order003

图 17-1　SQL 语句查询出的三条记录

应用程序负责把 ResultSet 对象中包含的三条记录映射为 Customer 对象和 Order 对象，然后建立它们的关联关系。这三条记录的 CUSTOMER_ID 相同，应该对应同一个 Customer 对象，应用程序采用 HashMap 来避免创建重复的 Customer 对象。

可以看出，通过 JDBC API 来查询数据库很麻烦，应用程序必须承担以下职责。

(1) 定义冗长的基于字符串形式的 SQL 查询语句。

(2) 把 JDBC ResultSet 中存放的关系数据映射为 Customer 对象和 Order 对象。

(3) 建立 Customer 对象和 Order 对象之间的关联关系。

(4) 确保每个 Customer 对象都具有唯一的 OID。

以下代码通过 JPA 提供的 JPQL 检索方式，按照姓名检索匹配的 Customer 对象及关联的 Order 对象。

```
public List<Customer> findCustomerByName(String name){
  //假定 getEntityManager()方法返回 EntityManager 对象
  EntityManager entityManager = getEntityManager();
  return entityManager.createQuery("from Customer as c "
            + " left join fetch c.orders where c.name = '" + name + "'"
              ,Customer.class)
            .getResultList();
}
```

或者：

```
public List<Customer> findCustomerByName(String name) {
  EntityManager entityManager = getEntityManager();

  TypedQuery<Customer> query =  entityManager.createQuery(
                  "from Customer as c left join fetch c.orders "
                  + " where c.name = :customerName",Customer.class);
  query.setParameter("customerName",name);
  return query.getResultList();
}
```

可以看出，当应用程序采用 JPQL 检索方式，只需要向 JPA API 提供面向对象的 JPQL 查询语句，底层 Hibernate 根据持久化类的对象-关系映射信息，把 JPQL 查询语句转换为 SQL 查询语句，并把 JDBC ResultSet 结果集映射为关联的对象图。由此可见，Hibernate 封装了通过 JDBC API 查询数据库的细节。

除了 JPQL 检索方式，JPA 还提供了 QBC 检索方式和本地 SQL 检索方式，下面介绍这些检索方式的特点以及使用场合。

17.1.1 JPQL 检索方式

JPQL(JPA Query Language)是面向对象的查询语言，它和 SQL 查询语言有些相似。在 JPA 提供的各种检索方式中，JPQL 是使用最广的一种检索方式。它具有以下功能。

(1) 在查询语句中设定各种查询条件。

(2) 支持投影查询，即仅检索出对象的部分属性。

(3) 支持分页查询。

(4) 支持连接查询。

(5) 支持分组查询，允许使用 having 和 group by 关键字。

(6) 支持调用各种函数。

(7) 支持子查询，即嵌入式查询。

(8) 支持动态绑定参数。

在本书中，“检索”与“查询”其实是一回事。出于表达的便利，“检索”在面向对象的语义中使用得更广泛，而“查询”在面向关系的语义中使用得更广泛。

以下程序代码用于检索姓名为 Tom，并且年龄为 21 的 Customer 对象。

```
//创建一个 Query 对象
Query query = entityManager.createQuery(
     "from Customer as c where c.name = :customerName "
     + "and c.age = :customerAge");
//动态绑定参数
query.setParameter("customerName","Tom");
query.setParameter("customerAge",21);

//执行查询语句，返回查询结果
List result = query.getResultList();

//遍历访问查询结果
Iterator it = result.iterator();
while(it.hasNext()){
  Customer c = (Customer)it.next();
}
```

从程序代码可以看出，JPQL 检索方式包括以下步骤。

(1) 通过 EntityManager 的 createQuery()方法创建一个 Query 对象，它包含一个 JPQL 查询语句。JPQL 查询语句可以包含命名参数，如 customerName 和 customerAge。

(2) 动态绑定参数。Query 接口的 setParameter()方法可以为各种数据类型的命名参数赋值。

(3) 调用 Query 的 getResultList()方法执行查询语句。该方法返回 java.util.List 类型的查询结果，在 List 集合中存放了符合查询条件的持久化对象。当运行 Query 的 getResultList()方法时，Hibernate 执行以下 SQL 查询语句。

```
select ID,NAME,AGE from CUSTOMERS where NAME = 'Tom' and AGE = 21;
```

Query 接口支持方法链编程风格。它的 setParameter()以及 getResultList()等方法都返回自身实例，而不是返回 void 类型。如果采用方法链编程风格，将按以下形式访问 Query 接口。

```
List result = entityManager.createQuery("…")
                .setParameter("customerName","Tom")
                .setParameter("customerAge",21)
                .getResultList();
```

可见，方法链编程风格能使程序代码更加简洁。

JPQL 与 SQL 在语法形式上有些相似，例如：

```
//JPQL 查询语句
from Customer as c where c.name = 'Tom' and c.age = 21
//SQL 查询语句
select * from CUSTOMERS where NAME = 'Tom' and AGE = 21;
```

但 JPQL 与 SQL 在本质上是不一样的，区别如下：

(1) JPQL 查询语句是面向对象的，Hibernate 负责解析 JPQL 查询语句，然后根据对象-关系映射信息，把 JPQL 查询语句翻译成相应的 SQL 语句。JPQL 查询语句中的主体是域模型中的类以及类的属性。例如在以上 JPQL 查询语句例子中，Customer 是持久化类的名字，c. age 是持久化类的属性的名字。

(2) SQL 查询语句与关系数据库绑定在一起。SQL 查询语句中的主体是数据库表以及表的字段。例如在以上 SQL 查询语句例子中，CUSTOMERS 是表的名字，AGE 是表的字段的名字。

如果希望明确指定返回结果中对象的类型，可以创建 TypedQuery，TypedQuery 接口继承了 Query 接口，例如：

```
//创建一个 TypedQuery 对象
TypedQuery < Customer > query = entityManager.createQuery(
      "from Customer as c",Customer.class);  //设定检索对象的类型

//执行查询语句,返回查询结果
List < Customer > result = query.getResultList();

//遍历访问查询结果
Iterator < Customer > it = result.iterator();
while(it.hasNext()){
  Customer c = it.next();                      //无须进行强制类型转换
}
```

本书大部分范例都采用 TypedQuery，返回结果可以通过泛型标识< Customer >来明确指定集合中对象的类型。这样做可以避免程序在遍历访问结果集时对每个对象进行强制类型的转换。

17.1.2　QBC 检索方式

采用 JPQL 检索方式时，在应用程序中需要定义基于字符串形式的 JPQL 查询语句。QBC API 提供了检索对象的另一种方式，这是一种更加面向对象的查询方法，应用程序不需要提供查询语句，而是通过 QBC API 中的相关的接口和类来设定需要检索的数据，包括设定检索条件等。

QBC API 位于 javax. persistence. criteria 包中，主要包括以下接口。

(1) CriteriaBuilder 接口：它是生成 CriteriaQuery 实例的工厂类。

(2) CriteriaQuery 接口：它是主要的查询接口，通过它来设定需要查询的数据。

(3) Root 接口：指定需要检索的对象图的根节点对象。

(4) Selection 接口：指定查询语句。它有一个 Expression 子接口，指定查询表达式。

(5) Expression 接口：指定查询表达式。它有一个 Predicate 子接口，指定查询条件。

(6) Predicate 接口：指定查询条件。

以下程序代码用于检索年龄大于 21 的 Customer 对象。

```
//创建负责生成 CriteriaQuery 的工厂
CriteriaBuilder criteriaBuilder = entityManager.getCriteriaBuilder();

//创建 CriteriaQuery 对象
CriteriaQuery<Customer> criteriaQuery =
     criteriaBuilder.createQuery(Customer.class);

//指定需要检索的对象图的根节点对象
Root<Customer> root = criteriaQuery.from(Customer.class );
criteriaQuery.select(root);

//指定查询条件,其中"Customer_"为元数据类
Predicate predicate = criteriaBuilder.gt(
              root.get(Customer_.age), 21);
criteriaQuery.where(predicate);

//到数据库中查询数据,返回查询结果
List<Customer> result = entityManager
          .createQuery(criteriaQuery)
          .getResultList();
```

代码中的 root.get(Customer_.age)方法访问了元模型类 Customer_,17.1.16 节将介绍元模型类的作用和创建方法。root.get(Customer_.age)方法也可以简写为 root.get("age")。

对于以上程序代码,当运行 Query 的 getResultList()方法时,Hibernate 执行的 SQL 查询语句为:

```
select ID,NAME,AGE from CUSTOMERS where AGE>21;
```

可以看出,QBC 检索方式包括以下步骤。

(1) 创建 CriteriaBuilder 和 CriteriaQuery 对象。

(2) 通过 Root 对象指定需要检索的对象图的根节点对象,Hibernate 根据它来决定查询语句中的主表。

(3) 通过 Predicate 对象指定查询条件,Hibernate 根据它来决定查询语句中 where 子句的内容。

(4) 通过 Query 接口查询数据。

CriteriaBuilder 接口提供了一系列设定查询条件的方法,这些方法都返回 Predicate 对象,如下所示。

(1) 表示"等于"的 equal()方法。

(2) 表示"不等于"的 notEqual()方法。

(3) 表示"大于"的 gt()方法。

(4) 表示"大于等于"的 ge()方法。

(5) 表示"小于"的 lt()方法。

(6) 表示"小于等于"的 le()方法。

(7) 表示"位于…之间"的 between()方法。

(8) 表示“相似”的 like()方法。

(9) 表示“不为空”的 isNotEmpty()方法。

(10) 表示“与操作”的 and()方法。

(11) 表示“或操作”的 or()方法。

QBC 允许指定多个查询条件。以下程序代码用于检索姓名以字符 T 开头,并且年龄为 21 的 Customer 对象。

```
Root < Customer > root  =  criteriaQuery.from(Customer.class );
criteriaQuery.select(root);

//指定查询条件,其中"Customer_"为元数据类
List < Predicate > predicatesList  =  new ArrayList < Predicate >();
Predicate predicate1  =  criteriaBuilder.like(
                                    root.get(Customer_.name),"T % ");
Predicate predicate2  =  criteriaBuilder.gt(
                                    root.get(Customer_.age), 21);
predicatesList.add(predicate1);
predicatesList.add(predicate2);

criteriaQuery.where(predicatesList.toArray(
                  new Predicate[predicatesList.size()]));

//到数据库中查询数据,返回查询结果
List < Customer > result = entityManager
          .createQuery(criteriaQuery)
          .getResultList();
```

当运行 Query 的 getResultList()方法时,Hibernate 执行的 SQL 查询语句为:

```
select ID,NAME,AGE from CUSTOMERS where NAME like 'T % ' and AGE = 21;
```

CriteriaQuery 也支持方法链编程风格,例如:

```
criteriaQuery.select(root)
             .where(predicate);
```

17.1.3 本地 SQL 检索方式

采用 JPQL 或 QBC 检索方式时,Hibernate 会生成标准的 SQL 查询语句,适用于所有的数据库平台,因此这两种检索方式都是跨平台的。

有些应用程序可能需要根据底层数据库的 SQL 方言,来生成一些特殊的查询语句。在这种情况下,可以利用 JPA 提供的本地 SQL 检索方式。以下程序代码用于检索姓名以字符 T 开头,并且年龄为 21 的 Customer 对象。

```
//创建 Query 对象
Query query = entityManager.createNativeQuery (
```

```
    "select * from CUSTOMERS where NAME like :customerName "
    + "and AGE = :customerAge");

//动态绑定参数
query.setParameter("customerName","T%");
query.setParameter("customerAge",21);

//执行 SQL select 语句,返回查询结果
List result = query.getResultList();
```

可以看出，本地 SQL 检索方式与 JPQL 检索方式都使用 Query 接口，区别在于，本地 SQL 检索方式通过 EntityManager 的 createNativeQuery()方法来创建 Query 对象，这个方法的参数指定一个 SQL 查询语句，该语句可以使用本地数据库的 SQL 方言。18.4.4 节还会进一步介绍本地 SQL 检索方式的用法。

17.1.4 关于本章范例程序

本章范例程序位于配套源代码包的 sourcecode/chapter17 目录下。该范例程序并没有包含本章涉及的所有演示代码，仅为读者提供了一个便于测试本章演示代码的运行环境。读者需要按照 schema 子目录下的 SQL 脚本文件 sampledb.sql，在数据库中手动创建 CUSTOMERS 表和 ORDERS 表，再加入测试数据。随后把本章的演示代码加入到 BusinsessService 类的 findAny()方法中，就可以在 DOS 下通过 ant run 命令运行这个类。

CUSTOMERS 表包含如图 17-2 所示的数据。ORDERS 表包含如图 17-3 所示的数据。

如果没有特别说明，本章列举的查询语句都是针对这两个表进行查询的，所得到的查询结果都建立在这些表的数据的基础上。

ID	NAME	AGE
1	Tom	21
2	Mike	24
3	Jack	30
4	Linda	25
5	Tom	25

图 17-2 CUSTOMERS 表包含的数据

ID	ORDER_NUMBER	PRICE	CUSTOMER_ID
1	Tom_Order001	100.00	1
2	Tom_Order002	200.00	1
3	Tom_Order003	300.00	1
4	Mike_Order001	100.00	2
5	Jack_Order001	200.00	3
6	Linda_Order001	100.00	4
7	UnknownOrder	200.00	NULL

图 17-3 ORDERS 表包含的数据

17.1.5　使用别名

以下代码通过最简单的 JPQL 查询语句检索 Customer 持久化类的所有实例。

```
//采用 JPQL 检索方式
List < Customer > result = EntityManager
      .createQuery("from Customer",Customer.class)
      .getResultList();
```

通过 JPQL 检索一个类的实例时，如果查询语句的其他地方需要引用它，应该为这个类指定一个别名，例如：

```
from Customer as c where c.name = :name
```

as 关键字用于设定别名，也可以将 as 关键字省略，例如：

```
from Customer c where c.name = :name
```

在实际应用中，建议别名与类名相同，例如为 Customer 类赋予别名 customer，而不是别名 c：

```
from Customer as customer where customer.name = :name
```

本书为了保持版面的简洁，把 customer 简写为 c。此外，本书对 JPQL 查询语句中的关键字一律采用小写形式。事实上，JPQL 查询语句中的关键字（如 from、as 和 where 等）不区分大小写，例如以下 JPQL 查询语句也是合法的。

```
FROM Customer AS customer WHERE customer.name = :name
```

QBC 检索方式一般不需要由应用程序显式指定类的别名，它会通过元模型类来引用查询语句中的类，例如：

```
Predicate predicate = criteriaBuilder.gt(root.get(Customer_.age), 21);
criteriaQuery.where(predicate);
```

在某些场合，如果需要设定类的别名，可以采用以下方式。18.1.11 节会介绍使用别名的范例。

```
Root < Customer > root = criteriaQuery.from(Customer.class );
Selection < Customer > rootAlias = root.alias("c");   //设置别名为 c
```

17.1.6　多态查询

JPQL 和 QBC 都支持多态查询，多态查询是指查询出当前类以及所有子类的实例。对于以下查询代码：

```
//采用 JPQL 检索方式
entityManager.createQuery("from Employee");

//采用 QBC 检索方式
CriteriaQuery<Employee> criteriaQuery =
      criteriaBuilder.createQuery(Employee.class);
Root<Employee> root = criteriaQuery.from(Employee.class);
criteriaQuery.select(root);
```

假如 Employee 有两个子类：HourlyEmployee 和 SalariedEmployee，那么这个查询语句会查询出所有 Employee 类的实例，以及 HourlyEmployee 类和 SalariedEmployee 类的实例。如果只想检索某个特定子类的实例，可以使用如下方式。

```
//采用 JPQL 检索方式
entityManager.createQuery("from HourlyEmployee");

//采用 QBC 检索方式
CriteriaQuery<HourlyEmployee> criteriaQuery =
      criteriaBuilder.createQuery(HourlyEmployee.class);
Root<HourlyEmployee> root = criteriaQuery.from(HourlyEmployee.class);
criteriaQuery.select(root);
```

以下 JPQL 查询语句将检索出所有的持久化对象。

```
from java.lang.Object
```

多态查询对接口也适用。例如，以下 JPQL 查询语句检索出所有实现 Serializable 接口的实例。

```
from java.io.Serializable
```

JPQL 查询语句不仅对 from 子句中显式指定的类进行多态查询，而且也会对这个类所关联的类进行多态查询。

对于 QBC，以下代码试图检索出所有的持久化对象。

```
CriteriaQuery<Object> criteriaQuery =
        criteriaBuilder.createQuery( Object.class);
Root<Object> root = criteriaQuery.from(Object.class);
criteriaQuery.select(root);
```

运行代码后会抛出 IllegalArgumentException 异常。

```
Exception in thread "main" java.lang.IllegalArgumentException:
Not an entity: class java.lang.Object
```

这是因为检索的类没有使用@Entity 注解，表明是实体类。

17.1.7　对查询结果排序

JPQL 与 QBC 都支持对查询结果排序。JPQL 采用 order by 关键字对查询结果排序；QBC 采用 javax.persistence.criteria.Order 类来指定对查询结果的排序方式，CriteriaBuilder 接口的 asc()方法和 desc()方法分别返回表示升序或降序的 Order 对象。下面举例说明它们的用法。

(1) 按照客户姓名对查询结果进行升序排列，例如：

```
//JPQL 检索方式
Query query = entityManager
        .createQuery("from Customer c order by c.name");

//QBC 检索方式
CriteriaQuery<Customer> criteriaQuery =
      criteriaBuilder.createQuery(Customer.class);
Root<Customer> root = criteriaQuery.from(Customer.class );
criteriaQuery.select(root);

javax.persistence.criteria.Order order =
   criteriaBuilder.asc(root.get(Customer_.name));
criteriaQuery.orderBy(order);  //指定排序方式
```

由于本章范例中有一个 mypack.Order 类，为了避免和 javax.persistence.criteria.Order 类混淆，因此在以上程序代码中引用 javax.persistence.criteria.Order 类的全名。

如果程序必须调用 CriteriaQuery 的 select()、where()和 orderBy()方法，那么必须按照这三个方法列出的先后顺序来调用。

(2) 按照客户姓名对查询结果进行升序排列，并且按照年龄进行降序排列，例如：

```
//JPQL 检索方式
Query query = entityManager.createQuery(
        "from Customer c order by c.name asc,c.age desc");

//QBC 检索方式
CriteriaQuery<Customer> criteriaQuery =
      criteriaBuilder.createQuery(Customer.class);
Root<Customer> root = criteriaQuery.from(Customer.class );
criteriaQuery.select(root);

javax.persistence.criteria.Order order1 =
            criteriaBuilder.asc(root.get(Customer_.name));
javax.persistence.criteria.Order order2 =
            criteriaBuilder.desc(root.get(Customer_.age));

List<javax.persistence.criteria.Order> ordersList = new LinkedList<>();
ordersList.add(order1);
ordersList.add(order2);
criteriaQuery.orderBy(ordersList);
```

17.1.8 分页查询

当批量查询数据时（例如查询 CUSTOMERS 表中的所有记录），如果数据量很大，会导致无法在用户终端的单个页面上显示所有的查询结果，此时需要对查询结果分页。假如 CUSTOMERS 表中有 99 条记录，可以在用户终端上分 10 页来显示结果，每一页最多只显示 10 个 Customer 对象。用户既可以导航到下一页，也可以导航到上一页。Query 接口提供了以下两种用于分页获取查询结果的方法。

(1) setFirstResult(int firstResult)：设定从哪一个对象开始检索，参数 firstResult 表示这个对象在查询结果中的索引位置，索引位置的起始值为 0。在默认情况下，Query 接口从查询结果中的第一个对象，也就是索引位置为 0 的对象开始检索。

(2) setMaxResults(int maxResults)：设定一次最多检索出的对象数目。在默认情况下，Query 接口检索出查询结果中所有的对象。

以下代码从查询结果的起始对象开始，共检索出 10 个 Customer 对象，查询结果按照 name 属性排序。

```
//采用 JPQL 检索方式
TypedQuery<Customer> query = entityManager.createQuery(
            "from Customer c order by c.name asc",Customer.class);
query.setFirstResult(0);
query.setMaxResults(10);
List<Customer> result = query.getResultList();

//采用 QBC 检索方式
CriteriaQuery<Customer> criteriaQuery =
     criteriaBuilder.createQuery(Customer.class);
Root<Customer> root = criteriaQuery.from(Customer.class );
criteriaQuery.select(root);

javax.persistence.criteria.Order order =
   criteriaBuilder.asc(root.get(Customer_.name));
criteriaQuery.orderBy(order); //指定排序方式

TypedQuery<Customer> query = entityManager.createQuery(criteriaQuery);
query.setFirstResult(0);
query.setMaxResults(10);
List<Customer> result = query.getResultList();
```

如果查询结果中共有 99 个 Customer 对象，那么在 result 中包含 10 个 Customer 对象。第 1 个对象在查询结果中的索引位置为 0，第 10 个对象在查询结果中的索引位置为 9。

以下代码从查询结果中索引位置为 97 的对象开始，共检索出 10 个 Customer 对象。

```
//采用 JPQL 检索方式
TypedQuery<Customer> query = entityManager.createQuery(
            "from Customer c order by c.name asc",Customer.class);
query.setFirstResult(97);
query.setMaxResults(10);
```

```
List<Customer> result = query.getResultList();

//采用 QBC 检索方式
…
TypedQuery<Customer> query = entityManager.createQuery(criteriaQuery);
query.setFirstResult(97);
query.setMaxResults(10);
List<Customer> result = query.getResultList();
```

如果查询结果中共有 99 个对象，那么在 result 中只包含两个 Customer 对象，它们的索引位置分别为 97 和 98。

17.1.9 检索单个对象(getSingleResult()方法)

Query 接口提供了以下两种用于执行查询语句并返回查询结果的方法。

(1) getResultList()方法：返回一个 List 类型的查询结果，在 List 集合中存放了所有满足查询条件的对象。

(2) getSingleResult()方法：返回单个对象。

在某些情况下，如果只希望检索出一个对象，可以先调用 Query 接口的 setMaxResults(1)方法，这里的参数值 1 表示最大检索数目，如：

```
setMaxResults(1);
```

接下来调用 getSingleResult()方法，该方法返回一个 Object 类型的对象，如：

```
//采用 JPQL 检索方式
TypedQuery<Customer> query = entityManager.createQuery(
            "from Customer c order by c.name asc",Customer.class);
query.setMaxResults(1);
Customer customer = query.getSingleResult();

//采用 QBC 检索方式
…
TypedQuery<Customer> query = entityManager.createQuery(criteriaQuery);
query.setMaxResults(1);
Customer customer = query.getSingleResult();
```

如果明确知道查询结果只会包含一个对象，可以不调用 setMaxResults(1)方法，例如：

```
Customer customer = entityManager
                 .createQuery("from Customer c where c.id = 1",
                   Customer.class)
                 .getSingleResult();
```

以下查询结果会包含多个 Customer 对象，但是没有调用 setMaxResults(1)方法。

```
Customer customer = entityManager
            .createQuery("from Customer c order by c.name asc",
```

```
              Customer.class)
         .getSingleResult();
```

执行 getSingleResult()方法时，会抛出 NonUniqueResultException 异常。

```
javax.persistence.NonUniqueResultException:
query did not return a unique result
```

这是因为查询结果中不包含任何 Customer 对象。

17.1.10 按主键依次处理查询结果（属于 Hibernate 的功能）

JPA API 和 Hibernate API 都有 Query 接口，分别是 javax.persistence.Query 接口和 org.hibernate.query.Query 接口。javax.persistence.Query 接口的 getResultList()方法与 org.hibernate.query.Query 接口的 getResultList()方法的作用相同，都返回包含了所有查询结果的 List 对象。

org.hibernate.query.Query 接口继承了 javax.persistence.Query 接口。因此，org.hibernate.query.Query 接口也有 getResultList()方法。此外，org.hibernate.query.Query 接口还有一个 list()方法，该方法的作用与 getResultList()方法相同。

在 Hibernate 的早期版本中，Hibernate API 的 org.hibernate.query.Query 接口还提供了一个 iterate()方法。在 Hibernate 5 以上版本中，该方法已经被淘汰。本节对该方法的作用还是做一个简单介绍。iterate()方法和 getResultList()方法一样，也能执行查询操作。区别在于两者使用的查询机制不一样。

对于以下程序代码：

```
Session session = entityManager.unwrap(Session.class); //第 1 行

List<Customer> customers1 = session
    .createQuery("from Customer c where c.age>10",Customer.class)
    .getResultList();                                   //第 2 行

Iterator<Customer> customers2 = session
    .createQuery("from Customer c where c.age>10",Customer.class)
    .iterate();                                         //第 3 行
```

第 2 行 getResultList()方法执行的 SQL select 语句中包含 CUSTOMERS 表中所有字段，如：

```
select ID,NAME,AGE from CUSTOMERS where AGE>10;
```

第 3 行 iterate()方法执行的 SQL 语句中仅包含 CUSTOMERS 表中 ID 字段，如：

```
select ID from CUSTOMERS where AGE>10;
```

对于以下程序代码：

```
//先把 ID 为 1 的 Customer 对象加载到 Session 的持久化缓存中
Customer customer1 = session.get(Customer.class,
                                 Long.valueOf(1));
Iterator<Customer> customers = session
      .createQuery("from Customer c where c.age>10",Customer.class)
      .iterate();

while(customers.hasNext()){
  Customer customer = customers.next();
  System.out.println(customer.getName());
}
```

当每次通过 customers.next()方法来遍历访问结果集时，该方法先到 Session 的持久化缓存以及 Hibernate 的第二级缓存(在已经启用了第二级缓存的情况下)中查看是否存在拥有特定 OID 的 Customer 对象。如果存在，就直接返回该对象；否则就通过相应的 select 语句到数据库中加载特定的 Customer 对象。

当第一次执行 customers.next()方法时，访问的是 OID 为 1 的 Customer 对象，由于 Session 的持久化缓存中已经存在该对象，因此不必访问数据库。

当第二次执行 customers.next()方法时，访问的是 OID 为 2 的 Customer 对象，由于 Session 的持久化缓存中不存在该对象，因此通过以下 select 语句到数据库中加载 Customer 对象。

```
select ID,NAME,AGE from CUSTOMERS where ID=2;
```

假定对于 JPQL 查询语句 from Customer c where c.age>10，共有 n 个符合查询条件的 Customer 对象，并且假定执行 iterate()方法之前，Session 的持久化缓存以及 Hibernate 的第二级缓存中不存在任何符合查询条件的 Customer 对象，那么通过 iterate()方法以及接下来的 customers.next()方法遍历访问结果集时，一共会执行 $n+1$ 条 select 语句。

在大多数情况下，应该考虑用 org.hibernate.query.Query 的 getResultList()方法(或者 javax.persistence.Query 的 getResultList()方法)来执行查询操作。org.hibernate.query.Query 的 iterate()方法仅在满足以下条件的场合可以稍微提高查询的性能。

(1) CUSTOMERS 表中包含大量的字段。

(2) 启用了 Hibernate 的第二级缓存，且第二级缓存中可能已经包含待查询的 Customer 对象。

在满足上述两个条件的情况下，iterate()方法以及接下来的 customers.next()方法有可能只通过一个 select 语句，就可以检索出所有满足查询条件的 Customer 对象。

```
select ID from CUSTOMERS where AGE>10;
```

由于 select 语句不必包含 CUSTOMERS 表中所有字段，仅包含 ID 字段，因此可以稍微提高查询性能。

值得注意的是，org.hibernate.query.Query 的 iterate()方法返回的 Iterator 对象一直处于打开状态，在以下情况被关闭。

(1) 遍历访问完结果集中的所有对象。

(2) 关闭 Session 对象。

(3) 通过 org. hibernate. Hibernate. close(iterator)方法关闭 Iterator 对象。

17.1.11 可滚动的结果集(属于 Hibernate 的功能)

JDBC API 提供了一种可滚动的结果集,它是利用数据库系统中的游标来实现的。游标用于定位查询结果集中的记录,应用程序可以通过移动游标来定位特定记录。

在 Hibernate 的早期版本中,org. hibernate. Query 接口的 scroll()方法返回一个 org. hibernate. ScrollableResults 对象,它代表可滚动的结果集。在 Hibernate 5 以上版本中,该方法已经被淘汰,这里仍对该方法的作用做一个简单的介绍。org. hibernate. ScrollableResults 接口与 java. sql. ResultSet 接口有一些相似,但不完全相同。org. hibernate. ScrollableResults 接口包含以下用于移动游标的方法。

(1) first()：使游标移动到第一行。

(2) last()：使游标移动到最后一行。

(3) beforeFirst()：使游标移动到结果集的开头(第一行之前)。

(4) afterLast()：使游标移动到结果集的末尾(最后一行之后)。

(5) previous()：使游标从当前位置向上(或者说向前)移动一行。

(6) next()：使游标从当前位置向下(或者说向后)移动一行。

(7) scroll(int n)：使游标从当前位置移动 n 行。如果 $n>0$,就向下移动,否则就向上移动。当 n 为 1,等价于调用 next()方法；当 n 为 -1,等价于调用 previous()方法。

(8) setRowNumber(int n)：使游标移动到行号为 n 的行。参数 n 指定行号。结果集的行号从 0 开始编号。如果 n 为 0,使游标移动到第 1 行；如果 n 为 2,使游标移动到第 3 行；如果 n 为 -1,使游标移动到最后一行。

除了 beforeFirst()和 afterLast()方法返回 void 类型,其余方法都返回 boolean 类型。如果游标移动到的目标位置具有记录,就返回 true；否则返回 false。

如图 17-4 所示,假定 SQL 语句 select ID,NAME,AGE from CUSTOMERS 从 CUSTOMERS 表中共查出五条记录。

游标 →

行号	ID	NAME	AGE
0	1	Tom	21
1	2	Mike	24
2	3	Jack	30
3	4	Linda	25
4	5	Tom	25

图 17-4 用游标来定位结果集中的记录

以下程序代码演示了 ScrollableResults 接口的基本用法。

```
Session session = entityManager.unwrap(Session.class);

ScrollableResults rs = session.createQuery("from Customer c ")
```

```
                    .scroll();
//游标移动到结果集中的第 1 行
rs.first();

//获得当前行中的所有字段,在本例中,当前行只有一个字段,为 Customer 对象
//因此返回的对象数组中只有一个 Customer 对象
Object[] o = rs.get();
Customer customer = (Customer)o[0];  //获取对象数组中的第 1 个对象
System.out.println(customer.getId()
      + " " + customer.getName() + " " + customer.getAge());

rs.scroll(2);                        //游标从当前位置移动两行,即移动到第 3 行
customer = (Customer)rs.get(0);      //获得当前行中的第 1 个字段,为 Customer 对象
System.out.println(customer.getId()
      + " " + customer.getName() + " " + customer.getAge());

rs.close();                          //关闭结果集
```

以下程序代码演示了 ScrollableResults 接口在分页处理数据时的用法。

```
final int PAGE_SIZE = 3;                         //每一页处理 3 个 Customer 对象
List firstNamesOfPages  = new ArrayList();       //存放所有页中的第一个客户的姓名
List pageOfCustomers  = new ArrayList();         //存放第一页的所有 Customer 对象

//以下 HQL 语句中采用了 select 关键字,为投影查询
ScrollableResults rs = session.createQuery(
                    "select c.name,c from Customer c ")
                    .scroll();

if ( rs.first() ){

  //演示遍历访问每一页的特定内容
  //获取所有页中的第一个客户的姓名
  do{
     String name  =  rs.getString(0); //获得当前行的第 1 个字段,为 name 字段
     firstNamesOfPages.add(name);
  }while ( rs.scroll(PAGE_SIZE) );

  //演示访问特定页的所有内容
  //获取第一页的所有 Customer 对象
  rs.beforeFirst();
  int i = 0;
  while( ( PAGE_SIZE > i++) && rs.next() ){
    //获得当前行的第 2 个字段,为 Customer 对象
    pageOfCustomers.add(rs.get(1));
  }
}
rs.close();                                      //关闭结果集

for(int i = 0;i < firstNamesOfPages.size();i++)
```

```
    System.out.println(firstNamesOfPages.get(i));

  for(int i = 0;i < pageOfCustomers.size();i++)
    System.out.println(((Customer)pageOfCustomers.get(i)).getName());
```

org.hibernate.Query 接口的 scroll()方法还可以包含一个用于设置滚动模式的参数，例如：

```
ScrollableResults rs = session.createCriteria(Customer.class)
                              .scroll(ScrollMode.FORWARD_ONLY);
```

org.hibernate.ScrollMode 类提供了以下表示结果集滚动模式的静态常量。

（1）ScrollMode.FORWARD_ONLY：游标只能从上往下移动，即结果集不能滚动。这是默认值。

（2）ScrollMode.SCROLL_INSENSITIVE：游标可以上下移动，即结果集可以滚动。当程序对结果集的内容做了修改，游标对此不敏感。

（3）ScrollMode.SCROLL_SENSITIVE：游标可以上下移动，即结果集可以滚动。当程序对结果集的内容做了修改，游标对此敏感。例如当程序删除了结果集中的一条记录时，游标位置会随之发生变化。

只有在始终保持数据库连接的情况下，才可以访问 ScrollableResults 结果集中的数据。结束访问后，应该及时调用 ScrollableResults.close()方法关闭结果集，从而关闭数据库中与此结果集对应的游标。

17.1.12 绑定参数

实际应用中，经常有这样的需求，用户在查询窗口中输入一些查询条件，要求返回满足查询条件的记录。例如，用户提供了姓名和年龄信息，要求查询匹配的 Customer 对象。应用程序可以定义一个 findCustomers()方法来提供这一功能，如：

```
public List<Customer> findCustomers(String name, int age){
  //假定 getEntityManager()方法返回 EntityManager 对象
  EntityManager entityManager = getEntityManager();

  TypedQuery<Customer> query = entityManager.createQuery(
         "from Customer as c where c.name = '" + name + "'"
         + " and c.age = " + age, Customer.class);
  retun query.getResultList();
}
```

尽管程序代码可行，但是它并不安全。假如有个不怀好意的用户在查询窗口的姓名输入框中输入以下内容。

```
Tom' and SomeStoredProcedure() and 'hello' = 'hello
```

那么实际的 JPQL 查询语句为：

```
from Customer as c
where c.name = 'Tom' and SomeStoredProcedure() and 'hello' = 'hello'
and c.age = 20
```

查询语句不仅会执行数据库查询，而且会执行一个名为 SomeStoredProcedure 的存储过程。怀有恶意的用户可以通过这种方式来非法调用数据库系统的存储过程。

JPA 采用参数绑定机制来避免以上问题。JPA 的参数绑定机制依赖 JDBC API 中 PreparedStatement 的预编译 SQL 语句功能。总的来说，参数绑定机制有以下优点。

(1) 非常安全，防止怀有恶意的用户非法调用数据库系统的存储过程。

(2) 能够利用底层数据库预编译 SQL 语句的功能，提高查询数据的性能。预编译是指底层数据库系统只需要编译一次 SQL 语句，把编译出来的可执行代码保存在缓存中。如果多次执行相同形式的 SQL 语句，不需要重新编译，从缓存中获得可执行代码即可。

1. 参数绑定的形式

JPQL 的参数绑定有以下两种形式。

(1) 按参数名字绑定。在 JPQL 查询语句中定义命名参数，命名参数以"："开头，形式如下：

```
TypedQuery<Customer> query = entityManager.createQuery(
      "from Customer as c where c.name = :customerName "
      + "and c.age = :customerAge", Customer.class);
```

JPQL 查询语句定义了两个命名参数：customerName 和 customerAge。接下来调用 Query 的 setParameter()方法来绑定参数，例如：

```
query.setParameter("customerName", name);
query.setParameter("customerAge", age);
```

setParameter()方法能够绑定各种数据类型的命名参数。该方法的第一个参数代表命名参数的名字，第二个参数代表命名参数的值。

假如有个不怀好意的用户在搜索窗口的姓名输入框中输入以下内容。

```
Tom ' and SomeStoredProcedure() and 'hello' = 'hello
```

JPA 会把字符串中的单引号解析为普通的字符，在 JPQL 查询语句中用两个单引号表示，例如：

```
from Customer as c
where c.name = 'Tom'' and SomeStoredProcedure() and ''hello'' = ''hello'
and c.age = 20
```

由此可见，参数名字绑定能够有效地避免本节开头提出的安全漏洞。

在SQL语句中，如果字符串中包含单引号，应该采用重复单引号的形式，例如：

```
update CUSTOMERS set NAME = '''Tom' where ID = 1;
```

update语句把NAME字段的值改为'Tom。

(2) 按参数位置绑定。在JPQL查询语句中用"?"来定义参数的位置，形式如下：

```
TypedQuery<Customer> query = entityManager.createQuery(
        "from Customer as c where c.name = ?1 "
        + "and c.age = ?2 ",Customer.class);
```

JPQL查询语句定义了两个参数，第一个参数的位置为1，第二个参数的位置为2。接下来调用Query的setParameter()方法来绑定参数，如：

```
query.setParameter(1,name);
query.setParameter(2,age);
```

setParameter()方法的第一个参数代表参数的位置，第二个参数代表参数的值。

相较于按位置绑定参数的形式，按名字绑定方式有以下优势。

- 使程序代码有较好的可读性。
- 有利于程序代码的维护。对于按位置绑定参数的方式，如果参数在JPQL查询语句中的位置改变了，就必须修改相关绑定参数的代码，这削弱了程序代码的健壮性和可维护性。例如以下程序代码交换了name和age参数的位置，那么Query的setParameter()方法的参数也要进行相应的调整。

```
TypedQuery<Customer> query = entityManager.createQuery(
    "from Customer as c where c.age = ?1 "
    + "and c.name = ?2 ",Customer.class);
query.setParameter(2,name);
query.setParameter(1,age);
```

- 允许一个参数在JPQL查询语句中出现多次，例如：

```
from Customer as c
where c.name like :stringMode and c.email like :stringMode
```

由此可见，应该优先考虑使用按名字绑定参数的方式。

2. 绑定时间类型的参数

Query接口的setParameter()方法能绑定各种类型的参数，不过对于时间类型的参数，需要指定具体的时间类型。例如，假定Customer类有一个表示生日的birthday属性。以下代码检索生日大于特定日期的Customer对象。

```
Date oneDay = … ;
List<Customer> result = entityManager
    .createQuery("from Customer c where c.birthday>:someDay",
```

```
        Customer.class)
      .setParameter("someDay",oneDay,TemporalType.DATE)
      .getResultList();
```

javax.persistence.TemporalType 类指定具体的时间类型，它有三个常量：TemporalType.DATE(日期类型)、TemporalType.TIME(时间类型)和 TemporalType.TIMESTAMP(时间戳类型)。

3. 绑定实体类型的参数

Query 接口的 setParameter()方法还能绑定实体类型的参数。例如以下 setParameter()方法把 customer 命名参数与一个 Customer 对象绑定。

```
List<Customer> result = entityManager
       .createQuery("from Order o where o.customer = :customer",
          Customer.class)
       .setParameter("customer", customer)
       .getResultList();
```

假定 customer 变量所引用的 Customer 对象的 OID 为 1，那么 Hibernate 执行的 SQL 查询语句为：

```
select * from ORDERS where CUSTOMER_ID = 1 ;
```

4. 参数绑定对 null 安全

参数绑定对 null 是安全的，例如以下程序代码不会抛出异常。

```
String name = null;
List<Customer> result = entityManager
       .createQuery("from Customer c where c.name = :name",
           Customer.class)
       .setString("name", name)
       .getResultList();
```

JPQL 查询语句对应的 SQL 查询语句为：

```
select * from CUSTOMERS where NAME = null;
```

这条查询语句的查询结果永远为空。如果要查询名字为 null 的客户，应该使用 is null 比较运算符，参见 17.2.1 节。

5. 通过 QBC 定义命名参数

CriteriaBuilder 接口的 parameter()方法用来定义一个命名参数，该方法返回一个 ParameterExpression 对象，表示命名参数，如：

```
CriteriaQuery<Customer> criteriaQuery =
     criteriaBuilder.createQuery( Customer.class );
```

```
Root<Customer> root = criteriaQuery.from(Customer.class );

criteriaQuery.select(root);

//定义命名参数
ParameterExpression<String> customerNameParameter =
    criteriaBuilder.parameter(String.class,"customerName");

//设置查询条件
Predicate predicate = criteriaBuilder.equal(root.get("name"),
                                   customerNameParameter);
criteriaQuery.where(predicate);

List<Customer> result = entityManager
        .createQuery(criteriaQuery);
        .setParameter("customerName","Mike")  //绑定参数
        .getResultList();
```

以上程序代码也可以按照方法链编程风格简写为：

```
CriteriaQuery<Customer> criteriaQuery =
     criteriaBuilder.createQuery( Customer.class );
Root<Customer> root = criteriaQuery.from(Customer.class );

List<Customer> result = entityManager.createQuery(
   criteriaQuery
      .select(root)
      .where(
         criteriaBuilder.equal(
           root.get("name"),
           criteriaBuilder.parameter(String.class,"customerName"))
         )
     ).setParameter("customerName","Mike") //绑定参数
       .getResultList();
```

17.1.13 设置查询附属事项

在采用JPQL检索方式或者QBC检索方式来检索数据时，可以通过如下Query接口的一些方法来设定查询附属事项。

(1) setFlushMode()方法：设置清理缓存的模式。

(2) setHint()方法：设置访问Hibernate的第二级缓存的模式、查询超时时间、批量抓取数目、查询注释等。

1. 设置清理缓存模式

本书第8章的8.2.2节(脏检查及清理缓存的机制)已经讲过，当Session清理持久化缓存时，会先进行脏检查，即比较Customer持久化对象的当前属性与它的快照，来判断

Customer 对象的属性是否发生了变化。如果发生了变化，就称这个对象是脏对象，Session 会根据脏对象的最新属性来执行相关 SQL 语句，从而同步更新数据库。JPA 用 FlushModeType 类来表示清理模式，它有两个常量：FlushModeType. COMMIT 和 FlushModeType. AUTO。

以下程序代码把清理模式设为 FlushModeType. COMMIT，因此 Hibernate 在执行 SQL 查询语句之前不会先清理缓存。

```
TypedQuery < Customer > query = entityManager
                .createQuery("from Customer c",
                    Customer.class)
                .setFlushMode(FlushModeType.COMMIT);
```

2. 设置 Hibernate 访问第二级缓存的模式

Hibernate 访问第二级缓存的模式有以下两种。

(1) 读缓存模式：决定在检索数据时是否使用第二级缓存。用 CacheRetrieveMode 类来表示，有两个常量：CacheRetrieveMode. BYPASS 和 CacheRetrieveMode. USE。

(2) 写缓存模式：决定在保存数据时是否把数据保存到第二级缓存中。用 CacheStoreMode 类来表示，有三个常量：CacheStoreMode. BYPASS、CacheStoreMode. USE 和 CacheStoreMode. REFRESH。

22.4.6 节将进一步讲解各种模式的具体含义。以下代码把访问第二级缓存的读模式设为 CacheRetrieveMode. USE，把写模式设为 CacheStoreMode. REFRESH。

```
List < Customer > result = entityManager
        .createQuery("from Customer",Customer.class)
        //设置对第二级缓存的读模式
        .setHint("javax.persistence.cache.retrieveMode",
                 CacheRetrieveMode.USE)
        //设置对第二级缓存的写模式
        .setHint("javax.persistence.cache.storeMode",
                 CacheStoreMode.REFRESH)
       .getResultList();
```

3. 设置执行查询的超时时间

以下程序代码通过 Query 的 setHint()方法，把执行查询数据库操作的超时时间设为 60 秒。

```
List < Customer > result = entityManager
    .createQuery("from Customer",Customer.class)
        //设置执行查询数据库操作的超时时间为 60 秒
    .setHint("javax.persistence.query.timeout",
             60000)
    .getResultList();
```

4. 设置批量抓取数目

以下程序代码通过 Query 的 setHint()方法，把底层 JDBC 驱动程序进行批量抓取的数目设为 50。

```
List<Customer> result = entityManager
        .createQuery("from Customer",Customer.class)
        //设置批量抓取数目
        .setHint(org.hibernate.annotations.QueryHints.FETCH_SIZE,50)
        .getResultList();
```

Query 接口的 setHint()方法和 JDBC API 中 java.sql.Statement 接口的 setFetchSize()方法的作用是一样的，都是为底层 JDBC 驱动程序设置批量抓取数目。

接下来解释为底层 JDBC 驱动程序设置批量抓取数目的意义。以下程序代码通过 JDBC API 查询 CUSTOMERS 表中的所有记录。

```
ResultSet rs = stmt.executeQuery(
        "SELECT ID,NAME,AGE,ADDRESS from CUSTOMERS");
while(rs.next()){
  String id = rs.getLong(1);
  …
}
```

假如 CUSTOMERS 表中有十万条记录，那么 java.sql.Statement 对象的 executeQuery()方法返回的 java.sql.ResultSet 对象中是否会立即存放这十万条记录呢？如果 ResultSet 对象中存放了这么多记录，将消耗非常大的内存空间。实际上 ResultSet 对象并不会包含这么多数据，只有当程序遍历结果集时，它才会到数据库中抓取相应的数据。ResultSet 对象抓取数据的过程对程序完全是透明的。

那么，是否每当程序访问结果集中的一条记录时，ResultSet 对象就到数据库中抓取一条记录呢？按照这种方式抓取大量记录需要频繁地访问数据库，显然效率很低。为了减少访问数据库的次数，JDBC 希望 ResultSet 接口的实现能支持批量抓取，即每次从数据库中抓取多条记录，并把它们存放在 ResultSet 对象的缓存中。在 java.sql.Connection、java.sql.Statement 和 java.sql.ResultSet 接口中都提供了 setFetchSize(int size)方法，用于设置批量抓取的数目。

5. 设置查询注释

在对程序代码进行优化时，需要查阅和分析复杂的 SQL 日志。为了提高 SQL 日志的可读性，可以在 SQL 日志中加入适当的注释，步骤如下。

(1) 把 Hibernate 的配置属性 hibernate.use_sql_comments 设为 true，如：

```
//在 Hibernate 的 Java 属性格式的配置文件 hibernate.properties 中设置
hibernate.use_sql_comments = true

//在 Hibernate 的 XML 格式的配置文件 hibernate.cfg.xml 中设置
<property name = "use_sql_comments"> true </property>

//在 JPA 的 XML 格式的配置文件 persistence.xml 中设置
<property name = "hibernate.use_sql_comments" value = "true" />
```

(2) 在程序代码中通过 Query 的 setHint()方法为 SQL 日志加入适当的注释,如:

```
List<Customer> result = entityManager
        .createQuery("from Customer",Customer.class)
        //设置注释
        .setHint(org.hibernate.annotations.QueryHints.COMMENT,
                 "My Comment...")
        .getResultList();
```

运行程序代码后,将打印如下带注释的 SQL 日志。

```
Hibernate: /* My Comment... */
select this_.ID as ID0_0_, this_.NAME as NAME0_0_, this_.AGE as AGE0_0_
from CUSTOMERS this_
```

6. 设置查询结果是否只允许读

Hibernate 从数据库中检索出来的对象都处于持久化状态。默认情况下,如果程序修改了持久化对象的属性,那么当 Hibernate 清理持久化缓存时,会通过相应的 update 语句同步更新数据库。

假如只允许读取持久化对象,而不允许更新它们,那么可以调用 Query 接口的 setHint()方法来设置。值得注意的是,这里所说的不允许更新持久化对象,是指即使程序代码修改了内存中持久化对象的属性,当 Hibernate 清理持久化缓存时,也不会通过相应的 update 语句去同步更新数据库。

以下程序代码演示如何把检索到的 Customer 对象设置为只允许读操作。

```
tx = entityManager.getTransaction();
tx.begin();

//返回的 Customer 对象处于持久化状态
Customer customer = entityManager
      .createQuery("from Customer c where c.id = 1",Customer.class)
      //只允许读取检索到的持久化对象的属性
      //禁止更新检索到的持久化对象
      .setHint(org.hibernate.annotations.QueryHints.READ_ONLY,true)
      .getSingleResult();

//修改内存中 Customer 持久化对象的 name 属性
customer.setName("Mike");

//Session session = entityManager.unwrap(Session.class);
//session.setReadOnly(customer,false);

//修改内存中 Customer 持久化对象的 age 属性
customer.setAge(30);

//清理缓存,并提交事务
tx.commit();
```

对检索到的 Customer 对象进行了修改属性的操作，但是当通过 tx.commit()方法提交事务时，Hibernate 不会去同步更新数据库中 CUSTOMERS 表的相应记录。

Session 接口的 setReadOnly()方法可以设置单个持久化对象的读写模式，例如：

(1) setReadOnly(object,true)：只允许读取持久化对象。

(2) setReadOnly(object,false)：允许读取或更新持久化对象。

如果把以下两行注释代码的注释取消：

```
Session session = entityManager.unwrap(Session.class);
session.setReadOnly(customer,false);  //允许更新 Customer 对象
```

那么当通过 tx.commit()方法提交事务时，Hibernate 会同步更新数据库中 CUSTOMERS 表的相应记录，执行相应的 update 语句，如：

```
update CUSTOMERS set NAME = 'Mike',AGE = 30 where ID = 1;
```

17.1.14 定义命名查询语句

在前面的例子中，JPQL 查询语句都嵌入在程序代码中，这适用于比较简短的 JPQL 查询语句。如果 JPQL 查询语句很复杂，且跨越多行，就会影响程序代码的可读性以及可维护性。

为了提高这些 JPQL 查询语句的可重用性，并提高程序代码的可读性和可维护性，可以把 JPQL 查询语句放在 JPA 或 Hibernate 的对象-关系映射文件中，也可以用特定的注解来定义。

1. 在 JPA 的对象-关系映射文件中定义命名查询语句

例程 17-1 是 JPA 的对象-关系映射文件 orm.xml，它定义了以下两个命名查询语句。

(1) 采用 JPQL 查询语言，查询语句名为 findCustomersByName。

(2) 采用本地 SQL 查询语言，查询语句名为 findCustomersSQL。

例程 17-1 orm.xml

```
<entity-mappings
  version="2.1"
  xmlns="http://xmlns.jcp.org/xml/ns/persistence/orm"
  xmlns:xsi="http://www.w3.org/2001/XMLSchema-instance"
  xsi:schemaLocation="http://xmlns.jcp.org/xml/ns/persistence/orm
  http://xmlns.jcp.org/xml/ns/persistence/orm_2_1.xsd">

  <named-query name="findCustomersByName">
    <query>
      <![CDATA[
        from Customer c where c.name like :name
      ]]>
    </query>
```

```
    </named-query>

   <named-native-query name = "findCustomersSQL"
                  result-class = "mypack.Customer" >
     <query>
         select * from CUSTOMERS
      </query>
    </named-native-query>
</entity-mappings>
```

在定义命名查询语句时，还可以通过< hint >元素来设置查询附属事项，例如：

```
<named-query name = "findCustomersByName">
  <query>
     <![CDATA[
        from Customer c where c.name like :name
      ]]>
   </query>

   <hint name = "javax.persistence.query.timeout"
           value = "60000" />
   <hint name = "javax.persistence.query.comment"
           value = "My comment ......" />

 </named-query>
```

2. 在 Hibernate 的对象-关系映射文件中定义命名查询语句

例程 17-2 是 Hibernate 的对象-关系映射文件 Customer.hbm.xml，它定义了以下两个命名查询语句。

(1) 采用 HQL 查询语言，查询语句名为 findCustomersByName。

(2) 采用本地 SQL 查询语言，查询语句名为 findCustomersSQL。

例程 17-2　Customer.hbm.xml

```
<hibernate-mapping>
  <class name = "mypack.Customer" table = "CUSTOMERS" >
    ...
  </class>

  <query name = "findCustomersByName"
         cache-mode = "get"   <!-- 设置对二级缓存的操作模式 -->
         comment = "My Comment..."   <!-- 设置注释 -->
         fetch-size = "50"   <!-- 设置批量抓取数目 -->
         read-only = "true"   <!-- 设置只读模式 -->
         timeout = "60">        <!-- 设置超时时间 -->

    <![CDATA[
         from Customer c where c.name like :name
```

```
    ]]>
  </query>

  <sql-query name="findCustomersSQL">
    <return alias="c" class="mypack.Customer"/>
    select {c.*} from CUSTOMERS c where c.NAME like :name
  </sql-query>

</hibernate-mapping>
```

3. 用注解定义命名查询语句

例程 17-3 是 Customer 类的部分代码，它用注解定义了以下两个命名查询语句。

(1) 采用来自 JPA API 的注解，查询语句名为 findCustomersByName。

(2) 采用来自 Hibernate API 的注解，查询语句名为 findCustomersByAge。

例程 17-3　Customer.java 的部分源代码

```
@NamedQueries({                                          //采用 JPA 的注解
  @NamedQuery(
     name = "findCustomersByName",
     query = "from Customer c where c.name like :name",
     //设置查询附属事项
     hints = {
        @QueryHint(
          name = org.hibernate.annotations.QueryHints.TIMEOUT_JPA,
          value = "60000"
        ),
        @QueryHint(
          name = org.hibernate.annotations.QueryHints.COMMENT,
          value = "My Comment …"
        )
     }
  )
})

@org.hibernate.annotations.NamedQueries({              //采用 Hibernate 的注解
  @org.hibernate.annotations.NamedQuery(
     name = "findCustomersByAge",
     query = "from Customer c where c.age > :age",
     timeout = 60,
     comment = "My Comment …"
  )
})

@Entity
@Table(name = "CUSTOMERS")
public class Customer implements java.io.Serializable {…}
```

用 JPA API 中的注解来定义命名查询语句时，该定义代码只能放在持久化类中。而通过 Hibernate API 中的注解来定义命名查询语句时，该定义代码不仅能放在持久化类中，还可以放在包级别的类文件中。例如在 src/mypack/package-info.java 文件中定义如下命名查询语句。

```
@org.hibernate.annotations.NamedQueries({      //采用 Hibernate 的注解
  @org.hibernate.annotations.NamedQuery(
     name = "findCustomersByAge",
     query = "from Customer c where c.age > :age",
     timeout = 60,
     comment = "My Comment …"
  )
})
package mypack;
```

4. 用编程方式定义命名查询语句

在程序中，也可以先动态定义一个名为 findCustomersByName 的命名查询语句。在以后的代码中，获得并执行这个命名查询语句，如：

```
//第一段程序代码
Query query  = entityManager.createQuery(
                   "from Customer c where c.name like :name");
//把 Query 保存为命名查询语句
entityManager
   .getEntityManagerFactory()
   .addNamedQuery("findCustomersByName",query);

//以后 …
//在其他程序代码中，获得并执行命名查询语句
TypedQuery<Customer> namedQuery = entityManager.createNamedQuery(
                "findCustomersByName",Customer.class);
List<Customer> result = namedQuery
                 .setParameter("name","Tom")
                 .getResultList();
```

5. 获得并执行命名查询语句

通过以上的各种方式定义了命名查询语句后，在程序中需要使用该查询语句的地方，可以通过如下方式来获得并执行它。

```
//在其他程序代码中，获得并执行命名查询语句 findCustomersByName
TypedQuery<Customer> namedQuery = entityManager.createNamedQuery(
                "findCustomersByName",Customer.class);
List<Customer> result = namedQuery
                 .setParameter("name","Tom")
                 .getResultList();
```

无论命名查询语句使用的是 JPQL 查询语言还是本地 SQL 查询语言，都可以通过 EntityManager 的 createNamedQuery()方法来获取。

如果命名查询语句中包含命名参数，则需要通过 Query 的 setParameter()方法来绑定参数。

17.1.15 调用函数

在 JPQL 中，还可以调用函数。这些函数与 SQL 中的相应函数同名，作用也相同。例如以下 JPQL 查询语句均调用了函数。

```
from Customer c where lower(c.name) = 'tom'

select upper(c.name) from Customer c

from Customer c where concat(c.firstname,c.lastname)
like ('G% K%')

from Customer c where size(c.orders)> 3  //客户的订单数目大于 3
```

lower()函数把字符串中的所有字母转为小写；upper()函数把字符串中的所有字母转为大写；concat()函数把两个字符串连接起来；size()函数获取集合中元素的数目。

以下这段代码中的 JPQL 检索方式以及 QBC 检索方式都调用了 size()函数。

```
//JPQL 检索方式
String jpql = "from Customer c where size(c.orders)> 3 ";
List<Customer> result = entityManager
          .createQuery(jpql,Customer.class)
          .getResultList();

//QBC 检索方式
CriteriaQuery<Customer> criteriaQuery =
      criteriaBuilder.createQuery( Customer.class );
Root<Customer> root = criteriaQuery.from(Customer.class );
criteriaQuery.select(root);

Predicate predicate = criteriaBuilder.gt(
       criteriaBuilder.size(root.get("orders")),3);
criteriaQuery.where(predicate);  //设置查询条件

List<Customer> result = entityManager
        .createQuery(criteriaQuery)
        .getResultList();
```

运行 Query 的 getResultList()方法时，Hibernate 执行的 select 语句为：

```
select * from CUSTOMERS c
where (select count(o.CUSTOMER_ID) from ORDERS o
      where c.ID = o.CUSTOMER_ID)> 3
```

以下这段代码中的 JPQL 检索方式以及 QBC 检索方式都调用了 concat()函数。

```
//JPQL 检索方式
String jpql = "select concat('Name:',c.name) from Customer c";
List<String> result = entityManager
            .createQuery(jpql,String.class)
            .getResultList();

//QBC 检索方式
CriteriaQuery<String> criteriaQuery =
     criteriaBuilder.createQuery( String.class );
Root<Customer> root = criteriaQuery.from(Customer.class );
criteriaQuery.select(
    criteriaBuilder.concat("Name:",root.<String>get("name")));

List<String> result = entityManager
        .createQuery(criteriaQuery)
        .getResultList();
```

运行 Query 的 getResultList()方法时，Hibernate 执行的 select 语句为：

```
select concat('Name:',c.NAME) from CUSTOMERS c;
```

JPA 提供的内置函数包括三类：字符串处理函数、算术函数和日期函数。字符串处理函数主要包括：

(1) concat(String s1, String s2)：字符串合并函数。

(2) substring(String s, int start, int length)：获得子字符串。例如 substring('HelloWorld',1,5)的返回值是 Hello。

(3) trim(String s)：从字符串中去掉首/尾指定的空格。

(4) lower(String s)：将字符串转换成小写形式。

(5) upper(String s)：将字符串转换成大写形式。

(6) length(String s)：求字符串的长度。

(7) locate(String s1, String s2, int start)：从第一个字符串中查找第二个字符串(子串)出现的位置。若未找到，则返回 0。

算术函数主要包括：

(1) abs()：求绝对值。

(2) mod()：求余数。例如 mod(10,3)的返回值是 1，mod(10,2)的返回值是 0。

(3) sqrt()：求平方根。

(4) size()：求集合的元素个数。

日期函数主要包括以下三个函数，它们都不带参数。

(1) current_date()：返回服务器上的当前日期。

(2) current_time()：返回服务器上的当前时间。

(3) current_timestamp()：返回服务器上的当前时间戳。

在 JPQL 查询语句中，可以使用以上所有的函数。CriterialBuilder 接口包含了和以上多数函数对应的同名方法，如 CriteriaBuilder.upper()和 CriteriaBuilder.mod()方法等。但是对于日期函数，在 CriterialBuilder 接口中对应的方法是 currentDate()、currentTime()和 currentTimestamp()。

JPQL 的一大灵活之处在于，假如在 JPQL 查询语句中调用了一个未在 Hibernate 中注册的函数，Hibernate 不会抛出错误，而是直接把这个函数交给底层数据库系统去执行。

17.1.16 元模型类(MetaModel Class)

17.1.2 节已经讲过，QBC API 能够从元模型类中获得类的元数据信息。每个用注解映射的持久化类都对应一个元模型类。所有元模型类的类名以"_"结尾。例如 Customer 类的元模型类为 Customer_，例程 17-4 是 Customer 类的元模型类的源程序。

例程 17-4 Customer_.java

```
package mypack;
import javax.annotation.Generated;
import javax.persistence.metamodel.SetAttribute;
import javax.persistence.metamodel.SingularAttribute;
import javax.persistence.metamodel.StaticMetamodel;

@Generated(value =
       "org.hibernate.jpamodelgen.JPAMetaModelEntityProcessor")
@StaticMetamodel(Customer.class)
public abstract class Customer_ {
  public static volatile SingularAttribute<Customer, String> name;
  public static volatile SetAttribute<Customer, Order> orders;
  public static volatile SingularAttribute<Customer, Long> id;
  public static volatile SingularAttribute<Customer, Integer> age;

  public static final String NAME = "name";
  public static final String ORDERS = "orders";
  public static final String ID = "id";
  public static final String AGE = "age";
}
```

Hibernate 提供了元模型类生成器，它能够解析持久化类中的注解，生成相应的元模型类。

下面是用 Hibernate 为 Customer 类和 Order 类生成元模型类的步骤。

(1) 在 Hibernate 的安装软件包的 lib/jpa-metamodel-generator 目录下找到 hibernate-jpamodelgen-X.jar 类库文件，它包含了 Hibernate 的元模型类生成器。把这个类库文件复制到本章范例的 lib 目录下。

(2) 在 Oracle 官网上下载包含 javax.annotation 包的类库文件 jsr250-api.jar。把这个类库文件复制到本章范例的 lib 目录下。Hibernate 的元模型类生成器在生成元模型类时需要用到这个类库文件。

(3) 通过 ANT 工具编译本章范例会为 Customer 类和 Order 类自动生成元模型类。

Customer_类和 Order_类的.java 源文件以及.class 类文件都位于本章范例的 classes 目录下。

17.2　设定查询条件

和 SQL 查询语句一样,JPQL 查询语句也通过 where 子句来设定查询条件,例如:

```
from Customer c where c.name = 'Tom'
```

值得注意的是,在 where 子句中给出的是对象的属性名,而不是数据库表的字段名。

对于 QBC 查询,通过 CriteriaBuilder 的一系列方法来设定查询条件,例如:

```
//指定查询条件
Predicate predicate = criteriaBuilder.gt(
                      root.get(Customer_.age), 21);
```

以上代码创建了一个简单的查询条件,用于比较 Customer 对象的 age 属性是否大于 21。

表 17-1 列出了 JPQL 和 QBC 在设定查询条件时支持的各种运算。

表 17-1　JPQL 和 QBC 支持的各种运算

运算类型	JPQL 运算符	QBC 运算方法	含　义
比较运算	=	CriteriaBuilder.equal()	等于
	<>	CriteriaBuilder.notEqual()	不等于
	>	CriteriaBuilder.gt()	大于
	>=	CriteriaBuilder.ge()	大于或等于
	<	CriteriaBuilder.lt()	小于
	<=	CriteriaBuilder.le()	小于或等于
	is null	CriteriaBuilder.isNull()	等于空值
	is not null	CriteriaBuilder.isNotNull()	非空值
范围运算	in (列表)	CriteriaBuilder.in()	等于列表中的某一个值
	not in(列表)	CriteriaBuilder.not(CriteriaBuilder.in())	不等于列表中的任意一个值
	between 值 1 and 值 2	CriteriaBuilder.between()	大于或等于值 1 并且小于或等于值 2
	not between 值 1 and 值 2	CriteriaBuilder.not(CriteriaBuilder.between())	小于值 1 或者大于值 2
字符串 模式匹配	like	CriteriaBuilder.like()	字符串模式匹配
逻辑运算	and	CriteriaBuilder.and()	逻辑与
	or	CriteriaBuilder.or()	逻辑或
	not	CriteriaBuilder.not()	逻辑非
集合运算	is empty	CriteriaBuilder.isEmpty()	集合为空,不包含任何元素
	is not empty	CriteriaBuilder.isNotEmpty()	集合不为空
	member of	CriteriaBuilder.isMember()	元素属于特定集合
	not member of	CriteriaBuilder.isNotMember()	元素不属于集合

续表

运算类型	JPQL 运算符	QBC 运算方法	含　义
数学运算	+、-	CriteriaBuilder.neg() （相当于负数符号）	正数和负数的符号
	+、-	CriteriaBuilder.sum() CriteriaBuilder.diff()	加法和减法运算
	*、/	CriteriaBuilder.prod() CriteriaBuilder.quot()	乘法和除法运算

在 JPQL 查询语句中，逻辑运算符用来连接多个查询条件，例如：

```
from Customer c where (c.name like 'T%' and c.age > 20 )
or c.email in ('xx@hotmail.com','yy@gmail.com')
```

在 JPQL 查询语句中还包括“.”“+”“-”“*”和“/”等运算符，例如：

```
from Order o where (o.price/0.1) - 100.0 > 0.0
```

表 17-2 列出了各种运算符在 JPQL 查询语句中的优先级。

表 17-2　各种运算符在 JPQL 查询语句中的优先级(从高到低)

运　算　符	描　　述
.	导航符
+、-	正数或者负数的符号
*、/	乘法、除法
+、-	加法、减法
=、<>、<、>、>=、<=、[not]between、[not]like、[not]in、is [not] null	比较运算符和范围运算符
is [not] empty、[not] member [of]	集合操作符
not、and、or	逻辑运算符

17.2.1　比较运算

下面举例说明如何在查询条件中进行比较运算。

(1) 以下代码检索年龄不等于 18 的 Customer 对象。

```
//JPQL 检索方式
entityManager.createQuery("from Customer c where c.age <> 18 ");

//QBC 检索方式
Predicate predicate = criteriaBuilder.notEqual(root.get("age"), 18);
criteriaQuery.select(root).where(predicate);
```

(2) 以下代码检索姓名为空的 Customer 对象。

```
//JPQL 检索方式
```

```
entityManager.createQuery("from Customer c where c.name is null ");

//QBC 检索方式
Predicate predicate = criteriaBuilder.isNull(root.get("name"));
```

值得注意的是,不能通过以下 JPQL 查询语句来检索姓名为空的 Customer 对象。

```
from Customer c where c.name = null
```

和这个 JPQL 查询语句对应的 SQL 查询语句为:

```
select * from CUSTOMERS where NAME = null;
```

这个查询语句的查询结果永远为空,因为在 SQL 查询语句中,表达式(null=null)以及表达式('Tom'=null)的比较结果既不是 true,也不是 false,而是 null。

(3) 以下代码检索不属于任何客户的订单。

```
//JPQL 检索方式
entityManager.createQuery("from Order o where o.customer is null ");

//QBC 检索方式
CriteriaQuery<Order> criteriaQuery =
      criteriaBuilder.createQuery(Order.class);
Root<Order> root = criteriaQuery.from(Order.class);
Predicate predicate = criteriaBuilder.isNull(root.get("customer"));
```

(4) 以下代码检索姓名为 Tom 的 Customer 对象,不区分大小写。如果 CUSTOMERS 表中记录的 NAME 字段值为 TOM、tOm 或者 tom,都算满足查询条件的记录。

```
//JPQL 检索方式
Query query = entityManager.createQuery(
         "from Customer c where lower(c.name) = 'tom' ");

//QBC 检索方式
Predicate predicate = criteriaBuilder.equal(
            criteriaBuilder.lower(root.get("name")),"tom");
```

或者:

```
//JPQL 检索方式
Query query = entityManager.createQuery(
         "from Customer c where upper(c.name) = 'TOM' ");

//QBC 检索方式
Predicate predicate = criteriaBuilder.equal(
            criteriaBuilder.upper(root.get("name")),"TOM");
```

在 JPQL 查询语句或 QBC 查询中，都可以调用函数 lower()，把字符串转为小写；或者调用 upper()函数，把字符串转为大写。

(5) JPQL 查询和 QBC 查询都支持数学运算，例如：

```
//JPQL 检索方式
entityManager.createQuery(
        "from Order o where o.price/4 - 100 > 50 ");

//QBC 检索方式
Predicate predicate = criteriaBuilder.gt(
    criteriaBuilder.diff(
       criteriaBuilder.quot(root.<Double>get("price"),4)
      ,100)
,50);
```

17.2.2 范围运算

下面举例说明如何在查询条件中进行范围运算。

(1) 以下代码检索姓名为 Tom、Mike 或者 Jack 的 Customer 对象。

```
//JPQL 检索方式
entityManager.createQuery(
    "from Customer c where c.name in('Tom', 'Mike', 'Jack') ");

//QBC 检索方式
List<String> list = Arrays.asList(new String[]{"Tom","Mike","Jack"});
Predicate predicate  = root.get("name").in(list);
```

QBC 检索方式也可以用以下程序代码来实现。

```
CriteriaBuilder.In<String> inExpression =
                    criteriaBuilder.in(root.get("name"));
inExpression.value("Tom");
inExpression.value("Mike");
inExpression.value("Jack");
Predicate predicate = criteriaBuilder.and(inExpression);
```

(2) 以下代码检索年龄在 18 到 25 之间的 Customer 对象。

```
//JPQL 检索方式
entityManager.createQuery(
            "from Customer c where c.age between 18 and 25 ");

//QBC 检索方式
Predicate predicate = criteriaBuilder.between(
      root.get("age"),18,25);
```

(3) 以下代码检索年龄不在18到25之间的Customer对象。

```
//JPQL 检索方式
entityManager.createQuery(
      "from Customer c where c.age not between 18 and 25 ");

//QBC 检索方式
Predicate predicate = criteriaBuilder.not(
    criteriaBuilder.between(root.get("age"),18,25));
```

17.2.3　字符串模式匹配

和SQL查询一样,JPQL用like关键字进行模糊查询,而QBC用CriteriaBuilder类的like()方法进行模糊查询。模糊查询能够比较字符串是否与指定的字符串模式匹配,表17-3列出了字符串模式中可使用的通配符。

表17-3　字符串模式中的通配符

通配符名称	通　配　符	作　　用
百分号	%	匹配任意类型并且任意长度(长度可以为0)的字符串,如果是中文,需要两个百分号,即%%
下画线	_	匹配单个任意字符,常用来限制字符串表达式的长度

下面举例说明字符串模式匹配的用法。

(1) 以下代码检索姓名以T开头的Customer对象。

```
//JPQL 检索方式
entityManager.createQuery(
    "from Customer c where c.name like 'T%'");

//QBC 检索方式
Predicate predicate = criteriaBuilder.like(
    root.get("name"),"T%");
```

(2) 以下代码检索姓名中包含字符串om的Customer对象。

```
//JPQL 检索方式
entityManager.createQuery(
        "from Customer c where c.name like '%om%'");

//QBC 检索方式
Predicate predicate = criteriaBuilder.like(
    root.get("name"),"%om%");
```

(3) 以下代码检索姓名以T开头,并且字符串长度为3的Customer对象。

```
//JPQL 检索方式
entityManager.createQuery(
```

```
        "from Customer c where c.name like 'T_ _'");

//QBC 检索方式
Predicate predicate = criteriaBuilder.like(
    root.get("name")," T_ _");
```

17.2.4 逻辑运算

下面举例说明如何在查询条件中进行逻辑运算。

(1) 以下代码检索姓名以 T 开头，并且以 m 结尾的 Customer 对象。

```
//JPQL 检索方式
Query query = entityManager.createQuery(
      "from Customer c where c.name"
       + " like 'T%' and c.name like '%m'");

//QBC 检索方式
Predicate predicate = criteriaBuilder.and(
   criteriaBuilder.like(root.get("name")," 'T%'"),
   criteriaBuilder.like(root.get("name")," '%m'"));
```

(2) 以下代码检索姓名以 T 开头并且以 m 结尾，或者年龄不在 18 与 25 之间的 Customer 对象。

```
//JPQL 检索方式
Query query = entityManager.createQuery(
     "from Customer c "
      + " where (c.name like 'T%' and c.name like '%m')"
      + "or (c.age not between 18 and 25) " );

//QBC 检索方式
Predicate predicate = criteriaBuilder.or(
   criteriaBuilder.and(
      criteriaBuilder.like(root.get("name")," 'T%'"),
      criteriaBuilder.like(root.get("name")," '%m'")),
   criteriaBuilder.not(
      criteriaBuilder.between(root.get("name"),18,25)));
```

对比 JPQL 和 QBC 检索方式的程序代码，可以看出，如果查询条件非常复杂，QBC 检索会影响程序代码的可读性。

17.2.5 集合运算

下面举例说明如何在查询条件中进行集合运算。

(1) 以下代码检索不包含任何订单的 Customer 对象。

```
//JPQL 检索方式
```

```
entityManager.createQuery(
        "from Customer c where c.orders is empty" );


//QBC 检索方式
Predicate predicate = criteriaBuilder
                  .isEmpty(root.get("orders"));
```

对应的 select 语句为：

```
select ID,NAME,AGE from CUSTOMERS c
where not (exists
(select o.ID from ORDERS o where c.ID = o.CUSTOMER_ID))
```

(2) 以下代码检索包含特定 Order 对象的 Customer 对象。

```
//先检索 ID 为 3 的 Order 对象
Order order = entityManager.find(Order.class,Long.valueOf(3));

//JPQL 检索方式
List<Customer> result = entityManager.createQuery("from Customer c"
          + " where :order member of c.orders",Customer.class )
        .setParameter("order",order)
        .getResultList();

//QBC 检索方式
CriteriaQuery<Customer> criteriaQuery  = criteriaBuilder
                   .createQuery( Customer.class);
Root<Customer> root  =  criteriaQuery.from( Customer.class );

Predicate predicate = criteriaBuilder.isMember(
  (Expression<Order>)criteriaBuilder.parameter(Order.class,"order"),
  root.<Set<Order>>get("orders")
);

criteriaQuery.select(root)
          .where(predicate);

List<Customer> result = entityManager
        .createQuery(criteriaQuery)
        .setParameter("order",order)
        .getResultList();
```

对于这两种检索方式，Query 的 getResultList()方法执行的 select 语句为：

```
select * from CUSTOMERS c
where 3 in (select o.ID from ORDERS o where c.ID = o.CUSTOMER_ID)
```

17.2.6 case when 语句

在 JPQL 中可以使用 case when … else … end 多路分支语句，它的作用和 Java 语言的 switch 语句有点相似。例如在以下 JPQL 语句中，根据 Customer 类的 age 属性的大小返回相应的表示年龄状态的字符串。

```
select c.id,c.name,
         case
           when c.age>=18 then '成年人'
           when c.age>=14 then '青少年'
           else '儿童'
         end
from Customer c
```

以下程序代码执行上述 JPQL 语句，并且遍历访问查询结果。

```
String jpql="select c.id,c.name, "
        +" case when c.age>=18 then '成年人' "
        +" when c.age>=14 then '青少年' "
        +" else '儿童' end "
        +" from Customer c";

TypedQuery<Object[]> query=
          entityManager.createQuery(jpql,Object[].class);
List<Object[]> result=query.getResultList();
Iterator<Object[]> it=result.iterator();
while(it.hasNext()){
  Object[] row=it.next();
  System.out.println("id:"+row[0]+",name:" +row[1]
       +",age status:"+row[2]);
}
```

如果 CUSTOMERS 表中所有的 AGE 字段都大于或等于 18，那么将打印如下查询结果。

```
id:1,name:Tom,age status:成年人
id:2,name:Mike,age status:成年人
id:3,name:Jack,age status:成年人
id:4,name:Linda,age status:成年人
id:5,name:Tom,age status:成年人
```

17.3 小结

本章主要介绍了 JPQL 检索方式和 QBC 检索方式的基本用法，表 17-4 对此做了归纳。

表 17-4　JPQL 检索方式和 QBC 检索方式的基本用法

基本用法	范例	
使用别名	JPQL	from Customer **as c** where c.name=:name
	QBC	QBC 检索方式不需要由应用程序显式指定类的别名
对查询结果排序	JPQL	Query query=entityManager.createQuery("from Customer c **order by c.name**");
	QBC	javax.persistence.criteria.Order order= criteriaBuilder.asc(root.get(Customer_.name)); criteriaQuery.orderBy(order);　//指定排序方式

续表

基本用法		范　例
分页查询	JPQL	query. **setFirstResult(0)**
	QBC	**.setMaxResults(10);**
检索单个对象	JPQL	Customer customer =(Customer)query. **setMaxResults(1)**
	QBC	**.getSingleResult();**
绑定参数	JPQL	query. **setParameter("customerName",name)**
	QBC	**.setParameter("customerAge",age);**
设置查询附属事项	JPQL	query. setFlushMode(FlushMode. COMMIT)
	QBC	.setHint("javax. persistence. cache. retrieveMode",CacheRetrieveMode. USE);
调用函数	JPQL	List<Customer> result= entityManager . createQuery("from Customer c where **size**(c. orders)> 3" ,Customer. class)
	QBC	Predicate predicate=criteriaBuilder. gt(criteriaBuilder. **size**(root. get("orders")),3);
设定查询条件	JPQL	entityManager. createQuery("from Customer c where c. age <> 18 ");
	QBC	Predicate predicate = criteriaBuilder. **notEqual**(root. get("age"), 18); criteriaQuery. select(root). where(predicate);

17.4 思考题

1. javax. persistence. Query 接口的哪些方法会执行 select 语句?(多选)
   (a) getResultList()　　(b) getSingleResult()
   (c) iterate()　　(d) setFirstResult()

2. 在 QBC API 中,用于设定检索条件的 like()和 equal()方法位于哪个接口或类中?(单选)
   (a) CriteriaQuery　　(b) CriteriaBuilder
   (c) Expression　　(d) Query

3. 以下哪些程序代码能检索出按 name 属性升序排列的 Customer 对象?(多选)
   (a)

```
List<Customer> result = entityManager
          .createQuery("from Customer c order by c.name",
            Customer.class)
          .getResultList();
```

(b)

```
CriteriaQuery<Customer> criteriaQuery =
     criteriaBuilder.createQuery(Customer.class);
Root<Customer> root = criteriaQuery.from(Customer.class );
criteriaQuery.select(root);

javax.persistence.criteria.Order order =
```

```
    criteriaBuilder.asc(root.get(Customer_.name));
criteriaQuery.orderBy(order);  //指定排序方式

List<Customer> result = entityManger
                   .createQuery(criteriaQuery)
                   .getResultList();
```

(c)

```
List<Customer> result = entityManager
   .createQuery("from Customer c order by c.name desc",Customer.class)
   .getResultList();
```

(d)

```
List result = entityManager
    .createQuery("from Customer c order by c.name")
    .getResultList();
```

4. 对于以下程序代码，哪些说法正确？（多选）

```
EntityManager entityManager  =  entityManagerFactory
                        .createEntityManager();          //第 1 行
EntityTransaction tx  =
                      entityManager.getTransaction();  //第 2 行
tx.begin();                                            //第 3 行

Session session = entityManager.unwrap(Session.class); //第 4 行

Iterator<Customer> customers  = session
   .createQuery("from Customer c where c.age>10",Customer.class)
   .iterate();                                         //第 5 行

while(customers.hasNext()){                            //第 6 行
  Customer customer = customers.next();                //第 7 行
  System.out.println(customer.getName());              //第 8 行
}                                                      //第 9 行

tx.commit();                                           //第 10 行
entityManager.close();                                 //第 11 行
```

(a) 第 5 行程序代码执行的 select 语句为：

```
select ID from CUSTOMERS where AGE>10;
```

(b) 执行完第 5 行程序代码，customers 集合中存放了所有 age 属性大于 10 的 Customer 代理类对象，它们的属性（除了 id 之外）没有被初始化

(c) 第 5 行程序代码执行的 select 语句的形式为：

```
select ID,NAME,AGE from CUSTOMERS where ID = ?;
```

（d）第 7 行程序代码执行的 select 语句的形式为：

```
select ID,NAME,AGE from CUSTOMERS where ID = ?;
```

5. ScrollableResults 接口的 previous()方法与以下哪个方法等价？（单选）

（a）setRowNumber(−1)　　（b）first()

（c）scroll(−1)　　（d）afterLast()

6. Query 接口的哪个方法用于设置清理 Session 的持久化缓存的模式？（单选）

（a）setCacheMode()　　（b）setFetchMode()

（c）setLockMode()　　（d）setFlushMode()

7. 以下哪些程序代码能检索出不属于任何客户的订单？（多选）

（a）

```
List<Order> result = entityManager
            .createQuery("from Order o where o.customer is null ",
              Order.class)
            .getResultList();
```

（b）

```
CriteriaQuery<Order> criteriaQuery =
     criteriaBuilder.createQuery(Order.class);
Root<Order> root  =  criteriaQuery.from(Order.class);
Predicate predicate  =
        criteriaBuilder.equal(root.get("customer"),"null");

criteriaQuery.select(root).where(predicate);
List<Order> result = entityManager.createQuery(criteriaQuery)
                                            .getResultList();
```

（c）

```
List<Order> result = entityManager
            .createQuery("from Order o where o.customer = null ",
              Order.class)
            .getResultList();
```

（d）

```
CriteriaQuery<Order> criteriaQuery =
     criteriaBuilder.createQuery(Order.class);
Root<Order> root  =  criteriaQuery.from(Order.class);
Predicate predicate  =  criteriaBuilder.isNull(root.get("customer"));

criteriaQuery.select(root).where(predicate);
```

```
List<Order> result = entityManager.createQuery(criteriaQuery)
                                    .getResultList();
```

8. 假定数据库中 ID 为 1 的 CUSTOMERS 表的 AGE 字段的值为 18。关于以下程序代码，哪些说法正确？（多选）

```
tx.begin();                                              //第 1 行
Customer customer  = entityManger
    .createQuery("from Customer c where c.id = 1",Customer.class)
    .setHint(
       org.hibernate.annotations.QueryHints.READ_ONLY,true)
     .getSingleResult();                                 //第 2 行

customer.setAge(customer.getAge() + 1);                  //第 3 行
tx.commit();                                             //第 4 行
```

(a) 第 2 行执行 select 语句

(b) 第 3 行执行一条 update 语句，把数据库中 ID 为 1 的 CUSTOMERS 表的 AGE 字段改为 19

(c) 第 4 行执行一条 update 语句，把数据库中 ID 为 1 的 CUSTOMERS 表的 AGE 字段改为 19

(d) 以上程序代码不会修改数据库中 ID 为 1 的 CUSTOMERS 表的 AGE 字段

第18章

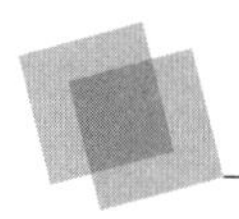

检索数据API(下)

本章主要介绍 JPA 提供的 JPQL 和 QBC 检索的高级用法，包括各种连接查询、投影查询、报表查询、动态查询、集合过滤和子查询等；还归纳了优化查询程序代码，从而提高查询性能的各种技巧。本章范例程序与第 17 章的范例程序相同，位于配套源代码包的 sourcecode/chapter17 目录下。17.1.4 节已经介绍了范例程序的作用和运行方法。

如果想了解如何通过 Hibernate API 来检索数据，请扫描二维码阅读本章的补充知识。

补充知识

18.1 连接查询

和 SQL 查询一样，JPQL 与 QBC 也支持连接查询，如内连接、外连接和交叉连接。外连接包括左外连接和右外连接。JPQL 与 QBC 还允许显式指定立即内连接和立即外连接。表 18-1 归纳了 JPQL 与 QBC 支持的各种连接类型。

表 18-1　JPQL 与 QBC 支持的各种连接类型

在程序中指定的连接查询类型	JPQL 语法	QBC 语法	适用范围
内连接	inner join 或者 join	root.join("orders",JoinType.INNER);	适用于有关联关系的持久化类，并且在映射代码中对这种关联关系做了映射
立即内连接	inner join fetch 或者 join fetch	root.fetch("orders",JoinType.INNER);	
左外连接	left outer join 或者 left join	root.join("orders",JoinType.LEFT);	
立即左外连接	left outer join fetch 或者 left join fetch	root.fetch("orders",JoinType.LEFT);	

续表

在程序中指定的连接查询类型	JPQL 语法	QBC 语法	适用范围
右外连接	right outer join 或者 right join	root.join("orders",JoinType.RIGHT);	适用于有关联关系的持久化类，并且在映射代码中对这种关联关系做了映射
立即右外连接	right outer join fetch 或者 right join fetch	root.fetch("orders",JoinType.RIGHT);	

交叉连接	fromClassA,ClassB	Root<ClassA> root1 =
		criteriaQuery.from(ClassA.class);
		Root<ClassB> root2 =
		criteriaQuery.from(ClassB.class);
		criteriaQuery.multiselect(root1,root2);
			适用于存在或不存在关联关系的持久化类

隐式连接	支持	支持	适用于存在关联关系的持久化类

在表 18-1 列出的各种连接方式中，立即左外连接、立即右外连接和立即内连接不仅指定了连接查询方式，而且显式指定了关联级别的检索策略；而左外连接、右外连接和内连接仅指定了连接查询方式，并没有指定关联级别的检索策略。

JPQL 和 QBC 中的内连接、左外连接、右外连接和交叉连接，与 SQL 语句中的相应连接在语义上很相似，如果读者对这些连接的用法和区别还不熟悉，可以参考附录 A 的 A.4 节，它介绍了 SQL 语言中这几种连接方式的运行机制和用法。

18.1.1 默认情况下关联级别的运行时检索策略

第 16 章已经介绍过，可以通过注解设置关联级别的立即检索或延迟检索策略。

以下程序代码在检索 Customer 对象时，没有显式指定与 Customer 关联的 Order 对象的检索策略。

```
//JPQL 检索方式
List<Customer> result = entityManager.createQuery(
          "from Customer c where c.name like 'T%'",Customer.class)
          .getResultList();
for (Iterator<Customer> it = result.iterator(); it.hasNext();) {
  Customer customer = it.next();
}

//QBC 检索方式
CriteriaQuery<Customer> criteriaQuery =
     criteriaBuilder.createQuery(Customer.class);

Root<Customer> root = criteriaQuery.from(Customer.class );
criteriaQuery.select(root);

Predicate predicate = criteriaBuilder.like(
               root.get("name"),"T%");
```

```
criteriaQuery.where(predicate);

//到数据库中查询数据,返回查询结果
List<Customer> result = entityManager
            .createQuery(criteriaQuery)
            .getResultList();
```

此时将采用 Customer 类的对象-关系映射代码对 orders 集合设置检索策略。假定采用默认的延迟检索策略,那么运行 Query 的 getResultList()方法时,Hibernate 执行的 SQL 查询语句为:

```
select * from CUSTOMERS where NAME like 'T%';
```

ID	NAME	AGE
1	Tom	21
5	Tom	25

图 18-1　查询 CUSTOMERS 表的结果

查询结果如图 18-1 所示。

result 集合中将包含两个 Customer 类型的元素,它们分别引用 OID 为 1 和 5 的 Customer 持久化对象,这两个 Customer 对象的 orders 集合均没有被初始化。

18.1.2　立即左外连接

以下程序覆盖映射代码中指定的检索策略,显式指定对与 Customer 关联的 Order 对象采用立即左外连接检索策略。

```
//JPQL 检索方式
List<Customer> result = entityManager
   .createQuery("from Customer c left join fetch c.orders o "
   + "where c.name like 'T%'",Customer.class)
   .getResultList();

//QBC 检索方式
CriteriaQuery<Customer> criteriaQuery =
      criteriaBuilder.createQuery(Customer.class);

Root<Customer> root = criteriaQuery.from(Customer.class );
root.fetch("orders",JoinType.LEFT);
criteriaQuery.select(root);

Predicate predicate = criteriaBuilder.like(
               root.get("name"),"T%");
criteriaQuery.where(predicate);

List<Customer> result = entityManager
          .createQuery(criteriaQuery)
          .getResultList();
```

在 JPQL 查询语句中,left join fetch 关键字表示立即左外连接检索。在 QBC 查询中, root.fetch("orders",JoinType.LEFT)表示立即左外连接检索。使用立即左外连接检索时，Query 的 getResultList()方法返回的集合中存放 Customer 对象的引用，每个 Customer 对象的 orders 集合都被初始化，存放所有关联的 Order 对象。

生成的 SQL 查询语句为：

```
select c.ID C_ID ,c.NAME, c.AGE,
o.ID O_ID, o.ORDER_NUMBER, o.CUSTOMER_ID
from CUSTOMERS c left outer join ORDERS o on c.ID = o.CUSTOMER_ID
where (c.NAME like 'T%');
```

查询结果如图 18-2 所示。

C_ID	NAME	AGE	O_ID	ORDER_NUMBER	CUSTOMER_ID
1	Tom	21	1	Tom_Order001	1
1	Tom	21	2	Tom_Order002	1
1	Tom	21	3	Tom_Order003	1
5	Tom	25	NULL	NULL	NULL

图 18-2 立即左外连接的查询结果

result 集合包含四个 Customer 类型的元素。其中，前三个元素相同，都引用 OID 为 1 的 Customer 持久化对象，它的 orders 集合中包含三个 Order 对象，最后一个元素引用 OID 为 5 的 Customer 持久化对象。它们之间的关系图 18-3 所示。

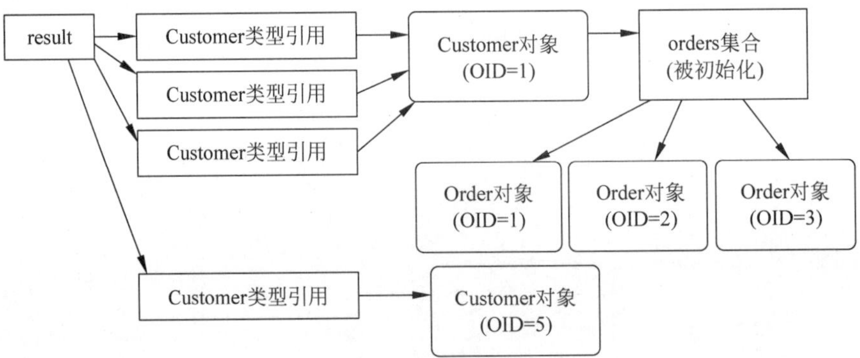

图 18-3 Query 的 getResultList()方法返回的集合中包含四个 Customer 类型的元素

1. 过滤查询结果中的重复 Customer 对象

从图 18-3 可以看出，当使用立即左外连接检索时，查询结果中可能会包含重复元素，可以通过 LinkedHashSet 来过滤重复元素，例如：

```
...
List<Customer> result = query.getResultList();

HashSet<Customer> set = new LinkedHashSet<Customer>(result);

for (Iterator<Customer> it = set.iterator(); it.hasNext();) {
```

```
    Customer customer = it.next();
    …
}
```

过滤重复元素的另一种方法是,在 JPQL 中利用 distinct 关键字,或者在 QBC 中调用 CriteriaQuery 的 distinct(true)方法,例如:

```
//JPQL 检索方式
List < Customer > result = entityManager
    .createQuery("select distinct c from Customer c "
                 + " left join fetch c.orders o ",Customer.class)
    .getResultList();

//QBC 检索方式
Root < Customer > root  =  criteriaQuery.from(Customer.class );
root.fetch("orders",JoinType.LEFT);
criteriaQuery.select(root).distinct(true);
…
```

值得注意的是,数据库在执行相应的查询语句时,查询结果中仍然包含重复数据。Hibernate 在执行 distinct(true)方法时会对查询结果进行过滤,确保 Query 的 getResultList()方法返回的结果中没有重复的 Customer 对象。

2. 为被连接的类指定别名

在 JPQL 查询语句中,对于各种类型的连接,都可以为被连接类指定别名,例如:

```
from Customer c left join fetch c.orders o
where c.name like 'T%' and o.orderNumber like 'T%'
```

以上 JPQL 查询语句为 Customer 赋予别名 c,还为 c.orders 赋予别名 o,在查询语句中可以通过 o.XXX 的形式引用 Order 对象的属性。对应的 SQL 查询语句为:

```
select c.ID C_ID ,c.NAME, c.AGE,
o.ID O_ID, o.ORDER_NUMBER, o.CUSTOMER_ID
from CUSTOMERS c left outer join ORDERS o on c.ID = o.CUSTOMER_ID
where (c.NAME like 'T%') and (o.ORDER_NUMBER like 'T%');
```

3. 多个表的连接

Hibernate 允许在一条查询语句中立即左外连接多个多对一或一对一关联的类。下面举例说明。

(1) 图 18-4 显示了三个类的关联关系,其中类 A 和类 B 以及类 A 和类 C 都是多对一的关联关系。

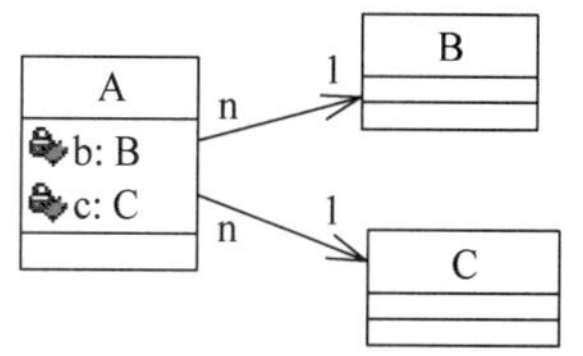

图 18-4　类 A、类 B 和类 C 的类框图

以下两种检索方式是等价的,它们都能同时立即左外连接类 B 和类 C。

```
//JPQL 立即左外连接检索方式
select distinct a from A a
```

```
left join fetch a.b b
left join fetch a.c c
where b is not null and c is not null

//QBC 立即左外连接检索方式
Root<A> root = criteriaQuery.from(A.class );
root.fetch("b",JoinType.LEFT);
root.fetch("c",JoinType.LEFT);
criteriaQuery.select(root).distinct(true);

Predicate predicate = criteriaBuilder.and(
    criteriaBuilder.isNotNull(root.get("b")),
    criteriaBuilder.isNotNull(root.get("c")));
criteriaQuery.where(predicate);
```

(2) 假定有三个类，它们的关联关系如图 18-5 所示，类 A 和类 B 以及类 B 和类 C 都是多对一关联关系。

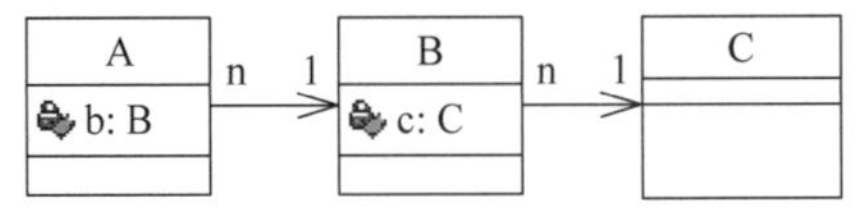

图 18-5　类 A、类 B 和类 C 的类框图

可以通过 JPQL 或 QBC 来同时立即左外连接类 B 和类 C。

```
//JPQL 立即左外连接检索方式
select distinct a from A a
left join fetch a.b b
left join fetch b.c c
where b is not null and c is not null

//QBC 立即左外连接检索方式
Root<A> root = criteriaQuery.from(A.class );
Fetch<A,B> b = root.fetch("b",JoinType.LEFT);
b.fetch("c",JoinType.LEFT);
criteriaQuery.select(root).distinct(true);

Predicate predicate = criteriaBuilder.and(
    criteriaBuilder.isNotNull(root.get("b")),
    criteriaBuilder.isNotNull(root.get("b").get("c")));
criteriaQuery.where(predicate);
```

对于 QBC，如果要从类 A 根节点导航到类 C，可以采用以下方式。

```
Root<A> root = criteriaQuery.from(A.class );
Path<C> pathC = root.get("b").get("c");
```

(3) 以下代码从 Order 类导航到 Customer 类，再从 Customer 类导航到 Order 类。

```
Root<Order> root = criteriaQuery.from(Order.class );
Path<Customer> customerPath = root.get("customer");
Path<Set<Order>> orderPath = customerPath.get("orders");
```

(4) 10.3 节介绍了 Customer 类与 Address 类的组成关系。在 JPQL 查询语句中,如果对 Customer 类赋予别名 c,就可以通过 c. name 的形式访问 name 属性,还可以通过 c. homeAddress. province 的形式访问 homeAddress 组件的 province 属性。QBC 也能完成同样的功能,以下 JPQL 代码和 QBC 代码是等价的。

```
//JPQL 检索方式
entityManager
  .createQuery("from Customer c "
   + " where c.homeAddress.province like '%hai'",Customer.class);

//QBC 检索方式
Root<Customer> root = criteriaQuery.from(Customer.class );
criteriaQuery.select(root);

Predicate predicate = criteriaBuilder.like(
    root.get("homeAddress").get("province"),"%hai");
criteriaQuery.where(predicate);
```

18.1.3 左外连接

以下代码分别通过 JPQL 和 QBC 进行左外连接查询。

```
//JPQL 检索方式
List<Object[]> result = entityManager
  .createQuery("from Customer c left join c.orders "
          + " where c.name like 'T%'",Object[].class)
  .getResultList();

//QBC 检索方式

//Object[]设定查询结果中的元素的类型
CriteriaQuery<Object[]> criteriaQuery =
     criteriaBuilder.createQuery(Object[].class);

Root<Customer> root = criteriaQuery.from(Customer.class );
Join<Customer,Order> orderJoin = root.join("orders",JoinType.LEFT);

//由于查询结果中的每个元素都包含了 Customer 对象和 Order 对象
//此时需要调用 CriteriaQuery 的 multiselect()方法
criteriaQuery.multiselect(root,orderJoin);

Predicate predicate = criteriaBuilder.like(root.get("name"),"T%");
criteriaQuery.where(predicate);

List<Object[]> result = entityManager
        .createQuery(criteriaQuery)
        .getResultList();
```

在 JPQL 查询语句中,left join 关键字表示左外连接查询。在 QBC 中,root. join("orders",

JoinType.LEFT)表示左外连接查询。

使用左外连接查询时，将根据 Customer 类中的注解映射代码来决定 orders 集合的检索策略。不过，即使对 orders 集合设置了延迟检索策略，在运行 Query 的 getResultList() 方法时，Hibernate 执行的 SQL 查询语句仍然与立即左外连接生成的查询语句相同，如：

```
select c.ID C_ID ,c.NAME, c.AGE,
o.ID O_ID, o.ORDER_NUMBER, o.CUSTOMER_ID
from CUSTOMERS c
left outer join ORDERS o on c.ID = o.CUSTOMER_ID
where (c.NAME like 'T%');
```

查询结果如图 18-6 所示。

C_ID	NAME	AGE	O_ID	ORDER_NUMBER	CUSTOMER_ID
1	Tom	21	1	Tom_Order001	1
1	Tom	21	2	Tom_Order002	1
1	Tom	21	3	Tom_Order003	1
5	Tom	25	NULL	NULL	NULL

图 18-6　左外连接查询语句的查询结果

Hibernate 创建了两个 Customer 持久化对象，它们的 OID 分别为 1 和 5，还创建了三个 Order 对象，它们的 OID 分别为 1、2 和 3。值得注意的是，Query 的 getResultList()方法返回的集合中包含四个元素，每个元素对应查询结果中的一条记录，每个元素都是对象数组类型，参见图 18-7。

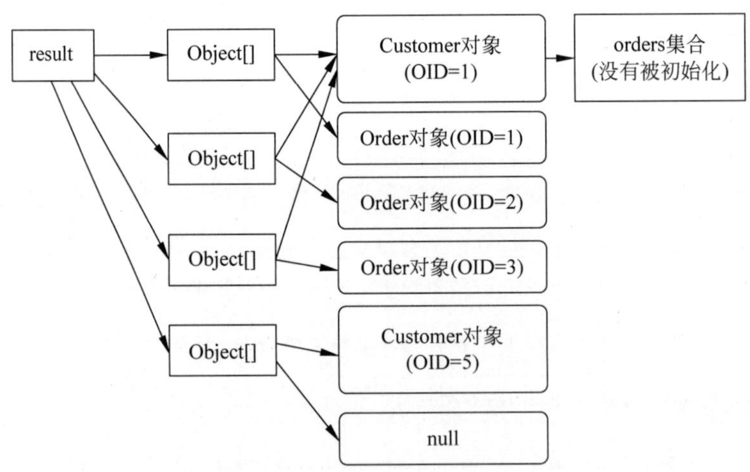

图 18-7　Query 的 getResultList()方法返回的集合中包含四个对象数组类型的元素

从图 18-7 可以看出，每个对象数组都存放了一对 Customer 与 Order 对象。第一个对象数组引用 OID 为 1 的 Customer 对象和 OID 为 1 的 Order 对象；第二个对象数组引用 OID 为 1 的 Customer 对象和 OID 为 2 的 Order 对象；第三个对象数组引用 OID 为 1 的 Customer 对象和 OID 为 3 的 Order 对象；第四个对象数组引用 OID 为 5 的 Customer 对象和 null。可见前三个对象数组重复引用 OID 为 1 的 Customer 对象。此外,由于 Customer 对象的 orders 集合采用延迟检索策略,因此它的 orders 集合没有被初始化。

例程 18-1 的代码演示如何遍历访问包含对象数组的 List 类型的 result 变量。

例程 18-1　遍历访问包含对象数组的 List 类型的 result 变量

```
List<Object[]> result = …
for (Iterator<Object[]> pairs = result.iterator(); pairs.hasNext();) {
  Object[] pair = pairs.next();
  Customer customer = (Customer)pair[0];
  Order order = (Order)pair[1];
  //如果 orders 集合使用延迟检索策略
  //以下代码会初始化 Customer 对象的 orders 集合
  customer.getOrders().iterator();
}
```

当程序第一次调用 OID 为 1 的 Customer 对象的 getOrders().iterator()方法时,会初始化 Customer 对象的 orders 集合,Hibernate 执行的 SQL 查询语句为:

```
select * from ORDERS where CUSTOMER_ID = 1;
```

以上查询语句返回三条 ORDERS 记录,由于和这三条记录对应的 Order 持久化对象已经存在,因此 Hibernate 不会再创建这些 Order 对象,而是让 Customer 对象的 orders 集合引用已经存在的 Order 对象,参见图 18-8。

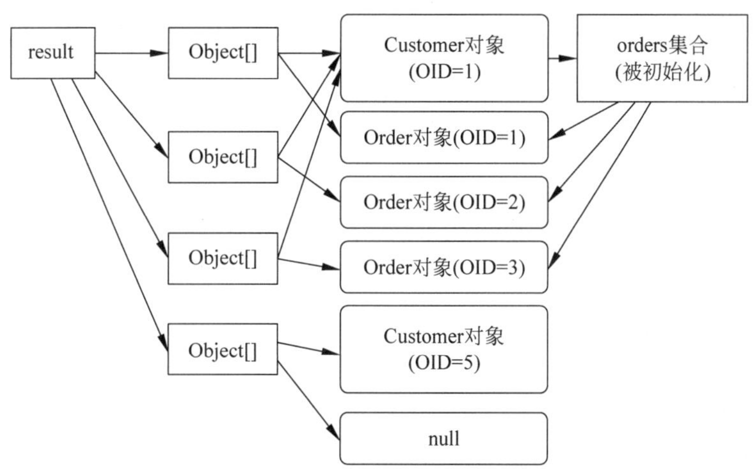

图 18-8　初始化 Customer 对象的 orders 集合

下面两段 JPQL 查询语句是等价的,在查询结果中的每个元素都会包含 Customer 对象和 Order 对象。

```
from Customer c left join c.orders o where c.name like 'T%'

//或者

select c,o from Customer c left join c.orders o
where c.name like 'T%'
```

1. 仅检索 Customer 对象

如果希望 Query 的 getResultList()方法返回的集合中仅包含 Customer 对象，可以采用以下方式。

```
//JPQL 检索方式

//用 select 关键字明确指定需要检索的对象
List<Customer> result = entityManager
  .createQuery("select c from Customer c left join c.orders "
          + " where c.name like 'T%'",Customer.class)
  .getResultList();

//QBC 检索方式
CriteriaQuery<Customer> criteriaQuery =
      criteriaBuilder.createQuery(Customer.class);

//指定需要检索的对象图的根节点对象
Root<Customer> root = criteriaQuery.from(Customer.class );
Join<Customer,Order> orderJoin = root.join("orders",JoinType.LEFT);
criteriaQuery.select(root);  //select()方法仅仅检索出 Customer 对象

Predicate predicate = criteriaBuilder. like(root.get("name"),"T%");
criteriaQuery.where(predicate);

//到数据库中查询数据,返回查询结果
List<Customer> result = entityManager
        .createQuery(criteriaQuery)
        .getResultList();
```

运行 Query 的 getResultList()方法时，Hibernate 执行的 SQL 查询语句为：

```
select c.ID , c.NAME, c.AGE from CUSTOMERS c
left join ORDERS o on c.ID = o.CUSTOMER_ID
where (c.NAME like 'T%');
```

ID	NAME	AGE
1	Tom	21
1	Tom	21
1	Tom	21
5	Tom	25

图 18-9 单独查询 CUSTOERS 表的查询结果

查询结果如图 18-9 所示。

可以看出，Hibernate 创建了两个 Customer 持久化对象，它们的 OID 分别为 1 和 5。值得注意的是，Query 的 getResultList()方法返回的集合中包含四个 Customer 类型的元素，每个元素和查询结果中的一条记录对应，如图 18-10 所示。

从图 18-10 可以看出，result 集合中前三个元素都引用同一个 Customer 对象。此外，由于对 Customer 对象的 orders 集合采用延迟检索策略，因此 orders 集合没有被初始化。

例程 18-2 的代码演示如何遍历访问包含 Customer 对象的 List 类型的 result 变量。

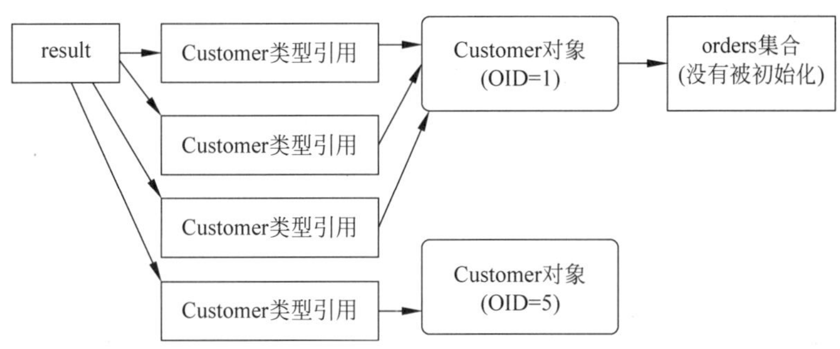

图 18-10　Query 的 getResultList()方法返回的集合中包含四个 Customer 类型的元素

例程 18-2　遍历访问包含 Customer 对象的 List 类型的 result 变量

```
List<Customer> result = …

for (Iterator<Customer> it = result.iterator(); it.hasNext();) {
  Customer customer = it.next();
  //如果 orders 集合使用延迟检索策略
  //以下代码会初始化 Customer 对象的 orders 集合
  Iterator orders = customer.getOrders().iterator();
  …
}
```

当程序第一次调用 OID 为 1 的 Customer 对象的 getOrders(). iterator()方法时，会初始化 Customer 对象的 orders 集合，Hibernate 执行的 SQL 查询语句为：

```
select * from ORDERS where CUSTOMER_ID = 1;
```

以上查询语句返回三条 ORDERS 记录，由于和这三条记录对应的 Order 持久化对象还不存在，因此 Hibernate 会创建这些 Order 对象，并且让 Customer 对象的 orders 集合引用这三个 Order 对象，参见图 18-11。

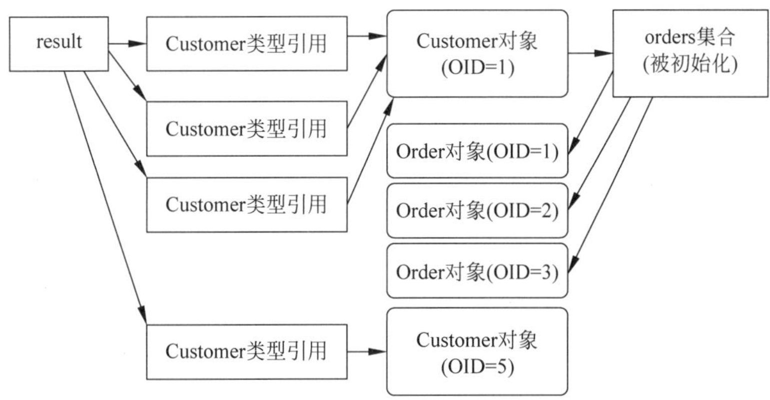

图 18-11　初始化 Customer 对象的 orders 集合

2. 过滤查询结果中的重复 Customer 对象

18.1.2 节已经介绍了过滤查询结果中的重复 Customer 对象的办法，这也适用于左外连接查询。例如：

```
//JPQL 检索方式
//用 distinct 关键字过滤重复的 Customer 对象
List<Customer> result = entityManager
  .createQuery("select distinct c from Customer c left join c.orders"
          + " where c.name like 'T%'",Customer.class)
  .getResultList();

//QBC 检索方式
//用 distinct()方法过滤重复的 Customer 对象
Root<Customer> root = criteriaQuery.from(Customer.class );
Join<Customer,Order> orderJoin = root.join("orders",JoinType.LEFT);
criteriaQuery.select(root).distinct(true);
…
```

还可以用 LinkedHashSet 重新包装查询结果，例如：

```
HashSet<Customer> set = new LinkedHashSet<Customer>(result);
```

18.1.4 立即内连接

以下程序覆盖 Customer 类中通过注解映射代码为 orders 集合属性指定的延迟检索策略，显式指定对与 Customer 的 orders 集合属性采用立即内连接检索。

```
//JPQL 检索方式
List<Customer> result = entityManager
  .createQuery("from Customer c inner join fetch c.orders o "
  + "where c.name like 'T%'",Customer.class )
  .getResultList();

//QBC 检索方式
CriteriaQuery<Customer> criteriaQuery =
     criteriaBuilder.createQuery(Customer.class);

Root<Customer> root = criteriaQuery.from(Customer.class );
root.fetch("orders",JoinType.INNER);
criteriaQuery.select(root);

Predicate predicate = criteriaBuilder.like(
            root.get("name"),"T%");
criteriaQuery.where(predicate);

List<Customer> result = entityManager
        .createQuery(criteriaQuery)
        .getResultList();
```

在 JPQL 查询语句中，inner join fetch 关键字表示立即内连接检索。使用立即内连接检索时，Query 的 getResultList()方法返回的集合中存放 Customer 对象的引用，每个 Customer 对象的 orders 集合都被初始化，存放所有关联的 Order 对象。运行代码后生成的 SQL 查询语句为：

```
select c.ID C_ID ,c.NAME, c.AGE,
o.ID O_ID, o.ORDER_NUMBER, o.CUSTOMER_ID
from CUSTOMERS c inner join ORDERS o on c.ID = o.CUSTOMER_ID
where (c.NAME like 'T%');
```

查询结果如图 18-12 所示。

C_ID	NAME	AGE	O_ID	ORDER_NUMBER	CUSTOMER_ID
1	Tom	21	1	Tom_Order001	1
1	Tom	21	2	Tom_Order002	1
1	Tom	21	3	Tom_Order003	1

图 18-12 立即内连接查询的查询结果

可以看出，result 集合包含三个 Customer 类型的元素，都引用 OID 为 1 的 Customer 持久化对象，它的 orders 集合中包含三个 Order 对象，参见图 18-13。

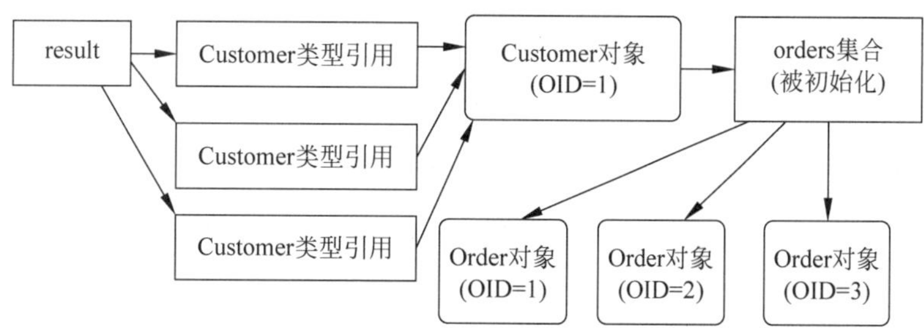

图 18-13 Query 的 getResultList()方法返回的集合中包含三个相同的 Customer 类型的元素

可以看出，当使用立即内连接检索时，查询结果中可能会包含重复元素。18.1.2 节已经介绍了过滤查询结果中的重复 Customer 对象的办法，这也适用于立即内连接检索。例如：

```
//JPQL 检索方式
//用 distinct 关键字来过滤重复 Customer 对象
List<Customer> result = entityManager
  .createQuery("select distinct c from Customer c "
          + " inner join fetch c.orders o where c.name like 'T%'",
          Customer.class)
  .getResultList();

//QBC 检索方式
```

```
//用 distinct()方法来过滤重复 Customer 对象
Root<Customer> root = criteriaQuery.from(Customer.class );
root.fetch("orders",JoinType.INNER);
criteriaQuery.select(root).distinct(true);
…
```

还可以用 LinkedHashSet 重新包装查询结果，例如：

```
HashSet<Customer> set = new LinkedHashSet<Customer>(result);
```

18.1.5 内连接

以下代码演示通过 JPQL 和 QBC 进行内连接查询。对于 JPQL，inner join 关键字表示内连接。

```
//JPQL 检索方式
List<Object[]> result = entityManager
  .createQuery("from Customer c inner join c.orders o "
   + "where c.name like 'T%'",Object[].class)
  .getResultList();

//QBC 检索方式
CriteriaQuery<Object[]> criteriaQuery =
      criteriaBuilder.createQuery(Object[].class);

Root<Customer> root = criteriaQuery.from(Customer.class );
Join<Customer,Order> orderJoin = root.join("orders",JoinType.INNER);

//由于查询结果中的每个元素都包含了 Customer 对象和 Order 对象
//此时需要调用 CriteriaQuery 的 multiselect()方法
criteriaQuery.multiselect(root,orderJoin);

Predicate predicate = criteriaBuilder.like(root.get("name"),"T%");
criteriaQuery.where(predicate);

List<Object[]> result = entityManager
         .createQuery(criteriaQuery)
         .getResultList();
```

也可以省略 inner 关键字，使用单独的 join 关键字表示内连接，例如：

```
from Customer c join c.orders o where c.name like 'T%'
```

运行 Query 的 getResultList()方法时，Hibernate 执行的 SQL 查询语句为：

```
select c.ID C_ID, c.NAME, c.AGE,
o.ID O_ID,o.ORDER_NUMBER, o.CUSTOMER_ID
```

```
from CUSTOMERS c inner join ORDERS o on c.ID = o.CUSTOMER_ID
where (c.NAME like 'T%');
```

查询结果如图 18-14 所示。

C_ID	NAME	AGE	O_ID	ORDER_NUMBER	CUSTOMER_ID
1	Tom	21	1	Tom_Order001	1
1	Tom	21	2	Tom_Order002	1
1	Tom	21	3	Tom_Order003	1

图 18-14　内连接查询的查询结果

假定在 Customer 类中对 orders 集合属性设置了延迟检索策略。根据以上查询结果，Hibernate 创建了一个 OID 为 1 的 Customer 持久化对象，还创建了三个 Order 对象，它们的 OID 分别为 1、2 和 3。值得注意的是，Query 的 getResultList()方法返回的集合中包含三个元素，每个元素都是对象数组类型，对应查询结果中的一条记录，参见图 18-15。

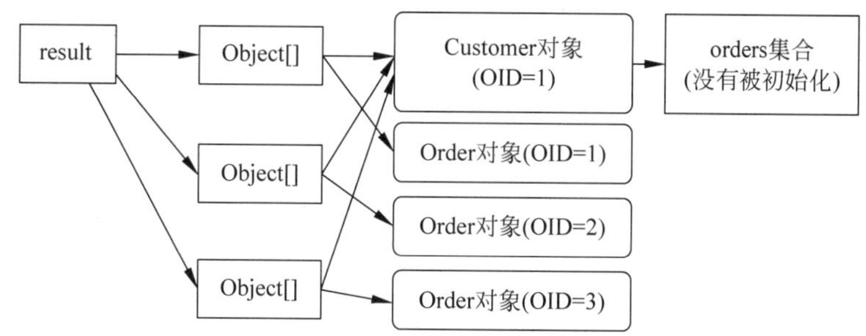

图 18-15　Query 的 getResultList()方法返回的集合中包含三个对象数组类型的元素

可以看出，每个对象数组都存放了一对 Customer 与 Order 对象。第一个对象数组引用 OID 为 1 的 Customer 对象和 OID 为 1 的 Order 对象；第二个对象数组引用 OID 为 1 的 Customer 对象和 OID 为 2 的 Order 对象；第三个对象数组引用 OID 为 1 的 Customer 对象和 OID 为 3 的 Order 对象。这三个对象数组重复引用 OID 为 1 的 Customer 对象。此外，由于 Customer 对象的 orders 集合采用延迟检索策略，因此 orders 集合没有被初始化。

遍历访问包含对象数组查询结果的 result 变量的程序代码参见例程 18-1。当程序第一次调用 OID 为 1 的 Customer 对象的 getOrders(). iterator()方法时，会初始化 Customer 对象的 orders 集合，Hibernate 执行的 SQL 查询语句为：

```
select * from ORDERS where CUSTOMER_ID = 1;
```

以上查询语句返回三条 ORDERS 记录，由于和这三条记录对应的 Order 持久化对象已经存在，因此 Hibernate 不会再创建这些 Order 对象，而是让 Customer 对象的 orders 集合引用已经存在的 Order 对象，参见图 18-16。

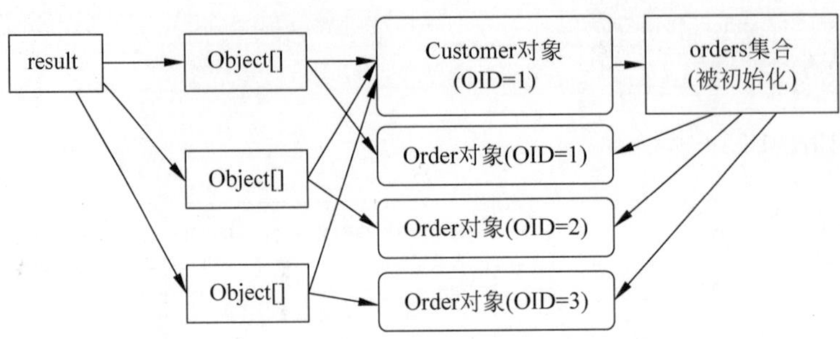

图 18-16　初始化 Customer 对象的 orders 集合

1. 仅检索 Customer 对象

如果希望 Query 的 getResultList()方法返回的集合中仅包含 Customer 对象，可以在 JPQL 查询语句中用 select 关键字来明确指定仅检索 Customer 对象，例如：

```
//JPQL 检索方式
List<Customer> result = entityManager
  .createQuery("select c from Customer c join c.orders o "
   + "where c.name like 'T%'",Customer.class)
  .getResultList();
```

```
//QBC 检索方式
CriteriaQuery<Customer> criteriaQuery =
     criteriaBuilder.createQuery(Customer.class);

//指定需要检索的对象图的根节点对象
Root<Customer> root = criteriaQuery.from(Customer.class );
Join<Customer,Order> orderJoin = root.join("orders",JoinType.INNER);
criteriaQuery.select(root);

Predicate predicate = criteriaBuilder. like(root.get("name"),"T%");
criteriaQuery.where(predicate);

//到数据库中查询数据,返回查询结果
List<Customer> result = entityManager
          .createQuery(criteriaQuery)
          .getResultList();
```

运行 Query 的 getResultList()方法时，Hibernate 执行的 SQL 查询语句为：

```
select c.ID , c.NAME, c.AGE from CUSTOMERS c
inner join ORDERS o on c.ID = o.CUSTOMER_ID
where (c.NAME like 'T%');
```

ID	NAME	AGE
1	Tom	21
1	Tom	21
1	Tom	21

图 18-17　仅仅检索 Customer 对象的查询结果

查询结果如图 18-17 所示。

Hibernate 创建了一个 OID 为 1 的 Customer 持久化对象。值得注意的是，Query 的 getResultList()方法返回的集合中包含三个 Customer 类型的元素，如图 18-18 所示。

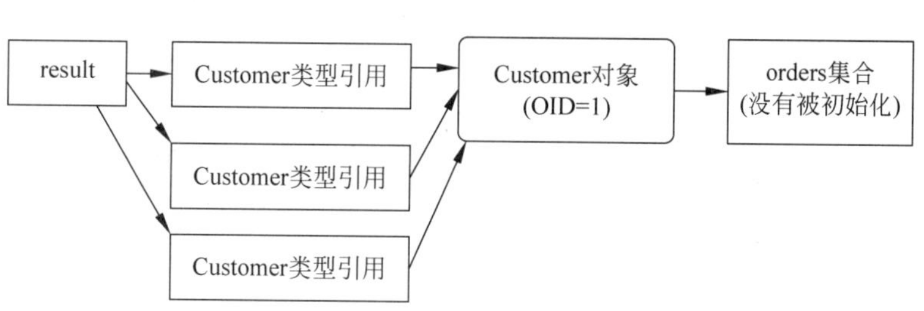

图 18-18　Query 的 getResultList()方法返回的集合中包含三个 Customer 类型的元素

可以看出，result 集合中三个元素都引用同一个 Customer 对象。此外，由于对 Customer 对象的 orders 集合采用延迟检索策略，因此 orders 集合没有被初始化。

遍历访问包含 Customer 对象查询结果的 result 变量的程序代码参见例程 18-2。当程序第一次调用 OID 为 1 的 Customer 对象的 getOrders().iterator()方法时，会初始化 Customer 对象的 orders 集合，Hibernate 执行的 SQL 查询语句为：

```
select * from ORDERS where CUSTOMER_ID = 1;
```

以上查询语句返回三条 ORDERS 记录，由于和这三条记录对应的 Order 持久化对象还不存在，因此 Hibernate 会创建这些 Order 对象，并且让 Customer 对象的 orders 集合引用这三个 Order 对象，参见图 18-19。

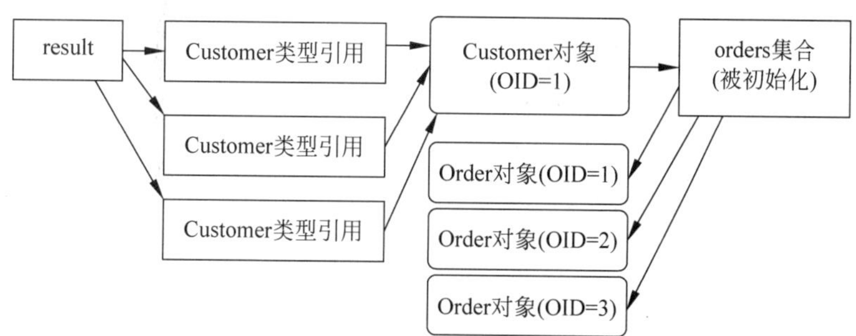

图 18-19　初始化 Customer 对象的 orders 集合

2. 过滤查询结果中的重复 Customer 对象

18.1.2 节已经介绍了过滤查询结果中的重复 Customer 对象的办法，这也适用于内连接查询。例如：

```
//JPQL 检索方式
//用 distinct 关键字来过滤重复 Customer 对象
List<Customer> result = entityManager
   .createQuery("select distinct c from Customer c inner join c.orders "
          + " where c.name like 'T%'",Customer.class)
   .getResultList();

//QBC 检索方式
//用 distinct()方法来过滤重复 Customer 对象
Root<Customer> root = criteriaQuery.from(Customer.class );
```

```
Join<Customer,Order> orderJoin = root.join("orders",JoinType.INNER);
criteriaQuery.select(root).distinct(true);
```

还可以用 LinkedHashSet 重新包装查询结果，例如：

```
HashSet<Customer> set = new LinkedHashSet<Customer>(result);
```

18.1.6 立即右外连接

以下代码演示立即右外连接检索方式。

```
//JPQL 检索方式
List<Customer> result = entityManager
  .createQuery("from Customer c right join fetch c.orders o "
  + "where c.name like 'T%'",Customer.class)
  .getResultList();

//QBC 检索方式
CriteriaQuery<Customer> criteriaQuery =
      criteriaBuilder.createQuery(Customer.class);

Root<Customer> root = criteriaQuery.from(Customer.class );
root.fetch("orders",JoinType.RIGHT);
criteriaQuery.select(root);

Predicate predicate = criteriaBuilder.like(
              root.get("name"),"T%");
criteriaQuery.where(predicate);

List<Customer> result = entityManager
          .createQuery(criteriaQuery)
          .getResultList();
```

可以看出，立即右外连接的语法和立即左外连接很相似。在 JPQL 语句中，只需要把 left 关键字改为 right 关键字；在 QBC 中，只需要把 JoinType.LEFT 改为 JoinType.RIGHT。本节不再做赘述。

18.1.7 右外连接

在 JPQL 查询语句中，right join 关键字表示右外连接，例如：

```
List<Object[]> result =
  entityManager.createQuery("from Customer c right join c.orders o "
  + "where c.name like 'T%'",Object[].class)
  .getResultList();

for (Iterator<Object[]> pairs = result.iterator(); pairs.hasNext();){
```

```
    Object[] pair = pairs.next();
    Customer customer = (Customer)pair[0];
    Order order = (Order)pair[1];
    //如果 orders 集合使用延迟检索策略
    //以下代码会初始化 Customer 对象的 orders 集合
    customer.getOrders().iterator();
}
```

假定 Customer 类的映射代码对 orders 集合设置了延迟检索策略。运行 Query 的 getResultList()方法时，Hibernate 执行的 SQL 查询语句为：

```
select c.ID C_ID, c.NAME, c.AGE,
o.ID O_ID,o.ORDER_NUMBER, o.CUSTOMER_ID
from CUSTOMERS c right outer join ORDERS o on c.ID = o.CUSTOMER_ID
where (c.NAME like 'T%');
```

查询结果如图 18-20 所示。

C_ID	NAME	AGE	O_ID	ORDER_NUMBER	CUSTOMER_ID
1	Tom	21	1	Tom_Order001	1
1	Tom	21	2	Tom_Order002	1
1	Tom	21	3	Tom_Order003	1

图 18-20　右外连接查询的查询结果

Hibernate 创建了一个 OID 为 1 的 Customer 持久化对象，还创建了三个 Order 对象，它们的 OID 分别为 1、2 和 3。值得注意的是，Query 的 getResultList()方法返回的集合中包含三个元素，每个元素都是对象数组类型，对应查询结果中的一条记录，参见图 18-21。

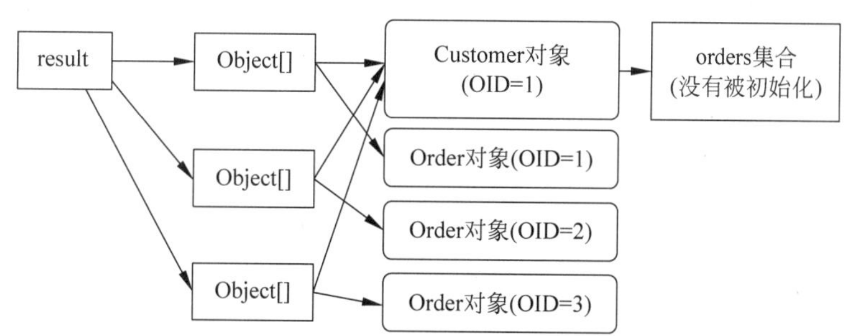

图 18-21　Query 的 getResultList()方法返回的集合中包含三个对象数组类型的元素

可以看出，每个对象数组都存放了一对 Customer 与 Order 对象。第一个对象数组引用 OID 为 1 的 Customer 对象和 OID 为 1 的 Order 对象；第二个对象数组引用 OID 为 1 的 Customer 对象和 OID 为 2 的 Order 对象；第三个对象数组引用 OID 为 1 的 Customer 对象和 OID 为 3 的 Order 对象。这三个对象数组重复引用 OID 为 1 的 Customer 对象。此外，由于 Customer 对象的 orders 集合采用延迟检索策略，因此 orders 集合没有被初始化。

遍历访问包含对象数组查询结果的 result 变量的程序代码参见例程 18-1。当程序第一次调用 OID 为 1 的 Customer 对象的 getOrders().iterator()方法时，会初始化 Customer 对象的 orders 集合，Hibernate 执行的 SQL 查询语句为：

```
select * from ORDERS where CUSTOMER_ID = 1;
```

以上查询语句返回三条 ORDERS 记录，由于和这三条记录对应的 Order 持久化对象已经存在，因此 Hibernate 不会再创建这些 Order 对象，而是让 Customer 对象的 orders 集合引用已经存在的 Order 对象，参见图 18-22。

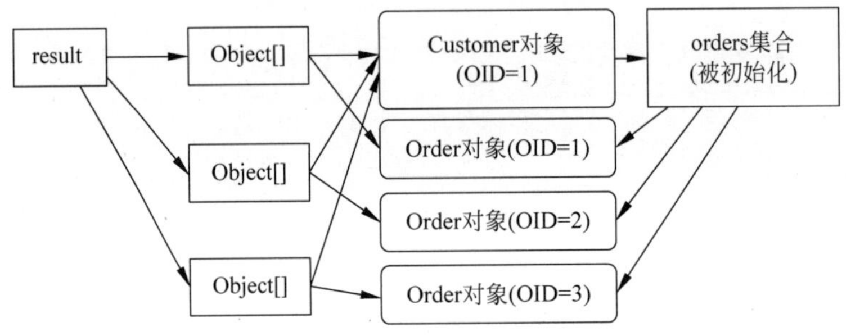

图 18-22 初始化 Customer 对象的 orders 集合

如果希望查询结果中仅包含 Customer 对象，并且不包含重复的 Customer 对象，可以参考 18.1.3 节对左外连接查询采取的方式。

18.1.8 交叉连接

JPQL 支持交叉连接查询，例如：

```
from Customer,Order
```

对应的 SQL 语句为：

```
select c.ID , c.NAME, c.AGE,o.ID,o.ORDER_NUMBER,o.CUSTOMER_ID
from CUSTOMERS c cross join ORDERS o;
```

这个查询语句执行交叉连接查询，返回 CUSTOMERS 表与 ORDERS 表的交叉组合，如果 CUSTOMERS 表有 5 条记录，ORDERS 表有 7 条记录，那么返回的查询结果共包含 35(5×7)条记录。

显然，交叉连接查询是没有实用意义的。但是对于不存在关联关系的两个类，既不能使用内连接查询，也不能使用外连接查询，此时可以使用交叉连接查询。

以下是标准的 JPQL 内连接查询语句，这种查询语句要求 Customer 类必须有用于存放 Order 对象的 orders 集合属性，并且在 Customer 类的映射代码中设定了 Customer 类与 Order 类的关联关系。

```
from Customer c inner join c.orders
```

如果 Customer 类中没有 orders 集合属性，但 Order 类中有一个表示 Customer 的 OID 的 customer_id 属性，那么可以采用交叉连接查询，例如：

```
//JPQL 检索方式
List<Object[]> result = entityManager
   .createQuery("from Customer c ,Order o where c.id = o.customer_id",
                Object[].class)
   .getResultList();

//QBC 检索方式
//Object[]设定查询结果中的元素的类型
CriteriaQuery<Object[]> criteriaQuery =
      criteriaBuilder.createQuery(Object[].class);

Root<Customer> root1 = criteriaQuery.from(Customer.class );
Root<Order> root2 = criteriaQuery.from(Order.class );
//由于查询结果中的每个元素都包含了 Customer 对象和 Order 对象
//此时需要调用 CriteriaQuery 的 multiselect()方法
criteriaQuery.multiselect(root1,root2);

Predicate predicate = criteriaBuilder.equal(
        root1.get("id"),root2.get("customer_id"));
criteriaQuery.where(predicate);

List<Object[]> result = entityManager
         .createQuery(criteriaQuery)
         .getResultList();
```

JPQL 交叉连接查询语句中不包含 join 关键字，用 where 子句设定连接条件，如：

```
from Customer c ,Order o where c.id = o.customer_id
```

对应的 SQL 语句为：

```
select c.ID , c.NAME, c.AGE,o.ID,o.ORDER_NUMBER,o.CUSTOMER_ID
from CUSTOMERS c cross join ORDERS o
where c.ID = o.CUSTOMER_ID;
```

再例如，假定有一个 Advice 持久化类表示客户提出的建议，Advice 类没有与 Customer 类关联，也没有 Customer 类型的 customer 属性，但是它有一个 String 类型的 customerName 属性，代表客户姓名。Advice 类在数据库中对应的表为 ADVICES 表，它没有 CUSTOMER_ID 外键，但有一个 CUSTOMER_NAME 字段。假定 Customer 类的 name 属性不会重名。表 18-2 显示了 ADVICES 表的记录。

表 18-2　ADVICES 表的记录

ID	CUSTOMER_NAME	SUGGESTION
1	Tom	建议春节期间商品 5 折销售
2	Tom	能否保证两天内送货上门
3	Jack	贵公司张三的服务态度奇差，希望对其严肃处理

以下 JPQL 查询语句查询姓名为 Jack 的客户提出的所有建议。

```
select a from Customer c,Advice a
where c.name = a.customerName and c.name = 'Jack'
```

以下代码用 QBC 检索方式来实现同样的功能。

```
CriteriaQuery<Advice> criteriaQuery =
     criteriaBuilder.createQuery(Advice.class);

Root<Customer> root1 = criteriaQuery.from(Customer.class );
Root<Advice> root2 = criteriaQuery.from(Advice.class );
criteriaQuery.select(root2);

Predicate predicate = criteriaBuilder.and(
      criteriaBuilder.equal(
        root1.get("name"),root2.get("customerName")),
      criteriaBuilder.equal(
        root1.get("name"),"Jack"));
criteriaQuery.where(predicate);

List<Advice> result = entityManager
        .createQuery(criteriaQuery)
        .getResultList();
```

18.1.9 隐式连接

以下 JPQL 查询语句通过 o.customer.name 的形式访问与 Order 关联的 Customer 对象的 name 属性。

```
//JPQL 检索方式
List<Order> result = entityManager
  .createQuery("from Order o where o.customer.name like 'T%'",
              Order.class)
  .getResultList();

//QBC 检索方式
CriteriaQuery<Order> criteriaQuery =
      criteriaBuilder.createQuery(Order.class);
Root<Order> root = criteriaQuery.from(Order.class );
criteriaQuery.select(root);

Predicate predicate = criteriaBuilder.like(
     root.get("customer").get("name"),"T%");
criteriaQuery.where(predicate);
```

JPQL 语句没有使用 join 关键字，隐式指明使用交叉连接查询，它实际对应的 SQL 语句为：

```
select o.ID, o.ORDER_NUMBER, o.PRICE,o.CUSTOMER_ID
from ORDERS o cross join CUSTOMERS c
where o.CUSTOMER_ID = c.ID and (c.NAME like 'T%')
```

在 select 子句中也可以使用隐式连接，例如：

```
//JPQL 检索方式
List<String> result = entityManager
  .createQuery("select distinct o.customer.name "
                 + " from Order o where o.price > 100 ",String.class)
  .getResultList();

//QBC 检索方式
CriteriaQuery<String> criteriaQuery =
      criteriaBuilder.createQuery(String.class);

Root<Order> root = criteriaQuery.from(Order.class );
criteriaQuery.select(root.get("customer").get("name"))
             .distinct(true);

Predicate predicate = criteriaBuilder.gt(
    root.get("price"),100);
criteriaQuery.where(predicate);

List<String> result = entityManager
         .createQuery(criteriaQuery)
         .getResultList();
```

JPQL 查询语句对应的 SQL 语句为：

```
select c.NAME
from ORDERS o cross join CUSTOMERS c
where o.CUSTOMER_ID = c.ID and (o.PRICE > 100.0)
```

18.1.10 关联级别运行时的检索策略

检索策略包括立即检索策略和延迟检索策略。下面对关联级别运行时的检索策略进行总结。

(1) 如果在 JPQL 或 QBC 程序代码中没有显式指定检索策略，将使用映射代码配置的检索策略。

(2) 如果在 JPQL 或 QBC 程序代码中显式指定了检索策略，就会覆盖映射代码配置的检索策略。在 JPQL 或 QBC 程序代码中显式指定的检索策略有以下三种。

- left join fetch：覆盖映射代码中配置的检索策略，在程序中显式指定立即左外连接检索策略。
- inner join fetch：覆盖映射代码中配置的检索策略，在程序中显式指定立即内连接检索策略。
- right join fetch：覆盖映射代码中配置的检索策略，在程序中显式指定立即右外连接检索策略。

JPQL 支持各种各样的连接查询，归纳如下：

```
//无连接
from Customer c where c.name like 'T%'
//立即左外连接
from Customer c left join fetch c.orders o where c.name like 'T%'
//左外连接
from Customer c left join c.orders o where c.name like 'T%'
//立即内连接
from Customer c inner join fetch c.orders o where c.name like 'T%'
//内连接
from Customer c inner join c.orders o where c.name like 'T%'
//立即右外连接
from Customer c right join fetch c.orders o where c.name like 'T%'
//右外连接
from Customer c right join c.orders o where c.name like 'T%'
//交叉连接
from Customer c,Order o where c.name like 'T%'
```

假定映射代码指定对 orders 集合使用延迟检索策略，表 18-3 比较了这些连接方式的运行时行为，该运行时行为也适用于 QBC 检索方式。

表 18-3 JPQL 和 QBC 在各种连接方式下的运行时行为

连接方式	对应的 SQL 查询语句	orders 集合的检索策略	查询结果集中的内容
无连接	查询单个 CUSTOMERS 表	延迟检索策略	集合中包含 Customer 类型的元素；集合中无重复元素；Customer 对象的 orders 集合没有被初始化
立即左外连接	左外连接查询 CUSTOMERS 表和 ORDERS 表	立即左外连接检索策略	集合中包含 Customer 类型的元素；集合中可能有重复元素；Customer 对象的 orders 集合被初始化
左外连接	左外连接查询 CUSTOMERS 表和 ORDERS 表	延迟检索策略	集合中包含对象数组类型的元素，每个对象数组包含一对 Customer 对象和 Order 对象，不同的对象数组可能重复引用同一个 Customer 对象；Customer 对象的 orders 集合没有被初始化
立即内连接	内连接查询 CUSTOMERS 表和 ORDERS 表	立即内连接检索策略	集合中包含 Customer 类型的元素；集合中可能有重复元素；Customer 对象的 orders 集合被初始化

续表

连接方式	对应的 SQL 查询语句	orders 集合的检索策略	查询结果集中的内容
内连接	内连接查询 CUSTOMERS 表和 ORDERS 表	延迟检索策略	集合中包含对象数组类型的元素，每个对象数组包含一对 Customer 对象和 Order 对象，不同的对象数组可能重复引用同一个 Customer 对象；Customer 对象的 orders 集合没有被初始化
立即右外连接	右外连接查询 CUSTOMERS 表和 ORDERS 表	立即右外连接检索策略	集合中包含 Customer 类型的元素；集合中可能有重复元素；Customer 对象的 orders 集合被初始化
右外连接	右外连接查询 CUSTOMERS 表和 ORDERS 表	延迟检索策略	集合中包含对象数组类型的元素，每个对象数组包含一对 Customer 对象和 Order 对象，不同的对象数组可能重复引用同一个 Customer 对象；Customer 对象的 orders 集合没有被初始化
交叉连接	交叉连接查询 CUSTOMERS 表和 ORDERS 表	延迟检索策略	集合中包含对象数组类型的元素，每个对象数组包含一对 Customer 对象和 Order 对象，不同的对象数组可能重复引用同一个 Customer 对象；Customer 对象的 orders 集合没有被初始化

可以看出，尽管立即左外连接和左外连接对应同样的左外连接 SQL 查询语句，但前者对 Customer 对象的 orders 集合采用立即左外连接检索，因此 orders 集合会立即被初始化，而后者对 orders 集合采用映射代码配置的延迟检索策略，因此 orders 集合不会被立即初始化。

18.1.11　用 Tuple 包装查询结果

当 Query 的 getResultList()方法返回的查询结果中包含多个实体时，默认情况下，查询结果是 Object[]类型。为了简化对查询结果的遍历访问，可以把查询结果包装为 javax.persistence.Tuple 类型。Tuple 接口提供了三种灵活地访问查询结果的方式：按照索引访问、按照别名访问和按照元数据访问。

例程 18-3 的程序代码演示了 Tuple 接口的用法。

例程 18-3　演示 Tuple 接口的用法的程序代码

```
CriteriaQuery<Tuple> criteriaQuery =
     criteriaBuilder.createTupleQuery();

criteriaQuery.multiselect(
```

```
    criteriaQuery.from(Customer.class ).alias("c"),  //设置别名为 c
    criteriaQuery.from(Order.class ).alias("o"));    //设置别名为 o

List<Tuple> result = entityManager
        .createQuery(criteriaQuery)
        .getResultList();

for(Tuple tuple : result){
    //按照索引访问
    Customer customer = tuple.get(0,Customer.class);
    Order order = tuple.get(1,Order.class);

    //按照别名访问
    customer = (Customer)tuple.get("c",Customer.class);
    order = (Order)tuple.get("o",Order.class);

   //按照元数据访问
   for(TupleElement<?> element:tuple.getElements()){
      Class clazz = element.getJavaType();
      String alias = element.getAlias();
      Object value = tuple.get(element);
   }
}
```

第一行程序代码还可以改写为：

```
CriteriaQuery<Tuple> criteriaQuery =
      criteriaBuilder.createQuery(Tuple.class);
```

18.2 投影查询

投影查询是指查询结果中仅包含特定实体或实体的一些特定属性。对于 JPQL 语句，投影查询是通过 select 关键字来实现的。对于 QBC 检索，如果查询结果中只包含一个实体，或实体的一个属性，就调用 CriteriaQuery 的 select()方法，否则调用 multiselect()方法。

以下 JPQL 查询语句会检索出 Customer 以及关联的 Order 对象。

```
from Customer c join c.orders o
```

如果希望查询结果中只包含 Customer 对象，可以使用以下形式。

```
//JPQL 语句
select c from Customer c join c.orders o

//QBC 检索方式
CriteriaQuery<Customer> criteriaQuery =
     criteriaBuilder.createQuery(Customer.class);

Root<Customer> root = criteriaQuery.from(Customer.class );
```

```
Join<Customer,Order> orderJoin = root.join("orders",JoinType.INNER);

criteriaQuery.select(root);

List<Customer> result = entityManager
        .createQuery(criteriaQuery)
        .getResultList();
```

例程 18-4 的代码选择 Customer 对象和 Order 对象的部分属性。

例程 18-4　选择对象的部分属性

```
//JPQL 检索方式
List<Object[]> result = entityManager
    .createQuery("select c.id,c.name,o.orderNumber from Customer c "
      + "join c.orders o ",Object[].class)
   .getResultList();

//QBC 检索方式
CriteriaQuery<Object[]> criteriaQuery =
      criteriaBuilder.createQuery(Object[].class);

Root<Customer> root = criteriaQuery.from(Customer.class );
Join<Customer,Order> orderJoin =
           root.join("orders",JoinType.INNER);

criteriaQuery.multiselect(root.get("id"),
                          root.get("name"),
                          orderJoin.get("orderNumber"));
List<Object[]> result = entityManager
        .createQuery(criteriaQuery)
        .getResultList();
```

执行 Query 的 getResultList()方法时，Hibernate 生成的 SQL 查询语句为：

```
select c.ID,c.NAME,o.ORDER_NUMBER from CUSTOMERS c
inner join ORDERS o
on c.ID = o.CUSTOMER_ID
```

Query 的 getResultList()方法返回的集合中包含对象数组类型的元素，每个对象数组代表查询结果的一条记录。例程 18-5 代码遍历访问查询结果。

例程 18-5　遍历访问包含对象数组类型元素的查询结果

```
Iterator<Object[]> it = result.iterator();
while(it.hasNext()){
 Object[] row = it.next();
 Long id = (Long)row[0];
 String name = (String)row[1];
```

```
    String orderNumber = (String)row[2];
    System.out.println(id + " " + name + " " + orderNumber);
}
```

18.2.1 用 JavaBean 包装查询结果

从例程 18-4 和例程 18-5 的代码可以看出，当 select 语句只选择实体的部分属性时，Query 接口的 getResultList()方法返回的集合中存放的是关系数据，集合中的每个元素代表查询结果的一条记录。可以定义一个 CustomerWrapper 类来包装这些记录，使程序代码能完全运用面向对象的语义来访问查询结果集。CustomerWrapper 类采用 JavaBean 的形式，它的属性与 select 语句中选择的实体的属性对应。以下是 CustomerWrapper 类的源程序。

```
package mypack;

import java.io.Serializable;
public class CustomerWrapper implements Serializable {
   private Long id;
   private String name;
   private String orderNumber;

  /** 必须提供用于初始化所有属性的构造方法 */
   public CustomerWrapper(Long id,String name, String orderNumber) {
       this.id = id;
       this.name = name;
       this.orderNumber = orderNumber;
    }

   //此处省略 id、name 和 orderNumber 属性的 getXXX()和 setXXX()方法
   //…
}
```

在 JPQL 查询语句中，声明返回 CustomerWrapper 的实例，如：

```
Iterator<CustomerWrapper> it = entityManager.createQuery(
      "select new mypack.CustomerWrapper(c.id,c.name,o.orderNumber) "
    + "from Customer c join c.orders o",CustomerWrapper.class )
  .getResultList()
  .iterator();

while(it.hasNext()){
  CustomerWrapper cw = it.next();
  Long id = (Long)cw.getId();
  String name = (String)cw.getName();
  String orderNumber = (String)cw.getOrderNumber();
  System.out.println(id + " " + name + " " + orderNumber);
}
```

CustomerWrapper 类不需要是持久化类，因此不必对它进行对象-关系的映射，它仅用于把 select 语句查询出来的关系数据包装为 Java 对象。

在 QBC 检索方式中，也可以用 CustomerWrapper 类来包装查询结果，例如：

```
//QBC 检索方式
CriteriaQuery < CustomerWrapper > criteriaQuery =
     criteriaBuilder.createQuery(CustomerWrapper.class);

Root < Customer > root  =  criteriaQuery.from(Customer.class );
Join < Customer,Order > orderJoin =
            root.join("orders",JoinType.INNER);

criteriaQuery.select(
          criteriaBuilder.construct(
               CustomerWrapper.class,
               root.get("id"),
               root.get("name"),
               orderJoin.get("orderNumber")));
List < CustomerWrapper > result = entityManager
        .createQuery(criteriaQuery)
        .getResultList();
```

18.2.2　过滤查询结果中的重复元素

对于投影查询，返回的查询结果中可能会包含重复元素。假如 CUSTOMERS 表中存在 NAME 字段值相同的记录，那么以下 Query 的 getResultList()方法返回的查询结果会包含重复的元素。

```
List < String > result = entityManager
     .createQuery("select c.name from Customer c",String.class )
     .getResultList();
```

18.1.2 节已经介绍了过滤查询结果中的重复 Customer 对象的办法，这也适用于投影查询。例如：

```
//JPQL 检索方式
//用 distinct 关键字来过滤重复 name 属性
List < String > result = entityManager
   .createQuery("select distinct c.name from Customer c",String.class)
   .getResultList();

//QBC 检索方式
CriteriaQuery < String > criteriaQuery =
     criteriaBuilder.createQuery(String.class);
Root < Customer > root  =  criteriaQuery.from(Customer.class );
//用 distinct()方法来过滤重复 name 属性
criteriaQuery.select(root.get("name")).distinct(true);
```

还可以用 LinkedHashSet 来重新包装查询结果，例如：

```
HashSet < String > set = new LinkedHashSet < String >(result);
```

18.3 报表查询

报表查询用于对数据分组和统计，与 SQL 一样，JPQL 利用 select 关键字选择需要查询的数据，用 group by 关键字对数据分组，用 having 关键字对分组数据设定约束条件。完整的 JPQL 语法格式如下，方括号[ ]以内的内容为可选项。

```
[select … ] from … [where … ] [group by … [having … ]] [order by … ]
```

可以看出，只有 from 关键字是必需的，select、group by 和 having 关键字用于报表查询。

18.3.1 使用聚集函数

在 JPQL 查询语句中可以调用以下聚集函数。

(1) count()：统计记录条数。

(2) min()：求最小值。

(3) max()：求最大值。

(4) sum()：求和。

(5) avg()：求平均值。

对于 QBC 检索方式，CriteriaBuilder 接口以及 CriteriaQuery 接口提供了和这些函数对应的相应方法。下面举例说明聚集函数的用法。

(1) 查询 CUSTOMERS 表中所有记录的条数。

```
//JPQL 检索方式
Long result = entityManager
        .createQuery("select count( * ) from Customer c", Long.class )
        .getSingleResult();

//QBC 检索方式
CriteriaQuery < Long > criteriaQuery =
     criteriaBuilder.createQuery( Long.class );
Root < Customer > root = criteriaQuery.from(Customer.class );
criteriaQuery.select(criteriaBuilder.count(root));
Long result = entityManager.createQuery(criteriaQuery)
              .getSingleResult();
```

Query 的 getSingleResult()方法返回 Long 类型的查询结果。

(2) 查询 CUSTOMERS 表中所有客户的平均年龄。

```
//JPQL 检索方式
Double result = entityManager
```

```
        .createQuery("select avg(c.age) from Customer c",Double.class)
        .getSingleResult();

//QBC 检索方式
CriteriaQuery<Double> criteriaQuery =
        criteriaBuilder.createQuery( Double.class );
Root<Customer> root = criteriaQuery.from(Customer.class );
criteriaQuery.select(criteriaBuilder.avg(root.get("age")));
Double result = entityManager.createQuery(criteriaQuery)
                .getSingleResult();
```

提示 JPQL 查询语句相当灵活,能返回各种类型的查询结果。如果在编程时不能确定查询结果的类型,可以先通过以下方法判断查询结果的类型。

```
Object result = entityManager
        .createQuery("select avg(c.age) from Customer c" )
        .getSingleResult();
//显示 Query 查询结果的类型
System.out.println(result.getClass().getName());
```

(3) 查询 CUSTOMERS 表中客户年龄的最大值和最小值。

```
//JPQL 检索方式
Object[] result = entityManager
   .createQuery("select max(c.age),min(c.age) from Customer c",
                Object[].class )
   .getSingleResult();
Integer maxAge = (Integer)result[0];
Integer minAge = (Integer)result[1];
System.out.println(maxAge);
System.out.println(minAge);

//QBC 检索方式
CriteriaQuery<Object[]> criteriaQuery =
      criteriaBuilder.createQuery(Object[].class );
Root<Customer> root = criteriaQuery.from(Customer.class );
criteriaQuery.multiselect(criteriaBuilder.max(root.get("age")),
                criteriaBuilder.min(root.get("age")));
Object[] result = entityManager.createQuery(criteriaQuery)
                .getSingleResult();
```

(4) 统计 CUSTOMERS 表中所有客户姓名的数目,忽略重复的姓名。

```
//JPQL 检索方式
Long result = entityManager
   .createQuery("select count(distinct c.name) from Customer c",
                Long.class )
   .getSingleResult();
```

18.3.2 分组查询

JPQL 查询语句中的 group by 子句用于分组查询，它和 SQL 中的用法很相似。下面举例说明它的用法。

(1) 按照姓名分组，统计 CUSTOMERS 表中具有相同姓名的记录的数目。

```
//JPQL 检索方式
Iterator < Object[ ]> it = entityManager
   .createQuery("select c.name,count(c) from Customer c group by c.name",
               Object[ ].class)
   .getResultList()
   .iterator();

while(it.hasNext()){
   Object[ ] pair = it.next();
   String name = (String)pair[0];
   Long count = (Long)pair[1];
   System.out.println(name + ":" + count);
}

//QBC 检索方式
CriteriaQuery < Object[ ]> criteriaQuery =
      criteriaBuilder.createQuery(Object[ ].class );
Root < Customer > root  =  criteriaQuery.from(Customer.class );
criteriaQuery.multiselect(root.get("name"),
                  criteriaBuilder.count(root));
criteriaQuery.groupBy(root.get("name"));  //按名字分组
List < Object[ ]> result = entityManager.createQuery(criteriaQuery)
                  .getResultList();
```

Query 的 getResultList()方法生成的 SQL 语句为：

```
select NAME,count(ID) from CUSTOMERS group by NAME;
```

查询结果如图 18-23 所示。

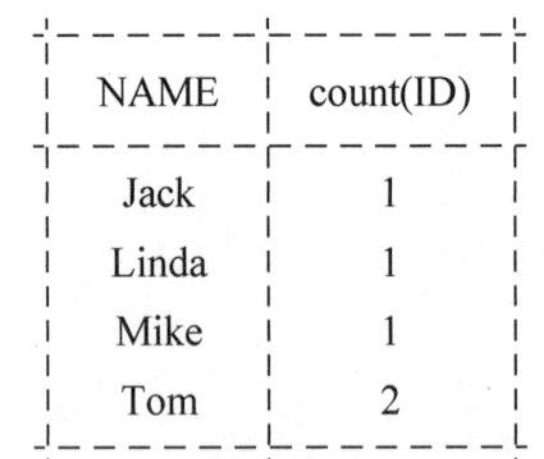

NAME	count(ID)
Jack	1
Linda	1
Mike	1
Tom	2

图 18-23 按照客户姓名分组查询的查询结果

Query 的 getResultList()方法返回的集合中包含四个对象数组类型的元素，每个对象数组对应查询结果中的一条记录。

(2) 按照客户分组，统计每个客户的订单数目。

```
//JPQL 检索方式
Iterator < Object[ ]> it = entityManager
   .createQuery("select c.id,c.name,count(o) from Customer c "
   + " left join c.orders o group by c.id",Object[ ].class )
   .getResultList()
   .iterator();

while(it.hasNext()){
```

```
    Object[] pair = it.next();
    Long id = (Long)pair[0];
    String name = (String)pair[1];
    Long count = (Long)pair[2];
    System.out.println(id + " " + name + " " + count);
  }

  //QBC 检索方式
  CriteriaQuery<Object[]> criteriaQuery =
       criteriaBuilder.createQuery(Object[].class );
  Root<Customer> root  = criteriaQuery.from(Customer.class );
  Join<Customer,Order> orderJoin = root.join("orders",JoinType.LEFT);

  criteriaQuery.multiselect(root.get("id"),root.get("name"),
                  criteriaBuilder.count(orderJoin));
  criteriaQuery.groupBy(root.get("id")); //按客户 ID 分组
  List<Object[]> result = entityManager.createQuery(criteriaQuery)
                .getResultList();
```

对应的SQL语句为：

```
select c.ID, c.NAME, count(o.ID) from CUSTOMERS c
left outer join ORDERS o
on c.ID = o.CUSTOMER_ID group by c.ID
```

ID	NAME	count(o.ID)
1	Tom	3
2	Mike	1
3	Jack	1
4	Linda	1
5	Tom	0

图 18-24　按照客户 ID 分组查询的查询结果

该查询语句的查询结果如图 18-24 所示。

(3) 统计每个客户发出的所有订单的总价。

```
//JPQL 检索方式
Iterator<Object[]> it = entityManager.createQuery(
   "select c.id,c.name,sum(o.price) from "
    + " Customer c left join c.orders o group by c.id",Object[].class)
  .getResultList()
  .iterator();

while(it.hasNext()){
  Object[] pair = it.next();
  Long id = (Long)pair[0];
  String name = (String)pair[1];
  Double price = (Double)pair[2];
  System.out.println(id + " " + name + " " + price);
}

//QBC 检索方式
CriteriaQuery<Object[]> criteriaQuery =
     criteriaBuilder.createQuery(Object[].class );
Root<Customer> root  = criteriaQuery.from(Customer.class );
```

```
Join<Customer,Order> orderJoin = root.join("orders",JoinType.LEFT);

criteriaQuery.multiselect(root.get("id"),root.get("name"),
                criteriaBuilder.sum(orderJoin.get("price")));
criteriaQuery.groupBy(root.get("id")); //按客户 ID 分组
List<Object[]> result = entityManager.createQuery(criteriaQuery)
               .getResultList();
```

生成的 SQL 语句为：

```
select c.ID, c.NAME,sum(o.PRICE) from CUSTOMERS c
left outer join ORDERS o
on c.ID = o.CUSTOMER_ID group by c.ID;
```

该查询语句的查询结果如图 18-25 所示。

ID	NAME	sum(o.PRICE)
1	Tom	600.00
2	Mike	100.00
3	Jack	200.00
4	Linda	100.00
5	Tom	NULL

图 18-25　按照客户 ID 分组查询每个客户的订单总价的查询结果

having 子句用于为分组查询加上约束，例如以下查询语句仅统计具有一条以上订单的客户的所有订单的总价。

```
//JPQL 检索方式
Iterator<Object[]> it = entityManager.createQuery
  ("select c.id,c.name,sum(o.price) from Customer c "
  + "join c.orders o group by c.id having (count(o)> 1)",Object[].class)
  .getResultList()
  .iterator();

while(it.hasNext()){
  Object[] pair = it.next();
  Long id = (Long)pair[0];
  String name = (String)pair[1];
  Double price = (Double)pair[2];
  System.out.println(id + " " + name + " " + price);
}

//QBC 检索方式
CriteriaQuery<Object[]> criteriaQuery =
     criteriaBuilder.createQuery(Object[].class );
Root<Customer> root = criteriaQuery.from(Customer.class );
Join<Customer,Order> orderJoin = root.join("orders",JoinType.INNER);

criteriaQuery.multiselect(root.get("id"),root.get("name"),
                criteriaBuilder.sum(orderJoin.get("price")));
criteriaQuery.groupBy(root.get("id")); //按客户 ID 分组
//设置分组约束条件
criteriaQuery.having(criteriaBuilder.gt(
          criteriaBuilder.count(orderJoin),1));
List<Object[]> result = entityManager.createQuery(criteriaQuery)
               .getResultList();
```

对应的 SQL 语句为：

```
select c.ID, c.NAME,sum(o.PRICE) from CUSTOMERS c
inner join ORDERS o
on c.ID = o.CUSTOMER_ID group by c.ID having (count(o.ID)> 1);
```

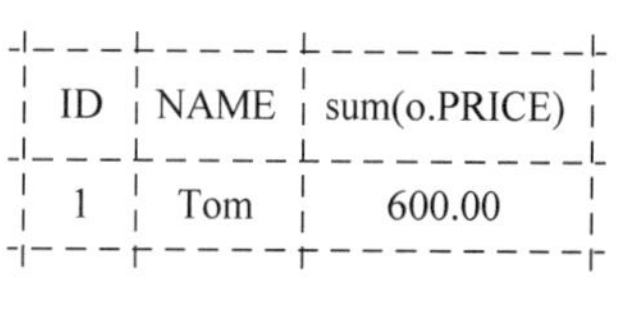

ID	NAME	sum(o.PRICE)
1	Tom	600.00

图 18-26 设置了分组约束条件的查询结果

该查询语句的查询结果如图 18-26 所示。

18.3.3 优化报表查询的性能

当 select 语句仅选择查询持久化类的部分属性时，Hibernate 返回的查询结果为关系数据，而非持久化对象。例如：

```
//第一条 JPQL 查询语句
from Customer c inner join c.orders o group by c.age

//第二条 JPQL 查询语句
select c.ID,c.NAME,c.age,o.ID,o.ORDER_NUMBER,o.CUSTOMER_ID
from Customer c
inner join c.orders c group by c.age
```

这两条 JPQL 查询语句对应的 SQL 语句相同，因此能查询出数据库中相同的数据。区别在于，前者返回的是 Customer 和 Order 持久化对象，它们位于 Session 的持久化缓存中，Session 会保证它们的唯一性；后者返回的是关系数据，它们不会占用 Session 的持久化缓存，只要应用程序中没有任何变量引用这些数据，它们占用的内存就可以被 JVM(Java 虚拟机)的垃圾回收器回收。

报表查询通常会处理大量数据，例如对于以上查询语句，可能会检索出上万条的 CUSTOMERS 和 ORDERS 记录。此外，报表查询一般只涉及对数据的读操作，而不会修改数据。如果采用第一种形式的 JPQL 语句，会导致大量的 Customer 和 Order 持久化对象一直位于 Session 的持久化缓存中，而且 Session 还必须负责这些对象与数据库的同步。如果采用第二种形式的 JPQL 语句，能提高报表查询的性能，只要应用程序不再引用这些数据，它们占用的内存就会被释放。

对于第二种形式的 JPQL 语句，可以定义一个 JavaBean 来包装查询结果中的关系数据，使应用程序仍旧能按照面向对象的方式来访问查询结果，例如：

```
select
      new CustomerOrderWrapper(c.ID,c.NAME,c.age,
      o.ID,o.ORDER_NUMBER,o.CUSTOMER_ID )
from Customer c inner join c.orders c group by c.age
```

值得注意的是，CustomerOrderWrapper 类不是持久化类，它的实例不会被加入到 Session 的持久化缓存中。

18.4 高级查询技巧

本节将介绍一些高级查询技巧，包括：

(1) 动态查询：在程序运行时动态决定查询语句的内容。尽管 JPQL 也能实现动态查询，但 QBC 实现动态查询更加方便，其程序代码具有更好的可读性。

(2) 集合过滤：对集合进行过滤，实现对集合排序。Session 的 createFilter()方法负责创建集合过滤器。

(3) 子查询：在 JPQL 查询语句中嵌入子查询语句，或者通过 QBC API 来指定查询语句。

(4) 本地 SQL 查询：用本地数据库的 SQL 方言来查询数据。

18.4.1 动态查询

JPQL 与 QBC 能够完成许多相同的任务，相比之下，JPQL 能更加直观地表达复杂的查询语句，而通过 QBC 表达复杂的查询语句很麻烦。以下两段代码完成相同的任务，但 JPQL 检索方式的程序代码更加简洁。

```
//JPQL 检索方式
List<Customer> result = entityManager.createQuery("from Customer c "
      + "where (c.name like 'T%' and c.name like '%m')"
      + "or (c.age not between 18 and 25) ",Customer.class)
   .getResultList();

//QBC 检索方式
CriteriaQuery<Customer> criteriaQuery =
      criteriaBuilder.createQuery(Customer.class );
Root<Customer> root = criteriaQuery.from(Customer.class );
Predicate predicate = criteriaBuilder.or(
    criteriaBuilder.and(
       criteriaBuilder.like(root.get("name")," 'T%'"),
       criteriaBuilder.like(root.get("name")," '%m'")),
    criteriaBuilder.not(
       criteriaBuilder.between(root.get("name"),18,25)));

criteriaQuery. select(root).where(predicate);
List<Customer> result = entityManager.createQuery(criteriaQuery)
              .getResultList();
```

如果在程序运行前就明确了查询语句的内容(也称为静态查询)，应该优先考虑 JPQL 查询方式。但是，如果只有在程序运行时才能明确查询语句的内容(也称为动态查询)，QBC 比 JPQL 更加方便。

在实际应用中，经常有这样的查询需求：用户在客户界面的查询窗口输入查询条件，按下查询按钮后，业务层执行查询操作，返回匹配的查询结果。图 18-27 显示了查询窗口。

请输入查询条件
客户姓名：
年龄：
查询按钮

图 18-27　查询窗口

以下程序代码通过 JPQL 生成动态查询语句，包含了大量的逻辑判断流程。

```
public List < Customer > findCustomers(String name, int age)
  StringBuffer jpqlStr = new StringBuffer("from Customer c");
  if(name!= null) jpqlStr.append(" where lower(c.name) like :name");
  if(age!= 0 && name!= null)jpqlStr.append(" and c.age = :age");
  if(age!= 0 && name == null)jpqlStr.append(" where c.age = :age");

  //假定 getEntityManager()方法返回 EntityManager 对象
  TypedQuery < Customer > query = getEntityManager()
         .createQuery(jpqlStr.toString(),Customer.class);
  if(name!= null)query.setString("name",name.toLowerCase());
  if(age!= 0)query.setInteger("age",age);

  return query.getResultList();
}
```

如果采用 QBC 检索方式，可以简化程序代码中生成查询条件的逻辑判断流程，例如：

```
public List < Customer > findCustomers(String name, int age) {
  CriteriaBuilder criteriaBuilder =
       getEntityManager().getCriteriaBuilder();
  CriteriaQuery < Customer > criteriaQuery =
      criteriaBuilder.createQuery(Customer.class );
  Root < Customer > root  =  criteriaQuery.from(Customer.class );
  Predicate predicate = null;
  if(name!= null){
    predicate = criteriaBuilder.and(
      criteriaBuilder.like(
        criteriaBuilder.lower(root.get("name")),name));
  }
  if(age!= 0){
    predicate = criteriaBuilder.and(
       criteriaBuilder.equal(root.get("age"),age));
  }
  criteriaQuery.select(root);

  if(predicate!= null)
    criteriaQuery.where(predicate);

  return entityManager.createQuery(criteriaQuery)
```

```
                .getResultList();
}
```

如果在图 18-27 的窗口中，用户输入的 Customer 对象的 name 属性为 T，age 属性为 21，那么 Hibernate 生成的 SQL 语句为：

```
select ID,NAME,AGE from CUSTOMERS
where lower(NAME) like '%T%' and AGE=21;
```

如果用户输入的 Customer 对象的 name 属性为 T，age 属性为 0，那么 Hibernate 生成的 SQL 语句为：

```
select ID,NAME,AGE from CUSTOMERS
where lower(NAME) like '%T%';
```

如果用户输入的 Customer 对象的 name 属性为 null，age 属性为 0，那么 Hibernate 生成的 SQL 语句为：

```
select ID,NAME,AGE from CUSTOMERS;
```

18.4.2 集合过滤

对于已经加载的 Customer 持久化对象，假定它的 orders 集合由于使用延迟检索策略而没有被初始化，那么只要调用 customer.getOrders().iterator()方法，Hibernate 就会初始化 orders 集合，从数据库中加载所有与 Customer 关联的 Order 持久化对象。这种方式存在以下两大不足。

(1) 假定这个 Customer 对象与 1000 个 Order 对象关联，就会加载 1000 个 Order 对象。在实际应用中，往往只需要访问 orders 集合中的部分 Order 对象，例如访问所有价格大于 100 的 Order 对象，此时调用 customer.getOrders().iterator()方法会影响运行时性能，因为它会加载应用程序不需要访问的 Order 对象。

(2) 不能对 orders 集合中的 Order 对象排序，例如按照 Order 对象的价格或者订单编号排序。

有两种解决的办法，一种办法是通过 JPQL 或 QBC 进一步查询 orders 集合，例如：

```
List<Order> result=entityManager
  .createQuery("from Order o where o.customer=:customer "
            + " and o.price>100 order by o.price",Order.class)
  .setParameter("customer",customer)
  .getResultList();
```

另一种办法是使用 Hibernate API 提供的集合过滤功能，例如：

```
Session session = entityManager.unwrap(Session.class);
List result = session
            .createFilter(customer.getOrders()
                ,"where this.price > 100 order by this.price")
            .getResultList();

Iterator it = result.iterator();
while(it.hasNext()){
  Order order = (Order)it.next();
  ...
}
```

提示 从 Hibernate 5.3 版本开始，Session 的 createFilter()方法被淘汰，不再提倡使用。

Session 的 createFilter()方法用来过滤集合，它具有以下特点。

(1) 它返回 org.hibernate.query.Query 类型的实例。

(2) 它的第一个参数指定一个持久化对象的集合，这个集合是否已经被初始化并没有关系，但它所属的对象必须处于持久化状态。对于以上程序代码，如果 Customer 对象处于游离状态或临时状态，Hibernate 在运行时会抛出以下异常。

```
org.hibernate.QueryException: The collection was unreferenced
```

(3) 它的第二个参数指定过滤条件，它由合法的 JPQL 查询语句组成。

(4) 不管持久化对象的集合是否已经被初始化，org.hibernate.query.Query 的 getResultList()方法都会执行 SQL 查询语句，到数据库中检索 Order 对象，对于以上程序代码，Hibernate 执行的 SQL 查询语句为：

```
select ID,ORDER_NUMBER,PRICE from ORDERS
where CUSTOMER_ID = 1 and PRICE > 100 order by PRICE;
```

(5) 如果 Customer 对象的 orders 集合已经被初始化，为了保证 Session 的缓存中不会出现 OID 相同的 Order 对象，org.hibernate.query.Query 的 getResultList()方法不会再创建 Order 对象，仅返回已经存在的 Order 对象的引用，参见图 18-28。

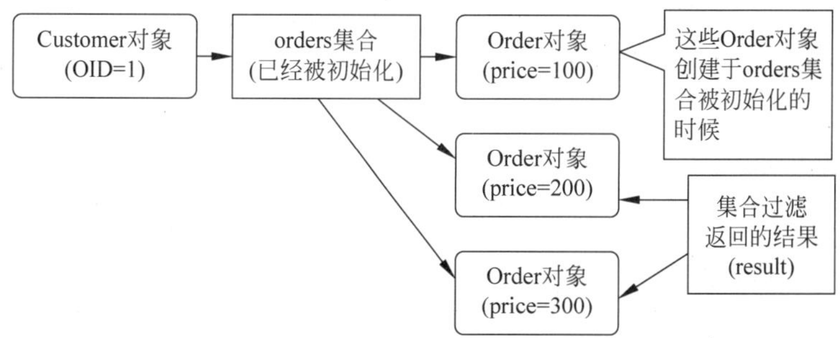

图 18-28 当 Customer 对象的 orders 集合已经被初始化时集合过滤的运行时行为

（6）如果 Customer 对象的 orders 集合还没有被初始化，org.hibernate.query.Query 的 getResultList()方法会创建相应的 Order 对象，但是不会初始化 Customer 对象的 orders 集合，参见图 18-29。

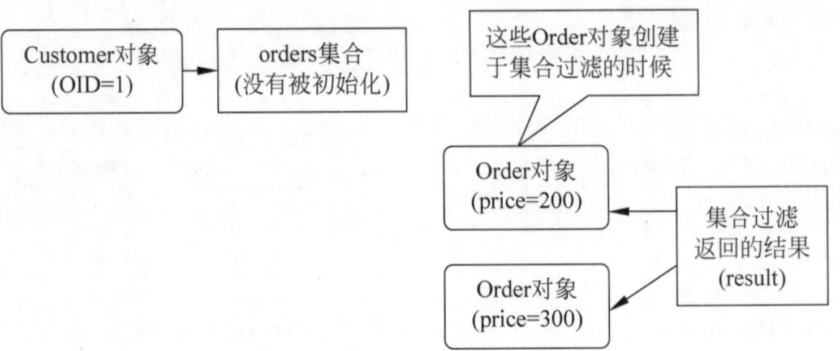

图 18-29　当 Customer 对象的 orders 集合没有被初始化时集合过滤的运行时行为

18.4.3　子查询

JPQL 支持在 where 子句中嵌入子查询语句。例如以下带子查询的 JPQL 查询语句查询具有一条以上订单的客户。

```
from Customer c where 1 <(select count(o) from c.orders o)
```

子查询语句必须放在括号内。和这条 JPQL 查询语句对应的 SQL 语句为：

```
select * from CUSTOMERS c
where 1 <(select count(o.ID) from ORDERS o where c.ID = o.CUSTOMER_ID)
```

QBC 检索方式也支持子查询。以上 JPQL 查询语句可以通过 QBC 检索方式来实现，如：

```
//QBC 检索方式
CriteriaQuery<Customer> criteriaQuery =
     criteriaBuilder.createQuery(Customer.class );
Root<Customer> root = criteriaQuery.from(Customer.class );

Subquery<Long> subQuery = criteriaQuery.subquery(Long.class);
Root<Order> rootOrder = subQuery.from(Order.class );
subQuery.select(criteriaBuilder.count(rootOrder));

Predicate predicate = criteriaBuilder.gt(subQuery,1 );
criteriaQuery. select(root).where(predicate);

List<Customer> result = entityManager
                 .createQuery(criteriaQuery)
                 .getResultList();
```

关于子查询的用法,有以下几点说明。

(1) 子查询可以分为相关子查询和无关子查询。相关子查询是指子查询语句引用了外层查询语句定义的别名,例如本节开头的子查询语句引用了别名 c,它是外层查询语句为 Customer 类定义的别名。无关子查询是指子查询语句与外层查询语句无关,例如以下 JPQL 查询语句查询订单价格大于平均订单价格的订单。

```
from Order o where o.price >(select avg(o1.price) from Order o1)
```

(2) JPQL 的子查询依赖底层数据库对子查询的支持能力。并不是所有的数据库都支持子查询,例如 MySQL 从 4.1.x 版本开始才支持子查询。如果希望应用程序能够在不同的数据库平台之间移植,应该避免使用 JPQL 的子查询功能。无关子查询语句可以改写为单独的查询语句;相关子查询语句可以改写为连接查询和分组查询语句,例如以下 JPQL 查询语句也能查询具有一条以上订单的客户。

```
select c from Customer c join c.orders o
group by c.id having count(o)> 1
```

(3) 如果子查询语句返回多条记录,可以用以下关键字来量化。

- all: 表示子查询语句返回的所有记录。
- any: 表示子查询语句返回的任意一条记录。
- some: 与 any 等价。
- in: 与 "= any"等价。
- exists: 表示子查询语句至少返回一条记录。

例如,以下 JPQL 查询语句返回所有订单的价格都小于 100 的客户。

```
from Customer c where 100 > all (select o.price from c.orders o)
```

以下 JPQL 查询语句返回有一条订单的价格小于 100 的客户。

```
from Customer c where 100 > any (select o.price from c.orders o)
```

以下 JPQL 查询语句返回有一条订单的价格等于 100 的客户。

```
from Customer c where 100 = some (select o.price from c.orders o)
```

或者:

```
from Customer c where 100 = any (select o.price from c.orders o)
```

又或者:

```
from Customer c where 100 in (select o.price from c.orders o)
```

以下 JPQL 查询语句返回至少有一条订单的客户。

```
from Customer c where exists (from c.orders)
```

(4) 如果子查询语句查询的是集合，JPQL 提供了缩写语法，例如：

```
//查询具有特定订单的客户
Iterator<Customer> it = entityManager
  .createQuery("from Customer c where :order in elements(c.orders)",
              Customer.class)
  .setParameter("order",order)
  .getResultList()
  .iterator();
```

elements()函数等价一个子查询语句，如：

```
from Customer c where :order in ( from c.orders)
```

JPQL 提供了一组操纵集合的函数或者属性。

- size()函数或 size 属性：获得集合中元素的数目。
- minIndex()函数或 minIndex 属性：对于建立了索引的集合，获得最小的索引。
- maxIndex()函数或 maxIndex 属性：对于建立了索引的集合，获得最大的索引。
- minElement()函数或 minElement 属性：对于包含基本类型元素的集合，获得集合中取值最小的元素。
- maxElement()函数或 maxElement 属性：对于包含基本类型元素的集合，获得集合中取值最大的元素。
- elements()函数：获得集合中所有元素。

关于操纵集合的函数或者属性的更详细用法，请参阅 JPQL 的相关文档。下面再举一个简单的例子。以下 JPQL 查询语句查询订单数目大于零的客户。

```
from Customer c where c.orders.size > 0
```

或者：

```
from Customer c where size(c.orders)> 0
```

对应的 SQL 查询语句中包含子查询，如：

```
select * from CUSTOMERS c
where 0 <(select count( * ) from ORDERS o where o.CUSTOMER_ID = c.ID);
```

以下 JPQL 查询语句也查询订单数目大于零的客户。

```
from Customer c left join c.orders o where o is not null
```

对应的左外连接 SQL 查询语句为：

```
select * from CUSTOMERS c
left outer join ORDERS o on c.ID = o.CUSTOMER_ID
where o.ID is not null;
```

18.4.4　本地 SQL 查询

JPA 对本地 SQL 查询提供了内置的支持。EntityManager 的 createNativeQuery()方法返回一个用于执行本地 SQL 语句的 Query 对象。以下程序代码演示了本地 SQL 查询的基本用法。

```
String sql = "select * from CUSTOMERS"; //定义一个 SQL 语句
Query query = entityManager.createNativeQuery(sql);
List result = query.getResultList();
Iterator it = result.iterator();
while(it.hasNext()){
  Object[] row = (Object[])it.next();
  Long id = Long.valueOf(((java.math.BigInteger)row[0]).intValue());
  String name = (String)row[1];
  Integer age = (Integer)row[2];
  System.out.println(id + " " + name + " " + age);
}
```

默认情况下，Query 接口的 getResultList()方法返回的 List 集合中存放的是关系数据，List 集合的每个元素为一个 Object[]数组，这个 Object[]数组代表查询结果集中的行，行中的每个列都为 Object 类型。如果要得到每个列的值，需要进行强制类型转换，例如：

```
Long id = Long.valueOf(((java.math.BigInteger)row[0]).intValue());
String name = (String)row[1];
Integer age = (Integer)row[2];
```

1. 指定查询结果的实体类型，参数绑定

在调用 EntityManager 的 createNativeQuery()方法时，也可以指定查询结果中的实体类型，例如：

```
String sql = "select * from CUSTOMERS where AGE >:age";  //定义一个 SQL 语句
Query query = entityManager.createNativeQuery( sql,Customer.class);
query.setParameter("age",11);                          //设置参数

List result = query.getResultList();
for(Object o : result)
  System.out.println(((Customer)o).getName());
```

SQL 语句中还设置了命名参数“:age”，Query 的 setParameter("age",11)方法为该命名参数赋值。

2. 处理查询字段的别名

以下 SQL 语句中为所查询的 NAME 字段设定了别名 CUSTOMER_NAME。

```
String sql = "select ID, NAME as CUSTOMER_NAME , AGE from CUSTOMERS";
```

在这种情况下，Hibernate 无法把查询结果中的数据直接映射为 Customer 实体。此时可以按照如下步骤把查询结果中的数据映射为 Customer 实体。

(1) 在 Customer 类中通过@SqlResultSetMapping 注解定义一个查询结果映射，把查询语句中的 ID 字段、CUSTOMER_NAME 别名和 AGE 字段映射为 Customer 类。这个查询结果映射的名字为 CustomerResult，代码如下：

```
@SqlResultSetMapping(
    name = "CustomerResult",
    entities = @EntityResult(
        entityClass = Customer.class,
        fields = {
            @FieldResult(name = "id", column = "ID"),
            @FieldResult(name = "name", column = "CUSTOMER_NAME"),
            @FieldResult(name = "age", column = "AGE"),
        }
    )
)

@Entity
@Table(name = "CUSTOMERS")
public class Customer implements java.io.Serializable { … }
```

(2) 在 BusinessService 类中查询 CUSTOMERS 表，在调用 EntityManager 的 createNativeQuery()方法时，指定采用 CustomerResult 查询结果映射，代码如下：

```
String sql = "select ID, NAME as CUSTOMER_NAME , AGE from CUSTOMERS";
Query query = entityManager.createNativeQuery( sql, "CustomerResult");

List result = query.getResultList();
for(Object o : result)
  System.out.println(((Customer)o).getName());
```

3. 映射查询结果

如果仅查询 Customer 对象的部分属性(id 属性和 name 属性)，可以按照如下步骤对查询结果进行转换。

(1) 定义一个名为 CustomerDTO 的 JavaBean，它包含 id 属性和 name 属性。DTO (Data Transfer Object)表示数据传输对象。例程 18-6 是 CustomerDTO 类的源代码，它的

id 属性声明为 Number 类型,与查询结果中的数据类型对应。

例程 18-6 CustomerDTO. java

```
public class CustomerDTO implements Serializable {
    private Number id;
    private String name;

   public CustomerDTO() { }

   public CustomerDTO(Number id,String name) {
        this.id = id;
        this.name = name;
   }
   //相应的 get 和 set 方法
   …
}
```

(2) 在 Customer 类中通过@SqlResultSetMapping 注解定义一个查询结果映射,把 CUSTOMERS 表的 ID 字段和 NAME 字段映射为 CustomerDTO 类。这个查询结果映射的名字为 id_name_dto,代码如下:

```
@SqlResultSetMapping(
    name = "id_name_dto",
    classes = @ConstructorResult(
        targetClass = mypack.CustomerDTO.class,
        columns = {
            @ColumnResult(name = "ID"),
            @ColumnResult(name = "NAME")
        }
    )
)

@Entity
@Table(name = "CUSTOMERS")
public class Customer implements java.io.Serializable { … }
```

(3) 在 BusinessService 类中查询 CUSTOMERS 表,在调用 EntityManager 的 createNativeQuery()方法时,指定采用 id_name_dto 映射,如:

```
String sql = "select ID,NAME from CUSTOMERS"; //定义一个 SQL 语句
Query query = entityManager.createNativeQuery( sql,"id_name_dto");
List result = query.getResultList();

for(Object o : result)
  System.out.println(((CustomerDTO)o).getName());
```

4. 定义命名 SQL 查询语句

17.1.3 节已经介绍过,在程序中嵌入本地 SQL 语句会增加维护程序代码的难度,如果

数据库表的结构发生变化，必须修改相应的程序代码，因此更为合理的方式是定义命名SQL查询语句。例如可以在Customer类的源文件中定义如下名为find_customer的命名查询语句。

```
@NamedNativeQuery(
    name = "find_customer",
    query = "select ID,NAME from CUSTOMERS",
    resultSetMapping = "id_name_dto"
)

@SqlResultSetMapping(
    name = "id_name_dto",
    …
)

@Entity
@Table(name = "CUSTOMERS")
public class Customer implements java.io.Serializable { … }
```

在程序中通过如下方式执行命名查询语句。

```
Query query = entityManager.createNamedQuery( "find_customer");
List result = query.getResultList();

for(Object o : result)
  System.out.println(((CustomerDTO)o).getName());
```

18.5 查询性能优化

根据第16章、第17章以及本章的介绍，可以看出Hibernate主要从以下几方面来优化查询性能。

(1) 降低访问数据库的频率，减少select语句的数目。实现手段包括：

- 使用立即左外连接或立即内连接检索策略。
- 对延迟检索或立即检索策略设置批量检索数目。
- 使用查询缓存。

(2) 避免加载程序不需要访问的数据。实现手段包括：

- 使用延迟检索策略。
- 使用集合过滤。

(3) 避免报表查询数据占用缓存。实现手段为利用投影查询功能，查询出实体的部分属性。

(4) 减少select语句中的字段，从而降低访问数据库的数据量。实现手段为利用Query的iterate()方法。

18.5.1 Hibernate API 中 Query 接口的 iterate()方法

org.hibernate.query.Query 接口的 iterate()方法和 list()方法都能执行 SQL 查询语句，但是前者在某些情况下能轻微提高查询性能。17.1.10 节已经介绍了 org.hibernate.query.Query 接口的 iterate()方法的作用。下面再通过范例来说明 iterate()方法的使用场合。以下程序代码两次检索 Customer 对象。

```
Session session = entityManager.unwrap(Session.class);
org.hibernate.query.Query < Customer > query1 =
      session.createQuery("from Customer c", Customer.class);
List < Customer > result1 = query1.getResultList();

org.hibernate.query.Query < Customer > query2 =
      session.createQuery("from Customer c where c.age < 30 ",
                                    Customer.class);
List < Customer > result2 = query2.getResultList();
```

当第二次从数据库中检索 Customer 对象时，Hibernate 执行的 SQL 查询语句为：

```
select ID,NAME,AGE from CUSTOMERS where AGE < 30;
```

由于和以上查询结果对应的 Customer 对象已经存在于 Session 的缓存中，因此在这种情况下，Hibernate 不需要创建新的 Customer 对象，只需要根据查询结果中的 ID 字段值返回缓存中匹配的 Customer 对象。可见，当第二次从数据库中检索 Customer 对象时，在 select 语句中只需要包含 CUSTOMERS 表的 ID 字段，如：

```
select ID from CUSTOMERS where AGE < 30;
```

为了让 Hibernate 执行这个 select 语句，可以通过 iterate()方法来检索 Customer 对象，如：

```
org.hibernate.query.Query < Customer > query1 =
       session.createQuery("from Customer c",Customer.class);
List < Customer > result1 = query1.getResultList();

org.hibernate.query.Query < Customer > query2 =
       session.createQuery("from Customer c where c.age < 30 ",
        Customer.class);
Iterator < Customer > result2 = query2.iterate();
```

org.hibernate.query.Query 接口的 iterate()方法首先检索 ID 字段，然后根据 ID 字段到 Hibernate 的第一级缓存以及第二级缓存中查找匹配的 Customer 对象，如果存在，就直接把它加入到查询结果集中，否则就执行额外的 select 语句，根据 ID 字段到数据库中检索该对象。

org. hibernate. query. Query 接口的 iterate()方法实际上是从 org. hibernate. Query 接口中继承而来的。从 Hibernate 5.2 版本开始，iterate()方法被淘汰，不再提倡使用。

18.5.2 Hibernate 的查询缓存

对于经常使用的查询语句，如果启用了查询缓存，当第一次执行查询语句时，Hibernate 会把查询结果存放在查询缓存中。当再次执行该查询语句时，只需要从缓存中获得查询结果，从而提高查询性能。

值得注意的是，如果查询结果中包含实体，查询缓存只会存放实体的 OID，而对于投影查询，查询缓存会存放所有的数据值。对于以下 JPQL 查询语句：

```
select c,o.orderNumber from Customer c, Order o where o.customer = c
```

查询结果中包含 Customer 对象和 Order 对象的 orderNumber 属性，如果启用了查询缓存，Hibernate 把查询结果中 Customer 对象的 OID 属性和 Order 对象的 orderNumber 属性存放在查询缓存中。

查询缓存适用于以下场合。

(1) 在应用程序运行时经常使用的查询语句。

(2) 很少对与查询语句检索到的数据进行插入、删除或更新操作。

对查询语句启用查询缓存的步骤如下。

(1) 在 JPA 的 persistence. xml 文件中配置第二级缓存，配置方法参见 22.4.2 节，把 hibernate. cache. use_query_cache 配置属性设为 true，使用查询缓存。

(2) 设置特定的缓存插件的配置文件。对于 EHCache 缓存插件，编辑 ehcache. xml 配置文件，配置方法参见 22.4.4 节。

(3) 即使按照步骤(1)设置了 hibernate. cache. use_query_cache 配置属性，Hibernate 在执行查询语句时仍然不会启用查询缓存。对于希望启用查询缓存的查询语句，应该调用 Query 接口 setHint()方法，把 org. hibernate. cacheable 属性设为 true，如：

```
String queryString = "from Customer c where c.name like :name";

List<Customer> result = entityManager
                    .createQuery(queryString,Customer.class)
                    .setParameter("name", "T%")
                    .setHint("org.hibernate.cacheable", true)
                    .getResultList();
```

Hibernate 为查询缓存提供了以下两种缓存区域。

(1) 默认的查询缓存区域：org. hibernate. cache. spi. QueryResultsCache，该缓存区域的名字为 default-query-results-region。

(2) 默认的时间戳缓存区域：org. hibernate. cache. spi. TimestampsCache，该缓存区域

的名字为 default-update-timestamps-region。

默认的查询缓存区域用于存放查询结果,默认的时间戳缓存区域存放了对与查询结果相关的表进行插入、更新或删除操作的时间戳。Hibernate 通过时间戳缓存区域来判断被缓存的查询结果是否过期,它的运行过程如下。

(1) 在 T1 时刻执行查询语句,把查询结果存放在 QueryResultsCache 区域,该区域的时间戳为 T1 时刻。

(2) 在 T2 时刻对与查询结果相关的表进行插入、更新或删除操作,Hibernate 把 T2 时刻存放在 TimestampsCache 区域。

(3) 在 T3 时刻执行查询语句前,先比较 QueryResultsCache 区域的时间戳和 TimestampsCache 区域的时间戳,如果 T2 > T1,那么就丢弃原先存放在 QueryResultsCache 区域的查询结果,重新到数据库中查询数据,再把查询结果存放在 QueryResultsCache 区域;如果 T2 < T1,直接从 QueryResultsCache 区域获得查询结果。

由此可见,如果当前应用进程对数据库的相关数据做了修改,Hibernate 会自动刷新缓存的查询结果。但是,如果其他应用进程对数据库的相关数据做了修改,Hibernate 无法监测到这一变化,此时必须由应用程序负责监测这一变化(如通过发送和接收事件或消息机制),然后刷新查询结果。

以下代码先通过 EntityManager 的 setProperty()方法把写缓存的模式设为 CacheStoreMode.REFRESH,这是一种强制刷新查询结果的模式,它使得 Hibernate 忽略查询缓存区域中已有的查询结果,在执行查询操作时总是重新到数据库中检索数据,再把查询结果存放在查询缓存区域中。

```
entityManager.setProperty("javax.persistence.cache.storeMode",
                                    CacheStoreMode.REFRESH);

List<Customer> result = entityManager
                  .createQuery(queryString,Customer.class)
                  .setParameter("name", "T%")
                  .setHint("org.hibernate.cacheable", true)
                  .getResultList();
```

22.4.6 节将进一步介绍 CacheStoreMode 的作用。由于查询缓存依赖第二级缓存,因此本章没有提供查询缓存的完整例子,22.4 节将提供完整的范例。

18.6　小结

第 17 章和本章详细介绍了 Hibernate 提供的 JPQL、QBC 及本地 SQL 检索方式的用法。JPQL 的检索功能最强大,它的查询语句和 SQL 查询语句比较相似,具有较好的可读性;QBC 适合生成动态查询语句;本地 SQL 检索方式适合利用数据库的本地方言生成查询语句的场合。JPA 允许在映射代码中通过注解定义 JPQL 及本地 SQL 查询语句,从而使这些查询语句与程序代码分离,这可以同时提高这些查询语句及程序代码的可维护性。表 18-4 比较了 JPQL 与 QBC。

表 18-4　比较 JPQL 与 QBC

比较方面	JPQL 检索方式	QBC 检索方式
可读性	和 SQL 查询语言比较接近，比较容易读懂	把查询语句进行拆解，可读性差
功能	功能最强大，支持各种各样的查询	没有 JPQL 的功能强大，实现报表查询、子查询和连接查询时，代码非常复杂
查询语句形式	应用程序必须提供基于字符串形式的 JPQL 查询语句	封装了基于字符串形式的查询语句，提供了更加面向对象的接口
何时被解析	JPQL 查询语句只有在运行时才会被解析	QBC 在编译时就能被解析，因此更加容易排错
对动态查询语句的支持	尽管支持生成动态查询语句，但是编程很麻烦	适合生成动态查询语句

18.7　思考题

1. 假定在 Customer 类映射代码中，对 orders 集合属性设置了延迟检索策略，对于以下代码，哪个说法正确？（单选）

```
List result = entityManager
   .createQuery("from Customer c join c.orders o ")
   .getResultList();
```

(a) 以上 JPQL 查询语句采用了左外连接

(b) result 结果集中的每个元素为 Customer 对象

(c) result 结果集中的每个元素为一个对象数组，这个对象数组包含两个对象，一个为 Customer 对象，另一个为 Order 对象

(d) result 结果集中的 Customer 对象的 orders 集合被初始化，存放关联的 Order 对象

2. 以下哪些选项中的程序代码采用了立即左外连接？（多选）

(a)

```
List<Customer> result = entityManager
      .createQuery("from Customer c left join fetch c.orders o ",
            Customer.class)
      .getResultList();
```

(b)

```
Root<Customer> root  =  criteriaQuery.from(Customer.class );
root.fetch("orders",JoinType.LEFT);
criteriaQuery.select(root);

List<Customer> result = entityManager
```

```
        .createQuery(criteriaQuery)
        .getResultList();
```

(c)

```
List result = entityManager
  .createQuery("from Customer c left join c.orders")
  .getResultList();
```

(d)

```
Root<Customer> root = criteriaQuery.from(Customer.class );
Join<Customer,Order> orderJoin = root.join("orders",JoinType.LEFT);
criteriaQuery.multiselect(root,orderJoin);

List<Object[]> result = entityManager
        .createQuery(criteriaQuery)
        .getResultList();
```

3. 以下哪些为合法的 JPQL 查询语句?(多选)

(a) select c.id,c.name,o.orderNumber from Customer c join c.orders o

(b) from Customer c inner join fetch c.orders o where c.name like 'T%'

(c) from Customer c where c.NAME='Tom' and c.AGE! =18

(d) select count(*) from Customer c

4. 以下哪个 JPQL 查询语句能够按照客户分组,统计每个客户的订单数目?(单选)

(a) select c.id,c.name,count(*) from Customer c join c.orders o group by c.id

(b) select c.id,c.name,count(o) from Customer c join c.orders o group by c

(c) select c.id,c.name,count(c) from Customer c right join c.orders o group by c.id

(d) select c.id,c.name,count(o) from Customer c left join c.orders o group by c.id

5. 以下哪些属于 javax.persistence.criteria.CriteriaBuilder 类的方法?(多选)

(a) select() (b) gt() (c) createQuery() (d) from()

6. 假定以下程序代码中的 Customer 对象是一个持久化对象,以下哪些说法正确?(多选)

```
Customer customer = …   //假定 Customer 对象是一个持久化对象
List result = session
  .createFilter(customer.getOrders(),
            "where this.price > 100 order by this.price")
  .getResultList();
```

(a) result 结果集中存放了 Customer 对象及关联的 Order 对象

(b) result 结果集中存放了价格大于 100 并且与 Customer 对象关联的 Order 对象

(c) 以上 getResultList()方法会执行一条查询 ORDERS 表的 SQL select 语句

(d) 如果 Customer 对象的 orders 集合还没有被初始化,以上 getResultList()方法会创建相应的 Order 对象,并且初始化 Customer 对象的 orders 集合

第19章

Hibernate高级配置

Hibernate 可以与任何一种 Java 应用的运行环境集成。Java 应用的运行环境可分为以下两种。

(1) 受管理环境(Managed environment):由容器负责管理各种共享资源(如线程池和数据库连接池),支持 CMT(Container Managed Transaction,完全由容器管理事务)事务模式等。一些 Java EE 应用服务器,如 JBoss、WebLogic 和 WebSphere 提供了符合 Java EE 规范的受管理环境。

(2) 不受管理环境(Non-managed enviroment):由应用本身负责管理数据库连接、定义事务边界以及管理安全。独立的桌面应用或命令行应用都运行在不受管理环境中。Servlet 容器负责管理线程池,有些 Servlet 容器,如 Tomcat,还会管理数据库连接池,但是 Servlet 容器不支持 CMT 事务模式,因此它提供的仍然是不受管理的运行环境。

Hibernate 允许 Java 应用在不同的环境中移植。当 Java 应用从一个环境移植到另一个环境中时,只需要修改 Hibernate 的配置文件,而不需要修改或者只需要修改极少量的 Java 源代码。

本章将介绍 Hibernate 的高级配置,包括以下内容:

(1) 配置数据库连接池。

(2) 配置事务类型。

(3) 把 SessionFactory 与 JNDI 绑定。

(4) 配置 JNDI。

(5) 配置日志。

(6) 使用 XML 格式的配置文件。

19.1 配置数据库连接池

所有的 Java 应用最终都必须通过 JDBC API 访问数据库,当执行数据库事务时,必须先获得一个 JDBC Connection 实例,这个 Connection 实例代表数据库连接。那么如何获得数据库连接呢？最简单的办法是在每次执行数据库事务时，都通过 DriverManager 创建一个新的数据库连接，事务执行完毕后，就关闭这个数据库连接，如：

```
Connection con =
    java.sql.DriverManager.getConnection(dbUrl,dbUser,dbPwd)
//执行数据库事务
…
con.close();
```

建立一个数据库连接需要消耗大量系统资源，频繁地创建数据库连接会大大削弱应用的性能。为了解决这一问题，数据库连接池应运而生。数据库连接池的基本实现原理是：事先建立一定数量的数据库连接，这些连接存放在连接池中。当 Java 应用执行一个数据库事务时，只需要从连接池中取出空闲状态的数据库连接；当 Java 应用执行完事务，再将数据库连接放回连接池。图 19-1 显示了数据库连接池的作用。

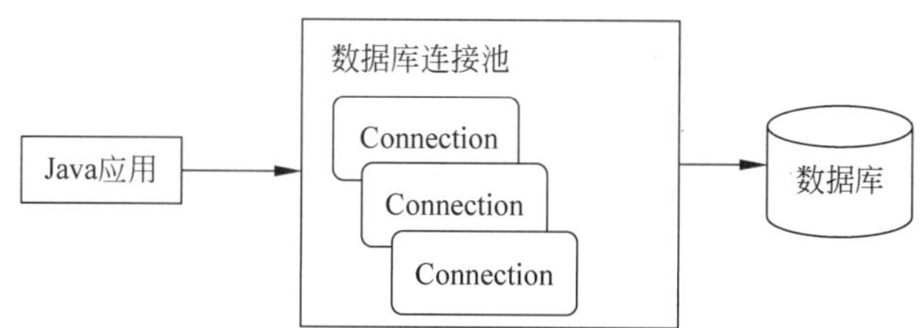

图 19-1 Java 应用从数据库连接池中获得数据库连接

那么 Java 应用从何处获得数据库连接池呢？一种办法是从头实现自己的连接池，还有一种办法是使用第三方提供的连接池产品。表 19-1 列出了几种比较流行的连接池产品。

表 19-1 流行的连接池产品

名　称	供应商	URL
Agroal	开源软件	https://agroal.github.io/
HikariCP	开源软件	http://brettwooldridge.github.io/HikariCP/
Vibur DBCP	开源软件	http://www.vibur.org/
Apache DBCP	开源软件	http://commons.apache.org/proper/commons-dbcp/download_dbcp.cgi
C3P0	开源软件	http://sourceforge.net/projects/c3p0
Proxool	开源软件	http://proxool.sourceforge.net/

在不受管理环境中，Java 应用自身负责构造特定连接池的实例，然后访问这个连接池的 API，从连接池中获得数据库连接。对于使用 Hibernate 的 Java 应用，构造以及访问连接池的任务通常由 Hibernate 来完成。

在受管理环境中，容器（如 Java EE 应用服务器）负责构造连接池的实例，Java 应用直接访问容器提供的连接池实例。不同的连接池有不同的 API，如果 Java 应用直接访问特定连接池的 API，会削弱 Java 应用与连接池之间的独立性，假如日后需要改用其他连接池产品，必须修改应用中所有访问连接池的程序代码。为了提高 Java 应用与连接池之间的独立性，Oracle 公司制定了标准的 javax.sql.DataSource 接口，用于封装各种不同的连接池实现。凡是实现 DataSource 接口的连接池都被看作是标准的数据源，可以发布到 Java EE 应用服务器中。图 19-2 显示了 Java 应用通过 DataSource 接口访问连接池的过程。

对于每一种实现 javax. sql. DataSource 接口的连接池，都会提供负责构造 DataSource 实例的工厂类，例如 Apache DBCP 连接池的 DataSource 工厂类为 org. apache. commons. dbcp. BasicDataSourceFactory。在受管理环境中，容器通过这个工厂类构造出 DataSource 实例，然后把它发布为 JNDI(Java Naming and Directory Interface)资源，允许 Java 应用通过 JNDI API 来访问它。

可以简单地把 JNDI 理解为一种将对象和名字绑定的技术。对象工厂负责生产对象，这些对象都和唯一的 JNDI 名字绑定，外部程序通过 JNDI 名字获得某个对象的引用。例如，假定容器发布了一个 JNDI 名字为 jdbc/SAMPLEDB 的数据源，Java 应用通过 JNDI API 中的 javax. naming. Context 接口来获得这个数据源的引用，代码如下：

```
Context ctx = new InitialContext();
DataSource ds = (DataSource)ctx.lookup("java:comp/env/jdbc/SAMPLEDB");
```

程序得到了 DataSource 对象的引用后，就可以通过 DataSource 的 getConnection()方法获得数据库连接对象 Connection，如：

```
Connection con = ds.getConnection();
```

JNDI 技术在受管理环境中得到了广泛的运用，对于一些共享资源，如数据源和 EJB 组件，都可以把它们发布为 JNDI 资源，容器负责管理 JNDI 资源的生命周期，Java 应用通过 JNDI API 来访问 JNDI 资源。19. 3 节还会介绍如何把 SessionFactory 发布为 JNDI 资源。

对于使用了 Hibernate 的 Java 应用，Hibernate 对 JDBC API 进行了封装，Java 应用可以完全通过 Hibernate API 来访问数据库。如图 19-3 所示，Java 应用不会直接访问数据库连接池，而是由 Hibernate 负责访问数据库连接池。

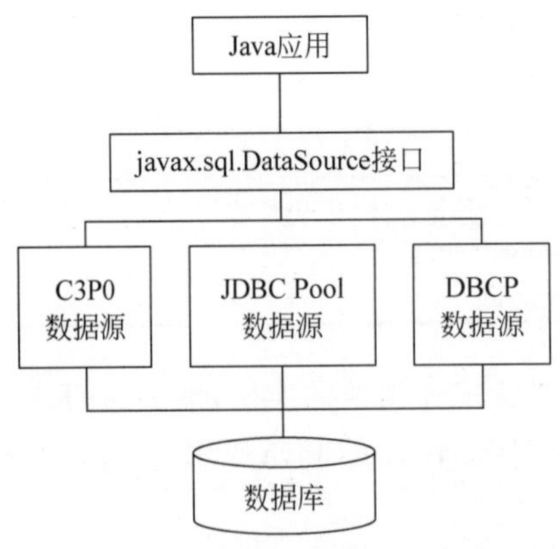

图 19-2 在受管理环境中，Java 应用通过 DataSource 接口访问连接池

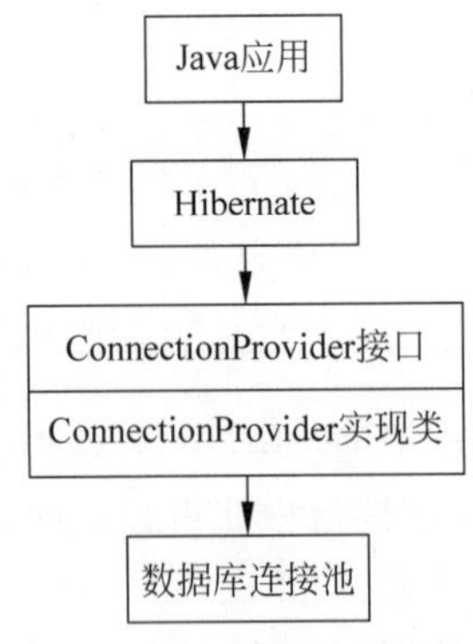

图 19-3 Hibernate 访问数据库连接池

Hibernate 获得数据库连接池有以下几种方式。

(1) 使用默认的数据库连接池。

(2) 使用配置文件指定的数据库连接池。

(3) 在受管理环境中,从容器中获得标准的数据源。

值得注意的是,不管 Hibernate 按何种方式获得数据库连接池,对 Java 应用都是透明的。当改变 Hibernate 获取数据库连接池的方式时,只需要修改 Hibernate 的配置文件,而不需要修改 Java 应用的程序代码。

Hibernate 把不同来源的连接池抽象为 ConnectionProvider 接口,这个接口位于 org.hibernate.engine.jdbc.connections.spi 包中。Hibernate 提供了以下几种内置的 ConnectionProvider 实现类。

(1) DriverManagerConnectionProviderImpl:代表由 Hibernate 提供的默认的数据库连接池。这个类位于 org.hibernate.engine.jdbc.connections.internal 中。

(2) C3P0ConnectionProvider:充当 C3P0 连接池的代理。这个类位于 org.hibernate.c3p0.internal 中。

(3) ProxoolConnectionProvider:充当 Proxool 连接池的代理。这个类位于 org.hibernate.proxool.internal 中。

(4) DataSourceConnectionProviderImpl:充当在受管理环境中由容器提供的数据源的代理。这个类位于 org.hibernate.engine.jdbc.connections.internal 中。

除了内置的 ConnectionProvider 实现类,Hibernate 还允许用户扩展 ConnectionProvider 接口,创建客户化的 ConnectionProvider 实现类。在 Hibernate 配置文件中,hibernate.connection.provider_class 属性用来指定 ConnectionProvider 实现类。Hibernate 根据 provider_class 属性构造相应的 ConnectionProvider 实例。如果用户使用的是 Hibernate 的内置 ConnectionProvider 实现类,也可以不设置 provider_class 属性,因为 Hibernate 能根据配置文件中的其他属性推断出 ConnectionProvider 实现类的类型。

19.1.1　使用默认的数据库连接池

Hibernate 提供了默认的连接池实现。如果在 Hibernate 的配置文件中没有明确配置任何连接池,Hibernate 就会使用这个默认的连接池。在例程 19-1 的配置代码中,没有显式配置任何连接池,因此 Hibernate 在运行时会使用默认的连接池。

例程 19-1　使用默认连接池的 hibernate.properties 文件

```
hibernate.dialect = org.hibernate.dialect.MySQLDialect
hibernate.connection.driver_class = com.mysql.jdbc.Driver
hibernate.connection.url = jdbc:mysql://localhost:3306/SAMPLEDB
hibernate.connection.username = root
hibernate.connection.password = 1234
hibernate.show_sql = true
```

本章采用属性格式的 hibernate.properties 文件作为 Hibernate 的配置文件。此外,也可以使用 JPA 的 persistence.xml 配置文件,或者 Hibernate 的 hibernate.cfg.xml 配置文件来配置本章介绍的各种配置属性。

值得注意的是,在学习 Hibernate 技术时,在演示程序中可以使用默认连接池,因为它的配置很简单。但是在开发正式的商业软件产品时,不能使用这个连接池,因为它不是成熟的专业连接池产品，缺乏响应大批量并发请求以及容错的能力。

19.1.2 使用配置文件指定的数据库连接池

不管是在受管理环境还是在不受管理环境中，都可以在配置文件中显式配置特定数据库连接池。Hibernate 会负责构造这种连接池的实例，然后通过它获得数据库连接。Hibernate 目前支持的第三方连接池产品包括 C3P0 和 Proxool 等，Hibernate 开发组织优先推荐的是 C3P0 和 Proxool。例程 19-2 的 Hibernate 配置文件配置了 C3P0 连接池。

例程 19-2 使用 C3P0 连接池的 hibernate.properties 文件

```
hibernate.dialect = org.hibernate.dialect.MySQLDialect
hibernate.connection.driver_class = com.mysql.jdbc.Driver
hibernate.connection.url = jdbc:mysql://localhost:3306/SAMPLEDB
hibernate.connection.username = root
hibernate.connection.password = 1234
hibernate.show_sql = true

hibernate.c3p0.min_size = 5
hibernate.c3p0.max_size = 20
hibernate.c3p0.timeout = 300
hibernate.c3p0.max_statements = 50
hibernate.c3p0.idle_test_period = 3000
```

表 19-2 对 C3P0 的各个配置选项做了描述。

表 19-2 C3P0 的配置选项

配置选项	描　述
min_size	在连接池中可用的数据库连接的最少数目
max_size	在连接池中所有数据库连接的最大数目
timeout	设定数据库连接的过期时间，以秒为单位。如果连接池中的某个数据库连接处于空闲状态的时间超过了 timeout 时间，就会被从连接池中清除
max_statements	可以被缓存的 PreparedStatement 实例的最大数目。缓存适量的 PreparedStatement 实例，能够大大提高 Hibernate 的性能
idle_test_period	在使数据库连接自动生效之前处于空闲状态的时间，以秒为单位

不同的连接池有不同的配置选项。Hibernate 软件包的用户使用手册(User Guide)详细描述了 Hibernate 目前支持的各种数据库连接池的配置选项。

在 Hibernate 软件包的展开目录中，lib/optional/c3p0 目录下包含了 C3P0 连接池的所有 JAR 类库文件。为了使 Hibernate 能够使用 C3P0 连接池，必须把这些 JAR 文件复制到应用程序的 lib 目录下。

如果希望 Hibernate 使用用户提供的其他类型的连接池，首先要为这个连接池创建 ConnectionProvider 实现类。假定这个实现类名为 mypack.MyConnectionProvider，把它放在 classpath 中，接下来在配置文件中通过 hibernate.connection.provider_class 属性显式指定这个实现类，如：

```
hibernate.connection.provider_class = mypack.MyConnectionProvider
```

19.1.3 从容器中获得数据源

在受管理环境中，如 JBoss 应用服务器，由容器负责构造数据源，即 javax. sql. DataSource 的实例。然后把它发布为 JNDI 资源，Hibernate 的 DataSourceConnectionProviderImpl 类充当这个数据源的代理，这个类位于 org. hibernate. engine. jdbc. connections. internal 包中。

有些 Servlet 容器，如 Tomcat，也能负责构造数据源，并能把它发布为 JNDI 资源，因此 Hibernate 也能从 Tomcat 容器中获得数据源。

以 Tomcat 为例，为了使 Hibernate 从容器中获得数据源，需要分别配置 Tomcat 容器和 Hibernate：

(1) 在 Tomcat 容器中配置数据源。

(2) 在 Hibernate 的配置文件中指定使用容器中的数据源。

1. 在 Tomcat 容器中配置数据源

在 Tomcat 的配置文件 server. xml 中，<Resource>元素用来配置 JNDI 资源，Tomcat 允许把数据源也发布为 JNDI 资源。例程 19-3 的代码在 Tomcat 中配置了一个 JNDI 名为 jdbc/SAMPLEDB 的数据源。

例程 19-3 在 Tomcat 的配置文件 server. xml 中配置数据源

```
<GlobalNamingResources>
   …
<Resource name = "jdbc/SAMPLEDB"
    auth = "Container"
    type = "javax.sql.DataSource"
    maxActive = "100"
    maxIdle = "30"
    maxWait = "10000"
    username = "root"
    password = "1234"
    driverClassName = "com.mysql.jdbc.Driver"
    url = "jdbc:mysql://localhost:3306/SAMPLEDB?autoReconnect = true"/>
</GlobalNamingResources>
```

<Resource>元素用于定义名为 jdbc/SAMPLEDB 的数据源。<Resource>的属性描述参见表 19-3。

表 19-3 <Resource>的属性

属 性	描 述
name	指定 Resource 的 JNDI 名字
auth	指定管理 Resource 的 Manager，它有两个可选值：Container 和 Application。Container 表示由容器来创建和管理 Resource；Application 表示由 Web 应用来创建和管理 Resource
type	指定 Resource 所属的 Java 类名

续表

属　　性	描　　述
maxActive	指定数据库连接池中处于活动状态的数据库连接的最大数目。取值为 0,表示不受限制
maxIdle	指定数据库连接池中处于空闲状态的数据库连接的最大数目。取值为 0,表示不受限制
maxWait	指定数据库连接池中的数据库连接处于空闲状态的最长时间(以毫秒为单位),超过这一时间,将会抛出异常。取值为－1,表示可以无限期等待
username	指定连接数据库的用户名
password	指定连接数据库的口令
driverClassName	指定连接数据库的 JDBC 驱动器中的 Driver 实现类的名字
url	指定连接数据库的 URL

在 server.xml 文件的<GlobalNamingResources>元素中配置的数据源能被 Tomcat 中的所有 Java Web 应用访问。此外,还可以在一个 Java Web 应用的 META-INF/context.xml 文件中配置数据源,这个数据源只能被当前 Java Web 应用访问,如：

```
<Context reloadable = "true" >
  <Resource>…</Resource>
</Context>
```

2. 在 Hibernate 的配置文件中指定使用容器中的数据源

在 Hibernate 的配置文件中,hibernate.connection.datasource 属性用于指定容器中的数据源。例程 19-4 的配置代码指定 Hibernate 使用容器中 JNDI 名为 jdbc/SAMPLEDB 的数据源。

例程 19-4　使用容器中数据源的 hibernate.properties 文件

```
hibernate.dialect = org.hibernate.dialect.MySQLDialect
hibernate.connection.datasource =  java:comp/env/jdbc/SAMPLEDB
hibernate.show_sql = true
```

在指定数据源时,必须提供完整的 JNDI 名字。此外,由于 Hibernate 直接从容器中获得现成的数据源,因此在 Hibernate 的配置文件中,可以不用设定以下连接数据库的属性。

(1) hibernate.connection.url。

(2) hibernate.connection.username。

(3) hibernate.connection.password。

对于使用 JPA API 的应用,在 JPA 的配置文件 persistence.xml 中还可以按照以下方式配置数据源。

```
<! -- 配置不支持 JTA 事务的数据源 -->
<non-jta-data-source>jdbc/SAMPLEDB</non-jta-data-source>

<! -- 配置支持 JTA 事务的数据源 -->
<jta-data-source>jdbc/JTA_SAMPLEDB</jta-data-source>
```

19.1.4　由 Java 应用本身提供数据库连接

Hibernate 的 SessionFactory 提供了以下创建 Session 或 StatelessSession 的方法。

(1) openSession()：由 Hibernate 从数据库连接池中获得可用的数据库连接，创建 Session。

(2) openStatelessSession()：由 Hibernate 从数据库连接池中获得可用的数据库连接，创建 StatelessSession(无状态 Session)。

(3) openStatelessSession(Connection connection)：由应用程序提供数据库连接，创建 StatelessSession(无状态 Session)。

当 Java 应用通过 Hibernate 访问数据库时，首先调用 SessionFactory 的 openSession() 方法获得一个 Session 实例，然后通过这个 Session 实例执行具体的数据库操作。Hibernate 从数据库连接池中获得可用的数据库连接。对于每一个 Session 实例，Hibernate 都会为它分配数据库连接。

此外，如果是通过 SessionFactory 的 openStatelessSession(Connection connection)方法创建无状态 Session，还可以由应用程序提供数据库连接。这个 Connection 实例究竟从何而来，完全由 Java 应用决定。Java 应用既可以直接调用 DriverManager 的 getConnection() 方法构造一个 Connection 实例，也可以从特定的数据库连接池中获得现成的 Connection 实例。值得注意的是，StatelssSession 没有持久化缓存，不会跟踪和管理所操纵的实体对象的状态。

19.2　配置事务类型

在 Java 应用中，按照声明事务边界的接口划分，事务可分为以下两类。

(1) JDBC 事务：依赖 JDBC API 来声明事务边界，适用于任何 Java 运行环境。

(2) JTA 事务：依赖 JTA 来声明事务边界，适用于基于 Java EE 的受管理环境，以及支持 JTA 的不受管理环境。

JTA(Java Transaction API)是 Oracle 公司为基于 Java EE 的受管理环境制定的标准事务 API。此外，有些 JTA 实现(如 JBoss 提供的 JTA 实现)可以脱离容器独立运行，因此在不受管理环境中，Java 应用也可以访问基于这种实现的 JTA。JTA 支持分布式的事务以及跨数据库平台的事务。JTA 中的两个核心接口为：

(1) javax.transaction.TransactionManager：事务管理器，参与管理事务的生命周期。

(2) javax.transaction.UserTranscation：Java 应用通过这个接口来声明事务边界。

提示 在受管理环境中，JTA 事务分为 CMT(Container-Managed Transaction，完全由容器管理事务)和 BMT(Bean-Managed Transaction，由 Bean 来管理自己的事务)两种模式。在 CMT 事务模式下，应用不必在程序代码中声明事务边界，而只需要在部署文件中配置事务，然后由容器通过 TransactionManager 来管理事务。在 BMT 事务模式下，应用在程序代码中通过 UserTransaction 接口来声明事务边界。本章讲的 JTA 事务，如果未做特别说明，都是基于 BMT 事务模式。

对于使用了 Hibernate 的 Java 应用，声明事务有以下三种方式。

(1) 直接通过 JTA API 来声明 JTA 事务，事务接口为 javax. transaction. UserTransaction。

(2) 通过 JPA API 来声明 JDBC 事务，事务接口为 javax. persistence. EntityTransaction。

(3) 通过 Hibernate API 来声明事务，事务接口为 org. hibernate. Transaction。Java 应用直接通过 Hibernate API 来声明事务边界时，不必考虑 Hibernate 实际上使用的是 JDBC 事务还是 JTA 事务。Hibernate 的底层实现会通过配置文件中配置的事务类型来创建特定的事务。

如图 19-4 所示，Hibernate 把不同类型的事务抽象为 org. hibernate. Transaction 接口，并支持 JDBC 事务和 JTA 事务。

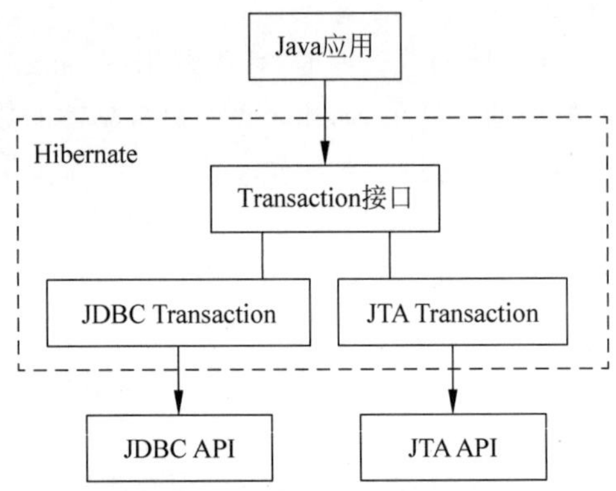

图 19-4 Hibernate 把 JDBC 事务和 JTA 事务抽象为 Hibernate 事务

在 Hibernate 的配置文件中，hibernate. transaction. coordinator_class 属性用来指定事务的类型，有以下两个可选值。

(1) jdbc：表示 JDBC 事务。这是默认值。

(2) jta：表示 JTA 事务。如果选用 JTA 事务，可通过 hibernate. transaction. jta. platform 属性来设定 JTA 事务的具体实现平台，可选值包括 JbossAS(JBoss 提供的受管理环境中的 JTA 事务)、JBossTS(JBoss 提供的独立 JTA 事务)和 Weblogic(Weblogic 提供的受管理环境中的 JTA 事务)等。

例程 19-5 的 Hibernate 配置文件配置了采用 JbossTS 事务平台的 JTA 事务。

例程 19-5 使用 JTA 事务的 hibernate. properties 文件

```
hibernate.dialect = org.hibernate.dialect.MySQLDialect
hibernate.connection.datasource =  java:comp/env/jdbc/SAMPLEDB
hibernate.transaction.coordinator_class = jta
hibernate.transaction.jta.platform = JBossTS
hibernate.show_sql = true
```

这个 JTA 事务支持以下功能。

(1) 支持 Session 的生命周期与当前 JTA 事务绑定，参见 23.1.2 节。

(2) 支持 Java 应用通过 JTA API 中的 UserTransaction 接口来声明事务，参见 20.7 节。

(3) 假如 Java 应用仍然通过 Hibernate API 来声明事务，那么 Hibernate 的底层实现

会自动转换到JTA事务。当应用程序声明开始一个事务时，Hibernate先检查是否存在正在运行的JTA事务A，如果存在，就直接加入到这个已经存在的事务A中；如果不存在，就创建一个新的JTA事务B。当应用程序声明提交或撤销一个事务时，如果当前事务为原先就存在的JTA事务A，那么忽略提交或撤销操作；如果当前事务为本次新建的JTA事务B，就执行提交或撤销操作。

应用程序可以通过JPA API(javax.persistence.EntityTransaction)、Hibernate API(org.hibernate.Transaction)和JTA API(javax.transaction.UserTransaction)来声明事务。那么到底该选用何种API呢？目前的发展趋势是统一使用JTA API，它具有以下三个优点。

(1) 它是Oracle公司制定的标准事务接口，具有很好的通用性和可移植性。

(2) 支持JDBC事务和分布式的JTA事务。

(3) 有越来越多的第三方软件实现了JTA API，并且在受管理环境或不受管理环境中都可以运行。

JTA API事务的缺点是比较"笨重"，需要由专门的软件来实现。实现JTA API事务的机制很复杂，要比配置以及访问Hibernate API和JPA API烦琐。

JPA API的缺点是仅支持本地事务，不支持分布式事务；优点是使用起来方便。所以为了简化程序，本书的范例都是使用JPA API来声明事务。

Hibernate API的优点是支持JDBC事务和JTA事务，不过Hibernate本身不能与其他的ORM映射软件兼容。如果使用了Hibernate API的应用程序，日后改用其他的ORM映射软件，就必须重写访问数据库的代码。

第20章将进一步介绍通过Hibernate API或者JTA API来声明事务的方法。

19.3 把SessionFactory与JNDI绑定

如果应用只有一个数据存储源，通常只需要创建一个SessionFactory实例，它被应用中的所有组件共享，并且它的生命周期和应用的整个生命周期对应。那么，这个SessionFactory实例应该存放在哪儿，并且如何访问它呢？在不同的运行环境中有不同的存取方案。下面给出几种常用的存取方案。

(1) 创建一个实用类HibernateUtil，在这个类中定义static类型的SessionFactory变量，以及public static类型的getSessionFactory()方法，参见例程19-6。

(2) 在Servlet容器中，把SessionFactory实例存放在javax.servlet.ServletContext中，即Java Web应用范围内。

(3) 在基于Java EE的受管理环境中，把SessionFactory发布为JNDI资源。

例程19-6 HibernateUtil.java

```
public class HibernateUtil{
  private static SessionFactory sessionFactory;
  /** 初始化Hibernate,创建SessionFactory实例 */
  static{
```

```
    //创建标准服务注册器
    StandardServiceRegistry standardRegistry =
                  new StandardServiceRegistryBuilder()
        .configure()
        .build();

    try{
      //创建代表映射元数据的 MetaData 对象
      MetadataBuilder metadataBuilder =
                new MetadataSources( standardRegistry )
                .getMetadataBuilder();

      Metadata metadata = metadataBuilder.build();

      //创建 SessionFactory 对象
      sessionFactory = metadata.getSessionFactoryBuilder()
                              .build();
    }catch(RuntimeException e){
       //销毁标准服务注册器
       StandardServiceRegistryBuilder.destroy( standardRegistry );
       e.printStackTrace();
       throw e;
    }
  }

  public static SessionFactory getSessionFactory(){
     return sessionFactory;
  }
}
```

该范例由应用程序本身负责创建 SessionFactory 实例。此外，在受管理环境中，可以把 SessionFactory 发布为 JNDI 资源。在 Hibernate 的配置文件中，hibernate. session_factory_name 属性指定 SessionFactory 的 JNDI 名字，如果在受管理环境中设置了这个属性，Hibernate 就会把 SessionFactory 发布为 JNDI 资源。例程 19-7 的 Hibernate 配置文件把 SessionFactory 的 JNDI 名字设为 java:hibernate/HibernateFactory。

例程 19-7　把 SessionFactory 与 JNDI 绑定的 hibernate. properties 文件

```
hibernate.dialect = org.hibernate.dialect.MySQLDialect
hibernate.connection.datasource = java:comp/env/jdbc/SAMPLEDB
hibernate.transaction.coordinator_class = jta
hibernate.transaction.jta.platform = JBossTS
hibernate.session_factory_name = java:hibernate/HibernateFactory
hibernate.show_sql = true
```

Java 应用通过 JNDI API 来访问和 JNDI 绑定的 SessionFactory 实例，如：

```
Context ctx = new InitialContext();
String jndiName = "java:hibernate/HibernateFactory";
```

```
SessionFactory sessionFactory = (SessionFactory)ctx.lookup(jndiName);
Session session = sessionFactory.openSession();
...
```

值得注意的是，以上程序代码只能在 Java EE 应用服务器内部运行。因为 SessionFactory 不支持 RMI(Remote Method Invoke，远程方法调用)，因此当运行在另一个单独的 JVM 中的客户端程序试图远程调用 SessionFactory 对象的方法时会出错。

当 SessionFactoryBuilder 的 build()方法构造一个 SessionFactory 实例时，就会立即把它与配置文件中设置的 JNDI 名字绑定。为了提高程序代码的可重用性，可以创建一个 HibernateUtil 实用类，该实用类提供了创建以及查找与 JNDI 绑定的 SessionFactory 的代码，参见例程 19-8。

例程 19-8　HibernateUtil.java

```
public class HibernateUtil{
  private static Context jndiContext;

  static{
    try{
      //初始化并创建 SessionFactory 对象
      //创建 SessionFactory 对象时,Hibernate 把它与指定的 JNDI 名字绑定
      ...
      jndiContext = new InitialContext();
    }catch(Throwable ex){
      throw new ExceptionInInitializerError(ex);
    }
  }

  /** 按照 JNDI 名字查找 SessionFactory 对象 */
  public static SessionFactory getSessionFactory(String name){
    SessionFactory sf;
    try{
      sf = (SessionFactory)jndiContext.lookup(name);
    }catch(NamingException ex){
      throw new RuntimeException(ex);
    }

    return sf;
  }
}
```

19.4　配置 JNDI

在以下这些场合，程序需要访问 JNDI。

(1) Hibernate 创建 SessionFactory 时，把 SessionFactory 绑定到 JNDI。

(2) 程序通过 JNDI 查找 SessionFactory。

(3) 程序通过 JNDI 查找数据源。

(4) 程序通过 JNDI 查找用于声明 JTA 事务的 UserTransaction。

当应用程序运行在受管理环境中，提供受管理环境的应用服务器会提供 JNDI 服务。Hibernate 的以下配置属性用于设置 JNDI 服务。

(1) hibernate. jndi. class：指定 InitialContext 的工厂类，相当于 javax. naming. Context. INITIAL_CONTEXT_FACTORY 属性。

(2) hibernate. jndi. url：指定 JNDI 服务提供的 URL，相当于 javax. naming. Context. PROVIDER_URL 属性。

19.5 配置日志

Hibernate 采用 SLF4J(Simple Logging Facade for Java)日志工具来记录各种各样的系统事件。SLF4J 把日志由低到高分为五个级别：DEBUG、INFO、WARN、ERROR 和 FATAL。SLF4J 为目前常见的一些日志工具提供了适配器，对这些日志工具提供的服务进行了抽象，为客户程序提供了统一的输出日志的 API，参见图 19-5。

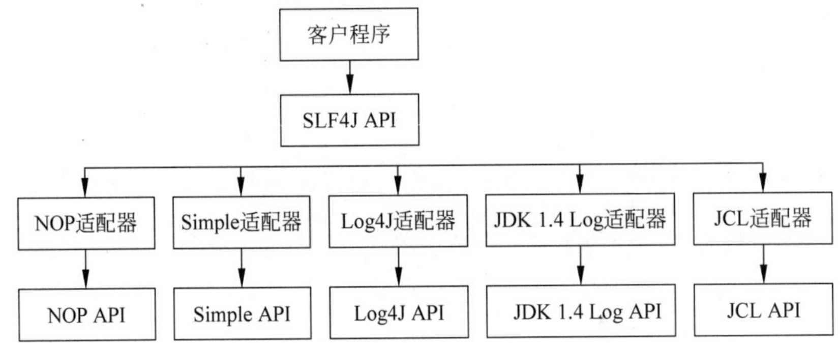

图 19-5 SLF4J 对目前常见的一些日志工具提供了适配器

可以看出，SLF4J 可以绑定到以下日志工具。

(1) NOP：什么也不做，不输出任何日志。

(2) Simple：SLF4J 自带的简单的日志工具实现，通过 System. err 来输出日志，仅输出 INFO 或者更高级别的日志。对于简单的应用程序，可以使用 Simple 日志工具。

(3) Log4J：它是 Apache 的一个开放源代码项目，下载网址为 http://logging. apache. org/log4j/1. 2/index. html。Log4J 允许指定日志信息输出的目的地，如控制台、文件和 GUI 组件，甚至是套接字服务器、NT 的事件记录器、UNIX Syslog 守护进程等。Log4J 还可以控制每一条日志的输出格式。此外，通过定义日志信息的级别，Log4J 能非常细致地控制日志的输出与否。这些功能可以通过一个配置文件来灵活地进行配置，而不需要修改应用程序的代码，这个配置文件通常命名为 log4j. properties。

(4) JDK 1. 4 Log：JDK 1. 4 以及以上版本中自带的日志工具。

(5) JCL(Jakarta Commons Logging)：它是 Apache 的一个开放源代码项目，下载网址为 http://commons. apache. org/logging/，它提供了通用的输出日志的 API。

如何指定 SLF4J 与特定的日志工具绑定呢？很简单，首先在 SLF4J 的官方网站 http://www. slf4j. org/上下载 SLF4J 的软件压缩包，在这个软件压缩包的展开目录下有许

多 Java 类库文件。

(1) slf4j-api.jar(必需)：SLF4J 本身的类库文件。

(2) slf4j-nop.jar(可选)：用于把 SLF4J 与 NOP 绑定的类库文件。

(3) slf4j-simple.jar(可选)：用于把 SLF4J 与 Simple 绑定的类库文件。

(4) slf4j-log4j12.jar(可选)：用于把 SLF4J 与 Log4J1.2 绑定的类库文件。

(5) slf4j-jdk14.jar(可选)：用于把 SLF4J 与 JDK 1.4 Log 绑定的类库文件。

(6) slf4j-jcl.jar(可选)：用于把 SLF4J 与 JCL 绑定的类库文件。

然后在应用程序的 classpath 中提供 slf4j-api.jar 类库文件、SLF4J 与特定的日志工具软件包绑定的类库文件，以及这个日志工具软件包自身的类库文件即可。

本节范例程序位于配套源代码包的 sourcecode/chapter19 目录下。SLF4J 与 Log4J 绑定的步骤如下所示。

(1) 在应用程序的 classpath(对应 chapter19/lib 目录)中加入 slf4j-api.jar 文件和 slf4j-log4j12.jar 文件。

(2) 从 Log4J 的官方网站上下载 Log4J 的压缩软件包，在其展开目录中得到 Log4J12.jar 文件，把这个文件加入到应用程序的 classpath 中(对应 chapter19/lib 目录)。

(3) 在应用程序的 classpath 中(对应 chapter19/classes 目录)提供 Log4J 的配置文件，该文件名为 log4j.properties，参见例程 19-9。本书范例采用 ANT 工具，自动把 chapter19/src 目录下的.properties 文件复制到 chapter19/classes 目录下，因此只要把 log4j.properties 文件放在 chapter19/src 目录下即可。

例程 19-9 log4j.properties

```
# 指定根日志器的输出目的地为 A1 和 A2,输出日志级别为 WARN
log4j.rootLogger = WARN, A1,A2

# A1 为控制台
log4j.appender.A1 = org.apache.log4j.ConsoleAppender

# 指定向 A1 控制台输出的日志的格式
log4j.appender.A1.layout = org.apache.log4j.PatternLayout
log4j.appender.A1.layout.ConversionPattern = %p [%t] %c{2} (%M:%L) - %m%n

# A2 为 log.txt 文件
log4j.appender.A2 = org.apache.log4j.FileAppender
log4j.appender.A2.File = log.txt

# 指定向 A2 控制台输出的日志的格式
log4j.appender.A2.layout = org.apache.log4j.PatternLayout
log4j.appender.A2.layout.ConversionPattern = %5r %-5p [%t] %c{2} - %m%n
```

完成上述配置后，运行范例程序，SLF4J 就会委派 Log4J 来输出 WARN 及以上级别的日志，并把这些日志输出到控制台以及应用根目录(chapter19 目录)的 log.txt 文件中。

在跟踪和调试程序阶段，可以把输出日志的级别设置得低一点，以便获得详细的日志信息。在软件应用发布阶段，则应该把日志级别设置得高一点，减少日志的输出，提高程序的运行性能。

Hibernate 在运行时生成的日志对于跟踪和调试程序很有用。为了便于用户理解，Hibernate 把日志细分为很多类别，参见表 19-4。

表 19-4 Hibernate 日志的类别

日志类别	描述
org.hibernate.SQL	记录执行的 SQL DML 语句
org.hibernate.type	记录 JDBC 参数
org.hibernate.pretty	记录在清理 Session 缓存时，Session 缓存中所有对象的状态（最多记录 20 个对象）
org.hibernate.cache	记录第二级缓存的活动
org.hibernate.transaction	记录与事务有关的活动
org.hibernate.jdbc	记录得到的 JDBC 资源
org.hibernate.hql.ast.AST	当解析查询语句时记录 HQL 和 SQL
org.hibernate.secure	记录 JAAS 授权请求。JAAS(Java Authentication and Authorization Service)是一种提供安全验证和授权服务的框架
org.hibernate	记录所有的信息，对调试程序很有帮助

对于以上每个类别，都可以单独设置它的日志级别，例如可以在例程 19-9 的末尾添加如下内容。

```
log4j.logger.org.hibernate = INFO
log4j.logger.org.hibernate.hql.ast.AST = DEBUG
log4j.logger.org.hibernate.SQL = DEBUG
log4j.logger.org.hibernate.hql = DEBUG
```

配置代码表明，默认情况下，所有以 org.hibernate 开头的日志类别的级别为 INFO，org.hibernate.SQL 等个别日志类别覆盖了这一默认设置，采用 DEBUG 级别。

通过 ant run 命令运行本节范例程序，在控制台输出的部分日志信息如下：

```
[java] DEBUG [main] hibernate.SQL (logStatement:94)
- select orders0_.CUSTOMER_ID
as CUSTOMER4_1_0_, orders0_.ID as ID1_1_0_, orders0_.ID as ID1_1_1_,
orders0_.CUSTOMER_ID as CUSTOMER4_1_1_,
orders0_.ORDER_NUMBER as ORDER_NU2_1_1_,
orders0_.PRICE as PRICE3_1_1_ from ORDERS orders0_
where orders0_.CUSTOMER_ID = ?

 [java] INFO [main] connections.pooling (stop:233) -
HHH10001008: Cleaning up connection pool
[jdbc:mysql://localhost:3306/sampledb?useSSL = false]
```

19.6 使用 XML 格式的配置文件

Hibernate 的配置文件有两种形式：一种是 XML 格式的文件，默认名字为 hibernate.cfg.xml；另一种是 Java 属性文件，采用“键＝值”的形式，默认名字为 hibernate.properties。

这两种配置文件默认情况下都位于 classpath 的根目录下。

XML 格式的配置文件不仅能设置所有的 Hibernate 配置选项，还能够通过< mapping >元素声明需要加载的映射文件，参见例程 19-10。

例程 19-10　hibernate. cfg. xml 文件

```
<?xml version = "1.0" encoding = "UTF - 8" ?>
<! DOCTYPE hibernate - configuration
PUBLIC " - //Hibernate/Hibernate Configuration DTD//EN"
"http://www.hibernate.org/dtd/hibernate - configuration - 3.0.dtd">

< hibernate - configuration >
  < session - factory name = "java:/hibernate/HibernateFactory">
    < property name = "dialect">
       org.hibernate.dialect.MySQLDialect
    </property >
    < property name = "connection.datasource">
       java:/comp/env/jdbc/SAMPLEDB
    </property >
    < property name = "show_sql"> true </property >

    < mapping resource = "mypack/Customer.hbm.xml">
    < mapping resource = "mypack/Order.hbm.xml">
  </session - factory >
</hibernate - configuration >
```

< session-factory >元素的 name 属性与 hibernate. session_factory_name 属性的作用相同，用于指定 SessionFactory 的 JNDI 名字。在不受管理环境中，不必设定 name 属性。< property >元素的 name 属性用来设置 Hibernate 的配置选项名，不需要提供 hibernate 前缀。< mapping >元素指定需要加载的映射文件。

如果 Hibernate 的配置文件为 hibernate. properties 属性文件，那么必须以编程方式加载持久化类的映射元数据，例如：

```
ServiceRegistry standardRegistry =
      new StandardServiceRegistryBuilder().build();

MetadataSources sources = new MetadataSources( standardRegistry );

//加入使用 JPA/Hibernate 注解来设置映射关系的 MyClassA 类的元数据
sources.addAnnotatedClass( mypack.MyClassA.class);

//加入 Hibernate 的对象 - 关系映射文件 MyClassB.hbm.xml 的元数据
sources.addResource( "mypack/MyClassB.hbm.xml" );

//加入 JPA 的对象 - 关系映射文件 MyClassC.orm.xml 的元数据
sources.addResource( "mypack/MyClassC.orm.xml" );
```

如果 Hibernate 的配置文件为 XML 格式的 hibernate. cfg. xml，那么只需要在配置文件中声明映射文件，而在程序中不必调用 MetadataSources 的 addResource()方法来加载映射文件。如果映射文件名发生变化，只需要修改 hibernate. cfg. xml 配置文件，不需要修改程序代码，可见 XML 格式的配置文件会提高应用程序的可维护性。

当通过 StandardServiceRegistryBuilder 的默认构造方法来创建 StandardServiceRegistryBuilder 实例时，Hibernate 会到 classpath 中查找默认的 hibernate. properties 文件，如果存在，就把它的配置信息加载到内存中。

但是，在默认情况下，Hibernate 不会加载 hibernate. cfg. xml 文件，而必须通过 StandardServiceRegistryBuilder 的 configure()方法来显式加载 hibernate. cfg. xml 文件，如：

```
StandardServiceRegistry standardRegistry =
     new StandardServiceRegistryBuilder()
     .configure()
     .build();
```

configure()方法会到 classpath 中查找 hibernate. cfg. xml 文件，如果找到，就把它的配置信息加载到内存中；如果没有找到该文件，会抛出异常，提示找不到配置文件。

如果在 classpath 中同时存在 hibernate. properties 文件和 hibernate. cfg. xml 文件，那么 hibernate. cfg. xml 文件的配置内容会覆盖 hibernate. properties 文件中对相同属性的配置。假定在 hibernate. properties 文件中包含以下内容：

```
hibernate.dialect = org.hibernate.dialect.MySQLDialect
hibernate.connection.driver_class = com.mysql.jdbc.Driver
hibernate.connection.url = jdbc:mysql://localhost:3306/SAMPLEDB
hibernate.connection.username = root
hibernate.connection.password = 1234
```

在 hibernate. cfg. xml 文件中包含以下内容：

```
<hibernate-configuration>
  <session-factory name = "java:/hibernate/HibernateFactory">
    <property name = "connection.username"> admin </property>
    <mapping resource = "mypack/Customer.hbm.xml">
    <mapping resource = "mypack/Order.hbm.xml">
  </session-factory>
</hibernate-configuration>
```

那么 Hibernate 将选用在 hibernate. properties 文件中设置的 dialect、connection. driver_ class、connection. url 和 connection. password 属性，以及在 hibernate. cfg. xml 文件中设置的 connection. username 属性。在实际应用中，可以在 hibernate. properties 属性文件中设定默认的配置，然后把与特定的运行环境相关的配置放在 hibernate. cfg. xml 文件中。

如果希望 Hibernate 从指定的 XML 格式的配置文件中读取配置信息，可以调用 StandardServiceRegistryBuilder 类的 configure(String resource)方法，如：

```
StandardServiceRegistry standardRegistry =
    new StandardServiceRegistryBuilder()
    .configure("netstore.cfg.xml")
    .build();
```

以上代码指定加载 netstore.cfg.xml 配置文件，这个文件必须位于 classpath 的根目录下。

以下代码加载 classpath 根目录的 dir1 目录下的 netstore.cfg.xml 配置文件。

```
StandardServiceRegistry standardRegistry =
    new StandardServiceRegistryBuilder()
    .configure("dir1/netstore.cfg.xml")
    .build();
```

19.7　小结

本章介绍了 Hibernate 的高级配置选项。在任何运行环境中，都可以由 Hibernate 本身负责管理数据库连接池。此外，在受管理环境中，Hibernate 可以使用容器提供的数据源，并且把 SessionFactory 发布为 JNDI 资源。

Hibernate 对 JDBC 做了轻量级封装。所谓轻量级封装，是指 Hibernate 并没有完全封装 JDBC，Java 应用既可以通过 Hibernate API 访问数据库，也可以绕过 Hibernate API，直接通过 JDBC API 来访问数据库，这具体表现在以下两方面。

(1) 允许由 Java 应用为 Hibernate 提供数据库连接，SessionFactory 的 openStatelessSession (Connection connection)方法提供了这一功能。

(2) Hibernate 提供了一个 org.hibernate.jdbc.Work 接口，应用程序可以把通过 JDBC API 执行数据库操作的程序代码封装在 Work 实现类中，调用 Session 的 doWork()方法来执行 Work。例如以下程序代码在一个 Work 接口的匿名实现类中执行 SQL 语句。

```
Transaction tx = session.beginTransaction();
//定义一个匿名类,实现了 Work 接口
Work work = new Work(){
  public void execute(Connection connection)throws SQLException{
    //通过 JDBC API 执行用于批量更新的 SQL 语句
    PreparedStatement stmt = connection
         .prepareStatement("update CUSTOMERS set AGE = AGE + 1 "
         + "where AGE > 0 ");
    stmt.executeUpdate();
  }
};

//执行 work
session.doWork(work);
tx.commit();
```

尽管直接访问 JDBC API 是允许的，但是应该优先考虑完全通过 Hibernate API 来访问数据库，因为这可以提高 Java 应用的可移植性和健壮性。

19.8 思考题

1. 以下哪些说法正确？（多选）
   (a) 在受管理环境中，容器可以提供实现了 javax. sql. Datasource 接口的数据源
   (b) Hibernate 把不同来源的连接池抽象为 org. hibernate. engine. jdbc. connections. spi 包中的 ConnectionProvider 接口
   (c) 默认情况下，Hibernate 使用 C3P0 连接池
   (d) DriverManagerConnectionProviderImpl 代表由 Hibernate 提供的默认的数据库连接池
2. 如果一个基于 Hibernate 的 Java 应用本来使用 Proxool 连接池，现在要改为使用 C3P0 连接池，应该如何修改应用？（单选）
   (a) 只需要修改 Hibernate 的配置文件
   (b) 只需要修改 Java 应用的程序代码
   (c) 需要同时修改 Hibernate 的配置文件以及 Java 应用的程序代码
   (d) 以上说法都不正确
3. 关于事务，以下哪些说法正确？（多选）
   (a) JTA 事务只能运行在受管理环境中
   (b) JTA 支持分布式事务
   (c) Hibernate 把不同类型的事务抽象为 org. hibernate. Transaction 接口
   (d) hibernate. transaction. coordinator_class 属性的默认值为 jdbc
4. 以下关于 Hibernate 配置文件中的属性，哪个说法正确？（单选）
   (a) hibernate. session_factory_name 属性用于指定 SessionFactory 的 JNDI 名字
   (b) hibernate. connection. datasource 属性用于指定不受管理环境中的数据库连接池的名字
   (c) log4j. logger. org. hibernate 属性是在 hibernate. properties 文件中配置的属性，用于指定 org. hibernate 类别日志的输出日志级别
   (d) StandardServiceRegistryBuilder 的不带参数的 configure() 方法会自动加载 hibernate. properties 文件
5. 为了让 Hibernate 使用的 SLF4J 与 Log4J 绑定，以下哪些步骤是必需的？（多选）
   (a) 在应用程序的 classpath 中加入 slf4j-api. jar 文件
   (b) 在应用程序的 classpath 中加入 slf4j-log4j12. jar 文件
   (c) 在应用程序的 classpath 中加入 Log4J 自身的类库文件
   (d) 在 Hibernate 的配置文件中设定 hibernate. logger=log4j
   (e) 在应用程序的 classpath 中提供 Log4J 的配置文件

第20章

声明数据库事务

数据库事务是指由一个或者多个 SQL 语句组成的工作单元。这个工作单元中的 SQL 语句相互依赖，如果有一个 SQL 语句执行失败，就必须撤销整个工作单元。本章介绍了数据库事务的概念，并且介绍了在应用程序中声明事务边界的方法。

尽管在实际开发中，统一使用 JTA API 声明事务已经成为主流的开发趋势，本章还是介绍了通过 MySQL 客户程序和 JDBC API 来声明事务的方法，这可以帮助读者深入理解声明事务的基本原理。此外，本章还详细介绍了通过 Hibernate API 来声明事务的方法。这些内容有助于读者深入了解 Hibernate 的运作过程。

由于前面章节的许多范例都是采用 JPA API 来声明事务，因此本章没有再介绍通过 JPA API 来声明事务的方法。

20.1 数据库事务的概念

在现实生活中，事务是指一组相互依赖的操作行为，如银行交易、股票交易或网上购物等。事务的成功取决于这些相互依赖的操作行为是否都能执行成功，只要有一个操作行为失败，就意味着整个事务的失败。例如，Tom 到银行办理转账事务，把 100 元钱转到 Jack 的账号上，这个事务包含以下操作行为。

(1) 从 Tom 的账户上减去 100 元。

(2) 往 Jack 的账户上增加 100 元。

显然，这两个操作必须作为一个不可分割的工作单元。假如仅第一步操作执行成功，使得 Tom 的账户上扣除了 100 元，但是第二步操作执行失败，Jack 的账户上没有增加 100 元，那么整个事务失败。

数据库事务是对现实生活中事务的模拟，它由一组在业务逻辑上相互依赖的 SQL 语句组成。假定 ACCOUNTS 表用于存放账户信息，它的数据如表 20-1 所示。

表 20-1 ACCOUNTS 表中的数据

ID	NAME	BALANCE
1	Tom	1000
2	Jack	1000

以上银行转账事务对应以下 SQL 语句：

```
update ACCOUNTS set BALANCE = 900 where ID = 1;
update ACCOUNTS set BALANCE = 1100 where ID = 2;
```

这两条 SQL 语句只要有一条执行失败，ACCOUNTS 表中的数据就必须退回到最初的状态。如果两条 SQL 语句都执行成功，表示整个事务成功。图 20-1 显示了 ACCOUNTS 表中数据在转账事务中的状态转换图。

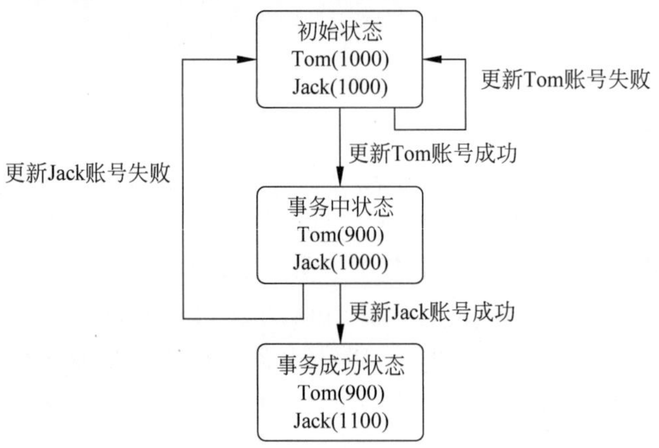

图 20-1 ACCOUNTS 表中数据在转账事务中的状态转换图

数据库事务必须具备 ACID 特征，ACID 是 Atomic（原子性）、Consistency（一致性）、Isolation（隔离性）和 Durability（持久性）的英文缩写。下面解释这几个特性的含义。

(1) 原子性：指整个数据库事务是不可分割的工作单元。只有事务中所有的操作执行成功，才算整个事务成功；事务中任何一个 SQL 语句执行失败，那么已经执行成功的 SQL 语句也必须撤销，数据库状态应该退回到执行事务前的状态。

(2) 一致性：指数据库事务不能破坏关系数据的完整性以及业务逻辑上的一致性。例如对于银行转账事务，不管事务成功还是失败，应该保证事务结束后 ACCOUNTS 表中 Tom 和 Jack 的存款总额为 2000 元。

(3) 隔离性：指的是在并发环境中，当不同的事务同时操纵相同的数据时，每个事务都有各自的完整数据空间。

(4) 持久性：指的是只要事务成功结束，它对数据库所做的更新就必须永久保存下来。即使发生系统崩溃，重新启动数据库系统后，数据库仍能恢复到事务成功结束时的状态。

事务的 ACID 特性是由关系数据库管理系统（RDBMS，在本书中也简称为数据库系统）来实现的。数据库管理系统采用日志来保证事务的原子性、一致性和持久性。日志记录了事务对数据库所做的更新操作，如果某个事务在执行过程中发生错误，就可以根据日志，撤销事务对数据库已做的更新操作，使数据库退回到执行事务前的初始状态。

数据库管理系统采用锁机制来实现事务的隔离性。当多个事务同时更新数据库中相同的数据时，只允许持有锁的事务能更新该数据，其他事务必须等待，直到前一个事务释放了锁，其他事务才有机会更新该数据。21.2 节会进一步介绍锁机制。

20.2　声明事务边界的方式

数据库系统的客户程序只要向数据库系统声明了一个事务，数据库系统就会自动保证事务的 ACID 特性。声明事务包含以下内容。

- 事务的开始边界(BEGIN)。
- 事务的正常结束边界(COMMIT)：提交事务，永久保存被事务更新后的数据库状态。
- 事务的异常结束边界(ROLLBACK)：撤销事务，使数据库退回到执行事务前的初始状态。

图 20-2 显式了事务的生命周期。当一个事务开始后，要么以提交事务结束，要么以撤销事务结束。

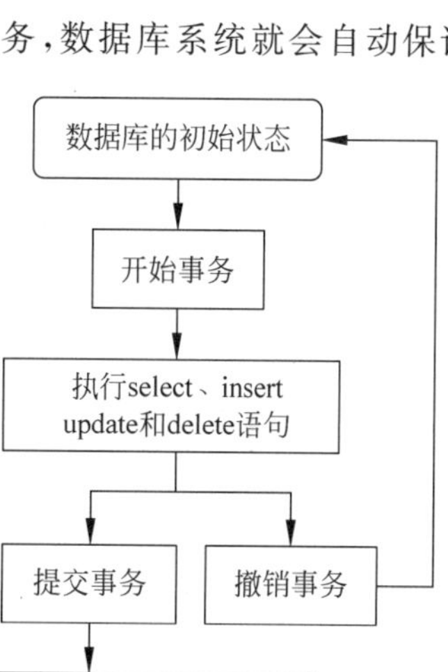

图 20-2　数据库事务的生命周期

数据库系统支持以下两种事务模式。

(1) 自动提交模式：每个 SQL 语句都是一个独立的事务，当数据库系统执行完一个 SQL 语句后，会自动提交事务。

(2) 手动提交模式：必须由数据库的客户程序显式指定事务开始边界和结束边界。

在 MySQL 中，数据库表分为三种类型：INNODB、BDB 和 MyISAM 类型。其中 INNODB 和 BDB 类型的表支持数据库事务，而 MyISAM 类型的表不支持事务。在 MySQL 中用 create table 语句新建的表默认为 MyISAM 类型。如果希望创建 INNODB 类型的表，可以采用以下形式的 DDL 语句。

```
create table ACCOUNTS (
   ID bigint not null,
   NAME varchar(15),
   BALANCE decimal(10,2),
   primary key (ID)
)  type = INNODB;
```

对于已存在的表，可以采用以下形式的 DDL 语句修改它的表类型。

```
alter table ACCOUNTS type = INNODB;
```

用 Hibernate 的 hbm2ddl 工具在 MySQL 中生成的表为 MyISAM 类型，因此必须手动把它改为 INNODB 或 BDB 类型，才能使它支持数据库事务。4.2.2 节已经介绍 hbm2ddl 工具的用法。

图 20-3 以 MySQL 为例，列出了它的两个客户程序：mysql. exe 程序和 Java 应用程序。

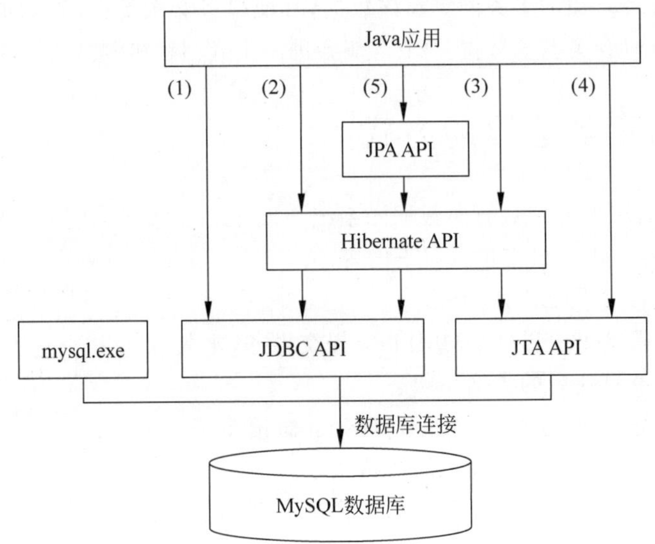

图 20-3 MySQL 数据库系统的客户程序

在图 20-3 中，mysql. exe 是 MySQL 软件自带的 DOS 命令行客户程序。对于 Java 应用，声明事务有以下方式：

(1) 直接通过 JDBC API 来声明 JDBC 事务。

(2) 直接通过 Hibernate API 来声明 JDBC 事务。

(3) 直接通过 Hibernate API 来声明 JTA 事务。

(4) 直接通过 JTA API 来声明 JTA 事务。

(5) 直接通过 JPA API 来声明 JDBC 事务。

19.2 节已经讲过，所谓 JDBC 事务，就是指依赖 JDBC API 来声明事务边界的事务；所谓 JTA 事务，就是指依赖 JTA API 来声明事务边界的事务。在图 20-3 中，方式(1)、方式(2)和方式(5)都使用 JDBC 事务，方式(3)和方式(4)都使用 JTA 事务。

20.3 在 mysql. exe 客户程序中声明事务

每启动一个 mysql. exe 程序，就会得到一个单独的数据库连接。每个数据库连接都有一个全局变量@@autocommit，表示当前的事务模式，它有以下两个可选值。

(1) 0：表示手动提交模式。

(2) 1：默认值，表示自动提交模式。

如果要查看当前的事务模式，可使用如下 SQL 命令。

```
mysql > select @@autocommit
```

如果要把当前的事务模式改为手动提交模式，可使用如下 SQL 命令。

```
mysql> set autocommit = 0;
```

1. 在自动提交模式下运行事务

在自动提交模式下，每个 SQL 语句都是一个独立的事务。如果在一个 mysql.exe 程序中执行如下 SQL 语句：

```
mysql> insert into ACCOUNTS values(1,'Tom',1000);
```

MySQL 会自动提交这个事务，这意味着向 ACCOUNTS 表中新插入的记录会永久保存在数据库中。此时在另一个 mysql.exe 程序中执行如下 SQL 语句：

```
mysql> select * from ACCOUNTS;
```

这条 select 语句会查询到 ID 为 1 的 ACCOUNTS 记录。这表明在第一个 mysql.exe 程序中插入的 ACCOUNTS 记录被永久保存，这体现了事务的 ACID 特性中的持久性。

2. 在手动提交模式下运行事务

在手动提交模式下，必须显式指定事务开始边界和结束边界。

下面举例说明如何在手动提交模式下声明事务，详细步骤如下：

(1) 打开两个 DOS 控制台，分别转到 MySQL 根目录的 bin 子目录下，并分别运行 mysql.exe 程序。在两个程序中，都执行以下命令，以便设定手动提交事务模式。

```
mysql> set autocommit = 0;
```

(2) 在两个程序中都执行以下命令，转到 SAMPLEDB 数据库。

```
mysql> use sampledb;
```

(3) 在第一个 mysql.exe 程序中执行如下 SQL 语句。

```
mysql> begin;
mysql> insert into ACCOUNTS values(2, 'Jack',1000);
```

(4) 在第二个 mysql.exe 程序中执行如下 SQL 语句。

```
mysql> begin;
mysql> select * from ACCOUNTS;
mysql> commit;
```

如图 20-4 所示，以上 select 语句的查询结果中并不包含 ID 为 2 的 ACCOUNTS 记录，这是因为第一个 mysql.exe 程序还没有提交事务。

(5) 在第一个 mysql.exe 程序中执行以下 SQL 语句，从而提交事务。

```
mysql> commit;
```

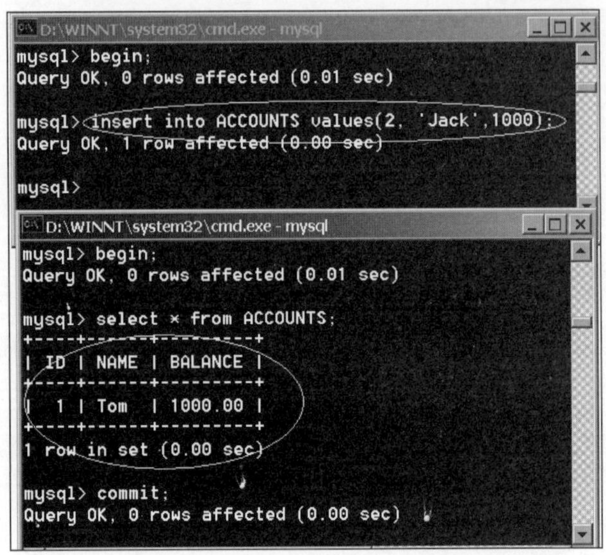

图 20-4　两个客户程序各自执行事务

（6）在第二个 mysql.exe 程序中执行如下 SQL 语句。

```
mysql > begin;
mysql > select * from ACCOUNTS;
mysql > commit;
```

此时，select 语句的查询结果中会包含 ID 为 2 的 ACCOUNTS 记录，这是因为第一个 mysql.exe 程序已经提交事务。

（7）在第一个 mysql.exe 程序中执行如下 SQL 语句。

```
mysql > begin;
mysql > delete from ACCOUNTS;
mysql > commit;
mysql > begin;
mysql > insert into ACCOUNTS values(1, 'Tom',1000);
mysql > insert into ACCOUNTS values(2, 'Jack',1000);
mysql > rollback;
mysql > begin;
mysql > select * from ACCOUNTS;
mysql > commit;
```

SQL 语句共包含三个事务。第一个事务删除 ACCOUNTS 表中所有的记录，然后提交该事务；第二个事务以撤销结束，因此它向 ACCOUNTS 表插入的两条记录不会被永久保存到数据库中；第三个事务的 select 语句查询结果为空。

20.4　Java 应用通过 JDBC API 声明 JDBC 事务

在 JDBC API 中，java.sql.Connection 类代表一个数据库连接。以下程序用于创建一个 Connection 类的实例。

```
//加载 MySQL 驱动程序
Class.forName("com.mysql.jdbc.Driver");
//注册 MySQL 驱动程序
DriverManager.registerDriver(new com.mysql.jdbc.Driver());
//指定连接数据库的 URL、用户名和口令
String dbUrl =
   "jdbc:mysql://localhost:3306/SAMPLEDB?useSSL = false";
String dbUser = "root";
String dbPwd = "1234";
//建立数据库连接
Connection con =
   java.sql.DriverManager.getConnection(dbUrl,dbUser,dbPwd);
```

Connection 类提供了以下用于控制事务的方法。

(1) setAutoCommit(boolean autoCommit)：设置是否自动提交事务。

(2) commit()：提交事务。

(3) rollback()：撤销事务。

对于新建的 Connection 实例，在默认情况下采用自动提交事务模式。通过 setAutoCommit(false)方法来设置手动提交事务模式，就可以把多条更新数据库的 SQL 语句作为一个事务，在所有操作完成后调用 commit()方法来整体提交事务。倘若其中一项 SQL 操作失败，就会抛出相应的 SQLException，此时应该在捕获异常的代码块中调用 rollback()方法撤销事务。示例如下：

```
try {
  con = java.sql.DriverManager.getConnection(dbUrl,dbUser,dbPwd);
  //设置手动提交事务模式
  con.setAutoCommit(false);
  stmt = con.createStatement();
  //数据库更新操作 1
  stmt.executeUpdate("update ACCOUNTS set BALANCE = 900 where ID = 1 ");
  //数据库更新操作 2
  stmt.executeUpdate("update ACCOUNTS set BALANCE = 1000 where ID = 2 ");
  con.commit(); //提交事务
}catch(Exception e) {
  try{
    con.rollback(); //操作不成功则撤销事务
  }catch(Exception ex){
    //处理异常
    …
  }
  //处理异常
  …
}finally{
  try{
    stmt.close();
    con.close();
  }catch(Exception ex){
```

```
    //处理异常
    …
  }
}
```

对于基于 Hibernate 的 Java 应用，虽然直接通过 JDBC API 来声明事务是可行的，但不提倡这种方式，因为它使得 Java 应用既要和 Hibernate API 绑定在一起，又要和 JDBC API 绑定在一起，这削弱了 Java 应用的独立性，不利于程序的维护和升级。

20.5 Java 应用通过 Hibernate API 声明 JDBC 事务

Hibernate 封装了 JDBC API 和 JTA API，Java 应用直接通过 Hibernate API 来声明事务，有以下两个优点。

(1) 有利于跨平台开发。通过 Hibernate API 既可以声明 JDBC 事务，也可以声明 JTA 事务。

(2) 当应用程序通过 Hibernate API 声明事务时，事务与 Session 更加紧密地集成在一起。例如，当调用 org.hibernate.Transaction 的 commit()方法来提交事务时，该方法在默认情况下（清理缓存模式为 FlushMode.AUTO）会自动清理 Session 的缓存。而如果直接通过 JDBC API 或 JTA API 来提交事务时，在默认情况下不会自动清理 Session 的缓存。

只要让 Hibernate 配置文件中的 hibernate.transaction.coordinator_class 属性取默认值 jdbc，那么通过 Hibernate API 声明的事务就是 JDBC 事务。下面介绍在程序中声明 JDBC 事务的过程。

首先必须获得一个 Session 实例：

```
Session session = sessionFactory.openSession();
```

openSession()方法创建的 Session 对象将从数据库连接池中获得连接。值得注意的是，openSession()方法本身并不会为 Session 对象分配数据库连接，只有当程序声明开始一个事务时，才会为 Session 对象分配数据库连接。

在 Hibernate API 中，Session 和 Transaction 接口提供了以下声明事务边界的方法。

(1) 声明事务的开始边界，例如：

```
Transaction tx = session.beginTransaction();
```

该方法完成以下两个任务。

- 为 Session 对象分配数据库连接，并且自动把这个连接设为手动提交事务模式。Hibernate 的底层实现会自动调用代表数据库连接的 java.sql.Connection 对象的 setAutoCommit(false)方法。
- 开始一个新的 JDBC 事务。

(2) 提交事务，例如：

```
tx.commit();
```

该方法完成以下任务。

- 默认情况下，Session 采用自动清理缓存模式。在这种模式下，commit()方法会自动调用 Session 的 flush()方法清理持久化缓存，即按照 Session 持久化缓存中对象的变化去同步更新数据库。
- 向底层数据库提交事务。
- 释放 Session 占用的数据库连接。

Session 的 flush()方法根据持久化缓存中的持久化对象的状态变化来同步更新数据库。flush()方法会执行一系列的 insert、update 和 delete 语句，但是 flush()方法不会提交事务。

(3) 撤销事务，例如：

```
tx.rollback();
```

该方法立即撤销事务，并且释放 Session 占用的数据库连接。

从 Hibernate 3 版本开始，当调用 Session.beginTransaction()方法开始一个新事务时，Session 会自动从数据库连接池中获得一个新的连接；当调用 Transaction.commit()方法提交事务时，Session 会自动释放当前的数据库连接。由此可见，在 Hibernate 自身的实现中，从提高程序性能的角度出发，只有当 Session 与一个事务绑定时，才会占用数据库连接，这可以尽量缩短 Session 占用数据库资源的时间。

20.5.1 处理异常

在 Hibernate 3 以前的版本中，Hibernate 抛出的异常都属于受检查异常(Checked Exception)，因此程序必须捕获并处理这种异常。Hibernate 抛出受检查异常，主要是受 JDBC API 的影响，因为 JDBC API 抛出的异常都属于受检查异常。当 Hibernate 被广泛运用到实际 Java 应用中后，人们发现，在多数情况下，Hibernate 抛出的异常都是致命的，开发人员处理这种异常的最好方式是：释放程序占用的资源，向用户端显示错误消息，然后终止应用程序。基于上述原因，从 Hibernate 3 版本开始，Hibernate 抛出的异常都是运行时异常。例程 20-1 演示了处理 Hibernate 异常的基本流程。

例程 20-1 处理 Hibernate 异常的基本流程

```
public void doWork(){
  Session session = sessionFactory.openSession();
  Transaction tx;
  try {
    tx = session.beginTransaction();              //开始一个事务
    //执行一些操作
    …
    tx.commit();                                  //提交事务
  }catch (RuntimeException e) {
    if (tx!= null){
      try{
        if ( tx.getStatus() == TransactionStatus.ACTIVE ||
```

```
            tx.getStatus() == TransactionStatus.MARKED_ROLLBACK) {
          tx.rollback();                     //操作不成功则撤销事务
        }
      }catch(RuntimeException ex){
        log.error("无法撤销事务",ex);     //记录日志
      }
    }
    throw e;                                 //继续抛出异常
  }finally {
    try{
      session.close();
    }catch(RuntimeException ex){
      log.error("无法关闭 Session",ex);  //记录日志
    }
  }
}
```

doWork()方法用于执行一个事务，如果执行事务时出现异常，就在 catch 代码块中撤销事务，然后继续抛出异常。不管事务成功与否，最后都应该调用 Session 的 close()方法来关闭 Session，通常在 finnally 代码块中关闭 Session。

doWork()方法在撤销事务前先调用了 org. hibernate. Transaction 接口的 getStatus()方法，该方法返回值为 TransactionStatus 类型，表示事务的状态。TransactionStatus 类位于 org. hibernate. resource. transaction. spi 包中。本书的其他范例程序为了节省演示代码的篇幅，省略了撤销事务前对事务状态的判断。

当 doWork()方法继续抛出异常，对于调用 doWork()方法的高层客户程序，该如何处理这个异常呢？由于 Hibernate 抛出的异常通常都是致命的，因此高层客户程序的一般处理方式为：释放程序占用的资源，向用户端显示错误消息，然后终止应用程序。例外情况是 doWork()方法抛出 StaleObjectStateException，这种异常是为了避免并发问题而出现的。如果出现这种异常，一种处理方式为不必终止应用程序，而是与用户端经过一番交互后，在一个新的 Session 对象中重新开始一个事务，21.5 节将进一步介绍处理 StaleObjectStateException 的方式。

提示 doWork()方法中 catch 代码块的 tx. rollback()方法，以及 finally 代码块的 session. close()方法也会抛出运行时异常，这种释放资源过程中出现的异常可以由 doWork()方法自己处理，即把异常信息记录到日志中，而无须向高层客户程序继续抛出该异常。本书的其他范例程序为了节省演示代码的篇幅，省略了对 tx. rollback()方法以及 session. close()方法抛出的异常的处理。

图 20-5 显示了 Hibernate 的异常类的类框图。其中 org. hibernate. HibernateException 是所有具体 Hibernate 异常类的父类。它的 getCause()方法返回被包装的底层异常。org. hibernate. JDBCException 包装了由底层 JDBC API 抛出的异常，它提供了以下用于获得异常信息的方法。

(1) getSQL()：返回导致异常的 SQL 语句。

(2) getSQLException()或 getCause()：返回被包装的由底层 JDBC API 抛出的异常。

(3) getErrorCode()：返回数据库层提供的与异常相关的错误代码。

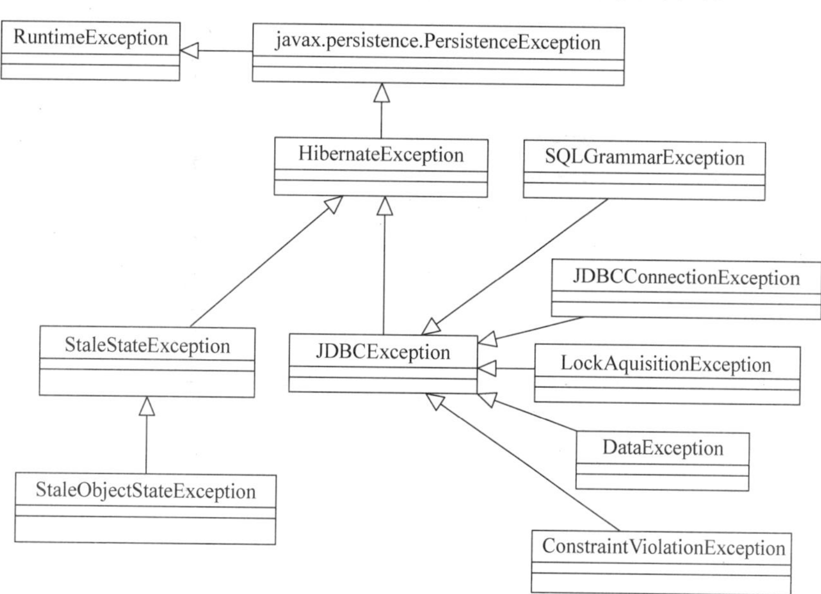

图 20-5　Hibernate 的异常类的类框图

JDBCException 具有若干子类，每个子类代表一种具体的 JDBC 异常，例如 JDBCConnectionException 代表数据库连接异常，SQLGrammarException 代表 SQL 语法异常，ConstraintViolationException 代表违反数据库检查约束异常。

20.5.2　Session 与事务的关系

关于 Session 与事务的关系，有以下值得注意的地方。

1. 及时提交或撤销事务

即使事务中仅包含只读操作，也应该在事务执行成功后提交事务，并且在事务执行失败时撤销事务。因为在提交或撤销事务时，数据库系统会释放事务所占用的资源，这有利于提高数据库的运行性能。

2. 一个 Session 对应多个事务

在例程 20-1 的 doWork()方法中，一个 Session 对象仅用来执行一个事务，事务提交后，就关闭这个 Session 对象。实际上，一个 Session 也可以对应多个事务，例如：

```
try{
  tx1 = session.beginTransaction();          //开始第一个事务
  //执行一些操作，加载 Account 对象
  Account account = session.get(Account.class,Long.valueOf(1));
  …
  tx1.commit();                              //提交第一个事务

  //执行一些耗时的操作，这段操作不属于任何数据库事务
```

```
    double amount =
        new Scanner(System.in).nextDouble();      //等待用户输入取款数额

    //修改 Account 对象的属性
    account.setBalance(account.getBalance() - amount);

    tx2 = session.beginTransaction();             //开始第二个事务
    //执行一些操作
    …
    tx2.commit();                                 //提交第二个事务

}catch(RuntimeException e){
    //撤销事务
    //注意：以下代码不能保证对话的原子性，即无法满足这样的需求
    //当撤销 tx2 时，也需要撤销 tx1
    //如果已经提交了 tx1，当撤销 tx2 时就无法撤销 tx1
    //23.2.2 节给出了保证对话原子性的方案
    if(tx1!= null)tx1.rollback();
    if(tx2!= null)tx2.rollback();
    throw e;
}finally{
    //关闭 Session
    session.close();
}
```

用一个 Session 对象来执行多个相关的数据库事务的优点在于，这些事务能够重用 Session 缓存中的持久化对象，避免多个相关的数据库事务重复到数据库加载相同的数据。在以上程序代码中，当第一个事务提交后，Session 不再占用数据库连接，但此时 account 对象仍然处于 Session 对象的持久化缓存中。然后可以执行一些耗时的操作，这段操作不属于任何数据库事务：先等待用户输入取款数额，然后修改 account 对象的 balance 属性。接下来开始第二个事务时，Session 再次获得数据库连接，当提交第二个事务时，Hibernate 会自动根据 account 对象的状态变化来同步更新数据库。

提示 如果几个相关的数据库事务共享同一个 Session 对象，可以把这几个数据库事务看作一个应用事务，或者称为一个对话，23.2.2 节将介绍用一个 Session 对象和多个事务来实现一个对话的方式。

值得注意的是，在任何时候，一个 Session 只允许有一个未提交的事务。以下代码对一个 Session 同时声明了两个未提交的事务，这是不允许的。

```
tx1 = session.beginTransaction(); //开始第一个事务
tx2 = session.beginTransaction(); //开始第二个事务
//执行一些操作
…
tx1.commit();                     //提交第一个事务
tx2.commit();                     //提交第二个事务
```

3. 放弃使用出现异常的 Session

如果在执行 Session 的一个事务时出现了异常，就必须立即关闭这个 Session，不能再利

用这个 Session 来执行其他的事务。因为一旦执行 Session 的一个事务时出现了异常，那么 Session 的缓存中可能会出现不一致的数据，所以不能再使用这个 Session。例如以下代码把两个事务各自放在单独的 try-catch 代码块中，即使第一个事务执行失败，仍然会执行第二个事务，这种做法是不可取的。

```
try{
  try{
    tx1 = session.beginTransaction();   //开始第一个事务
    //执行一些操作
    …
    tx1.commit();                       //提交第一个事务
  }catch(RuntimeException e){
     if(tx1!= null)tx1.rollback();
  }

  try{
    tx2 = session.beginTransaction();   //开始第二个事务
    //执行一些操作
    …
    tx2.commit();                       //提交第二个事务
  }catch(RuntimeException e){
    if(tx2!= null)tx2.rollback();
  }

}finally{
  //关闭 Session
  session.close();
}
```

4. 提倡在 Session 中显式声明事务边界

作为良好的编程习惯，应该在 Session 中显式声明事务边界。以下这段程序代码没有显式声明事务边界。

```
Session session = sessionFactory.openSession();
session.get(Account.class,Long.valueOf(1));
session.close();
```

session.get()方法完成以下任务。

(1) 从数据库连接池中为 Session 分配一个数据库连接，即 java.sql.Connection 对象，调用它的 setAutoCommit(false)方法，把它设为手动提交模式。实际上隐式地开始了一个 JDBC 事务。

(2) 在这个事务范围内执行 select 语句，从数据库中加载 Account 对象。

session.close()方法完成以下任务。

(1) 调用 Session 占用的 java.sql.Connection 对象的 close()方法，关闭数据库连接，然后再把这个数据库连接返回到数据库连接池。

(2) 释放 Session 的缓存占用的资源。

由此可见，程序代码尽管隐式地开始了一个 JDBC 事务，但没有显式提交这个 JDBC 事务。这个 JDBC 事务到底是否会被提交呢？这取决于 java.sql.Connection 对象的 close()方法的实现。而 JDBC 规范并没有规定 Connection 对象的 close()方法的实现细节，它完全取决于供应商如何实现 JDBC 驱动程序。对于 Oracle 的 JDBC 驱动程序，它的 Connection 对象的 close()方法会自动提交事务，而对于一些 JDBC 驱动程序，它的 Connection 对象的 close()方法会自动撤销事务。

以下程序代码试图保存一个 Account 对象。

```
Session session = sessionFactory.openSession();
Long generatedId = session.save(account);
session.close();
```

只有在同时满足以下两个条件的情况下，才会永久地把一个 Account 对象保存到数据库中。

(1) 对象标识符(OID)生成策略必须为 identity，使得 save()方法会立即向数据库插入数据。具体原因为：通过 Session 的 save()方法执行插入操作时，如果对象标识符生成策略为 identity，那么 save()方法会立即向数据库插入数据，然后生成对象标识符；如果对象标识符生成策略为 increment、sequence 或 table 等，那么 save()方法不用立即向数据库插入数据，就可以生成对象标识符，save()方法仅计划执行一条 insert 语句，当 Hibernate 清理 Session 缓存时才会真正执行这条 insert 语句。由于以上程序代码永远不会清理 Session 缓存，所以对象标识符生成策略必须为 identity save()方法会立即向数据库插入数据。

(2) 所使用的 JDBC 驱动程序的 java.sql.Connection 的 close()方法会自动提交事务。

综上所述，如果在 Session 中不显式声明事务边界，会导致程序代码的运行时行为不稳定，依赖 JDBC 驱动程序的实现，削弱了程序代码的独立性和可移植性，所以应该养成显式声明事务边界的编程习惯。

5. 自动提交事务模式

Hibernate 配置文件中有一个 hibernate.connection.autocommit 属性，它的默认值为 false。如果把它设为 true，那么 Hibernate 为 Session 对象分配的数据库连接将采用自动提交事务模式。在这种情况下，可以不用在 Session 中显式声明事务边界。以下程序代码试图保存两个 Account 对象。

```
Session session = sessionFactory.openSession();
Long generatedId1 = session.save(account1);
Long generatedId2 = session.save(account2);
session.flush();   //清理 Session 缓存
session.close();
```

在自动提交事务模式下，当清理 Session 缓存时，会执行两个 insert 语句，每一个 insert 语句都对应一个独立的事务。

由于在自动提交事务模式下，无法把多个 SQL 语句放到同一个事务中，因此在实际应用中很少使用这种事务模式。

20.5.3　设定事务超时

org.hibernate.Transaction 接口的 setTimeout(int seconds)方法用于设定事务超时的时间，以秒为单位。例如以下代码把事务超时时间设为 5 秒。

```
Transaction tx = session.beginTransaction(); //开始一个事务
tx.setTimeout(5);                            //设定事务超时时间
//执行一些操作
…

tx.commit();                                 //提交第一个事务
```

值得注意的是，底层 JDBC 驱动程序实际上并没有能力监控 JDBC 事务是否超时，而只能监控 PreparedStatement 执行 SQL 语句是否超时，如果超时，就抛出 SQLException 异常。

20.6　Java 应用通过 Hibernate API 声明 JTA 事务

JTA 事务主要运行在受管理环境中。此外，有些 JTA 实现(如 JBoss 提供的 JTA 实现)可以脱离容器独立运行，因此在不受管理环境中，也可以运行基于这种实现的 JTA 事务。与 JDBC 事务相比，JTA 事务具有以下特点。

(1) 由底层 JTA 实现或容器来提供和管理数据库连接池(也叫作数据源)。而对于 JDBC 事务，必须由 Hibernate 来管理数据库连接池。

(2) 数据库连接池与 JNDI 绑定，应用程序可通过 JNDI API 来访问数据库连接池。

(3) 通过 JTA API 来声明 JTA 事务时，支持分布式事务。

(4) JTA 事务在运行时并不会产生额外的系统开销。对于非分布式的 JTA 事务，它和 JDBC 事务具有同样的运行效率。

Java 应用既可以直接通过 Hibernate API 来声明 JTA 事务，也可以直接通过 JTA API 来声明 JTA 事务。本节将介绍直接通过 Hibernate API 来声明 JTA 事务的步骤。

(1) 在 Hibernate 配置文件中配置数据源以及 JTA 平台属性，第 19 章已经介绍了这些属性的作用。

```
hibernate.connection.datasource = java:comp/env/jdbc/SAMPLEDB
hibernate.transaction.coordinator_class = jta
hibernate.transaction.jta.platform = JBossTS
```

(2) 通过 Hibernate API 声明 JTA 事务与声明 JDBC 事务的程序代码是完全一样的，可参见例程 20-1 的 doWork()方法。不过，尽管程序代码看上去一样，但 Hibernate 内部实现的运行时行为有以下差别。

- 对于 JDBC 事务，当事务开始时，Session 被分配一个数据库连接，当事务结束时，Session 就释放数据库连接；而对于 JTA 事务，仅当执行一个 SQL 语句时 Session 才获得数据库连接，这个 SQL 语句执行完毕，Session 就立刻释放数据库连接。JTA 实现会保证同一个 JTA 事务中的所有 SQL 操作都使用同一个数据库连接。由此可见，JTA 事务进一步缩短了占用数据库连接的时间，具有更好的运行性能。
- 用 org.hibernate.Transaction 接口的 setTimeout()方法来设定超时时间时，对于 JDBC 事务，实际上设定的是 JDBC 层的 PreparedStatement 执行 SQL 语句的超时时间；而对于 JTA 事务，JTA 实现能够监控整个 JTA 事务是否超时，Transaction 接口的 setTimeout()方法与 javax.transaction.UserTransaction 接口的 setTransactionTimeout()方法是等价的。

20.7 Java 应用通过 JTA API 声明 JTA 事务

Java 应用通过 JTA API 声明 JTA 事务的步骤如下。

(1) 在 Hibernate 配置文件中配置数据源以及 JTA 平台属性，第 19 章已经介绍了这些属性的作用。

```
hibernate.connection.datasource = java:comp/env/jdbc/SAMPLEDB
hibernate.transaction.coordinator_class = jta
hibernate.transaction.jta.platform = JBossTS
```

(2) 在程序中创建 javax.naming.InitialContext 对象，如：

```
Context context = new InitialContext();
```

(3) 在程序中，通过 JTA 的 javax.transaction.UserTransaction 接口来声明 JTA 事务。以下程序代码声明了一个分布式的事务。entityManagerFactoryBeijing 代表运行在北京的一个数据库存储源，entityManagerFactoryShanghai 代表运行在上海的一个数据库存储源。entityManager1 和 entityManager2 会分别操纵这两个存储源中的数据。由于 entityManager1 和 entityManager2 所做的数据库操作都位于同一个 JTA 事务中，因此 JTA 实现会保证这个 JTA 事务的原子性。

```
UserTransaction utx =
      (UserTransaction)new InitialContext()
      .lookup("java:comp/UserTransaction");
EntityManager entityManager1 = null;
EntityManager entityManager2 = null;

try{
  //声明开始事务
  utx.begin();

  entityManager1 = entityManagerFactoryBeijing
```

```
                              .createEntityManager();
    entityManager2 = entityManagerFactoryShanghai
                              .createEntityManager();

    //通过 entityManager1 执行一些更新北京数据库的操作
    Account account1 = entityManager1
                    .find(Account.class,Long.valueOf(1));
    account1.setBalance(account1.getBalance() - 100);

    //通过 entityManager2 执行一些更新上海数据库的操作
    Account account2 = entityManager2
                      .find(Account.class,Long.valueOf(2));
    account2.setBalance(account2.getBalance() + 100);

    entityManager1.flush();                   //清理 EntityManager1 缓存
    entityManager2.flush();                   //清理 EntityManager2 缓存

    //提交事务
    utx.commit();
  }catch (Exception e) {
    if (utx!= null){
      try{
        //Status 接口位于 javax.transaction 包中,表示事务状态
        if ( utx.getStatus() == Status.STATUS_ACTIVE ||
             utx.getStatus() == Status.STATUS_MARKED_ROLLBACK) {
          utx.rollback();                     //操作不成功则撤销事务
        }
      }catch(Exception ex){
        log.error("无法撤销事务",ex);          //记录日志
      }
    }

    throw new RuntimeException(e);            //继续抛出异常
  }finally {
    try{
      entityManager1.close();
      entityManager2.close();
    }catch(RuntimeException ex){
      log.error("无法关闭 EntityManager",ex); //记录日志
    }
  }
```

代码演示了一个分布式的转账事务,从位于北京的一个账户中转账 100 元到上海的一个账户中。JTA 实现会保证这个分布式的转账事务的原子性。

提示 javax.transaction.UserTransaction 的 commit()等方法抛出的是受检查异常,而 org.hibernate.Transaction 的 commit()等方法抛出的是运行时异常。

默认情况下,通过 UserTransaction 的 commit()方法提交事务时,该方法不会自动清理底层 Session 的持久化缓存,因此必须在程序中调用 EntityManager 的 flush()方法来手动清理缓存。此外,程序必须在提交事务后手动关闭 EntityManager。

以下程序代码混合使用 Hibernate API 和 JTA API 来声明分布式 JTA 事务。

```
UserTransaction utx =
      (UserTransaction)new InitialContext()
      .lookup("java:comp/UserTransaction");
Session session1 = null;
Session session2 = null;

try{
  //声明开始事务
  utx.begin();

  session1 = sessionFactoryBeijing.openSession();
  session2 = sessionFactoryShanghai.openSession();

  //通过 session1 执行一些更新北京数据库的操作
  Account account1 = session1.get(Account.class,Long.valueOf(1));
  account1.setBalance(account1.getBalance() - 100);

  //通过 session2 执行一些更新上海数据库的操作
  Account account2 = session2.get(Account.class,Long.valueOf(2));
  account2.setBalance(account2.getBalance() + 100);

  session1.flush();                        //清理 session1 缓存
  session2.flush();                        //清理 session2 缓存

  //提交事务
  utx.commit();
}catch (Exception e) {
  if (utx!= null){
    try{
      //Status 接口位于 javax.transaction 包中，表示事务状态
      if ( utx.getStatus() == Status.STATUS_ACTIVE ||
          utx.getStatus() == Status.STATUS_MARKED_ROLLBACK) {
        utx.rollback();                    //操作不成功则撤销事务
      }
    }catch(Exception ex){
      log.error("无法撤销事务",ex);   //记录日志
    }
  }

  throw new RuntimeException(e);           //继续抛出异常
}finally {
  try{
    session1.close();                      //关闭 session1
    session2.close();                      //关闭 session2
  }catch(RuntimeException ex){
    log.error("无法关闭 Session",ex);  //记录日志
  }
}
```

Hibernate 配置文件中的以下两个属性用于设定自动清理缓存和关闭 Session。

(1) hibernate.transaction.flush_before_completion：如果为 true，在提交事务前自动清理缓存。默认值为 false。

(2) hibernate.transaction.auto_close_session：如果为 true，在提交或撤销事务后自动关闭 Session。默认值为 false。

假定在 Hibernate 配置文件中把以上两个属性设为 true，那么在程序中就不必手动清理缓存和关闭 Session。在程序中以下代码都可以注销掉。

```
session1.flush();  //清理 session1 缓存
session2.flush();  //清理 session2 缓存
…
session1.close();  //关闭 session1
session2.close();  //关闭 session2
```

20.8　小结

数据库事务由一组在业务逻辑上相互依赖的 SQL 语句组成，它必须具备 ACID 特征。数据库管理系统采用日志来保证事务的原子性、一致性和持久化性，采用锁机制来实现事务的隔离性。

Hibernate 封装了 JDBC API 和 JTA API。对于使用了 Hibernate 的 Java 应用，可以通过以下四种方式来声明事务。

(1) 通过 JPA API 来声明 JDBC 事务。

(2) 通过 Hibernate API 来声明 JDBC 事务。

(3) 通过 Hibernate API 来声明 JTA 事务。

(4) 通过 JTA API 来声明 JTA 事务。

表 20-2 对这几种方式做了比较。

表 20-2　比较声明事务的几种方式

区别	通过 Hibernate API 或 JPA API 声明 JDBC 事务	通过 Hibernate API 声明 JTA 事务	通过 JTA API 声明 JTA 事务
主要的事务接口	Hibernate API： org.hibernate.Transaction JPA API： javax.persistence.EntityTtransaction	org.hibernate.Transaction	javax.transaction.UserTransaction
Session 何时占用数据库连接	事务开始时获得数据库连接，事务提交或撤销后释放数据库连接	仅当执行一个 SQL 语句时 Session 才获得数据库连接，这个 SQL 语句执行完毕，Session 就立刻释放数据库连接。JTA 实现会保证同一个 JTA 事务中的所有 SQL 操作都使用同一个数据库连接	同左侧一栏

续表

区别	通过 Hibernate API 或 JPA API 声明 JDBC 事务	通过 Hibernate API 声明 JTA 事务	通过 JTA API 声明 JTA 事务
默认情况下提交事务时是否自动清理 Session 缓存	是	是	否
是否支持分布式事务	否	否	是
健壮性、稳定性和性能	好	更好	更好
适用范围	Hibernate API 适用于使用了 Hibernate 软件的所有运行时环境；JPA API 适用于所有的运行时环境	适用于受管理的运行时环境，以及支持 JTA 的不受管理运行时环境	同左侧一栏

20.9 思考题

1. 数据库事务必须具备哪些特征？（多选）

   (a) 原子性　(b) 一致性　(c) 隔离性　(d) 稳定性

   (e) 持久性

2. 关于数据库事务，以下哪些说法正确？（多选）

   (a) 应用程序必须保证数据库事务的 ACID 特性

   (b) 数据库系统的客户程序只要向数据库系统声明了一个事务，数据库系统就会自动保证事务的 ACID 特性

   (c) 在手动提交事务模式下，必须由数据库的客户程序显式指定事务开始边界和结束边界

   (d) 默认情况下，Hibernate 为 Session 分配的数据库连接都采用手动提交事务模式

3. 关于 Java 应用直接通过 Hibernate API 来声明事务，以下哪些说法正确？（多选）

   (a) 通过 Hibernate API 既可以声明 JDBC 事务，也可以声明 JTA 事务

   (b) 当应用程序通过 Hibernate API 声明事务时，事务与 Session 更加紧密地集成在一起

   (c) 通过 Hibernate API 只能声明 JDBC 事务

   (d) 无论是 JDBC 事务还是 JTA 事务，当执行 org.hibernate.Transaction 的 commit() 方法时，该方法会释放 Session 占用的数据库连接

4. 对于以下这段通过 Hibernate API 声明 JDBC 事务的程序代码，哪些说法正确？（多选）

```
Session session = sessionFactory.openSession();           //第 1 行
Transaction tx  =  session.beginTransaction();            //第 2 行
```

```
tx.setTimeout(10);                                                   //第 3 行
Account account = session.get(Account.class, Long.valueOf(1));       //第 4 行
account.setBalance(100);                                             //第 5 行
tx.commit();                                                         //第 6 行
```

(a) 第 1 行为 Session 分配数据库连接

(b) 第 2 行为 Session 分配数据库连接

(c) 第 4 行为 Session 分配数据库连接，执行完 SQL 查询语句后，再释放数据库连接

(d) 第 6 行释放 Session 占用的数据库连接

5. 对于以下这段通过 JTA API 声明 JTA 事务的程序代码，哪些说法正确？（多选）

```
UserTransaction utx =
  (UserTransaction)new InitialContext()
   .lookup("java:comp/UserTransaction");                           //第 1 行
Session session1 = null;                                            //第 2 行
Session session2 = null;                                            //第 3 行

utx.begin();                                                        //第 4 行

session1 = sessionFactoryBeijing.openSession();                     //第 5 行
session2 = sessionFactoryShanghai.openSession();                    //第 6 行

Account account1 = session1.get(Account.class,Long.valueOf(1));     //第 7 行
account1.setBalance(account1.getBalance() - 100);                   //第 8 行

Account account2 = session2.get(Account.class,Long.valueOf(2));     //第 9 行
account2.setBalance(account2.getBalance() + 100);                   //第 10 行

session1.flush();                                                   //第 11 行
session2.flush();                                                   //第 12 行
utx.commit();                                                       //第 13 行
```

(a) 第 11 行和第 12 行是多余的。因为在默认情况下，第 13 行提交事务前会自动清理 Session 的缓存

(b) 第 5 行创建了 session1 对象后，会为该对象分配数据库连接

(c) 以上代码中的 UserTransaction 位于 javax.transaction 包中

(d) 以上程序代码定义了一个分布式的事务

第21章

处理并发问题

视频讲解

第20章已经介绍了数据库事务的概念，以及在Java程序中声明事务边界的方法，但仅考虑了运行单个事务的情况。而在实际应用中，往往会有多个用户同时访问数据库系统，分别执行各自的事务。当多个事务同时访问相同的数据资源时，可能会造成各种并发问题，可以通过设定数据库系统的事务隔离级别来避免。此外，在应用程序中还可以采用悲观锁和乐观锁来解决丢失更新这一并发问题。本章介绍了事务隔离级别、悲观锁和乐观锁等概念，并且介绍了在应用程序中设置事务隔离级别及运用悲观锁和乐观锁的方法。

21.1 多个事务并发运行时的并发问题

在并发环境中，一个数据库系统会同时为各种各样的客户程序提供服务，这些客户程序可以是mysql.exe客户程序，也可以是Java应用程序，有的Java应用程序在运行时可能还包含多个线程。图21-1列出了某一时刻多个客户程序同时访问数据库系统的状态。

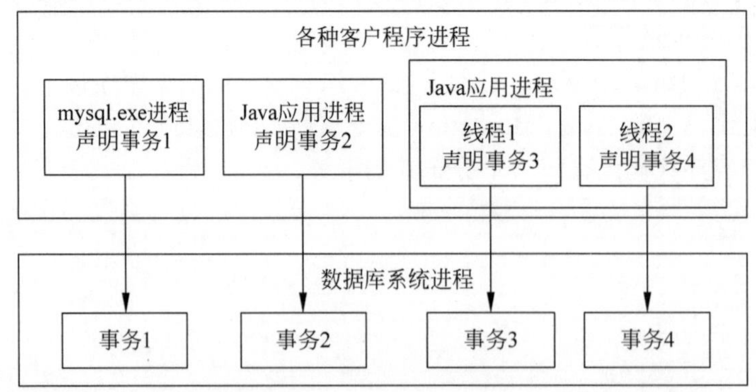

图21-1 在并发环境中某个时刻各种客户程序同时访问数据库系统

对于同时运行的多个事务，当这些事务访问数据库中相同的数据时，如果没有采取必要的隔离机制，就会导致各种并发问题，这些并发问题可归纳为以下几类。

(1) 第一类丢失更新：撤销一个事务时，把其他事务已提交的更新数据覆盖。

(2) 脏读：一个事务读到另一事务未提交的更新数据。

(3) 虚读：一个事务读到另一事务已提交的新插入的数据。

(4) 不可重复读：一个事务读到另一事务已提交的更新数据。

(5) 第二类丢失更新：这是不可重复读中的特例，一个事务覆盖另一事务已提交的更新数据。

考虑一个取款事务和一个支票汇入事务操纵同一个账户的情形。先假定这两个事务不是同时发生的，而是先执行取款事务，再执行支票转账事务。取款事务包含以下步骤。

(1) 某银行客户在银行前台请求取款 100 元，出纳员查询账户信息，得知存款余额为 1000 元。

(2) 出纳员判断出存款额超过取款额，支付给客户 100 元，并将账户上的存款余额改为 900 元。

支票转账事务包含以下步骤。

(1) 某出纳员处理一张转账支票，该支票向一个账户汇入 100 元。出纳员查询账户信息，得知存款余额为 900 元。

(2) 出纳员将存款余额改为 1000 元。

由此可见，如果这两个事务在时间上错开运行，不会有任何问题，但是如果它们并发运行，就可能出现以上五种并发问题，下面分别进行介绍。

21.1.1　第一类丢失更新

这种并发问题的出现是由于没有隔离事务。当两个事务更新相同的数据资源，如果一个事务被提交，另一个事务却被撤销，那么会连同第一个事务所做的更新也被撤销。如表 21-1 所示，假如支票转账事务在 T6 时刻被提交，那么账户的存款余额变为 1100 元。在 T8 时刻，取款事务被撤销，账户数据退回到执行该事务前的初始状态，因此存款余额又恢复为 1000 元。由于支票转账事务对存款余额所做的更新被覆盖，银行客户会损失 100 元。

表 21-1　并发运行的两个事务导致第一类丢失更新

时间	取 款 事 务	支票转账事务
T1	开始事务	
T2		开始事务
T3	查询账户的存款余额为 1000 元	
T4		查询账户的存款余额为 1000 元
T5		汇入 100 元，把存款余额改为 1100 元
T6		提交事务
T7	取出 100 元，把存款余额改为 900 元	
T8	撤销事务，账户的存款余额恢复为 1000 元	

既然两个事务同时运行，为什么表 21-1 中的每一步操作都发生在不同的时刻？这是因为数据库服务器在某个确定的时刻只能执行一条 SQL 语句，可以把表 21-1 中的 T3 和 T4 理解为精确到毫秒或微秒的时间，假如 T3 代表 10 点 10 分 10 秒

100 毫秒，而 T4 代表 10 点 10 分 10 秒 101 毫秒，那么从宏观上看，可以认为在这两个时刻执行的操作是并发的，也可以说是同时进行的。

21.1.2 脏读

如果第二个事务查询到了第一个事务未提交的更新数据，第二个事务依据这个查询结果继续执行相关的操作，但是接着第一个事务撤销了所做的更新，这会导致第二个事务操纵脏数据。如表 21-2 所示，取款事务在 T5 时刻把存款余额改为 900 元，支票转账事务在 T6 时刻查询账户的存款余额为 900 元，取款事务在 T7 时刻被撤销，支票转账事务在 T8 时刻把存款余额改为 1000 元。

由于支票转账事务查询到了取款事务未提交的更新数据，并且在这个查询结果的基础上进行更新操作，如果取款事务最后被撤销，会导致银行客户损失 100 元。

表 21-2 并发运行的两个事务导致脏读

时间	取 款 事 务	支票转账事务
T1	开始事务	
T2		开始事务
T3	查询账户的存款余额为 1000 元	
T4		
T5	取出 100 元，把存款余额改为 900 元	
T6		查询账户的存款余额为 900 元(脏读)
T7	撤销该事务，把存款余额恢复为 1000 元	
T8		汇入 100 元，把存款余额改为 1000 元
T9		提交事务

21.1.3 虚读

虚读是一个事务查询到另一事务已提交的新插入的数据引起的。如表 21-3 所示，假定一个网站的统计事务在两个时刻统计所有注册客户的总数，在这两个时刻中间一个注册事务新注册了一个客户，那么就会导致统计事务两次统计结果不一样。统计事务无法相信查询结果，因为查询结果是不确定的，随时可能被其他事务改变。

表 21-3 并发运行的两个事务导致虚读

时间	注 册 事 务	统 计 事 务
T1	开始事务	
T2		开始事务
T3		统计网站的注册客户的总数为 10 000 人
T4	注册一个新客户	
T5	提交事务	
T6		统计网站的注册客户的总数为 10 001 人(虚读)
T7		到底是哪个统计数据有效?

对于实际应用，在一个事务中不会对相同的数据查询两次，假定统计事务在 T3 时刻统计注册客户总数，执行的 select 语句为：

```
select count( * ) from CUSTOMERS;
```

在 T6 时刻不再查询数据库，而是直接打印出统计结果为 10 000，这个统计结果与数据库中的当前数据不一致，确切地说，它反映的是 T3 时刻的数据状态，而不是当前的数据状态。

应该根据实际需要来决定是否允许虚读。以上面的统计事务为例，如果只想大致了解一下注册客户总数，那么可以允许虚读；如果在同一个事务中，会依据查询的结果做出精确的决策，那么就必须采取必要的事务隔离措施，避免虚读。

21.1.4 不可重复读

不可重复读是一个事务查询到了另一事务已提交的对数据的更新引起的。当第二个事务在某一时刻查询某条记录，在另一时刻再次查询相同记录时，看到了第一个事务已提交的对这条记录的更新，第二个事务无法判断到底以哪一时刻查询到的记录作为计算的基础，因为任何时候查询到的数据都有可能立刻被其他事务更新。

如表 21-4 所示，假如支票转账事务两次查询账户的存款余额，但得到了不同的查询结果，这使得银行出纳员无法相信查询结果，因为查询结果是不确定的，随时可能被其他事务改变。

表 21-4 并发运行的两个事务导致不可重复读

时间	取 款 事 务	支票转账事务
T1	开始事务	
T2		开始事务
T3	查询账户的存款余额为 1000 元	
T4		查询账户的存款余额为 1000 元
T5	取出 100 元，把存款余额改为 900 元	
T6	提交事务	
T7		查询账户的存款余额为 900 元
T8		到底是把存款余额改为 1000+100 元，还是 900+100 元？

21.1.5 第二类丢失更新

第二类丢失更新是在实际应用中经常遇到的并发问题，它和不可重复读本质上是同一类并发问题，通常把它看作是不可重复读的一个特例。当两个或多个事务查询相同的记录，然后各自基于最初的查询结果更新该记录时，会造成第二类丢失更新问题。每个事务都不知道其他事务的存在，最后一个事务对记录所做的更新将覆盖由其他事务对该记录所做的已提交的更新。

如表 21-5 所示，取款事务在 T5 时刻根据在 T3 时刻的查询结果，把存款余额改为 900 元，在 T6 时刻提交事务。支票转账事务在 T7 时刻根据在 T4 时刻的查询结果，把存款余额改为 1100 元。由于支票转账事务覆盖了取款事务对存款余额所做的更新，导致银行最后损失 100 元。

表 21-5　并发运行的两个事务导致第二类丢失更新

时间	取款事务	支票转账事务
T1	开始事务	
T2		开始事务
T3	查询账户的存款余额为 1000 元	
T4		查询账户的存款余额为 1000 元
T5	取出 100 元，把存款余额改为 900 元	
T6	提交事务	
T7		汇入 100 元，把存款余额改为 1100 元
T8		提交事务

21.2　数据库系统的锁的基本原理

20.1 节已经介绍了数据库系统的 ACID 特性，其中隔离性是指数据库系统必须具有隔离并发运行的各个事务的能力，使它们不会相互影响，避免出现各种并发问题，以保证数据的完整性和一致性。数据库系统采用锁来实现事务的隔离性。各种大型数据库采用的锁的基本理论是一致的，但在具体实现上有差别。锁的基本原理如下：

(1) 当一个事务访问某种数据库资源时，如果执行 select 语句，必须先获得共享锁；如果执行 insert、update 或 delete 语句，必须获得独占锁。这些锁用于锁定被操纵的资源。

(2) 当第二个事务也要访问相同的资源时，如果执行 select 语句，也必须先获得共享锁；如果执行 insert、update 或 delete 语句，也必须获得独占锁。此时根据已经放置在资源上的锁的类型，来决定第二个事务到底是应该等待第一个事务解除对资源的锁定，还是可以立刻获得锁，表 21-6 列出了不同情况下第二个事务的进展。

表 21-6　根据已放置在资源上的锁来决定第二个事务能否立刻获得特定类别的锁

资源上已经放置的锁	第二个事务进行读操作	第二个事务进行更新操作
无	立即获得共享锁	立即获得独占锁
共享锁	立即获得共享锁	等待第一个事务解除共享锁
独占锁	等待第一个事务解除独占锁	等待第一个事务解除独占锁

许多数据库系统都有自动管理锁的功能，它们能根据事务执行的 SQL 语句，自动在保证事务间的隔离性与保证事务间的并发性能之间做出权衡，然后自动为数据库资源加上适当的锁，在运行期间还会自动升级锁的类型，以优化系统的性能。多个事务的并发性能是指数据库系统能够同时执行多个事务的能力，很少出现因为一个事务占用了特定资源，而导致其他事务必须暂停下来长时间等待资源的情况。

对于普通的并发性事务，通过数据库系统的自动锁定管理机制基本可以保证事务之间的隔离性，但如果对数据安全、数据库完整性和一致性有特殊要求，也可以由事务本身来控制对数据资源的锁定和解锁，21.4 节～21.6 节会对此做进一步介绍。

21.2.1 锁的多粒度性及自动锁升级

数据库系统能够锁定的资源包括数据库、表、区域、页面、键值（指带有索引的行数据）和行（即表中的单行数据）。按照锁定资源的粒度，锁可以分为以下类型。

(1) 数据库级锁：锁定整个数据库。

(2) 表级锁：锁定一张数据库表。

(3) 区域级锁：锁定数据库的特定区域。

(4) 页面级锁：锁定数据库的特定页面。

(5) 键值级锁：锁定数据库表中带有索引的一行数据。

(6) 行级锁：锁定数据库表中的单行数据（即一条记录）。

锁的封锁粒度越大，事务间的隔离性就越高，但是事务间的并发性能就越低。数据库系统根据事务执行的 SQL 语句，自动对访问的数据资源加上合适的锁。假设某事务只操纵一个表中的部分行数据，系统可能只会添加几个行锁或页面锁，这样可以尽可能多地支持多个事务的并发操作。但是，如果某个事务频繁地对某个表中的多条记录进行操作，将对该表的许多记录行都加上行级锁，数据库系统中锁的数目会急剧增加，这就加重了系统负荷，影响系统性能。因此，在数据库系统中，一般都支持锁升级。锁升级是指调整锁的粒度，将多个低粒度的锁替换成少数更高粒度的锁，以此来降低系统负荷。例如，当一个事务中的锁较多，达到锁升级门限时，系统自动将行级锁和页面级锁升级为表级锁。

21.2.2 锁的类型和兼容性

按照封锁程度，锁可以分为共享锁、独占锁和更新锁，下面分别介绍它们的用法。

1. 共享锁

共享锁用于读数据操作，它是非独占的，允许其他事务同时读取其锁定的资源，但不允许其他事务更新它。共享锁具有以下特征。

(1) 加锁的条件：当一个事务执行 select 语句时，数据库系统会为这个事务分配一把共享锁，来锁定被查询的数据。

(2) 解锁的条件：在默认情况下，数据被读取后，数据库系统立即解除共享锁。例如，当一个事务执行查询 SELECT * FROM ACCOUNTS 语句时，数据库系统首先锁定第一行，读取之后，解除对第一行的锁定，然后锁定第二行。这样，在一个事务读操作过程中，允许其他事务同时更新 ACCOUNTS 表中未被锁定的行。

(3) 与其他锁的兼容性：如果数据资源上放置了共享锁，还能再放置共享锁和更新锁。

(4) 并发性能：共享锁具有良好的并发性能。当多个事务读相同的数据时，每个事务都会获得一把共享锁，因此可以同时读锁定的数据。

2. 独占锁

独占锁，也称为排他锁，适用于修改数据的场合。它锁定的资源，其他事务不能读取和修改。独占锁具有以下特征。

(1) 加锁的条件：当一个事务执行 insert、update 或 delete 语句时，数据库系统会自动对 SQL 语句操纵的数据资源使用独占锁。如果该数据资源已经有其他锁存在时，无法对其再放置独占锁。

(2) 解锁的条件：独占锁一直到事务结束才能被解除。

(3) 兼容性：独占锁不能和其他锁兼容，如果数据资源上已经加了独占锁，就不能再放置其他的锁。同样，如果数据资源上已经有了其他的锁，就不能再放置独占锁。

(4) 并发性能：独占锁的并发性能比较差，只允许有一个事务访问锁定的数据，如果其他事务也需要访问该数据，就必须等待，直到前一个事务结束，解除了独占锁，其他事务才有机会访问该数据。

3. 更新锁

更新锁在更新操作的初始化阶段用来锁定可能要被修改的资源，这可以避免使用共享锁造成的死锁现象。例如，对于以下的 update 语句：

```
update ACCOUNTS set BALANCE = 900 where ID = 1;
```

如果使用共享锁，更新数据的操作分为两步。

(1) 获得一个共享锁，读取 ACCOUNTS 表中 ID 为 1 的记录。

(2) 将共享锁升级为独占锁，再执行更新操作。

如果同时有两个或多个事务同时更新数据，每个事务都先获得一把共享锁，在更新数据的时候，这些事务都要先将共享锁升级为独占锁。由于独占锁不能与其他锁兼容，因此每个事务都进入等待状态，等待其他事务释放共享锁，这就造成了死锁。

如果使用更新锁，更新数据的操作分为以下两步。

(1) 获得一个更新锁，读取 ACCOUNTS 表中 ID 为 1 的记录。

(2) 将更新锁升级为独占锁，再执行更新操作。

更新锁具有以下特征。

(1) 加锁的条件：当一个事务执行 update 语句时，数据库系统会先为事务分配一把更新锁。

(2) 解锁的条件：当读取数据完毕，执行更新操作时，会把更新锁升级为独占锁。

(3) 与其他锁的兼容性：更新锁与共享锁是兼容的，也就是说，一个资源可以同时放置更新锁和共享锁，但是最多只能放置一把更新锁。这样，当多个事务更新相同的数据时，只有一个事务能获得更新锁，然后再把更新锁升级为独占锁，其他事务必须等到前一个事务结束后，才能获得更新锁，这就避免了死锁。

(4) 并发性能：允许多个事务同时读锁定的资源，但不允许其他事务修改它。

21.2.3 死锁及其防止办法

在数据库系统中，死锁是指多个事务分别锁定了一个资源，又试图请求锁定对方已经锁定的资源，这就产生了一个锁定请求环，导致多个事务都处于等待对方释放锁定资源的状态。例如以下两个事务如果并发运行，就会导致死锁。

```
事务 1
begin;
update CUSTOMERS set NAME = 'Tom' where ID = 1;
update ORDERS set ORDER_NUMBER = 'Tom_Order001' where ID = 1;
commit;

事务 2
begin;
update ORDERS set ORDER_NUMBER = 'Jack_Order001' where ID = 1;
update CUSTOMERS set NAME = 'Jack' where ID = 1;
commit;
```

表 21-7 列出了这两个事务并发运行时，产生死锁的过程。

表 21-7　并发运行的事务导致死锁

时间	事务 1	事务 2
T1	开始事务	
T2		开始事务
T3	update CUSTOMERS set NAME= 'Tom' where ID=1； 对 CUSTOMERS 表中 ID 为 1 的记录放置独占锁，只有当整个事务结束才会解除该锁	
T4		update ORDERS set ORDER_NUMBER = 'Jack_Order001' where ID=1； 对 ORDERS 表中 ID 为 1 的记录放置独占锁，只有当整个事务结束才会解除该锁
T5	update ORDERS set ORDER_NUMBER= 'Tom_Order001' where ID=1； 等待事务 2 解除对 ORDERS 表中 ID 为 1 的记录放置的独占锁	
T6		update CUSTOMERS set name = ' Jack ' where ID=1； 等待事务 1 解除对 CUSTOMERS 表中 ID 为 1 的记录放置的独占锁

许多数据库系统能够自动定期搜索和处理死锁问题。当检测到锁定请求环时，系统将结束死锁优先级最低的事务，并且撤销该事务。

理解了死锁的概念，在应用程序中可以采用下面的一些方法来尽量避免死锁。

（1）合理安排对数据库表的访问顺序。

（2）使用短事务。

（3）如果对数据的一致性要求不是很高，可以允许脏读。脏读不需要对数据资源加锁，可以避免锁冲突。

（4）如果可能的话，错开多个事务访问相同数据资源的时间，以防止锁冲突。

(5) 使用尽可能低的事务隔离级别。隔离级别过高，虽然系统可以因此提供更好的隔离性而更大程度上保证数据的完整性和一致性，但各事务间死锁的机会大大增加，反而影响了系统性能。

短事务是指在一个数据库事务中包含尽可能少的操作，并且在尽可能短的时间内完成。短事务不仅能避免死锁，而且能提高事务间的并发性能。因为如果一个事务锁定了某种资源，由于这个事务很快就结束，因此不会长时间锁定资源，其他事务也就不需要长时间等待前一个事务解除对资源的锁定。

为了实现短事务，在应用程序中可以考虑使用以下策略。

(1) 如果可能的话，尝试把大的事务分解为多个小的事务，然后分别执行。这可以保证每个小事务都很快完成，不会对数据资源锁定很长时间。

(2) 应该在处理事务前就准备好用户必须提供的数据，不应该在执行事务过程中，停下来长时间等待用户输入。以取款事务为例，应该在开始取款事务之前，就明确客户的取款数额，这使得取款事务不用中途停下来等待用户输入，例如：

```
//读取用户输入的取款数额
double amount = new Scanner(System.in).nextDouble();

tx = entityManager.getTransaction();
tx.begin(); //开始事务
Account account = entityManager.find(Account.class,
        Long.valueOf(1),LockModeType.PESSIMISTIC_WRITE);
account.setBalance(account.getBalance() - amount);
tx.commit();
```

以下程序代码演示取款事务开始后，在中途停下来等待用户输入取款数额。

```
tx = entityManager.getTransaction();
tx.begin(); //开始事务
Account account = entityManager.find(Account.class,
        Long.valueOf(1),LockModeType.PESSIMISTIC_WRITE);

//等待用户输入取款数额
double amount = new Scanner(System.in).nextDouble();

account.setBalance(account.getBalance() - amount);
tx.commit();
```

假如用户过了1小时才输入取款数额，那么取款事务暂停1小时后才恢复运行，这意味着它对ACCOUNTS表中ID为1的记录至少锁定了1小时。

21.3 数据库的事务隔离级别

尽管数据库系统允许用户在事务中显式地为数据资源加锁，但是首先应该考虑让数据库系统自动管理锁。数据库系统会分析事务中的SQL语句，然后自动地为SQL语句所操纵的数据资源加上合适的锁，而且在锁的数目太多时，数据库系统会自动进行锁升级，以提高系统性能。

锁机制能有效地解决各种并发问题，但是它会影响并发性能。并发性能越好，数据库系统同时为各种客户程序提供服务的能力就越强。当一个事务锁定数据资源时，其他事务必须停下来等待，这就降低了数据库系统同时响应各种客户程序的速度。

为了能让用户根据实际应用的需要，在事务的隔离性与并发性之间做出合理的权衡，数据库系统提供了以下四种事务隔离级别供用户选择。

(1) Serializable：串行化。

(2) Repeatable Read：可重复读。

(3) Read Commited：读已提交数据。

(4) Read Uncommited：读未提交数据。

数据库系统采用不同的锁类型来实现这四种隔离级别，具体的实现过程对用户是透明的。用户应该关心的是如何选择合适的隔离级别。在这四种隔离级别中，Serializable 的隔离级别最高，Read Uncommited 的隔离级别最低，表 21-8 列出了这四种隔离级别所能避免的并发问题。

表 21-8　各种隔离级别所能避免的并发问题

隔离级别	是否出现第一类丢失更新	是否出现脏读	是否出现虚读	是否出现不可重复读	是否出现第二类丢失更新
Serializable	否	否	否	否	否
Repeatable Read	否	否	是	否	否
Read Commited	否	否	是	是	是
Read Uncommited	否	是	是	是	是

1. Serializable(串行化)

当数据库系统使用 Serializable 隔离级别时，一个事务在执行过程中完全看不到其他事务对数据库所做的更新。当两个事务同时操纵数据库中的相同数据时，如果第一个事务已经在访问该数据，第二个事务只能停下来等待，必须等到第一个事务结束后才能恢复运行。这两个事务实际上以串行化方式运行。

2. Repeatable Read(可重复读)

当数据库系统使用 Repeatable Read 隔离级别时，一个事务在执行过程中可以看到其他事务已经提交的新插入的记录，但是不能看到其他事务对已有记录的更新。

3. Read Committed(读已提交数据)

当数据库系统使用 Read Committed 隔离级别时，一个事务在执行过程中不仅可以看到其他事务已经提交的新插入的记录，还能看到其他事务已经提交的对已有记录的更新。

4. Read Uncommitted(读未提交数据)

当数据库系统使用 Read Uncommitted 隔离级别时，一个事务在执行过程中不仅可以看到其他事务没有提交的新插入的记录，还能看到其他事务没有提交的对已有记录的更新。

隔离级别越高，越能保证数据的完整性和一致性，但是对并发性能的影响也越大，图 21-2

显示了隔离级别与并发性能的关系。对于多数应用程序，可以优先考虑把数据库系统的隔离级别设为 Read Committed，它能够避免脏读，而且具有较好的并发性能。虽然它会导致不可重复读、虚读和第二类丢失更新这些并发问题，但是在可能出现这类问题的个别场合，可以由应用程序采用悲观锁或乐观锁来控制。

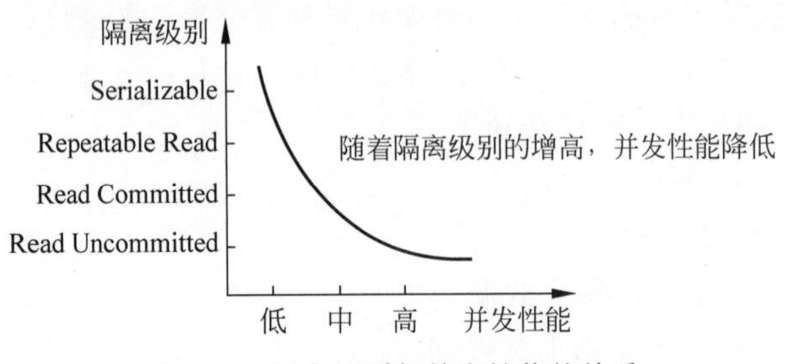

图 21-2 隔离级别与并发性能的关系

21.3.1 在 mysql.exe 程序中设置隔离级别

每启动一个 mysql.exe 程序，就会获得一个单独的数据库连接。每个数据库连接都有一个全局变量@@tx_isolation，表示当前的事务隔离级别。MySQL 默认的隔离级别为 Repeatable Read。如果要查看当前的隔离级别，可使用如下 SQL 命令。

```
mysql > select @@tx_isolation;
```

```
+-----------------+
| @@tx_isolation  |
+-----------------+
| REPEATABLE-READ |
+-----------------+
```

如果要把当前 mysql.exe 程序的隔离级别改为 Read Committed，可使用如下 SQL 命令。

```
mysql > set transaction isolation level read committed;
```

如果要设置数据库系统的全局的隔离级别，可使用如下 SQL 命令。

```
mysql > set global transaction isolation level read committed;
```

21.3.2 在应用程序中设置隔离级别

JDBC 数据库连接使用数据库系统默认的隔离级别。在 Hibernate 的配置文件中可以通过 hibernate.connection.isolation 属性来显式地设置隔离级别。每一种隔离级别都对应一个整数：

(1) 1：Read Uncommitted。

(2) 2：Read Committed。

(3) 4：Repeatable Read。

(4) 8：Serializable。

例如，以下代码把 Hibernate 配置文件中的隔离级别设为 Read Committed。

```
hibernate.connection.isolation = 2
```

对于从数据库连接池中获得的每一个连接，Hibernate 都会把它改为使用 Read Committed 隔离级别。值得注意的是，在受管理环境中，如果 Hibernate 使用的数据库连接来自应用服务器提供的数据源，Hibernate 不会修改这些连接的事务隔离级别，在这种情况下，应该通过修改应用服务器的数据源配置来修改隔离级别。

21.4　在应用程序中采用悲观锁

当数据库系统采用 Read Committed 隔离级别时，会导致出现不可重复读或第二类丢失更新问题。在可能出现这些问题的场合，可以在应用程序中采用悲观锁或乐观锁来避免。从应用程序的角度，锁可以分为以下两类。

(1) 悲观锁：指在应用程序中显式地为数据资源加锁。假定当前事务操纵数据资源时，还有其他事务同时访问该数据资源，为了避免当前事务的操作受到干扰，先锁定资源。尽管悲观锁能够防止丢失更新和不可重复读这类并发问题，但是它会影响并发性能，因此应该很谨慎地使用悲观锁。

(2) 乐观锁：假定当前事务操纵数据资源时，不会有其他事务同时访问该数据资源，因此完全依靠数据库的隔离级别来自动管理锁的工作。应用程序采用版本控制手段来避免可能出现的并发问题。

从这两种锁的实现机制可以看出，悲观锁对事态估计很悲观，总是认为其他事务会占用待访问的资源；而乐观锁对事态估计很乐观，不考虑其他事务是否会占用待访问的资源。悲观锁与乐观锁由此得名。

21.4.1　利用数据库系统的独占锁来实现悲观锁

悲观锁有以下两种实现方式。

(1) 在应用程序中显式指定采用数据库系统的独占锁来锁定数据资源。

(2) 在数据库表中增加一个表明记录状态的 LOCK 字段，当它取值为 Y 时，表示该记录已经被某个事务锁定；如果为 N，表明该记录处于空闲状态，事务可以访问它。

本节介绍第一种实现方式。当一个事务执行 select 语句时，在默认情况下，数据库系统会采用共享锁来锁定查询的记录。此外，MySQL、Oracle 和 SQL Server 都支持以下形式的 select 语句。

```
select … for update
```

该语句显式指定采用独占锁来锁定查询的记录。执行该查询语句的事务持有这把锁，直到事务结束才会释放锁。在执行事务过程中，其他事务如果要查询、更新或删除这些被锁定的记录，必须等到第一个事务执行结束，才能有机会操纵这些记录。

例如对于并发运行的取款事务和支票转账事务，假定取款事务先执行以下语句：

```
select * from ACCOUNTS where ID = 1 for update;
```

那么这条 ID 为 1 的 ACCOUNTS 记录就被锁定。其他事务如果也要对这条记录进行查询、更新或删除操作，就必须停下来等待，直到取款事务结束，其他事务才有机会访问这条记录。表 21-9 列出了取款事务和支票转账事务的执行过程。

表 21-9 利用悲观锁协调并发运行的取款事务和支票转账事务

时间	取 款 事 务	支票转账事务
T1	开始事务	
T2		开始事务
T3	select * from ACCOUNTS where ID=1 for update; 查询结果显示存款余额为 1000 元，这条记录被锁定	
T4		select * from ACCOUNTS where ID=1 for update; 执行该语句时，事务停下来等待取款事务解除对这条记录的锁定
T5	取出 100 元，把存款余额改为 900 元	
T6	提交事务	
T7		事务恢复运行，查询结果显示存款余额为 900 元。这条记录被锁定
T8		汇入 100 元，把存款余额改为 1000 元
T9		提交事务

在 JPA 应用中，当通过 EntityManager 的 find()方法来加载一个对象时，可以采用以下方式声明使用悲观锁。

```
Account account = entityManager.find(Account.class,
    Long.valueOf(1), LockModeType.PESSIMISTIC_WRITE);
```

javax.persistence.LockModeType 类表示锁定模式，表 21-10 列出了它的几个静态实例的作用。

表 21-10 LockModeType 类表示的几种锁定模式

锁 定 模 式	描 述
LockModeType.NONE	未使用任何锁
LockModeType.OPTIMISTIC 或 LockModeType.READ	采用乐观锁，如果 Account 对象被更新，该对象的版本号会相应更新，参见 21.5.1 节
LockModeType.OPTIMISTIC_FORCE_INCREMENT 或 LockModeType.WRITE	采用乐观锁，不管 Account 对象是否被更新，只要加载了 Account 对象，就会更新该对象的版本号，参见 21.5.4 节

续表

锁定模式	描述
LockModeType. PESSIMISTIC_READ	采用悲观共享锁。对于 PostgreSQL 数据库,执行的 select 语句为 select … for share; 对于 MySQL 数据库,执行的 select 语句为 select … lock in share mode
LockModeType. PESSIMISTIC_WRITE	采用悲观独占锁,执行的 select 语句为 select … for update

在默认情况下,EntityManager 的 find()方法的锁定模式为 LockModeType. NONE。

Query 接口的 setLockMode()方法也可以用来设置锁定模式,如:

```
List < Account > result = entityManager
            .createQuery("from Account c where c.id = 1",Account.class)
            .setLockMode(LockModeType.PESSIMISTIC_WRITE)
            .getResultList();
```

假如事务 A 长时间占用了一条记录的悲观独占锁,会使得另一个也需要更新这条记录的事务 B 必须长时间等待。在这种情况下,为了避免事务 B 无限期地等待下去,可以设置等待锁的超时时间,如果超过了限定的时间,事务 B 就会结束等待,并抛出 javax. persistence. PessimisticLockException 异常,如:

```
List < Account > result = entityManager
        .createQuery("from Account c where c.id = 1",Account.class)
        .setLockMode(LockModeType.PESSIMISTIC_WRITE)
        //设置等待锁的超时时间为 5 秒
        .setHint("javax.persistence.lock.timeout",5000)
        .getResultList();
```

下面通过具体的例子介绍悲观锁的运行机制。本节的范例程序位于配套源代码包的 sourcecode/chapter21/21. 4 目录下。运行该程序之前,需要先在 SAMPLEDB 数据库中手动创建 ACCOUNTS 表,然后加入测试数据,相关的 SQL 脚本文件为 21. 4/schema/sampledb. sql。值得注意的是,为了让 ACCOUNTS 表支持事务,特地把它设为 INNODB 类型。

在范例程序的 persistence. xml 配置文件中,把数据库的事务隔离级别设为 Read Committed 级别,如:

```
< property name = "hibernate.connection.isolation" value = "2" />
```

在 DOS 命令行下进入 chapter21/21. 4 根目录,然后输入命令"ant run",就会运行 BusinessService 类。例程 21-1 是 BusinessService 类的源程序。

例程 21-1 BusinessService. java

```
public class BusinessService extends Thread{
  public static EntityManagerFactory entityManagerFactory;
```

```
/** 初始化 JPA,创建 EntityManagerFactory 实例 */
static{ … }

private String transactionType;
private Log log;

public BusinessService(String transactionType,Log log){
  this.transactionType = transactionType;
  this.log = log;
}

public void run(){
 try{
  if(transactionType.equals("withdraw"))
    withdraw();
  else
   transferCheck();
 }catch(Exception e){
   e.printStackTrace();
 }
}

/** 取款事务 */
public void withdraw() throws Exception{ … }

/** 支票转账事务 */
public void transferCheck() throws Exception{ … }

/** 持久化一个 Account 对象,它的存款余额为 1000 */
public void registerAccount(){ … }

public static void main(String args[]) throws Exception {
  Log log = new Log();
  Thread withdrawThread = new BusinessService("withdraw",log);
  Thread transferCheckThread =
           new BusinessService("transferCheck",log);

  //调用 registerAccount()方法创建一个 Account 对象
  ((BusinessService)withdrawThread).registerAccount();

  //启动两个线程,它们分别执行取款事务和支票转账事务
  withdrawThread.start();
  transferCheckThread.start();

  while(withdrawThread.isAlive()||transferCheckThread.isAlive()){
   Thread.sleep(100);
  }
  //打印日志
  log.print();
  entityManagerFactory.close();
```

```
    }
  }

  /** 日志类 */
  class Log{
    private ArrayList < String > logs = new ArrayList < String >();

    synchronized void write(String text){
      logs.add(text);
    }

    public void print(){
      for (Iterator it = logs.iterator(); it.hasNext();) {
        System.out.println(it.next());
      }
    }
  }
```

BusinessService 类继承了 java.lang.Thread 类，因此它是一个线程类。在 main()方法中启动了两个 BusinessService 线程：withdrawThread 和 transferCheckThread 线程。withdrawThread 线程运行 withdraw()方法，该方法执行取款事务，如：

```
tx = entityManager.getTransaction();
tx.begin();
log.write("withdraw():开始事务");
Thread.sleep(500);

Account account = entityManager.find(Account.class,
                       Long.valueOf(1));

log.write("withdraw():查询到存款余额为: balance = "
            + account.getBalance());
Thread.sleep(500);

account.setBalance(account.getBalance() - 100);
log.write("withdraw():取出 100 元,把存款余额改为: "
           + account.getBalance());

log.write("withdraw():提交事务");
tx.commit();
Thread.sleep(500);
```

transferCheckThread 线程运行 transferCheck()方法，该方法执行支票转账事务，如：

```
tx = entityManager.getTransaction();
tx.begin();
log.write("transferCheck():开始事务");
Thread.sleep(500);

Account account = entityManager.find(Account.class, Long.valueOf(1));

log.write("transferCheck():查询到存款余额为: balance = "
```

```
                + account.getBalance());
    Thread.sleep(500);

    account.setBalance(account.getBalance() + 100);
    log.write("transferCheck():汇入 100 元,把存款余额改为: "
                + account.getBalance());

    log.write("transferCheck():提交事务");
    tx.commit();
    Thread.sleep(500);
```

为了便于演示这两个线程并发运行的效果，每个线程执行一些代码后就会睡眠片刻，把CPU让给另一个线程。为了跟踪这两个线程执行事务的时间顺序，withdraw()方法和transferCheck()方法都生成了一些日志，main()方法等到这两个线程结束后会输出这些日志。

当transferCheck()方法和withdraw()方法调用EntityManager的find()方法时，都采用默认的LockModeType.None模式，因此Hibernate执行的select语句为：

```
select * from ACCOUNTS where ID = 1;
```

select语句表明应用程序没有使用悲观锁，当这两个线程并发运行时，最后生成的日志如下：

```
[java] withdraw():开始事务
[java] transferCheck():开始事务
[java] transferCheck():查询到存款余额为: balance = 1000.0
[java] withdraw():查询到存款余额为: balance = 1000.0
[java] transferCheck():汇入 100 元,把存款余额改为: 1100.0
[java] transferCheck():提交事务
[java] withdraw():取出 100 元,把存款余额改为: 900.0
[java] withdraw():提交事务
```

日志反映了这两个线程执行事务的时间顺序。可以看出，取款事务覆盖了支票转账事务对存款余额所做的更新，导致银行客户损失了100元。

在多线程环境中，线程运行的时间是随机的，由JVM(Java虚拟机)负责调度它们。这两个线程也可能按以下顺序执行：

```
[java] withdraw():开始事务
[java] transferCheck():开始事务
[java] transferCheck():查询到存款余额为: balance = 1000.0
[java] withdraw():查询到存款余额为: balance = 1000.0
[java] withdraw():取出 100 元,把存款余额改为: 900.0
[java] withdraw():提交事务
[java] transferCheck():汇入 100 元,把存款余额改为: 1100.0
[java] transferCheck():提交事务
```

可以看出，支票转账事务覆盖了取款事务对存款余额所做的更新，导致银行损失了100元，银行客户净赚了100元。

由此可见，在数据库系统使用 Read Committed 隔离级别的情况下，如果应用程序没有采用悲观锁，当取款事务和支票转账事务并发运行时，会导致第二类丢失更新问题。

下面修改 withdraw()方法和 transferCheck()方法中的程序代码，使 EntityManager 的 find()方法都采用 LockModeType. PESSIMISTIC_WRITE 模式，如：

```
Account account = entityManager.find(Account.class,
        Long.valueOf(1),LockModeType.PESSIMISTIC_WRITE);
```

在 LockModeType. PESSIMISTIC_WRITE 模式下，当运行 EntityManager 的 find()方法时，Hibernate 执行以下 select 语句：

```
select * from ACCOUNTS where ID = 1 for update;
```

如果取款事务和支票转账事务同时执行该 select 语句，只会有一个事务获得悲观独占锁，另一个事务必须等待，直到前一个事务结束，释放了锁，另一事务才能获得锁并恢复运行。应用程序最后输出以下日志。

```
[java] transferCheck():开始事务
[java] withdraw():开始事务
[java] withdraw():查询到存款余额为: balance = 1000.0
[java] withdraw():取出 100 元,把存款余额改为: 900.0
[java] withdraw():提交事务
[java] transferCheck():查询到存款余额为: balance = 900.0
[java] transferCheck():汇入 100 元,把存款余额改为: 1000.0
[java] transferCheck():提交事务
```

应用程序也可能输出以下日志。

```
[java] transferCheck():开始事务
[java] withdraw():开始事务
[java] transferCheck():查询到存款余额为: balance = 1000.0
[java] transferCheck():汇入 100 元,把存款余额改为: 1100.0
[java] transferCheck():提交事务
[java] withdraw():查询到存款余额为: balance = 1100.0
[java] withdraw():取出 100 元,把存款余额改为: 1000.0
[java] withdraw():提交事务
```

可以看出，不管取款事务和支票转账事务如何随机地并发运行，一个事务不会覆盖另一个事务对存款余额所做的更新。由此可见，使用悲观独占锁能有效地避免不可重复读和第二类丢失更新问题。但是，悲观独占锁会影响并发性能，导致一个事务锁定数据资源后，其他事务如果也要访问该资源，就必须先等待前一个事务执行结束。

21.4.2 由应用程序实现悲观锁

如果数据库系统不支持 select … for update 语句，也可以由应用程序来实现悲观独占锁。这需要在 ACCOUNTS 表中增加一个锁字段，这个字段可以是一个布尔类型，true 表示锁定状态，false 表示空闲状态。

当一个事务先查询 ACCOUNTS 表中 ID 为 1 的记录，然后再修改这条记录时，包含以下步骤。

(1) 先根据 LOCK 字段判断这条记录是否处于空闲状态。

(2) 如果处于锁定状态，那就一直等待，直到这条记录变为空闲状态；或者撤销事务，抛出一个异常，告诉用户系统正忙，请稍后再执行该事务。

(3) 如果记录处于空闲状态，就先把 LOCK 字段改为 true，锁定这条记录。

(4) 更新这条记录的存款余额，并且把它的 LOCK 字段改为 false，解除对这条记录的锁定。

21.5 利用版本控制来实现乐观锁

乐观锁是由应用程序提供的一种机制，这种机制既能保证多个事务并发访问数据，又能防止第二类丢失更新问题。在应用程序中，可以利用 Hibernate 提供的版本控制功能来实现乐观锁。既可以用一个递增的整数来表示版本号，也可以用时间戳来表示版本号，跟踪数据库表中记录的版本。

21.5.1 使用整数类型的版本控制属性

下面介绍利用整数类型的版本控制属性对 ACCOUNTS 表中记录进行版本控制的步骤。

(1) 在 Account 类中定义一个代表版本信息的 version 属性，这个属性用@Version 注解来标识，如：

```
@Version
@Column(name = "VERSION")
private int version;

public int getVersion() {
  return this.version;
}

public void setVersion(int version) {
  this.version = version;
}
```

(2) 在 ACCOUNTS 表中定义一个代表版本信息的字段，如：

```
create table ACCOUNTS (
    ID bigint not null,
    NAME varchar(15),
    BALANCE decimal(10,2),
    VERSION integer,
    primary key (ID)
)   engine = INNODB;
```

BusinessService 类与例程 21-1 基本相同，区别在于本节的 BusinessService 类的 transferCheck()方法和 withdraw()方法采用 LockModeType. OPTIMISTIC 乐观锁，并且都会处理 javax. persistence. OptimisticLockException 异常。

```
public void transferCheck() throws Exception{
  EntityManager entityManager =
        entityManagerFactory.createEntityManager();
  EntityTransaction tx = null;
  try {
    tx = entityManager.getTransaction();
    tx.begin();
    log.write("transferCheck():开始事务");
    Thread.sleep(500);

    Account account = entityManager.find(Account.class,
              Long.valueOf(1),LockModeType.OPTIMISTIC);

    log.write("transferCheck():查询到存款余额为: balance = "
           + account.getBalance());
    Thread.sleep(500);

    account.setBalance(account.getBalance() + 100);
    log.write("transferCheck():汇入 100 元,把存款余额改为: "
           + account.getBalance());

    tx.commit();
    log.write("transferCheck():提交事务");
    Thread.sleep(500);

  }catch (RuntimeException e) {
    if(e instanceof RollbackException &&
      e.getCause() instanceof OptimisticLockException){

       System.out.println("账户信息已被其他事务修改,本事务被撤销,"
                      + "请重新开始支票转账事务");
       log.write("transfter():账户信息已被其他事务修改,本事务被撤销");
    }

    if (tx != null) {
      tx.rollback();
    }
    throw e;
  } finally {
    entityManager.close();
  }
}
```

transferCheck()方法加载 Account 对象时，显式指定使用乐观锁。实际上，只要在 Account 类中通过@Version 注解设置了版本控制属性，那么加载 Account 对象时，默认情况下会使用乐观锁。因此以下两段代码的作用是等价的。

```
//显式指定使用乐观锁
Account account = entityManager.find(Account.class,
              Long.valueOf(1),LockModeType.OPTIMISTIC);
或者：
//当 Account 类中设置了版本控制属性,默认情况下使用乐观锁
Account account = entityManager.find(Account.class, Long.valueOf(1));
```

接下来介绍加入版本控制后 Hibernate 的运行时行为。BusinessService 类的 main()方法先调用 registerAccount()方法持久化一个 Account 对象，如：

```
tx = entityManager.getTransaction();
tx.begin();
Account account = new Account();
account.setName("Tom");
account.setBalance(1000);
entityManager.persist(account);
tx.commit();
```

应用程序无须为 Account 对象的 version 属性显式赋值，在持久化 Account 对象时，Hibernate 会自动为它赋初始值为 0，Hibernate 执行的 insert 语句为：

```
insert into ACCOUNTS values(1, 'Tom',1000,0);
```

当 Hibernate 加载一个 Account 对象时，它的 version 属性表示 ACCOUNTS 表中相关记录的版本。当 Hibernate 更新一个 Account 对象时，会根据 Session 的持久化缓存中 Account 对象的 id 与 version 属性的当前值到 ACCOUNTS 表中去定位匹配的记录，假定 Session 缓存中 Account 对象的 version 属性为 0，那么在取款事务中 Hibernate 执行的 update 语句为：

```
update ACCOUNTS set NAME = 'Tom',BALANCE = 900,VERSION = 1
where ID = 1 and VERSION = 0;
```

如果存在匹配的记录，就更新这条记录，并且把 VERSION 字段的值增加为 1。此外，还会把 Session 缓存中 Account 对象的 version 属性也更新为 1。当支票转账事务接着执行以下 update 语句时：

```
update ACCOUNTS set NAME = 'Tom',BALANCE = 1100,VERSION = 1
where ID = 1 and VERSION = 0;
```

由于 ID 为 1 的 ACCOUNTS 记录的版本已经被取款事务修改，因此找不到匹配的记录，此时 Hibernate 会抛出 StaleObjectStateException，接着 JPA 把它包装为 OptimisticLockException，再把它包装为 RollbackException，最后把它抛出。

在应用程序中，应该处理该 OptimisticLockException 异常，这种异常有以下两种处理方式。

(1) 自动撤销事务，通知用户账户信息已被其他事务修改，需要重新开始事务。本例程就采用这种方式。

(2) 通知用户账户信息已被其他事务修改，显示最新存款余额信息，由用户决定如何继续事务，用户也可以决定立刻撤销事务。

本节范例程序位于配套源代码包的 sourcecode/chapter21/21.5 目录下。在运行该程序之前，需要先在 SAMPLEDB 数据库中手动创建 ACCOUNTS 表，相关的 SQL 脚本文件为 21.5/schema/sampledb.sql。在 DOS 下转到根目录 chapter21/21.5 目录下，输入命令"ant run"，该命令将运行 BusinessService 类，它最后输出如下日志。

```
[java] withdraw():开始事务
[java] transferCheck():开始事务
[java] withdraw():查询到存款余额为: balance = 1000.0
[java] transferCheck():查询到存款余额为: balance = 1000.0
[java] withdraw():取出 100 元,把存款余额改为: 900.0
[java] withdraw():提交事务
[java] transferCheck():汇入 100 元,把存款余额改为: 1100.0
[java] transferCheck():账户信息已被其他事务修改,本事务被撤销
```

表 21-11 列出了取款事务和支票转账事务并发运行的过程。

表 21-11　利用乐观锁协调并发的取款事务和支票转账事务

时间	取款事务	支票转账事务
T1	开始事务	
T2		开始事务
T3	select * from ACCOUNTS where ID=1; 查询结果显示存款余额为 1000 元，该记录的 VERSION 字段为 0	
T4		select * from ACCOUNTS where ID=1; 查询结果显示存款余额为 1000 元，该记录的 VERSION 字段为 0
T5	取出 100 元，把存款余额改为 900 元。Hibernate 执行的 update 语句为： update ACCOUNTS set BALANCE=900 and VERSION=1 where ID=1 and VERSION=0;	
T6	提交事务	
T7		汇入 100 元，把存款余额改为 1000 元。Hibernate 执行的 update 语句为： update ACCOUNTS set BALANCE=1100 and VERSION=1 where ID=1 and VERSION=0; 没有找到匹配的记录，抛出 OptimisticLockException
T8		应用程序撤销本事务，通知用户账户信息已被修改，需要重新开始支票转账事务

下面再通过一系列状态图来展示两个事务并发运行时 Session 的持久化缓存以及数据库的状态变化。

(1) 两个事务先后开始时，两个 Session 缓存均为空，数据库中 ID 为 1 的 ACCOUNTS 记录的 BALANCE 字段为 1000，VERSION 字段为 0，参见图 21-3。

图 21-3　两个事务先后开始时的状态

(2) 取款事务及支票转账事务先后执行以下程序代码。

```
Account account = entityManager.find(Account.class,
       Long.valueOf(1),LockModeType.OPTIMISTIC);
```

代码通过 EntityManager 的 find()方法加载 Account 对象，这两个事务的 Session 缓存中均有一个 OID 为 1 的 Account 对象，它们的 balance 属性为 1000，version 属性为 0，参见图 21-4。

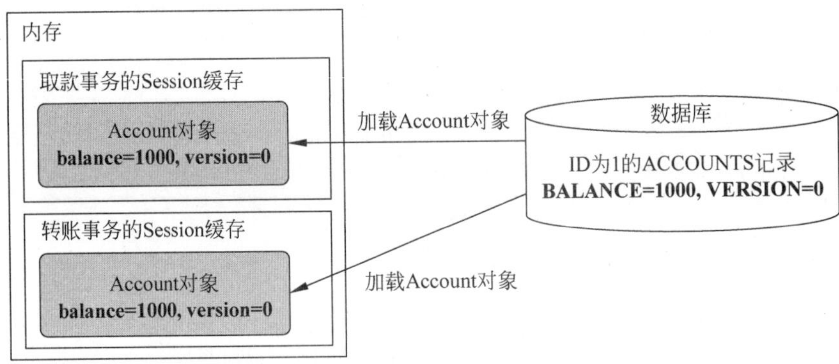

图 21-4　两个事务先后加载 Account 对象后的状态

(3) 取款事务执行以下程序代码，修改 Session 缓存中 Account 对象的 balance 属性，把它改为 900，参见图 21-5。

```
account.setBalance(account.getBalance() - 100);
```

(4) 取款事务执行以下程序代码。

```
tx.commit();
```

先清理缓存，根据 Session 缓存中 Account 对象的属性变化去同步更新数据库，最后再提交事务。同步更新数据库时执行的 update 语句为：

```
update ACCOUNTS set BALANCE = 900 and VERSION = 1
where ID = 1 and VERSION = 0;
```

清理缓存时还会把缓存中 Account 对象的 version 属性也同步更新为 1，参见图 21-6。

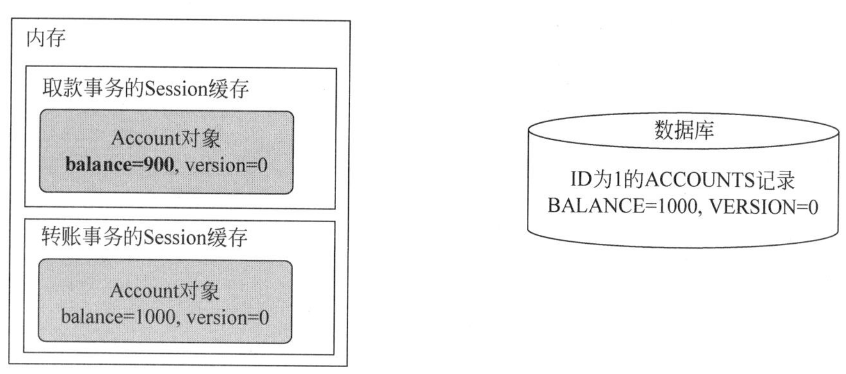

图 21-5 取款事务修改 Session 缓存中 Account 对象的 balance 属性后的状态

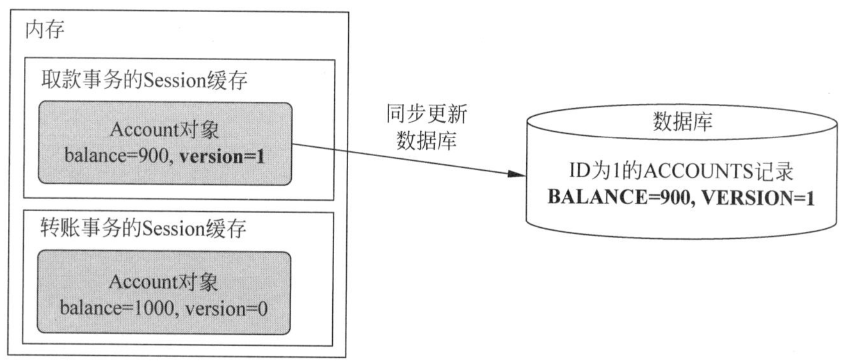

图 21-6 清理取款事务缓存以及提交取款事务后的状态

(5) 支票转账事务执行以下程序代码，修改 Session 缓存中 Account 对象的 balance 属性，把它改为 1100，参见图 21-7。

```
account.setBalance(account.getBalance() + 100);
```

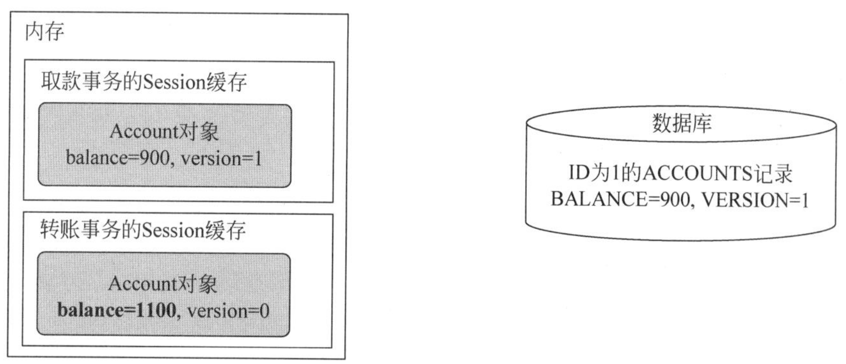

图 21-7 取款事务修改 Session 缓存中 Account 对象的 balance 属性后的状态

(6) 支票转账事务执行以下程序代码。

```
tx.commit();
```

先清理缓存，试图根据 Session 缓存中 Account 对象的属性变化去同步更新数据库。同步更新数据库时执行的 update 语句为：

```
update ACCOUNTS set BALANCE = 1100 and VERSION = 1
where ID = 1 and VERSION = 0;
```

由于数据库中已经不存在 ID 为 1 并且 VERSION 为 0 的 ACCOUNTS 记录，因此将抛出 OptimisticLockException，参见图 21-8。

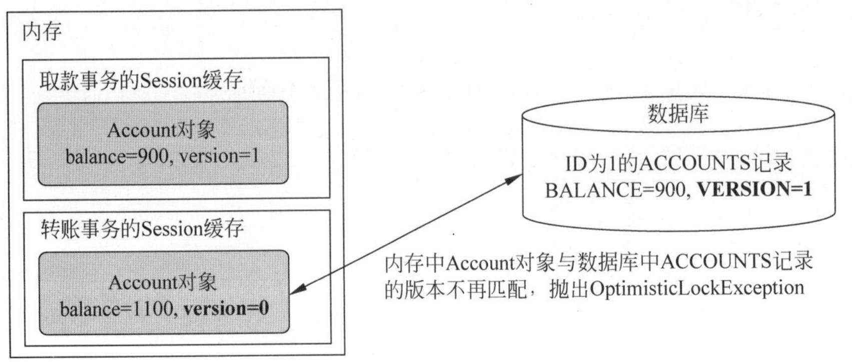

图 21-8　支票转账事务抛出 OptimisticLockException

提示　在 LockModeType. OPTIMISTIC 模式下，只有当 Hibernate 通过 update 语句更新一个对象时，才会修改它的 version 属性。对于存在关联关系的对象，例如 Order 和 Customer 对象，如果只有 Order 对象的属性发生变化，而 Customer 对象的属性没有变化，那么 Hibernate 只会执行用于更新 Order 对象的 update 语句，并且会自动更新 Order 对象的 version 属性。此时 Hibernate 不会执行更新 Customer 对象的 update 语句，因此也不会更新 Customer 对象的 version 属性。由此可见，版本控制不具有级联特性。21.5.4 节将介绍通过强制更新版本来修改被关联的对象的版本的方法。

21.5.2　使用时间戳类型的版本控制属性

除了使用整数类型的版本控制属性，还可以用时间戳类型的版本控制属性。用时间戳类型的版本控制属性的步骤如下。

(1) 在 Account 类中定义一个代表版本信息的 lastUpdatedTime 属性，它是 java. util. Date 类型，用@Version 注解来标识，如：

```
@Version
@Column(name = "LAST_UPDATED_TIME")
private Date lastUpdatedTime;
public int getLastUpdatedTime() {
  return this.lastUpdatedTime;
}

public void setLastUpdatedTime(Date lastUpdatedTime) {
```

```
    this.lastUpdatedTime = lastUpdatedTime;
  }
```

(2) 在 ACCOUNTS 表中定义一个代表版本信息的字段,如:

```
create table ACCOUNTS (
    ID bigint not null,
    NAME varchar(15),
    BALANCE decimal(10,2),
    LAST_UPDATED_TIME timestamp,
    primary key (ID)
)   engine = INNODB;
```

当持久化一个 Account 对象时,Hibernate 会自动用当前的系统时间为 lastUpdatedTime 属性赋值。当更新一个 Account 对象时,Hibernate 会根据 Session 缓存中 Account 对象的 id 和 lastUpdatedTime 属性的当前值来定位 ACCOUNTS 表中的记录,如果找到匹配的记录,就更新这条记录,并且把 LAST_UPDATED_TIME 字段改为当前的系统时间。此外,也会把 Session 缓存中 Account 对象的 lastUpdatedTime 属性改为当前的系统时间。Hibernate 执行的 update 语句为:

```
update ACCOUNTS set NAME = 'Tom', BALANCE = 900,
LAST_UPDATED_TIME = '2019 - 01 - 28 11:11:11'
where ID = 1 and LAST_UPDATED_TIME = '2019 - 01 - 27 12:01:02'
```

理论上,用整数类型来表示版本号比时间戳类型更安全一些。数据库中 timestamp 类型表示的时间只能精确到秒,假定取款事务在 12:01:02 100ms 更新 ACCOUNTS 表,执行的 update 语句为:

```
update ACCOUNTS set NAME = 'Tom', BALANCE = 900,
LAST_UPDATED_TIME = '2019 - 01 - 27 12:01:02'
where ID = 1 and LAST_UPDATED_TIME = '2019 - 01 - 27 12:01:02'
```

接着支票转账事务在 12:01:02 500ms 更新 ACCOUNTS 表,执行的 update 语句为:

```
update ACCOUNTS set NAME = 'Tom', BALANCE = 900,
LAST_UPDATED_TIME = '2019 - 01 - 27 12:01:02'
where ID = 1 and LAST_UPDATED_TIME = '2019 - 01 - 27 12:01:02'
```

显然,支票转账事务会覆盖取款事务对存款余额所做的更新。此外,在集群环境中,由于各个服务器节点上的时钟可能没有同步,也会导致时间戳类型的版本号无法正常工作。因此,如果从头开发一个新的项目,建议采用基于整数类型的版本号。

21.5.3 为持久化对象设置锁

EntityManager 的 lock()方法能对一个持久化对象设置特定的锁,如:

```
tx = entityManager.getTransaction();
```

```
tx.begin();
Account account = entityManager.find(Account.class, Long.valueOf(1));
account.setBalance(account.getBalance() - 100);
//设置乐观锁
entityManager.lock(account, LockModeType.OPTIMISTIC);

tx.commit();
```

以上代码为 Account 对象设置了乐观锁。当提交事务时，Hibernate 执行的 update 语句为：

```
update ACCOUNTS set NAME = 'Tom', BALANCE = 900, VERSION = 1
where ID = 1 and VERSION = 0;
```

如果 ACCOUNTS 表中已经不存在 ID 为 1 并且 VERSION 为 0 的记录，说明该记录已经被其他事务修改，因此会抛出 OptimisticLockException。

21.5.4 强制更新版本

假定 Customer 类和 Address 类之间为一对一关联关系，且这两个类都有版本控制属性。Address 类代表客户的地址。以下程序代码更新了一个客户的地址。

```
tx = entityManager.getTransaction();
tx.begin();
Customer customer = entityManager.find(Customer.class, Long.valueOf(1));
customer.getAddress().setCity("Beijing"); //更新客户的地址
tx.commit();
```

当清理持久化缓存时，Hibernate 会更新 Address 对象，执行以下 update 语句。

```
update ADDRESSES set CITY = 'Beijing', VERSION = 1
where ID = 1 and VERSION = 0
```

在这种情况下，尽管 Hibernate 会自动更新 Address 对象的 version 属性，但是不会自动更新 Customer 对象的 version 属性。如果希望更新 Customer 对象的 version 属性，从而表明客户的某些信息已经更新了，可以采用如下强制更新版本的方式。

```
tx = entityManager.getTransaction();
tx.begin();
Customer customer = entityManager.find(Customer.class, Long.valueOf(1));

entityManager.lock(customer, LockModeType.OPTIMISTIC_FORCE_INCREMENT);
customer.getAddress().setCity("Beijing"); //更新客户的地址
tx.commit();
```

或者：

```
tx = entityManager.getTransaction();
tx.begin();
Customer customer = entityManager.find(Customer.class,
      Long.valueOf(1), LockModeType.OPTIMISTIC_FORCE_INCREMENT);
customer.getAddress().setCity("Beijing"); //更新客户的地址
tx.commit();
```

当程序更新一个对象时，如果希望同时更新与它关联的对象的版本属性，就可以采用这种强制更新版本的方式。在强制更新版本模式下，当一个对象被加载后，无论它的属性是否被修改，在提交事务或清理持久化缓存时，都会更新它的版本号。对于以上代码，Hibernate除了会更新 ADDRESSES 表，还会执行更新 CUSTOMERS 表的 update 语句：

```
update CUSTOMERS set VERSION = 1 where ID = 1 and VERSION = 0;
```

21.6　实现乐观锁的其他方法

如果应用程序是基于已有的数据库，而数据库表中不包含表示版本的字段，Hibernate提供了其他实现乐观锁的办法，如：

```
@Entity
@Table(name = "ACCOUNTS")

@org.hibernate.annotations.OptimisticLocking(
  type = org.hibernate.annotations.OptimisticLockType.ALL)

@org.hibernate.annotations.DynamicUpdate
public class Account implements java.io.Serializable { … }
```

以上代码使用了 Hibernate 的 @OptimisticLocking 注解，该注解的 type 属性为 OptimisticLockType.ALL。如果使用了 OptimisticLockType.ALL 类型的乐观锁，还必须同时使用@DynamicUpdate 注解，使得 update 语句中的 set 子句仅包含需要更新的字段。5.1.5 节介绍了@DynamicUpdate 注解的用法。

以下这段程序代码没有显式指定使用乐观锁。

```
tx = entityManager.getTransaction();
tx.begin();
Account account = entityManager.find(Account.class,Long.valueOf(1));
account.setBalance(account.getBalance() - 100);
tx.commit();
```

在这种情况下，会使用 Account 类中设置的 OptimisticLockType.ALL 类型的乐观锁。当更新 Account 对象时，Hibernate 会在 update 语句的 where 子句中包含 Account 对象被加载时的所有属性，如：

```
update ACCOUNTS set BALANCE = 900 where ID = 1 and NAME = 'Tom' and
BALANCE = '1000';
```

以下代码把乐观锁的类型设为 OptimisticLockType.DIRTY，同时还使用了@DynamicUpdate 注解。

```
@Entity
@Table(name = "ACCOUNTS")

@org.hibernate.annotations.OptimisticLocking(
  type = org.hibernate.annotations.OptimisticLockType.DIRTY)

@org.hibernate.annotations.DynamicUpdate
public class Account implements java.io.Serializable { … }
```

那么当更新 Account 对象时，Hibernate 会在 update 语句的 where 子句中仅包含被更新过的属性：

```
update ACCOUNTS set BALANCE = 900 where ID = 1 and BALANCE = '1000';
```

尽管上述 OptimisticLockType.DIRTY 也能实现乐观锁，但是这种方式速度很慢，而且只适用于在一个 Session 持久化缓存中加载了对象，然后又在同一个 Session 持久化缓存中修改这个持久化对象的场合。以下代码在一个 EntityManager 中加载了 Account 对象，然后又在另一个 EntityManager 中更新 Account 对象，这两个 EntityManager 拥有各自的 Session。

```
//第一个 EntityManager，对应第一个 Session
EntityManager entityManager =
        entityManagerFactory.createEntityManager();
tx = entityManager.getTransaction();
tx.begin();
Account account = entityManager.find(Account.class, Long.valueOf(1));
tx.commit();
entityManager.close();

//修改 account 游离对象
account.setBalance(account.getBalance() - 100);

//第二个 EntityManager，对应第二个 Session
entityManager = entityManagerFactory.createEntityManager();
tx = entityManager.getTransaction();
tx.begin();
entityManager.merge(account);
tx.commit();
entityManager.close();
```

第二个 Session 只能读取 Account 对象的所有属性的当前值，但是无法知道 Account 对象被第一个 Session 加载时所有属性的初始值（假定 balance 属性为 1000），因此不能在 update 语句的 where 子句中包含 Account 对象的属性的初始值。

假定在执行以上第二个事务时，外部程序的一个事务把数据库中这个 Account 对象的

balance 属性改为 800。那么 Hibernate 执行以下 update 语句。

```
update ACCOUNTS set BALANCE = 900 where ID = 1 and BALANCE = 800;
```

这会导致当前事务覆盖外部程序的事务对这条记录已做的更新。

OptimisticLockType.DIRTY 类型的乐观锁的另一个缺陷是，假如事务 A 修改了一个 Account 对象的 balance 属性，而另一个事务 B 修改了同一个 Account 对象的 name 属性，那么事务 A 不会检测到事务 B 对 Account 对象所做的更新。除非事务 B 也对同一个 Account 对象的 balance 属性进行更新，事务 A 才会检测到变化，抛出 OptimisticLockException。

21.7 小结

对于同时运行的多个事务，当这些事务访问数据库中相同的数据时，如果没有采取必要的隔离机制，就会导致各种并发问题。数据库系统采用锁来实现事务的隔离性，锁可以分为共享锁、独占锁和更新锁。许多数据库系统都有自动管理锁的功能，它们能根据事务执行的 SQL 语句，自动在保证事务间的隔离性与保证事务间的并发性之间做出权衡，然后自动为数据库资源加上适当的锁，在运行期间还会自动升级锁的类型，以优化系统的性能。

锁机制能有效地解决各种并发问题，但是它会影响并发性能。为了能让用户根据实际应用的需要，在事务的隔离性与并发性之间做出合理的权衡，数据库系统提供了四种事务隔离级别供用户选择。隔离级别越高，越能保证数据的完整性和一致性，但是对并发性能的影响也越大。对于多数应用程序，可以优先考虑把数据库系统的隔离级别设为 Read Committed。它能够避免脏读，而且具有较好的并发性能。虽然它会导致不可重复读、虚读和第二类丢失更新这些并发问题，但在可能出现这类问题的个别场合，可以由应用程序采用悲观锁或乐观锁来控制。乐观锁通过 Hibernate 的版本控制功能来实现，它比悲观锁具有更好的并发性能，所以应该优先考虑使用乐观锁。

21.8 思考题

1. 关于事务隔离级别，以下哪些说法正确？（多选）
   (a) 隔离级别越高，程序的并发性能越好
   (b) 隔离级别越高，越能有效地避免并发问题
   (c) 事务隔离级别是由数据库系统采用各种锁机制来实现的
   (d) 当数据库系统使用 Read Uncommitted 隔离级别时，一个事务在执行过程中可以看到其他事务没有提交的新插入的记录

2. 在并发环境中，如果一个事务在 T1 时刻查询特定账户的存款余额为 1000 元，这个事务未对该账户做任何修改，但是到了 T2 时刻，再次查询特定账户时，发现存款余额变为 900 元。这可能属于什么类型的并发问题？（多选）
   (a) 第一类丢失更新　　(b) 脏读
   (c) 虚读　　(d) 不可重复读

3. 在 Hibernate 配置文件中，哪个属性用于设置事务隔离级别？（单选）
   (a) hibernate.connection.isolation

(b) hibernate. connection. autocommit

(c) hibernate. transaction. isolation

(d) hibernate. connection. url

4. 关于悲观锁和乐观锁，以下哪些说法正确？(多选)

(a) 悲观锁比乐观锁具有更好的并发性能

(b) 采用悲观锁，可以避免第二类丢失更新问题

(c) 采用悲观锁时，如果一个事务 A 访问数据库资源时，而该资源已经被其他事务 B 锁定，那么事务 A 会抛出 OptimisticLockException

(d) Hibernate 采用版本控制机制来实现乐观锁

5. 假定对 Account 类采用了自动版本控制机制，对于以下程序代码，哪些说法正确？(多选)

```
tx = entityManager.getTransaction();                      //第 1 行
tx.begin();                                               //第 2 行

//假定此时加载的 Account 类的 balance 属性为 1000,version 属性为 0
Account account = entityManager.find(Account.class,
                                 Long.valueOf(1));       //第 3 行

account.setBalance(account.getBalance() + 100);           //第 4 行
tx.commit();                                              //第 5 行
```

(a) 第 4 行程序代码会把底层 Session 持久化缓存中 Account 对象的 version 属性改为 1

(b) 第 5 行执行的 SQL update 语句为：

```
update ACCOUNTS set NAME = 'Tom',BALANCE = 1100,VERSION = 1 where ID = 1;
```

(c) 第 5 行执行的 SQL update 语句为：

```
update ACCOUNTS set NAME = 'Tom',BALANCE = 1100,VERSION = 1
where ID = 1 and VERSION = 0;
```

(d) 第 5 行可能会抛出 OptimisticLockException

6. 以下哪段程序代码执行的 SQL select 语句为 select … for update？(单选)

(a)
```
entityManager.find(Account.class,Long.valueOf(1),
                   LockModeType.PESSIMISTIC_WRITE);
```

(b)
```
entityManager.find(Account.class,Long.valueOf(1),
                   LockModeType.PESSIMISTIC_READ);
```

(c)
```
entityManager.find(Account.class,Long.valueOf(1),
                   LockModeType.READ);
```

(d)
```
entityManager.find(Account.class,Long.valueOf(1),
                   LockModeType.WRITE);
```

第22章

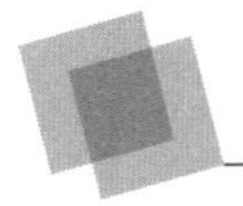

管理Hibernate的缓存

Session 的持久化缓存是一块内存空间，在这个内存空间中存放了相互关联的 Java 对象，这种位于 Session 缓存内的对象也被称为持久化对象，Session 负责根据持久化对象的状态变化来同步更新数据库。

Session 的缓存是内置的，不能被拆卸，称为 Hibernate 的第一级缓存；SessionFactory 有一个内置缓存和一个外置缓存，内置缓存不能被拆卸，而外置缓存是可插拔的缓存插件，称为 Hibernate 的第二级缓存。第二级缓存本身的实现很复杂，必须实现并发访问策略以及数据过期策略等。

本章先介绍了缓存的基本原理，然后介绍了 Hibernate 的二级缓存结构，接下来介绍了第一级缓存和第二级缓存的管理和配置，并重点介绍了第二级缓存的配置方法。

22.1 缓存的基本原理

缓存是计算机领域中非常通用的概念，它介于应用程序和永久性数据存储源（如硬盘上的文件或者数据库）之间，其作用是降低应用程序直接读写永久性数据存储源的频率，从而提高应用的运行性能。缓存中的数据是数据存储源中数据的复制，应用程序在运行时直接读写缓存中的数据，只在某些特定时刻按照缓存中的数据同步更新数据存储源。图 22-1 显示了缓存在软件系统中的位置。

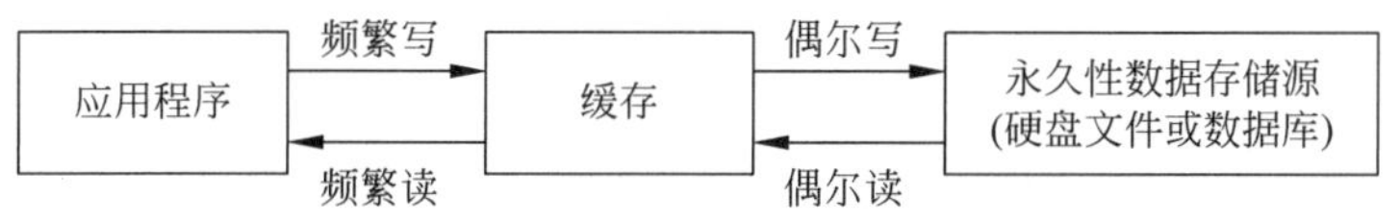

图 22-1　缓存在软件系统中的位置

缓存的物理介质通常是内存，而永久性数据存储源的物理介质通常是硬盘或磁盘，应用程序读写内存的速度显然比读写硬盘的速度快。如果缓存中存放的数据量非常大，也会用硬盘作为缓存的物理介质。

缓存的实现不仅需要作为物理介质的硬件，还需要用于管理缓存的并发访问和过期等策略的软件。因此，缓存是通过软件和硬件共同实现的。

下面举例解释缓存的概念。

(1) 许多文本编辑工具，如 WinWord 软件，都通过缓存来存放工作数据。WinWord 的缓存中的数据是硬盘中文本文件的数据的复制。当用户编辑文本时，修改后的数据暂且存放在缓存中，当用户选择保存按钮，WinWord 就会按照缓存中的数据同步更新硬盘中的文本文件。此外，WinWord 软件还会定时自动保存文件。

(2) Hibernate 的 Session 持久化缓存中存放的数据是数据库中数据的复制。在数据库中数据表现为关系数据形式，而在 Session 缓存中数据表现为相互关联的对象。在读写数据库时，Session 会负责这两种形式的数据的映射。Session 在某些时间点会按照缓存中的数据同步更新数据库，这一过程称为清理缓存，第 8 章已经对此做了详细介绍。

(3) SessionFactory 的缓存可分为两类：内置缓存和外置缓存。SessionFactory 的内置缓存是 Hibernate 自带的，不可拆卸。通常在初始化阶段，Hibernate 会把映射元数据和预定义 SQL 语句存放到 SessionFactory 的内置缓存中。映射元数据是映射文件或持久化类中对象-关系映射数据的复制，而预定义 SQL 语句是 Hibernate 根据映射元数据推导出来的。SessionFactory 的内置缓存是只读缓存，应用程序不能修改缓存中的映射元数据和预定义 SQL 语句，因此 SessionFactory 无须进行内置缓存与映射文件或持久化类的同步。

(4) SessionFactory 的外置缓存是一个可配置的缓存插件。在默认情况下，SessionFactory 不会启用这个缓存插件。外置缓存中的数据是数据库数据的复制，外置缓存的物理介质可以是内存或者硬盘。

Session 的持久化缓存被称为 Hibernate 的第一级缓存。SessionFactory 的外置缓存被称为 Hibernate 的第二级缓存。这两个缓存都位于持久化层，它们存放的都是数据库数据的复制，那么这两个缓存有什么区别呢？为了理解这二者的区别，需要先深入理解持久化层的缓存的两个特性：缓存的范围和缓存的并发访问策略。22.6 节最后将总结第一级缓存与第二级缓存的区别。

22.1.1 持久化层的缓存的范围

持久化层的缓存的范围决定了缓存的生命周期以及可以被谁访问。缓存的范围可以分为以下三类。

1. 事务范围

缓存只能被当前事务访问。缓存的生命周期依赖事务的生命周期，当事务结束，缓存也就结束生命周期。缓存的物理介质为内存。事务可以是数据库事务或者应用事务。每个事务都有独自的缓存，缓存内的数据通常采用相互关联的对象形式。

第 23 章介绍的对话可看作包含了多个相关数据库事务的应用事务。

在同一个事务的缓存中，持久化类的每个对象具有唯一的 OID。例如，不会出现两个

OID 都为 1 的 Customer 对象，如图 22-2 所示。

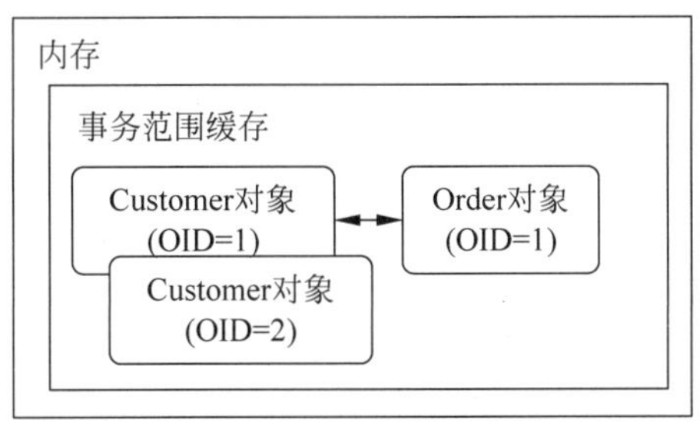

图 22-2　事务范围的缓存

2. 进程范围

缓存被进程内的所有事务共享。这些事务有可能并发访问缓存，因此必须对缓存采取必要的事务隔离机制。缓存的生命周期依赖进程的生命周期，当进程结束，缓存也就结束生命周期。进程范围的缓存可能会存放大量数据，它的物理介质可以是内存或硬盘。缓存内的数据既可以采用相互关联的对象形式，也可以采用对象的散装数据形式。对象的散装数据类似对象的序列化数据，但是把对象分解为散装数据的算法通常比对象的序列化的算法更快。

在进程范围的缓存中，如果数据按照相互关联的对象形式存放，那么持久化类的每个对象都具有唯一的 OID。例如，不同的事务到缓存中查询 OID 为 1 的 Customer 对象时，将获得相同的 Customer 对象，如图 22-3 所示。

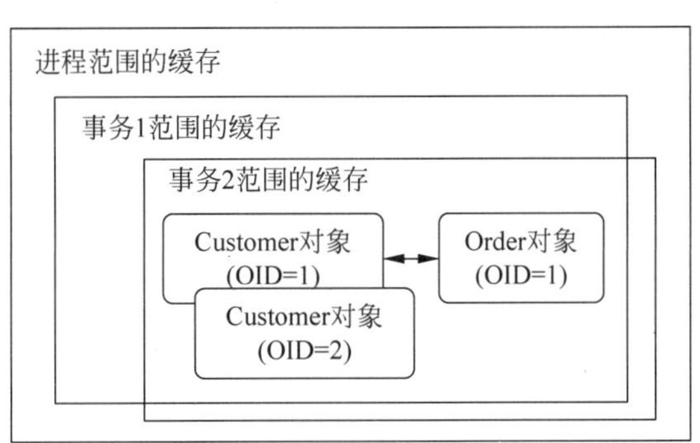

图 22-3　进程范围的缓存中存放相互关联的对象

对于图 22-3 所示的数据存放形式，数据库中 OID 为 1 的 Customer 对象在内存中始终只有一个副本。这种数据存放形式的优点是节省内存。但是在并发环境中，当执行不同事务的各个线程同时长时间操纵同一个 OID 为 1 的 Customer 对象时，必须对这些线程进行同步，而同步会影响并发性能，并且很容易导致死锁，所以在进程范围内不提倡采用这种数据存放形式。

如果缓存中的数据采用对象的散装数据形式，那么当不同的事务到缓存中查询 OID 为 1 的 Customer 对象时，获得的是 Customer 对象的散装数据，每个事务都必须分别根据散装数据重新构造出 Customer 实例，也就是说，每个事务都会获得不同的 Customer 对象，如图 22-4 所示。

对于图 22-4 所示的数据存放形式，数据库中 OID 为 1 的 Customer 对象在内存中可以有多个副本，每个事务拥有独自的 Customer 对象。这种数据存放形式尽管需要更多的内存空间，但是它能提高并发访问性能。当不同的事务同时操纵OID为1的Customer对象时，仅当它们同时从进程范围的缓存中读取Customer对象的散装数据的时刻，需要对进程范围的缓存采取事务隔离措施。接着每个事务操纵各自的Customer对象，无须对执行这些事务的线程进行同步。

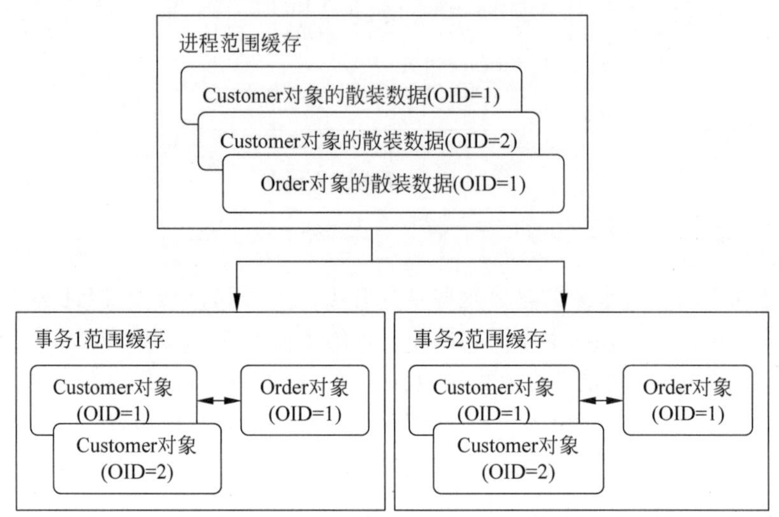

图 22-4 进程范围的缓存中存放对象散装数据

3. 集群范围

在集群环境中，缓存被同一个机器或多个机器上的多个进程共享。缓存中的数据被复制到集群环境中的每个进程节点，进程之间通过远程通信来保证缓存中数据的一致性。缓存中的数据通常采用对象的散装数据形式。

对于大多数应用，应该慎重地考虑是否需要使用集群范围的缓存，有时它未必能提高应用性能，因为访问集群范围的缓存的速度不一定会比直接访问数据库的速度快。

持久化层可以提供多种范围的缓存。如图22-5所示，如果在事务范围的缓存中没有查询到相应的数据，还可以到进程范围或集群范围的缓存内查询；如果在进程范围或集群范围的缓存内也没有找到该数据，那么就只好查询数据库。事务范围的缓存是持久化层的第一级缓存，通常它是必需的；进程范围或集群范围的缓存是持久化层的第二级缓存，通常它是可选的。

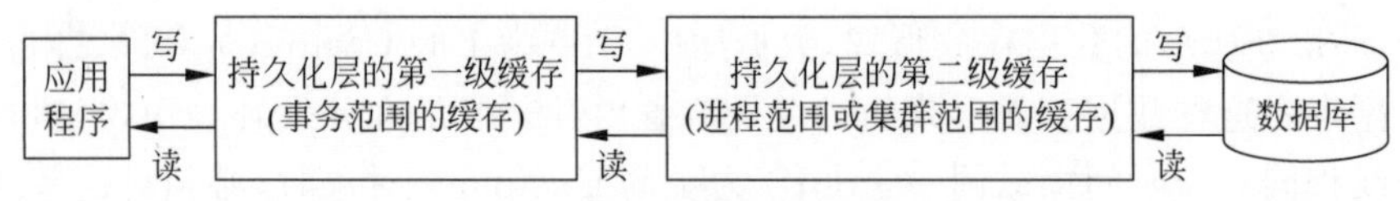

图 22-5 持久化层的二级缓存机制

22.1.2 持久化层的缓存的并发访问策略

21.1节已经介绍过，当两个事务同时访问数据库的相同数据时，有可能出现五类并发问题，因此必须采取必要的事务隔离措施。同样，当两个事务同时访问持久化层的缓存的相同数据时，也有可能出现各类并发问题。如图22-6所示，假定有两个事务同时访问OID为

1 的 Customer 对象，当执行事务 1 和事务 2 的线程同时在 T1 时刻访问各自的事务范围缓存中的 Customer 对象时，不会出现并发问题，因为它们操纵的是不同的 Customer 对象。当这两个线程在 T2 时刻同时访问进程范围缓存的相同 Customer 对象的散装数据时，有可能会出现并发问题。当这两个线程在 T3 时刻同时访问数据库中的 CUSTOMERS 表的相同数据时，也有可能会出现并发问题。

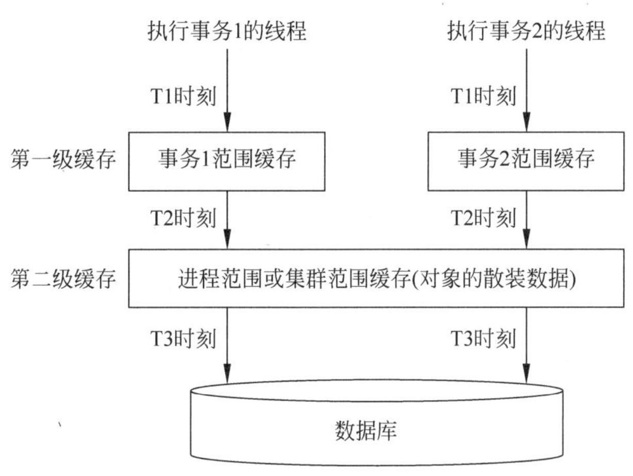

图 22-6　两个事务并发访问持久化层的缓存

提示　在图 22-6 中，进程范围内存放的是对象的散装数据。如果进程范围内存放的是关联的对象，如图 22-3 所示，那么事务 1 范围缓存、事务 2 范围缓存和进程范围缓存都引用相同的 OID 为 1 的 Customer 对象，在 T1 时刻也可能出现并发问题。

由此可见，进程范围或集群范围缓存，即第二级缓存，会出现并发问题。对第二级缓存可以设定以下四种类型的并发访问策略，每一种策略对应一种事务隔离级别。

(1) 事务型(Transactional)：仅在具有系统事务管理器(Transaction Manager)的受管理环境或不受管理环境中适用。它提供 Repeatable Read 事务隔离级别。对于经常被读但是很少被修改的数据，可以采用这种隔离类型，因为它可以防止脏读和不可重复读这类并发问题。有的缓存软件在集群范围内也支持这种并发访问策略。

(2) 读写型(Read-write)：仅在非集群的环境中适用。它提供 Read Committed 事务隔离级别。对于经常被读但是很少被修改的数据，可以采用这种隔离类型，因为它可以防止脏读这类并发问题。

(3) 非严格读写型(Nonstrict-read-write)：它不能保证缓存与数据库中数据的一致性。如果存在两个事务同时访问缓存中相同数据的可能，必须为该数据配置一个很短的数据过期时间，从而尽量避免脏读，数据过期策略的设置方法可参考 22.4.4 节。对于极少被修改(例如连续几个小时、几天、几个星期不会被修改)，并且允许偶尔脏读的数据，可以采用这种并发访问策略。

(4) 只读型(Read-only)：对于从来不会被修改的数据，如参考数据，可以使用这种并发访问策略。

事务型并发访问策略的事务隔离级别最高，接下来依次是读写型、非严格读写型和只读型。事务隔离级别越高，并发性能就越低。如果第二级缓存中存放的数据会经常被事务修改，就不得不提高缓存的事务隔离级别，但是这又会降低并发性能。因此，只有符合以下条件的数据才适合存放到第二级缓存中。

(1) 很少被修改的数据。

(2) 不是很重要的数据，允许出现偶尔的并发问题。

(3) 不会被并发访问的数据。

(4) 参考数据。

参考数据是指供应用参考的常量数据。参考数据具有以下特点。

(1) 它的实例的数目有限。

(2) 它的每个实例会被许多其他类的实例引用。

(3) 它的实例极少或者从来不会被修改。

以下数据不适合存放到第二级缓存中。

(1) 经常被修改的数据。

(2) 财务数据，绝对不允许出现并发问题。

(3) 与其他应用共享的数据。因为当使用了第二级缓存的 Hibernate 应用与其他应用共享数据库中的某种数据时，如果其他应用修改了数据库中的数据，Hibernate 无法自动保证第二级缓存中的数据与数据库保持一致。

22.2 Hibernate 的二级缓存结构

Hibernate 提供了两级缓存，如图 22-7 所示，第一级缓存是 Session 的持久化缓存。由于 Session 对象的生命周期通常对应一个数据库事务或者一个应用事务，因此它的缓存是事务范围的缓存。第一级缓存是必需的，不允许而且也无法被卸除。在第一级缓存中，持久化类的每个实例都具有唯一的 OID。

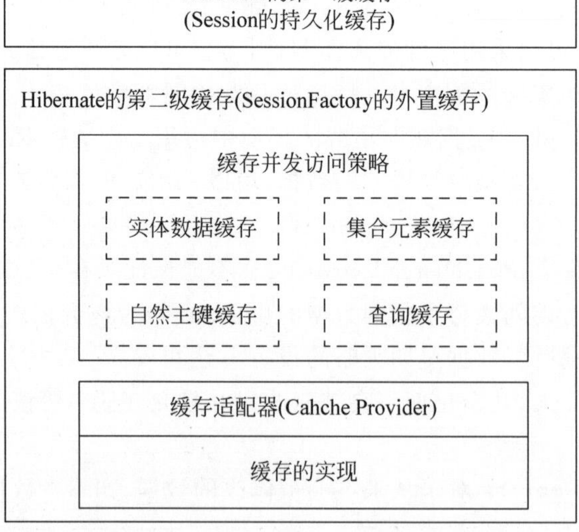

图 22-7 Hibernate 的二级缓存机制

第二级缓存是一个可插拔的缓存插件，它由 SessionFactory 负责管理。由于 SessionFactory

对象的生命周期和应用程序的整个进程对应，因此第二级缓存是进程范围或集群范围的缓存。这个缓存中存放的是对象的散装数据。第二级缓存有可能出现并发问题，因此需要采用适当的并发访问策略，该策略为被缓存的数据提供了事务隔离级别。缓存适配器（Cache Provider）用于把具体的缓存实现软件与 Hibernate 集成。第二级缓存是可选的，可以在每个类或每个集合的粒度上配置第二级缓存。

Hibernate 的第二级缓存也按照 key/value 的方式来存放数据。如图 22-7 所示，按照存放数据的类型，可分为以下四种缓存。

(1) 实体数据缓存（Entity Data Cache）：在这个缓存中，key 为实体对象的 OID，value 为实体对象的散装数据。当程序根据 OID 检索对象，或者初始化某个代理实体时，会到这个缓存中读取相应对象的散装数据，再返回组装成的实体对象。

(2) 集合元素缓存（Collection Element Cache）：在这个缓存中，key 为特定集合的标识，value 为集合中的所有对象的 OID。假定一个 key 为 Customer[1234]＃orders，它表示 OID 为 1234 的 Customer 对象的 orders 集合。与这个 key 对应的 value 为 orders 集合中所有 Order 对象的 OID。由此可见，在集合元素缓存中，并不包含集合中所有实体对象的完整数据。当程序初始化一个集合代理时，就会访问这个缓存。

(3) 自然主键缓存（Natural Identifier Cache）：在这个缓存中，key 为自然主键，value 为相应实体的 OID。例如，假定 Customer 类的 name 属性是自然主键，那么在缓存中，这个 name 属性就可以作为 key，Customer 类的 id 属性作为 value。当程序根据自然主键来检索特定对象时，就会访问这个缓存。

(4) 查询缓存（Query Result Cache）：在这个缓存中，key 为特定的 SQL 语句以及所有的参数值，value 为相应的查询结果。如果 SQL 语句检索的是完整的实体对象，那么 value 中仅包含实体对象的 OID。如果 SQL 语句检索的是投影数据（例如 select NAME，AGE from CUSTOMERS），那么 value 中包含完整的投影数据。18.5.2 节已经对此做了介绍，22.4.8 节的样例会进一步演示查询缓存的用法。

可以看出，只有实体数据缓存中存放了实体对象的完整数据，其他三种缓存都依赖实体数据缓存，来获得实体对象的完整数据。

22.3　管理 Hibernate 的第一级缓存

当应用程序调用 EntityManager 的 persist()、merge()、find() 或 getReference() 方法，以及调用 Query 查询接口的 getResultList() 方法时，如果在 Session 的持久化缓存中还不存在相应的对象，Hibernate 就会把该对象加入到第一级缓存中。当清理缓存时，Hibernate 会根据缓存中对象的状态变化来同步更新数据库。

EntityManager 为应用程序提供了以下两个管理持久化缓存的方法。

(1) detach(Object o)：从缓存中清除参数指定的持久化对象。和 Session 的 evict(Object o) 方法的作用相同。它适用于以下两种情况。

- 不希望 Session 继续按照该对象的状态变化来同步更新数据库。
- 在批量更新或批量删除的场合，当更新或删除一个对象后，及时释放该对象占用的内存。9.6 节已经详细介绍了实现批量更新和批量删除的各种方式。

（2）clear()：清空缓存中所有持久化对象。

当 EntityManager 的 detach()方法把一个 Customer 对象从缓存中清除后，如果再次加载 OID 相同的 Customer 对象，Hibernate 会重新创建一个 Customer 对象。例如以下程序代码在一个事务中两次加载了 OID 为 1 的 Customer 对象。

```
tx = entityManager.getTransaction();
tx.begin();
Customer customer1 = entityManager.find(Customer.class,
                                         Long.valueOf(1));
entityManager.detach(customer1);

Customer customer2 = entityManager.find(Customer.class,
                                         Long.valueOf(1));
System.out.println(customer1 == customer2);              //打印 false
System.out.println(entityManager.contains(customer1)); //打印 false
System.out.println(entityManager.contains(customer2)); //打印 true

customer2.setAge(19);
customer1.setAge(18);
tx.commit();
```

尽管 customer1 和 customer2 都是由同一个 EntityManager 实例加载的，但它们是不同的对象，即拥有不同的内存。EntityManager 的 contains()方法用来判断一个对象是否位于缓存中，它返回 boolean 类型的结果。entityManager. contains(customer1)返回 false，而 entityManager. contains(customer2)返回 true。当执行 tx. commit()方法时，customer1 对象已经不在 Session 的缓存中，处于游离状态，而 customer2 对象位于 Session 的缓存中，处于持久化状态，因此 Session 按照 customer2 的状态变化来同步更新数据库的 CUSTOMERS 表。

当通过 EntityManager 的 detach()方法清除缓存中的一个 Customer 对象时，如果在 Customer 类中为 orders 集合属性映射的级联操作为 CascadeType. DETACH 或 CascadeType. ALL，会级联清除关联的 Order 对象。

在多数情况下，不提倡通过 EntityManager 的 detach()方法和 clear()方法来管理第一级缓存，因为它们并不能显著提高应用的性能。管理第一级缓存的最有效的办法是采用合理的检索策略和检索方式，如通过延迟加载、集合过滤或投影查询等手段来节省内存的开销，第 16 章、第 17 章和第 18 章已对此做了详细的论述。

22.4 管理 Hibernate 的第二级缓存

Hibernate 的第二级缓存是进程或集群范围内的缓存，缓存中存放的是对象的散装数据。第二级缓存是可配置的插件，Hibernate 允许选用以下三种类型的缓存插件。

（1）JCache：Oracle 公司制定了 Java Cache 缓存规范并且公布了 Java Cache API。Hibernate 为 Java Cache API 提供了内置的实现，这种缓存实现称为 JCache。

（2）EHCache：可作为进程范围的缓存，存放数据的物理介质可以是内存或硬盘，对

Hibernate 的查询缓存提供了支持。

(3) Infinispan：可作为进程范围或集群范围内的缓存。

JCache 和 EHCache 适用于 Hibernate 应用发布在单个机器中的场合。如果企业应用需要支持成千上万的用户的并发访问，可以把应用发布到多台机器中，每台机器分担一部分运行负荷，从而提高应用的运行性能。在这种集群环境下，可以用 Infinispan 作为 Hibernate 的第二级缓存。

配置第二级缓存主要包含以下步骤。

(1) 把缓存插件的类库加入到 classpath 中。

(2) 在 JPA 应用的 persistence.xml 配置文件中配置第二级缓存。

(3) 对于需要使用第二级缓存的持久化类或者它的集合属性，设置它的第二级缓存的并发访问策略。

(4) 每一种缓存插件都有自带的配置文件，因此需要手动编辑该配置文件。例如，EHCache 缓存的配置文件为 ehcache.xml。在缓存的配置文件中通常需要为第二级缓存设置数据过期策略。

接下来以 EHCache 为例，介绍第二级缓存的配置和运用步骤。

22.4.1 获得 EHCache 缓存插件的类库

在 Hibernate 软件包的展开目录的 optional/ehcache 目录下，包含了 EHCache 缓存插件的类库，把这些类库的 JAR 文件复制到应用程序的 lib 目录下。此外，EHCache 采用 SLF4J 软件来记录日志，因此需要把 SLF4J 的相关类库复制到应用程序的 lib 目录下。19.5 节已经介绍了 SLF4J 软件的用法。

22.4.2 在 persistence.xml 文件中配置第二级缓存

在 JPA 的配置文件 persistence.xml 中，通过 Hibernate 的相关属性来配置第二级缓存。如例程 22-1 所示，persistence.xml 文件配置了第二级缓存，并且使用 EHCache 缓存插件。

例程 22-1 persistence.xml 配置文件的部分代码

```
<persistence-unit name="myunit">
  …
  <shared-cache-mode>ENABLE_SELECTIVE</shared-cache-mode>
  <properties>
     <property name="hibernate.cache.use_second_level_cache"
                  value="true"/>
     <property name="hibernate.cache.use_query_cache"
                  value="true"/>
     <property name="hibernate.cache.region.factory_class"
                  value="org.hibernate.cache.ehcache
                         .SingletonEhCacheRegionFactory"/>
```

```
        <property name="net.sf.ehcache.configurationResourceName"
                  value="ehcache.xml"/>
        <property name="hibernate.cache.use_structured_entries"
                  value="false"/>
        <property name="hibernate.generate_statistics"
                  value="true"/>
        ...
    </properties>
  </persistence-unit>
```

以上代码设置了与第二级缓存有关的属性。

（1）hibernate.cache.use_second_level_cache 属性：是否使用第二级缓存。默认值为false。

（2）hibernate.cache.use_query_cache：是否使用查询缓存。默认值为 false。

（3）hibernate.cache.region.factory_class：指定生成缓存插件的工厂类。在本例中采用 EHCache 的工厂类 SingletonEhCacheRegionFactory。

（4）net.sf.ehcache.configurationResourceName：指定缓存插件的配置文件。本例为 EHCache 的配置文件 ehcache.xml，它位于 classpath 的根目录下，也可以把它放在其他特定目录下。

（5）hibernate.cache.use_structured_entries：是否在缓存中使用结构化的散装数据格式来表示实体对象。这种格式的数据适合集群环境。但是在独立环境中，运行性能比较慢，所以在独立环境中，应该把该属性设为 false。

（6）hibernate.generate_statistics：是否产生缓存插件运行过程中的内部统计数据。Hibernate 提供了专门的 API 来访问这些统计数据，这对跟踪缓存的运行很有帮助。在程序的调试阶段，可以把这个属性设为 true。但是在程序正式运行和发布阶段，应该把这个属性设为 false，以减少程序的输出，提高程序的运行性能。

persistence.xml 中的<shared-cache-mode>元素设置第二级缓存的运行模式，它有以下可选值。

（1）ENABLE_SELECTIVE：只有用@Cacheable 注解标识的持久化类的实体对象才会使用第二级缓存。这是默认值，也是优先推荐的模式。

（2）DISABLE_SELECTIVE：只要持久化类没有显式标识不使用第二级缓存，它的实体对象就会使用第二级缓存。

（3）ALL：所有的持久化类的实体对象都使用第二级缓存。

（4）NONE：所有的持久化类的实体对象都不使用第二级缓存。

22.4.3 在持久化类中启用实体数据缓存、自然主键缓存和集合缓存

Hibernate 允许在类和集合的粒度上设置是否启用第二级缓存。在持久化类中，@Cacheable 注解表示启用第二级缓存。@org.hibernate.annotations.Cache 注解用来设定缓存的并发访问策略。例程 22-2 的 Customer 类演示了这些注解的用法。

例程 22-2 Customer.java

```
@Cacheable
@org.hibernate.annotations.Cache(
    usage = org.hibernate.annotations
            .CacheConcurrencyStrategy.NONSTRICT_READ_WRITE,
    region = "mypack.Customer" //缓存区域的名字
)

@org.hibernate.annotations.NaturalIdCache

@Entity
@Table(name = "CUSTOMERS")
public class Customer implements java.io.Serializable {
  @Id
  @GeneratedValue(generator = "increment")
  @GenericGenerator(name = "increment", strategy = "increment")
  @Column(name = "ID")
  private Long id;

  @Column(name = "NAME")
  @org.hibernate.annotations.NaturalId(mutable = true)
  private String name;

  @OneToMany(mappedBy = "customer")
  @org.hibernate.annotations.Cache(
    usage = org.hibernate.annotations
            .CacheConcurrencyStrategy.READ_WRITE)
  private Set<Order> orders = new HashSet<Order>();
  …
}
```

例程 22-2 的 Customer 类启用了以下三种缓存。

(1) 实体数据缓存：Customer 类前的@Cache 注解表明 Customer 实体对象存放在这种缓存中。@Cache 注解的 usage 属性指定缓存的并发访问策略，region 属性指定数据所存放的缓存区域的名字。

(2) 自然主键缓存：Customer 类前的@ NaturalIdCache 注解表明采用这种缓存，缓存区域的默认名字为 mypack.Customer##NaturalId。Customer 类的 name 属性用@NaturalId 注解来标识，表明该属性是自然主键。@NaturalId 注解的 mutable 属性为 true，表明该自然主键的值允许更新。

(3) 集合缓存：Customer 类的 orders 集合属性使用了@Cache 注解，表明 orders 集合采用这种集合缓存，缓存区域的默认名字为 mypack.Customer.orders。值得注意的是，Hibernate 仅把与 Customer 对象关联的 Order 对象的 OID 存放到集合缓存中。如果希望把整个 Order 对象的散装数据存入缓存，应该在 Order 类中通过@Cacheable 和@Cache 注解启用实体数据缓存。

CacheConcurrencyStrategy 表示缓存并发访问策略，它有以下五个可选值。

(1) NONE：不使用任何并发访问策略。

(2) TRANSACTIONAL：事务型并发访问策略。

(3) READ_WRITE：读写型并发访问策略。

(4) NONSTRICT_READ_WRITE：非严格读写型并发访问策略。

(5) READ_ONLY：只读型并发访问策略。

22.4.4 设置 EHCache 的 ehcache.xml 配置文件

在例程 22-1 中，指定 EHCache 的配置文件为 ehcache.xml。在该文件中设置各个缓存区域的特性，主要是设置数据过期策略，参见例程 22-3。

例程 22-3 ehcache.xml

```
<ehcache xmlns:xsi="http://www.w3.org/2001/XMLSchema-instance"
       xsi:noNamespaceSchemaLocation=
      "http://ehcache.org/ehcache.xsd">

   <defaultCache
           maxElementsInMemory="1000"
           eternal="true"
           overflowToDisk="false"/>

   <cache name="mypack.Customer"  <!-- 实体数据缓存 -->
          maxElementsInMemory="500"
          eternal="false"
          timeToIdleSeconds="30"
          timeToLiveSeconds="60"/>

   <cache name="mypack.Customer##NaturalId" <!-- 自然主键缓存 -->
           maxElementsInMemory="500"
           eternal="false"
           timeToIdleSeconds="30"
           timeToLiveSeconds="60"/>

   <cache name="mypack.Customer.orders"  <!-- 集合缓存 -->
          maxElementsInMemory="5000"
          eternal="false"
          timeToIdleSeconds="600"
          timeToLiveSeconds="3600"/>

   <cache name="default-query-results-region" <!-- 默认的查询缓存 -->
           maxElementsInMemory="500"
           eternal="false"
           timeToIdleSeconds="600"
           timeToLiveSeconds="3600"/>

   <!-- 默认的时间戳缓存 -->
   <cache name="default-update-timestamps-region"
           maxElementsInMemory="50"
           eternal="true"/>
</ehcache>
```

每个<cache>子元素用来设置特定缓存区域的特性，它的 name 属性表示缓存区域的名字，和 Customer 类中@Cache 注解的 region 属性对应。如果@Cache 注解没有设置 region 属性，就会采用默认的名字。表 22-1 介绍了<cache>元素的各个属性的作用。

表 22-1 <cache>元素的属性

属 性	描 述
name	指定缓存区域的名字，它的默认取值为类的完整名字或者类的集合的名字。例如，如果 name 属性为 mypack. Category，表示 Category 类的实体数据缓存；如果 name 属性为 mypack. Customer，表示 Customer 类的实体数据缓存；如果 name 属性为 mypack. Customer. orders，表示 Customer 类的 orders 集合的集合缓存。该 name 属性和持久化类中@Cache 注解的 region 属性对应。如果@Cache 注解没有设置 region 属性，就会采用默认的名字
maxElementsInMemory	设置基于内存的缓存可存放的对象的最大数目
eternal	默认值为 false 如果为 true，表示对象永远不会过期，此时会忽略 timeToIdleSeconds 和 timeToLiveSeconds 属性
timeToIdleSeconds	设定允许对象处于空闲状态的最长时间，以秒为单位。当对象最近一次被访问后，如果处于空闲状态的时间超过了 timeToIdleSeconds 属性值，这个对象就会过期。当对象过期，EHCache 将把它从缓存中清除。只有当 eternal 属性为 false，设置 timeToIdleSeconds 属性才有效。如果 timeToIdleSeconds 属性为 0，表示对象可以无限期地处于空闲状态
timeToLiveSeconds	设定对象允许存在于缓存中的最长时间，以秒为单位。当对象被存放到缓存中后，如果处于缓存中的时间超过了 TimeToLiveSeconds 属性值，这个对象就会过期。当对象过期，EHCache 将把它从缓存中清除。只有当 eternal 属性为 false，设置 timeToLiveSeconds 属性才有效。如果 timeToLiveSeconds 属性为 0，表示对象可以无限期地存在于缓存中。timeToLiveSeconds 属性值必须大于或等于 timeToIdleSeconds 属性值，才有意义
overflowToDisk	如果为 true，表示当基于内存的缓存中的对象数目达到了 maxElementsInMemory 界限，会把溢出的对象写到基于硬盘的缓存中

可以看出，每个类或集合的第二级缓存都有单独的名字，因此也称为命名缓存。每个命名缓存代表一个缓存区域，每个缓存区域有各自的数据过期策略。命名缓存机制使得用户能够在每个类以及类的每个集合的粒度上设置数据过期策略。

下面再结合具体的例子介绍如何针对不同实体对象的业务需求来设置第二级缓存的数据过期策略。

Category 类表示商品类别，它的对象的数目不多。这些对象不会被修改，并且它们会被多个并发的事务进行读访问。因此，把 eternal 属性设为 true，表示位于第二级缓存中的 Category 对象永远不会过期。此外，可以把 overflowToDisk 属性设为 false，因为 Category 类的对象数目不多，不会消耗很多内存。以下配置代码表明在基于内存的缓存中最多只会存放 500 个 Category 对象，这些对象永远不会过期，并且不会启用基于硬盘的缓存：

```
<cache name = "mypack.Category"
    maxElementsInMemory = "500"
    eternal = "true"
```

```
    timeToIdleSeconds = "0"
    timeToLiveSeconds = "0"
    overflowToDisk = "false"
/>
```

Item 类表示商品，它的对象的数目很多。这些对象偶尔会被修改，因此必须清除过期的 Item 对象，以便及时释放它们占用的内存。此外，可以启用基于硬盘的缓存。以下配置代码表明在基于内存的缓存中最多只会存放 5000 个 Item 对象，如果一个 Item 对象在缓存中处于空闲状态的时间超过了 300 秒，或者位于缓存中的总时间超过了 600 秒，EHCache 就会把它从缓存中清除。如果基于内存的缓存中已经存放了 5000 个 Item 对象，接下来的 Item 对象将被加入到基于硬盘的缓存中。

```
<cache name = "mypack.Item"
    maxElementsInMemory = "5000"
    eternal = "false"
    timeToIdleSeconds = "300"
    timeToLiveSeconds = "600"
    overflowToDisk = "true"
/>
```

22.4.5 获取第二级缓存的统计信息

Hibernate 提供了获取第二级缓存的统计信息的 API，通过它可以监测第二级缓存被程序读写的次数等信息。例程 22-4 的 BusinessService 类演示了统计 API 的用法。

例程 22-4 BusinessService.java

```
public class BusinessService{
  public static EntityManagerFactory entityManagerFactory;
  /** 初始化 JPA，创建 EntityManagerFactory 实例 */
  static{ … }

  public void warmCache(){
    EntityManager entityManager =
        entityManagerFactory.createEntityManager();
    EntityTransaction tx = null;
    tx = entityManager.getTransaction();
    tx.begin();

    List<Customer> result = entityManager
        .createQuery("from Customer c",Customer.class)
        .getResultList();

    System.out.println("查询所有 Customer 对象后,"
            +"打印程序访问 Customer 实体数据缓存信息");
```

```
    printStatistic(Customer.class.getName());

    Set < Order > orders = result.get(0).getOrders();
    orders.iterator();                     //初始化 orders 集合

    System.out.println("初始化 orders 集合后,"
             + "打印程序访问 orders 集合缓存信息");
    printStatistic(Customer.class.getName() + ".orders");

    tx.commit();
    entityManager.close();
  }

  public void testCache(){
    EntityManager entityManager =
               entityManagerFactory.createEntityManager();
    EntityTransaction tx = null;
    tx = entityManager.getTransaction();
    tx.begin();

    Customer customer = entityManager.find(Customer.class,
                                 Long.valueOf(1));
    System.out.println("加载 ID 为 1 的 Customer 对象后,"
               + "打印程序访问 Customer 实体数据缓存信息");
    printStatistic(Customer.class.getName());

    Set < Order > orders = customer.getOrders();
    orders.iterator();                     //初始化 orders 集合

    System.out.println("初始化 orders 集合后,"
                   + "打印程序访问 orders 集合缓存信息");
    printStatistic(Customer.class.getName() + ".orders");

    tx.commit();
    entityManager.close();
  }

  public void testQueryCache(){ … }        //参见 22.4.8 节

  public void testCacheMode(){ … }         //参见 22.4.6 节

  public void printStatistic(String regionName){
    Statistics stats = entityManagerFactory
                  .unwrap(SessionFactory.class)
                  .getStatistics();

    CacheRegionStatistics cacheStats =
            stats.getCacheRegionStatistics(regionName);
    System.out.println("程序读取" + regionName + "缓存次数:"
          + cacheStats.getHitCount());
```

```
    System.out.println("程序忽略" + regionName + "缓存次数:"
          + cacheStats.getMissCount());
    System.out.println("程序写入" + regionName + "缓存次数:"
         + cacheStats.getPutCount());

    //清空当前的缓存统计信息。如果不调用此方法,会累计统计信息
    stats.clear();
  }

  public void controlCache(){ … }          //参见 22.4.7 节

  public void test(){
     warmCache();
     testCache();
     testQueryCache();
     testCacheMode();
     controlCache();
  }

  public static void main(String args[]) {
    new BusinessService().test();
    entityManagerFactory.close();
  }
}
```

本章范例程序位于配套源代码包的 sourcecode/chapter22 目录下，它用于演示第二级缓存的用法。运行本章程序前，需要在 SAMPLEDB 数据库中手动创建 CUSTOMERS 表和 ORDERS 表，然后加入测试数据，相关的 SQL 脚本文件为 schema/sampledb.sql。

在 DOS 命令行下进入 chapter22 根目录，输入命令“ant run”，就会运行 BusinessService 类。BusinessService 的 main()方法调用 test()方法，test()方法依次调用以下方法。

(1) warmCache()：预先向第二级缓存中写入一批数据。

(2) testCache()：测试程序读写第二级缓存的行为。

(3) testQueryCache()：测试程序读写查询缓存的行为，参见 22.4.8 节。

(4) testCacheMode()：测试第二级缓存的读写模式的行为，参见 22.4.6 节。

(5) controlCache()：在程序中控制第二级缓存，删除缓存中的特定数据，参见 22.4.7 节。

BusinessService 类的 printStatistic()方法先获得 Statistics 对象，然后调用 Statistics 对象的 getCacheRegionStatistics(regionName)方法，获得表示特定缓存区域的 CacheRegionStatistics 对象，如：

```
Statistics stats = entityManagerFactory
                  .unwrap(SessionFactory.class)
                  .getStatistics();

CacheRegionStatistics cacheStats =
          stats.getCacheRegionStatistics(regionName);
```

参数 regionName 指定缓存区域的名字，它和持久化类中@Cache 注解的 region 属性对应。如果@Cache 注解没有显式设定缓存区域的名字，就会使用默认的名字。Customer 类的实体数据缓存区域的默认名字为类的全名 mypack. Customer，Customer 类的 orders 集合缓存区域的默认名字为 mypack. Customer. orders。

CacheRegionStatistics 接口提供了以下三种统计缓存访问次数的方法。

(1) getHitCount()：返回程序读取特定缓存的次数。

(2) getMissCount()：返回程序未读取(忽略)特定缓存的次数。

(3) getPutCount()：返回程序向特定缓存写入数据的次数。

BusinessService 类的 printStatistic()方法在最后会调用 Statistics 对象的 clear()方法清除当前的统计数据。如果不调用此方法，就会累计所有的统计信息。例如，当程序多次读取特定缓存区域后，CacheRegionStatistics 对象的 getHitCount()方法的返回值也会相应地不断递增。

BusinessService 类的 warmCache()方法先检索所有的 Customer 对象，再调用 printStatistic(Customer. class. getName())方法，如：

```
List < Customer > result = entityManager
        .createQuery("from Customer c",Customer.class)
        .getResultList();

System.out.println("查询所有 Customer 对象后,"
               + "打印程序访问 Customer 实体数据缓存信息");
printStatistic(Customer.class.getName());
```

一开始，Customer 实体数据缓存中没有任何 Customer 对象，程序检索 Customer 对象时，会把 Customer 对象写入 Customer 实体数据缓存。printStatistic(Customer. class. getName())方法打印如下信息：

```
查询所有 Customer 对象后,打印程序访问 Customer 实体数据缓存信息
程序读取 mypack.Customer 缓存次数:0
程序忽略 mypack.Customer 缓存次数:0
程序写入 mypack.Customer 缓存次数:5
```

warmCache()方法接着初始化第一个 Customer 对象的 orders 集合，然后再调用 printStatistic(Customer. class. getName()＋". orders")方法，如：

```
Set < Order > orders =  result.get(0).getOrders();
orders.iterator(); //初始化 orders 集合

System.out.println("初始化 orders 集合后,"
             + "打印程序访问 orders 集合缓存信息");
printStatistic(Customer.class.getName() + ".orders");
```

一开始，Customer 类的 orders 集合缓存中没有任何数据。程序初始化 Customer 对象的 orders 集合时，会把相关的数据写入到 orders 集合缓存。printStatistic(Customer.

class.getName()+".orders")方法打印如下信息：

```
初始化 orders 集合后，打印程序访问 orders 集合缓存信息
程序读取 mypack.Customer.orders 缓存次数:0
程序忽略 mypack.Customer.orders 缓存次数:1
程序写入 mypack.Customer.orders 缓存次数:1
```

BusinessService 类接着调用 testCache()方法，该方法先加载 ID 为 1 的 Customer 对象，再打印访问 Customer 实体数据缓存的统计信息。由于在 Customer 实体数据缓存中存在 ID 为 1 的 Customer 对象，因此代表 Customer 实体数据缓存的 CacheRegionStatistics 对象的 getHitCount()方法的返回值为 1，打印信息如下：

```
加载 ID 为 1 的 Customer 对象后，打印程序访问 Customer 实体数据缓存信息
程序读取 mypack.Customer 缓存次数:1
程序忽略 mypack.Customer 缓存次数:0
程序写入 mypack.Customer 缓存次数:0
```

testCache()方法接着初始化 Customer 对象的 orders 集合。由于在 Customer 类的 orders 集合缓存中已经存在相应的数据，因此代表 orders 集合缓存的 CacheRegionStatistics 对象的 getHitCount()方法的返回值为 1，打印信息如下：

```
初始化 orders 集合后，打印程序访问 orders 集合缓存信息
程序读取 mypack.Customer.orders 缓存次数:1
程序忽略 mypack.Customer.orders 缓存次数:0
程序写入 mypack.Customer.orders 缓存次数:0
```

22.4.6 设置第二级缓存的读写模式

javax.persistence.CacheRetrieveMode 表示读缓存的模式，它有以下两个可选值。

(1) CacheRetrieveMode.USE：正常模式(默认模式)，Hibernate 会从第二级缓存中读取数据。

(2) CacheRetrieveMode.BYPASS：忽略模式，Hibernate 不会从第二级缓存中读取数据。

javax.persistence.CacheStoreMode 表示写缓存的模式，它有以下三个可选值。

(1) CacheStoreMode.USE：正常模式(默认模式)，Hibernate 会向第二级缓存写入数据。

(2) CacheStoreMode.BYPASS：忽略模式，Hibernate 不会向第二级缓存写入数据。

(3) CacheStoreMode.REFRESH：刷新模式，Hibernate 会强制刷新第二级缓存，向第二级缓存写入从数据库读到的数据，。

本章范例的 BusinessService 类的 testCacheMode()方法演示如何设置第二级缓存的读写模式：

```
public void testCacheMode(){
  EntityManager entityManager =
            entityManagerFactory.createEntityManager();
  EntityTransaction tx = null;
  tx = entityManager.getTransaction();
  tx.begin();

  Map<String, Object> properties = new HashMap<String, Object>();
  properties.put("javax.persistence.cache.retrieveMode",
                    CacheRetrieveMode.BYPASS);
  Customer customer = entityManager.find(Customer.class,
                             Long.valueOf(1),properties);
  System.out.println("加载 ID 为 1 的 Customer 对象后,"
            +"打印程序访问 Customer 实体数据缓存信息");
  printStatistic(Customer.class.getName());

  entityManager.setProperty("javax.persistence.cache.storeMode",
                             CacheStoreMode.BYPASS);
  customer = new Customer("Linda",25,new HashSet<Order>());
  entityManager.persist(customer);

  System.out.println("保存了 Customer 对象后,"
                +"打印程序访问 Customer 实体数据缓存信息");
  printStatistic(Customer.class.getName());

  tx.commit();
  entityManager.close();
}
```

testCacheMode()方法在通过 EntityManager 的 find()方法加载 Customer 对象时,设置了 CacheRetrieveMode. BYPASS 模式,在这种模式下,Hibernate 会忽略读取 Customer 实体数据缓存,printStatistic(Customer. class. getName())打印如下信息:

```
加载 ID 为 1 的 Customer 对象后,打印程序访问 Customer 实体数据缓存信息
程序读取 mypack.Customer 缓存次数:0
程序忽略 mypack.Customer 缓存次数:0
程序写入 mypack.Customer 缓存次数:3
```

提示 在 CacheRetrieveMode. BYPASS 模式下,Hibernate 不会读取第二级缓存,但是仍然会向第二级缓存写入数据。Hibernate 会预先批量加载 3 个 Customer 对象,把它们写入 Customer 实体数据缓存中,因此 CacheRegionStatictics 的 getPutCount()方法的返回值为 3。

testCacheMode()方法接着通过 EntityManager 的 setProperty()方法设置了 CacheStoreMode. BYPASS 模式。在这种模式下,Hibernate 不会向第二级缓存写入数据。testCacheMode()方法接着保存了一个 Customer 对象,由于此时采用 CacheRetrieveMode. BYPASS 和 CacheStoreMode. BYPASS 模式,printStatistic()方法打印如下信息:

```
保存了 Customer 对象后,打印程序访问 Customer 实体数据缓存信息
程序读取 mypack.Customer 缓存次数:0
程序忽略 mypack.Customer 缓存次数:0
程序写入 mypack.Customer 缓存次数:0
```

由此可见，在 CacheRetrieveMode. BYPASS 和 CacheStoreMode. BYPASS 模式下，Hibernate 仅访问数据库和第一级缓存，不会访问第二级缓存，且不会对第二级缓存进行读写操作。对于以上代码，Hibernate 仅把 Customer 对象存放到第一级缓存和数据库中，不会存放到第二级缓存中。

下面再介绍 CacheStoreMode. USE(默认值)和 CacheStoreMode. REFRESH 的区别。在默认的 CacheStoreMode. USE 模式下，当程序加载一个 Customer 对象时，Hibernate 会先查看 Customer 实体数据缓存，如果缓存中存在该 Customer 对象，就将它返回；如果缓存中不存在该 Customer 对象，就从数据库加载 Customer 对象，把它写入到 Customer 实体数据缓存，并将它返回。

而在 CacheStoreMode. REFRESH 模式下，当程序加载一个 Customer 对象时，不管 Customer 实体数据缓存中是否存在该 Customer 对象，Hibernate 都会从数据库加载 Customer 对象，把它写入到 Customer 实体数据缓存(如果缓存中已经存在 Customer 对象，就会覆盖原先的 Customer 对象)，并将它返回。

由此可见，CacheStoreMode. USE 模式可以减少写缓存的次数，而 CacheStoreMode. REFRESH 模式则可以保证缓存与数据库的同步。

在集群环境下，向所有的缓存节点写入数据是非常影响程序运行性能的操作，因此要优先考虑 CacheStoreMode. USE 模式，而且可以把 Hibernate 的配置属性 hibernate. cache. use_minimal_puts 设为 true，限制写缓存的次数，这样可以进一步提高程序访问第二级缓存的性能。

如果某些缓存插件的读和写缓存的性能没有差别，并且程序对缓存与数据库的同步有很高的要求，那么可以使用 CacheStoreMode. REFRESH 模式。

22.4.7 在程序中控制第二级缓存

22.3 节介绍了控制第一级缓存的方法，EntityManager 的 detach()方法用于从第一级缓存中清除一个特定的对象。对于第二级缓存，JPA API 提供了 javax. persistence. Cache 接口，它具有控制第二级缓存的 evict()方法，能从第二级缓存的实体数据缓存中删除特定的数据。

javax. persistence. Cache 接口只能控制实体数据缓存。如果要控制其他类型的缓存，需要使用 Hibernate API 提供的 org. hibernate. Cache 接口。

本章范例的 BusinessService 类的 controlCache()方法演示了 JPA API 以及 Hibernate API 的 Cache 接口的用法：

```
public void controlCache(){
  //Cache 接口来自 JPA API 的 javax.persistence 包
```

```
  Cache cache = entityManagerFactory.getCache();

  if(cache.contains(Customer.class, Long.valueOf(1))){
    //清除实体数据缓存中的特定 Customer 对象
    cache.evict(Customer.class, Long.valueOf(1));
  }

  //清除实体数据缓存中的所有 Customer 对象
  cache.evict(Customer.class);

  //清除实体数据缓存中的所有数据
  cache.evictAll();

  //使用来自 Hibernate API 的 Cache 接口
  org.hibernate.Cache hibernateCache =
           cache.unwrap(org.hibernate.Cache.class);

  if(hibernateCache.containsEntity(Customer.class,
                                Long.valueOf(1))){
     //清除实体数据缓存中的特定 Customer 对象
     hibernateCache.evictEntityData(Customer.class,
                                       Long.valueOf(1));
  }

  hibernateCache.evictEntityData();        //清空实体数据缓存区域
  hibernateCache.evictCollectionData();    //清空集合缓存区域
  hibernateCache.evictNaturalIdData();     //清空自然主键缓存区域
  hibernateCache.evictQueryRegions();      //清空查询缓存区域
}
```

22.4.8 查询缓存

18.5.2 节已经介绍了查询缓存的用法。本节进一步介绍查询缓存的配置和使用技巧。在默认情况下，当程序查询数据时，不会使用查询缓存，而是直接到数据库中查询数据。第 17 章提到检索数据库有三种方式：JPQL、QBC 和本地 SQL 检索方式。这三种方式都利用 JPA API 的 Query 接口来执行查询语句。

如果希望 javax.persistence.Query 接口执行特定查询语句时使用查询缓存，可以调用它的 setHint()方法，如：

```
String queryString = "from Customer c where c.name like :name";

List<Customer> result = entityManager
                  .createQuery(queryString,Customer.class)
                  .setParameter("name", "T%")
                  .setHint("org.hibernate.cacheable", true)
                  .getResultList();
```

Hibernate API 还提供了用于获取查询缓存的统计信息的接口 QueryStatistics，如：

```
Statistics stats = entityManagerFactory
                   .unwrap(SessionFactory.class)
                   .getStatistics();

QueryStatistics queryStats = stats.getQueryStatistics(queryString);
```

本章范例的 BusinessService 类的 testQueryCache()方法演示了查询缓存的用法：

```
public void testQueryCache(){
  EntityManager entityManager =
               entityManagerFactory.createEntityManager();
  EntityTransaction tx = null;
  tx = entityManager.getTransaction();
  tx.begin();

  String queryString = "from Customer c where c.name like :name";

  Statistics stats = entityManagerFactory
                   .unwrap(SessionFactory.class)
                   .getStatistics();

  QueryStatistics queryStats = stats.getQueryStatistics(queryString);

  List<Customer> result = entityManager
                 .createQuery(queryString,Customer.class)
                 .setParameter("name", "T%")
                 .setHint("org.hibernate.cacheable", true)
                 .getResultList(); //第一次执行查询语句

  System.out.println("程序读取查询缓存次数:"
                           + queryStats.getCacheHitCount());
  System.out.println("程序忽略查询缓存次数:"
                           + queryStats.getCacheMissCount());
  System.out.println("程序写入查询缓存次数:"
                          + queryStats.getCachePutCount());

  result = entityManager
                 .createQuery(queryString,Customer.class)
                 .setParameter("name", "T%")
                 .setHint("org.hibernate.cacheable", true)
                 .getResultList(); //第二次执行查询语句

  System.out.println("程序读取查询缓存次数:"
                           + queryStats.getCacheHitCount());
  System.out.println("程序忽略查询缓存次数:"
                           + queryStats.getCacheMissCount());
  System.out.println("程序写入查询缓存次数:"
                          + queryStats.getCachePutCount());
  tx.commit();
  entityManager.close();
}
```

testQueryCache()方法第一次执行查询语句时，查询缓存中还不存在相应的查询结果，因此会到数据库中加载数据，并把查询结果写入到查询缓存中。因此，查询统计接口返回以下统计信息。

```
程序读取查询缓存次数:0
程序忽略查询缓存次数:1
程序写入查询缓存次数:1
```

testQueryCache()方法第二次执行同样的查询语句时，只需要从查询缓存中读取查询结果。因此查询统计接口返回以下统计信息。

```
程序读取查询缓存次数:1
程序忽略查询缓存次数:1
程序写入查询缓存次数:1
```

由于查询统计接口会累计所有的统计信息，所以第二次调用 queryStats. getCacheMissCount()方法和 queryStats. getCachePutCount()方法时，它的返回值仍然是 1。

关于查询缓存，有以下四点值得注意的事项。

(1) 如果没有调用 Query 对象的 setHint("org. hibernate. cacheable", true)方法，那么 Hibernate 执行 Query 对象的查询方法时不会使用查询缓存。

(2) 查询缓存区域也按照 key/value 的形式存放数据。每个特定的查询缓存区域的 key 是 Hibernate 执行的 SQL 语句以及所有的参数。如果一个查询语句会被经常执行，并且查询结果不会被修改，那么这样的查询语句适合使用查询缓存。

(3) 如果 SQL 语句检索的是投影数据(例如 select NAME, AGE from CUSTOMERS)，那么查询缓存的 value 中包含完整的投影数据；如果 SQL 语句检索的是完整的实体对象，那么查询缓存的 value 中仅包含实体对象的 OID，具体的实体对象的数据存放在实体数据缓存中。假如不存在实体数据缓存，那么 Hibernate 从查询缓存中获得了一个实体对象的 OID 后，还必须根据对象的 OID 去检索数据库，这样会影响查询性能。所以查询缓存依赖实体数据缓存。

(4) 查询缓存在物理上使用两个默认的缓存区域，22. 4. 4 节的 ehcache. xml 文件对这两个区域做了配置。

- default-query-results-region：存放查询结果。
- default-update-timestamps-region：存放对查询结果中的相关数据所做的各种更新操作的时间戳。

对于 Hibernate API 中的 org. hibernate. query. Query 接口，如果查询语句希望启用查询缓存，那么应该调用 Query 接口 setCacheable()方法，如：

```
Org.hibernate.query.Query customerByAgeQuery = session
                    .createQuery("from Customer c where c.age >:age");
customerByAgeQuery.setInteger("age",age);
customerByAgeQuery.setCacheable(true);
```

如果希望更加精细地控制查询缓存，可以设置缓存区域，如：

```
Org.hibernate.query.Query customerByAgeQuery = session
                    .createQuery("from Customer c where c.age>:age");
customerByAgeQuery.setInteger("age",age);
customerByAgeQuery.setCacheable(true);
customerByAgeQuery.setCacheRegion("customerQueries");
```

org.hibernate.query.Query 接口的 setCacheRegion()方法设置了自定义的命名查询缓存区域 customerQueries。在 EHCache 的配置文件 ehcache.xml 中，通过< cache >元素来配置这个命名查询缓存区域，如：

```
<cache name = "customerQueries" <!-- 自定义的命名查询缓存 -->
          maxElementsInMemory = "500"
          eternal = "false"
          timeToIdleSeconds = "600"
          timeToLiveSeconds = "3600"/>
```

22.5 小结

Hibernate 的缓存介于 Hibernate 应用和数据库之间，缓存中存放了数据库数据的复制，缓存主要用来减少直接访问数据库的频率，从而提高应用的性能。Hibernate 采用二级缓存机制，如果在第一级缓存中没有查询到相应的数据，还可以到第二级缓存内查询，如果在第二级缓存内也没有找到该数据，那么就只好查询数据库。第一级缓存是 Session 的持久化缓存，第二级缓存是 SessionFactory 的外置缓存，表 22-2 对这两种缓存做了比较。

表 22-2 比较 Hibernate 的第一级缓存和第二级缓存

区　别	第一级缓存	第二级缓存
存放数据的形式	相互关联的持久化对象	对象的散装数据
缓存的范围	事务范围，每个事务都拥有单独的第一级缓存	进程范围或集群范围，缓存被同一个进程或集群范围内的所有事务共享
并发访问策略	由于每个事务都拥有单独的第一级缓存，不会出现并发问题，因此无须提供并发访问策略	由于多个事务会同时访问第二级缓存中的相同数据，因此必须提供适当的并发访问策略，来保证特定的事务隔离级别
数据过期策略	没有提供数据过期策略。处于第一级缓存中的对象永远不会过期，除非应用程序显式清空缓存或者清除特定的对象	必须提供数据过期策略，如基于内存的缓存中的对象的最大数目，允许对象处于缓存中的最长时间，以及允许对象处于缓存中的最长空闲时间
物理介质	内存	内存和硬盘。对象的散装数据首先存放在基于内存的缓存中，当内存中对象的数目达到数据过期策略的 maxElementsInMemory 值，就会把其余的对象写入基于硬盘的缓存中
缓存的软件实现	在 Hibernate 的 Session 的实现中包含了缓存的实现	由第三方提供，Hibernate 仅提供了缓存适配器，用于把特定的缓存插件集成到 Hibernate 中

续表

区　别	第一级缓存	第二级缓存
启用缓存的方式	只要应用程序通过 Session 接口来执行保存、更新、删除、加载或查询数据库数据的操作，Hibernate 就会启用第一级缓存，把数据库中的数据以对象的形式复制到缓存中。对于批量更新和批量删除操作，如果不希望启用第一级缓存，可以绕过 Hibernate API，直接通过 JDBC API 来执行批量操作，参见 9.6.4 节	用户可以在单个类或类的单个集合的粒度上配置第二级缓存。如果类的实例被经常读但很少被修改，就可以考虑使用第二级缓存。只有为某个类或集合配置了第二级缓存，Hibernate 在运行时才会把它的实例加入到第二级缓存中
用户管理缓存的方式	第一级缓存的物理介质为内存，由于内存的容量有限，必须通过恰当的检索策略和检索方式来限制加载对象的数目。Session 的 evit()方法(或 EntityManager 的 detach()方法)可以显式清空缓存中特定对象，但这种方法不值得推荐	第二级缓存的物理介质可以是内存和硬盘，因此第二级缓存可以存放大容量的数据，数据过期策略的 maxElementsInMemory 属性值可以控制内存中的对象数目。管理第二级缓存主要包括两个方面：选择需要使用第二级缓存的持久化类，设置合适的并发访问策略；选择缓存插件，设置合适的数据过期策略。JPA API 和 Hibernate API 的 Cache 接口的 evit()方法可以显式清空缓存中特定对象，但这种方法不值得推荐

22.6 思考题

1. 关于 Hibernate 的第一级缓存，以下哪些说法正确？(多选)

   (a) 它是 Session 的持久化缓存　　(b) 它是可拆卸的

   (c) 它的物理介质可以是内存或硬盘　　(d) 它存放的是相互关联的持久化对象

2. 关于 Hibernate 的第二级缓存，以下哪些说法正确？(多选)

   (a) 它是 SessionFactory 的外置缓存　　(b) 它是可拆卸的

   (c) 它的物理介质可以是内存或硬盘　　(d) 它存放的是相互关联的持久化对象

3. 假定 Hibernate 的第一级缓存中有一个 OID 为 1 的 Customer 对象，以下哪些方法能够清空该缓存中的 Customer 对象？(多选)

   (a) entityManager. evict(customer)　　(b) entityManager. close()

   (c) entityManager. flush()　　(d) entityManager. clear()

4. Hibernate 的第二级缓存可以充当哪些范围内的缓存？(多选)

   (a) 事务范围　　(b) 进程范围　　(c) 集群范围

5. 通常情况下，哪些类型的数据适合存放到第二级缓存中？(多选)

   (a) 很少被修改的数据

   (b) 不是很重要的数据，允许出现偶尔的并发问题

   (c) 被频繁地并发修改的数据

   (d) 财务数据

6. 以下哪种缓存并发访问策略提供 Repeatable Read 事务隔离级别？（单选）

(a) CacheConcurrencyStrategy. READ_WRITE

(b) CacheConcurrencyStrategy. NONSTRICT_READ_WRITE

(c) CacheConcurrencyStrategy. READ_ONLY

(d) CacheConcurrencyStrategy. TRANSACTIONAL

7. 假定已经在 Customer 类中通过@org. hibernate. annotations. Cache 注解设置了实体数据缓存，名为 mypack. Customer，此外，还在 JPA 的 persistence. xml 文件中设置使用查询缓存。对于以下代码，哪些说法正确？（多选）

```
TypedQuery<Customer> query = entityManager
    .createQuery("from Customer c",Customer.class);   //第 1 行
query.setHint("org.hibernate.cacheable", true);       //第 2 行
List<Customer> result = query.getResultList();        //第 3 行
```

(a) 以上 query. getResultList()方法会把查询到的 Customer 对象的散装数据存放到名为 mypack. Customer 的实体数据缓存中

(b) 以上 query. getResultList()方法会把查询到的 Customer 对象的 OID 存放到查询缓存中

(c) 如果把第 2 行的程序代码注释掉，query. getResultList()方法会忽略名为 mypack. Customer 的实体数据缓存

(d) 如果把第 2 行的程序代码注释掉，query. getResultList()方法会忽略查询缓存

第23章

管理Session和实现对话

对于完全通过 Hibernate API 来访问数据库的应用程序，Session 是最频繁使用的接口。在前面章节的一些范例中，都是由程序自主管理 Session 对象的生命周期，Session 对象的生命周期与一个事务的生命周期对应。所有访问数据库的方法都先创建一个 Session 对象，然后声明开始一个事务，当提交了事务后，就关闭 Session 对象。例如 21.4 节的 BusinessService 类的 withdraw()取款方法，也可以按照以下流程用 Hibernate API 来实现。

```
Session session = sessionFactory.openSession();  //创建一个 Session 对象
session.beginTransaction();                      //声明开始一个事务

//具体的事务操作
Account account = session.get(Account.class,Long.valueOf(1));
account.setBalance(account.getBalance() - 100);

session.getTransaction().commit();               //提交事务
session.close();                                 //关闭 Session 对象
```

该示范代码可以很清晰地演示 Hibernate API 的用法。但对于规模庞大的 Java 应用，这种处理方式有以下缺点。

(1) 有大量重复代码，在许多方法内都要重复编写创建 Session 对象和关闭 Session 对象的代码。

(2) 在多个类之间共享同一个 Session 对象比较麻烦。

为了简化 Java 应用的程序代码和软件架构，Hibernate 负责管理 Session 对象生命周期的任务，它提供了以下三种管理 Session 对象的方法。

(1) 将 Session 对象的生命周期与本地线程绑定。

(2) 将 Session 对象的生命周期与 JTA 事务绑定。

(3) Hibernate 委托程序管理 Session 对象的生命周期，值得注意的是，这种方式与由程序自主管理 Session 对象的生命周期是不一样的。

本章还会介绍对话的概念和运用。对话是指包含了用户思考时间的长工作单元。本章提供了实现对话的几种方式，并且分析了每一种实现方式的运行性能。这些实现方式的主要区别在于，它们的 Session 对象的生命周期、事务的生命周期以及清理缓存的方式不一样。

23.1 管理 Session 对象的生命周期

尽管让程序自主管理 Session 对象的生命周期也是可行的，但是在实际 Java 应用中，把管理 Session 对象的生命周期交给 Hibernate，可以简化 Java 应用的程序代码和软件架构。Hibernate 自身提供了以下三种管理 Session 对象生命周期的方式。

(1) 将 Session 对象的生命周期与本地线程绑定，参见 23.1.1 节。

(2) 将 Session 对象的生命周期与 JTA 事务绑定，参见 23.1.2 节。

(3) Hibernate 委托程序管理 Session 对象的生命周期，参见 23.2.2 节。

提示 为了叙述的方便，下文有时把管理 Session 对象的生命周期简称为管理 Session。

通过 Hibernate API 处理业务的 BusinessService 类包含了业务逻辑代码、创建 SessionFactory 对象的代码、管理 Session 对象的代码以及执行数据库事务的代码。对于复杂的软件应用，需要细分 BusinessService 类的功能，建立精粒度的对象模型。精粒度的对象模型把功能逐步分解为多个模块，然后分配给多个类来协作完成。精粒度的对象模型可以减少重复代码，而且能提高每个类的独立性，有利于软件的维护和可重用。本节将进一步细分 BusinessService 类的功能，并且由多个类来分担这些功能：

(1) HibernateUtil 类：实用类，负责创建一个应用范围内的 SessionFactory 对象。它的 getSessionFactory()静态方法返回这个 SessionFactory 对象，getCurrentSession()静态方法返回当前的 Session 对象。

(2) Account 类：持久化类，代表银行账户。

(3) AccountDAO 类：封装了通过 Hibernate API 访问数据库、进行查询以及更新 Account 对象的代码。它不负责声明数据库事务。DAO(Data Access Object)表示数据访问对象。

(4) BusinessService 类：负责处理取款业务，通过 AccountDAO 类查询以及更新 Account 对象，数据库事务的声明由此类来完成。

图 23-1 显示了这些类之间的依赖关系。

HibernateUtil 类是一个实用类，它的源代码参见例程 23-1。

例程 23-1 HibernateUtil.java

```
public class HibernateUtil {
  private static SessionFactory sessionFactory;

  static{
```

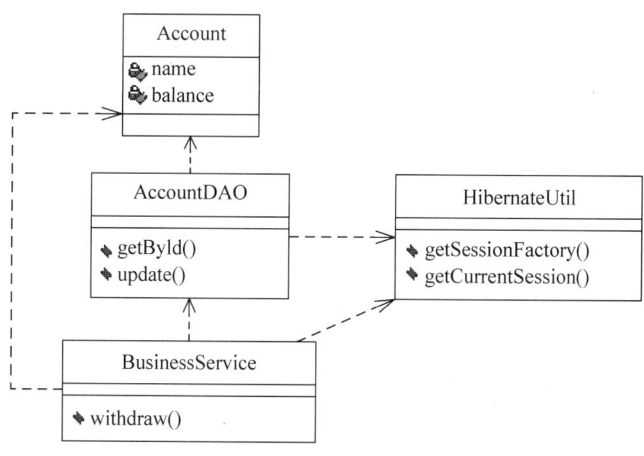

图 23-1　精粒度的对象模型

```
      //初始化 Hibernate,创建 SessionFactory 对象
      ...
    }

    public static SessionFactory getSessionFactory() {
      return sessionFactory;
    }

    public static void closeSessionFactory() {
      sessionFactory.close();
    }

    public static Session getCurrentSession(){
      return sessionFactory.getCurrentSession(); //返回当前的 Session 对象
    }
}
```

SessionFactory 对象是重量级对象,在一个 Java 应用中,对于一个数据库存储源,只需要创建一个代表该存储源的 SessionFactory 对象,它被整个 Java 应用共享。

AccountDAO 类封装了与 Account 对象有关的访问数据库的代码,参见例程 23-2。它通过 HibernateUtil 类的 getCurrentSession()方法得到当前的 Session 对象。它的 getById()以及 update()方法既不用管理 Session,也不用声明事务。

例程 23-2　AccountDAO. java

```
package mypack;
public class AccountDAO{
  public Account getById(long id){
    return HibernateUtil.getCurrentSession()
                    .get(Account.class,Long.valueOf(id));
  }

  public void update(Account account){
```

```
    HibernateUtil.getCurrentSession().saveOrUpdate(account);
  }
}
```

Hibernate 管理 Session 对 Java 应用是透明的。无论是哪种管理方式，AccountDAO 类都不必自己创建 Session 对象，只需要调用 HibernateUtil 类的 getCurrentSession()方法，就能获得当前的 Session 对象。

而 HibernateUtil 类的 getCurrentSession()方法实际上调用了 SessionFactory 对象的 getCurrentSession()方法，来获得当前的 Session 对象。由此可见，Hibernate 内部封装了管理 Session 对象的生命周期的实现细节。

当 Java 应用改变 Hibernate 的 Session 管理方式时，无须修改 Account 类、AccountDAO 类和 HibernateUtil 类的源代码，只需要修改 Hibernate 的配置文件以及 BusinessService 类即可。在 Hibernate 的配置文件中，hibernate. current_session_context_class 属性用于指定 Session 管理方式，可选值包括：

（1）thread：将 Session 对象的生命周期与本地线程绑定。

（2）jta：将 Session 对象的生命周期与 JTA 事务绑定。

（3）managed：Hibernate 委托程序来管理 Session 对象的生命周期。

23.1.1 Session 对象的生命周期与本地线程绑定

如果把 Hibernate 配置文件的 hibernate. current_session_context_class 属性设为 thread，Hibernate 就会按照与本地线程绑定的方式来管理 Session 对象的生命周期。例程 23-3 为这种方式下 BusinessService 类的源代码。

例程 23-3 BusinessService. java

```
package mypack;
public class BusinessService{
  private AccountDAO ad = new AccountDAO();

  public void withdraw(long accountId,double amount){
    try {
      //声明开始事务
      HibernateUtil.getCurrentSession().beginTransaction();

      Account account = ad.getById(accountId);
      account.setBalance(account.getBalance() - amount);

      //提交事务
      HibernateUtil.getCurrentSession().getTransaction().commit();

    }catch (RuntimeException e) {
      try{
          //撤销事务
```

```
            HibernateUtil.getCurrentSession()
                        .getTransaction().rollback();
        }catch(RuntimeException ex){
            ex.printStackTrace();
        }
        throw e;
    }
  }

  public static void main(String args[]){
    new BusinessService().withdraw(1,100);
    HibernateUtil.closeSessionFactory();
  }
}
```

当运行 BusinessService 类的 withdraw()方法时，该方法以及 AccountDAO 对象的 getById()方法实际上都通过 SessionFactory 对象的 getCurrentSession()方法来获得当前的 Session 对象。当前的 Session 对象何时创建以及何时被撤销由 Hibernate 来管理。

AccountDAO 类以及 BusinessService 类都没有通过 import 语句引入 Hibernate API 中的任何接口和类，从而提高了这些类的独立性。通过 SessionFactory 对象的 getCurrentSession()方法来获得当前 Session 对象的代码封装在 HibernateUtil 类中。

Hibernate 按照以下规则把 Session 对象的生命周期与本地线程绑定。

(1) 当一个线程(假定为线程 A)第一次调用 SessionFactory 对象的 getCurrentSession()方法时，该方法会创建一个新的 Session 对象(假定为 SessionA 对象)，把它与线程 A 绑定，并将 SessionA 对象返回。

(2) 当线程 A 再次调用 SessionFactory 对象的 getCurrentSession()方法时，该方法始终返回 SessionA 对象。

(3) 当线程 A 提交与 SessionA 对象关联的事务时，Hibernate 会自动清理 SessionA 对象的缓存，然后在提交事务后，关闭 SessionA 对象。此外，当线程 A 撤销与 SessionA 对象关联的事务时，也会自动关闭 SessionA 对象。

(4) 如果线程 A 再次调用 SessionFactory 对象的 getCurrentSession()方法，该方法又会创建一个新的 Session 对象(假定为 SessionB 对象)，把它与线程 A 绑定，并将 SessionB 对象返回。

本书范例位于配套源代码包的 sourcecode/chapter23 目录下。运行 BusinessService 类时，其主线程执行 BusinessService 类的 withdraw()方法，withdraw()方法还调用了 AccountDAO 类的 getById()方法。图 23-2 为主线程执行 BusinessService 类的 withdraw()方法的时序图。

可以看出，主线程执行步骤(3)、步骤(7)和步骤(11)时，都调用了 SessionFactory 对象的 getCurrentSession()方法。其中，步骤(3)创建了一个新的 Session 对象，这个 Session 对象与主线程绑定，步骤(7)和步骤(11)都返回这个 Session 对象。步骤(13)提交事务，此时 Hibernate 会自动关闭与主线程绑定的 Session 对象。

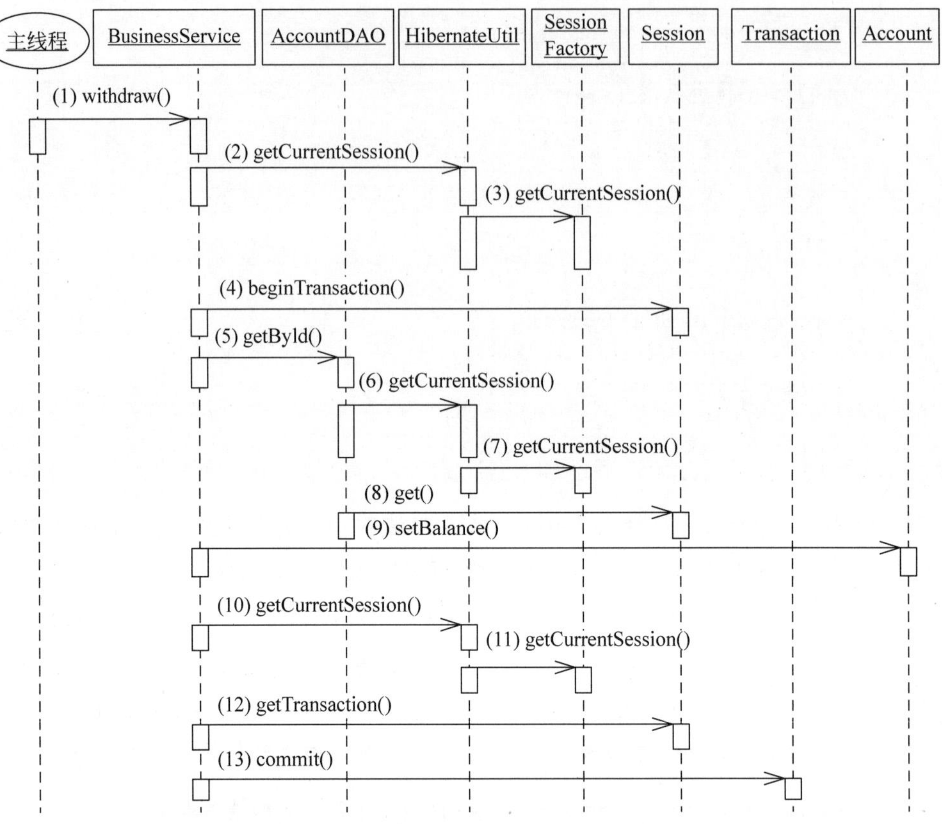

图 23-2　主线程执行 BusinessService 类的 withdraw()方法的时序图

23.1.2　Session 对象的生命周期与 JTA 事务绑定

如果把 Hibernate 配置文件的 hibernate.current_session_context_class 属性设为 jta，Hibernate 就会按照与 JTA 事务绑定的方式来管理 Session 对象的生命周期。例程 23-4 为这种方式下 BusinessService 类的源代码。

例程 23-4　BusinessService.java

```
package mypack;
import javax.naming.InitialContext;
import javax.transaction.UserTransaction;

public class BusinessService{
  private AccountDAO ad = new AccountDAO();
  private UserTransaction utx = null;

  public BusinessService()throws Exception{
    utx = (UserTransaction)new InitialContext()
                .lookup("java:comp/UserTransaction");
  }

  public void withdraw(long accountId,double amount)throws Exception{
```

```
        try {
          //声明开始事务
          utx.begin();

          Account account = ad.getById(accountId);
          account.setBalance(account.getBalance() - amount);

          //提交事务
          utx.commit();

        }catch (Exception e) {
          try{
             //撤销事务
             utx.rollback();
          }catch(Exception ex){
             ex.printStackTrace();
          }
          throw e;
        }
      }

      public static void main(String args[]) throws Exception {
        new BusinessService().withdraw(1,100);
        HibernateUtil.closeSessionFactory();
      }
    }
```

例程 23-4 与例程 23-3 有些相似,区别在于:

(1) 本节 BusinessService 类的 withdraw()方法通过 UserTransaction 声明事务边界。

(2) 本节 BusinessService 类的 withdraw() 方法捕获的是 Exception,而不是 RuntimeException。这是因为 UserTransaction 的 begin()和 commit()等方法抛出的异常不属于运行时异常,而是受检查异常。

Hibernate 按照以下规则把 Session 与 JTA 事务绑定。

(1) 程序先通过 UserTransaction 接口声明开始一个 JTA 事务。接下来,当程序第一次调用 SessionFactory 对象的 getCurrentSession()方法时,该方法会创建一个新的 Session 对象(假定为 SessionA 对象),把它与当前的 JTA 事务绑定,并将 SessionA 对象返回。

(2) 当程序多次调用 SessionFactory 对象的 getCurrentSession()方法时,该方法始终返回与当前 JTA 事务绑定的 SessionA 对象。

(3) 当程序提交当前 JTA 事务时,Hibernate 会自动清理 SessionA 对象的缓存,然后在事务提交后,关闭 SessionA 对象。此外,当程序撤销当前 JTA 事务时,也会关闭 SessionA 对象。

在将 Session 对象的生命周期与本地线程绑定的方式下,先出现 Session 对象,再由 Session 对象的 beginTransaction()方法声明开始一个事务。而在将 Session 对象的生命周期与 JTA 事务绑定的方式下,先通过 UserTransaction 接口声明开始 JTA 事务,再出现与该 JTA 事务绑定的 Session 对象。因此,如果试图通过 Session 对象的 beginTransaction()方法声明开始一个事务是非法的,必须先有事务,才能创建与该事务绑定的 Session 对象。

23.2 实现对话

对话是指包含了用户思考时间的长工作单元。假定把实际应用中的取款事务看作一个对话，图23-3显示了用户与应用程序之间的交互过程。对话与数据库事务的区别在于：在对话过程中会包含并不涉及操纵数据库的操作，并且这种操作会占用很长时间，例如等待用户输入特定数据的操作，这完全取决于用户的思考时间。

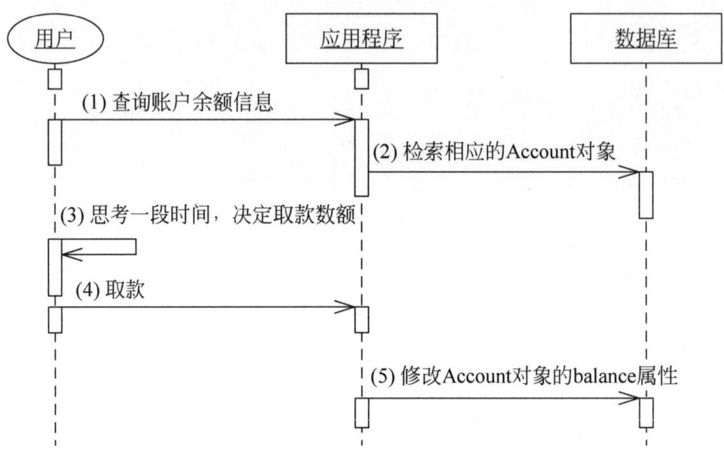

图23-3 用户与应用程序之间的交互过程

为了保证对话顺利进行，应用程序在实现对话时必须满足以下两个要求。

(1) 对话中的数据保持一致，即在多用户并发访问环境下不出现任何并发问题。

(2) 对话和事务一样，也具有原子性。整个对话中的数据库操作要么全部提交，要么全部撤销。

到底如何实现对话呢？最简单的做法是把整个对话看作一个数据库事务，并且与一个Session对象对应。按照这种方式实现的取款对话过程的演示代码如下：

```
//声明开始事务
HibernateUtil.getCurrentSession().beginTransaction();

System.out.println("请输入您的账号 ID: ");
//等待用户输入账号 ID,此操作可能会花去很长时间,取决于用户的思考时间
long accountId = new Scanner(System.in).nextLong();

Account account = ad.getById(accountId);
System.out.println("您的余额为: " + account.getBalance());

System.out.println("请输入取款数额: ");
//等待用户输入取款数额,此操作可能会花去很长时间,取决于用户的思考时间
double amount = new Scanner(System.in).nextDouble();

account.setBalance(account.getBalance() - amount);

//提交事务,在 Session 与本地线程绑定的方式下,会自动关闭 Session 对象
```

```
HibernateUtil.getCurrentSession().getTransaction().commit();
System.out.println("取款成功,您的余额为: " + account.getBalance());
```

这种实现方式很容易满足对话的两个要求：

(1) 采用乐观锁来解决并发问题。21.5 节已经介绍了 Hibernate 利用版本控制机制来实现乐观锁的方法。

(2) 由于整个对话就是一个数据库事务，因此数据库层会保证事务的原子性。

但用这种方式来实现对话会大大降低程序的运行性能，原因在于：

(1) 长时间打开一个 Session 对象。一方面，Session 对象的缓存需要长时间占用内存；另一方面，Session 对象还会长时间占用数据库连接。假如一个 Java 应用同时打开了很多对话，每个对话都对应一个 Session 对象，这些 Session 对象会消耗大量资源。

(2) 整个对话对应一个数据库事务，导致这个数据库事务会长时间占用数据库的相关资源，从而降低数据库的运行性能。

为了解决上述问题，Hibernate 提供了以下两种更好的实现对话的方式。

(1) 使用游离对象：一个对话包括多个短事务，并且每个事务对应一个 Session 对象。事务之间通过游离对象传递业务数据。

(2) 使用手动清理缓存模式下的 Session 对象：一个对话包括多个短事务，并且整个对话对应一个 Session 对象。

下文仍然以取款对话为例，介绍这两种实现方式的特点和利弊。

23.2.1　使用游离对象

以下程序代码把取款对话中包含用户思考时间的操作从事务中分离出来。取款对话由两个短事务构成：查询账户事务和修改账户事务。每个事务对应一个 Session 对象。本节的范例代码采用将 Session 对象的生命周期与本地线程绑定的方式。

```
System.out.println("请输入您的账号 ID: ");
//等待用户输入账号 ID,此操作可能会花去很长时间,取决于用户的思考时间
long accountId = new Scanner(System.in).nextLong();

//创建一个 Session 对象,声明开始查询账户事务
HibernateUtil.getCurrentSession().beginTransaction();
Account account = ad.getById(accountId);
//提交事务,在将 Session 对象的生命周期与本地线程绑定的方式下,会自动关闭 Session 对象
HibernateUtil.getCurrentSession().getTransaction().commit();

System.out.println("您的余额为: " + account.getBalance());

System.out.println("请输入取款数额: ");
//等待用户输入取款数额,此操作可能会花去很长时间,取决于用户的思考时间
double amount = new Scanner(System.in).nextDouble();

//account 为游离对象
```

```
account.setBalance(account.getBalance() - amount);

//创建一个 Session 对象,声明开始修改账户事务
HibernateUtil.getCurrentSession().beginTransaction();
ad.update(account);
//提交事务,在将 Session 对象的生命周期与本地线程绑定的方式下,会自动关闭 Session 对象
HibernateUtil.getCurrentSession().getTransaction().commit();

System.out.println("取款成功,您的余额为: " + account.getBalance());
```

这两个短事务不包括用户思考时间，因此事务操作时间很短，不会长时间占用数据库资源，并且生命周期与短事务对应的 Session 对象也可以及时释放缓存和数据库连接，所以这种实现对话的方式可以提高程序的运行性能。

以下例程 23-5 的 BusinessService1 类按这种方式实现了取款对话。取款对话中的查询账户以及修改账户事务分别由 getAccount()方法和 updateAccount()方法实现。withdraw()方法中包括了与用户交互的操作，并且先后调用了 getAccount()方法和 updateAccount()方法。

例程 23-5 BusinessService1.java

```
package mypack;
import java.io.*;
import java.util.Scanner;

public class BusinessService1{
  private AccountDAO ad = new AccountDAO();

  public void withdraw()throws Exception{
    System.out.println("请输入您的账号 ID: ");
    //等待用户输入账号 ID,此操作可能会花去很长时间,取决于用户的思考时间
    long accountId = new Scanner(System.in).nextLong();

    Account account = getAccount(accountId);

    System.out.println("您的余额为: " + account.getBalance());

    System.out.println("请输入取款数额: ");
    //等待用户输入取款数额,此操作可能会花去很长时间,取决于用户的思考时间
    double amount = new Scanner(System.in).nextDouble();
    //account 为游离对象
    account.setBalance(account.getBalance() - amount);

    updateAccount(account);

    System.out.println("取款成功,您的余额为: " + account.getBalance());
  }

  public Account getAccount(long accountId){
    try{
```

```
        //创建一个 Session 对象,声明开始查询账户事务
        HibernateUtil.getCurrentSession().beginTransaction();

        Account account = ad.getById(accountId);

        //提交事务,在将 Session 对象的生命周期与本地线程绑定的方式下,会自动关闭 Session 对象
        HibernateUtil.getCurrentSession().getTransaction().commit();

        return account;
      }catch (RuntimeException e) {
        try{
          //撤销事务
          HibernateUtil.getCurrentSession()
                        .getTransaction().rollback();
        }catch(RuntimeException ex){
          ex.printStackTrace();
        }
        throw e;
      }

    }

    public void updateAccount(Account account){
      try{
        //创建一个 Session 对象,声明开始修改余额事务
        HibernateUtil.getCurrentSession().beginTransaction();

        ad.update(account);

        //提交事务,在将 Session 对象的生命周期与本地线程绑定的方式下,会自动关闭 Session 对象
        HibernateUtil.getCurrentSession().getTransaction().commit();

      }catch (RuntimeException e) {
        try{
          //撤销事务
          HibernateUtil.getCurrentSession()
                        .getTransaction().rollback();
        }catch(RuntimeException ex){
          ex.printStackTrace();
        }
        throw e;
      }
    }

    public static void main(String args[])throws Exception{
      new BusinessService1().withdraw();
      HibernateUtil.closeSessionFactory();
    }
}
```

为了满足对话的第一个要求，可以采用乐观锁来解决并发问题。但是这种方式要满足对话的第二个要求，即保证对话的原子性有些麻烦，因为一个对话被分成了多个数据库事务，并且每个事务对应一个单独的Session对象。如果撤销其中一个事务，无法自动撤销对话中已经提交的其他事务。假定对话由 n 个事务组成，依次为事务1、事务2…事务 n。要保证对话的原子性，目前有以下两种办法可选。

(1) 把与事务1至事务 $n-1$ 对应的Session对象的清理缓存模式设为FlushMode.MANUAL。这样，当提交事务1至事务 $n-1$ 时，不会自动清理缓存，因此不会对数据库有任何更新操作。仅把与事务 n 对应的Session对象的清理缓存模式设为默认的FlushMode.AUTO。当提交事务 n 时，会自动清理缓存，根据缓存中对象的变化来同步更新数据库。在这种方式下，事务1至事务 $n-1$ 都不会更新数据库，仅修改持久化缓存中的对象，当一个Session关闭，这个对象就变成游离对象，随后又和下一个Session对象关联。

(2) 在程序中提供补偿代码，手动撤销已经提交的事务。假定已经提交了事务1、事务2和事务3，但需要撤销事务4，那么撤销事务4时，必须通过补偿代码手动撤销事务1、事务2和事务3对数据库所做的更新。

23.2.2 使用手动清理缓存模式下的Session

采用这种方式，整个对话由多个短事务构成，并且整个对话对应一个Session对象，这个Session对象的生命周期由程序自主管理。程序处理对话的主要流程如下：

(1) 创建完Session对象后，立即调用Session对象的setHibernateFlushMode(FlushMode.MANUAL)方法，把缓存模式设为手动清理模式。

(2) 在手动清理缓存模式下，当程序声明提交事务时，Hibernate不会自动清理缓存，因此不会同步更新数据库。不过，Hibernate会自动释放Session对象占用的数据库连接。

(3) 当程序声明开始事务时，假如当前Session对象不占用数据库连接，Hibernate会自动为它分配数据库连接。

(4) 只有当对话快结束，在提交最后一个事务之前，程序需要调用session.flush()方法手动清理缓存，根据缓存中对象的变化去同步更新数据库。

以下例程23-6的BusinessService2的withdraw()方法创建了一个Session对象，它的生命周期与整个取款对话的生命周期对应。

例程23-6 BusinessService2.java

```
package mypack;
import java.io.*;
import java.util.Scanner;
import org.hibernate.*;

public class BusinessService2{
  private AccountDAO2 ad = new AccountDAO2();

  public void withdraw()throws Exception{
    Session session = null;
```

```
    try{
      System.out.println("请输入您的账号 ID: ");
      //等待用户输入账号 ID,此操作可能会花去很长时间,取决于用户的思考时间
      long accountId = new Scanner(System.in).nextLong();

      //创建一个 Session 对象,由程序自主管理 Session 对象的生命周期
      session = HibernateUtil.getSessionFactory().openSession();
      //设为手动清理缓存模式
      session.setHibernateFlushMode(FlushMode.MANUAL);

      //声明开始查询账户事务
      session.beginTransaction();
      Account account = ad.getById(accountId, session);
      //提交查询账户事务,释放 Session 占用的数据库连接
      session.getTransaction().commit();

      System.out.println("您的余额为: " + account.getBalance());

      System.out.println("请输入取款数额: ");
      //等待用户输入取款数额,此操作可能会花去很长时间,取决于用户的思考时间
      double amount = new Scanner(System.in).nextDouble();

      account.setBalance(account.getBalance() - amount);

      //声明开始修改账户事务,为 Session 重新分配数据库连接
      session.beginTransaction();
      ad.update(account, session);

      //清理缓存
      session.flush();

      //提交修改账户事务
      session.getTransaction().commit();

      System.out.println("取款成功,您的余额为: " + account.getBalance());
    }catch (RuntimeException e) {
      try{
        //撤销事务
        session.getTransaction().rollback();
      }catch(RuntimeException ex){
        ex.printStackTrace();
      }
      throw e;
    }finally{
      session.close();
    }
  }

  public static void main(String args[]) throws Exception {
    new BusinessService2().withdraw();
```

```
        HibernateUtil.closeSessionFactory();
    }
}
```

这两个事务不包括用户思考时间，因此事务操作时间很短，不会长时间占用数据库资源。Session 对象的生命周期尽管很长，与整个对话对应，但是由于每次提交事务时都会自动释放数据库连接，所以这种实现对话的方式也具有较好的运行性能。

为了满足对话的第一个要求，可以采用乐观锁来解决并发问题。这种方式也很容易满足对话的第二个要求，即保证对话的原子性。尽管整个对话被分成了多个事务，但是仅在提交最后一个事务之前才清理 Session 对象的缓存，所以实际上只有最后一个事务才会更新数据库。如果撤销最后一个事务，实际上就撤销了整个对话。

本方式的一个弱点在于，Session 对象的缓存需要长时间占用内存。因此，如果在对话中 Session 对象的缓存需要存放大量持久化对象，则不适合采用这种对话实现方式。

1. 保证包含插入数据操作的对话的原子性

在手动清理 Session 缓存的模式下，只有当程序调用 Session 的 flush()方法时才会清理缓存。但有个例外情况，那就是通过 Session 的 save()方法执行插入操作时，如果对象标识符(OID)生成策略为 identity，那么 save()方法会立即向数据库插入数据，并生成对象标识符；如果对象标识符生成策略为 increment 或 sequence 等，那么 save()方法不用立即向数据库插入数据，就可以生成对象标识符，save()方法仅计划执行一条 insert 语句，当程序调用 Session 的 flush()方法清理缓存时才会真正执行这条 insert 语句。

假定对象标识符生成策略为 identity，以下程序代码演示了一个无法保证事务原子性的对话。

```
Session session = HibernateUtil.getSessionFactory().openSession();
//设为手动清理缓存模式
session.setHibernateFlushMode(FlushMode.MANUAL);

//声明开始事务 1
session.beginTransaction();
session.save(account1); //立即执行 SQL insert 语句
//提交事务 1
session.getTransaction().commit();

//声明开始事务 2
session.beginTransaction();
session.update(account1);
//清理缓存
session.flush();

//提交事务 2
session.getTransaction().commit();

session.close();
```

在事务1中执行了insert语句，然后提交了事务1。假如要撤销事务2，则无法撤销事务1所做的插入操作，因此破坏了整个对话的原子性。对于这种情况，有以下两种解决办法。

(1) 放弃使用identity对象标识符生成策略，改为使用其他的对象标识符生成策略。

(2) 在程序中提供补偿代码，手动撤销已经提交的事务。假定已经提交了事务1，但需要撤销事务2，那么撤销事务2时，必须通过补偿代码手动撤销事务1所做的插入操作，即应该删除数据库中新插入的数据。

Session的persist()方法和save()方法一样，也面临着同样的问题。当使用Session的persist()方法时，除了可以使用以上两种解决办法，还可以采用另外一种解决方法：在事务外执行Session的persist()方法。例程23-7的代码演示如何在事务外通过Session操纵持久化对象。

例程23-7　在事务外通过Session操纵持久化对象

```
Session session = HibernateUtil.getSessionFactory().openSession();
//设为手动清理缓存模式
session.setHibernateFlushMode(FlushMode.MANUAL);

//在事务外调用session.persist()方法,计划执行一条insert语句
session.persist(account1);

//声明开始事务1
session.beginTransaction();
session.update(account1);

//清理缓存
session.flush();

//提交事务1
session.getTransaction().commit();

session.close();
```

不管采用什么样的对象标识符生成策略，在事务外执行Session的persist()方法时，该方法不会立即向数据库插入数据，仅计划执行一条insert语句，当程序调用Session的flush()方法清理缓存时才会真正执行这条insert语句。对于以上程序代码，插入数据的操作实际上是在事务1范围内完成的，因此可通过事务1来保证整个对话的原子性。

2. Hibernate委托程序来管理Session

例程23-6的BusinessService2类完全由程序来自主管理Session对象的生命周期，何时创建Session、何时清理缓存以及何时关闭Session，都由程序来负责。BusinessService2类调用AccountDAO2类的方法来完成对Account对象的各种数据库操作。BusinessService2类如果要和AccountDAO2类共享Session对象，就必须通过方法参数来传递Session对象。例如BusinessService2类调用AccountDAO2类的getById()方法时，需要把当前的Session对象传给getById()方法。getById()方法的定义如下：

```
public Account getById(long id,Session session){
  return session.get(Account.class,Long.valueOf(id));
}
```

假如 AccountDAO2 类也可以通过 SessionFactory 的 getCurrentSession()方法来获得当前 Session 对象，就可以简化程序的结构。为了达到这一目标，Hibernate 允许委托程序来管理 Session，步骤如下。

(1) 把 Hibernate 配置文件的 hibernate.current_session_context_class 属性设为 managed。

(2) 当程序创建 Session 对象后或者声明开始一个事务前，调用 ManagedSessionContext 类的 bind()方法，该方法把 Session 对象与当前线程绑定。ManagedSessionContext 类位于 org.hibernate.context.internal 包中。

(3) 在一个事务中，程序可通过 SessionFactory 的 getCurrentSession()方法来获得当前 Session 对象。

(4) 当程序提交对话中的一个事务之前，调用 ManagedSessionContext 类的 unbind()方法，该方法解除当前 Session 对象与当前线程的绑定。

org.hibernate.context.internal.ManagedSessionContext 类提供了以下三种静态方法。

(1) bind(Session session)：把 Session 对象与当前线程绑定。

(2) unbind(SessionFactory factory)：解除 Session 对象与当前线程的绑定。

(3) hasBind(SessionFactory factory)：判断是否存在与当前线程绑定的 Session 对象。

ManagedSessionContext 类的 unbind(SessionFactory factory)方法通过参数 factory 对象的 getCurrentSession()方法得到当前的 Session 对象，然后解除 Session 对象与当前线程的绑定。

例程 23-8 的 BusinessService3 类按照上述方式重新实现了取款对话。

例程 23-8　BusinessService3.java

```
package mypack;
import java.io.*;
import java.util.Scanner;
import org.hibernate.classic.Session;
import org.hibernate.context.internal.ManagedSessionContext;
import org.hibernate.FlushMode;

public class BusinessService3{
  private AccountDAO ad = new AccountDAO();

  public void withdraw()throws Exception{
    Session session = null;
    try{
      System.out.println("请输入您的账号 ID: ");
      //等待用户输入账号 ID,此操作可能会花去很长时间,取决于用户的思考时间
      long accountId = new Scanner(System.in).nextLong();

      //创建一个 Session 对象,由程序自主管理 Session 对象的生命周期
```

```
        session = HibernateUtil.getSessionFactory().openSession();
        //设为手动清理缓存模式
        session.setHibernateFlushMode(FlushMode.MANUAL);
        ManagedSessionContext.bind(session);

        //声明开始查询账户事务
        session.beginTransaction();
        Account account = ad.getById(accountId);

        ManagedSessionContext.unbind(HibernateUtil.getSessionFactory());

        //提交查询账户事务,释放 Session 占用的数据库连接
        session.getTransaction().commit();
        System.out.println("您的余额为: " + account.getBalance());

        System.out.println("请输入取款数额: ");
        //等待用户输入取款数额,此操作可能会花去很长时间,取决于用户的思考时间
        double amount = new Scanner(System.in).nextDouble();

        account.setBalance(account.getBalance() - amount);

        ManagedSessionContext.bind(session);

        //声明开始修改账户事务,为 Session 重新分配数据库连接
        session.beginTransaction();
        ad.update(account);

        ManagedSessionContext.unbind(HibernateUtil.getSessionFactory());

        session.flush();                          //清理缓存
        session.getTransaction().commit();        //提交修改账户事务

        System.out.println("取款成功,您的余额为: " + account.getBalance());
      }catch (RuntimeException e) {
        try{
          session.getTransaction().rollback();  //撤销事务
        }catch(RuntimeException ex){
          ex.printStackTrace();
        }
        throw e;

      }finally{
        session.close();
      }
    }

    public static void main(String args[]) throws Exception {
      new BusinessService3().withdraw();
      HibernateUtil.closeSessionFactory();
    }
}
```

图 23-4 演示了取款对话中 Session 对象以及两个事务的生命周期。MSC 为 Managed-SessionContext 的简写。

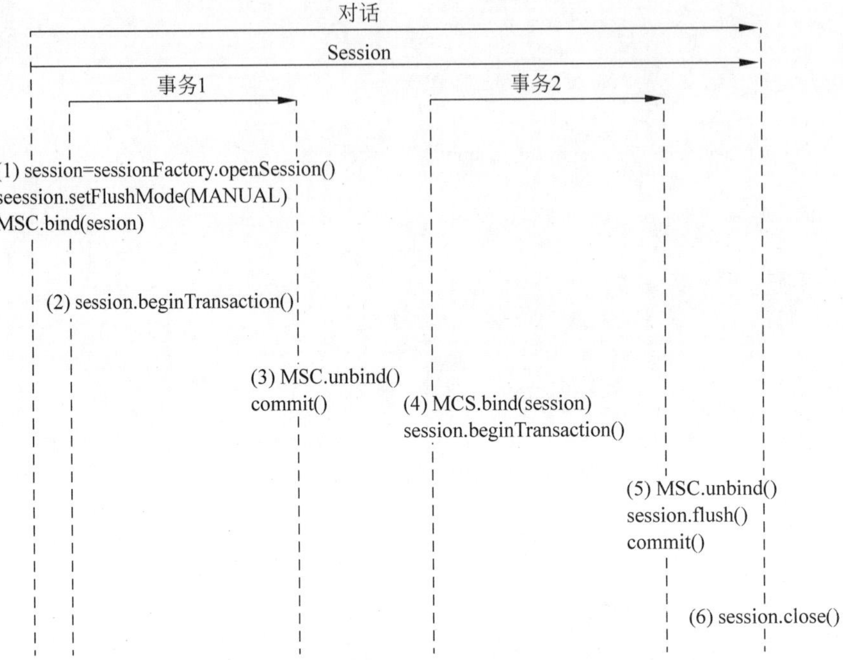

图 23-4　取款对话中 Session 对象以及两个事务的生命周期

23.2.3　通过 JPA API 来实现对话

对于 JPA API,也可以使用游离对象来实现对话。此外,还以先在事务外通过 EntityManager 对持久化对象进行加载和更新等操作,然后再把 EntityManager 和事务关联,这样可以有效地缩短执行事务的时间。

例程 23-9 的 withdraw()取款方法演示了通过 JPA API 来实现对话的另一种方案。

例程 23-9　withdraw()方法

```
public void withdraw(){
  EntityManager entityManager =
            entityManagerFactory.createEntityManager();
  EntityTransaction tx = null;

  /****************** 以下都是事务外的操作 ******************/
  System.out.println("请输入您的账号 ID: ");

  //等待用户输入账号 ID,此操作可能会花去很长时间,取决于用户的思考时间
  long accountId = new Scanner(System.in).nextLong();
  Account account = entityManager.find(Account.class, accountId);
  System.out.println("您的余额为: " + account.getBalance());

  System.out.println("请输入取款数额: ");
```

```
    //等待用户输入取款数额,此操作可能会花去很长时间,取决于用户的思考时间
    double amount = new Scanner(System.in).nextDouble();

    //修改事务外的 Account 对象
    account.setBalance(account.getBalance() - amount);
    /****************** 以上都是事务外的操作 ******************/

    tx = entityManager.getTransaction();
    tx.begin();
    //使 EntityManager 和事务关联
    entityManager.joinTransaction();

    tx.commit();
    entityManager.close();
    System.out.println("取款成功,您的余额为: " + account.getBalance());
}
```

调用 EntityManager 的 find()方法加载 Account 对象是在事务外进行的。接下来,程序修改 Account 对象的 balance 属性,Hibernate 不会同步更新数据库。程序接着通过 EntityManager 的 joinTransaction()方法使得 EntityManager 和一个事务关联。当提交事务时,Hibernate 就会清理缓存,同步更新数据库。

23.3 小结

管理 Session 对象的生命周期有四种方式。第一种方式为完全由程序自主管理 Session,其余三种方式均由 Hibernate 来管理 Session,程序可通过 SessionFactory 的 getCurrentSession()方法来获得当前的 Session 对象。在 Hibernate 的配置文件中,hibernate.current_session_context_class 属性用于指定 Hibernate 管理 Session 的方式,可选值包括:

(1) thread:将 Session 对象的生命周期与本地线程绑定。

(2) jta:将 Session 对象的生命周期与 JTA 事务绑定。

(3) managed:Hibernate 委托程序来管理 Session 对象的生命周期。

表 23-1 总结了 Hibernate 管理 Session 的三种方式的特点。

表 23-1 Hibernate 管理 Session 的三种方式

管理 Session 的方式	何时创建 Session	何时关闭 Session	程序如何获得 Session
thread	当一个线程调用 SessionFactory 的 getCurrentSession()方法,而此时没有 Session 与当前线程绑定时,Hibernate 自动创建 Session 对象	当一个线程提交或撤销事务后,Hibernate 自动关闭 Session 对象	调用 SessionFactory 的 getCurrentSession()方法

续表

管理 Session 的方式	何时创建 Session	何时关闭 Session	程序如何获得 Session
jta	当程序调用 SessionFactory 的 getCurrentSession()方法，而此时没有 Session 与当前 JTA 事务绑定时，Hibernate 自动创建 Session 对象	当程序提交或撤销 JTA 事务后，Hibernate 自动关闭 Session 对象	调用 SessionFactory 的 getCurrentSession()方法
managed	由程序决定何时创建 Session。当程序创建 Session 对象后或者声明开始一个事务前，调用 ManagedSessionContext 类的 bind()方法，该方法把 Session 对象与当前线程绑定	由程序决定何时关闭 Session。当程序提交一个事务之前，调用 ManagedSessionContext 类的 unbind()方法，该方法解除 Session 对象与当前线程的绑定	

对话有三种实现方式，表 23-2 对这三种实现方式做了归纳。

表 23-2　对话的三种实现方式

对话实现方式	特点	提高性能的优势	降低性能的劣势	如何保证对话的原子性	如何避免并发问题
整个对话对应一个事务	整个对话对应一个 Session 对象，并且对应一个长事务	不需要频繁地创建和销毁多个 Session 对象	Session 对象的缓存需要长时间占用内存；Session 对象会长时间占用数据库连接；数据库事务会长时间占用数据库的相关资源	由单个数据库事务来保证对话的原子性	采用乐观锁来解决并发问题
使用游离对象	整个对话对应多个 Session 对象，并且每个 Session 对象对应一个短事务	由于每个 Session 对象的生命周期与短事务对应，因此 Session 对象不会长时间占用内存和数据库连接；此外，数据库事务也不会长时间占用数据库的相关资源	对话中的多个 Session 对象可能会重复访问数据库，到数据库中加载一些相同数据	仅在对话的最后一个事务中才更新数据库；提供补偿代码，手动撤销已经提交的事务	

续表

对话实现方式	特点	提高性能的优势	降低性能的劣势	如何保证对话的原子性	如何避免并发问题
使用手动清理缓存模式下的Session对象	整个对话对应一个 Session 对象，并且这个 Session 对象对应多个短事务	每次提交事务时，都会自动释放 Session 对象占用的数据库连接；此外，数据库事务也不会长时间占用数据库的相关资源	Session 对象的缓存需要长时间占用内存	仅在对话的最后一个事务中才更新数据库	采用乐观锁来解决并发问题

除了表 23-2 列出来的实现对话的方法，例程 23-7 以及例程 23-9 还演示了实现对话的另一种方法：对话中的一部分操作在事务外进行，另一部分操作在事务内进行。

本章范例程序位于配套源代码包的 sourcecode/chapter23 目录下。运行该程序之前，需要先在 SAMPLEDB 数据库中手动创建 ACCOUNTS 表，然后加入测试数据，相关的 SQL 脚本文件为 chapter23/schema/ sampledb. sql。在 DOS 下分别输入命令“ant run”“ant run1”“ant run2”和“ant run3”，它们将分别运行 BusinessService 类、BusinessService1 类、BusinessService2 类和 BusinessService3 类。在运行 BusinessService3 类时，要确保 hibernate. cfg. xml 配置文件中 hibernate. current_session_context_class 属性为 managed。

23.4　思考题

1. 在将 Session 对象的生命周期与本地线程绑定的管理方式下，对于以下程序代码，哪些说法正确？（多选）

```
Session session = sessionFactory.getCurrentSession();              //第 1 行
session.beginTransaction();                                        //第 2 行

Account account = session.get(Account.class,Long.valueOf(1));      //第 3 行
account.setBalance(account.getBalance() - amount);                 //第 4 行

sessionFactory.getCurrentSession().getTransaction().commit();      //第 5 行
session.close();                                                   //第 6 行
```

(a) 第 1 行创建一个 Session 对象　　(b) 第 4 行执行一条 update 语句

(c) 第 5 行关闭 Session 对象　　(d) 第 6 行程序代码是多余的

2. 在将 Session 对象的生命周期与 JTA 事务绑定的管理方式下，以下哪些说法正确？（多选）

(a) 程序调用 SessionFactory 的 getCurrentSession()方法，就能得到当前 Session 对象

(b) 当通过 UserTransaction 接口声明开始一个 JTA 事务时，Hibernate 会自动创建一个 Session 对象

(c) 当通过 UserTransaction 接口声明提交一个 JTA 事务时，Hibernate 会自动关闭与 JTA 事务绑定的 Session 对象

(d) 在同一时刻，一个 JTA 事务可以和多个 Session 对象绑定

3. 为了让 Hibernate 委托程序管理 Session 对象的生命周期，以下哪些步骤是必需的？（多选）

(a) 把 Hibernate 配置文件的 hibernate.current_session_context_class 属性设为 thread

(b) 程序通过 ManagedSessionContext 类的 bind()和 unbind()方法，把 Session 对象与当前线程绑定或者解除绑定

(c) 由程序负责创建和关闭 Session 对象

(d) 把 Hibernate 配置文件的 hibernate.current_session_context_class 属性设为 managed

4. 以下程序代码实现了一个对话，为了保证对话的原子性，需要如何修改程序代码？（多选）

```
Session session = sessionFactory().openSession();     //第 1 行
session.beginTransaction();                           //第 2 行
//事务 1
…
session.getTransaction().commit();                    //第 5 行

//与用户交互
…

session.beginTransaction();                           //第 10 行
//事务 2
…
session.getTransaction().commit();                    //第 13 行
session.close();                                      //第 14 行
```

(a) 在第 1 行后插入一行 session.setHibernateFlushMode(FlushMode.MANUAL)；

(b) 在第 1 行后插入一行 ManagedSessionContext.bind(session)；

(c) 在第 13 行前插入一行 session.flush()；

(d) 在第 14 行前插入一行 session.flush()；

第24章

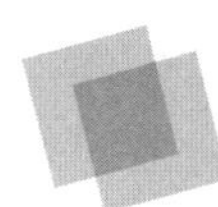

Spring、JPA与Hibernate整合

Spring 框架对 JPA 做了轻量级封装,可以进一步简化程序,参见图 24-1。Spring 框架为应用程序提供了以下功能。

视频讲解

(1) 管理 EntityManagerFactory 以及 EntityManager 的生命周期。对于独立的应用程序,应用程序的每个进程对应一个 EntityManagerFactory 对象。EntityManager 对象的生命周期与线程绑定。

(2) 提供事务管理器,包括 JpaTransactionManager 和 JtaTransactionManager。JpaTransactionManager 从当前线程中获得绑定的 EntityManager 对象,使它参与执行事务;JtaTransactionManager 支持分布式的事务。

(3) 提供事务声明。在应用程序中,只需要通过 @Transactional 注解把一个方法声明为事务类型,Spring 会自动把该方法中的操作加入到事务中。

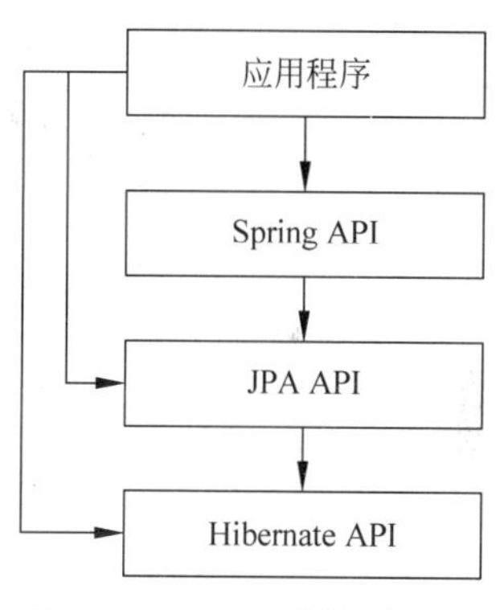

图 24-1 Spring 框架对 JPA 做了轻量级封装

从图 24-1 可以看出,应用程序不仅可以访问 Spring API,还可以绕过 Spring API,去访问 JPA API 和 Hibernate API,这提高了应用程序的自主权或灵活性。本章将结合具体的范例,介绍 Spring、JPA 与 Hibernate 的整合过程。

24.1 本章范例所涉及软件的 Java 类库

本章范例需要使用以下软件的类库文件。

(1) MySQL 的 JDBC 驱动程序类库文件。

(2) Hibernate 的类库文件。

(3) C3P0 数据源的类库文件,获取方式参见 19.1.2 节。

(4) SLF4J 日志软件的类库文件,获取方式参见 19.5 节。

（5）Spring 的类库文件，下载网址为 https://repo.spring.io/libs-release-local/org/springframework/spring/。

获得了这些软件的类库文件后，把它们复制到范例的 lib 目录下。本章配套源代码的 lib 目录下已经提供了所有的类库文件。

24.2 设置 Spring 的配置文件

在 Spring 的配置文件 applicationContext.xml 中，配置 C3P0 数据源、EntityManagerFactory 和 JpaTransactionManager 等 Bean 组件。applicationContext.xml 文件位于范例程序的 classpath 根路径下，例程 24-1 是它的源程序。

例程 24-1 applicationContext.xml

```
<?xml version = "1.0" encoding = "UTF - 8"?>
< beans xmlns = …>

  <!-- 配置属性文件的文件路径 -->
  < context:property - placeholder
       location = "classpath:jdbc.properties"/>

  <!-- 配置 C3P0 数据库连接池 -->
  < bean id = "dataSource"
     class = "com.mchange.v2.c3p0.ComboPooledDataSource">
    < property name = "jdbcUrl" value = " ${jdbc.url}"/>
    < property name = "driverClass" value = " ${jdbc.driver.class}"/>
    < property name = "user" value = " ${jdbc.username}"/>
    < property name = "password" value = " ${jdbc.password}"/>
  </bean >

  <!-- Spring 整合 JPA,配置 EntityManagerFactory -->
  < bean id = "entityManagerFactory"
       class = "org.springframework.orm.jpa
              .LocalContainerEntityManagerFactoryBean">
    < property name = "dataSource" ref = "dataSource"/>

    < property name = "jpaVendorAdapter">
        < bean class = "org.springframework.orm.jpa.vendor
             .HibernateJpaVendorAdapter">

          <!-- Hibernate 相关的属性 -->
          <!-- 配置数据库类型 -->
         < property name = "database" value = "MYSQL"/>
         <!-- 显示执行的 SQL -->
         < property name = "showSql" value = "true"/>
      </bean >
    </property >

    <!-- 配置 Spring 所扫描的实体类所在的包 -->
```

```
        <property name = "packagesToScan">
          <list>
            <value> mypack </value>
          </list>
        </property>
      </bean>

      <!-- 配置事务管理器 -->
      <bean id = "transactionManager"
        class = "org.springframework.orm.jpa.JpaTransactionManager">
        <property name = "entityManagerFactory"
                        ref = "entityManagerFactory"/>
      </bean>

      <bean id = "CustomerService" class = "mypack.CustomerServiceImpl" />
      <bean id = "CustomerDao" class = "mypack.CustomerDaoImpl" />

      <!-- 配置开启由注解驱动的事务处理 -->
      <tx:annotation-driven transaction-manager = "transactionManager"/>

      <!-- 配置 Spring 需要扫描的包,
           Spring 会扫描这些包以及子包中类的 Spring 注解 -->
      <context:component-scan base-package = "mypack"/>
</beans>
```

applicationContext.xml 配置文件的<context:property-placeholder>元素设定属性文件为 classpath 根路径下的 jdbc.properties 文件。C3P0 数据源会从该属性文件获取连接数据库的信息。以下例程 24-2 是 jdbc.properties 文件的源代码。

例程 24-2　jdbc.properties

```
jdbc.username = root
jdbc.password = 1234
jdbc.driver.class = com.mysql.jdbc.Driver
jdbc.url = jdbc:mysql://localhost:3306/sampledb?useSSL = false
```

Spring 的 applicationContext.xml 配置文件在配置 EntityManagerFactory Bean 组件时，指定使用 HibernateJpaVendorAdapter 适配器，该适配器能够把 Hibernate 集成到 Spring 中。<property name="packagesToScan">属性指定实体类所在的包，Spring 会扫描这些包中实体类中的对象-关系映射注解。

applicationContext.xml 配置文件的<tx:annotation-driven>元素表明在程序中可以通过@Transactional 注解来为委托 Spring 为一个方法声明事务边界。

在 applicationContext.xml 配置文件中，还配置了两个自定义的 Bean 组件：CustomerDao 和 CustomerService，24.3.2 节和 24.3.3 节会介绍它们的具体实现方式。

24.3　编写本章范例的 Java 类

图 1-6 显示了一个软件应用的四层分层结构：表述层、业务逻辑层、持久化层和数据库层。本章范例运用了 Spring 框架，把业务逻辑层又进一步细分为：业务逻辑服务层、数据

访问层和模型层，参见图 24-2。

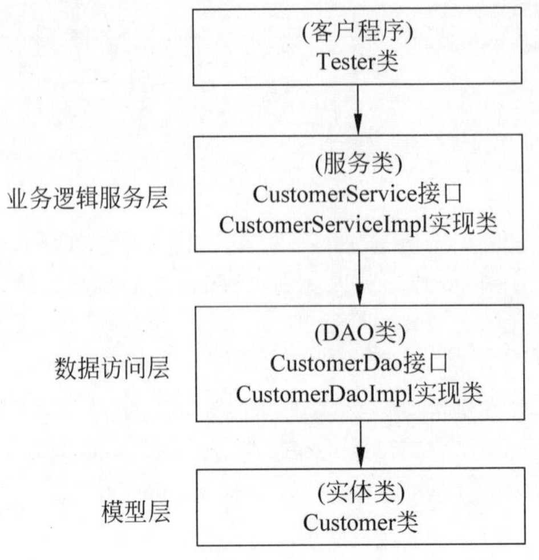

图 24-2　本章范例的分层结构

在图 24-2 中，模型层包含了表示业务数据的实体类，数据访问层负责访问数据库，业务逻辑服务层负责处理各种业务逻辑，并且通过数据访问层提供的方法来完成对数据库的各种操作。CustomerDaoImpl、CustomerServiceImpl 和 Tester 类都会用到 Spring API 中的类或者注解。其余的类和接口则不依赖 Spring API。

24.3.1　编写 Customer 实体类

Customer 类是普通的实体类，它不依赖 Sping API，但是会通过 JPA API 和 Hibernate API 中的注解来设置对象-关系映射。例程 24-3 是 Customer 类的源代码。

例程 24-3　Customer. java

```
@Entity
@Table(name = "CUSTOMERS")
public class Customer implements java.io.Serializable {
  @Id
  @GeneratedValue(generator = "increment")
  @GenericGenerator(name = "increment", strategy = "increment")
  @Column(name = "ID")
  private Long id;

  @Column(name = "NAME")
  private String name;

  @Column(name = "AGE")
  private int age;

  //此处省略 Customer 类的构造方法、set()方法和 get()方法
  …
}
```

24.3.2　编写 CustomerDao 数据访问接口和类

CustomerDao 为 DAO(Data Access Object,数据访问对象)接口,提供了与 Customer 对象有关的访问数据库的各种方法。例程 24-4 是 CustomerDao 接口的源代码。

例程 24-4　CustomerDao.java

```
public interface CustomerDao {
  public void insertCustomer(Customer customer);
  public void updateCustomer(Customer customer);
  public void deleteCustomer(Customer customer);
  public Customer findCustomerById(Long customerId);
  public List<Customer> findCustomerByName(String name);
}
```

CustomerDaoImpl 类实现了 CustomerDao 接口,通过 Spring API 和 JPA API 来访问数据库。例程 24-5 是 CustomerDaoImpl 类的源代码。

例程 24-5　CustomerDaoImpl.java

```
package mypack;
import org.springframework.stereotype.Repository;
import javax.persistence.EntityManager;
import javax.persistence.PersistenceContext;
import java.util.List;

@Repository("CustomerDao")
public class CustomerDaoImpl implements CustomerDao {

    @PersistenceContext(name = "entityManagerFactory")
    private EntityManager entityManager;

    public void insertCustomer(Customer customer) {
        entityManager.persist(customer);
    }

    public void updateCustomer(Customer customer) {
        entityManager.merge(customer);
    }

    public void deleteCustomer(Customer customer) {
        Customer c = findCustomerById(customer.getId());
        entityManager.remove(c);
    }

    public Customer findCustomerById(Long customerId) {
        return entityManager.find(Customer.class, customerId);
    }

    public List<Customer> findCustomerByName(String name) {
```

```
        return entityManager
                .createQuery("from Customer c where c.name = :name",
                            Customer.class)
                .setParameter("name", name)
                .getResultList();
    }
}
```

在 CustomerDaoImpl 类中使用了以下来自 Spring API 的两个注解。

(1) @Repository 注解：表明 CustomerDaoImpl 是 DAO 类，在 Spring 的 applicationContext.xml 文件中通过< bean >元素配置了这个 Bean 组件，Spring 会负责创建该 Bean 组件，并管理它的生命周期，如：

```
<bean id = "CustomerDao" class = "mypack.CustomerDaoImpl" />
```

(2) @PersistenceContext 注解：表明 CustomerDaoImpl 类的 entityManager 属性由 Spring 来提供，Spring 会负责创建并管理 EntityManager 对象的生命周期。Spring 会根据@PersistenceContext(name="entityManagerFactory")注解中设置的 EntityManagerFactory 对象来创建 EntityManager 对象，而 EntityManagerFactory 对象作为 Bean 组件，在 applicationContext.xml 文件中也通过< bean >元素做了配置，EntityManagerFactory 对象的生命周期也由 Spring 来管理。

从 CustomerDaoImpl 类的源代码可以看出，这个类无须管理 EntityManagerFactory 和 EntityManager 对象的生命周期，只需要用 Spring API 的@Repository 和@PersistenceContext 注解来标识，Spring 就会自动管理这两个对象的生命周期。

在 applicationContext.xml 配置文件中，< context:component-scan >元素指定 Spring 所扫描的包，Spring 会扫描指定的包以及子包中的所有类中的 Spring 注解，提供和注解对应的功能。

24.3.3 编写 CustomerService 业务逻辑服务接口和类

CustomerService 接口作为业务逻辑服务接口，会包含一些处理业务逻辑的操作。本范例做了简化，CustomerService 接口负责保存、更新、删除和检索 Customer 对象，例程 24-6 是它的源代码。

例程 24-6 CustomerService.java

```
public interface CustomerService {
  public void insertCustomer(Customer customer);
  public void updateCustomer(Customer customer);
  public Customer findCustomerById(Long customerId);
  public void deleteCustomer(Customer customer);
  public List<Customer> findCustomerByName(String name);
}
```

CustomerServiceImpl 类实现了 CustomerService 接口，通过 CustomerDao 组件来访问数据库，例程 24-7 是它的源代码。

例程 24-7　CustomerServiceImpl. java

```
package mypack;
import org.springframework.beans.factory.annotation.Autowired;
import org.springframework.stereotype.Service;
import org.springframework.transaction.annotation.Transactional;
import java.util.List;

@Service("CustomerService")
public class CustomerServiceImpl implements CustomerService{
  @Autowired
  private CustomerDao customerDao;

  @Transactional
  public void insertCustomer(Customer customer){
    customerDao.insertCustomer(customer);
  }

  @Transactional
  public void updateCustomer(Customer customer){
    customerDao.updateCustomer(customer);
  }

  @Transactional
  public Customer findCustomerById(Long customerId){
    return customerDao.findCustomerById(customerId);
  }

  @Transactional
  public void deleteCustomer(Customer customer){
    customerDao.deleteCustomer(customer);
  }

  @Transactional
  public List<Customer> findCustomerByName(String name){
    return customerDao.findCustomerByName(name);
  }
}
```

在 CustomerServiceImpl 类中使用了以下来自 Spring API 的三个注解。

（1）@Service 注解：表明 CustomerServiceImpl 类是服务类。在 Spring 的 applicationContext. xml 文件中通过<bean>元素配置了这个 Bean 组件，Spring 负责创建该 Bean 组件，并管理它的生命周期，如：

```
<bean id="CustomerService" class="mypack.CustomerServiceImpl" />
```

(2) @Autowired 注解：表明 customerDao 属性由 Spring 来提供。

(3) @Transactional 注解：表明被注解的方法是事务型的方法。Spring 将该方法中的所有操作加入到事务中。

从 CustomerServiceImpl 类的源代码可以看出，CustomerServiceImpl 类虽然依赖 CustomerDao 组件，但是无须创建和管理它的生命周期，而且 CustomerServiceImpl 类也无须显式声明事务边界。这些都由 Spring 代劳了。

24.3.4 编写测试类 Tester

Tester 类是测试程序，它会初始化 Spring 框架，并访问 CustomerService 组件，例程 24-8 是它的源代码。

例程 24-8 Tester.java

```
package mypack;
import org.springframework.beans.factory.annotation.Autowired;
import org.springframework.test.context.ContextConfiguration;
import org.springframework.context.ApplicationContext;
import org.springframework.context.support
                          .ClassPathXmlApplicationContext;
import java.util.List;

public class Tester{
  private ApplicationContext ctx = null;
  private CustomerService customerService = null;

  public Tester(){
    ctx = new ClassPathXmlApplicationContext("applicationContext.xml");
    customerService = ctx.getBean(CustomerService.class);
  }

  public void test(){
     Customer customer = new Customer("Tom",25);
     customerService.insertCustomer(customer);
     customer.setAge(36);
     customerService.updateCustomer(customer);

     Customer c = customerService.findCustomerById(customer.getId());
     System.out.println(c.getName() + ": " + c.getAge() + "岁");

     List<Customer> customers =
              customerService.findCustomerByName(c.getName());
     for(Customer cc:customers)
        System.out.println(cc.getName() + ": " + cc.getAge() + "岁");

     customerService.deleteCustomer(customer);
  }

  public static void main(String args[]) throws Exception {
```

```
        new Tester().test();
    }
}
```

在 Tester 类的构造方法中，首先根据 applicationContext.xml 配置文件的内容，来初始化 Spring 框架，并且创建了一个 ClassPathXmlApplicationContext 对象，再调用这个对象的 getBean(CustomerService.class)方法，就能获得 CustomerService 组件。

本章范例程序位于配套源代码包的 sourcecode/chapter24 目录下。运行该程序之前，需要先在 SAMPLEDB 数据库中手动创建 CUSTOMERS 表，然后加入测试数据，相关的 SQL 脚本文件为 chapter24\schema\ sampledb.sql。在 DOS 中，转到 chapter24 根目录下，输入命令“ant run”，就会运行 Tester 类。

24.4　小结

本章通过简单的范例介绍了 Spring、JPA 与 Hibernate 的整合过程。从范例可以看出，Spring 不仅简化了程序访问数据库的代码，还负责管理 EntityManagerFactory 和 EntityManager 对象的生命周期、管理数据源以及声明事务边界。

Spring 还对应用程序的业务逻辑层做了进一步细分，提供了 DAO 数据访问层和业务逻辑服务层的框架，对于这两个层的组件，均可配置为 Spring 的 Bean 组件，Spring 会管理它们的生命周期。

第25章

运用Spring和Hibernate创建购物网站

本章介绍如何运用 Spring 和 Hibernate 来创建一个实用的购物网站应用。整个网站采用 Spring MVC 框架。Spring MVC 框架把 Java Web 应用分为以下三层。

（1）模型（Model）：由实现业务数据的 JavaBean 组件和实现业务逻辑的服务类来实现。

（2）控制器（Controller）：由 Spring 框架中的 DispatcherServlet 类和开发人员自定义的控制器类来实现。

（3）视图（View）：主要由一组 JSP 文件来实现。

图 25-1 显示了 Spring MVC 框架的主要结构。

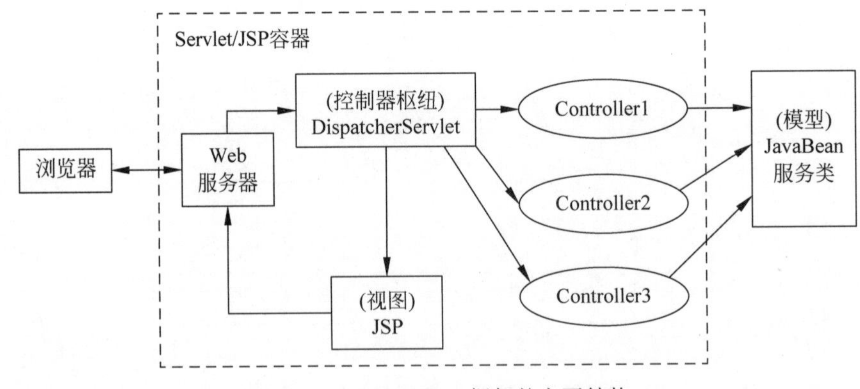

图 25-1　Spring MVC 框架的主要结构

模型是应用中最重要的一部分，它包含了业务数据和业务逻辑。模型应该和视图以及控制器之间保持独立。在分层的框架结构中，位于上层的视图和控制器依赖下层模型，而下层模型不应该依赖上层的视图和控制器。图 25-2 显示了采用 MVC 框架的应用的各个层次之间的依赖关系。

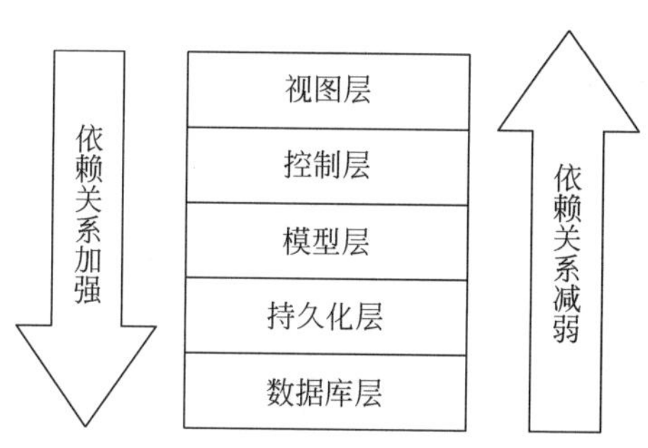

图 25-2 采用 MVC 框架的应用的各个层次之间的依赖关系

提示 在 MVC 框架中，把数据库层和持久化层归并为模型层，图 25-2 对模型做了细化，把它分为模型层、持久化层和数据库层。

如果在模型组件中，通过 Java 的 import 语句引入了视图和控制器组件，这就违反了依赖关系。下层组件访问上层组件会使应用的维护、重用和扩展变得困难。此外，下层组件应该封装实现细节，只向上层暴露接口，这可以提高上层组件的相对独立性。因为当下层组件的实现细节发生改变，只要它向上层提供的接口不变，就不会影响到上层组件。

本章以一个名为 netstore 的购物网站应用为例，着重介绍模型层、持久化层与数据层的设计与开发。数据库层采用 MySQL 数据库，持久化层采用 Hibernate 中间件，模型层采用 JPA API 来访问持久化层。控制层采用基于 Spring MVC 的控制器类来调度视图组件和模型组件。本书没有对视图层和控制层的实现做深入介绍，但是会介绍如何在控制层调用模型层的服务方法。

出于表达的便利，下文有时把依赖模型的上层组件统称为模型的客户层。为了提高客户层的相对独立性，使得模型的实现对客户层保持透明，可以在模型层使用业务代理模式。如图 25-3 所示，客户层通过业务代理接口访问模型，当模型的实现发生变化，只要业务代理接口不变，就不会影响客户层中访问模型层的程序代码。

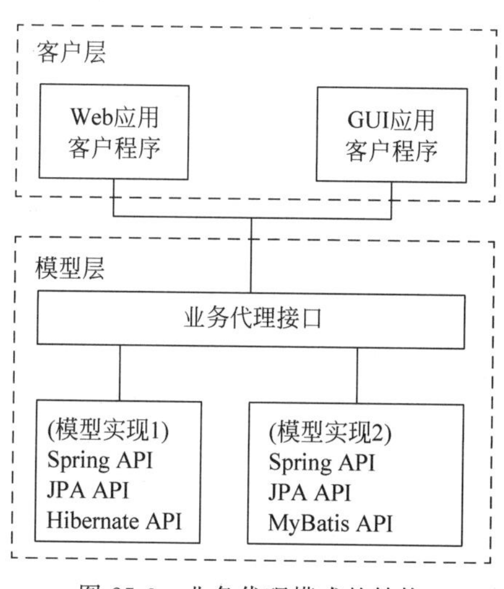

图 25-3 业务代理模式的结构

25.1 实现业务数据

业务数据在内存中表现为实体域对象，在数据库中表现为关系数据。实现业务数据包含以下内容。

(1) 设计面向对象的域模型，创建实体域对象。

(2) 设计关系数据模型，创建数据库 Schema。

(3) 建立对象-关系映射。

本书前面章节已经介绍了域模型和关系数据模型的概念，并且详细介绍了建立各种对象-关系映射的方法。因此本章不再详细介绍实现业务数据的各种细节，仅概要介绍 netstore 应用的完整的域模型、关系数据模型和对象-关系映射。图 25-4 显示了 netstore 应用的域模型，主要包括以下持久化类。

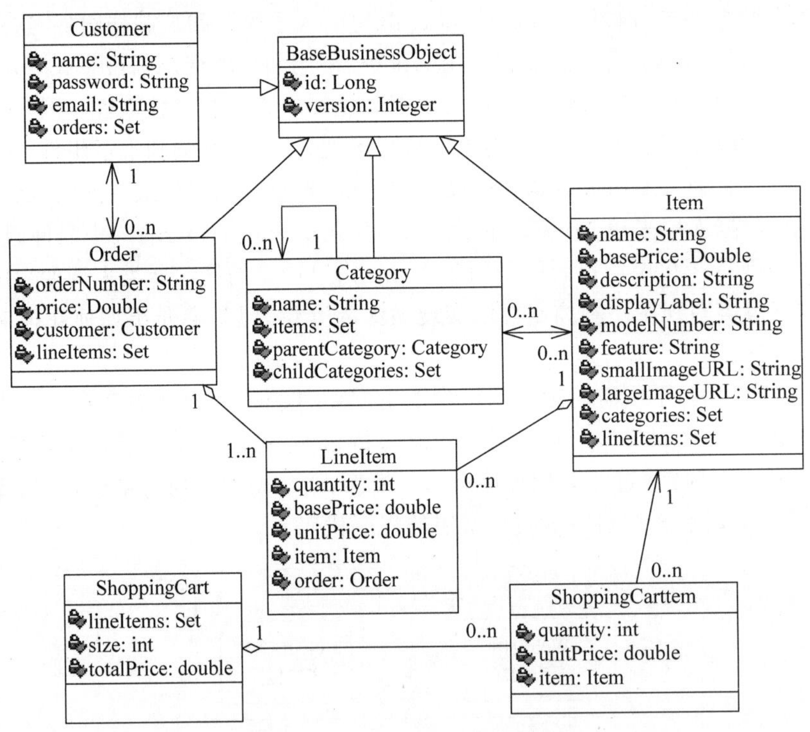

图 25-4 netstore 应用的域模型

(1) Customer 类：表示客户。Customer 类与 Order 类之间为一对多关联关系。

(2) Order 类：表示订单。Order 类与 Item 类之间是多对多的关联关系，例如在编号为 Order001 的订单中包括 2 台海尔冰箱和 1 台联想电脑；在编号为 Order002 的订单中包括 3 台海尔冰箱和 4 台联想电脑。可见一个 Order 对象和多个 Item 对象关联，一个 Item 对象也和多个 Order 对象关联。可以通过专门的组件类 LineItem 来描述 Order 类与 Item 类的关联信息。

(3) Item 类：表示商品。

(4) LineItem 类：组件类，用于描述 Order 类与 Item 类的关联信息。

(5) Category 类：表示商品类别，Category 类与 Item 类之间为多对多关联关系。

(6) ShoppingCart 类：表示购物车，ShoppingCart 类与 Item 类为多对多关联关系，通过专门的组件类 ShoppingCartItem 来描述关联信息。

(7) ShoppingCartItem 类：组件类，用于描述 ShoppingCart 类与 Item 类的关联信息。

在图 25-4 中，所有需要持久化到数据库中的持久化类都继承了 BaseBusinessObject 类，它定义了表示对象标识符(OID)的 id 属性。

ShoppingCart 和 ShoppingCartItem 对象不需要持久化，它们只存在于内存中，更确切地说，它们存在于 javax. servlet. HttpSession 会话范围内，它们的生命周期依赖 HttpSession 对象的生命周期，因此它没有继承 BaseBusinessObject 类。LineItem 类是组件类，不会被单独持久化，不需要 OID，因此它没有继承 BaseBusinessObject 类。Customer、Order、Category 和 Item 对象都需要持久化，它们在数据库中都有对应的表。图 25-5 显示了 netstore 应用的关系数据模型。

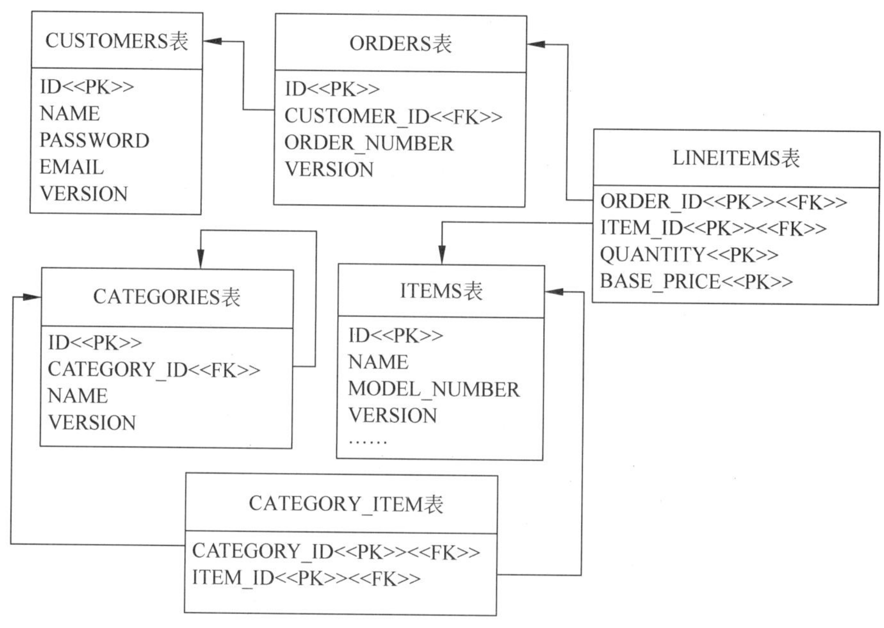

图 25-5 netstore 应用的关系数据模型

在图 25-5 中，CATEGORY_ITEM 表和 LINEITEMS 表都是连接表，它们都以表中所有字段作为联合主键。LINEITEMS 表和 LineItem 组件类对应，而 CATEGORY_ITEM 表没有对应的类。CUSTOMERS、ORDERS、ITEMS 和 CATEGORIES 表都以 ID 作为主键。

本书的前面章节已经介绍了本范例中持久化类和数据库表之间进行对象-关系映射的方法。在 Customer、Order、Item 与 Category 类中主要通过 JPA 注解来设定对象-关系映射。例程 25-1 为 Category 类文件的源代码。

例程 25-1 Category. java

```
package netstore.businessobjects;

import java.io.Serializable;
```

```
import java.util.Set;
import java.util.HashSet;
import javax.persistence.*;
import org.hibernate.annotations.GenericGenerator;

@Entity
@Table(name = "CATEGORIES")
public class Category extends BaseBusinessObject
                    implements Serializable {

    @Column(name = "NAME")
    private String name;

    @ManyToOne(targetEntity = netstore.businessobjects.Category.class)
    @JoinColumn(name = "CATEGORY_ID")
    private Category parentCategory;

    @OneToMany(mappedBy = "parentCategory",
            targetEntity = netstore.businessobjects.Category.class,
            cascade = CascadeType.ALL)
    private Set<Category> childCategories = new HashSet<Category>(0);

    @ManyToMany(cascade = CascadeType.PERSIST)
    @JoinTable(
       name = "CATEGORY_ITEM",
       joinColumns = @JoinColumn(name = "CATEGORY_ID"),
       inverseJoinColumns = @JoinColumn(name = "ITEM_ID")
    )
    private Set<Item> items = new HashSet<Item>();

    public Category(String name, Integer version,
         Category parentCategory,
         Set<Item> items, Set<Category> childCategories) {

        super(version);
        this.name = name;
        this.parentCategory = parentCategory;
        this.items = items;
        this.childCategories = childCategories;
    }

    public Category() { }

    public Category(Set<Item> items, Set<Category> childCategories) {
        this.items = items;
        this.childCategories = childCategories;
    }

    public String getName() {
        return this.name;
```

```
    }

    public void setName(String name) {
        this.name = name;
    }

    //此处省略显示其余属性的 get()和 set()方法
    ...
}
```

对于 Customer、Order、Item 和 Category 类的所有集合属性，都使用默认的延迟检索策略，例如 Category 类的 items 集合就使用了延迟检索策略：

```
@ManyToMany(cascade = CascadeType.PERSIST)
private Set < Item > items = new HashSet < Item >();
```

延迟检索策略是集合属性的默认检索策略。此外，也可以显式指定采用延迟检索策略，例如：

```
@ManyToMany(cascade = CascadeType.PERSIST, fetch = FetchType.LAZY)
private Set < Item > items = new HashSet < Item >();
```

本范例中个别持久化类还使用了 Hibernate 的@Parent 注解，例如在 LineItem 类中用@Parent 注解来映射 order 属性：

```
@Parent
private Order order;
```

25.2　实现业务逻辑

netstore 应用在持久化层选用 Hibernate 中间件，模型层通过 JPA API 访问持久化层，而控制层的控制器类通过业务代理接口访问模型层。netstore 应用的业务代理接口为 NetstoreService，它的实现类为 NetstoreServiceImpl。图 25-6 显示了 netstore 应用的分层结构。

例程 25-2 为 Netstore 应用的业务代理服务接口 NetstoreService 的源程序。

例程 25-2　业务代理服务接口 NetstoreService.java

```
package netstore.service;

//此处省略 import 语句
...

public interface NetstoreService extends IAuthentication {

  /** 批量检索 Item 对象,beginIndex 参数指定查询结果的起始位置,
```

```
    length 指定检索的 Item 对象的数目.
    对于 Item 对象的所有集合属性,都使用延迟检索策略 */
    public List getItems(int beginIndex,int length);

    /** 根据 id 加载 Item 对象 */
    public Item getItemById( Long id );

    /** 根据 id 加载 Customer 对象,对于 Customer 对象的 orders 属性,
    显式采用迫切左外连接检索策略 */
    public Customer getCustomerById( Long id );

    /** 保存或更新 Customer 对象,
    并且级联保存或更新它的 orders 集合中的 Order 对象 */
    public void saveOrUpdateCustomer(Customer customer );

    /** 保存订单 */
    public void saveOrder(Order order);

    public void destroy();
}
```

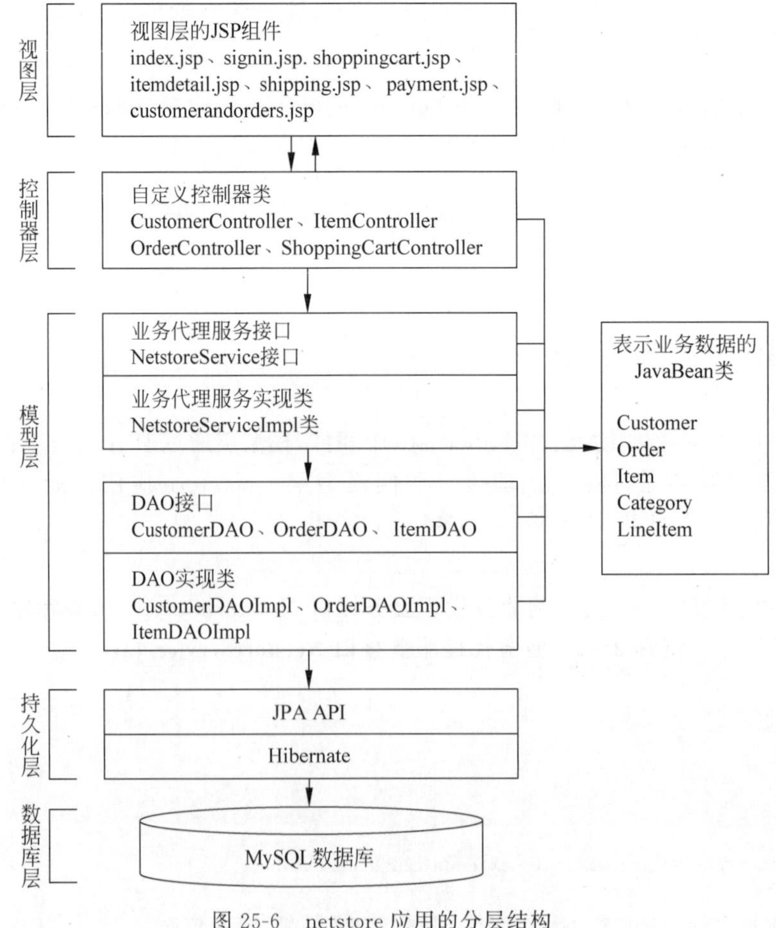

图 25-6　netstore 应用的分层结构

例程 25-2 的 NetstoreService 接口定义了被客户层调用的所有服务方法。NetstoreService 用来削弱服务和客户程序的关系，即使是其他类型的非 Web 客户程序也可以使用同样的服务。

NetstoreService 扩展了 IAuthentication 接口。IAuthentication 接口中声明了安全验证方法。例程 25-3 为 IAuthentication 接口的源程序，它仅包含两个方法。

例程 25-3　IAuthentication 接口

```
package netstore.framework.security;

//此处省略 import 语句
…
public interface IAuthentication {

  /** 登出 Web 应用 */
  public void logout(String email);

  /** 根据客户的 email 和 password 验证身份,
  如果验证成功,返回匹配的 Customer 对象,
  它的 orders 集合属性采用延迟检索策略,不会被初始化 */
  public Customer authenticate(String email, String password)
    throws InvalidLoginException,
    ExpiredPasswordException,AccountLockedException;
}
```

例程 25-4 提供了 NetstoreService 接口的一种实现类 NetstoreServiceImpl，也可以采用其他方式来实现这一接口，这不会影响客户程序，因为客户程序调用的是接口，而不是实现。

例程 25-4　NetstoreServiceImpl.java

```
package netstore.service;
//此处省略 import 语句
…

@Service("NetstoreService")
public class NetstoreServiceImpl implements NetstoreService{
  @Autowired
  private CustomerDao customerDao;

  @Autowired
  private ItemDao itemDao;

  @Autowired
  private OrderDao orderDao;

  /**
   * 返回 Item 清单
   */
  @Transactional
```

```
    public List<Item> getItems(int beginIndex,int length) {
        return itemDao.getItems(beginIndex,length);
    }

    @Transactional
    public Item getItemById( Long id){
        return itemDao.getItemById(id);
    }

    /**
     * 验证用户,如果通过验证,就返回 Customer 对象
     * 否则就抛出 InvalidLoginException
     */
    @Transactional
    public Customer authenticate(String email, String password)
                    throws InvalidLoginException{
      return customerDao.authenticate(email,password);
    }

    @Transactional
    public void saveOrUpdateCustomer(Customer customer) {
       customerDao.saveOrUpdateCustomer(customer);
    }

    @Transactional
    public void saveOrder(Order order) {
       orderDao.saveOrder(order);
    }

    @Transactional
    public Customer getCustomerById(Long id) {
       return customerDao.getCustomerById(id);
    }

    /**
     * 用户登出应用
     */
    public void logout(String email){
      // 在范例中什么也没做.在实际应用中,可以把用户登出应用的行为记录到日志中
    }

    public void destroy(){}
}
```

NetstoreServiceImpl 类实现了 NetstoreService 接口中的所有方法。因为 NetstoreService 接口扩展了 IAuthentication 接口，所以 NetstoreServiceImpl 类也实现了安全验证方法。业务代理服务接口的实现不依赖特定的客户程序，这使得它可以被各种类型的客户程序重用。

在分层的软件架构中，层与层之间如何传递数据呢？有以下两种方式。

(1) 在不同的层之间传递专门的 DTO(Data Transfer Object)数据传输对象。

（2）在不同的层之间传递处于游离状态的实体域对象。

下面以在不同层之间传递表示 Item 商品信息的数据为例，介绍这两种传递方式的区别。采用第一种方式时，在控制层和模型层之间不是直接传递 Item 实体域对象，而是传递相应的 ItemSummaryView 或 ItemDetailView 对象。ItemSummaryView 类和 ItemDetailView 类是在 Item 类的基础上专门创建的 DTO 类，ItemSummaryView 类表示商品的简要信息，ItemDetailView 类表示商品的详细信息。

采用 DTO 来传输数据，有以下两个优点。

（1）减少传输数据的冗余，提高传输效率。例如，对于展示所有商品信息的视图页面，并不需要显示每个商品的详细信息，因此可以创建针对这个视图页面的 ItemSummaryView 对象，它仅包含了商品的简要信息。

（2）有助于实现各个层之间的独立，使每个层分工明确。模型层负责业务逻辑，视图层负责向用户展示模型状态。采用 DTO，模型层不仅封装了业务逻辑处理细节，而且把业务数据也封装起来，向视图层仅提供可以直接展示给用户看的数据。

DTO 的缺点在于增加了重复编码，例如在 Item 类和 ItemSummaryView 类中包含相同的属性和访问方法。此外，在业务逻辑处理方法中，必须增加把实体域对象转换为 DTO 对象，或者把 DTO 对象转换为实体域对象的操作。

本书介绍的 netstore 应用没有使用 DTO，而是采用第二种数据传递方式，模型层与控制层之间传递的是处于游离状态的实体域对象。在模型层的业务逻辑处理方法中，可以采用适当的检索策略来控制对象图的深度。例如在 CustomerDaoImp 类的 getCustomerById()方法中，显式指定了迫切左外连接检索策略，使得 Customer 对象的 orders 集合被初始化：

```
public Customer getCustomerById(Long id) {
     List<Customer> customers = entityManager
         .createQuery("from Customer as c"
         + " left join fetch c.orders where c.id = 1",Customer.class)
         .getResultList();

   if(customers.size() == 0)
      return null;
   else
      return customers.get(0);
}
```

这样，当 Customer 对象变为游离对象后，客户层能正常访问 Customer 对象的 orders 集合中的 Order 对象。而在 CustomerDaoImp 类的 authenticate()方法中，则对 orders 集合采用默认的延迟检索策略，如：

```
public Customer authenticate(String email, String password)
            throws InvalidLoginException{
    List<Customer> result = entityManager
                .createQuery("from Customer c where c.email = :email
                + " and c.password = :password",Customer.class)
                .setParameter("email",email)
```

```
                .setParameter("password",password)
                .getResultList();

    if(result.isEmpty())
      throw new InvalidLoginException();

    return result.iterator().next();
}
```

那么，如何决定 NetstoreService 接口中的检索方法采用何种检索策略呢？由于 NetstoreService 接口是供客户层调用的，因此应该由客户层决定需要加载的对象图的深度。总的原则是，只有当客户层需要从 Customer 对象导航到关联的 Order 对象时，才应该初始化 Customer 对象的 orders 集合，否则就对 orders 集合使用延迟检索策略。

25.3 控制层访问模型层

Spring 框架是整个 netstore 应用的总管家，它的功能包括：

(1) 管理 EntityManagerFactory 以及 EntityManager 的生命周期，管理数据库事务。

(2) 管理 NetstoreService 服务对象的生命周期。

(3) org.springframework.web.servlet.DispatcherServlet 是视图层和控制层交互的中央调度枢纽。DispatcherServlet 类调用开发人员自定义的控制器类，而控制器类调用模型层的相应服务方法，再把业务处理结果返回给相应的视图层组件。

为了顺利完成这些功能，需要为应用程序提供以下配置信息。

(1) Spring 框架的 applicationContext.xml 配置文件。本范例中的该配置文件和例程 24-1 列出的代码很相似，本节不再赘述。对于 Java Web 应用，applicationContext.xml 配置文件的默认存放路径是 Java Web 应用的 WEB-INF 根目录。

(2) 在 Java Web 应用的 web.xml 文件中配置 Spring 的 ContextLoaderListener 监听器以及 DispatcherServlet 控制器枢纽类，如：

```
<listener>
  <listener-class>
    org.springframework.web.context.ContextLoaderListener
  </listener-class>
</listener>

<servlet>
  <servlet-name>dispatcher</servlet-name>
  <servlet-class>
      org.springframework.web.servlet.DispatcherServlet
  </servlet-class>
  <load-on-startup>1</load-on-startup>
</servlet>

<servlet-mapping>
```

```
    <servlet-name>dispatcher</servlet-name>
    <url-pattern>/</url-pattern>
  </servlet-mapping>
```

当 Servlet 容器初始化一个 Java Web 应用时，Spring 的 ContextLoaderListener 监听器会根据 applicationContext. xml 文件中的配置信息，完成对 Spring 框架的初始化，管理在 applicationContext. xml 文件中配置的各种 Bean 对象的生命周期，包括 NetstoreService 服务对象。

在以上配置代码的< servlet-mapping >元素中，把 DispatcherServlet 负责处理的 URL 路径设为"/"，这意味着所有访问当前 Web 应用的客户请求都首先由 DispatcherServlet 来统一接管，再由 DispatcherServlet 派发给特定的控制器类完成具体的响应操作。

对于 DispatcherServlet，还需要提供一个专门的配置文件 dispatcher-servlet. xml，这个文件名字中的 dispatcher 来自 web. xml 文件中用< servlet-name >元素为 DispatcherServlet 类设定的名字。例程 25-5 是 dispatcher-servlet. xml 的源代码。

例程 25-5　dispatcher-servlet. xml

```
<beans xmlns = "...">
  <context:component-scan base-package = "netstore.controller" />

  <bean class = "org.springframework.web.servlet
                .view.InternalResourceViewResolver">
    <property name = "prefix" value = "/" />
    <property name = "suffix" value = ".jsp" />
  </bean>
</beans>
```

DispatcherServlet 类根据这个配置文件中的< context:component-scan >元素的配置信息，到 netstore. controller 包中找用@Controller 注解标识的控制器类。

接下来，根据这个配置文件中的< bean >元素的配置信息，了解到 JSP 文件的 URL 以"/"开头，并且 JSP 文件所使用的文件扩展名为. jsp。

有了 Spring 框架掌管整个程序的运作流程以及管理 NetstoreService 服务对象等的生命周期，开发人员在创建自定义的控制器类时，只需要调用现成的 NetstoreService 服务对象，就能响应客户端的各种请求。

例程 25-6 为 ItemController 类的源程序。

例程 25-6　ItemController 类

```
package netstore.controller;

//此处省略 import 语句
...

@Controller
```

```
public class ItemController {

  @Autowired
  NetstoreService netstoreService;

  /** 查看商品明细 */
  @RequestMapping("/viewitemdetail")
  public String viewItemDetail(HttpServletRequest request){
    Long itemId = new Long( request.getParameter(IConstants.ID_KEY));
    Item item = netstoreService.getItemById( itemId );
    request.setAttribute("item",item);
    return "/catalog/itemdetail";
  }
}
```

ItemController 类用@Controller 注解把自己标识为控制器类，这样，它就会听从 Spring 框架的调度。ItemController 类的 netstoreService 成员变量表示模型层的业务代理服务对象，netstoreService 变量用@Autowired 组件标识，这意味着该业务代理服务对象由 Spring 框架提供。

viewItemDetail()方法前的@RequestMapping("/viewitemdetail")注解表明，当客户请求访问的 URL 为/viewitemdetail 时，Spring 框架的 DispatcherServlet 类就会调用 ItemController 类的 viewItemDetail()方法。

viewItemDetail()方法返回/catalog/itemdetail，Spring 框架的 DispatcherServlet 会调用/catalog/itemdetail.jsp 文件来展示本次响应的处理结果，itemdetail.jsp 会把商品的详细信息以网页的形式呈现给客户，参见图 25-7。

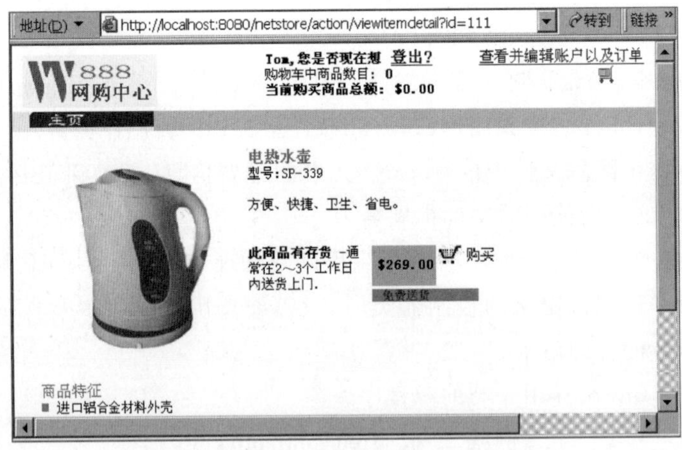

图 25-7 itemdetail.jsp 展示商品的详细信息

25.4 netstore 应用的订单业务

当用户在网站上选购了商品，购物信息先保存在 ShoppingCart 对象中；当用户发出提交订单的请求，控制层的 OrderController 类的 processcheckout()方法负责处理这一请求，代码如下：

```
/** 提交订单 */
@RequestMapping("/processcheckout")
public String processcheckout(HttpServletRequest request){
  Customer customer =
        (Customer)request.getSession().getAttribute("customer");
  if(customer == null) {                    //如果没有登录
    return "/security/signin";
  }
  saveOrder(request);
  return "/order/payment";
}

public void saveOrder(HttpServletRequest request) {
  ShoppingCart cart =
          (ShoppingCart)request.getSession().getAttribute("cart");
  Customer customer =
          (Customer)request.getSession().getAttribute("customer");

  Order order = new Order();
  order.setCustomer(customer);
  order.setOrderNumber(new Double(
       Math.random() * System.currentTimeMillis())
      .toString().substring(3,8));
  List items = cart.getItems();
  Iterator it = items.iterator();
  while(it.hasNext()){
    ShoppingCartItem cartItem = (ShoppingCartItem)it.next();

    LineItem lineItem = new LineItem(
          cartItem.getQuantity(),
          cartItem.getBasePrice().doubleValue(),
          order,cartItem.getItem());
    order.getLineItems().add(lineItem);
  }
  netstoreService.saveOrder(order);
  request.getSession()
       .setAttribute("orderNumber",order.getOrderNumber());

  ((ShoppingCart)request.getSession()
     .getAttribute("cart")).empty();      //清空购物车
}
```

processcheckout()方法调用 saveOrder()方法来保存订单对象。在 saveOrder()方法中，先从 HttpSession 会话范围内取得当前的 Customer 游离对象与 ShoppingCart 对象；接着创建了一个 Order 临时对象，把它与 Customer 对象关联；然后根据 ShoppingCart 对象的 items 集合中的 ShoppingCartItem 对象生成 LineItem 对象，并把这些 LineItem 对象都加入到 Order 对象的 lineItems 集合中；最后调用 netstoreService 业务代理服务对象的

saveOrder()方法保存这个 Order 对象。

当用户登录到网站，如果选择“查看并编辑订单”选项，这个请求由 OrderController 类的 viewcustomerandorders()方法来处理，它的源代码如下：

```
/** 查看客户和订单信息 */
@RequestMapping("/viewcustomerandorders")
public String viewcustomerandorders(HttpServletRequest request){
  Customer customer =
      (Customer)request.getSession().getAttribute("customer");
  if(customer == null) {             //如果没有登录
     return "/security/signin";    //请求转发给登录页面
  }
  //加载包含 Customer 和 Order 的信息
  customer = netstoreService.getCustomerById(customer.getId());
  request.getSession().setAttribute("customer",customer);
  //请求转发给 order/customerandorders.jsp
  return "order/customerandorders";
}
```

viewcustomerandorders()方法先判断用户是否已经登录，如果没有登录，就把请求转发到登录页面；如果已经登录，就根据从 HttpSession 范围内取出的 Customer 游离对象的 OID，调用 getCustomerById()方法重新加载 Customer 对象，再把它保存到 HttpSession 范围内，最后把请求转发给 customerandorders.jsp 文件。之所以重新加载 Customer 对象，是为了初始化 Customer 对象的 orders 集合，因为 customerandorders.jsp 会显示 Customer 对象的所有订单信息，如图 25-8 所示。假如 viewcustomerandorders()方法没有先重新加载 Customer 对象，就直接把请求转发给 customerandorders.jsp，那么当该 JSP 文件访问 Customer 对象的 orders 集合时，会抛出 LazyInitializationException。这是在编写控制层和视图层代码时最常遇到的异常，是由于访问了游离对象的没有被初始化的属性。

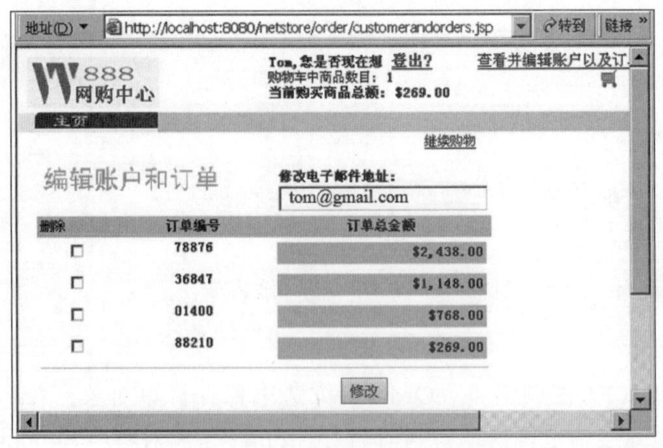

图 25-8 customerandorders.jsp 生成的网页

customerandorders.jsp 生成的网页允许用户修改 Customer 对象的 email 属性，以及删除 orders 集合中的 Order 对象。当用户选择“修改”按钮，该请求由 OrderController 类的

editcustomerandorders()方法处理，它的源代码如下：

```
/** 编辑客户和订单信息 */
@RequestMapping("/editcustomerandorders")
public String editcustomerandorders(HttpServletRequest request){
  Customer customer =
        (Customer)request.getSession().getAttribute("customer");
  if(customer == null) {              //如果没有登录
    return "/security/signin";      //请求转发给登录页面
  }

  //重新加载包含关联 Order 对象的 Customer 对象
  customer = netstoreService.getCustomerById(customer.getId());
  String email = request.getParameter("email");
  customer.setEmail(email);

  String[] deleteIds = request.getParameterValues("deleteOrder");

  if(deleteIds != null && deleteIds.length > 0) {
    int size = deleteIds.length;
    List<String> orderIds = new ArrayList<String>();
    for(int i = 0;i < size;i++) {
      orderIds.add(deleteIds[i]);
    }
    customer.removeOrders(orderIds);
  }

  netstoreService.saveOrUpdateCustomer(customer);
  request.getSession().setAttribute("customer",customer);
  //请求转发给 order/customerandorders.jsp 文件
  return "order/customerandorders";
}
```

editcustomerandorders()方法先判断用户是否已经登录，如果没有登录，就把请求转发到登录页面；如果已经登录，就修改从 HttpSession 范围内取出的 Customer 游离对象的 email 属性，并且从 orders 集合中删除用户选中的 Order 对象。在 Customer 类中定义了 removeOrders()方法，它能够根据 Order 对象的 OID 删除相应的 Order 对象。editcustomerandorders()方法最后调用 netstoreService 业务代理服务对象的 saveOrUpdateCustomer()方法来更新 Customer 对象。saveOrUpdateCustomer()方法将执行更新 Customer 对象的 update 语句，以及删除 Order 对象和相关的 LineItem 对象的 delete 语句。

25.5　小结

本章以 netstore 应用为例，介绍了把 Hibernate 集成到 Spring MVC 框架中的方法。在分层的软件结构中，Hibernate 位于持久化层。位于模型层的 DAO 对象通过 JPA API 访问 Hibernate，对实体域对象进行持久化操作。控制层不会直接访问 Hibernate，而是调用模型层的各种业务方法，来响应客户的请求。为了提高控制层的相对独立性，模型层使用了业务代理模式，模型层向控制层提供了业务代理服务接口，而具体的业务实现细节对控制层是透明的。

控制层与模型层之间传递的是临时对象或游离对象，但不会是持久化对象，例如：

(1) 控制层的 OrderController 控制器生成一个 Order 临时对象，再把它传给模型层，模型层的 saveOrder()方法把这个 Order 对象保存到数据库中。

(2) 模型层的 authenticate()方法把一个 Customer 游离对象传给控制层的 CustomerController 控制器，这个 Customer 对象的 orders 集合没有被初始化。

(3) 模型层的 getCustomerById()方法把一个 Customer 游离对象传给控制层的 OrderController 控制器，这个 Customer 对象的 orders 集合被初始化。

(4) 控制层的 OrderController 控制器修改 Customer 游离对象的 email 属性，并删除 orders 集合中的一些 Order 游离对象，再把它传给模型层，模型层的 saveOrUpdateCustomer()方法根据 Customer 游离对象的数据变化来更新数据库。

控制层或视图层访问游离对象时，最常遇到的异常是 LazyInitializationException，这是由于访问了游离对象的没有被初始化的属性。因此在编写访问游离对象的代码时，必须先明确这个游离对象的哪些属性没有被初始化，假如必须访问还没有被初始化的属性，应该通过模型层的相关方法到数据库中加载该属性。

在 Tomcat 服务器上发布本章范例的详细步骤请参见附录 C(发布和运行 netstore 应用)。

附录A

标准SQL语言的用法

SQL(Structured Query Language,结构化查询语言)是目前最通用的关系数据库语言。ANSI SQL 是指由美国国家标准局(ANSI)的数据库委员会制定的标准 SQL 语言,多数关系数据库产品支持标准 SQL 语言,但是它们也往往有各自的 SQL 方言。

在分层的软件结构中,关系数据库位于最底层,它的上层应用都被称为数据库的客户程序。以 MySQL 为例,mysql.exe 和 Java 应用就是它的两个客户程序。这些客户程序最终通过 SQL 语言与数据库通信。

SQL 除了具有数据查询功能,还具有数据定义、数据操纵和数据控制功能。表 A-1 列出了 SQL 语言的类型。

表 A-1　SQL 语言的类型

语言类型	描　述	SQL 语句
DDL(Data Definition Language)	数据定义语言,定义数据库中的表、视图和索引等	create、drop 和 alter 语句
DML(Data Manipulation Language)	数据操纵语言,保存、更新或删除数据	insert、update 和 delete 语句
DQL(Data Query Language)	数据查询语言,查询数据库中的数据	select 语句
DCL(Data Control Language)	数据控制语言,用于设置数据库用户的权限	grant 和 revoke 语句

Hibernate 提供了面向对象的 HQL(Hibernate Query Language)语言,但是该语言只能用于查询数据,因此它和 SQL 的 DQL 语言对应。

本附录先介绍数据完整性的概念,接下来从 SQL 运用的角度,以 CUSTOMERS 表和 ORDERS 表为例,介绍 DDL、DML 和 DQL 语言的用法。如果要全面了解 SQL 语言的语法,可参阅相关的介绍 SQL 的书籍。图 A-1 显示了 CUSTOMERS 表和 ORDERS 表的结构。在配套源代码包的 sourcecode\appendixA\schema 目录下提供了创建这两个表并加入测试数据的 SQL 脚本文件 sampledb. sql。

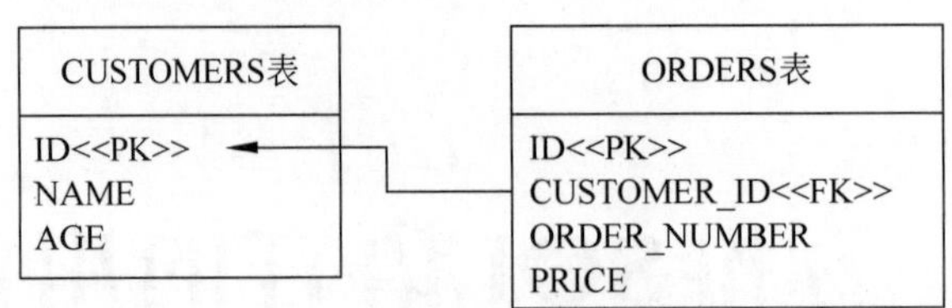

图 A-1 CUSTOMERS 表和 ORDERS 表的结构

A.1 数据完整性

当用户向数据库输入数据时，有可能输入错误数据。保证输入的数据符合规定，成为数据库系统，尤其是多用户的关系数据库系统需要关注的问题。为了解决这一问题，在数据库领域出现了数据完整性的概念。数据完整性(Data Integrity)主要分为三类：实体完整性(Entity Integrity)、域完整性(Domain Integrity)和参照完整性(Referential Integrity)。

A.1.1 实体完整性

实体完整性规定表的每一行(即每一条记录)在表中是唯一的实体。实体完整性通过表的主键来实现。如果把 CUSTOMERS 表的 ID 字段定义为主键，数据库系统会保证每条记录有唯一的 ID 值，当用户试图向 CUSTOMERS 中插入主键重复的记录时，数据库系统会禁止这一非法操作。

A.1.2 域完整性

域完整性是指数据库表的列(即字段)必须符合某种特定的数据类型或约束。not null 约束就属于域完整性的范畴。如果为 CUSTOMERS 表的 NAME 字段设置了 not null 约束，数据库系统会保证 NAME 字段的取值不为 null。当用户试图向 CUSTOMERS 表插入一条 NAME 字段值为 null 的记录时，数据库系统会禁止这一非法操作。

A.1.3 参照完整性

参照完整性保证一个表的外键和另一个表的主键对应。如果把 ORDERS 表的 CUSTOMER_ID 字段作为外键参照 CUSTOMERS 表的 ID 主键，那么数据库系统会保证主键与外键的对应关系，这体现在以下三个方面。

(1) 当用户试图向 ORDERS 表插入一条 CUSTOMER_ID 为 1 的记录时，如果在 CUSTOMES 表中没有 ID 为 1 的记录，数据库系统会禁止这一非法操作。

(2) 当用户试图把 ORDERS 表中一条记录的 CUSTOMER_ID 改为 1 时，如果在 CUSTOMES 表中没有 ID 为 1 的记录，数据库系统会禁止这一非法操作。

(3) 当用户试图从 CUSTOMERS 表中删除 ID 为 1 的记录时(假如没有设置级联删除选项),如果在 ORDERS 表中还存在 CUSTOMER_ID 为 1 的记录,数据库系统会禁止这一非法操作。

A.2 DDL 数据定义语言

DDL 语言用于定义数据库中的表、视图和索引等。和定义表相关的 DDL 语句如下：

(1) create table 语句：创建一个表。

(2) alter table 语句：修改一个表。

(3) drop table 语句：删除一个表,同时删除表中所有记录。

例如,以下 SQL 语句用于创建 CUSTOMERS 表：

```
create table CUSTOMERS (
    ID bigint not null,
    NAME varchar(15) not null,
    AGE int,
    primary key (ID)
);
```

其中,primary key 关键字用于定义主键,数据库系统根据这个主键来保证实体完整性,not null 关键字用于定义 not null 约束,数据库系统根据每个字段的类型及 not null 约束来保证域完整性。例如,当用户试图向 CUSTOMERS 中插入一条 NAME 字段为 null 的记录时,数据库系统会禁止插入这条记录。

以下 SQL 语句用于创建 ORDERS 表：

```
create table ORDERS (
    ID bigint not null,
    ORDER_NUMBER varchar(15) not null,
    PRICE double precision,
    CUSTOMER_ID bigint,
    primary key (ID),
    foreign key(CUSTOMER_ID) references CUSTOMERS(ID)
);
```

其中,foreign key 关键字用于定义外键,数据库系统根据外键来保证参照完整性。ORDERS 表的 CUSTOMER_ID 外键参照 CUSTOMERS 表的 ID 主键,可以把 ORDERS 表称为子表,把 CUSTOMERS 表称为父表。在创建数据库 Schema 时,通常所有表的 DDL 语句都放在同一个 SQL 脚本文件中,必须按照先父表后子表的顺序来定义 DDL 语句。假如表之间的参照关系发生变化,就必须修改 DDL 语句的顺序,这增加了维护 SQL 脚本文件的难度。为了解决这一问题,可以采用另一种方式来定义外键,例如：

```
create table ORDERS (
    ID bigint not null,
    ORDER_NUMBER varchar(15) not null,
```

```
    PRICE double precision,
    CUSTOMER_ID bigint,
    primary key (ID)
);
create table CUSTOMERS ( … );
create table ITEMS ( … );
…
alter table ORDERS add constraint FK_CUSTOMER
foreign key (CUSTOMER_ID) references CUSTOMERS (ID);
```

以上代码在创建 ORDERS 表时没有定义外键，当所有的表创建完后，再通过 alter table 语句为 ORDERS 表增加外键，这种方式使得主表与子表的创建可以不分先后顺序。

为了提高主表与子表的连接查询的性能，可以为 ORDERS 表的 CUSTOMER_ID 建立索引，形式如下：

```
alter table ORDERS add index IDX_CUSTOMER (CUSTOMER_ID),
add constraint FK_CUSTOMER foreign key (CUSTOMER_ID)
references CUSTOMERS (ID);
```

此外，还可以为 ORDERS 表设置级联更新或级联删除选项，如以下语句设置了级联删除。

```
alter table ORDERS add index IDX_CUSTOMER (CUSTOMER_ID),
add constraint FK_CUSTOMER foreign key (CUSTOMER_ID)
references CUSTOMERS (ID)
on delete cascade;
```

设置了级联删除选项后，当用户通过以下 delete 语句删除 CUSTOMERS 表中 ID 为 1 的记录时：

```
delete from CUSTOMERS where ID = 1;
```

数据库系统会自动级联删除 ORDERS 表中所有 CUSTOMER_ID 为 1 的记录。在第 7 章介绍过，在 Hibernate 的对象-关系映射文件 Customer.hbm.xml 中也可以为 Customer 类的 orders 集合属性设定级联删除。

提示 值得注意的是，Hibernate 实现的级联删除功能并不依赖底层数据库的级联删除功能。

以下代码把 Customer.hbm.xml 文件中用于映射 orders 集合的<set>元素的 cascade 属性设为 delete。

```
<set  name = "orders"   cascade = "delete"   inverse = "true" >
```

当 Hibernate 删除一个 OID 为 1 的 Customer 对象时，会执行以下 delete 语句：

```
delete from CUSTOMERS where ID = 1;
delete from ORDERS where CUSTOMER_ID = 1;
```

可见，如果在映射文件中设置了级联删除，不管数据库的ORDERS表是否设置级联删除，Hibernate都会保证删除Customer对象时，同时删除关联的所有Order对象。对于Hibernate应用，提倡由Hibernate来负责各种级联操作，应该避免由底层数据库进行自动级联更新或级联删除，因为数据库所做的自动级联操作对Hibernate是透明的，这会导致Hibernate的第一级缓存和第二级缓存中的数据和数据库中的数据不一致。简而言之，在定义表的外键时，应该避免使用on delete cascade和on update cascade子句。

A.3　DML数据操纵语言

DML用于向数据库插入、更新或删除数据，这些操作分别对应insert、update和delete语句。例如，以下两条insert语句分别向CUSTOMERS表和ORDERS表插入一条记录。

```
insert into CUSTOMERS(ID,NAME,AGE) values(1,'Tom',21);

insert into ORDERS(ID,ORDER_NUMBER,PRICE,CUSTOMER_ID)
values(1, 'Tom_Order001',100,1);
```

在执行insert、update或delete语句时，数据库系统先进行数据完整性检查，如果这些语句违反了数据完整性，数据库系统会异常终止执行SQL语句。例如，以下insert语句试图向CUSTOMERS插入NAME字段值为null的记录。

```
insert into CUSTOMERS(ID,NAME,AGE) values(2,null,21);
```

如果在MySQL中执行该SQL语句，MySQL会抛出以下错误信息。

```
ERROR 1048 (23000): Column 'NAME' cannot be null
```

以下delete语句删除CUSTOMERS表中一条记录。

```
delete from CUSTOMERS where ID = 1;
```

如果ORDERS表的CUSTOMER_ID外键没有设定级联删除选项，数据库系统会先进行参照完整性检查，假如ORDERS表中还存在CUSTOMER_ID字段为1的记录，就会终止删除操作。如果在MySQL中执行该SQL语句，MySQL会抛出以下异常。

```
ERROR 1217 (23000): Cannot delete or update a parent row:
a foreign key constraint fails
```

A.4　DQL数据查询语言

SQL语言的核心就是数据查询语言。查询语句的语法如下：

```
select 目标列
from 基本表(或视图)
```

```
[where 条件表达式]
[group by 列名 1[having 条件表达式]]
[order by 列名 2[asc|desc]]
```

Hibernate 的 HQL 语言和 SQL 查询语言有许多相似之处，因此掌握 SQL 查询语言，有助于更加熟练地使用 HQL 语言。图 A-2 为 CUSTOMERS 表和 ORDERS 表中的测试数据。接下来举例介绍的 SQL 查询语句都针对这些数据进行查询。

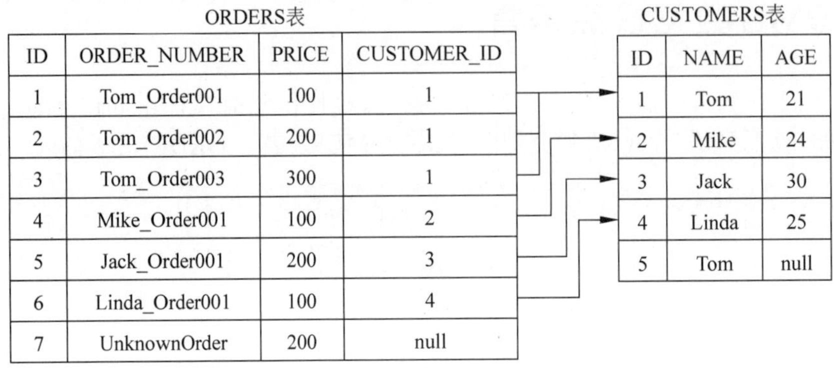
ORDERS表

ID	ORDER_NUMBER	PRICE	CUSTOMER_ID
1	Tom_Order001	100	1
2	Tom_Order002	200	1
3	Tom_Order003	300	1
4	Mike_Order001	100	2
5	Jack_Order001	200	3
6	Linda_Order001	100	4
7	UnknownOrder	200	null

CUSTOMERS表

ID	NAME	AGE
1	Tom	21
2	Mike	24
3	Jack	30
4	Linda	25
5	Tom	null

图 A-2　CUSTOMERS 表和 ORDERS 表的数据

A.4.1　简单查询

下面举例介绍简单的 SQL 查询语句，其中 where 子句设定查询条件，order by 子句设定查询结果的排序方式。

(1) 查询年龄在 18～50 之间的客户，查询结果先按照年龄降序排列，再按照名字升序排列，如：

```
select * from CUSTOMERS where AGE between 18 and 50 order by AGE desc,NAME asc;
```

(2) 查询名字为 Tom、Mike 或 Jack 的客户：

```
select * from CUSTOMERS where NAME in ('Tom','Mike','Jack');
```

(3) 查询姓名的第二个字母是 a 的客户：

```
select * from CUSTOMERS where NAME like ''_a%''
```

“_a%”中的下画线(_)代表任意的单个字符；百分号(%)代表任意长(可以为零)的字符串。

(4) 查询年龄为 null 的客户的名字：

```
select NAME from CUSTOMERS where AGE is null;
```

这个查询语句返回 CUSTOMERS 表中 ID 为 5 的记录。值得注意的是，不能用表达式

“AGE＝NULL”来比较 AGE 是否为 null，因为这个表达式的取值既不是 true，也不是 false，而是永远为 null。当 where 子句的取值为 null，select 查询语句的查询结果为空。如以下查询语句的查询结果都为空：

```
select * from CUSTOMERS where null;
select * from CUSTOMERS where AGE = null;
```

（5）在查询语句中为表和字段指定别名：

```
select NAME C_NAME, AGE C_AGE from CUSTOMERS c where c.ID = 1;
```

这个查询语句为 NAME 字段指定别名 C_NAME，为 AGE 字段指定别名 C_AGE，为 CUSTOMERS 表指定别名 c，查询结果如下：

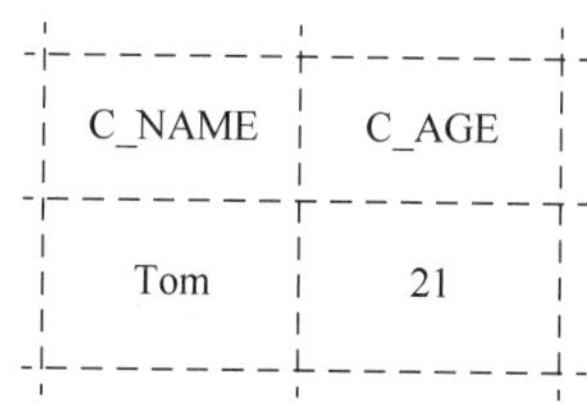

C_NAME	C_AGE
Tom	21

A.4.2 连接查询

连接查询的 from 子句的连接语法格式为：

```
from TABLE1 join_type TABLE2 [on (join_condition)]
[where (query_condition)]
```

其中，TABLE1 和 TABLE2 表示参与连接操作的表，TABLE1 为左表，TABLE2 为右表。on 子句设定连接条件，where 子句设定查询条件，join_type 表示连接类型，可分为以下三种。

（1）交叉连接（cross join）：不带 on 子句，返回连接表中所有数据行的笛卡儿积。

（2）内连接（inner join）：返回连接表中符合连接条件及查询条件的数据行。

（3）外连接：分为左外连接（left outer join）和右外连接（right outer join）。与内连接不同的是，外连接不仅返回连接表中符合连接条件及查询条件的数据行，而且返回左表（左外连接时）或右表（右外连接时）中仅符合查询条件但不符合连接条件的数据行。

下面举例说明这几种连接查询的用法。

（1）交叉连接查询 CUSTOMERS 表和 ORDERS 表：

```
select * from CUSTOMERS, ORDERS;
```

CUSTOMERS 表有 5 行数据，ORDERS 表有 7 行数据，查询结果中包含 35(5×7)行数据。

（2）显式内连接查询，使用 inner join 关键字，在 on 子句中设定连接条件：

```
select c.ID, o.CUSTOMER_ID, c.NAME, o.ID ORDER_ID, ORDER_NUMBER
from CUSTOMERS c inner join ORDERS o on c.ID = o.CUSTOMER_ID;
```

以上查询语句的查询结果中的数据行都符合 c. ID=o. CUSTOMER_ID 的连接条件。

ID	CUSTOMER_ID	NAME	ORDER_ID	ORDER_NUMBER
1	1	Tom	1	Tom_Order001
1	1	Tom	2	Tom_Order002
1	1	Tom	3	Tom_Order003
2	2	Mike	4	Mike_Order001
3	3	Jack	5	Jack_Order001
4	4	Linda	6	Linda_Order001

(3) 隐式内连接查询，不包含 inner join 关键字和 on 关键字，在 where 子句中设定连接条件：

```
select c.ID, o.CUSTOMER_ID,c.NAME,o.ID ORDER_ID,ORDER_NUMBER
from CUSTOMERS c,ORDERS o where c.ID = o.CUSTOMER_ID;
```

以上查询语句和例(2)中的显式内连接查询语句等价。

(4) 左外连接查询，使用 left outer join 关键字，在 on 子句中设定连接条件：

```
select c.ID, o.CUSTOMER_ID,c.NAME,o.ID ORDER_ID,ORDER_NUMBER
from CUSTOMERS c left outer join ORDERS o on c.ID = o.CUSTOMER_ID;
```

以上查询语句的查询结果不仅包含符合 c. ID=o. CUSTOMER_ID 连接条件的数据行，还包含 CUSTOMERS 左表中的其他数据行：

ID	CUSTOMER_ID	NAME	ORDER_ID	ORDER_NUMBER
1	1	Tom	1	Tom_Order001
1	1	Tom	2	Tom_Order002
1	1	Tom	3	Tom_Order003
2	2	Mike	4	Mike_Order001
3	3	Jack	5	Jack Order001
4	4	Linda	6	Linda Order001
5	NULL	Tom	NULL	NULL

(5) 带查询条件的左外连接查询，在 where 子句中设定查询条件：

```
select c.ID, o.CUSTOMER_ID,c.NAME,o.ID ORDER_ID,ORDER_NUMBER
```

```
from CUSTOMERS c left outer join ORDERS o on c.ID = o.CUSTOMER_ID
where o.ID > 4 and c.ID > 2;
```

以上查询语句对例(4)的查询结果进一步筛选，仅返回其中符合 ORDERS 表的 ID 大于 4 并且 CUSTOMERS 表的 ID 大于 2 的数据行。

ID	CUSTOMER_ID	NAME	ORDER_ID	ORDER_NUMBER
3	3	Jack	5	Jack_Order001
4	4	Linda	6	Linda_Order001

(6) 右外连接查询，使用 right outer join 关键字，在 on 子句中设定连接条件：

```
select c.ID, o.CUSTOMER_ID, c.NAME, o.ID ORDER_ID, ORDER_NUMBER
from CUSTOMERS c right outer join ORDERS o on c.ID = o.CUSTOMER_ID;
```

以上查询语句的查询结果不仅包含符合 c.ID=o.CUSTOMER_ID 连接条件的数据行，还包含 ORDERS 右表中的其他数据行。

ID	CUSTOMER_ID	NAME	ORDER_ID	ORDER_NUMBER
1	1	Tom	1	Tom_Order001
1	1	Tom	2	Tom_Order002
1	1	Tom	3	Tom_Order003
2	2	Mike	4	Mike_Order001
3	3	Jack	5	Jack Order001
4	4	Linda	6	Linda Order001
NULL	NULL	NULL	7	UnknownOrder

(7) 带查询条件的右外连接查询，在 where 子句中设定查询条件：

```
select c.ID, o.CUSTOMER_ID, c.NAME, o.ID ORDER_ID, ORDER_NUMBER
from CUSTOMERS c right outer join ORDERS o
on c.ID = o.CUSTOMER_ID where o.ID > 5 and c.ID = 4;
```

以上查询语句对例(6)的查询结果进一步筛选，仅返回其中符合 ORDERS 表的 ID 大于 5 并且 CUSTOMERS 表的 ID 等于 4 的数据行。

ID	CUSTOMER_ID	NAME	ORDER_ID	ORDER_NUMBER
4	4	Linda	6	Linda_Order001

A.4.3 子查询

子查询也叫嵌套查询，是指在 select 子句或者 where 子句中嵌入 select 查询语句，下面举例说明它的用法。

（1）查询具有三个以上订单的客户：

```
select * from CUSTOMERS c
where 3 <= (select count( * ) from ORDERS o where c.ID = o.CUSTOMER_ID);
```

（2）查询名为 Mike 的客户的所有订单：

```
select * from ORDERS o
where o.CUSTOMER_ID in (select ID from CUSTOMERS where NAME = 'Mike ');
```

（3）查询没有订单的客户：

```
select * from CUSTOMERS c
where 0 = (select count( * ) from ORDERS o where c.ID = o.CUSTOMER_ID);
```

或者：

```
select * from CUSTOMERS c
where not exists (select * from ORDERS o where c.ID = o.CUSTOMER_ID);
```

（4）查询 ID 为 1 的客户的姓名、年龄及所有订单的总价格：

```
select NAME, AGE,
(select sum(PRICE) from ORDERS where CUSTOMER_ID = 1) TOTAL_PRICE
from CUSTOMERS where ID = 1;
```

以上查询语句中的 TOTAL_PRICE 是子查询语句的别名，该查询语句的查询结果如下：

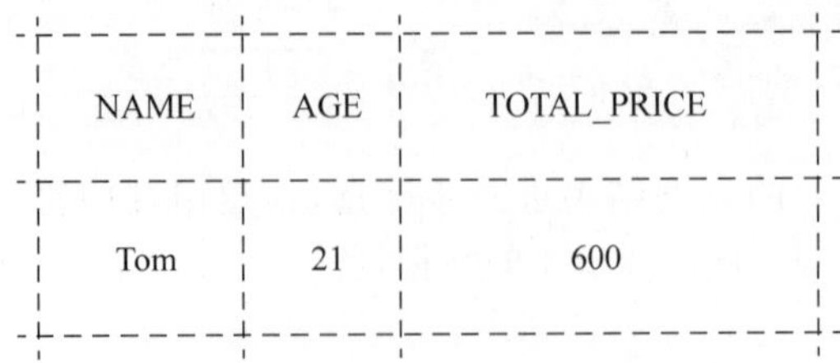

NAME	AGE	TOTAL_PRICE
Tom	21	600

也可以通过左外连接查询来完成相同的功能：

```
select NAME,AGE,sum(PRICE) from CUSTOMERS c left outer join ORDERS o
on c.ID=o.CUSTOMER_ID where c.ID=1 group by c.ID;
```

如果数据库不支持子查询，可以通过连接查询来完成相同的功能。事实上，所有的子查询语句都可以改写为连接查询语句。

A.4.4　联合查询

联合查询能够合并两条查询语句的查询结果，去掉其中的重复数据行，然后返回没有重复数据行的查询结果。联合查询使用 union 关键字，例如：

```
select * from CUSTOMERS where AGE<25 union select * from CUSTOMERS
where AGE>=24;
```

该语句的查询结果如下：

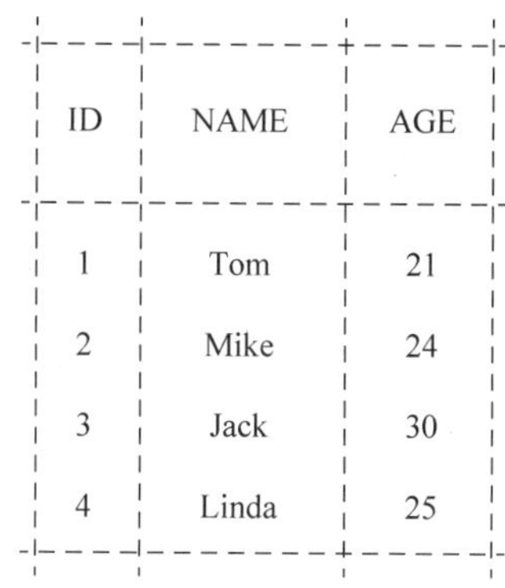

ID	NAME	AGE
1	Tom	21
2	Mike	24
3	Jack	30
4	Linda	25

A.4.5　报表查询

报表查询对数据行进行分组统计，其语法格式为：

```
[select…] from … [where…] [group by…  [having… ]] [order by…]
```

其中，group by 子句指定按照哪些字段分组，having 子句设定分组查询条件。在报表查询中可以使用以下 SQL 聚集函数。

(1) count()：统计记录条数。

(2) min()：求最小值。

(3) max()：求最大值。

(4) sum()：求和。

(5) avg()：求平均值。

下面举例说明报表查询的用法。

(1) 按照客户分组，查询每个客户的所有订单的总价格：

```
select c.ID,c.NAME, sum(PRICE)
from CUSTOMERS c left outer join ORDERS o on c.ID = o.CUSTOMER_ID
group by c.ID ;
```

以上查询语句的查询结果如下：

ID	NAME	sum(PRICE)
1	Tom	600
2	Mike	100
3	Jack	200
4	Linda	100
5	Tom	NULL

（2）按照客户分组，查询每个客户的所有订单的总价格，并且要求订单的总价格大于 100：

```
select c.ID,c.NAME, sum(PRICE) from CUSTOMERS c
left outer join ORDERS o
on c.ID = o.CUSTOMER_ID group by c.ID having( sum(PRICE)> 100);
```

以上查询语句对例（1）的查询结果进一步筛选，只返回订单的总价格大于 100 的数据行。

ID	NAME	sum(PRICE)
1	Tom	600
3	Jack	200

附录B

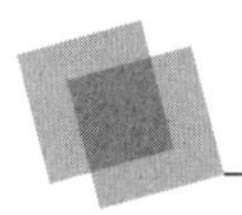

Java语言的反射机制

关于 Java 语言的反射机制的详细介绍请扫描下方二维码阅读。

附录C

发布和运行netstore应用

netstore应用是本书的综合应用范例，如果想要了解如何发布和运行该应用，请扫描下方二维码阅读。

附录D

思考题答案

第 1 章

1. a,b,c　2. c　3. a,c,d　4. a　5. d

第 2 章

1. a,b,d　2. b,c　3. b　4. c,d　5. a,b,c

第 3 章

1. a,d　2. b　3. b　4. a,b,d　5. d　6. c　7. b　8. a,c,d

第 4 章

1. a,c,d　2. c　3. a,d　4. d　5. b

第 5 章

1. b　2. b　3. c　4. a,c　5. a,b,d　6. b,d

第 6 章

1. a　2. b　3. a,c,d　4. d　5. b

第 7 章

1. b　2. c　3. c　4. b　5. c

第 8 章

1. b,c　2. a,c,d　3. a,b,c,d　4. a,b,e　5. b,c,d　6. b
7. a,c　8. b,c,d　9. b

第 9 章

1. b　2. a,b,c　3. a,d　4. c,d　5. a　6. d

第 10 章

1. a,b,d　2. d　3. c　4. b　5. a　6. a,b,d

第 11 章

1. b　2. b　3. b　4. c,d　5. b,d　6. b,c,d,e　7. b,c

第 12 章

1. a,b 2. a,b,c,d 3. a,c,d

第 13 章

1. c 2. d 3. b,d 4. c 5. a

第 14 章

1. c 2. a,c,d 3. a,d 4. a,b,d 5. a,b 6. b

第 16 章

1. a,b 2. a,d 3. a 4. b,c,d 5. c,d 6. b,c,d
7. a,c,d 8. c

第 17 章

1. a,b 2. b 3. b,d 4. a,b,d 5. c 6. d 7. a,d 8. a,d

第 18 章

1. c 2. a,b 3. a,b,d 4. d 5. a,b,c 6. b,c

第 19 章

1. a,b,d 2. a 3. b,c,d 4. a 5. a,b,c,e

第 20 章

1. a,b,c,e 2. b,c,d 3. a,b 4. b,d 5. c,d

第 21 章

1. b,c,d 2. b,d 3. a 4. b,d 5. c,d 6. a

第 22 章

1. a,d 2. a,b,c 3. a,b,d 4. b,c 5. a,b 6. d 7. a,b,d

第 23 章

1. a,c,d 2. a,c 3. b,c,d 4. a,c

附录E

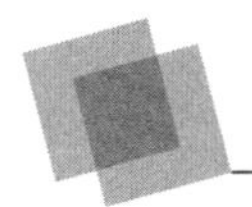

书中涉及软件获取途径

书中涉及软件获取途径请扫描下方二维码阅读。

图书资源支持

感谢您一直以来对清华版图书的支持和爱护。为了配合本书的使用，本书提供配套的资源，有需求的读者请扫描下方的“书圈”微信公众号二维码，在图书专区下载，也可以拨打电话或发送电子邮件咨询。

如果您在使用本书的过程中遇到了什么问题，或者有相关图书出版计划，也请您发邮件告诉我们，以便我们更好地为您服务。

我们的联系方式：

地　　址：北京市海淀区双清路学研大厦 A 座 714

邮　　编：100084

电　　话：010-83470236　010-83470237

客服邮箱：2301891038@qq.com

QQ：2301891038（请写明您的单位和姓名）

资源下载：关注公众号“书圈”下载配套资源。

资源下载、样书申请

书圈

获取最新书目

观看课程直播